建筑设计系列课程导读

杨旭明　李明融　刘艳梅　编著

中国建筑工业出版社

图书在版编目（CIP）数据

建筑设计系列课程导读/杨旭明等编著. —北京：中国建筑工业出版社，2011.3（2024.8重印）
ISBN 978-7-112-12990-4

Ⅰ.①建… Ⅱ.①杨… Ⅲ.①建筑设计-高等学校-教学参考资料 Ⅳ.①TU2

中国版本图书馆CIP数据核字（2011）第030769号

本书涵盖了建筑设计课程本科教学体系的基本内容，共包括12个具有一定代表性的建筑设计课题，其中包括：售楼部、别墅、幼儿园、快速设计、场地、中小学、图书馆、商业建筑、博物馆、综合医院、旅馆、剧场12个专题。全书力求内容全面系统、知识点精炼到位、导读性强，方便读者系统地或选择性地学习，是一本适合建筑学类专业的全面系统的指导用书。

本书既可作建筑学类本、专科学生的教学用书，也可作建筑设计人员及建筑工程技术人员的从业参考书，适合于建筑学与城市规划等相关专业。

责任编辑：王　跃　陈　桦
责任设计：赵明霞
责任校对：陈晶晶　关　健

本书附课件素材下载，下载地址如下：
www. cabp. com. cn/td/cabp 20334. rar

建筑设计系列课程导读
杨旭明　李明融　刘艳梅　编著
*
中国建筑工业出版社出版、发行（北京西郊百万庄）
各地新华书店、建筑书店经销
华鲁印联（北京）科贸有限公司制版
建工社（河北）印刷有限公司印刷
*
开本：880×1230毫米　1/16　印张：$24\frac{1}{2}$　字数：735千字
2011年8月第一版　2024年8月第五次印刷
定价：**68.00**元（附课件素材下载）
ISBN 978-7-112-12990-4
（20334）

前　言

目的及意义　我国建筑业日新月异，建筑教育事业蓬勃发展，越来越多的普通本科院校及建筑职业教育类学校开办建筑学类专业（包括建筑学、建筑设计、城市规划等相关专业）。但目前还没有一本系统而全面建筑设计课程的适宜教材，作为专业培养的需要，本书将建筑设计课程所涉及的典型专题按教学改革的思路统一编撰，以满足现今普通本、专科建筑教学领域一线的需求。其二，作为西南民族大学建筑设计课程教学改革的实践成果之一，通过多年的教学研究，我们探索和改革教学方法，培养学生自主学习的兴趣，提供学习和博览群书的学习方法，本书强化和突出了导读性、系统性和可操作性等，是我们多年来的建筑设计课程教学实践的体会与积累，期望本书的应用能进一步促进建筑设计课程的教学。

特点及适用　全面、系统、精炼、具有导读性和实用性与可操作性是本书的特点：将城市规划与建筑学专业2年或3年的建筑设计课程内容全部包括在内。其中既有各类建筑设计的原理及方法、设计的步骤和要点的分析，又有方案实例介绍可供参考和理解，还有相应的设计任务作为练习，篇幅合理，特别适宜于启发式、激发式教学方式以及学生的自主学习和系统学习。本书既可作为建筑学类学生的学习用书，也可作为青年建筑设计人员及从事建筑工程领域、房地开发行业等专业的技术人员学习和从业的参考用书。

思路及依据　采取循序渐进的编撰思路：建筑设计的学习是一个由简单到复杂、由单一到复杂功能的循序渐进的一种专业技能基本训练，各种基本典型建筑类型设计的学习是该专业学习的必须。建筑设计方法的掌握没有捷径可走，全面系统的学习和实际动手过程训练必不可少。根据长期以来中外建筑学类教育的教学经验总结，我们选编了涵盖3个年级，一般是五年制建筑学二、三、四年级建筑设计课程共12个设计专题，五年制城市规划三、四年级建筑设计课程共8个专题，基本思路就是将各单体建筑设计按循序渐进的方法串接起来，即通过由小到大、由简单到较复杂等的较典型的建筑类型（售楼部、别墅……），按多个层次系统（简单空间设计、组合空间设计……）组织与编撰。本书具体内容的编写依据是全国高等学校土建学科教学指导委员会建筑学专业指导委员会编写的《建筑学类专业本科教育培养目标和培养方案及主干课程教学基本要求——建筑学专业、城市规划专业》中的主干课程的教学要求及基本内容建议方案，以及根据我们建筑设计课程教学研究与教学改革的基本构想思路。

审稿与编撰　全书由西南交通大学建筑学院林青教授主审；西南民族大学城市规划与建筑学院钟熠老师、赵兵老师参与审定。

西南民族大学建筑与城市规划教研室杨旭明、李明融、刘艳梅等编著；由杨旭明拟出全书提纲和编写计划，最后由杨旭明进行统稿。具体分工如下：

绪论	杨旭明、刘艳梅
第1章（售楼部）	陈琛、杨旭明
第2章（别 墅）	刘艳梅
第3章（幼儿园）	陈洁
第4章（快速设计）	李秋实、杨旭明
第5章（场 地）	文晓斐
第6章（中小学）	李秋实、杨旭明
第7章（图书馆）	李明融
第8章（商 业）	刘艳梅
第9章（博物馆）	巩文斌、李明融
第10章（综合医院）	陈琛、杨旭明
第11章（旅 馆）	李明融
第12章（剧 场）	杨旭明

致谢：本书作为教学改革项目的成果之一受到西南民族大学的资助；四川省建设厅总规划师邱建教授、西南交通大学建筑学院林青教授给予了鼎力支持和帮助；西南民族大学城市规划与建筑学院钟熠书记、赵兵副院长对此书编撰与出版给予了极大的关心和指导，并提供了各方面条件的支持；同时还得到赵志刚教授和多位资深专家学者的关心和指导；西南民族大学杨彦丽、邱野、杨均月、田思露、刘伟、徐世江、黄菁、詹荷英、李玉璋等做了大量的文稿图片收集与整理的工作；本书的编撰还借助了众多作者的文献、建筑实例与成果资料；中国建筑工业出版社的有关同志对本书组稿编写给予了积极热情的指导和帮助，并做了具体而细致的书稿编排校对工作。值此书稿付梓之际，谨此一并对以上关心和帮助本书编写的审编者、专家、文献资料的作者、建筑实例的原创作者以及出版社的同志们表达诚挚的感激之情。

本书许多图例资料直接选自国内外相关书刊杂志，如有引述不当之处也请广大读者批评指正。由于时间关系，本书也肯定存在很多缺点和不足甚至错误，真诚地希望广大专家、学者、读者提出宝贵的批评指正意见。

目　录

附录：

绪论

1. 建筑设计的相关基础

建筑教育是培养专业建筑师的必备前提。在当今社会，一位建筑师首先必须经过大学的建筑学专业教育，这是基础，一般没有经过专门的建筑学教育是不能称之为建筑师的，企业招聘人才也首先要看他们是否具备扎实的基本知识和专业本领。在大学建筑教育方面，建筑设计学习是一个循序渐进的过程，该课程的学习需具备一定的理论基础知识、美学修养、基础技能操作、综合技能等。前期或必修的相关课程有："建筑绘画"——使之具备一定的美学修养和艺术鉴赏力；"建筑概论"——对本专业涉及的各个方面建立初步的认识，如建筑制图识图、建筑构造、建筑结构、建筑技术、建筑节能及水、暖、电、通风等知识的初步认识；各类"建筑设计原理"——以培养学生运用科学的思维方法来分析问题、解决问题的能力。技能操作基础包括的课程有："建筑初步"——训练基本的表达能力及初步的模仿性设计能力；"画法几何与阴影透视"——培养空间概念和绘图技能；"建筑表现技法"——培养基础的建筑设计表现方法。综合技能课程包括建筑设计的方法与理论、现代城市规划和城市设计理论、中外建筑历史与理论、与建筑相关的人的行为和心理、环境心理学、审美心理学、建筑经济、诸多建筑评析以及有关的建筑设计标准和规范等。

2. 建筑设计的学习方法

基础建筑设计系列课程是建筑学类专业的重要专业课，可以毫不夸张地说，它是贯穿于整个大学期间，占据时间最多、最主要、最核心的专业课程。该课程还具有相当的特殊性，除老师讲解基本理论及设计方法外，更主要的是学生要在老师亲历亲为的指导下自己动手完成一个个专题的设计直到将其表达出来。方法便是练习、修改、再练习、再修改。当然还要不断从多方面学习，善于查阅文献资料，翻阅成功的实例，调研已建成的建筑，实地去感受建筑，感受它的空间、材质、体量、比例、尺度等。因为，可资借鉴的东西看得越多，大脑的信息储存就越多，那么反映在设计创作上的东西就越丰富。总之，从各个途径去学习和借鉴是必不可少的。这里所说的借鉴，其中也包括临摹，要特别指出，临摹不是"抄"，而是一种非常可取的学习方法。因为，和学书法绘画一样，临摹名家作品是一个很重要的过程，要经历临摹、思考这么个螺旋式的学习过程，创作的设计作品便是这学习过程的结果。

当然，表现的技能得紧紧跟上，如果想得出、画不出，就是眼高手低，是没有用的。我们可以把每一个作业都看作是一次创作，其过程大致可分为调研准备、确定问题、立意与构思、设计表达和评价这五个阶段。建筑设计是一个不断发现问题和解决问题的过程，在作业中展示我们的学习成果，在一次又一次的创作中不断进步。当然，建筑设计也并不是纯艺术，感性的东西应该少一点，而多注意点理性的内容，功能、技术、材料、美观等诸多方面的问题。建筑设计犹如一道数学题，而这道题目有若干方面的限定条件，我们只有充分利用它的条件，才能使答案更完美。但是，这道题目的答案却不是唯一的，如全班30人做同一个设计条件下的设计题目，通过每个人的理解、学习、思考、创作，一定会有30种不同的创作方案。怎样才能做出一个比较合理的方案，就靠设计者平时的积累了。最后要强调，学习建筑设计没有捷径可走，只有按上述方法经过几个专题的不断磨炼，才能达到一个建筑设计人员应具备的最基本的专业素养。

3. 建筑设计的实践环节

"建筑设计"课程是建筑学类专业的主要专业课程之一，具有很强的实践性和综合性。作为一个学习者，除了应具备最基本的基础理论之外，还应注重各实践环节的学习。实际技能的掌握主要靠各实践环节的训练，动手便是实践，包括实践性强的各门课程，如建筑绘画课、建筑初步课、建筑表现技能训练、画法几何与阴影透视等都需要大量的动手实践，不管是应动手做的作业还是课外的临摹抄绘作业，都是多多益善，练就一手好功夫是最基本的实践。第二就是必要的仿真练习，努力寻找一切机会跟着老师或设计院的设计师做真题设计、建筑师的基本业务实践、现场调研、工地认识实习、计算机熟练绘图等一系列的实务学习。集中性的实践环节是学生增强感性认识，做到理论与实践相结合，把所学的知识在实际设计中应用的重要一环。另外就是有意识的快速设计训练。因为，快速设计是建筑师从事建筑创作的一种基本功，而基本功的练就不是一日之功，这就需要从建筑设计入门学习那天就开始进行长期的专业培养，也就是说，要养成随时用速写的方式勾画、描临甚至构想表达的习惯，坚持数年下来，是可以见成效的。该专业的学习没有诀窍，除了动手，还是动手，实践性非常强。此后的职业实践标准是经过学校专门教育后，又经过一段时间有特定要求的职业实践训练，才有可能达到一定的职业技能水准。

4. 建筑设计的基本表达

建筑设计表现技法是设计师表达创造性思维的可视化形式。建筑设计中不同的表达方式与方法是每一个建筑学类专业的学生必须掌握的基本功，通过建筑初步课程及建筑表现课程的基本技法训练，在建筑设计课程实践中予以综合运用是尤为重要的，特别是钢笔淡彩、马克笔、彩色铅笔等简便、快速、易学、易懂的技法，这种应用广泛、实用的快速表达技法的练习，是训练学生表达能力的有效途径。各种不同风格的表现形式及其所适宜的表现内容，学生应多学习、多借鉴、多摸索、多总结，通过一次次的设计作业练习，摸索出一套适合于自己的表现技能，也为今后的求学考研、工作应聘、工作实践的快速设计打下一定的基础。另外，建筑模型制作也是一种很直观的表现方式，模型制作既可作推敲、修改方案用，还可作展示用。因此，学会用不同的模型制作材料来表现不同的设计意图和设计效果也是建筑学学生应该掌握的表现技法之一。

5. 设计创造能力的培养

每个人身上都蕴藏着潜在的创造力，当受到条件的刺激和人们需要的影响时，就会产生创造的动机。建筑设计过程就是创造性思维的过程。创造力的培养需要以扎实的建筑学专业知识为基础，娴熟的技巧和方法为手段，很强的观察力、想象能力、逻辑分析能力及把控全局的综合能力为依托。学生经过几年的专业学习，会形成与专业特征相应的解决问题的风格及能力。但如果一个建筑师所形成的解决问题的风格只具有专业性，不具有创造性，那么他的创造力结构就是不完善的。

一般来说，建筑设计离不开创造，但并不是设计出建筑方案就具有了创造性。传统建筑教育在某种程度上是重表现、轻创意，国内的学生在设计表达技巧方面优势较强，但有缺乏创意的倾向。这一问题已经得到国内教育界的高度重视，国家建筑学学科高等专业教育指导委员会致力于建筑教育的改革，通过各种途径与措施着力解决培养学生创造性的问题。清华大学建筑学院秦佑国教授曾经谈到，建筑学是科学与艺术的结合，建筑教育是理工与人文的结合，建筑教学是基本功的训练与建筑理解相结合，能力培养是创造力与综合解决问题能力相结合。建筑教学应提倡和强调多给予学生一种后天的学习引导，给学生提供更多的学习方向和阅读的书籍，更多的学习参考，对学生的创造能力的培养和发散思维的培养提供更多的空间。

6. 艺术与技术完美融合

多年以来，建筑学教育在相当程度上存在着重艺术、轻技术的倾向，很多学校往往比较注重表现能力的培养，而对技术方面的教育则比较忽略。近年来，国家建设部门采取了一些举措，学校也开始加强技术方面的教育，但还是存在不足。比如，现代建筑创作比较强调地方特色、传统文化、风格等，不太注重运用现代科技发展成果，不能使建筑在适用、经济、美观、安全、健康等诸多方面得到全面体现。一个好的经得起推敲和检验的建筑应实现它内在和外表的统一，这就需要做到使建筑的表现、材料的应用、结构的布置及设备的安装融为一体。但是，当今的很多建筑设计是没有做到的。这说明，很多建筑师对新结构、新材料、新设备的掌握和运用还不够，还需要努力学习。在教学方面，要跟上时代的发展，加强对未来建筑师科技能力的培养，使他们建立对新技术、新材料的运用理念，并学会应用它们去进行建筑创作。只有做到艺术与技术完美结合的建筑，才是一个真正值得推敲和考验的优秀建筑，这可以从古今中外的众多知名建筑中得到证实。

第1章　简单功能空间设计
——售楼部设计

1.1　售楼部设计专题概述

1.1.1　教学目的和意义

小型建筑的设计，功能比较单纯，规模不大。我们以售楼部这种较为新兴的建筑类型为代表，不仅契合了时代的发展，同时通过住区售楼部设计的训练，也可以对一般中小型建筑的功能要求和设计方法有初步的了解和掌握，为以后做功能比较复合、规模更大的建筑奠定一个良好的基础。

这是一个由简到繁的过程的开始，应当在简单功能空间设计的训练中，通过思考，使传统上功能单一的售楼部也可以在空间、造型上有很大的突破和发挥余地。在进行售楼部设计时，通过设计者的观察、认识和体验，根据环境条件和社会需求等因素进行思考，从而做出多种体现个性和创意的方案。

售楼部只是简单功能空间的其中一种代表类型，做好简单功能空间的设计，不仅仅是要学习小型建筑的设计方法，同时更是要培养观察生活、思考问题、拓展思维、开阔视野的能力，为日后在建筑设计的广阔领域中进行创作打下良好的基础。由于售楼部是一种比较新的建筑类型，其实验性和创造力的发挥空间很大，越来越多地受到社会的广泛关注，成为很多建筑师展现设计才华的舞台，同时也是初学者进行创意学习、构思发挥得很好的课题。

本章内容以售楼部作为具体案例的依托，在理论叙述上是以售楼部为线索，在案例选择上加入其他小型建筑，其目的是希望通过这样一种方法，学会诸如茶室、咖啡馆、小餐馆或书吧等一些简单功能空间的设计，希望能在阅读学习的过程中学会思考和延伸（图1–1）。

1.1.2　售楼部发展史略

售楼部是近年来随着房地产行业发展而产生的一种新兴建筑类型。由于房地产项目是一个开发周期长、资金需求量大的产品，其销售模式具有自身的特殊性，即楼盘建至一定的程度就要开盘，此时的消费者不一定能看到房子的全面目，于是售楼部便成为了购房者的现场第一线，它不仅体现了开发商的专业水准和楼盘形象，同时也影响了购房者的消费情绪。为此，建筑造型新颖独特的售楼部已然成为了城市的一道亮丽风景。可以说，售楼部的应运而生是当今房地产发展的必然结果。

售楼部在我国的产生应当追溯到20世纪80年代后期，在这个阶段，我国的计划经济体制正逐渐向市场经济体制过渡，社会经济和全民整体生活水平有了很大的提高，住区建设的规模迅速扩大。这个时期的住区建设中出现了早期的售楼部，一般是工地现场临时搭建的

公厕

餐厅

咖啡馆

小型会所

图1–1　各种简单功能空间建筑示例

房子，大约几十平方米，内部只有几个简陋的接待台。这个时期的售楼部在建设者和使用者心目中仍处于相对次要的地位，初见简易雏形，尚未引起社会的足够重视。

20世纪90年代之后，随着市场经济体制下商品房制度转变的步伐加快，住区建设也迎来了快速发展时期。住宅及居住区规划设计开始从注重数量的粗放型转变为注重质量的小康型，同时，购房者的消费心理也在日趋理性化。购房者不但注重楼盘的品质、价位、环境，而且对楼盘小区内的配套设施等也提出了更高的要求。此时的售楼部是小区的“门脸”，也成为新建小区档次的标志。这个时期的售楼部已经成为一种正式的建筑，不仅功能分区开始细化，装修风格开始讲究，内部营销道具也在逐步完善。

2000年以来，房地产行业更加蓬勃发展，开发商为突出楼盘的价值并增强其吸引力，会结合购房者的心理，根据项目定位、目标群体消费特点来进行设计，售楼部的外观看起来愈趋高档和前卫，内部装饰也愈趋豪华精致。同时，售楼中心的功能根据不同开发商的意图和开发模式也在发生变化，比如近年来售楼中心在完成其销售功能之后将向会所功能进行置换，使其成为一种可持续运营的住区会所，这是其中一个重要的发展导向。总而言之，售楼部是新时期房地产发展的特殊产物，并且随着房地产市场的持续演化，售楼部将会被赋予更多更新的含义。

1.1.3　售楼部建筑特点

1）服务对象

售楼部作为楼盘销售的窗口，它直接服务于前来购房的消费者。售楼部除了要向消费者展示项目的形象以外，未来的产品展示、销售谈判、成交签约等一系列活动也需要集中在售楼部完成。为此，售楼部服务对象的重要性直接影响了售楼部所处的位置、造型及其定位等。

很多售楼部是作为一种临时性建筑存在的，在完成楼盘销售使命之后便会拆除。也有一些售楼部是按照永久性建筑来规划的，在完成销售之后会将售楼部改建为商业设施或小区会所，这时候它的服务便由对外转为对内，即它的服务对象主要是小区的居民，它的后期改建要以小区居民的需求为中心，当然也可以对外开放业务，创造一定利润。由于服务对象的转变，原有的小区售楼部已变成小区内居民户外活动的一个重要场所。

2）建筑特性

（1）展示性

售楼部是项目产品内在内容的外在表现，它相当于居住区说明书的“封面”，从项目营销的角度上看，它借助于营销的建筑语言，面对公众做出一种倾吐的表示，是精神策略的物化形式。它不仅向消费者提供全面的楼盘信息，将其卖点生动直观地反映并展示出来，而且更直接地展示了开发商的实力、品质及倡导的生活方式。

（2）标志性

售楼部是项目的门户，具有表征的作用，它直接代表着未来小区的形象和面貌。售楼部带有自身楼盘的特征，能够给观者或行人留下清晰印象，同时，其标志性可增强区域的可识别性，方便指导人们的行动。

（3）传播性

售楼部是房地产市场的重要载体，其本身包含了巨大的信息，可进行传播。一方面，它利用楼书、宣传册、模型等向客户传递和沟通信息；另一方面，其建筑风格和外在形象直接反映了开发商的资金实力和价值观，一个舒适的销售环境会给买家传递出开发商良好的企业形象；再者，售楼部还能将开发者所倡导的生活方式传递给客户，尤其是一些带有样板房的售楼部更直接地传递了关于生活方式的信息。[1]

3）建造形式

（1）独立型

独立修建的售楼部，其用地一般都占用道路和绿地或者住宅用地，此类型售楼部受约束条件少，具有很强的实验性。

（2）半独立型

半独立修建的售楼部。其部分用地一般也占用道路或绿地。建筑结构上分为可拆卸和永久两个部分，可拆卸部分多采用钢结构，一般是超市等公共建筑复合了售楼的功能。此类售楼部也具有较强的实验性。

（3）结合型

结合了会所、商场或样板房等共建配套建筑的售楼部。此类售楼部实验性不强，基本上是按照公建的规划和建筑要求来设计的，一般会利用住宅楼首层作为售楼部。这种类型在前期会按照售楼部要求来设计，后期可能改建为办公建筑、会所或商场，建筑结构一般是永久性的。例如广州力迅·上筑售楼部就是与住宅楼相结合，将住宅底层空间设计为销售中心（图1–2）。

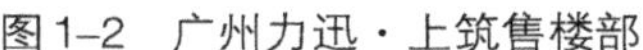

图1-2　广州力迅·上筑售楼部

图1-3　北京苹果社区售楼部

（4）改建型

利用原有建筑设施改建而成的售楼部，这种类型对于规划的影响最小，一般最为经济。此类售楼部的实验性比较强，建筑结构是临时性的，比如可利用旧厂房改建为售楼部，在不影响住宅布局的前提下节省了投资。[2]例如，位于北京CBD南端的苹果社区售楼部就是由一个锅炉房改造而来的（图1–3）。

1.2　售楼部设计内容与方法

1.2.1　建设基址类型

售楼部是为带有不同目的的消费者服务的，它应当具有良好的场所可识别性，便于消费者形成明确印象。因而，其选址原则是，宜建在比较显著的地方，交通便利，方便消费者认识和到达。一般将其修建在主要干道旁，对于消费者具有最大的方便性、易达性。在区域选择方面，售楼部的位置与楼盘项目有关。以成都市为例，其选址按照楼盘的地域远近可分为三类：

1）主城区域楼盘

这类楼盘主要位于城市二环以内，由于城市用地比较紧张，主城区的楼盘项目一般不会很大，售楼部通常就设置在临近楼盘基地的位置，并且多为临时建筑。

2）近城区域楼盘

这一区域的楼盘，大致可划分为二到三环和三环附近区域，这个区域相对于主城区来说，用地比较宽裕，楼盘区域也比较大，相应的售楼部规模也要大些，开发商在初期规划时一般已考虑了售楼部的独立用地，因而可建为永久性的售楼部。

3）远城区域楼盘

对于远城区域的楼盘来说，售楼部需要更广泛的宣传，因而其位置设置会比较特殊。很多楼盘通常会设置两个售楼部，一个在项目附近，另一个在市中心，以达到更好的宣传效果。其实不仅仅在成都，在香港地区，其售楼部也不设置在楼盘工地，而是设置在人流、车流比较集中的闹市区，楼盘工地基本上是封闭式的，同时香港人也不喜欢跑大老远到楼盘所在地看楼，也不愿走进安全系数较低的施工现场。这样的好处在于可以避免遭受施工的影响，保证施工建造不受到外界的干扰。[3]

1.2.2　创意与构思

1）从环境角度入手

从环境角度切入设计是方案构思的方式之一。售楼部作为吸引消费群体的重要标志建筑，其自身也是城市景观之一，其设计受环境因素的影响很大。建筑环境包含的因素很多，不论是地形、周边建筑、道路等都能成为方案构思的切入点。

以华润置地·翡翠城销售中心为例，建筑与环境的关系得到了很好的协调处理。整个楼盘处于一湖、两河、五公园的自然环抱中，其大环境上依托自然，故建筑须体现出对自然的尊重与和谐（图1–4）。翡翠城销售中心仿佛是整个楼盘设计思想的缩影，从中也可以体会到它对于自然的关怀及其精神所在。尚未到达售楼中心，首先可见“华润置地·翡翠城售楼中心”几个大字与平地上凸起的地景结合映入眼帘。与之呼应的是向上生长的具有雕塑意味的枯树以及木色片墙的穿插，这不仅对人流起到了很好的导向作用，同时人工化的建筑也在以一种平和的姿态介入自然。继而转折，其前广场依旧设置三角形立体地景，一面覆以人工地砖，一面覆以草皮，同样使自然、人工相互融合。售楼中心紧靠东湖公园，整个建筑被透明纯净的

图1–4 地理位置优越的翡翠城

玻璃所包围，除了简约的竖向线条及局部的铝材装饰，无过多修饰。整个玻璃体的通透与外部环境完全相得益彰，室内的多个角落均能欣赏到东湖公园的美好景致，同时室内也充分享受到了来自自然的阳光和气息。驻足于此，人们的视线和心灵上都得到了与大自然最好的交流与沟通（图1–5）。

2）赋予空间理念

通过某个理念赋予空间一定的文化内涵，也是进行创意、体现空间特色的一条重要途径。设计者应善于观察和分析各种社会需求及人们的社会心理，通过将某个概念或主题落实到建筑上，并将设计理念贯穿于建筑空间，使整个建筑更富新意。

以龙湖地产在成都的作品——晶蓝半岛会所为例。会所命名为七贤镇，灵感来源于中国的“茶”和“竹”。设计师张永和称，整个建筑的设计就是拆分“茶”的成果。因为“茶”字的上面有一个“草”，中间一个“人”，下面一个“木”，他把顾客放在了中间，同时寓意古代名士“竹林七贤”作为整个空间的设计灵魂。在晶蓝半岛的会所“七贤镇”的设计中，底层为木结构，七个不规则的“玻璃盒子”构成了二层，加上竹林为主的三层构成了一个“茶”字。同时，每个盒子分别以“竹林七贤”每位贤士的名字命名：伶舍、咸舍、籍舍、戎舍、涛舍、秀舍、康舍，每个盒子相对独立也相互联系，空间与设计理念得以呼应，其神取“竹林七贤”高士之风，其形来自于一个“茶”字（图1–6）。

3）突出地域特征

建筑的地域性与地方气候条件、地理环境、民族习惯、经济发展状况和文化背景密切相关。地域性不仅仅突出地表现在建筑形式、材料、色彩和传统符号的运用上，也反映在平面布局（集中还是分散）、空间构成（封闭还是通透）、色彩（浅淡还是浓重）以及地方材料的运用上。从地域特征角度切入构思，能极大地丰富建筑造型语言，使建筑形象更具文化内涵和鲜明的地方特色。[4]

以华润置地·二十四城为例，二十四城位于成都东二环外，在楼盘兴建之前，这片840亩的土地是存在了50年，曾有近三万职工、十万家属的一家工厂。在城市的不断发展之下，工厂被迁移拆除，“二十四城”得以诞生。电影《二十四城记》就是对这段历史的记录，记录了一段城市与人的变迁，记录了一段成都人的记忆。面对一份深沉浓厚的历史，二十四城在建设上对过去是予以尊重和保留的。从售楼部造型上可以体会：整

图1–5 翡翠城售楼中心外环境

图1–6　龙湖七贤镇会所

个建筑造型沉稳厚重，大量红砖的运用是对过去旧厂房的祭奠和尊崇，也会使人产生对过去场景的记忆还原。红砖间以黑色轻钢型材和清水混凝土，同时在细部处理上对旧的工厂物件进行了抽象，在打上了深深历史烙印的同时，也预示了新旧时代的演替和发展。售楼部内部空间以暖色为主，达到内外呼应，也能营建人们的温暖回忆。内部装饰上也能体味到浓厚的工业色彩，如楼梯、构件、隔板等均采用了工业化装配的设计方式。同时，在通往样板间的联系通廊中，将过去的生产设备以装置艺术的方式进行展示和博览，既是对工业痕迹很好的呈现和留念，也是将现代精神融入历史的最好表达。二十四城售楼部不过是整个楼盘的浓缩，其整个小区的设计都履行了同样的思想，不论是外观造型还是文化精神，均突出了地域的特征（图1–7）。

1.2.3　总图与环境设计

总平面规划就是要在售楼部用地位置大体已经确定的条件下具体解决建筑本身与周围环境的相互关系。具体内容大体包括交通组织、建筑体形、场地功能几方面。

1）交通组织

售楼部作为对外开放的场所，必须解决好交通组织、停车场地的问题。为使消费者有足够时间的停留，售楼部周围应当配备足够的地面停车场，在人流量较大，地面停车位不足的情况下，需要为消费者提供地下停车场地，因此在总平面规划时就要予以考虑。其次，售楼部内部职工出入口应与外来消费人群分开，并有内部工作用车专用的停车场地，避免外来人员车辆误入内部工作区。此外，需注意解决好人车分流问题，减少人车交叉，以保证安全。

2）体形设计

由于建筑所处位置不同，开发商对售楼部的策划意图不同，其体形也会有所不同。

（1）售楼部一般选择一侧沿干道临街布置，或者选择面临广场。当售楼部沿街布置时，需要处理好与周围建筑的协调关系，依据其特性，体形上应体现新颖活泼、开放近人、具有适度商业氛围的性格，如过分对称庄重则会显得拘谨（图1–8）。

除此之外，一些售楼部前还需要一个集散广场，供人们停留、休息、活动之用，因而其体形设计也需要与广场形态相得益彰。如广场为圆形、正多边形、矩形等对称形状时，则售楼部也可呈对称体形，以取得与广场空间轴线对称或向心的庄重典雅效果。

图1–7　华润置地·二十四城售楼中心

图1–8 沿主干道布置的售楼部

图1–9 成都圣菲·蔚蓝海销售中心

（2）与规划用地中的配套用房相结合也是目前售楼部的一种发展趋势，这样将能减少临时售楼部开发所带来的资金浪费。由于这样的售楼部将兼顾远、近期的使用，其布局上就要结合配套设施的规划及周围的景观资源。尤其是一些售楼部融合了样板房等功能，规模比较大，同时具有远期改为会所或办公建筑的经营需求，因而，在布局上，体量就不宜过大和完整，建筑体形宜与周围环境相融合，形成丰富的小体量布局。比如位于成都三环的圣菲·蔚蓝海售楼中心在规划布局时就是按照会所来设定的，室内两层高的空间在初期只将首层开放作为销售中心，上层空间待转为会所功能后使用（图1–9）。

3）场地功能

室外场地是室内空间的延伸，同时也能提供丰富的室外活动空间和环境。一个售楼部的室外场地可能具有不同功能，同时也有相应的设计内容。

（1）休息场地

主要以满足老人和儿童为主，这里可供老人喝茶、聊天、晒太阳，也可供儿童游戏和玩耍，可配置小水池、秋千及长椅等简单设施。

（2）绿化场地

这部分绿地除了用于美化售楼部整体环境之外，还能为前来购房咨询的消费顾客提供一个放松、休息、聊天的环境。设计上应做好植物搭配，并设置绿化小品，以营造一个舒适的环境。

（3）交通用地

售楼部应结合主入口和工作人员入口设计，以解决停车和回车需要。为提高绿化率、节约场地，可考虑设置半地下或地下停车场。

1.2.4 功能分析与设计平面

1）功能构成

在房地产业的不断变迁发展之下，售楼部的规模和功能愈发灵活丰富，这不仅与投资方的实力、开发模式有关，也与投资方委托策划公司所作的市场调查和销售预测有关。然而，售楼部从本质上说，其自身离不开销售和展示两大基本职能，至于其中所包含的具体内容和所占比重，会依照实际情况而定。

一个基本的售楼部的功能归纳起来大体可分为以下几部分：客户接待、客户洽谈、模型展示、签约、办公管理。此外，还可加上休闲功能，比较大的楼盘还会将样板间的展示安排在售楼部中（图1–10）。

可以看出，主要空间的功能加上辅助空间的共性功能几乎涵盖了售楼部最基本的功能内容，至于外部空间的休憩内容及结合样板房设计的体验性内容则需要视具体项目的具体环境条件而定。

（1）接待功能

接待是售楼部的首要功能，接待区一般设有接待总台，总台应在门厅内明显易见的位置，便于消费者咨询。总台应放置楼盘的相关资料，并考虑由电脑网络管理的发展趋势。总台后一般以项目形象墙作为背景，主要突出项目的形象标志。总台处有固定的接待人员，售楼处门口还安排有两位迎宾人员，这里是接待人员接待客户和派送资料的主要场所。

（2）洽谈功能

洽谈是接待人员与消费者沟通最直接的方式，购房者可以与服务人员在洽谈区域交谈以获得更多的楼盘信息，一般需要逗留较长的时间，因而洽谈区也是售楼部

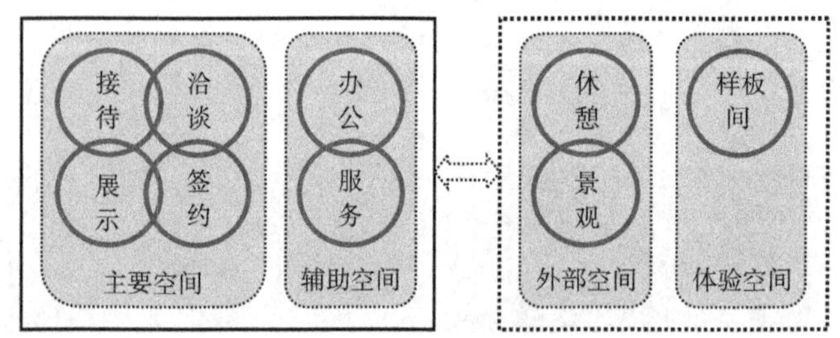

图1–10 会所的功能构成

最重要的功能区域之一。洽谈区要求宽敞明亮、氛围轻松并且具有舒适性。

（3）展示功能

展示区主要是进行项目沙盘模型、户型模型的展示。模型能够增加买家对项目的立体纵观认识，令买家置身其中，领略各楼层的朝向和景物，清楚明了选购单位所在位置，给人真实的感觉，令买家兴趣倍增。同时，消费者能够更加完整地了解项目情况，可以缩短了解项目的时间，也有利于做出比较迅速的购买决定。一些售楼部还会在此设置大屏幕彩电，主要播放项目的基本情况，在展厅内播放高质量录影带，显示屏方便快捷的资料查询，包括当地情况，发展商、合作商的基本情况等，使买家对项目所在地有更深入的了解和认识，同时，也能增加售楼部的热闹气氛，加快销售人员的讲解速度。

（4）签约功能

签约是项目产品交易中最重要的过程，购房者在全面了解了楼盘信息之后，可能需要与服务人员作更进一步的交谈和沟通，再做出最终决定。因此，签约区需要提供比较安静、少干扰的环境。同时，在签约过程中，会涉及各种繁复手续的办理，因而根据流程也需要一定的区域分隔。

（5）辅助功能

辅助功能主要包括内部人员办公部分和服务部分，办公部分可依据售楼部的需要和规模设定。服务部分包括了卫生间、开水供应、机房、库房等。同时还有交通部分，即楼梯、电梯、扶梯、走道等。辅助功能是任何建筑都必须周到安排的必备部分，只有将这一部分妥善地处理好，整个建筑才能有如健康的肌体一样，功能完备，系统顺畅，运转正常。

2）功能解析

售楼部的各种功能在相互组织时，需要进行合理的功能划分。一般来讲，其主要功能可以划分为动、静两大区域。

（1）动态区域

接待区、洽谈区和展示区都可以被划为动态区域。接待区和洽谈区具有休闲性质，要求面积较大，不必封闭，可做成开敞式。模型展示区应当临近洽谈区，有功能区分，但区域上应当联系紧密，这样有利于售楼人员为消费者进行及时解说。整个动态区域的各部分功能需要形成开敞明亮的空间效果，几个功能可以合并于一个大空间中，面积要求较大，但为了提供消费者一个明确的方位导向，可以通过一些内部分隔的处理形成区域划分，既有分隔，又有联系。

（2）静态区域

签约区主要是供客户进行更深入的商务会谈或办理购房手续，其程序涉及合同、贷款等诸多方面，对空间的私密性、安全性要求比较高，所以适宜划分在静态区域。一般可通过独立的隔间来分隔，具体可由签约室、按揭室、律师室、收银室组成，面积从几平方米到十几平方米不等，面积要求不大。辅助功能用房中的内部办公人员用房及服务用房也应被划为静态区域，但同为静态区域，辅助用房与签约用房在区域上也需要一定的划分。

（3）联系区域

联系区域主要指建筑的交通部分及一些室内休闲空间，如过道、通廊、楼梯、过厅等，它们是室内各部分功能的联系纽带，也是室内外的过渡空间，可以有效组织动态分区和静态分区，起着导向及分散人流的作用，同时还能对调节氛围和空间塑造起到积极的作用。

以深圳桑泰·丹华花园售楼处为例，整个建筑利用了两个单元的架空层空间，空间本身就形成了两个相对独立的部分，设计师在设计时利用了这一点，很好地将空间自然地分成了动静两区：售楼处面临景色优美的大沙河，设计师便将接待区、洽谈区和模型区安排在靠河的空间，外围合大面积的玻璃，将外部景色引入室内，形成售楼处的主要空间，也就是动态区域；另一部分则安排售楼处的辅助空间，即办公室、洗手间、休息区，形成了静态区域。在动静两个区域之间是一个水吧台，充分联系和照顾到了两个空间的需要（图1–11）。

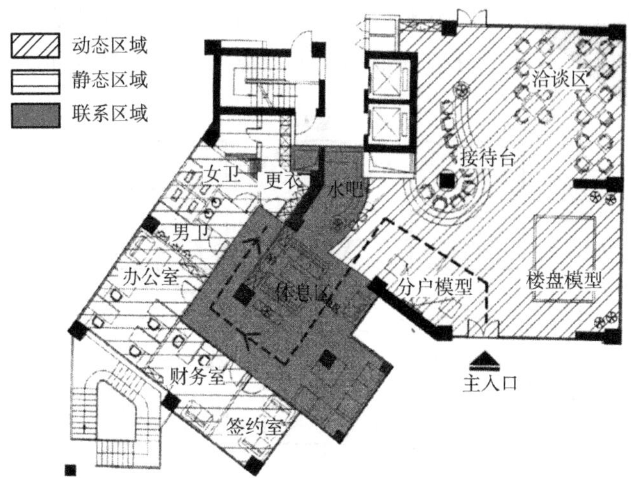

图1–11　深圳桑泰·丹华花园售楼处

3）流线解析

流线是科学地组织功能的结果，也是服务管理水平的反映。流线设计的合理与否直接影响经营管理。流线除了需要表明各部门的相互关系，使来访客人和工作人员能够一目了然，还需体现主次关系和效率。售楼部的流线大致可分为客人流线、服务流线两大系统，客人用的主要活动空间位置及到达的路线是流线中的主干线，要直接明确，不能与服务流线相交叉；服务流线则需要紧凑便捷。

通过流线示意图（图1–12）可以看到，整个售楼部需要一个比较合理的动静分区。接待区宜靠近主入口，方便销售人员第一时间接触客户。洽谈区需要与接待区紧密结合，便于接待人员及时介绍信息。模型展示区是访问者最感兴趣的去处，从展示区到洽谈区需要有便捷的流线，也有利于接待人员利用模型对客户进行直观讲解。对于结合样板房设计的售楼部，在看完模型后去看样板房的动线将对空间起到分隔作用。排队认购签约特别时段的人流动线也需要计划在内，可以考虑设置休憩空间安排客户等候。出于比较周全细致的考虑，一些签约区会特别设置VIP室，但VIP室不一定是专给贵宾客户大买家用，常常被用来接待个别认真仔细的买家，其流线需要区别对待。除了客人流线，工作人员流线是单独设置的，工作人员区域与客户区域要有明确分隔，但也要有便捷的可达性。

1.2.5 空间分析与剖面设计

1）理想空间效果

从客户消费心理出发，售楼部应该营造一种开放、舒适、亲切的环境，空间的营造对于商业经营具有举足轻重的作用。售楼部虽然是简单功能空间的建筑代表类型，但并不意味着功能简单就只能产生单一的空间层次。未经处理的空间会让人们感到过于单调和乏味，反之，经过处理的空间将会丰富、有趣得多，更加符合消费者的心理感受。售楼部空间的处理方式，将同样适用于其他类型的建筑，并为处理更为复杂的空间形态奠定了基础。

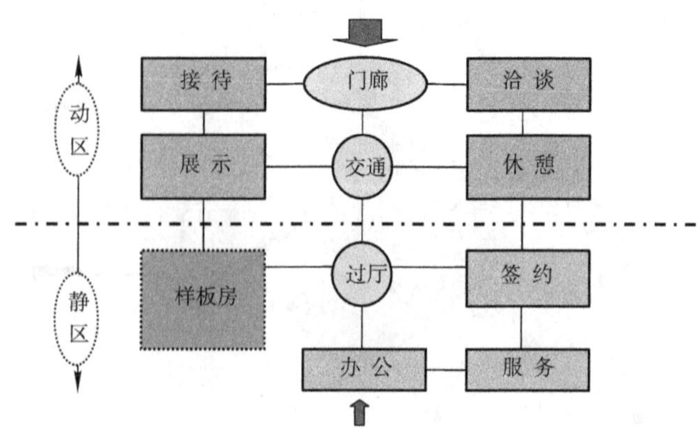

图1–12 售楼部的流线示意

2）空间构成方式

按照空间的使用性质，售楼部的建筑空间主要分为两类：功能空间和联系空间。活动空间一般是指人们在其中有明确行为内容的空间，多为具体的房间和使用区域，如洽谈室、展示厅、签约室等。联系空间是指联系各功能空间的担负交通功能的流动空间，多为厅、过道、通廊等，甚至可以将其扩大到半室外的空间，也称为过渡空间或边缘空间。

由于售楼部功能比较简单，在用地有限和规模有限的条件下，空间组合需要紧凑流畅。一般的售楼部空间组合方式为：售楼部实体空间与室外环境有比较明确的界线，两者通过门廊或过厅形式相联系。而对于一些带有样板间的售楼处，可能会将体验空间设置在售楼处附近，同时与户外环境相结合，这样处理还有利于避免户型不佳的缺陷（图1–13）。

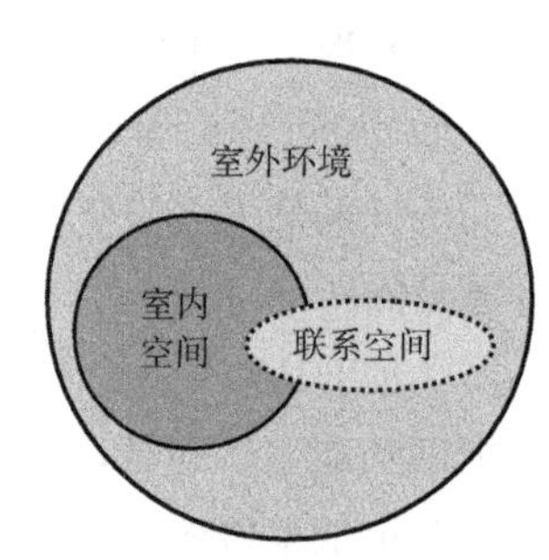

图1–13 售楼部空间构成图示

3）空间内容分析

围合空间的实体形态式样繁多，实际可归为两类，即水平实体（地面、屋顶）与垂直实体(墙体、柱子、隔断、家具等)，通过两类实体的各种变化，可营造出形态各异的空间。

（1）空间限定

• 水平实体

底面和顶面是限定空间的基本要素和实体。利用底面的不同可以从一个大空间中塑造出一个小空间来，底面图案越明晰或色彩材质对比越明显，它所限定的空间范围就越明确，反之越弱。这种手法通常运用于售楼部这样的建筑设计中，在各功能安排比较紧凑的情况下，地面材质或色彩的划分可以很好地将展示区和洽谈区有效区分，给消费者带来明确的心理暗示。

如果将一个底面从周围地面中抬起，这部分范围也将在大空间中限定出一个空间领域。同时，根据抬高程度的不同，其产生的空间效果也不同。若只抬高一两步，该领域与周围空间有所区别，但还是属于整体空间的一部分；若抬高1m以上，视平线以下，该领域的独立性将增强，但仍然可以保持视觉的联系性；若抬高至视平线以上，该领域已作为一种独立的空间而存在了，比如夹层空间或者天桥等。同样地，若将地面部分下沉，也会限定出一个空间领域，下沉的深度也与领域感的强烈程度成正比。这种手法常被运用，如龙湖的晶蓝半岛售楼部利用台阶来营造高低错落的空间形态，用以增强空间的层次性（图1–14）。

• 垂直实体

常见的垂直实体有墙体、立柱、隔断、家具、绿化等，相对于水平实体，垂直实体能带给人更加明确的空间领域感。一般来说，垂直实体高度不同，会给人不同的空间围合感。若垂直面高度不超过60cm，两个空间仍能保持较好的流通性，既融于一个大空间中，又能产生一定的领域感。当垂直面到达腰部时，空间产生了围护感，但视觉上保持流通。当垂直面高于视平线时，整个视觉连续性被打破了，空间产生了强烈的围护感。在售楼部设计或其他类型建筑设计中，垂直实体常用来围合和划分空间，如立柱的设置可以象征性地分隔空间，让不同空间保持视觉连续性和行为可达性。博览架的设置可以将大型空间划分为尺度宜人的小空间，同时形成隔而不断的空间层次（图1–15）。

（2）空间渗透

空间的围与透也是塑造空间的重要手法。利用实体的大小、高低、宽窄、形状及洞口，使人的视线或被遮挡，或连续。若实体遮蔽较强，则空间倾向于围合，人的私密感和领域感也更强；若实体通透，空间得以延伸，则相邻空间之间有流通和渗透，使空间私密性减弱，丰富空间的层次性。一般来说，利用实墙上开洞、围栏、列柱、构架、放置家具等具体手法都可以打破空间的封闭感，进而产生空间渗透的效果。由于人的视觉具有完形联想的能力，一些相互渗透却不能一眼望穿的空间对于人的体验来说反而是趣味性的，是富有想象力的空间。当然，空间的围合与渗透是相对而言的，渗透是在围合前提下衬托出来的，两者应当结合，灵活运用。[5]

以广州的花生BOX售楼部为例，占地面积约500~600m^2，原地块内部有一个内庭院，种植了树龄较长的茂盛植物。设计者通过纯几何形态的方盒子高低穿插、纵横咬合，营造了丰富多变的空间效果，同时通过白色墙板、纯净玻璃体的不同程度的围透交叉，与原有内庭院之间形成了良好的流通，室外景观得以向室内空间渗透，形成了虚实相间、移步换景的层变关系（图1–16）。

4）空间特色体现

（1）空间多义

售楼部的功能比较单纯，但由于人们活动的不确定性，使得售楼部的建筑空间具有多义性的特点。比如售楼部空间中的联系空间，单纯的交通往来并不是它的全部意义。联系空间是一个边缘性的、意义丰富的、充满

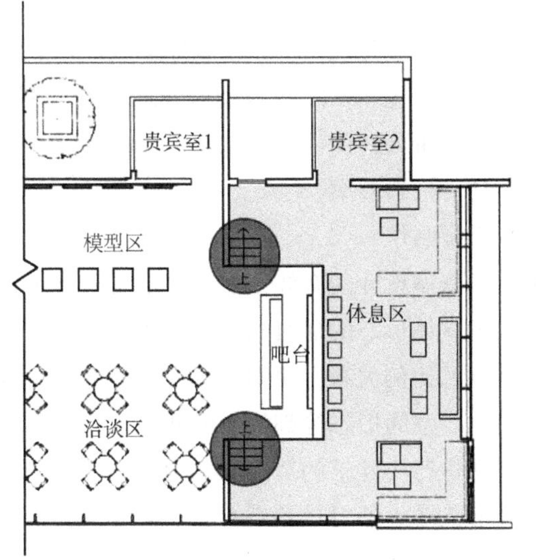

图1–14 龙湖晶蓝半岛售楼部利用台阶进行空间限定

图1–15 成都华润置地·二十四城售楼部室内利用构架进行垂直隔断

图1-16　广州花生BOX售楼部

图1-17　扩大的走廊使空间具有更丰富的意义

了不定性的区域，各种信息与行为在这里交融并存，如扩大的走廊可以成为公共交谈空间、观景空间或报纸书画等的展示空间（图1-17）。再如天桥或夹层平台，不仅可以分割和联系空间，同时也是人们驻足停留的观景场所。在这里可以满足“人看人”的心理体验，也赋予了空间更活跃的气氛。可以看出，多义性的联系空间能够给售楼部的空间带来更多功能性、多元性以及兼容性的需求。多义性的联系空间具有良好的舒适性与视觉效果，可以使售楼部的空间功能更有效，建筑空间形式也更加丰富。

（2）空间导向

建筑首先是实用性的，售楼部也不例外。为了方便人的活动需求，要注意对互动空间中的动态导向的设计，利用构成空间的各种元素形成空间导向，可以增强空间流动性和趣味性，形成空间特色。比如，楼梯与踏步暗示着上楼，平直的实墙指示着线形向前，垂直的遮挡预示着可能的转折，明亮的灯光与天窗强调着入口，大厅对景的设计引导人们寻找墙面背后的景致。这些无声的导向虽不是标志明确的招牌，但暗示着、启发着人的空间感觉，使人本能地感觉出空间的倾向。

例如武汉万科香港路售楼处设置于裙楼的首层，层高约9m，局部加建了两个夹层，一个夹层用于作样板间，夹层下为合同签约区，另一个夹层用来作展示廊，两个夹层之间用了一个13m的钢廊桥相联系，合同签约区与大厅地面有大约750mm的高差，设计者用两条垂直的坡道解决了高差带来的交通问题，坡道的运用增强了空间的流动性，也给人们带来了明确的行为暗示（图1-18）。

1.2.6　造型与立面设计

1）造型方法分析

不论售楼部是何种风格或者是要表达何种建筑理念，最终都要落实到建筑的造型设计上来，所以造型是设计的重点。建筑造型是建筑的一个整体呈现，并不仅仅局限于立面效果，它必须结合平面功能、建筑体量、空间尺度等来统一推敲。因而，在造型设计过程中，有多种方式可以帮助构思方案。

（1）手工模型制作

模型制作是造型设计的有效方法，也是建筑设计的语言之一。作为立体形态的建筑模型，它和建筑实体能够形成一个准确的比例关系，比如建筑的体量感、比例关系、轮廓形状、空间形态等都能在模型上很好地体现出来。因而，在进行小建筑的造型构思时，可以利用模型来推敲各个形式要素的对比关系，比如反复、渐变等联系，节奏和韵律、动与静、虚与实的关系等，以达到一般平面图纸上涉及不到的要求（图1-19）。

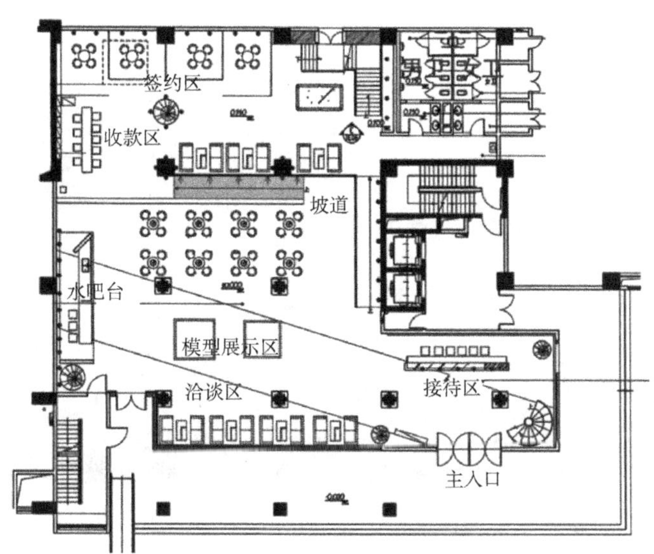

图1-18　武汉万科香港路售楼处

（2）电脑模型

随着各种设计软件的开发与创新，在电脑上制作三维模型也是造型上便捷可行的方法。利用AutoCAD、3dsMAX、SketchUp等软件建立虚拟模型，同样可以精准、快捷地获取关于建筑体量、尺度、空间、环境等多方位的信息，也能给人非常直观逼真的感受。同时，利用计算机来辅助设计，可以节省大量时间并能及时对建筑形体进行推敲和修改，具有实体模型不能比拟的一些优势（图1–20）。

（3）立体想象

不同于实体和虚体模型，在大脑中进行立体想象也是建筑造型的方法之一。然而此种方法需要较强的空间想象能力及联想能力，设计者需要在吃透设计对象及基地情况的基础上进行构思，同时查阅多种资料，观察多种建筑，在构思过程中将建筑作为一个“形”先在脑海中树立，同时在脑海中勾勒立体形象，仔细琢磨，并用功能和技术来实现这个形象，最终形成方案。可以说，立体想象绝非空穴来风，这是设计师在具备一定专业素养之后培养出的造型能力。

2）立面设计

建筑造型的方法是多样化的，不论何种造型方法都需依个人情况而定。在建筑整体造型中，立面设计是非常重要的环节，有几个方面是值得注意的。

（1）色彩与质感表达

在售楼部造型设计中，色彩可以说是运用最灵活、受限制最少、效果最明显的要素，应充分加以运用。在设计中需要考虑到：一方面，售楼部代表着项目产品的形象和精神，具有公共性与聚合力，往往置于小区的重要位置，色彩的运用可以鲜明，而鲜明的色彩比较适用于临时售楼部，其目的主要是突出其标志性。另一方面，对于需要永久保留的售楼部，其建筑色彩就要与小区整体色调相呼应，色彩的处理应反映出居住小区的特

图1–19　亚运新新家园售楼处模型

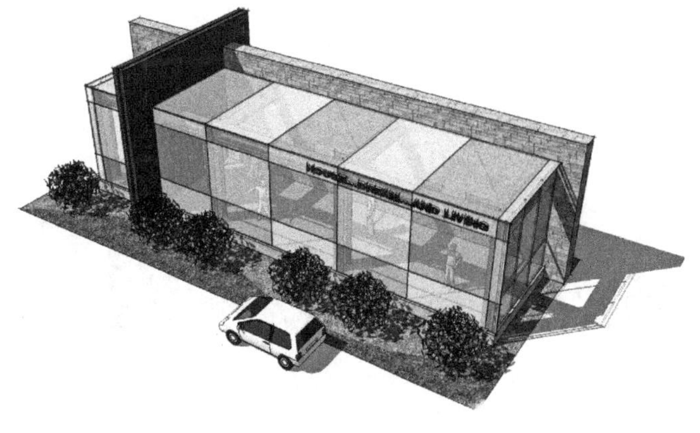

图1–20　利用草图大师进行设计

点，体现出温馨和谐的生活休闲气氛。

在质感表现的处理上，一方面要考虑材料的天然情感，另一方面还要注意表现人工处理以及材料组合可能引起的感情效应。至于质感处理中的组合，最常见的有两种：调和组合与对比组合。前者自然真诚，含蓄而刺激；后者则具强烈的效果。两种组合方式结合使用，能收到多变的效果。不同的材料会产生不同的质感，例如光滑与粗糙、软与硬、冷与暖、光泽、肌理等。这些质感特征与情感和色彩一样传递着信息，恰当地运用可以很好地对空间效果进行调节。比如华润置地·翡翠城样板房建筑的处理上就是将天然材质与人工材质完美结合，木材、石材和轻质玻璃的穿插组合形成对比与融合，在成排的竹子的掩映下更凸显其色彩的和谐并形成了良好的情感效应（图1–21）。

图1–21　成都翡翠城样板房自然与人工材质的组合

（2）结构和材料表达

对于售楼部使用周期的定位决定了该售楼部在建造时适宜采用什么样的结构和材料。对于临时售楼部来说，使用寿命不长决定了其结构形式和材料都应采取施工工期最短的方式来进行。以钢材为例，它本身具有自重轻、强度大、韧性好、抗震性能好、易加工的特点，并与混凝土、玻璃俗称为“三大现代建筑材料”，这种来自科学技术成果的新型材料，具有工业化技术的支撑，可以确保批量稳定地提供并迅速普及，被大量用于各种建筑。比如，成都久居福售楼中心就是一个临时售楼部，据了解，三年后将被拆除，整个建筑结构和外围护材料均是以钢材为主，辅以玻璃，造型新颖奇特，配以室外水体的运用，使建筑看起来宛若漂浮于水面，营造出了轻盈的视觉感受（图1–22）。

对于使用周期较长的建筑来说，其结构选用上依然要考虑经济实用、耐久美观。比如，对于规模较小的建筑，砖结构或砖混结构即可满足需求，但对于规模较大的售楼部来说，其空间上会有局限性。以我国现状来说，混凝土框架结构是比较经济实用的。混凝土细密坚硬，强度和耐久性也较好，同时框架结构也能给平面布局带来较高的自由度。

相对于结构材料，围护材料的选择更加广泛。木材、石材、砖材、金属、各种板材、玻璃，还有新型材料的出现，都会给建筑带来更加丰富的表情。值得注意的是，倘若建筑立面或内部装修要进行改造或更新，其围护材料可尽量采用轻质材料，如铝板、空心砖、百叶、轻钢等，便于建筑的可持续发展。

1.3　售楼部设计指导

售楼部作为一个初学者的首要设计对象，从立意至方案形成的整个过程都是相当重要的。为此，建筑方案设计需要一定的基本程序，但每个设计对象又具有多

图1–22　作为临时售楼部的建筑结构

种可行的解答方式，绝非公式和教条，需依具体情况而定。

1.3.1 熟悉任务书

任务书是进行建筑设计的指导性文件，其中包含了大量关于设计对象的信息，如设计目的及要求、设计条件和参数、功能内容与成果要求等。因而，熟悉任务书是进行方案设计的前提。

譬如，在拿到一个售楼部的任务书时，一定要从头至尾仔细通读，在头脑中形成一个大的概貌。同时，可以回忆关于售楼部的一些信息：平时有没有参观过售楼部？售楼部一般是什么样子的？如果这方面信息量比较空白，就需要在接下来的设计中进行补充和积累。同时，面对任务书中的诸多信息，还应当筛选出其中的核心问题，例如设计目的部分，做到心中有数即可，而对于设计条件部分，则需要仔细理解。这里面包含了售楼部的建设基址、周围环境及建设规模等重要信息，对照地形图，脑中需要建立起售楼部用地与周边环境要素的空间概念，即它的东、西面是什么，南、北面是什么，地块是坡地抑或平地等，毕竟建筑与周围的环境要视为一个整体，不可孤立而论。售楼部的功能内容是任务书的重点部分，这里包括各部分房间的组成和面积等，售楼部功能并不复杂，只需要弄清功能的几大部分及各大功能组成的面积即可，具体房间面积不需记忆，可在设计过程中具体查阅。在成果的内容和要求上，包含了设计的深度要求、图纸表达及设计进度等，设计者需要按照任务书的要求为自己制定合理的设计进度。[6]

1.3.2 收集素材

在将任务书熟悉理解之后，接下来应结合任务书的要求进行相关素材的收集，为下一步设计积累设计资源。

1）查阅资料

建筑资料的范畴很广，包括理论性书目、各种图集、工具书、相关规范等。理论性书籍可以帮助设计者系统地了解该类建筑的历史发展、建筑特点、设计原理及设计方法等。图集类书中提供的建成效果图可以给设计者感性的认识，同时一些设计过程图也能引导设计者进一步的理性思考。工具类书目中常常以图文并茂的形式表示细致的设计要点、原则及参数等，非常便于设计中的查阅。相关规范包含了对该建筑具有指导性的法规政策、定额指标等，设计时需要将其作为指导文件和标准。面对诸多资料，在查阅过程中应做到有的放矢，通常关于设计对象的核心问题需要认真理解并加以摘录整理，对于关系不够密切的内容，泛读即可。

2）抄绘方案

在阅读中若碰到设计者感兴趣的作品，应当立刻临摹下来，尤其是方案构思、分析及平、立、剖等设计图，这不仅是培养感性和理性认识的过程，也是对设计手法的一种积累。在抄绘的过程中，设计者更容易将方案进行理解和消化，同时储备作为参考资料，在设计中方可手法于心、游刃有余。

3）参观调研

参观、调研可以减少设计前期对设计对象的生疏感，增强对该类建筑的生活体验，同时也是在为设计储备更多的信息，做好充分准备。以售楼部为例，设计者可以观察和体验售楼部这种建筑的造型、空间、内部功能组成、人们的行为模式等，在以观者的身份参与的过程中，设计者能从中得到更强烈直观的感受，甚至使在理论阅读中产生的疑惑得到解答。除此之外，还应对设计对象所处的现场条件进行勘查，包括核对地形图、地形周边环境，还可初拟建筑物的位置和总平面布局。

调查手段和形式丰富，包括拍摄、记录、测量、调查问卷等，调查之后应去粗取精，整理调查结果，寻找待解决问题，为设计提供进一步的入手途径。

1.3.3 条件分析

针对设计对象，设计者需要分析的设计条件包括[7]：

1）人流方向分析

主要人流的方向，是任何一个建筑设计都需要分析的内容。其分析依据是任务书中的相关文字部分及地形图中表示的道路情况。比如新建售楼部地块的北面和西面各有两条道路，南面和东面分别是居住区和小区绿化，那就说明北面和西面是人流活动的主要方位。同时，进一步分析北面与西面人流是否对等，哪条干道更利于车行，人们在哪个方向上停留最多，最终将决定道路的开口方向及总图布局。

2）周边环境分析

当一座新售楼部建筑被置于特定的建筑环境中时，建筑必定与环境发生联系，比如小区内建筑的形态和风格是怎样的，售楼部在设计时就要考虑相互之间的和谐共生。如果地块周边存在绿化或水体之类的景观条件，那设计者就要考虑如何充分利用这一景观优势，这关系到建筑的布局及功能划分，在设计中可充分展开。

3）用地条件分析

在用地条件上，场地平坦是比较宽松的条件，设计中就不会受到地形的限制。但倘若是建于坡地处，就要充分考虑地形高差，设计中不宜将其单纯改造作平地处理，应本着最为经济的原则优化利用地形。除此之外，日照分析、主导风向分析、相邻污染源分析等也是需要考虑的条件，设计条件分析得越充分，设计方案也会越趋于合理化。

4）功能关系图解

对于功能比较单一的建筑类型，设计者需要用逻辑思维进行抽象的图解表达。此时关心的不应是各个房间的面积大小和形状，而是相互之间的配置关系。可以用泡泡图这种图解方式表明各房间之间的功能网络，这样可以对方案进行一个全局把握，为下一步继续整理各个功能的秩序做出一个基本框架。

在理清各个房间的相互关系后，设计者可进一步调整功能秩序，将泡泡图按照房间大小划为不同的图框，并以不同粗细的线表示联系的方向和紧密程度，这个过程实际上也将人的活动纳入了功能秩序中，从而奠定了一个较为合理的功能关系图。

1.3.4 创意构思

条件分析仅仅是设计前期的准备工作，设计之前还需进行方案构思的逻辑思维工作，为设计把握一个明确的方向。创意构思渠道不是唯一的，它具有多种可能性，如平面构思、环境构思、经济构思、概念构思、结构构思等。以平面构思为例，设计者需要思考售楼部的各个房间是全部集中在一个图形中还是分为几个部分，建筑平面是规整的图形还是异形，是要组织一块半围合的场地还是组织一个内庭院等。这些想法只是在脑海中闪现，不需明确图示出来，可结合其他问题进行综合考虑。

1.3.5 总图、环境设计

在经过分析和构思之后，设计者就可开始着手方案设计了，从方法上还是要遵循从全局到局部的规律来展开。

在总图设计上，首先要重点考虑用地出入口选择的问题。前面已经对地块做过充分的分析，可以明确主入口的定位范围，而具体的入口坐标还要再结合平面设计来考虑。同时，考虑内部人员是否需要单独设置出入口，需要的话应与主要人流出入口有所分离。

出入口确定后，就要进行规划布局。布局时可以先把问题简化，例如可将售楼部建筑、室外人流集散活动区和停车区域作为三大要素进行有目的的思考，机动车和自行车的停车用地范围在哪，是否需要供人停留的前广场，基地中的绿化空间位置的选择等。

经过总图上的综合考虑，设计者已确定了建筑在基地上的布局位置及与外部联系的接口条件（广场、道路），这又便于继续展开下一步设计环节。

1.3.6 单体平、立、剖设计

在平面设计中，之前已对各部分功能关系进行了分析，并由图示演变成了方案框图。此时，为了使各个房间都能够有机组合成一个内在的结构逻辑，可以建立一个合理的结构柱网系统，一般以方形和矩形格网最为实用，柱网跨度尺寸可依据房间大小和性质而定。有了一个合适的柱网形式和总体尺寸之后，便可将每一部分功能纳入其中，同时进行空间划分。

在单体设计过程中，平面设计并不是单独进行的，设计者要考虑平面设计对立面造型的影响，同时研究剖面关系对空间划分的限定，并且应考虑结构体系的选择，让各方面的设计内容同步推进、相互牵制。以售楼部为例，其动态区域和静态区域是在平面上划分还是竖向上划分合适？如果在竖向空间上划分，如何营造一个既分隔又可以联系的流通空间？此时将平、立、剖相互比较和权衡思考，可以从整体上更快地推动设计的进程。

在设计草图不断推进的同时，可以借助模型制作对建筑单体进行推敲。模型可以帮助设计者从二维的思维模式转换至三维，可以从模型中更准确地获取空间意向和尺度感。当建筑被等比缩小展现出来之后，设计者会从中发现更多问题，并受到更多启发，有利于方案的进一步完善。

1.3.7 设计渐进深入

这一阶段是要在建筑方案基本实现的基础上进一

步深入。一方面，需要检查功能是否完善与合理，比如各个房间的朝向和景观是否理想，平面布置是否紧凑或过于松散，各区域之间的流线是否通畅，卫生间和楼梯间的设置是否符合要求等。另一方面，可从造型的角度继续完善平面图，如建筑表情是否符合售楼部这种建筑的特征，建筑的各个面是否具有整体性，单调的建筑立面如何通过造型元素更加丰富等。再者，还应检视一下总平面的完善程度，如用地边界的处理，停车位的组织，室外场地的绿化、铺装及小品设施等。

1.3.8 图纸成果表现

方案成果图的表现反映了设计者的基本功底和设计素养，不仅仅要能从中理解到设计意图，还应给人带来美的感受。为此，要加强设计成果的表现力，需注意几个方面：

1）注意版面设计

方案成果中的每一个图样都应该进行有效组织，从整体出发进行构图和排版。可以首先确定是竖向构图还是横向构图，再确定总平面、各层平面、立面、剖面等图样的布置。各个图样应清晰完整，并通过配景表现使各图串联为整体。同时，还可以通过标题、构图线或简单装饰来充实构图，做到整体均衡匀称。

2）提高线条表现

不论设计图纸是否要用色彩，线条表达都是基础。在较长的设计周期中，一般要求用工具线条来表达，工具线要体现设计者运笔的速度感、流畅度和对绘图工具的熟练程度。

3）掌握色彩表现的度

建筑方案图作为严谨的工程图纸，最重要的是清晰美观。色彩的使用不宜过于喧宾夺主，适宜即可。色彩的表达工具较多，如水彩、水粉、马克笔、彩铅等，选择合适的表现方式，最终目的是要能衬托建筑形象，加强图纸的整体感。

1.4 实例分析

1.4.1 深圳优品艺墅售楼处——树饰空间[8]

1）创意及构思分析

优品艺墅售楼处在设计理念上顺从了人们对于自然的一种向往及渴望，由于整个小区的建筑设计均采用了很多自然质朴的物料，景观设计更是运用了春、夏、秋、冬四季为题材做了很多小品，处处体现着自然的理念，因而售楼处的设计便延续了这个大的主题，将“树”这个元素作为主题在建筑中体现。“树”这个元素在设计中已压缩为一种符号，设计中将“树”元素运用到了形、色、质各方面，并通过砖、石、木为主材呼应了主题，体现出了一种自然生命力（图1–23）。

2）功能与空间分析

整个售楼部平面形态呈现的是一个“凸”字形，建筑面积不大，总共340m^2，但却被营造出了小中见大、丰富有趣的空间效果。建筑分别沿南侧、北侧和西侧开门，南侧为客流主入口，北侧可作为工作人员入口。主入口空间分别沿两侧布置了接待区和等候区，并留有足够的停驻空间。经过接待区，沿西侧转折后

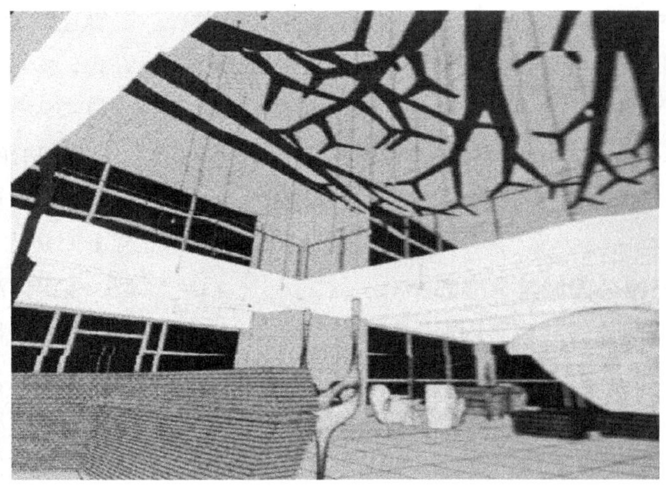

图1–23 优品艺墅售楼部空间形态

为洽谈区，洽谈区依旧沿边缘布置，以享受最佳室外景观。与洽谈区处于同一空间的是整个建筑的视觉亮点：一个鹅蛋形的放映区，它以一个巨大的鹅蛋形灯罩形式出现，类似于空间装置，也增添了室内趣味。与放映区紧邻的是展示区，同样设置了小区模型及户型模型。同时，整个展示区在地面材质和色彩上加以区分，并进行了角度上的倾斜，包括其中家具的布置，这使得展区从大空间中得以限定和独立，增强了空间领域感的同时也使空间更富于变化。可以说，整个一层大空间属于售楼部的动态区域，整个空间划分上以心理暗示为主，没有特别在垂直维度上限定，呈现了一种开放活跃的姿态。

二层空间则显示出了区域划分的明确性，以私密性空间为主。签约区与内部人员办公区分置在二层，还包括卫生间及交通空间。建筑沿柱网将展厅部分做成通高空间，也形成了二层的廊道，空间变得开敞的同时也加强了人们活动行为的多义性（图1–24）。

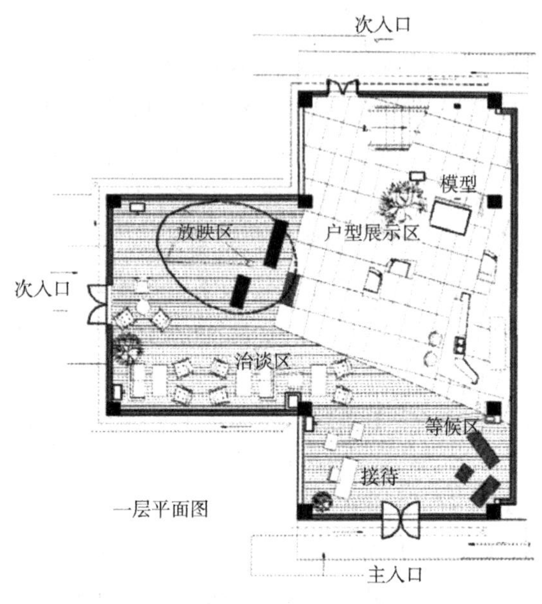

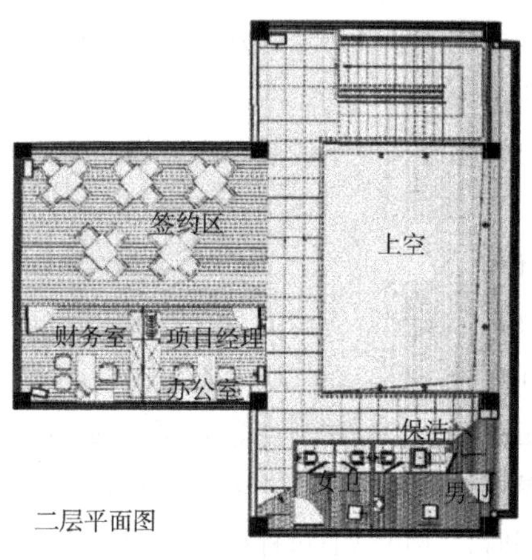

图1–24　优品艺墅售楼部平面图

3）特点与不足分析

设计立意从建筑置身的大环境出发，通过将某一种元素抽象出来，呼应主题，富于新意。建筑功能分区合理，通过竖向的功能分区，使客户的行为活动会更加明确。尤其是建筑空间的处理简练却丰富，抽象的符号元素也渗透于空间的每一个角落，给人以良好的视觉体验。较为遗憾的是，由于建筑规模较小，设计在外部人员与内部人员流线上尚未作很严格的区分，比如上二层的客户与内部办公人员将使用同一个楼梯及卫生间，流线上会形成一定的交叉与干扰。

1.4.2　江苏无锡公园城某售楼部——空间体验“克莱因瓶”[9]

1）创意及构思分析

该售楼部是位于江苏无锡公园城的一个开发项目，开发用途是一期作为售楼中心，二期作为会所。本项目的设计理念来源于19世纪80年代的数学家菲利克斯·克莱因所发现的以他名字命名的著名的“瓶子”，这是一个像球面那样封闭的无定向性的曲面，没有“内部”和“外部”之分。该售楼部的设计即运用“克莱因瓶”的形式探求了一种全新的空间建造体验，给观者带来了丰富有趣的经历。在该设计中，三维的空间以二维连续面的方式展开，通过穿越自身、内外翻转的方式，塑造了一种室内外交融的、螺旋式的动态空间（图1–25）。

2）功能与空间分析

整个建筑呈现的是一个连续的空间形态。其建筑功能主要是用于展示正在销售的住宅的规划、图册、模型、多媒体演示等，包括展览空间、休息游戏空间、办公空间，并且还包含了样板房在内。

该项目为观者提供了一个丰富多元的感受体验过程。参观者从一个坡道开始螺旋式的行程，在过程中穿行了“克莱因瓶”，并在每一个转折处，都能看到外面的住宅基地。第一个似是而非的经历在入口处，这是

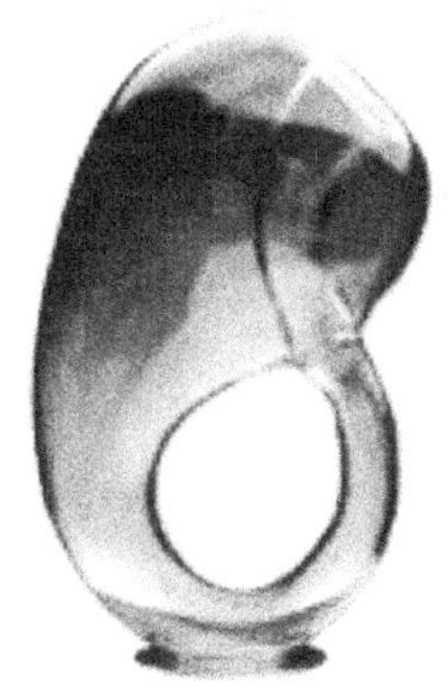

图1-25　“克莱因瓶”的原型以及建成后“克莱因瓶”式的建筑形态

“克莱因瓶”从外向内翻转的地方：建筑的外表皮慢慢变成了内表皮，室外立面的色彩与形式也随着参观者的视线自然地被引入室内。继续前行进入了“瓶颈”处，它被自己的身体包裹，在空中穿越，空间穿越空间。继续前行，空间的墙又变成外墙，其下是室外景观，当瓶子（空间）慢慢变大后，人们突然发现已来到大空间中，俯视主空间。从这一空间，人们可以回望，“瓶颈”空间如桥一样横在空中。人们可以继续前行到“瓶颈”的顶上，来到室外，到达屋顶，观看整个基地。人们也可以选择从阶梯形空间或楼梯直接到达洽谈空间（图1-26、图1-27）。

3）特点与不足分析

该建筑突破了传统住宅小区中会所的保守形象，整个建筑形态象征超前与现代化，它不仅在形式上是一种全新的探求，其丰富的空间处理也给观者带来了有趣的体验历程。只是该项目在空间和形式表达上过于复杂，需要亲自去体验和阅读，在此可作为一种具有超前意识和理念的会所设计范例供大家参考，以发散和引导空间思维能力。

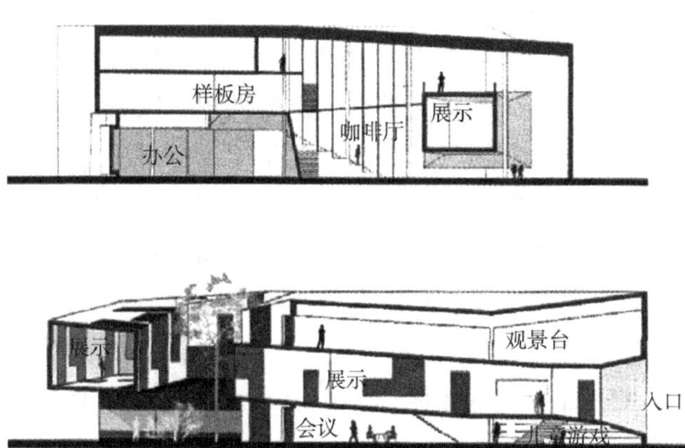

图1-26　售楼部剖面图

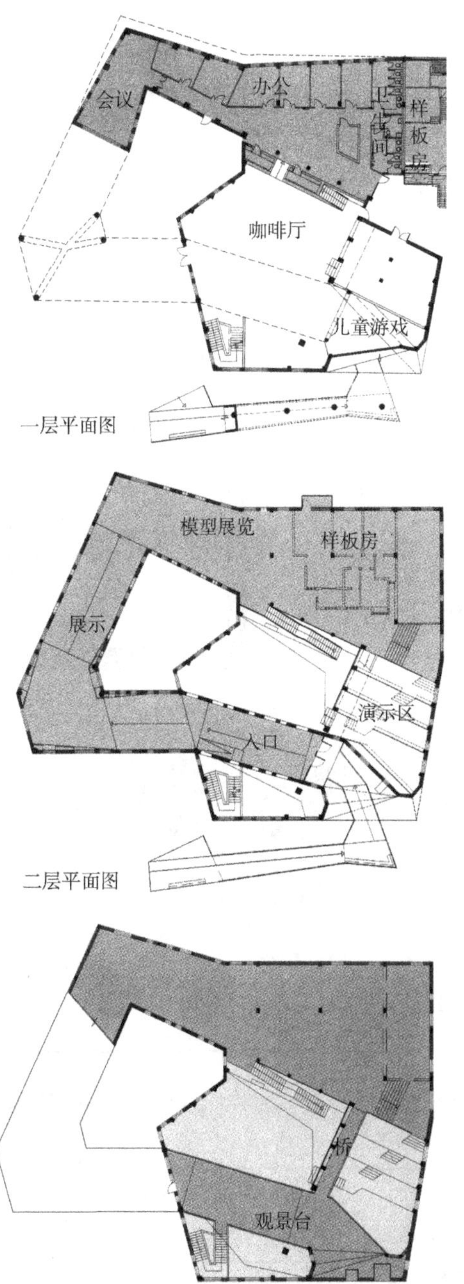

图1-27　售楼部平面图

1.4.3 学生作业（一）：售楼部设计

1）创意及构思分析

设计创意灵感或许来源于密斯·凡德罗的范斯沃斯住宅，与其他住宅建筑不同的是，范斯沃斯住宅以大片的玻璃取代了阻隔视线的墙面，空间构成与周围风景环境融为一体。本设计在造型手法上借鉴了大师的作品，建筑以方形体块进行有秩序的组合，同时利用不规则的开窗与墙面的凹陷增加了造型的趣味。

2）功能与空间分析

建筑的功能区域划分比较明确，首层大空间以接待区、展厅、休息厅为主，休息区通过踏步抬高处理，使空间得以限定。洽谈区域通过隔墙进行了空间划分，带有半私密性。卫生间被置于角落，同时，二层的卫生间上方位置设置办公空间，也符合私密的要求。从剖面上可看到，设计者根据不同功能要求进行了不同的层高安排，考虑到了空间的尺度要求及人的心理感受（图1–28）。

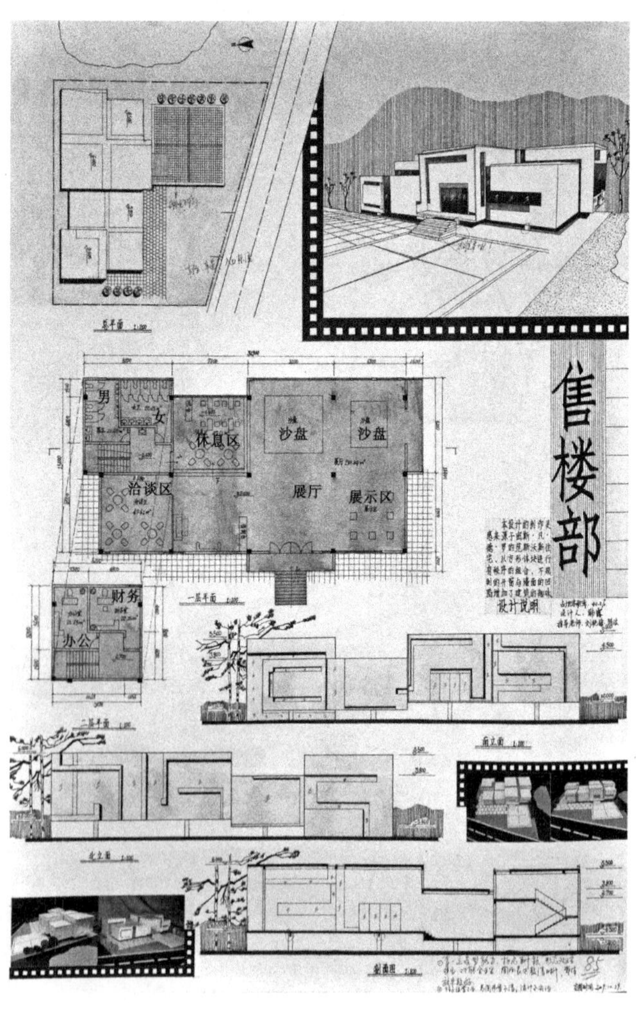

图1–28 售楼部作业1

3）特点与不足分析

该方案的功能布局考虑比较得体，造型上进行了底层架空处理，使建筑予人轻盈之感，同时立面处理也与整体简约风格相呼应，具有现代感及一定的新意。方案也存在不足之处：一方面，缺少建筑周围外环境的设计，比如较为重要的行车路线和入口标示等，建议在环境设计上加入水体及绿化的运用，以给人提供更舒适惬意的感受。另一方面，建议功能设置上加入签约的功能，如果与洽谈区合用，也应该再进行空间上的划分。图面整体清新素雅，效果较好，可惜局部表达不够完整，总体来说是一个不错的方案。

1.4.4 学生作业（二）：售楼部设计

1）创意及构思分析

方案设计主要从造型入手，运用了圆与方的组合，圆柱体部分生长于两个弧形屋顶之间。圆象征着团圆，给人以家的温馨；弧形的轻松与愉悦使人回归到自然淳朴的境界，营造心灵的一片绿洲。同时，建筑巧妙地将外部景观融入其中，优美的外部景观洋溢着芳香，将风、水、光等元素作为零距离的媒介，充分与自然融合和对话。

2）功能与空间分析

建筑功能分区合理，空间较有特点。首先，建筑主体与外部空间有门廊连接，形成了较好的空间过渡。进入主入口之后的圆形区域是整个建筑的核心，即展示空间。接待咨询被放置在入口的轴线上，也令人一目了然。展厅作为公共活动区域，同时连接了洽谈区、办公区及休息区，洽谈区与办公设置在幽静区域，保证了私密性，休息区紧靠东侧水体，也保证了景观均好性（图1–29）。

3）特点与不足分析

建筑造型上以圆为主体进行圆与方的穿插融合，突出了生动活泼的形态特征。空间处理上既有隐藏的轴线关系，也利用构架、高差等手法进行了限定，取得了较为丰富的空间效果。建议在空间关系上适当加入联系空间的运用，使不同功能的空间转换上不会过于生硬。同时建议在环境设计中加强建筑与外部环境的联系。

在图面上，整体图面布局合理，色彩丰富协调，绘图表达清晰，是一个设计立意和表现较为完整的方案。

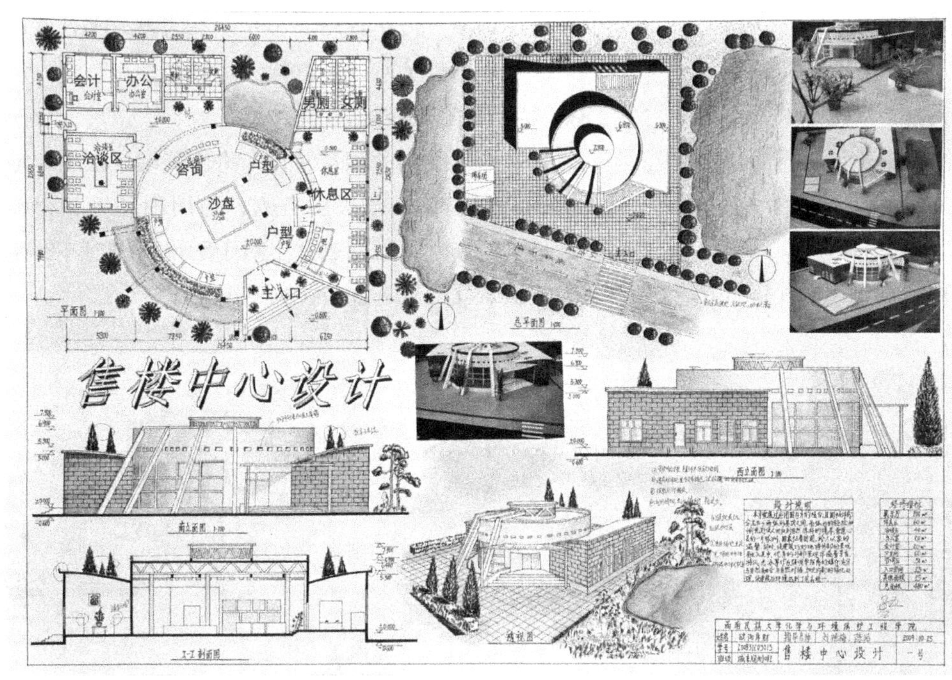

图1-29　售楼部作业2

1.4.5　简单功能空间设计——公园快餐厅

1）创意及构思分析

该设计从整体布局入手，考虑到人流走向，使入口开放，能迎接两个方向上的游客。为延伸景致，利用露天平台顺应地形作跌落变化，伸向水面。

2）功能与空间分析

平面功能布局合理，主要房间具有良好景观。后勤部分围绕小院，实现良好的采光通风。各部分功能流线处理流畅，不同部分既有联系也有空间上的划分。

3）特点与不足分析

建筑能充分利用地形，整个造型舒展，建筑尺度适宜于公园中的小品建筑，同时运用了彩色坡屋顶，显得生动活泼。不足之处在于建筑的整体布局上，入口空间稍显局促，以致亲水性稍显不足（图1-30）。

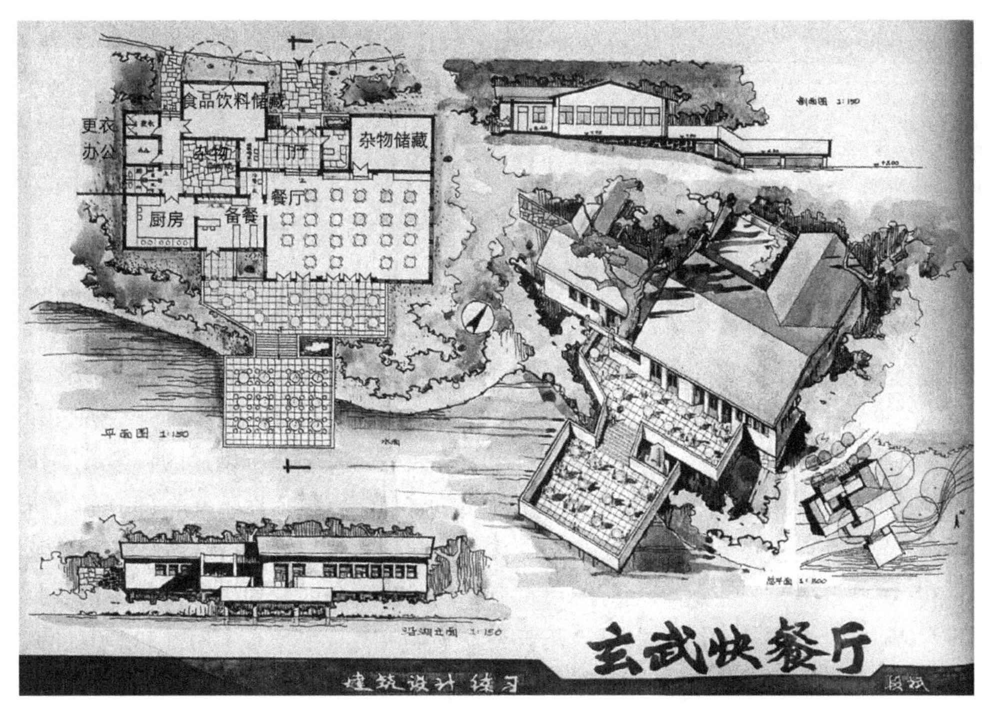

图1-30　公园快餐厅作业

1.4.6 简单功能空间设计——公园茶室

1）创意及构思分析

建筑设计主要从总平面上进行构思，考虑将总平面布局与湖岸走势相结合，既有亲水性又与道路有机联系，同时让建筑能迎向最佳景观方向。

2）功能与空间分析

平面功能组合自由，分区合理，围合出的小院环境氛围较好。茶室、冷热饮厅、小吃部都与露天平台联系紧密，建筑室内外关系处理自然。

3）特点与不足分析

通过室内外空间的相互转化，将优美湖景最大化地引入室内。同时，建筑尺度宜人，与周围环境相得益彰。不足之处在于，图面表达上对于配景的表现不够生动，同时建筑立面缺乏细节（图1–31）。[10]

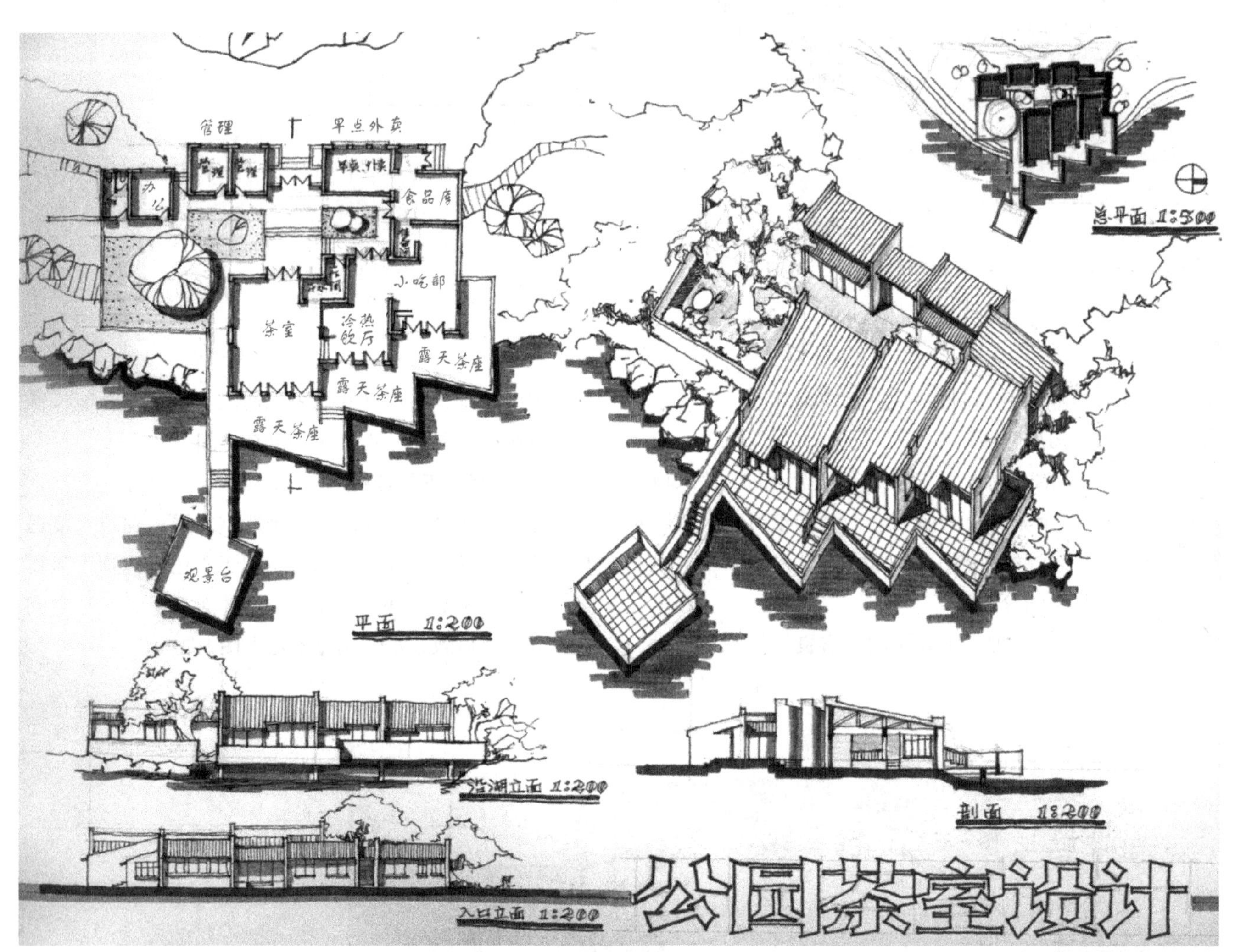

图1–31 公园茶室作业

1.5 主要参考书目及解读

1.5.1 理论类参考书

1）韩光旭，韩燕．中央美术学院实验教学丛书——会所及环境设计[M].北京：中央美术学院出版社，2006.

该书是一本主要针对艺术院校建筑、环艺专业低年级学生使用的简明扼要、可读性强的辅助性教材，力求将知识性、趣味性、资料性结合起来。在编排方法上，将范例介绍、内容讲解与学生作业评介相结合，使学生通过一些典型的课程设计，在学到一些相关知识的同时，逐步掌握一套关于会所设计的科学的工作方法和操作程序。该书内容包括以下几个部分：会所概念与功能构成、会所的规划设计、会所建筑设计及会所的建筑造型，同时附录部分列举了很多实例。此书对于建筑类院校学生是一本具有实用性和参考价值的书籍。

2）彭一刚.建筑空间组合论[M].北京：中国建筑工业出版社，2005.

本书从空间组合的角度系统地阐述了建筑构图的基本原理及其应用。书的第一章用辩证唯物主义的观点分析了建筑形式与内容对立统一的辩证关系；第二、三章着重阐述功能、结构对于空间组合的规定性与制约性；第四章从美学的高度论证了形式美的客观规律，并分别阐述了与形式美有关的建筑构图基本法则；第五、六、七章以大量实例分别就内部空间、外部体形及群体组合处理等方面分析说明了形式美规律在建筑设计中的运用。此书对于学生们积累建筑专业基础知识具有重要的参考价值。

1.5.2　图集、工具类参考书

1）刘光亚，鲁岗.会所设计1[M].北京：中国建筑工业出版社，2006.

该书收录了近年来兴起不久的会所建筑，包括天津东丽湖邻里中心、左右间咖啡、北京贝迪克阿根廷烤肉、北京太伟运动休闲度假村会所、国家体育总局射击射箭运动中心、射击俱乐部、SOHO现代城艺术馆、棕榈泉国际公寓俱乐部、富成花园会所、天津东丽湖会所、北京境界社区会所、东方太阳城社区会所、菩提树休闲会所。书中所选实例品质较高，能够代表近年来会所的发展趋向，书中内容以实景照片为主，同时配以简要的文字说明，对于学生在会所设计过程中会起到有效的引导和帮助作用。

2）建筑设计资料集（第二版）[M].北京：中国建筑工业出版社，1994.

该《建筑设计资料集》为建筑设计行业的大型工具书，是一本很好的最基本的建筑设计工具用书。其中第4集以工具手册的形式，专门介绍了办公建筑的有关设计要点与要求，对办公建筑的组成、布置形式等的设计与要求，均以较为具体的数据或文字作了详细的讲解与图示。这部分内容对小型建筑中涉及办公的部分有着较强的指导性，可以进行选择性阅读。

3）香港日瀚国际文化有限公司.深圳特色楼盘[M].上海：上海辞书出版社，2003.

该系列书以最直观、最简明也最扼要的方式向读者展示了深圳地产富有特色的各个方面，是深圳地产繁荣局面的生动记录。每本书都特别选编了近年来深圳地产建设中的多个优秀个案，对各个建区进行了详细的叙述，配有多幅彩色设计图。售楼部及会所作为小区中的公共建筑，也成为书中的重点案例加以介绍。该系列书重在强调读者的感性认识，是一套不错的设计参考书。

4）香港科讯国际出版有限公司.潮流设计1（上）售楼处[M].武汉：华中科技大学出版社，2008.

该书介绍了一系列近几年新建的售楼部，根据不同的风格，分为几个部分：奢华主义、时尚主义、现代主义、简约主义、自然主义、中式主义。书中内容以实景照片为主，同时配以平面设计图及简要的文字介绍，对于学生在设计过程中了解售楼部设计倾向会起到有效的引导作用。

1.5.3　规范类参考书

1）《建筑设计防火规范》（GB 50016—2006）

该规范的内容是建筑设计专业人员必须认真学习和掌握的。在小型公共建筑设计中必须掌握的内容包括：

第1章　了解该规范所适用的建筑。

第5章　了解民用建筑耐火等级的分类，民用建筑的耐火等级、最多允许层数和防火分区最大允许建筑面积的相关规定；认识民用建筑防火间距的规定；理解民用建筑安全出口的设置，公共建筑设置安全出口的条件，对于公共建筑疏散门的规定，民用建筑的安全疏散距离应符合的规定，建筑中的疏散走道、安全出口、疏散楼梯以及房间疏散门的各自宽度规定。

第6章　了解消防车道设置的相关规定。

2）《民用建筑设计通则》（GB 50352—2005）

该规范内与售楼部建筑设计相关的主要条款应把握的主要内容有：

第3章　民用建筑的分类，设计使用年限，建筑与环境的关系，建筑无障碍设计的要求，停车空间的要求。

第4章　需要掌握基地与道路红线的关系，基地机动车出入口位置。

第5章　了解建筑布局的规定，建筑日照标准应符合的要求，建筑基地内道路应符合的规定，道路与建筑物间距应符合的规定，绿化设计应符合的要求。

第6章　理解建筑物设计的平面布置，层高和室内净高的要求，地下室和半地下室要求，厕所、盥洗室、浴室应符合的相关原则及尺寸，台阶、坡道和栏杆应符合的规定，其中楼梯踏步的高宽设置及相关规定要认真理解。

第7章 建筑物采光和通风的相关规定要加以认识。

1.5.4 其他类参考书

1）中国环境艺术设计年鉴[J].北京：中国建筑工业出版社，2008.

该书主要总结了中国一年来在环境艺术设计领域最具有影响力的设计项目和观点，以环境审美为核心，关注环境人文，内容包括“筑·境”、“景观·环境”、“室内·环境”、“公共艺术·设施”、“环境艺术设计教育”等领域，具有跨学科的系统性整合特点。书中案例丰富，是值得鉴赏和参考的书籍。

2）香港科讯国际出版有限公司.时代楼盘[J].

《时代楼盘》杂志是香港科讯国际出版有限公司策划出版的大型建筑类专业月刊，创刊于2004年12月，全年12期，是全国首家反映楼盘设计领域现状及成果的专业刊物。刊物具有专业性、前瞻性和多样性，多角度关注建筑设计的发展趋势，关注建筑设计师的思考与创意活动。每一期都有关于小区配套设施的方案介绍，并推广设计师时尚、新颖的设计方案及成功案例，是值得参考的手头杂志。

注释：

[1] [1、2]卓刚.售楼部建筑设计初探——兼论传播学对建筑设计的影响[J].建筑设计研究，2007（5）.

[2] [3]唐盈.售楼部设计及其研究[D].西南交通大学硕士学位论文，2008.（12）：53.

[3] [4]韩光煦，韩燕.会所及环境设计[M].北京：中国美术学院出版社，2006.

[4] [5]邓雪贤，周燕珉，夏晓国.餐饮建筑设计[M].北京：中国建筑工业出版社，2007（7）.

[5] [6、7]黎志涛.一级注册建筑师考试建筑方案设计（作图）应试指南（第四版）.北京：中国建筑工业出版社，2009：20.

[6] [8、9]鲍诗度.中国环境艺术设计[M].北京：中国建筑工业出版社，2008.

[7] [10]黎志涛，权亚玲.快速建筑设计100例（第二版）[M].南京：江苏科学技术出版社，2008.

图片来源：

[1] 图1–1.http://www.zhulong.com/index.asp

[2] 图1–2，图1–16. 香港科讯国际出版有限公司.潮流设计1（上）售楼处.

[3] 图1–3.http://www.mima.cn/main.htm

[4] 图1–4.http://www.jade–city.cn/main.html

[5] 图1–5，图1–7，图1–9，图1–15，图1–21，图1–22.自摄.

[6] 图1–6.http://esf.huizhou.soufun.com/newsecond/news

[7] 图1–8，图1–19，图1–20.内部资料.

[8] 图1–10，图1–11，图1–12，图1–13，图1–14，图1–18.自绘及改绘

[9] 图1–17.徐苗.住区会所设计研究[D].重庆大学硕士学位论文.2003.

[10] 图1–23，图1–24，图1–25，图1–26，图1–27. 鲍诗度.中国环境艺术设计.

[11] 图1–28，图1–29. 内部资料.

[12] 图1–30，图1–31. 快速建筑设计100例.

第2章　简单功能空间的设计
——别墅设计

2.1　别墅设计概述

2.1.1　别墅的概念和特点

1）别墅的概念

别墅在《辞海》中的解释为："别墅，本宅外另置的园林建筑，游息处所。" 古人称之为"别野"、"别业"。在《中国大百科全书：建筑·园林·城市规划》中也指出："别业（villa）一词是与'旧业'或'第宅'相对而言，业主往往原有一处住宅，而后另营别墅，称为别业，称别墅时，则是突出其园林气氛，以区别于一般住宅。"所以，真正意义上的别墅应该指的是别业，是供人居住和休憩的独户住宅，是一种理想的居住形态。

不过现在对别墅的理解发生了一些变化，国内的别墅所覆盖的范围极广，它不但包括了每户独幢的独立住宅，开发商也常把双拼别墅、叠拼别墅、联排别墅甚至有些住宅都统称为别墅。这不免存在开发商对别墅概念的套用，同时也反映了人们对别墅居住形态的向往。

2）别墅的特点

（1）别墅首先属于居住建筑，因而具有居住建筑的所有属性，例如强调居住的方便舒适和私密性，作为私人生活的场所，它应是居住、餐饮、娱乐休闲的综合体，空间及造型亲切宜人等。

（2）别墅又不同于一般住宅，具有明显的特点，主要表现在以下几个方面：

• 单独设计建造，舒适度高。别墅一般属于私人建造或为某些居住者的需要而专门建造的。因此，真正的别墅都是按环境条件和业主要求"量身定做"而绝不是像普通城市住宅那样"批量生产"的[1]，可以满足业主的真正需求，具有很好的舒适度。

• 用地环境特殊，注重对环境的利用。别墅用地环境与普通城市住宅不同，通常位于环境优美的地区，如山上、水边、林中等景色优美、富有情调的地区。在设计上特别强调与环境的适应和协调，注重与环境的"对话"，就像赖特所说的建筑应该从环境中"生长"出来，它应该是独一无二的。

• 个性突出。别墅既然是"量身定做"的，势必根据业主的个人情趣及特殊需求而展现出不同的个性，如画家要有画室，设计师要有工作间，音乐家要有琴房，作家要有书房。另外，不同的人建造别墅的目的也不同，有家族使用、家庭使用、个人使用，也有以社交为主、聚会为主、休憩为主、读书为主等。不同环境、不同需求，对别墅设计的要求也不同，形态也就各有千秋。因而，彰显个性是对别墅的必然要求，正如著名建筑师与学者道格拉斯·道林说的，别墅之美在于彰显灵性。灵性又在哪里？在于自然环境的优美，在于地段的稀缺，在于建筑艺术的高超与别致，这一切，融合成别墅的不可复制特性，就像闻名世界的流水别墅，它是世界上独一无二的。

• 体量小，造型丰富。别墅的体量小，但它灵活自由，限制较少，结构也相对简单，可以创造出非常丰富的空间效果，是形态最为丰富的一种建筑类型，见图2–1所示。这里所看到的只是别墅世界的沧海一粟。

3）学习别墅建筑的意义

无论理工或艺术院校的建筑与环艺专业，无不将别墅作为课程设计的保留课题，这是因为别墅设计对初学者入门非常有好处。

（1）别墅功能完整，有很强的代表性。别墅作为居住建筑的一种，它在民用建筑中具有很强的代表性。别墅具有居住建筑的全部功能，通过别墅设计，可以在功能分区、交通组织、结构布置等方面获得完整概念和基本训练。建筑有大有小，功能千差万别，但其基本设计程序和方法大同小异。学会设计别墅，可以举一反

图2–1 形态丰富的别墅建筑

三，为以后从事更复杂的设计打下基础。另外，别墅功能小而全，又很典型，课题贴近生活、易于理解，比较适合初学设计的人掌握。

（2）别墅空间灵活，造型要求高，发挥余地大。别墅形态多样，限制又少，对初学者训练建筑造型能力是很有利的。另外，别墅的功能组合既有一定规律，又有很大的灵活性，各个单元空间、体块通过排列组合可以形成多种方案，获得不同的形象效果。这个形象推敲的过程实际就是方案优选的过程，对于全面训练和提高造型能力有重要意义。同时，在这个过程中，可以对别墅及相近类型建筑的性格特征和造型规律有所掌握，这是一种有益的积累。

（3）完整的方案训练过程与规范的成果表达。别墅设计作为学习建筑设计的入门课题，要求设计过程、工作方法和成果表达全面、规范而完整。通过这一课程设计可以使初学者从分析任务书、环境调查、方案构思、推敲定案和图纸绘制、模型制作直到文字表达得到全面训练。学习别墅设计犹如“解剖麻雀”，对于建筑学类专业学生来说，是一个必不可少的过程。

别墅作为一种典型的居住建筑，是设计实践中最常见的一种建筑类型。另外，别墅具有广阔的创作空间，各种设计理念、设计手法、新的设计尝试都可以在别墅创作中得到充分的发挥。因此，在现代建筑史上，几乎所有著名的设计大师，在别墅这一建筑类型上都有他们的代表作，为我们留下了经典的传世之作。为此也希望通过别墅设计能吸引初学者进入建筑设计这个广阔的领域，培养学生对建筑设计的兴趣。

2.1.2 设计要点和难点

1）别墅设计的要点

（1）注重周围环境的关系和利用，结合自然景观，与周围环境相协调。

（2）注重别墅的空间形态与功能相结合，充分体现别墅的舒适性，满足业主的需求。

（3）注重造型的可塑性，充分反映居住者的个性追求。

2）别墅设计的难点

（1）建筑与环境关系的把握。初学者往往一开始就钻进单体设计中，对环境条件不进行深入分析，导致方案违背许多环境条件的限定，最终使单体建筑本身失去了环境特色和个性，变成放到任何地方似乎都说得过去的通用模式，这是初学者易犯的通病。

（2）空间创意。初学者的空间感知力和想象力不足，而且缺乏技巧，过于拘泥，会使得作品形象呆板，空间单一，不能反映别墅设计的特点。

（3）形态的控制。别墅的例子很多，但如果盲目追逐各种潮流，不加分析地抄袭各种手法，堆砌在自己的方案中，会造成空间混乱，建筑形象琐碎零乱，建筑与环境的关系生硬、牵强。

（4）设计的综合能力。别墅设计应该将基地分析、功能组织、空间布局等多种因素综合考虑，在整体构思、多方案对比下得出最优结果。初学设计的人往往缺乏综合思考和解决问题的能力而在设计中顾此失彼，难以形成较完善的设计方案。

2.1.3 设计任务与目的

别墅设计是建筑设计者入门阶段的基础设计课程。学生通过学习要完成这一阶段的任务并能达到一定的目的和要求，主要有以下几个方面的内容：

（1）了解别墅这类建筑的特点，掌握别墅设计的基本方法，锻炼学生空间组合和空间造型的能力。

（2）掌握建筑设计的基本方法、步骤，提高方案构思能力。

（3）加深了解建筑设计中各要素之间的关系：建筑—功能—空间—形式—环境—心理等。

（4）掌握人体工效学在建筑空间中的运用，了解人体的基本活动尺度。

（5）初步建立以人为本，注重环境的设计观念。

（6）加强建筑设计中徒手表达、构思草图及色彩表现的技巧。

2.1.4 设计的一般过程

设计过程就是一个把任务书的抽象要求转变为具体的空间形态的过程，最终是通过作图来表现创作成果。因而通过设计可以锻炼设计者的图示思维和表达能力。别墅设计的过程也是一个创造性思维的过程，但它也不是想怎样设计就怎样设计，它必须遵从一定的规范要求、技术条件，它是艺术、技术相结合的过程，是一个综合性很强的过程。一般来说，设计要经过几个阶段：

（1）接受任务，收集资料阶段。本阶段需收集的资料包括：实地踏勘的资料；相关的背景资料，如气候、水文、历史文化等；当地的法规、规范等资料；其他别墅设计的实例资料等。

（2）资料分析阶段。对任务书、设计条件、基地环境、别墅功能、业主需求等相关资料进行分析归纳，提出设计要解决的问题，是方案构思的基础。

（3）方案构思阶段。方案比较，完成构思草图。

（4）方案综合阶段。将方案进行进一步推敲，将设计要求准确地落实到空间形态之中，完成对别墅比例、尺度、造型等的详细推敲，形成全套草图。

（5）综合评估。核对任务书，对方案的功能、效能、经济性等作综合评定，最终确定方案。

（6）设计结果的表达。通过正式绘制的图纸和模型，对方案进行完整的表达，最终完成整个设计过程。

另外，值得初学者注意的是，这个过程不是一条“直线”，而是一条“曲线”，也就是说，方案设计会有很多的反复，有可能进行到后阶段再推倒重来，这是很正常的事。因为建筑设计是无止境的，永远没有最好，只有更好。这可能也是它的魅力所在，永远引导你去探索。所以，对初学建筑设计的人来说，一不能偷懒，二不能气馁。

2.2 立意构思与总图设计

2.2.1 分析与立意构思

1）设计分析

分析是设计进行的第一步，别墅设计的分析主要包括基地分析、功能分析和空间形态分析等。

（1）基地分析

基地分析是分析的第一步，主要包括基地的自然环境、人文环境及动线分析等。

- 基地的自然环境分析

基地的自然条件分析包括分析基地周围的景观、日照条件以及基地本身的地貌、植被、地形和形状等，见

图2–2（*a*）。通常基地条件对设计来说既是限制条件，同时又可成为构思的灵感，比如基地的坡度往往直接影响别墅的平面形态和剖面设计，但坡地所形成的独特的建筑造型也是平地无法比拟的。因而在充分分析的基础上，通过细腻而准确的处理，也可以化基地原有的不利因素为有利因素。

a.景观分析

主要包括基地周围的自然风光如海景、山景、植被以及林木等，人文景观如古迹、文物等以及基地范围内的可以成为景观的一切有利条件。合理地处理周围的景观，是别墅设计至关重要的环节。通过景观分析，利用对景、借景等手法，将景观因素作用于别墅功能形态的构成关系中，形成建筑与环境的有机结合。

景观分析的主要方法是对基地地形的仔细分析和标注以及对基地进行现场勘察：许多建筑师往往是亲自在基地上踏勘，在地形图上详细标注视力范围以内的自然景物以及从基地看去的视角和视距，甚至包括山的高度、仰角等，以便确定别墅的走向及开窗的方向和角度等。如图2–2（*b*）所示，对基地进行了景观视野的分析，同时也完成了对基地的动静分区。

b.气候分析

气候对建筑设计有直接的影响，其中通风和采光直接影响着别墅各个功能空间的布局以及开门开窗的设计。良好的通风日照处理是提高别墅舒适度的重要条件。一般来说，别墅的生活起居空间需要比较充分的日照，并争取布置在南向以及东南或西南向，而别墅的服务、附属空间则可布置于没有直接日照的北向。不同时间、不同季节的光影效果也不同，日出和日落带给人不同的美感。另外，在建筑造型设计中，对光影的考虑也是不可缺少的一个重要环节，把阳光作为建筑塑造中的动态造型元素，会使建筑的层次更加丰富，色彩更加生动。如图2–2（*c*）所示，就是一个气候分析图，图中表明了该区的主导风向和太阳运行的轨迹。

c.地形地貌分析

基地地貌条件包括基地上现存的建筑物、树木、植物、石头、池塘等物质因素。这些地貌因素通常限定了别墅平面的形状和布局，需要在地形图上做出标定，以便设计的深入和完善。图2–2（*d*）就是一个地形分析图。

d.坡度分析

基地很少有百分之百的平地，地形将对别墅的平面、剖面设计产生极大的影响，限制空间组织的方式和平面的自由展开。

• 基地的人文背景分析

任何建筑都必然处于特定的自然与人文双重环境中，受自然环境与人文环境的影响和制约，同时，建筑也通过自身的形态作用于自然和人文环境。不同地域文化会造就不同的建筑形态和风格，同时，地域文化反映于居住者的生活方式中，使建筑的空间布局、使用方式、建筑特征有所差别。这些都需要在设计构思中加以考虑。基地的人文条件分析包括分析基地所处的特定地区的文化取向、建筑文脉、地方风格，以及详细了解限定别墅设计的地方法规、规划控制条例等。

• 基地的动线分析

所谓动线，就是指人流及车流的运动轨迹。对基地的动线进行分析，可以具体把握基地周围和基地内部的人、车运动的速度、路线及方式，对建筑出入口、车库的位置及停车方式的选择，以及建筑造型重点的选定，都具有非常重要的作用。基地的动线分析包括基地周边流线分析和基地内部流线分析，将在后面的总图设计中详细讲解。

（2）别墅的功能分析

一般认为，别墅功能相对比较简单，主要具备家庭生活所需功能，如起居、卧室以及相应的厨房、卫生间等辅助空间。有些别墅可能仅仅包括起居室、餐厅、厨房、卫生间、卧室以及必要的储藏空间，而功能相对复杂的别墅，可以有更多的居住者的个性化使用功能，如设置专门的画室、音乐室、图书室等，这些都是根据业主的专门要求来进行设计。

一般别墅的主要功能空间可以基本分成四类，即起居空间、卧室空间、交通空间和辅助空间。每一类对空间环境的要求都不同，如起居空间是活跃的公共的空间，卧室空间是安静、私密的空间，辅助空间主要包括别墅所必需的服务设施，交通空间把以上三者联系成为一个有机的整体（图2–3）。对于初学建筑设计的人，通过使用空间的特性和各功能空间的相互关系进行功能分析图的绘制，是进行空间组织和布局的有效手段，也是初学者应掌握的一种设计方法。从图2–3可以看到功能分析基础上的功能位置与周围环境的直接关系，为平面形态的出现奠定了基础。

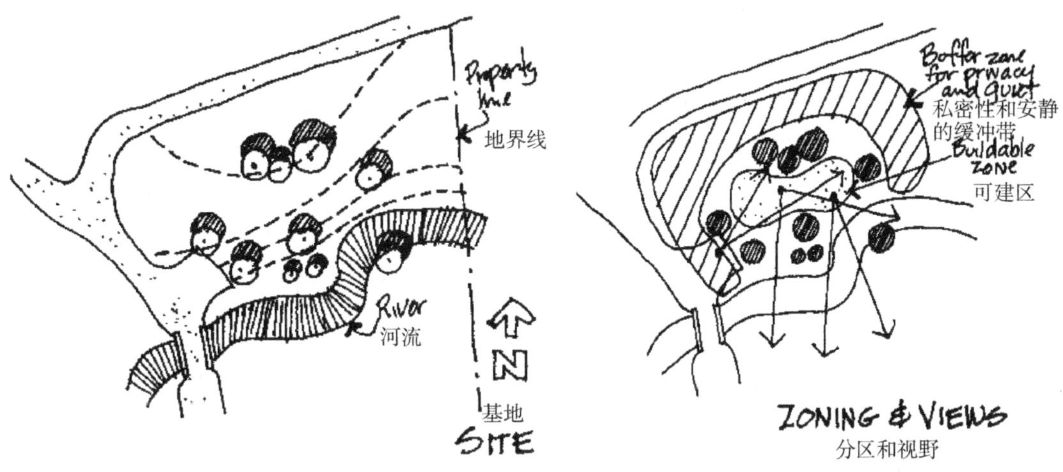

（a）基地条件　　（b）基地分区和视野

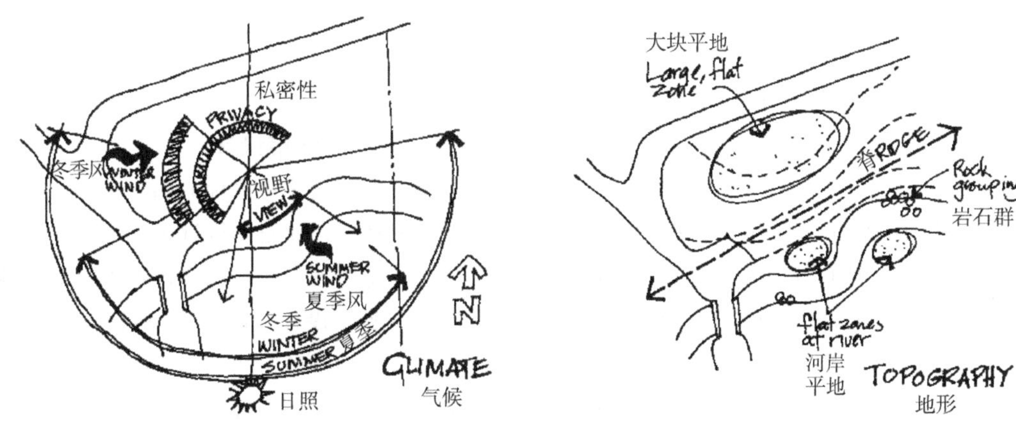

（c）气候分析　　（d）地形地貌分析

图2–2　基地分析图

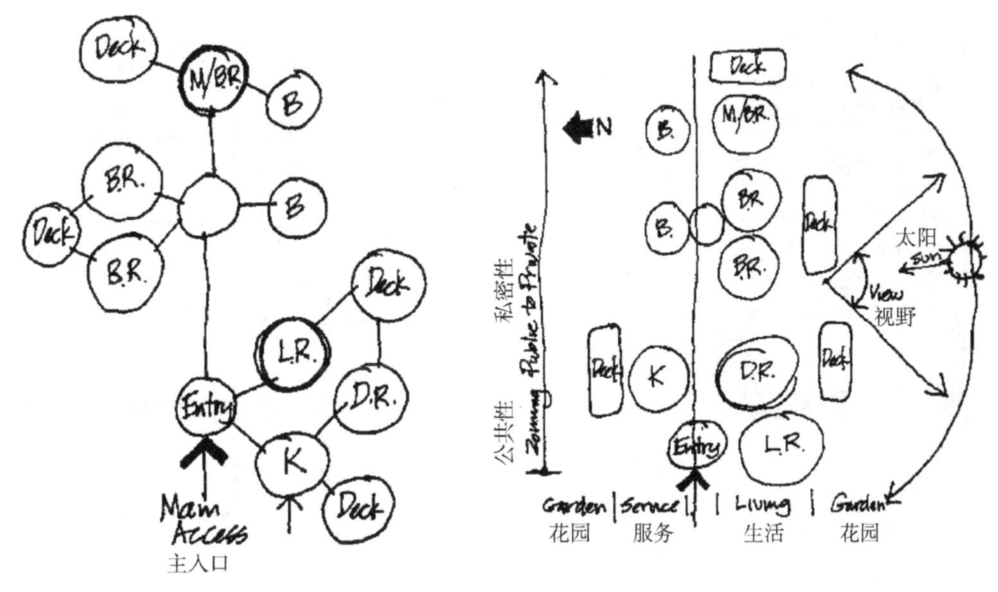

（a）功能分析图　　（b）位置关系图

图2–3　功能分析与位置关系图

（3）空间形态分析

空间形态的分析是通过对空间的大小、形状、尺度、位置及不同空间的相互关系等的分析，将建筑的内容空间化、形态化的过程，是建筑设计的关键环节。如图2–4所示，反映了从空间形态分析到方案的产生。

2）分析的方法和手段

（1）分析方法

好的设计方案反映的应是环境、平面功能、空间形态、立面造型的完美结合，因而建筑分析构思的时候一定要有整体观念，遵从从整体到局部，从局部到整体的设计方法。从整体入手，在总图设计的时候要将建筑造型、功能、环境综合到一起考虑，在建筑单体设计的时候，平面、立面、剖面要整体考虑。初学者往往缺少整体意识，如推敲平面的时候不考虑立面效果，造成平面功能都很完善了，可到立面设计的时候却很不好处理，而很多类似的在设计中遇到的尴尬就是由于没有从整体考虑造成的。

（2）分析手段

建筑设计是一种图示思维与解决矛盾的过程，为此，分析过程也反映着一种图示思考的特点。图示思维及表达是学习建筑设计所必须掌握的一种方法和手段，并应随着设计的深入而不断强化。图2–5~图2–7是图示分析的例子，是对同一基地所做的不同方案，是对每个方案的推敲中所遇到的问题及如何用适当的形态来解决问题的思考过程。从中可以感受到设计者的思维分析过程及解决问题的图示过程，值得学生深入体会和学习。

3）立意与构思

立意和构思是建立在理性的分析基础上的感性思考过程，是充分发挥想象力和创造力的阶段。立意就是提出建筑整体的抽象的概念或想法，类似于文章的中心思想，构思就是用具体的建筑语汇来表达抽象概念的过程，二者缺一不可。一个好的建筑设计是不断进行立意与构思的结果，特别是开始阶段的立意与构思具有开拓的性质，它对设计的优劣与成败会起到关键作用，是出色的建筑创作的基础。

别墅个性十足，其立意构思方法有多种，如从环境入手、从功能入手、从意境构思入手、从形象入手、从行为构思入手、从文脉构思入手、从结构入手等。

2.2.2　总图与环境设计

总图设计是建筑设计的第一步，任何建筑都脱离不了特定的环境，而总图设计正是反映了设计者对建筑及其环境的整体思考。总图设计不仅要对建筑的形态构成关系进行整体设计，而且还要对相应的环境进行设计。它们是一个相得益彰的整体，缺一不可，而初学者往往只关注建筑单体的设计，忽视了其与环境的关系，这与其不重视总平面设计有直接关系。

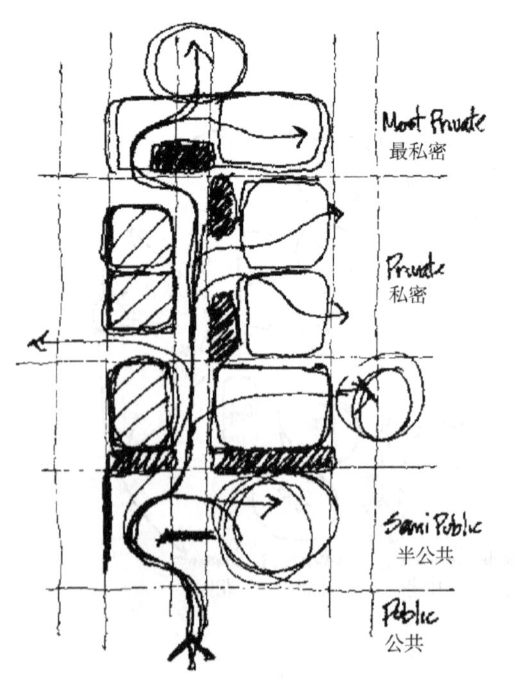

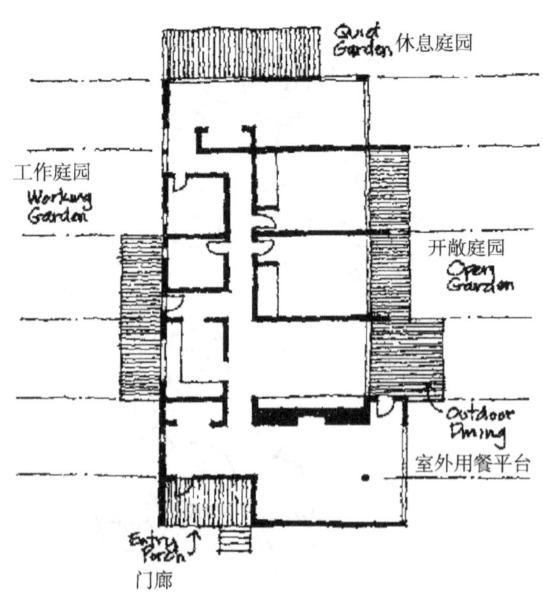

图2–4　空间形态分析图

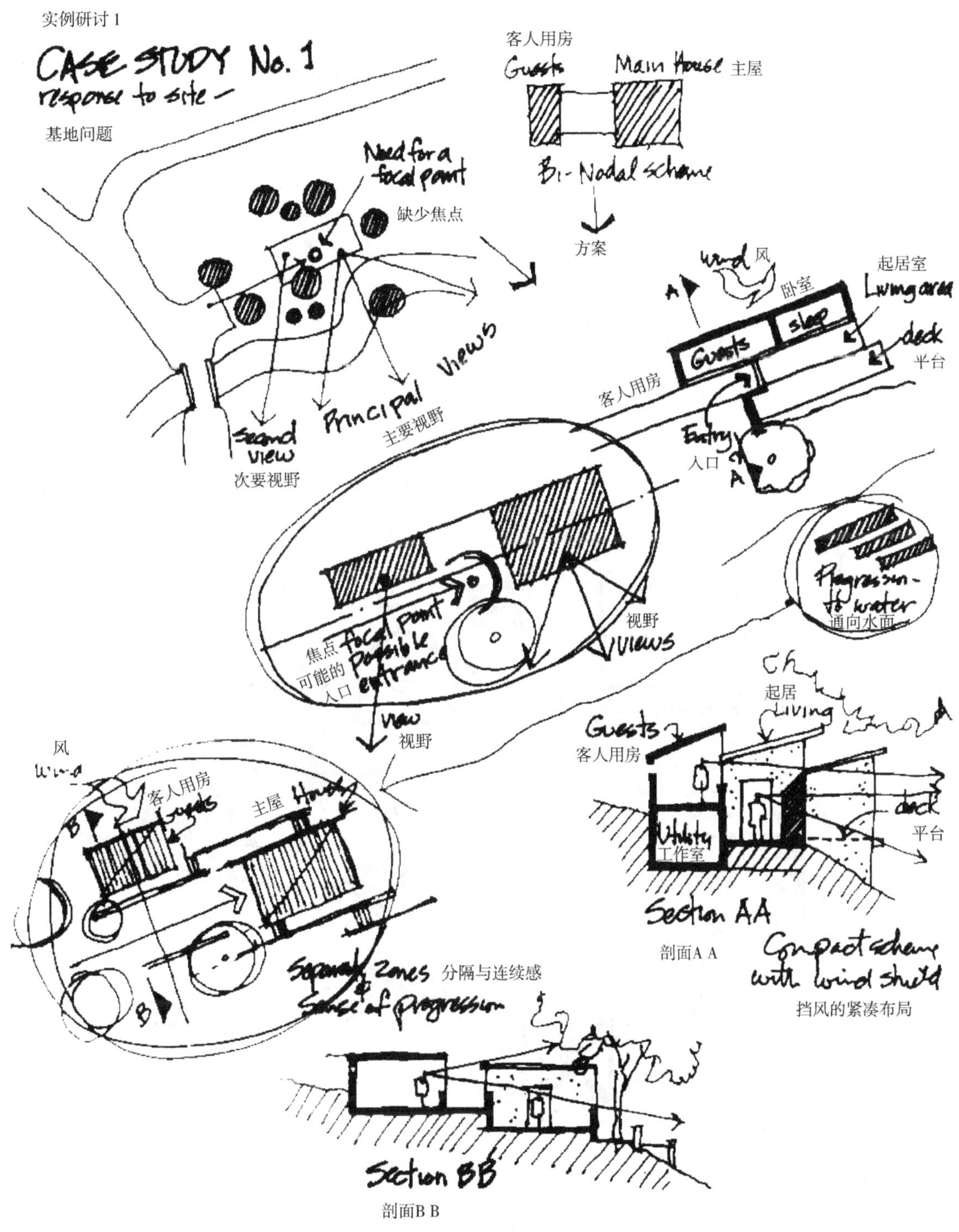

图2–5　实例分析1

1）总平面设计

（1）别墅出入口的确定

出入口的确定包括从基地周边的交通进入别墅庭院的出入口和进入建筑内部的出入口。这是总图设计的第一步。一般来说，别墅的庭院入口，考虑外部交通的影响，不宜选择在快速、交通流量大的城市道路上。从外界入口到建筑入口的通达方式决定着基地内的交通流线组织并影响着具有主要表现力的建筑体量和造型形态的布局位置，它们是相互关联的，为此，在总图设计中要综合考虑。进入别墅内部空间的出入口的确定，要根据庭院入口、建筑形态、建筑的日照关系、内部功能布局及基地内的流线组织等综合考虑。

（2）基地内动线组织

基地内的动线包括人流和车流的运动轨迹。人流包

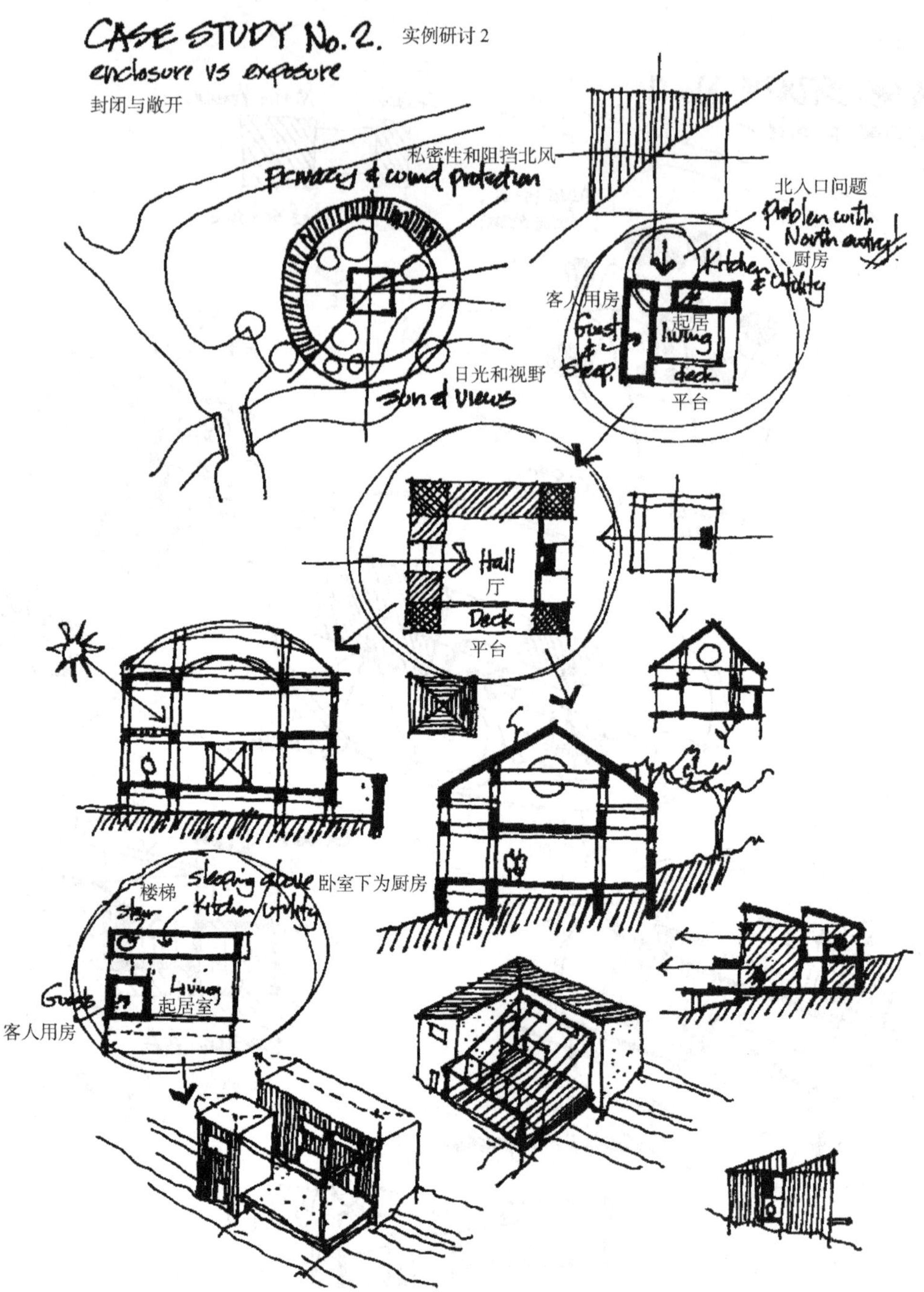

图2–6 实例分析2

括业主、客人、佣人等的运动轨迹，他们往往使用建筑的不同入口，以期各自直接到达起居空间或辅助空间等不同性质和使用功能的空间。别墅的车流主要是私人轿车的进出轨迹，它对别墅环境影响较大，需对道路宽度、转弯半径和车库的位置进行仔细设计（图2–8）。[2] 通常应设计成轿车以最直接、便捷的方式进入别墅的车库，这样车库的位置直接影响着车流的路线，如图2–8所示为根据不同车库位置而进行的车道和停车空间的设计。总的来说，车库的位置要尽量避免占据好的朝向，同时注意车流对别墅内部空间质量的影响，如车的进出对卧室空间的影响。

2）别墅空间形态的构成关系设计

确定别墅空间形态的构成关系是总图设计中的重要环节，它是进行别墅单体深入设计的基础。要求将别墅的空间形态与基地结合进行整体构想，它们形成图与底的关系，二者缺一不可。如图2–9所示，总图中的建筑形态构成关系和建筑形态与环境的图底关系一目了然，因而在总图上推敲建筑形态关系是很有必要的。初学者

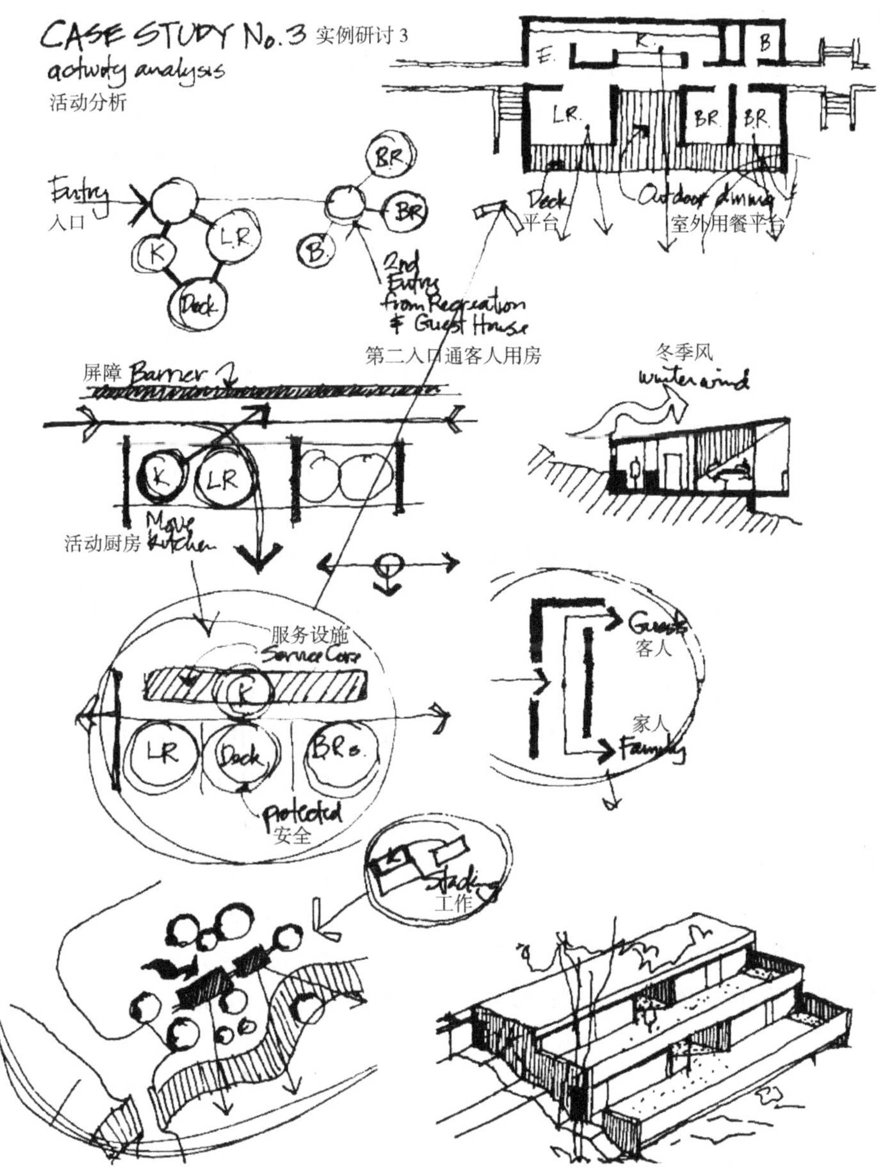

图2–7 实例分析3

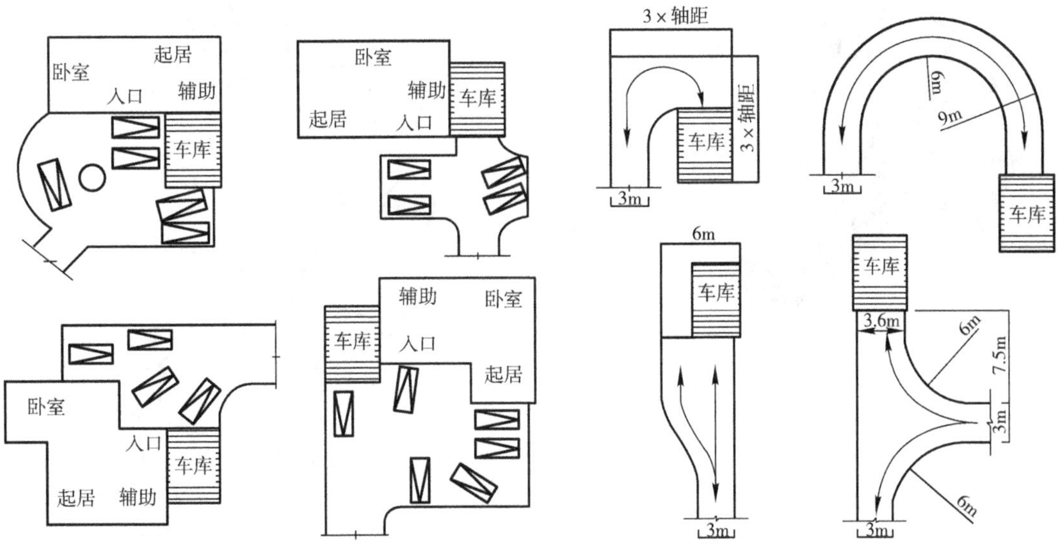

图2–8 车库分析图

往往陷入别墅单体内部形态的构思和推敲中而忽视了建筑与基地关系的推敲，造成建筑形态出现与基地的边界有冲突不相适应，或与周围环境不相匹配等原则性的错误，使方案推倒重来。在总图中的建筑空间构成关系设计包括确定建筑在基地中的位置、建筑的基本形态、建筑的层数等，最终完成对建筑和场地的整体构想。设计时要处理好几个关系，即建筑位置与环境的关系，建筑形态和环境的关系和建筑层数与环境的关系。

3）别墅庭院及户外设施的设计

别墅外环境的设计也是总图设计的重要内容，包括庭院空间及户外设施（如游泳池、运动场所等）和小品等的设计。这也是初学者常常忽视的内容，致使总图设计过于空泛。别墅外环境的形态与建筑形态有直接的关系，是总图设计中的构成要素。同时还要考虑户外环境和内部空间的功能联系，如主要的景观应与客厅有一定的联系，而户外的服务环境应与厨房直接相接等。

2.3 平面功能空间设计

2.3.1 平面功能空间组织原则

别墅的空间使用效果取决于空间功能的合理组织。虽然由于别墅的主人不同，各个功能区域所包含的服务设施也可能不同，但合理的平面空间组织都要把握好以下几个原则：

1）合理的功能分区

功能分区就是要根据各功能空间的使用要求、性质及使用时间等进行合理的组织，使性质和使用要求相近的空间组合在一起，避免性质和使用要求不同的空间互相干扰。别墅的功能分区主要包括：

（1）公私分区

按照空间使用功能的私密程度来划分，也可称为内外分区，要求在空间组织和流线安排上满足居住空间的私密性要求。如图2–10所示，反映出住宅空间从入口到卧室经历了公共空间、半公共空间、半私密空间到私密空间这样一个私密性序列。

（2）动静分区

别墅空间中的动区包括会客室、起居室、餐室、厨房和家务室等，使用时间一般在白天或部分夜晚。静区主要包括卧室等，一般在夜晚使用学习和工作空间。要求在空间组织中将动区和静区作适当的分割以避免干扰，如图2–11所示。

（3）洁污分区

也称干湿分区，要求厨房、卫生间集中布置。

2）舒适的空间环境

较高的舒适性是别墅的特性。要求在平面设计中尽量保证各个空间环境的舒适性，包括各个使用空间必须

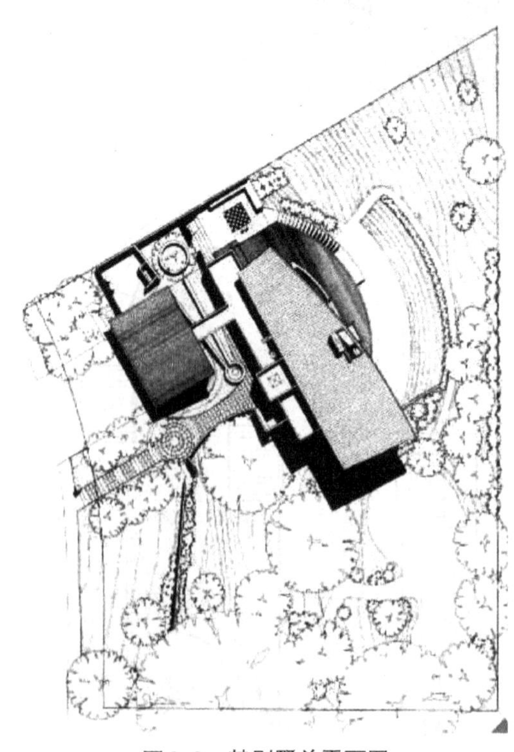

图2–9 某别墅总平面图

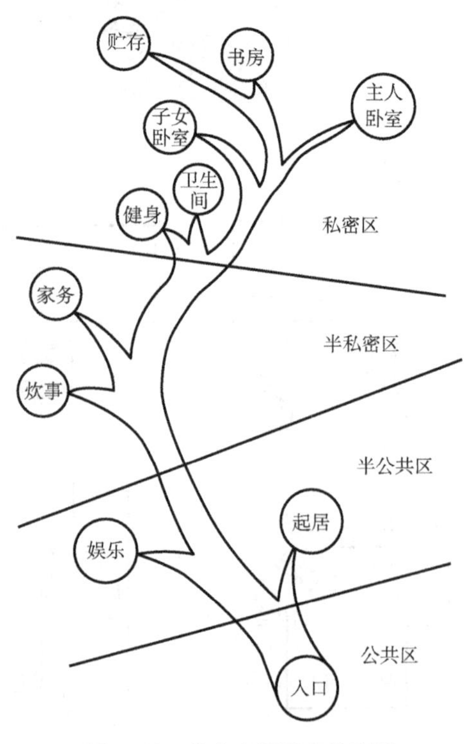

图2–10 住宅空间私密性序列

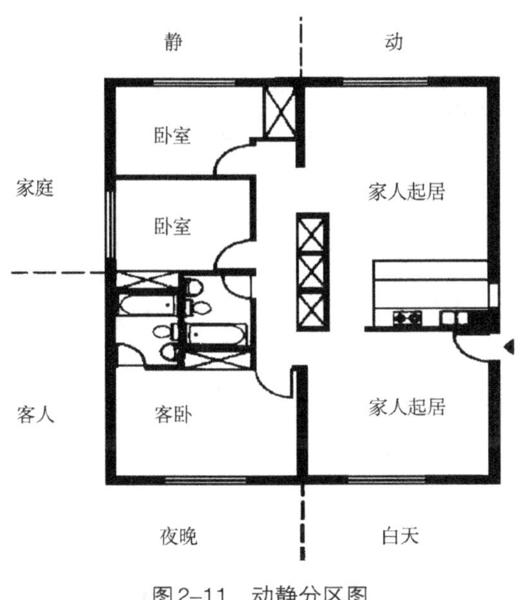

图2–11　动静分区图

具有合理的比例和尺度，避免出现过于狭长的空间，同时每个房间要有良好的通风和采光，开窗面积不能低于房间面积的1/7。另外，每个功能空间要有合理的流线位置和景观朝向，如：起居室虽然处于流线的动区，但也应有相对完整的空间，有充分的采光和良好的景观朝向，如图2–12所示。卧室要避免干扰，同时还要有较好的采光，餐厅和厨房要有好的联系，卫生间也应有必要的采光和通风等。

3）高效的交通组织

交通组织的高效性通常是评价建筑平面效率与合理性的重要元素。别墅中主要的交通空间有：门厅、走廊、楼梯、过厅等。在设计中要减少交通空间的面积，提高建筑的使用面积。

2.3.2　主要房间的设计

1）起居室

起居室是整个别墅的核心，有接待客人和家庭聚会的功能，一般30m²左右，除非有特殊要求的，否则大而无用。起居室属于别墅内部的公共活动空间，在空间处理上也比较自由，在流线位置上通常与主入口有比较直接的联系，要求空间相对完整，并有良好的采光和景观。

2）餐厅

餐厅是居住者进餐的场所，同时与起居室和厨房有直接顺畅的联系。在空间布局上，餐厅与起居室往往可分可合，即使分割也采用比较模糊的方式。面积一般在15m²左右，开间净宽不小于3m。如图2–13所示，客厅和餐厅连成一个大空间，使别墅中的公共空间更开敞通透，又在层高上作了不同的处理，增加了空间的层次。

3）家庭间

主要针对家庭内部的活动使用，属于半公共空间。面积一般为20m²左右，基本能满足使用要求。

4）书房

读书、办公的场所，应该布置在别墅中相对安静、私密的位置，应远离主要的公共活动空间。

5）主卧室

主人专用的卧室空间，较为宽敞，面积一般在20m²以上，包括卧室、卫生间与更衣储物室。一般更衣储物室为联系空间，卧室与卫生间分置两端。主卧室是别墅中比较重要的使用空间，通常设在采光、景观良好的位置，如图2–14所示，并力争做到相对的独立。

6）次卧室

比主卧室小，一般15m²左右，是私密空间，要求安静的环境，要与起居空间有所分隔，还要与卫生间方便联系。次卧室分为儿童卧室、客人卧室、佣人卧室等，其中客人卧室与佣人卧室要与主人使用的卧室分离，并与相关的功能用房方便联系。

7）特殊房间

特殊房间系指根据业主的职业或爱好而配备的用房。这类用房并非每栋别墅必备，完全视具体要求而定，例如美术家需配备画室或雕塑工作室，音乐家需要有琴房等。此外，如健身房、音响室、温室等都属于业主的特殊需要，只能通过单独设计给予满足。因而重视这些特殊用房的设计，往往是体现别墅个性化的所在，也为设计构思带来更多的灵感和创造的空间。

图2–12　Sumaré别墅起居室

图2–13 A Coruña滨海别墅的起居室和餐厅

图2–14 布莱尔住宅卧室

2.3.3 辅助房间的设计

1）厨房

厨房是服务空间最重要的组成部分。厨房要求有良好的通风，应与餐厅有紧密的联系，并与次要入口和户外服务空间有直接的联系，同时佣人卧室也应设在厨房附近。另外，由于文化的差异，厨房又有中式、西式之分。通常中式厨房为封闭厨房，西式多为开敞厨房。厨房的平面设计涉及设备、管线、操作流程、人体工程学、通风换气等。厨房工作台的布置方式有“L”形、“U”形、单排布置和双排布置等，如图2–15所示。为满足厨房的正常使用，单排布置净宽不宜小于1500mm，“U”形布置净宽不宜小于2100mm。

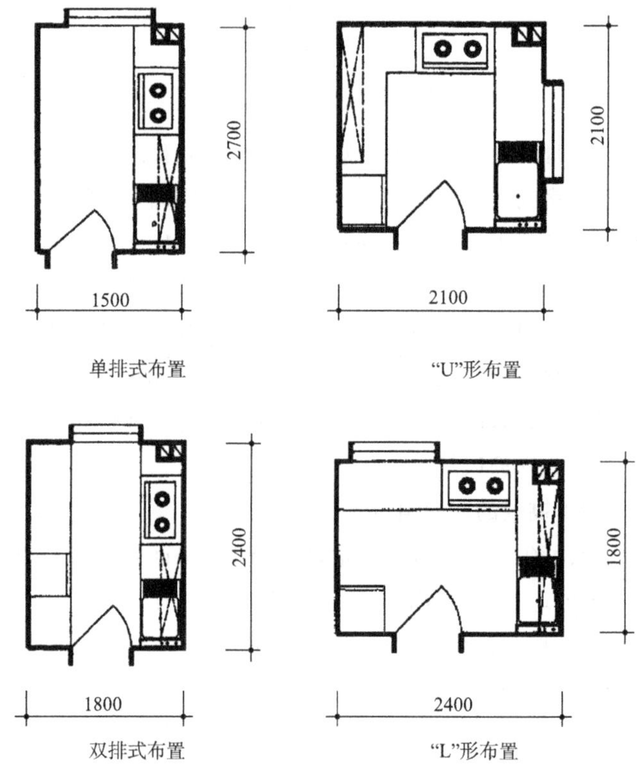

图2–15 厨房布置方式

2）卫生间

别墅通常有多个卫生间，满足不同的需求，设计也不同，要在卫生间的面积、设备配置及位置上充分考虑。如主卧室要设置单独卫生间，且要有足够的面积以便能配置较好的设施。次卧可以共享卫生间，在能保证基本设施的同时，尽量设置紧凑。卫生间也要求尽量有直接的通风和采光。另外，多层别墅中卫生间要尽可能地上下对位，以方便管道布置，如图2–16所示。

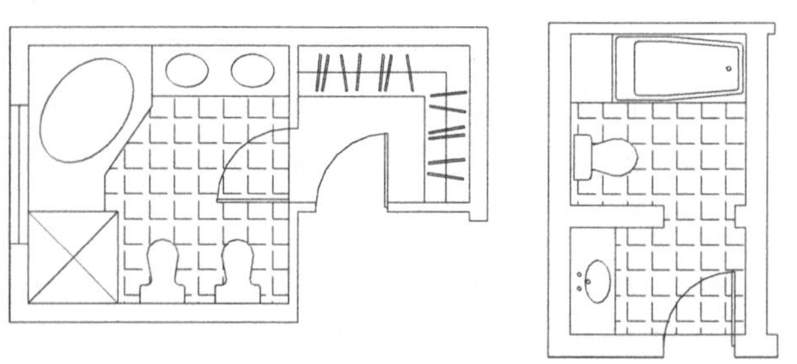

图2–16 卫生间平面图

3）其他辅助用房

包括洗衣房、车库、储藏室等，可以放在朝向或条件较差的位置。车库位置应考虑别墅庭院的人流、车流动线。车库应能至少包容一个3m × 6m的车位。

2.3.4 平面空间序列的组织

1）别墅内的动线特点

人在别墅内部的活动形成了别墅内的动线，直接决定了别墅空间序列的组织。一般在别墅中至少有两条动线：一条是对外的主要动线，为主人、客人活动的公共区域。如客厅、餐厅、家庭室等。另一条是对外的辅助动线，主要在厨房、洗衣房、车库、工人室等“后勤”区域。两条动线各自形成自己的“流程”。另外，人在别墅中的活动都有一定的规律，这种规律决定了该建筑各功能（房间）的位置和相互关系。人在别墅中的活动有一定的次序与频率，而不同性质的人流的活动情况不同，如客人来到别墅中所表现的活动次序如图2–17（*a*）所示，而家人回到别墅的行动路线就复杂得多，如2–17（*b*）所示。

2）空间序列组织的原则

（1）缩短动线，提高空间的利用

缩短动线意味着空间紧凑、节约建筑面积和方便使用。初学设计的同学做的方案往往出现不必要的绕路和“死胡同”，既增加了建筑面积，又不方便。

（2）避免内部流线的交叉

合理的空间序列组织可以有效地避免动线交叉，对建筑的合理分区、方便使用和科学管理都十分重要。如佣人和主人、客人的接触主要在餐厅，采购、摘菜、倒垃圾、晾衣服这些活动不应穿越客厅、餐厅等区域。防止交叉不是人为限制，而是应通过设计自然实现。

（3）满足功能和心理的双重需要通过空间序列中空间的收放以及一些辅助功能的穿插，形成不同的视觉和心理感受。如图2–18所示：人们进入别墅，首先是一个不大的独立小空间——门厅，在挂衣服、换鞋之后，通过一道内门或隔扇便进入空间高大的内庭，这种欲放先收的处理，既是功能序列的合理过程，也可给人以豁然开朗的心理感觉。在正对内庭和景观条件最好的客厅中叙谈以后，经过一短廊，可以欣赏西面小庭院的风光，然后进入位于庭园和古树间的餐厅，在愉悦、放松的心情和安静的园林环境中进餐。通过空间序列的精心安排，空间更为丰富，给予人更多的休闲情趣。

2.3.5　平面空间组织类型

1）分散式

这种方式使不同功能分区相对独立，用交通空间连接，这样可以减少干扰，与环境联系紧密，房间的空间质量也较高，同时也可以适应一些特殊地形，如图2–19所示。

2）集中式

这种类型，由于功能空间集中布置，动线较短，空间利用高效，是别墅设计中采用较多的一种类型，如图2–20所示。

3）庭院式

通过庭院来组织空间，空间环境质量较高，形成很好的内部环境。如图2–21所示，别墅各功能空间围绕

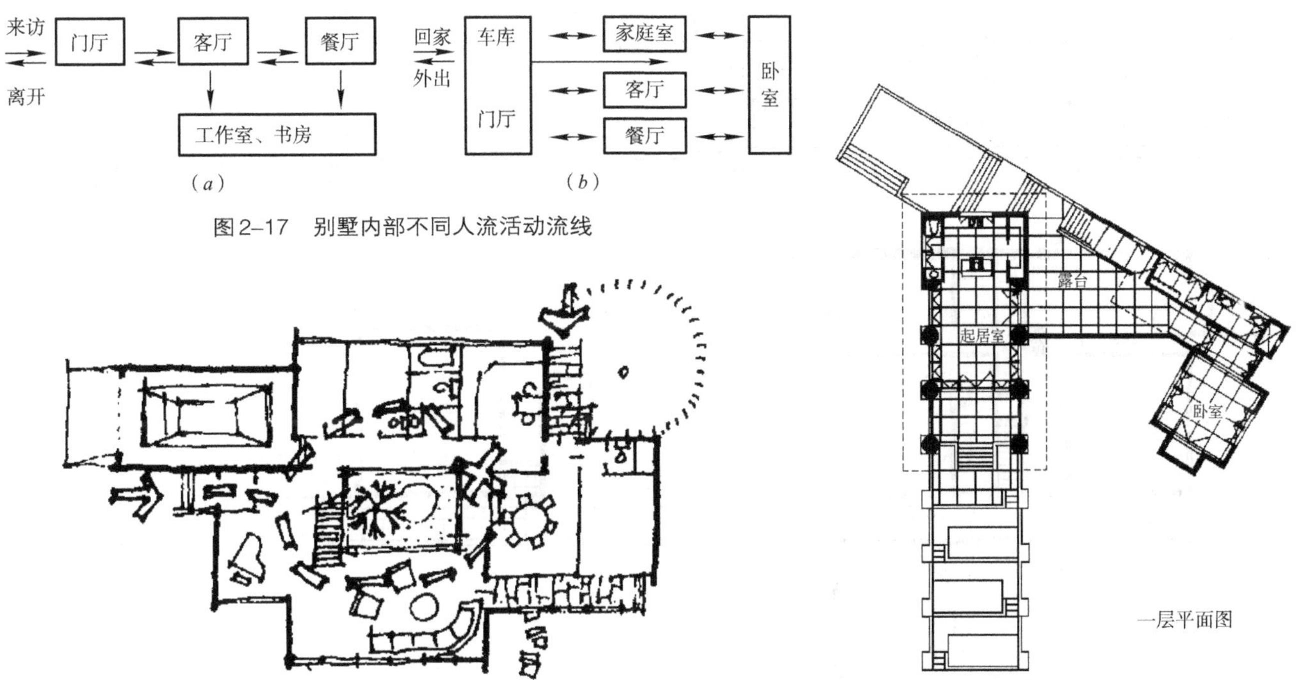

图2–17　别墅内部不同人流活动流线

图2–18　别墅内部空间与流线示意图

图2–19　分散式别墅平面

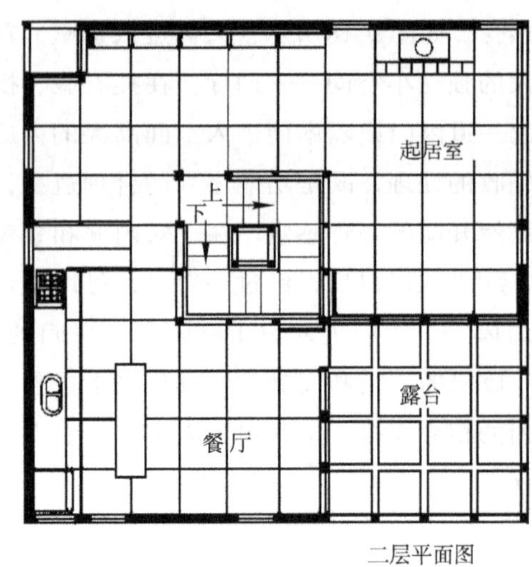

图2–20 集中式别墅平面

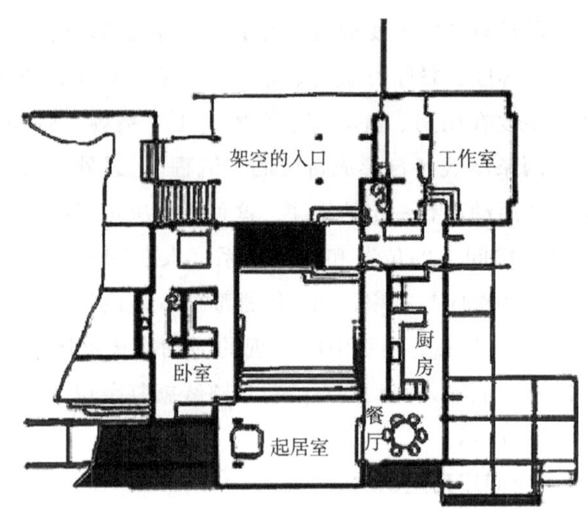

图2–21 庭院式别墅平面

庭院布置。

4）外廊式

这种方式，房间一般呈一字形或“L”形展开布置，通过外廊来联系，房间的通风、采光都很好，见图2–22。

5）综合式

有些别墅功能复杂，往往通过多种方式来组织空间，形成丰富的建筑形态，如图2–23所示，功能空间组织上主要功能空间集中布置，部分空间分散布置。

2.4 剖面空间的设计

2.4.1 剖面空间的设计原则

1）空间尺度宜人

别墅是居住建筑，因而空间尺度要宜人，要符合居

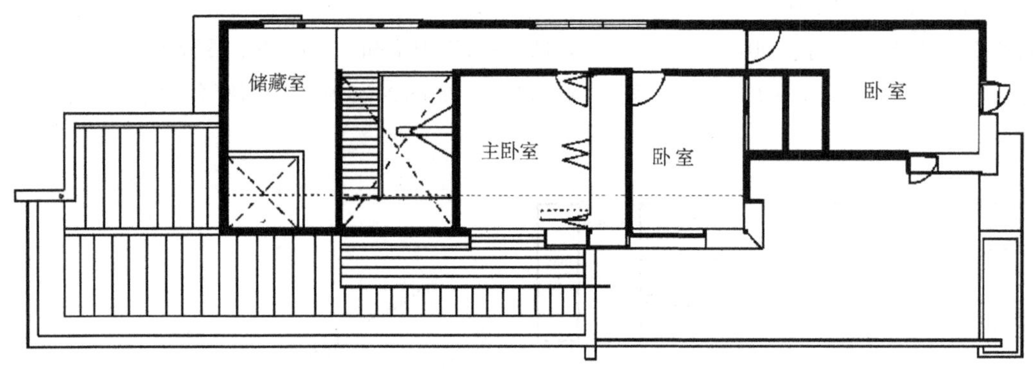

图2–22 外廊式别墅平面

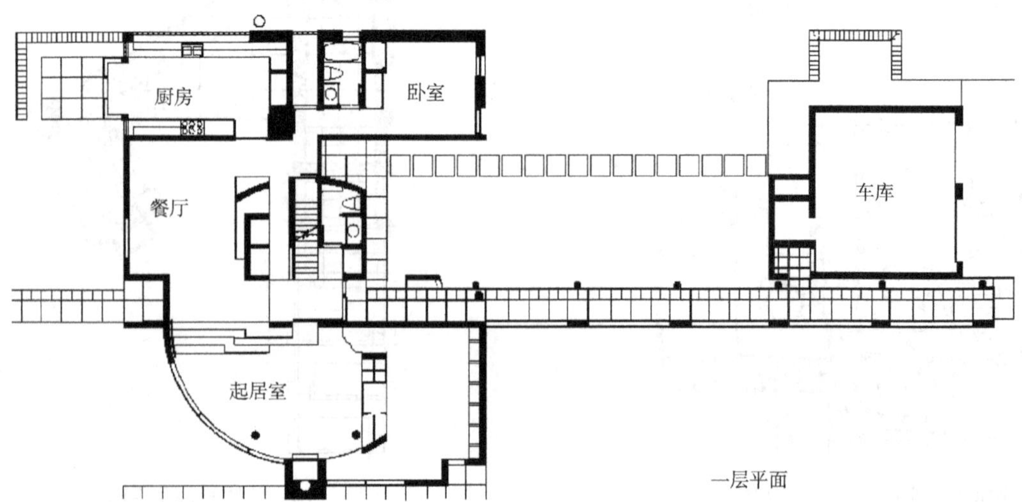

图2–23 综合式别墅平面

家生活的尺度要求。为此，层高不宜过高，尤其是卧室、工作室、厨房、卫生间等私密空间，层高最好不要超过3m。

2）空间层次丰富

别墅的空间层次丰富，这也是别墅的特色和个性化所在。反映在剖面上，空间富有变化，错落有致，主次分明。如图2–24所示，空间处理通过错层、退台、上下贯通空间等手法创造了丰富的剖面空间层次。

3）结构构造关系清晰

剖面的一个重要作用就是结构体系的表达，需要具备一定的结构和构造的概念和基本常识。这也是初学者常常犯错误的地方，因而一定要引起足够的重视。

2.4.2 剖面空间形态的类型

1）平层

一层楼板在同一个标高上。如图2–25所示，该别墅将建筑整体架高，使得室内地坪无高差变化。这也是处理坡地的一种方法。

2）错层

同一层在不同的标高上，错层有错几步的，也有错半层的，见图2–26。

3）变层高

不同空间的层高不同，可以形成丰富的空间形态，并增加空间的使用效益。如常常将客厅、起居厅设成局部两层高的空间，或是降低车库及辅助空间的层高，形式多样（图2–25、图2–27）。

4）综合式

很多别墅剖面处理上既有错层又变层高，形态自由，变化丰富，见图2–24、图2–28。

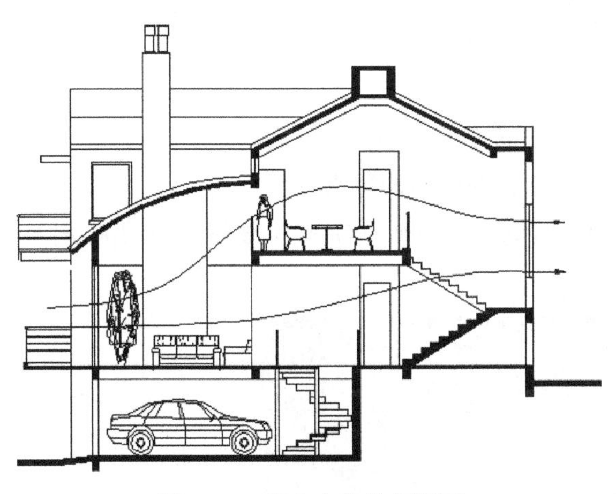

图2–24 层次丰富的剖面图

2.5 造型与立面形态设计

2.5.1 造型设计的模型分析

造型设计一直是建筑设计中的重要内容，而别墅

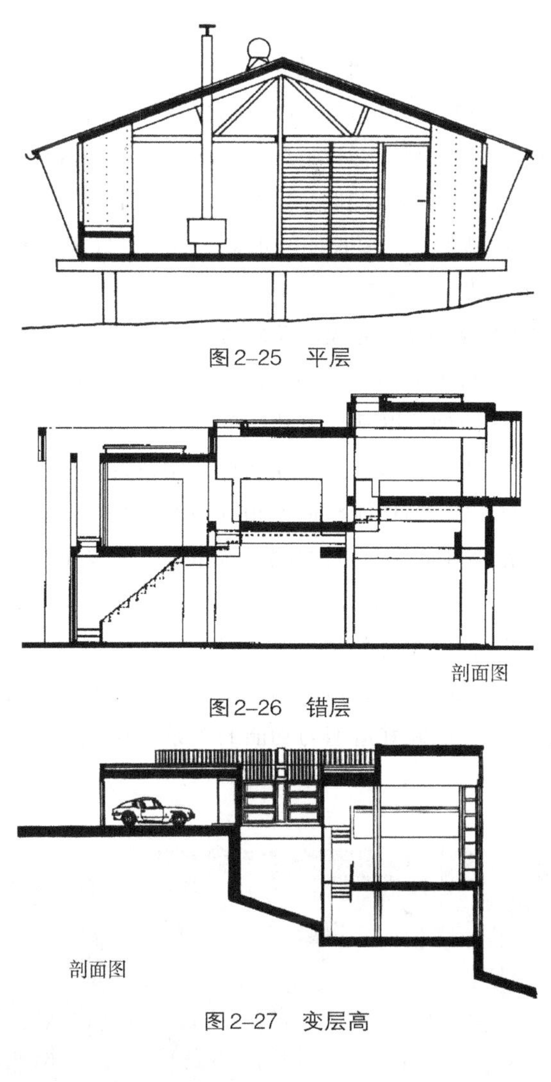

图2–25 平层

图2–26 错层

图2–27 变层高

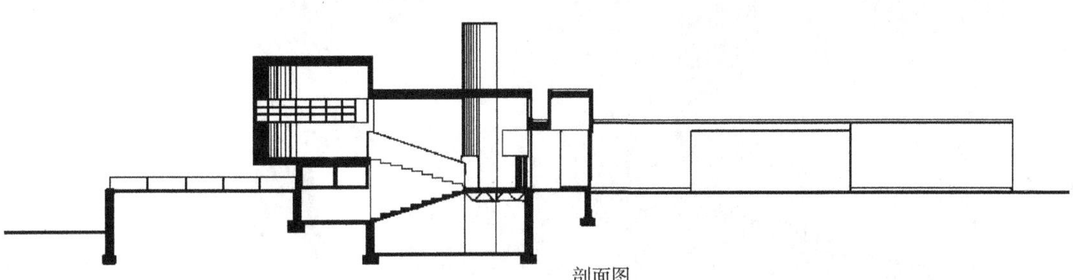

图2–28 综合式

的造型又是最个性、最丰富的，也是设计者最难把握的，对于初学设计的学生更是如此。模型能生动直观地反映建筑形态，是造型设计有力的辅助手段，对提高学生的空间感知力和造型能力很有帮助，因而要求学生在设计的过程中随时制作一些工作模型，推敲空间比例尺度、空间关系、建筑造型、材料的运用、色彩与肌理甚至是局部的趣味性等。工作模型通常称为“草模”，可以比较粗糙简陋，但一定要有合适的比例，以便于推敲建筑形体关系。模型的材料通常是硬卡纸板或吹塑板，比较坚挺，易于成型，如图2–29所示。

2.5.2 别墅造型设计要点

一个好的造型设计，往往建立在对构成手法、造型原理和形式法则融会贯通的前提下，以及对风格、样式、特征的多年积累和思考的基础上，因而造型能力不是一蹴而就的，需要长期的积累。要把握好设计要点，达到事半功倍的效果。

1）把握好别墅造型与功能的关系

功能与形式的统一永远是建筑设计人的工作宗旨，为我们创造既适用又优美的建筑，是建筑师的职责。而对初学者来说由于缺乏形态塑造的能力和功能组织的技巧，将功能和造型相统一并不是一件容易的事。有些学生在忙于解决功能问题的时候，忽视了形态的塑造，使得功能合理了，但造型却平平，无法体现出别墅的特色。而有些学生又盲目追求新奇的造型，不注意功能上的结合，造成内部空间不舒适甚至无法使用。因而，把握好造型与功能的关系是初学者不容忽视的。

2）掌握基本的造型原理和手法

建筑造型并不是件容易掌握的事，需要能灵活掌握和运用构成原理和造型手法，需要具备一定的造型感知力，这些都不是一朝一夕能获得的。其中，构成原理和造型手法是最基本的，包括构成要素、构成原则、造型的手法。这些在有关建筑构成的书籍中都有详细的介绍，这里就不赘述了，只把要点提出。

（1）构成要素：点、线、面、空间、立体、质感、光和影。

（2）构成原则：统一与变化、调和（类似、对比）、完整均衡（对称与非对称、主导与从属）、韵律（渐增、反复、抑扬）、比例和尺度。

（3）造型手法：穿插、交错、加法、减法、扭转、切割、母体法、重复法等，见图2–30，造型手法很多，随着时代变迁也在不断发展，需要在融会贯通下有所创新，产生出独特的形态。

3）对成功作品的分析和借鉴

对初学者来说，对成功作品的分析和模仿，有助于尽快熟知造型的手法和原理，是提升造型能力的必要手段，也是基本的学习方法。值得注意的就是，在对成功作品的学习中一定要多加分析，尤其是别墅的例子很多，各种形态，让人目不暇接，如果不加分析就盲目地照搬照抄，只能使自己的设计陷入混乱和无序。对初学者来说，掌握好这种学习方法和设计途径，也就为成功迈入建筑设计领域奠定了基础。

2.5.3 立面设计要点

1）立面与平面的生成关系

立面设计的时候一定要注意与平面的关系，一方

图2–29 别墅设计草模

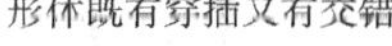

形体既有穿插又有交错

加减法

生长旋转

体块的穿插和切割出富有雕塑感的形态

扭曲变形

相似母题的重复

图2–30　各种造型手法

面，立面可以说是平面加层高得来的，与平面有着准确的对应关系；另一方面，经过调整、推敲和修改后的满意的立面，又反过来可以修正平面的形态，达到二者的和谐统一，形成令人满意的别墅形态。

2）建筑立面的轮廓

立面的外轮廓也就是天际线，直接反映出建筑的体量关系，见图2–31。在外轮廓的推敲中一定要注意与环境的结合。另外，别墅由于体量都不大，因而天际线处理上不要变化过多，使形态过于琐碎。

3）立面的虚实

虚实关系是立面设计的重要内容，不同的虚实关系反映了不同的建筑性格，如实多虚少能产生稳定、庄严、雄伟的效果，虚多实少的处理能获得轻巧、开朗的效果。另外，通过虚实的对比还可以突出主次关系，丰富层次，见图2–32。

4）立面的层次

立面设计的时候要讲求划分层次，主次有序，才能创造丰富而统一的立面效果。可以通过凹凸、材质的变化、虚实变化等手段划分层次，见图2–33、图2–34。

5）立面比例和尺度

比例尺度是和谐立面的基础，对别墅来说，宜人的尺度是很重要的，能满足居家生活中舒适、平和的心理需求。

6）立面材质和色彩

通过立面材料和色彩的变化使其相互衬托与对比来增强建筑的表现力，反映出建筑的性格、地方特点及民族风格，见图2–35、图2–36。

2.6 别墅实例分析

2.6.1 流水别墅

1）作品简介

流水别墅是著名的建筑大师赖特的代表作，也是别

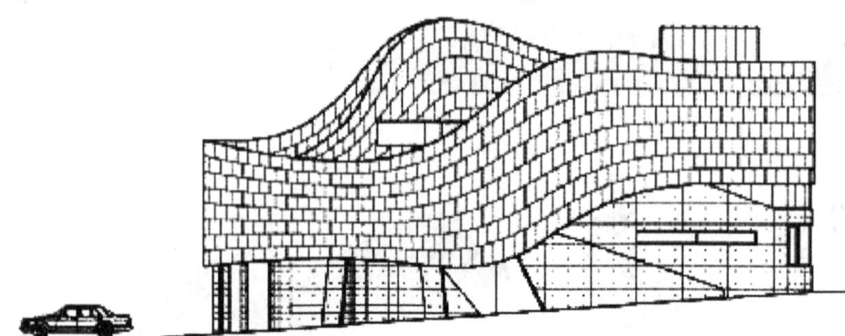

图2–31 弯曲的天际线使建筑富有动感

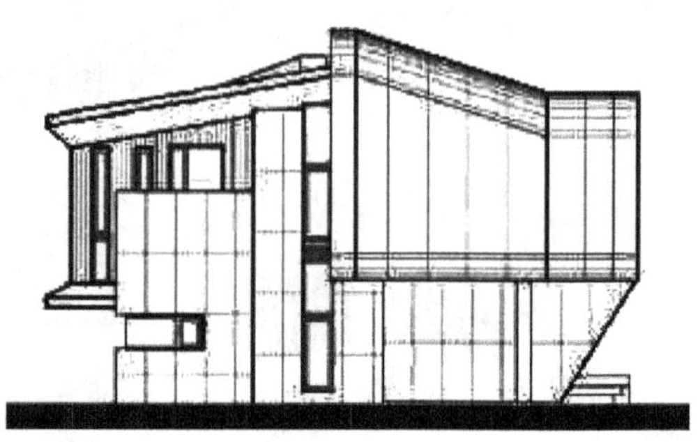

图2–32 通过体块的前后、虚实关系丰富立面层次

图2–33 通过凹凸形成体量感很强的立面效果

图2–34 通过材质、色彩、虚实的变化丰富立面层次

图2–35 通过色彩、大小不一的色块的对比产生了活跃的立面效果

图2–36 通过表面木质材料肌理的处理，创造出一种丛林掩映的效果

墅的经典之作，是建筑与环境相结合的典范。别墅是赖特为考夫曼家族设计建造的，设计始于1935年，1937年建成。别墅位于美国匹茨堡东南郊的密林中，建筑面积400余平方米。别墅建在瀑布之上，整幢建筑锚固在山崖上，一个很大的平台凌空架在瀑布上方，无论在室内还是室外，都可以眺望四周的景致。建筑、树木、溪水、岩石浑然一体，好像从地下生长出来一样（图2–37）。

2）创意与构思分析

流水别墅真正实现了赖持“方山之宅”（House on the Mesa）的梦想，浓缩了赖特主张的“有机”设计哲学。按照赖特的想法，“流水别墅”将背靠陡崖，生长在小瀑布之上的巨石之间。宽窄不一、方向不同的大露台，参差穿插着，好像从别墅中争先恐后地跃出，悬浮在瀑布之上。在最下面一层，也是最大和最令人心惊的大露台上有一个楼梯口与下面的水池相连，溪流带着潮润的清风和淙淙的声音飘入别墅。这是多么大胆又美妙的构思，真是大师令人赞叹的神来之笔。

3）功能与空间形态分析

别墅共三层，面积约380m^2，功能分区明确。一层以起居室为中心，室内空间自由延伸，相互穿插，内外空间互相交融，浑然一体。二层是卧室区，主卧室连接宽大的平台，聆听和欣赏水光山色，三层为最安静的书房。

别墅外形强调块体组合，使建筑带有明显的雕塑感。两层巨大的平台高低错落，一层平台向左右延伸，二层平台向前方挑出，几片高耸的片石墙交错着插在平台之间，很有力度。三个块体构成三个方向——上下、左右、前后，组成和谐、有序的，但又富有变化的形态。另外，别墅的形态构图中，有许多鲜明的对比：水平与垂直的对比，平滑与粗犷的对比，亮色与暗色的对比，高与低的对比，实与虚的对比……对比效果使建筑形象生动而不呆板。

总之，流水别墅这样的经典之作，不是三言两语能分析清楚的，需要大家细细品味。

2.6.2　玛利亚别墅

1）作品简介

玛利亚别墅是阿尔托古典现代主义的巅峰之作，它可与赖特的流水别墅、柯布西耶的萨伏伊别墅、密斯的范斯沃斯住宅相媲美。玛利亚别墅是古里申夫妇于

模型照片

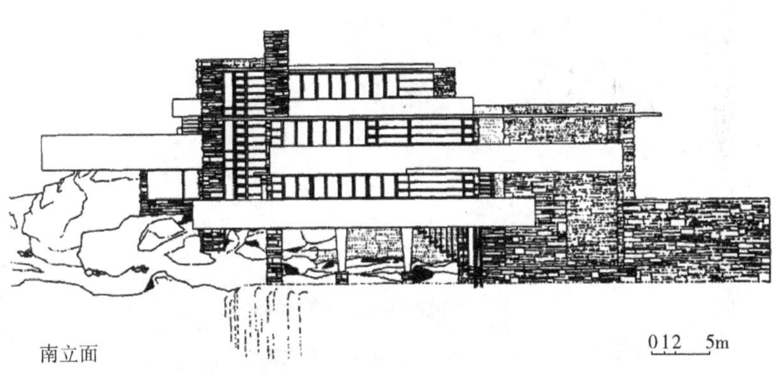

南立面

外观

0 1 2　5m

1-1剖面

图2-37　流水别墅（一）

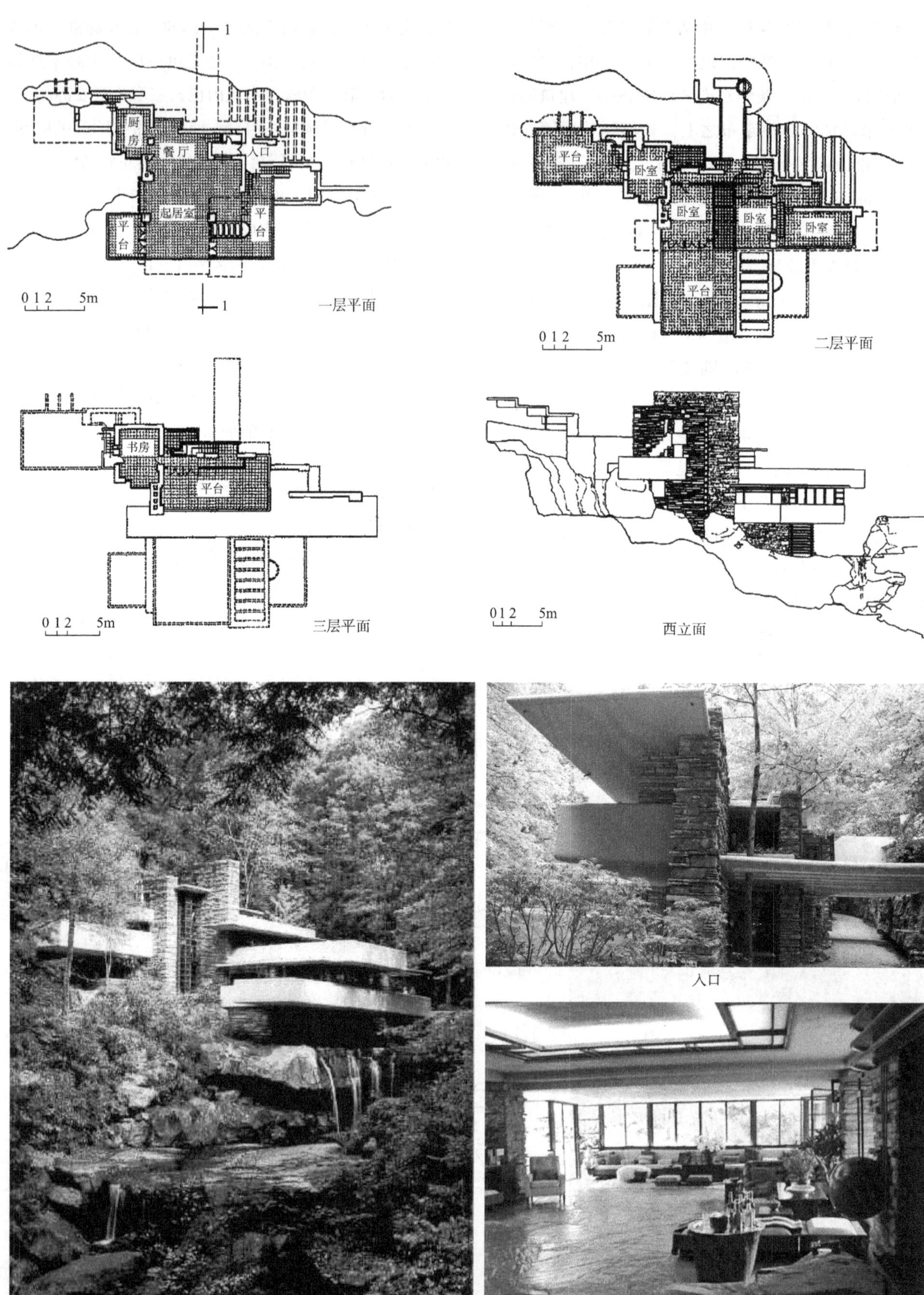
厨房
餐厅
入口
起居室
平台
平台
平台
0 1 2　5m
一层平面
平台
卧室
卧室
卧室
卧室
平台
0 1 2　5m
二层平面
书房
平台
0 1 2　5m
三层平面
0 1 2　5m
西立面
入口
外观全境
起居室

图2–37　流水别墅（二）

1936年委托阿尔托设计的私人别墅，建成于1941年。它位于努玛库一个长满松树的小山顶上。阿尔托在玛利亚别墅中将现代主义与地方传统、大陆先锋与原始主题、朴素简洁与沉稳世故、手工业传统与工业化产品等看似矛盾的元素完美地融合在一起（图2–38、图2–39）。

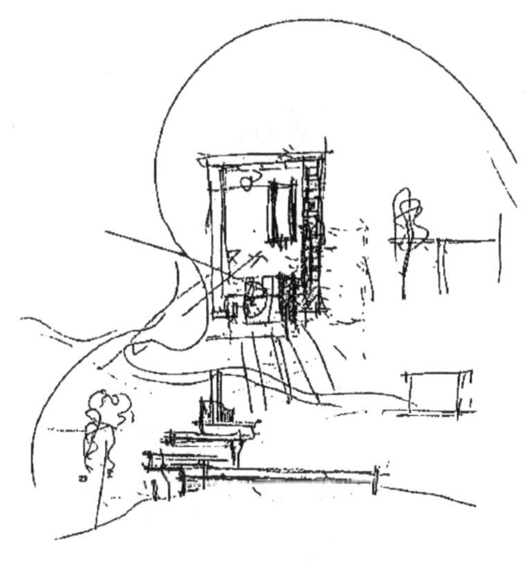

图2–38 设计草图

2）创意与构思分析

这座别墅，阿尔托运用了一种新的、贴近自然的、非几何形体的空间结构，体现了新的时代里生活方式的转变。阿尔托曾写道，“在这座建筑中所运用的形式概念，是想使它与现代绘画相关联。”将住宅的工作区和生活区连成一个整体，并力求表现出主人的艺术素养和个人魅力，使住宅就像是独一无二的个人肖像，体现人性化的情趣。

3）功能与空间形态分析

别墅共两层，底层包括一个矩形服务区域和一个正方形的大空间，其中有高度不同的楼梯平台，接待客人的空间，由活动书橱划分出来的书房和花房。公共空间和私人起居空间由中间的餐厅和降低的入口门厅分隔开来。除了服务区之外，整个空间是开敞的。“L”形的别墅和横放着的桑拿房、不规则形的游泳池围合成一个庭院。从入口门厅过去就是起居室，向周围自然空间开敞。位于起居空间内的楼梯由不规则地排列的柱子围合，柱子上围绕绿色藤条，形成亦虚亦实的情趣空间，而不是做成普通的全封闭楼梯间。楼梯直达二层的过厅，过厅把二层的游戏区、夫妻卧室、画室分开。游戏区连接四个小卧室和餐厅上方的室外露台。其余则是佣人房间和储藏室。这座建筑的特别之处在于，二层平面布局和底层有着很大的区别，在建筑结构上没有必然

总平面

外观透视

西南立面

图2–39 玛利亚别墅（一）

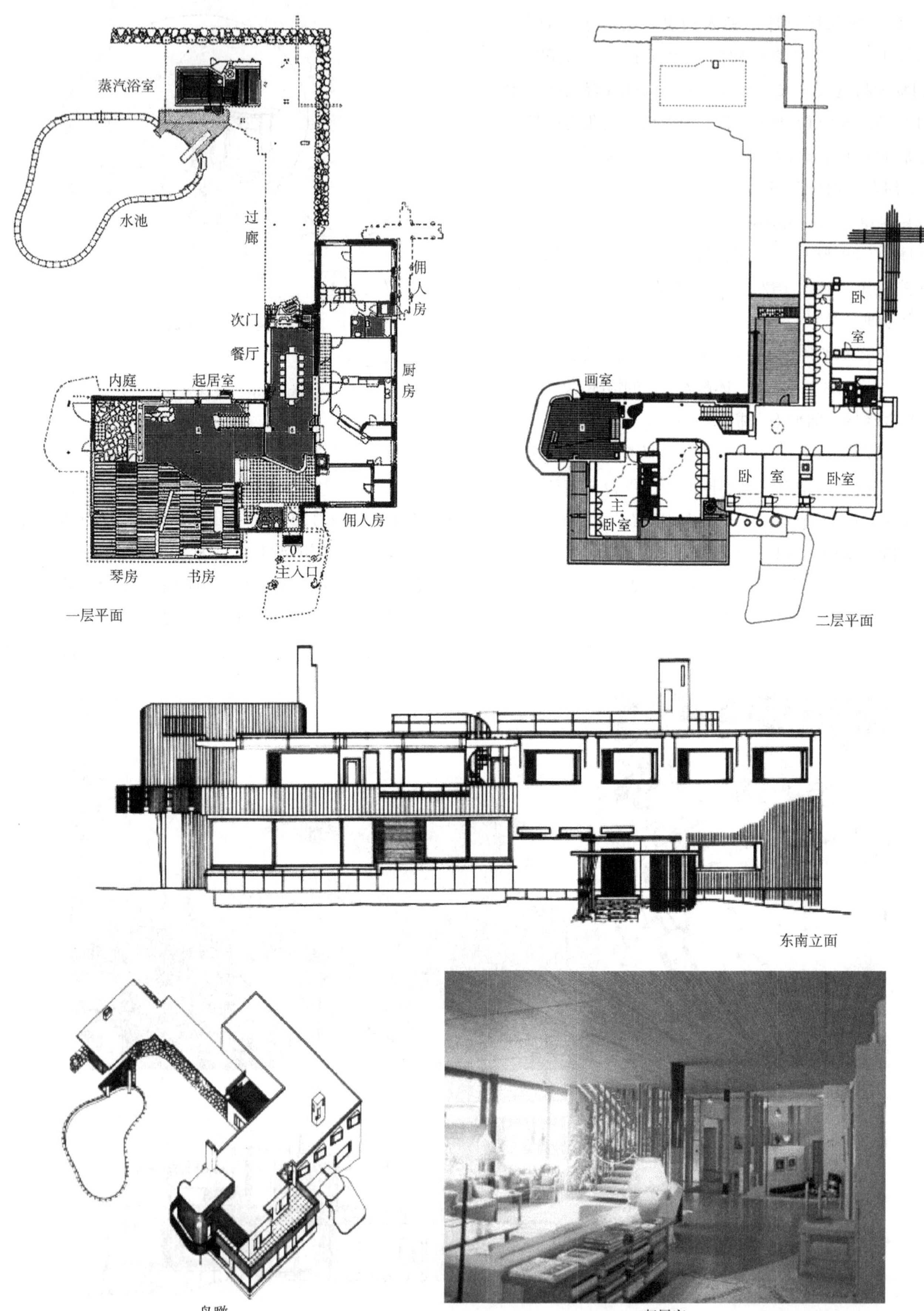
蒸汽浴室
水池
过廊
佣人房
次门
餐厅
厨房
内庭
起居室
佣人房
主入口
琴房
书房
一层平面
画室
卧室
卧室
卧室
卧室
主卧室
二层平面
东南立面
鸟瞰
起居室

图2–39 玛利亚别墅（二）

的联系。空间处理上追求室内空间的自由流动，并把梁柱的自由度和传统材料巧妙地结合起来：曲线的入口雨篷、船形画室和曲线的游泳池使得建筑的线条更自然流畅，富有变化，而不是像其他现代主义大师拘泥于单调严肃的几何形体。建筑造型简洁中富有变化，通过材料的运用，虚实关系的处理，将传统与现代结合。

2.6.3　艾瓦别墅

1）作品简介

艾瓦别墅（Villa Dall’Ava）是雷姆·库哈斯早期的代表作。这是为一个三口之家设计的别墅，占地约650m^2。项目开始的时间是1982年，建成是1991年。别墅坐落在巴黎郊区圣克劳德，远可眺望埃菲尔铁塔，近有树林围绕，邻近房屋均为19世纪的老屋，是富人们的度假住所。业主不甘逊色，要求其住宅不仅仅是一幢房屋，还要是一件艺术品。男主人想要一座玻璃房子，女主人要求屋顶要有游泳池。由于场地很狭窄，库哈斯提供了一个尽量少占地而获得尽量大的使用空间的方案，将一红一灰两个外表材质是波形钢板格构的金属“盒子”悬于玻璃盒子之上。两个金属盒子形成两个相对独立的公寓，分别为主人夫妇及其女儿的卧室，中间的连接部分是混凝土结构，主要是起居室、餐厅、楼梯等。混凝土部分的屋顶是建筑最沉重的部分，约30m^{2}的露天泳池就设计在屋顶上。在游泳时可一瞥埃菲尔铁塔远景。周围用高起的绿色篱笆遮挡，像一个巨大的房间。整个用地倾斜，房屋和花园坐落在较陡的斜坡上，入口在与街道平齐的场地最低处。毫无疑问，库哈斯对希望生活在这座玻璃盒子里面的主人们产生了好奇心，而所有以上的片段只是这种好奇心贯穿于整个漫长的建筑构造过程中的一种故事性的积累（图2–40）。

2）创意与构思

在别墅的创作中，库哈斯选择用区块的方式处理，按区块进行功能接合、重组。库哈斯将整个复杂的结构分成三条纵长的区块，安排在基地上。第一块区域规划成花园，嵌入基地上方，延伸至入口步道。基地末端希望能保留一区块空地，让没有建筑物的区域形成一个十字形，表示重视新的邻居关系。长形的建筑构成第二个带状区块。第三个区块上则铺上柏油，当作车库的通道。建筑的主体沿着基地上方轴线发展，将楼上的卧室划成两组，与主体建筑垂直。这样做是为了要保存视觉关系，控制现有建筑之间复杂的调和性。区域的划分虽然严格，每一个区域的设计却极为自由。从狭长区块的宽处走过，就像是以蒙太奇手法来组织空间一样，如同看到电影中串联起来的景象。另外，就是别墅在结构处理上的创意。库哈斯花了两年时间来思考一个公寓如何可以浮在空中，在这里，结构不再是简单明了的为了支撑建筑而不得不为之的机械的建构元素，库哈斯使用他独特的手法使建筑的建构元素变得富有生气。他以位于纵轴上的一排独立柱支撑中部的泳池，悬空的女儿房由一系列倾斜交错的细杆支撑，夫妇房的支撑结构则是一个形状奇特的大型悬挑梁置于其下。

3）功能与空间分析

在功能安排上，一层安排有车库、工作室以及仆人使用的房间，二层主要是活动与交流的空间，也是整个建筑的公共区域，三层是主人们的私人空间，包括两间卧室和一个屋顶游泳池。在空间处理上，库哈斯避免使用传统的建筑空间语言。起居空间边缘是模糊的，安排在一个以坡道串联的八个对象组成的组合当中，而不是传统的走廊式或串联式的组织，使空间在高度上直接连续。别墅拥有多个入口，进入建筑的起居室（公共空间）就有四种可能，而进入起居室之后又存在多种路径通向屋顶、父母房、女儿房、工作室等。不同人物在别墅中的路径会不一样，父亲一般是从车库内进入工作室，然后再上到起居室，再进入卧室。而仆人可能只会

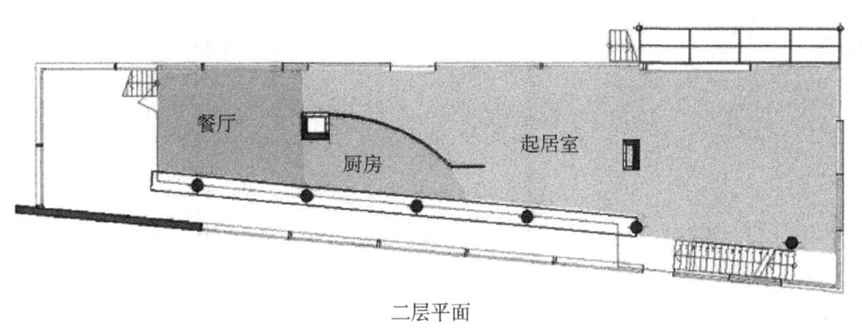

二层平面

泳池

图2–40　艾瓦别墅（一）

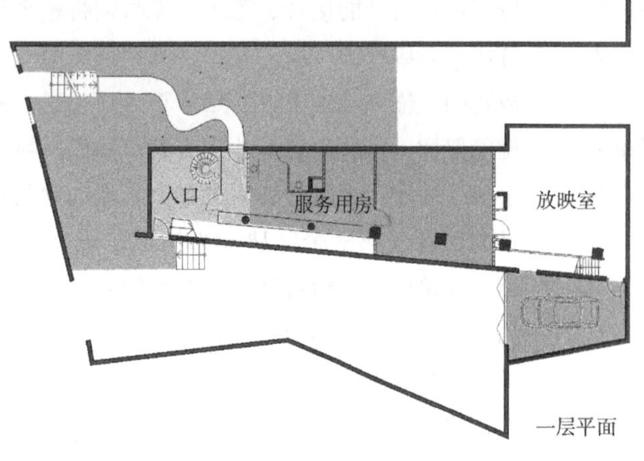

一层平面

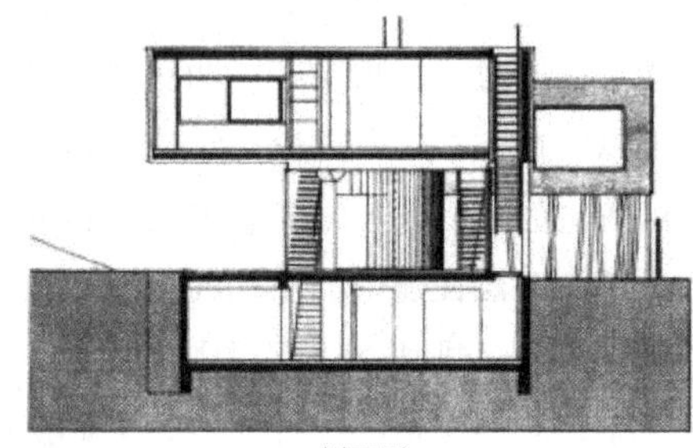
剖面图

立面图

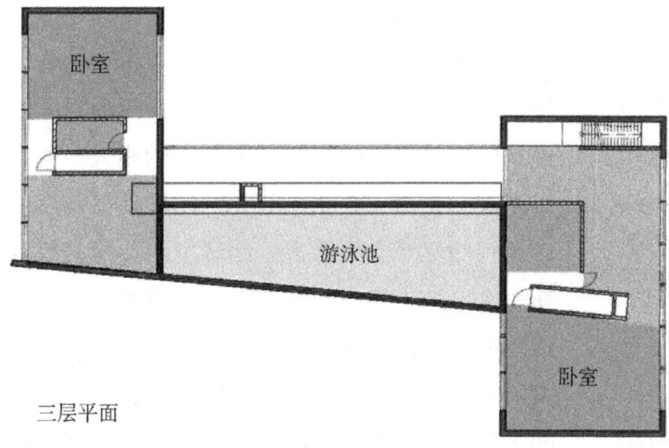

三层平面

内景

外观

模型

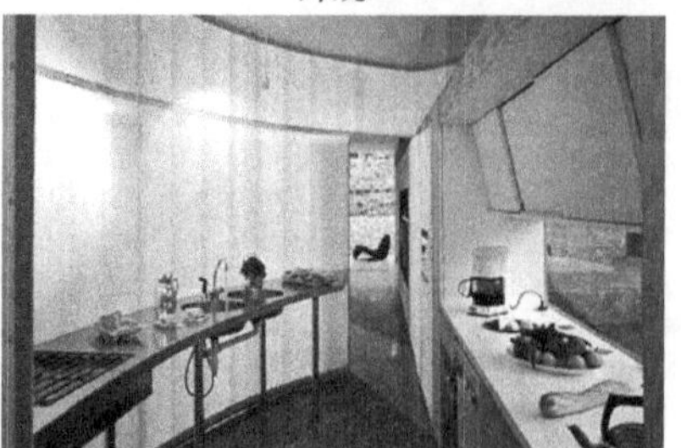
厨房内景

图2–40　艾瓦别墅（二）

从草坡旁的门进入空间。多条流线的共存、并置、交叠，构成了立体的流线网络。这充分体现了库哈斯的设计思想，即围绕着人的行为模式概念来展开，以人的动态行为作为建筑与城市脉络的联系，运用影视的蒙太奇镜头隐喻手法，表现动线连接与物件之间的冲突对话，从而使建筑物产生新的活力。

2.6.4 小篠邸

1）作品简介

小篠邸是安藤忠雄早期的代表作，位于日本兵库县芦屋市郊外，修建于1979年，1984年又进行了扩建。该建筑由一组平行布置的混凝土矩形体块所构成，并避开了基地上现有的树木。建筑物的一半掩埋在国立公园的一片绿茵茵的斜坡地里，它虽是独立的，但却遵循着自然的环境条件，以几何学的、抽象的、清水混凝土的表现方法，把建筑与大地镶嵌在了一起。就这样，建筑和自然在相互对峙中，互相补充，相得益彰。硬质的混凝土外观，在室内得到软化。软化房间的主要方法是借助自然光，在硬质的混凝土墙壁和顶棚的交接处进行虚接，让自然光漏进室内，这样使得混凝土方格格外有温暖感和柔和感。[3]

2）创意与构思

在设计中，安藤忠雄尽力摒弃形态的组合而使光成为重要的空间构成要素，独具匠心地采用了顶光的方式。从侧顶缝隙将光线引入起居空间，照亮了灰色混凝土墙面（图2–41）。在墙面上，光与影的反差震撼人心，光明与黑暗形成了极为对抗的两股力量。自然和光带给了人们无穷的遐想和生活的情趣。

3）功能与空间分析

别墅由两个形状、大小都不同的体块组成。两者通过地下过道连接，中间围合成庭院，其中一个体块有两层，底层为起居室和饭厅，二层为卧室，起居室顶棚有一层高，阳光从顶上渗射下来，在墙面上投下深深的阴影；另一个体块由并排的七间房间、门廊和一个浴室组成。在两个体块之间，巧妙地设计了跌落式庭院，喻指建筑物建在斜坡上，庭院是室外的起居室，为每天的生活拓展了新的天地。工作室是原住宅建成四年后加建的，它建在基地斜坡的较高位置，埋于地下，平面上一个1/4圆弧墙用以挡土并划定建筑的领域，沿着曲墙设计了顶部采光口，故天光在这面弧面曲墙上产生丰富的光影效果（图2–41）。[4]

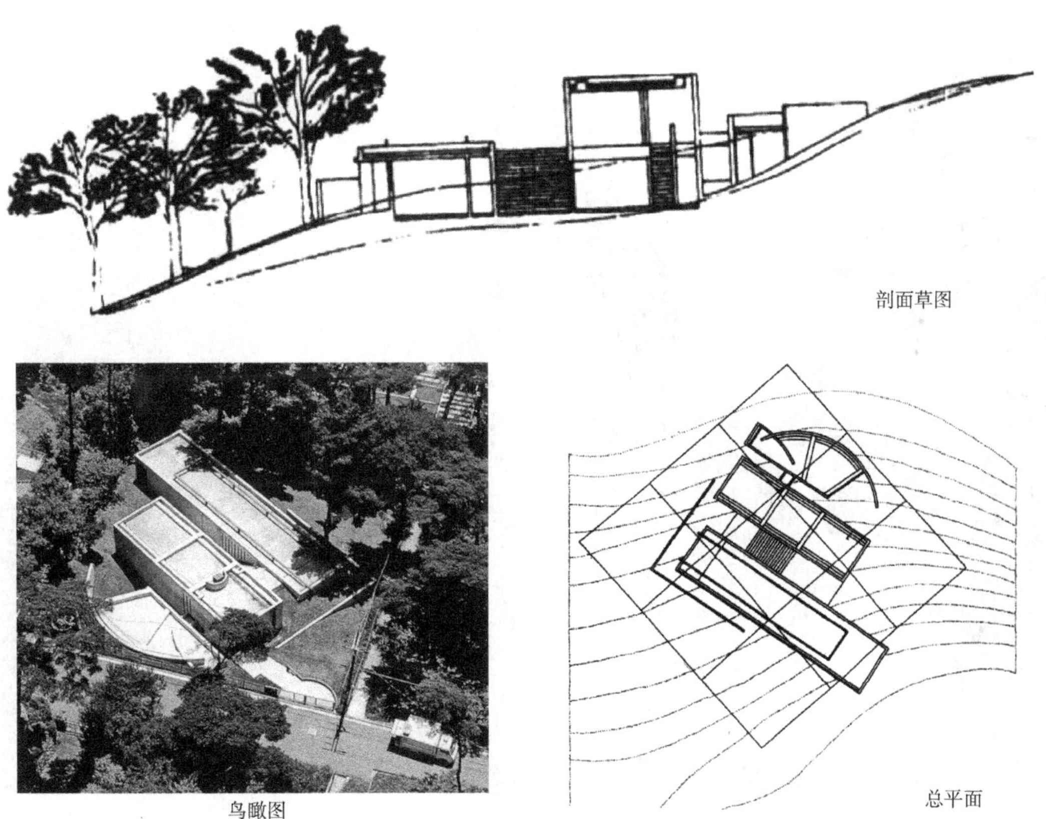

图2–41 小篠邸住宅（一）

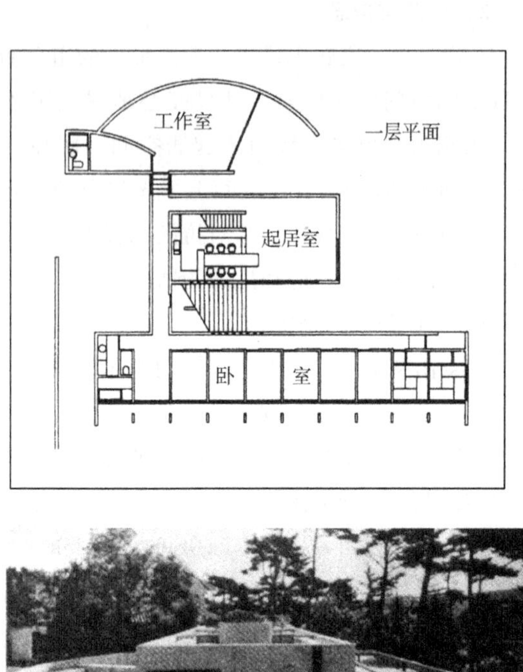

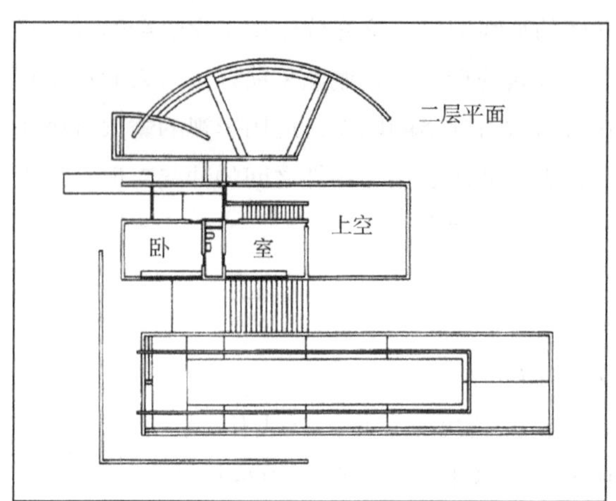

外景1

起居室1

外景2

起居室2

图2-41 小篠邸住宅（二）

2.6.5　二分宅

1）作品简介

二分宅是“长城脚下的公社”里的12个住宅之一，由张永和设计。“长城脚下的公社”位于北京八达岭水关长城，原名为“亚洲建筑师走廊”，占地面积为8km^2，由潘石屹的红石公司开发，一期工程运作于2000~2002年。投资方给建筑师们的限定是建筑面积不超过400m^2，取用本土材料，其他一切由建筑师自由发挥。该项目在威尼斯建筑双年展中获“个人建筑艺术推动大奖”。其中，二分宅位于12个别墅中的最高处，依山就势，一分为二，拥抱着山谷，一方面保留了基地上原有的树木，同时功能上又将公共空间和私密空间分离，形成半围合的庭院空间，将大自然景色尽收宅内。一条基地上现有的小溪蜿蜒穿过院子，在门厅的玻璃地面下潺潺流过。自然的空间、景色和人造的建筑空间与景观融为一体。

2）创意与构思

该别墅设计中，张永和提出了能够拥抱山水的“二分宅”概念。“二分”体现在两个方面：首先，建筑一分为二，建筑拥抱着山谷，与山体形成庭院围合，是另一次“二分”，这个“二分”创造了一个保持了传统内向性但已是半建筑半自然的院，自然的空间、景色和人造的建筑空间和景观在这里或交替、或融合。二分宅尊重传统但不是模仿传统的形式，而是试图创造出当代中国住宅的新形象。在这里，还采用了“土木”作为主要建筑材料的古老概念。以一个胶合木框架和几面夯土墙构成了基本的轮廓，其间嵌有面向庭院景观的落地玻璃，而且，大部分空间相互渗透、融合，因此就能够省去所有的走廊而创造出一个合理的平面。再有张永和将该设计视作一种可变的原型，通过改变两个厢房之间的角度可将其调整到各种地点，这取决于基地条件和客户需要，“二分宅”能够变成一座平行的房子、直角的房子、单个的房子或者背靠背的房子（图2–42）。

3）功能与空间分析

别墅一分为二，由两个体块组成，功能分区明确。

外景1

鸟瞰

外景2

卧室

图2–42　二分宅（一）

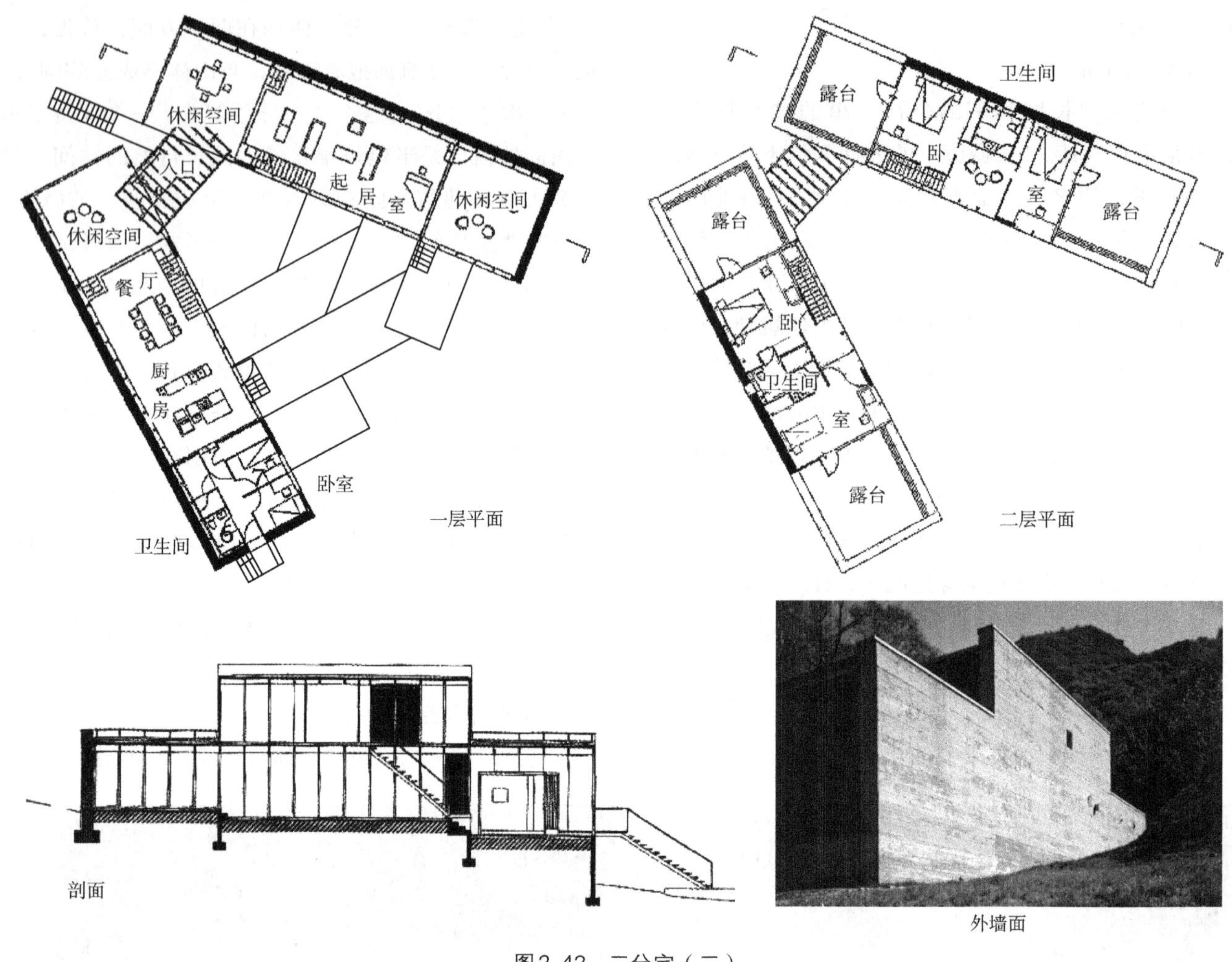

图2-42　二分宅（二）

一层南半部分以日常生活需要为主，工人房紧挨餐厅、洗衣间，方便劳作。北半部分则是满足交往、展示需要，二层为卧室区，每个卧室都配有宽大的露台，不放过任何一方的景致。二分宅体现的空间是具有多样性的。开敞的，半开敞的，封闭的以及过渡性空间都得到了很好的体现和运用。从一层往上，是全封闭的走廊，进而步入较为宽敞的二层卧室；出卧室便是观景平台，这一闭一敞的对比使人最大限度地感受到立于平台时视野的广阔。

4）争议

当然，二分宅也引来了很多争议，最多的就是那个夯土墙，这个最原始的夯筑法也成为施工难度最大，最耗成本之处。建筑师的本意是让建造更加实际化——而建造过程本身似乎适得其反。严格地说，二分宅是一种实验性住宅，因而，其中建筑师的各种探索都是应该值得肯定的，鼓励年轻建筑师勇于探索和大胆思考。

2.7　参考书目及解读

2.7.1　理论类参考书

1）邹颖.别墅建筑设计[M].北京：中国建筑工业出版社，2000.

这本书对别墅的构思、空间组织、平面布局、风格造型等各个环节作了较为详细的分析和讲解。同时还配有大量的实例说明，对初学者了解别墅设计的一般方法和原则有很好的帮助。其主要内容包括：别墅设计的分析与构思方法、别墅的平面形态设计、别墅的空间组织与表达、别墅的造型与风格及115个别墅实例等，是别墅设计较为全面的参考书。

2）韩光煦.别墅与环境设计[M].北京：中国美术学院出版社，2006.

该书是中国美术学院在教学实践的基础上编写的一套针对艺术院校建筑、环艺专业低年级学生使用的简明扼要、可读性强的辅助性教材，并力求将知识性、趣味性、资料性结合起来。在编排方法上，将范例介绍、内容讲解与学生作业评介相结合，使学生通过一些典型的课程设计，在学到一些相关知识的同时，逐步掌握一套科学的工作方法和操作程序。对相关专业的学生学习别墅设计有很好的参考价值。

3）李振宇.经典别墅空间建构[M].北京：中国建筑工业出版社，2005.

该书选择了历代建筑大师的65个经典别墅实例加以分析，包括了现代主义、后现代主义、解构主义、极少主义、白色派等不同流派的作品。该书的分析方式较为独特：通过模型解析与照片图纸的对照，着重分析了这些著名实例的空间与形体，有助于更好地把握经典作品的空间本质，而书中的模型是同济大学众多学生在老师指导下精心完成的。本书对学生深入了解别墅空间构成，提升空间感受力有很好的价值。

4）彭一刚.建筑空间组合论[M].北京：中国建筑工业出版社，2005.

2.7.2　图集类参考书

徐苏宁.世界独立式小住宅与别墅设计（1-4）.哈尔滨：黑龙江美术出版社，2002.

该套丛书选取了欧美、日本、东南亚、中国等各国形态各异的优秀别墅作品，对每个作品均有全面、详细的方案介绍，包括设计思想、设计重点和风格特点。每一作品均有平面、立面、剖面、结构图和建成后的建筑实景照片，并有详细数据资料。作为别墅设计的参考很有借鉴价值，并对扩展学生的视野也很有利。

2.7.3　规范类参考书

1）《住宅设计规范》（GB 50096—1999）（2003年版）

该规范内与别墅设计相关的主要条款、应把握的主要内容有：

（1）术语：该部分要了解卧室、起居室、厨房、卫生间、使用面积、层高、阳台、平台、过道、地下室、半地下室等名词的概念。

（2）了解3.2.2、3.2.3、3.2.4条款中对卧室和起居室空间质量的要求。

（3）了解3.3.2、3.3.3、3.3.4条款中对厨房空间的详细设计要求。

（4）了解3.4条款中对卫生间的设计要求。

（5）了解3.5.3和3.5.4中的面积计算规定。

（6）了解3.6中对住宅中一般空间层高的要求。

（7）了解3.7中对阳台的设计要求。

（8）掌握3.8中对住宅内部交通空间及内部楼梯尺寸的详细要求。

（9）了解3.9中门窗的尺寸要求。

2）《住宅建筑规范》（GB 50368—2005）

要求了解该规范第3章的住宅基本要求，第4章的住宅建筑日照标准、住宅距离道路的最近距离、道路交通等的相关要求。

2.7.4　其他类参考书

马纯立.建筑设计作业评析[M].北京：中国建筑工业出版社，2005.

该书介绍了西安建筑科技大学建筑学院低年级的设计基础课的设置内容，教学过程的展开，以学生的设计图例为主，加以适当的讲述。同时，对学生图纸的内容和存在的问题作点评，并运用草图对原设计的不足之处进行改进，以便学生理解和学习。对初学者来说，这是一本很直观而且可以直接借鉴的参考书。对学生掌握设计过程、设计表达很有价值。

注释：

[1] 1韩光煦.别墅与环境设计[M].北京：中国美术学院出版社，2006.
[2] 2邹颖.别墅建筑设计[M].北京：中国建筑工业出版社，2000.
[3] 3、4王建国.安藤忠雄[M].北京：中国建筑工业出版社，1999.

参考文献：

[1] 韩光煦.别墅与环境设计[M].北京：中国美术学院出版社，2006.
[2] 邹颖.别墅建筑设计[M].北京：中国建筑工业出版社，2000.
[3] 大师编辑部.弗兰克·劳埃德·赖特.武汉：华中科技大学出版社，2007.
[4] 内奥米·斯汤戈（英国）.F·L·赖特.李永钧译.北京：中国轻工业出版社，2002.
[5] 项秉仁.赖特[M].北京：中国建筑工业出版社，1992.
[6] 沈福熙.建筑设计手法[M].上海：同济大学出版社，1999.
[7] 朱昌廉.住宅建筑设计原理（第二版）[M].北京：中国建筑工业出版社，1999.
[8] 王晓华.瑞姆·库哈斯[M].北京：中国电力出版社，2008.
[9] 大师系列丛书编辑部.阿尔瓦·阿尔托的作品与思想[M].北京：中国电力出版社社，2005.
[10] 王小红.大师作品分析解读建筑[M].北京：中国建筑工业出版社，2005.
[11] 王建国.安藤忠雄[M].北京：中国建筑工业出版社，1999.
[12] 拉索.图解思考——建筑表现技法（第三版）[M].邱贤丰等译.北京：中国建筑工业出版社，2002.
[13] 黄居正.日本现代建筑[M].北京：中国建筑工业出版社，2009.

[14] 孔宇航.重读流水别墅[J].华中建筑，2004，04.
[15] 孔宇航.玛利亚别墅解析[J].华中建筑，2007，25（2）.
[16] 周燕珉.清华大学建筑学院设计系列课教案与学生作业选——二年级建筑设计[M].北京：清华大学出版社，2007.

图片来源：

[1] 图2–1.http：//photo.zhulong.com/proj/list201008_1.htm
[2] 图2–2，图2–3，图2–4，图2–5，图2–6，图2–7.拉索著.邱贤丰等译.图解思考——建筑表现技法（第三版）[M]北京：中国建筑工业出版社，2002.
[3] 图2–8，图2–19，图2–20，图2–21，图2–22，图2–23，图2–25，图2–26，图2–27，图2–28. 邹颖.别墅建筑设计[M].北京：中国建筑工业出版社，2000.
[4] 图2–9.http：//photo.zhulong.com/proj/list201008_1.htm
[5 图2–10，图2–11，图2–15.朱昌廉.住宅建筑设计原理（第二版）[M].北京：中国建筑工业出版社，1999.
[6] 图2–12.http：//photo.zhulong.com/proj/photo_view.asp?id=35585&s=1&c=201008
[7] 图2–13.http：//photo.zhulong.com/proj/detail35804.htm
[8] 图2–14.http：//photo.zhulong.com/proj/detail35694.htm
[9] 图2–17，图2–18.韩光煦.别墅与环境设计[M].北京：中国美术学院出版社，2006.
[10] 图2–29.http：//photo.zhulong.com/proj/detail35804.htm
[11] 图2–30.http：//photo.zhulong.com/proj/list201008_1.htm
[12] 图2–31.http：//photo.zhulong.com/proj/detail33859.htm
[13] 图2–32.http：//photo.zhulong.com/proj/list201008_1.htm
[14] 图2–33.http：//photo.zhulong.com/proj/detail30577.htm
[15] 图2–34.http：//photo.zhulong.com/proj/detail29188.htm
[16] 图2–35.http：//photo.zhulong.com/proj/detail31497.htm
[17] 图2–36.http：//photo.zhulong.com/proj/detail31419.htm
[18] 图2–37.模型：http：//info.tgnet.cn/Detail/200807172847663913/
外观全境：http：//www.dea.com.cn/bbc
入口：http：//hi.baidu.com/sakura_sakana/album/item/0a7a20aecb9dc1d3faed5050.html
外观：http：//design.orgsc.com/design/hjys/200605/design_1146_2.html
起居室：http：//www.landscape.cn/review/Culture/2009/6152549374861.html
其余图片：孔宇航.重读流水别墅[J].华中建筑，2004，04.
[19] 图2–38.大师系列丛书编辑部.阿尔瓦 · 阿尔托的作品与思想[M].北京：中国电力出版社，2005.
[20] 图2–39.大师系列丛书编辑部.阿尔瓦 · 阿尔托的作品与思想[M].北京：中国电力出版社，2005.
王小红.大师作品分析解读建筑[M].北京：中国建筑工业出版社，2005.
[21] 2–40.http：//hi.baidu.com/keno_009/blog/item/c95488b32647a8a4d9335a08. html
王晓华.瑞姆 · 库哈斯[M].北京：中国电力出版社，2008.
[22] 图2–41.王建国.安藤忠雄[M].北京：中国建筑工业出版社，1999.
[23] 图2–42.http：//house.focus.cn/news/2008-05-16/573905.html
http：//bbs.chinazhuyi.com/dispbbs.asp?boardid=21%26id=59302

第3章　组合空间设计
——幼儿园设计

3.1　设计总论

3.1.1　国内外学前教育机构发展概述

幼儿园的产生和发展是与人们对幼儿教育的认识和发展密切相关的。无论东、西方，在对幼儿教育的认识上都经历了漫长的过程，直到近代西方产业革命结束后，幼儿园才成为一种公共设施而实现大众化的幼儿教育，时间距今也不过160余年。

1）西方学前教育机构的发展

18世纪英国伟大的空想社会主义者罗伯特.欧文（Robert Owen，1771~1858年），于1800年创办了世界上第一个幼儿园，当时称为“幼儿学校”（Infant School）。

由于19世纪初资本主义的发展，学前教育机构的建立，进一步促进了学前教育理论的发展。19世纪后期，学前教育理论便作为独立的学科在欧洲出现了。1837年，德国幼儿教育家福禄贝尔（1782~1852年）在勃兰登堡开设学前教育机构，并于1840年正式命名为“幼稚园”（Kindergarten）。此后，意大利医生蒙台梭利（M.Montesgor，1870~1957年）开办了幼儿学校，名为“儿童之家”。她的幼儿教育方法被欧洲各国和美国的许多幼儿园及小学取用。[1]

2）我国学前教育机构的发展

我国学前教育思想的发展始于清末民初的改良主义思想家康有为。在康有为的《大同书》中有完整的关于托幼机构的设想。此后，清政府于1903年创办了第一所公办的幼稚园——武昌模范小学蒙养院。人民教育家陶行知也在同时期创办了我国第一所乡村幼儿园。幼儿教育家陈鹤琴（1892~1982年）于1923年在南京创办了鼓楼幼稚园。新中国成立前，我国幼儿园的数量少，幼儿入园率较低，仅有1300所幼儿园，约13万名儿童入园。

新中国成立后，我国幼儿教育事业的发展进入了一个崭新的阶段。

我国的幼儿教育事业在新中国成立后的各个历史时期中的发展是很不平衡的。解放初期到“文化大革命”前期是一个高速发展阶段，幼儿园的数量成倍激增，但设施与教育质量较难保证。十年浩劫时期，幼儿园停办，幼儿教育事业受到了摧残。1979年召开了全国托幼工作会议，我国幼儿教育发展到一个新水平。1983年全国有幼儿园136 000所，比1965年增加了7倍。为了适应我国托幼教育的发展，托、幼建筑建设的需要，建设部、国家教委于1988年发布了《托儿所幼儿园建筑设计规范》（JGJ 39—87）。2001年7月，教育部颁发了《幼儿园教育指导纲要（试行）》，标志着我国幼教事业发展进入了一个崭新的阶段。[2]

3.1.2　儿童身心成长的规律和特征

根据保加利亚心理学家培里奥夫教授的建议，婴幼儿可分为四个阶段：婴儿期（0~2个月）；乳儿期（2~14个月）；托儿期（14个月至3岁）；幼儿期（3~6岁）。婴幼儿各个时期的生理和心理特征见表3–1。

婴幼儿发育不同时期生理心理特征表　　表3–1

时期	年龄段	特征	
		生理	心理
婴儿期	0~2个月	躯体发育不完全，骨骼软、机能差	具备一定心理活动，触觉、嗅觉敏感，已出现与人交往的萌芽
乳儿期	2~14个月	身体发育迅速，肌体新陈代谢旺盛	有较强的感知力和注意力、记忆力，会摆弄物体，出现模仿成人和与成人交往的萌芽

续表

时期	年龄段	特征	
		生理	心理
托儿期	14个月至3岁	身体各部分组织、器官的发育和成熟较快	产生了与他人接触的能力，有较好的模仿能力及一定的形象思维能力，注意力不稳定
幼儿期	3~6岁	身体各部分组织，器官发育迅速，尤其是心脏发育，肌体新陈代谢旺盛，消耗多	各种社会交往形式有了发展，游戏能力提高，形象思维发展迅速，抽象思维开始萌芽，4岁幼儿就萌发了创造需求，行动富于幻想，乐于动手，能接受粗浅的知识和学习操作技能

幼儿体格心智发育评价标准参考　　表3-2

年龄	体重（kg）	身高（cm）	心智发育
18个月	10.3~12.7	79.4~85.4	能走楼梯，指出身体部分，能脱外套，能自己吃饭，识别一种颜色
21个月	10.8~13.3	81.9~88.4	能踢球，举手过肩抛物，能搭四块积木，喜欢听故事，会用语言表示大小便
2岁	11.2~14.0	84.3~91.0	两脚并跳，穿不系带的鞋，区别大小，能认识两种颜色，能识简单形状
2.5岁	12.1~15.3	88.9~95.8	独脚立，说出姓名，洗手会擦干，能搭八块积木，常提出“为什么”，试与同伴交谈，互相模仿言行
3岁	13.0~16.4	91.19~9.7	能从高处往下跳，能双脚交替上楼梯，会扣纽扣，会折纸，会用筷子，懂饥、累、冷
3.5岁	13.9~17.6	95.0~103.1	知道多种颜色，不再缠住妈妈，开始有想象力，自言自语
4岁	14.8~18.7	98.7~107.2	能独立穿衣，模仿性强
5岁	16.6~21.1	105.3~114.5	解释简单词义，识别物体原料
6岁	18.4~23.6	111.2~121.0	开始抽象逻辑思维，自觉性、坚持性、自制力有明显表现，想象力丰富，情绪开始稳定

幼儿生长发育具有一般规律，掌握规律，创造生长发育的有利条件，就可以使儿童生长发育的潜力得到最大程度的发挥。表3-2是世界卫生组织给出的18个月~6岁幼儿体格心智发育评价标准的参考值。

随着社会生活和教育条件的提高，儿童身体生长发育的年龄指标和儿童心理能力的发展都比过去有所超前。当然还有儿童发展的个人差异性，这与先天因素和后天的环境都有关系。

3.1.3 儿童的生活作息安排

以全日制幼儿园看，基本的作息规律为：

送托→晨检→早操，有的儿童需用盥洗室和厕所→早餐→盥洗，厕所；→作业→游戏→盥洗，厕所→午餐→盥洗，厕所；午睡→点心→盥洗，厕所→游戏→盥洗，厕所；晚餐→盥洗，厕所→游戏→等待家长接走。

3.1.4 儿童的身体尺度与儿童家具的尺度

了解儿童的身体尺度是进行托幼建筑设计的基础，是进行室内外空间设计、建筑细部的构造设计、家具设计及摆放的基本依据。关于这方面的内容较为具体详细，这里提供一些基本的数据以供参考，其他数据可参考《建筑设计资料集3》中幼儿园一章（图3-1、表3-3、表3-4）。

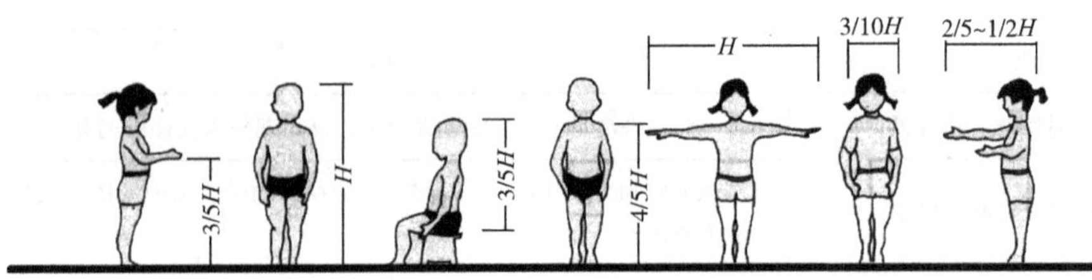

图3-1 幼儿的身体尺度
（图中H的数值可参考表3-3）

我国3~7岁幼儿的身高尺度表（单位：mm）表3-3

年龄	3岁	4岁	5岁	6岁	7岁
男孩	960	1020	1080	1130	1180
女孩	950	1010	1070	1120	1160

幼儿园桌椅的尺度参考数值　　表3-4

年龄	3~4岁	4~5岁	5~6岁	6~7岁
A	260	280	300	310
B	230	250	270	290
C	220	230	1000	700
D	220	260	292	310
E	1000	1000	1000	1000
F	700	700	700	700
G	410	470	520	560

注：本表数值与图3-2对应。

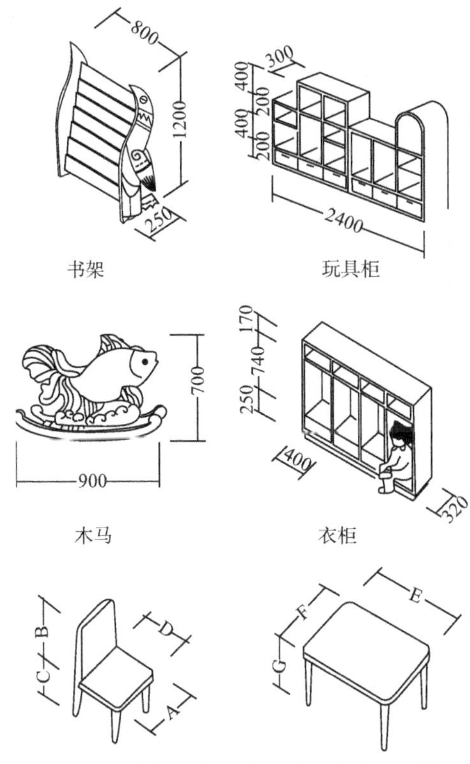

图3-2　幼儿园常用的一些儿童家具尺度

3.1.5　幼儿园的分类与设计目标

1）幼儿园的分类与规模

幼儿园按管理形式可分为全日制、寄宿制、混合制。目前我国全日制幼儿园占多数，也有少部分寄宿制和混合制幼儿园。

幼儿园的规模不宜过大，因为幼儿的身体发育还不全面，容易受到病菌传染的影响。因此，班级人数及园区的总人数过多将给幼儿疾病的监控造成困难。幼儿园的规模及班级人数见表3-5。

此外幼儿园还可以根据年龄分为大、中、小三个阶段的班级，班级人数：小班（3岁）控制在20~25人，中班（4岁）控制在26~30人，大班（5~6岁）控制在31~35人。

幼儿园的规模　　表3-5

规模	班数	总人数
大型	10~12班	300~360人
中型	6~9个班	180~270人
小型	5班以下	150人以下

2）幼儿园的设计任务与目标

幼儿园的主要任务是对3~6岁的幼儿实施保育与学前教育。因此，幼儿园设计的主要目标分为两方面：一方面应遵循幼儿身心发展的规律，为幼儿提供有利于身体健康的设施与环境，另一方面为在学前阶段充分培养幼儿的独立性、创造性、探索精神和自信心等精神层面的教育创造积极的氛围。

3.2　基地的选择与总平面设计

3.2.1　基地的选择

按规范规定，四个班以上的幼儿园应有独立的建筑基地，并根据城镇及工矿区的建设规划合理地安排布点。当幼儿园的规模在三个班以下时，也可以设在建筑物的底层，但应有独立的出入口和相应的室外游戏场地及安全防护措施。

影响基地选择的主要因素包括：环境因素、卫生条件、交通道路、地段安全以及服务半径等。基地选址的主要原则可概括如下：

（1）服务半径

服务半径应小于500m为宜，与最近的幼儿园相距2km左右。毗邻较大的居住区，尽可能避免幼儿入园前穿越大的交通干道。

（2）环境优美

宜接近城市绿化带，日照充足，场地干燥，排水通畅，通风良好，且场地不应位于周围建筑的阴影中。

（3）环境卫生

应远离各种污染源、噪声源、尘埃、污水集散地及人流密集喧闹的公共场所，并按照规范满足卫生与防疫的要求，最好与其他文化教育或公共服务建筑毗邻。

（4）地段安全

远离公路、河流、铁路及交通繁忙的地段，远离有火灾危险的建筑物或易燃、可燃液体及气体储存罐。

（5）基地形态规整，适于布置，能为场地的功能分区、建筑的功能分区、室外活动场地的布置提供必要的条件。

（6）基地面积符合规范要求。

3.2.2　总平面设计

幼儿园应根据任务书的要求对建筑物、室外活动场地、绿化用地及杂物院等进行总体布局，做到功能分区合理、方便管理、朝向适宜、游戏场地日照充足，创造符合幼儿生理、心理特点的室外空间与环境。总平面设计的要点主要有以下4点：

1）用地面积的确定

场地用地总面积的确定及建筑占地面积的确定是场地设计的首要问题。一般情况下，幼儿园所在场地内建筑的覆盖率不大于30%。除建筑用地外，应留出充裕的室外空间用于布置室外活动场地。用地指标可参考表3–6、表3–7，但随着我国城市人口的日益增多，还应视具体的情况予以适当调整。

居住区幼儿园用地指标　　表3–6

名称	千人指标	建筑面积（m^2/人）	用地面积（m^2/人）
幼儿园	12~15人	9~12	15　~20

城市幼儿园用地面积定额　　表3–7

用地面积（m^2）/规模班（人数）	总用地面积	建筑用地面积	公共活动用地面积	班级活动场地面积	绿化用地面积	道路、杂物院用地面积
6班	2700	696	360	360	360	924
12班	3700	951	540	540	540	1209
18班	4680	1206	720	720	720	1314

注：1.此表引自《托幼中小学建筑设计手册》。

2.表中建筑用地按照主体建筑为三层楼房考虑。

2）建筑日照的保证

规范规定，托幼建筑的生活用房应布置在当地最好日照方位，并满足冬至日底层满窗日照不少于3小时的要求，同时，温暖地区、炎热地区的生活用房应避免朝西，否则应设遮阳设施。在我国，每个地区的最好日照方位是有所差别的，好的日照方位和足够的日照间距是保证日照要求的必要条件。我国不同地区的最佳日照方位可参考表3–8，日照间距的计算可参考《建筑设计资料集1》中有关日照的内容，日照间距的计算办法及示意见图3–3。

$D=H \times L$

$H=H_0-C$

H_0=层数×层高+女儿墙的高度

D=日照间距

L=当地的日照间距系数

C=建筑物底层窗台的高度+室内外地坪高差

3）总平面各部分功能关系

幼儿园的用地主要由建筑用地、室外活动场地、绿化用地及道路用地等四部分组成。这几部分用地在平面中的布局受到它们自身的功能关系以及场地的形态、周边的交通道路关系、主、次入口的设置等因素的影响，其中，建筑用地和室外活动场地的关系是主导关系。在场地布局中，应首先保证幼儿生活用房与室外

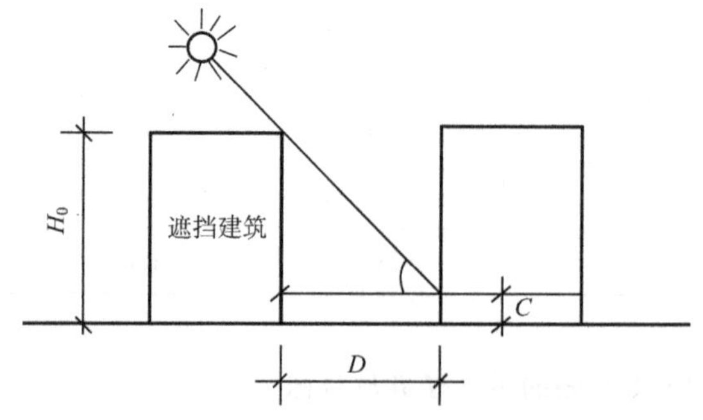

图3–3　建筑日照间距示意图

我国不同地区最佳日照方位　　表3-8

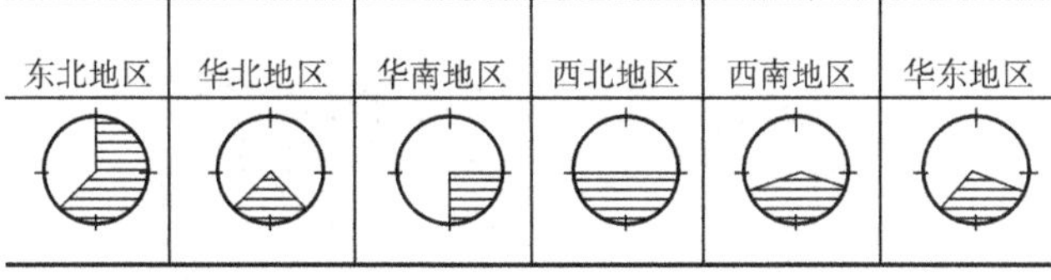

活动场地位于最佳朝向并且联系紧密，同时室外活动场地不得被建筑物阴影覆盖。场地入口的选择与园区内的道路设置应保证活动场地的完整，尽可能短捷、方便，不穿越活动场地。应有集中绿化用地，并利用好房前、屋后、墙角等隙地，起到隔离噪声、美化环境等作用。总平面各部分功能关系的示意见图3-4。

4）总平面的场地布局形式

总平面的布局形式常出现的有以下几种：

（1）建筑布置在场地的北侧，公共活动场地在南侧，见图3-5，班级活动场地紧邻公共活动场地，这种布局是比较常见的一种，适用于比较规整，近方形或长方形的场地，其优点是视线开阔，采光充分，公共活动

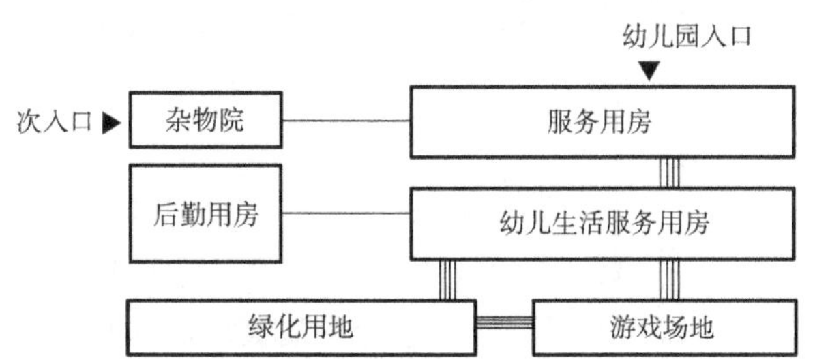

图3-4　幼儿园总平面各部分功能关系示意图

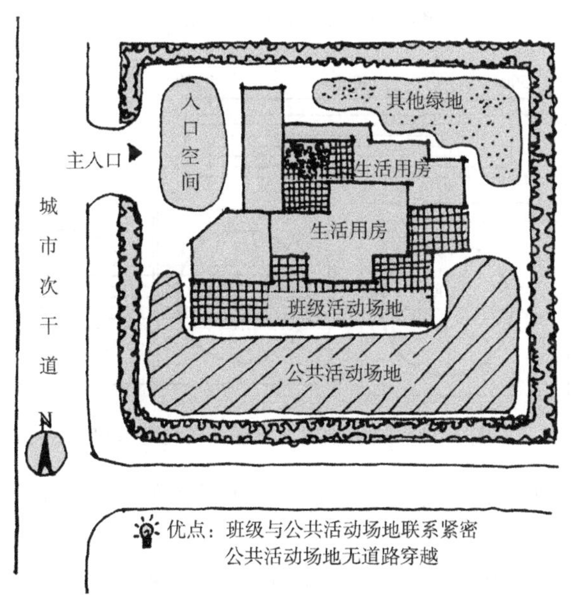

图3-5　总平面布局示意1

场地规整不被道路分割，适宜布置各种活动器具。

（2）建筑布置在场地的南侧，公共活动场地布置在北侧，见图3-7。这种布置与（1）的情况相比，往往是出入口的设置受周边道路的影响（注：基地的主入口应距城市主干道交叉口80m远），所以，将场地的主入口向南侧移动。这种布置要求南侧建筑主体不被周围建筑物的阴影覆盖，北侧公共活动场地的2/3不被幼儿园建筑的阴影覆盖。

（3）公共活动场地位于建筑的一侧，见图3-8。这种布局适用于场地东西向较宽，南北向较窄的情形。这种布置的优点是生活用房和公共活动场地都能取得良好的日照，生活用房不受公共活动场地的干扰。但生活用房与活动场地之间的联系较弱。

（4）公共场地位于建筑的一端。场地形态比较狭长时，见图3-6，建筑占地呈南北向的枝状形态，班级活动场地穿插布置，公共活动场地位于南端。这种布局的优点是，生活单元的日照通风良好，不受公共活动场地的影响，缺点是场地布局比较分散。

（5）建筑主体与活动场地随地形变化呈不规则形态。这种布局方式主要适用于不规则的地形，能够充分利用地形，且能够形成富有韵律的外观轮廓，见图3-9。

5）室外活动场地的设计

室外活动场地是保证幼儿进行各种身体锻炼和户外游戏的场所，根据我国幼儿园教学的要求，每个幼儿每天的户外活动，在冬季不少于2小时，在夏季不少于3小时，并且至少应有1小时的体育锻炼。充分的室外活动是保证幼儿身心健康成长的必要条件，活动场地的设置应符合幼儿室外活动的特点并充分保证幼儿室外活动的各项要求。

（1）室外活动场地的基本要求与布置内容

幼儿室外活动的主要内容有静态活动和动态活动两种。其中，静态内容包括角色游戏、智力游戏、音乐游戏和表演游戏等，动态游戏包括攀爬、单杆、吊环、滑梯、秋千、浪船、戏水等，体育游戏有赛跑、球类等。

（2）室外场地设计的基本要求有：

• 必须设置各班专用的室外游戏场地。每班的游戏场地面积不少于60m^2。班级活动场地可位于班级生活用房的附近，地面宜采用弹性铺装，利用绿化、建筑或利用连廊进行围合。班级之间的游戏场地可适当分隔，如采用篱笆、灌木或室外坐凳等进行分隔。

• 应有全园共用的室外活动场地，其面积不宜小于

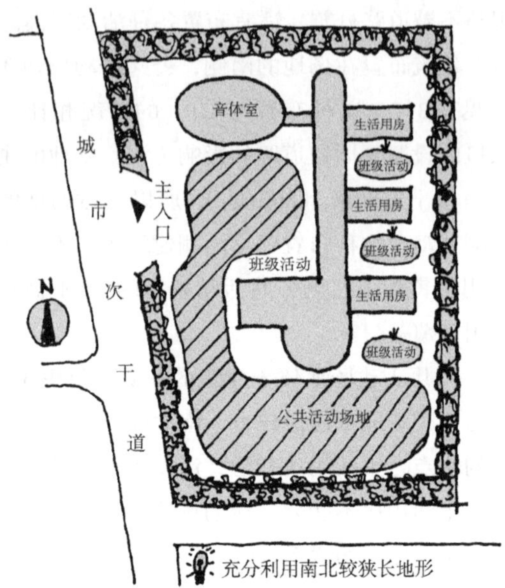

图3–6 总平面布局示意2

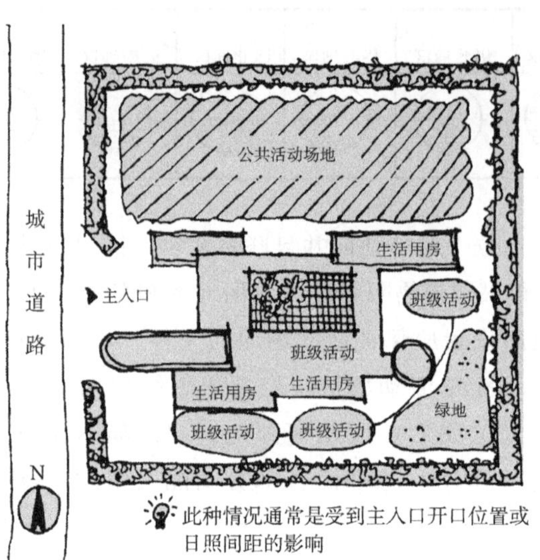

图3–7 总平面布局示意3

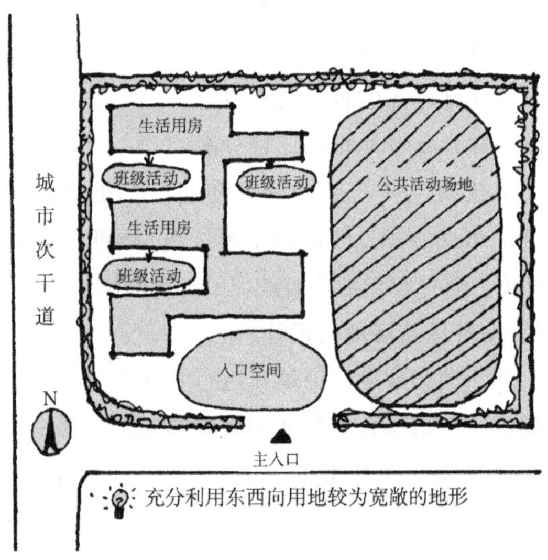

图3–8 总平面布局示意4

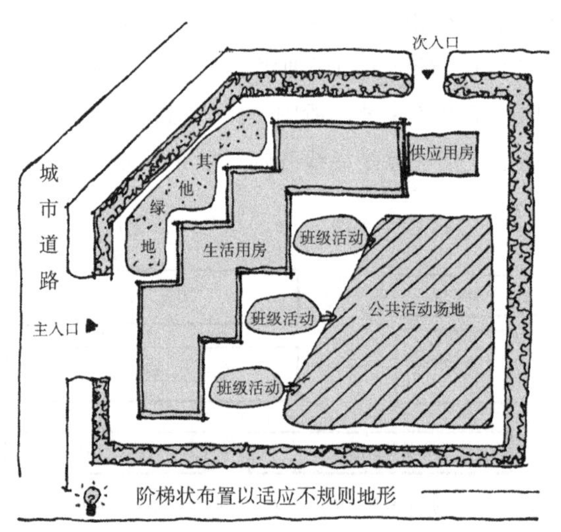

图3–9 总平面布局示意5

下式计算值：S（m^2）=180＋20（N–1）（180、20、1为常数，N为班数）。至少应满足一个30m直线跑道与一个能围合成圆形的进行班级游戏的面积，当班级数为6个以上时，至少应设两个圆的面积，见图3–10。其次，公共活动场地还应设置游戏器具或其他设施，如秋千、浪船、滑梯、沙坑、洗手池和水深不超过0.3m的戏水池等，并可适当布置一些小亭、花架、动物房、花圃以及供儿童骑自行车用的小路。公共活动场地内不得种植树木。

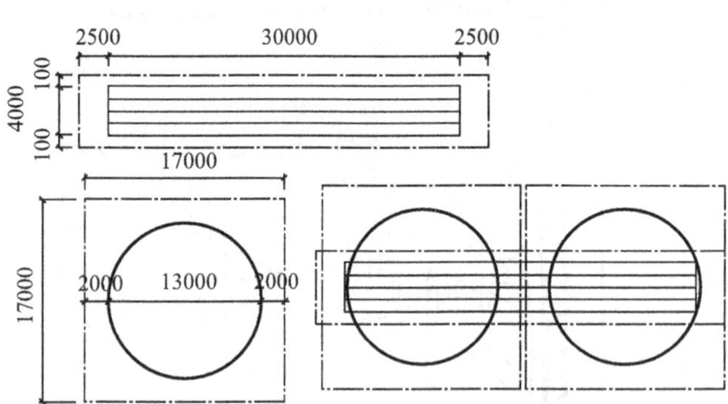

图3–10 30m跑道与圆形活动场地尺度

• 活动场地要有充足的日照及通风条件。

• 浪船、吊箱等摆动类器械的周围应设有安全围护措施。

• 户外场地要避免尘土飞扬，进行适当铺装。铺装材料一般有草坪和铺面两种，铺面材料应当有弹性，不起尘，不宜太光滑，草坪与铺面的面积比应为1.5：1~2：1。

• 场地上应有集中绿化面积并严禁种植有毒、带刺的植物。

• 杂物院应与幼儿活动场地隔开，并设有专用出入口。

6）总平面中室外活动场地的布置与举例

在幼儿园的总平面设计中，室外活动场地的布置常常会被忽略，在满足前述的各种基本设计的基础上，应综合建筑所在的自然气候条件、周边的道路交通、场地本身的形态等具体因素，巧妙地利用场地中的有利或不利条件，尽可能地创造出能够激发幼儿活力的活动场所。下面就以几个较为典型的范例来说明室外活动场地布置的一些技巧。

（1）在总平面中，建筑位于场地的北侧，所有的活动场地均布置在场地的南侧（见图3-11）。班级活动场地并列布置，与公共活动场地紧邻，后者布置在场地南端，场地的右下角布置了游戏器械，主次出入口设置在西侧并间隔一定的距离，不穿越幼儿活动区域。这种布置场地的特点是，用地比较方整，南北向进深较大，活动场地集合在南端，能够占据最佳的朝向与方位，视线开阔，日照通风良好。班级活动场地与公共场地紧邻，联系紧密，使用方便。方案在公共活动场地内部的功能上进行了比较合理的划分，30m跑道东西向放置，其东侧为游戏器械区。为丰富场地边界轮廓的变化，游泳池用曲线对边界进行了美化。

（2）班级活动场地和公共场地分散布置。如图3–12所示，场地的边界与正南向有一定的夹角，平面在东南向呈退台形态，既适应了场地东南角缺角的形态，又尽可能地把场地最佳朝向留给生活用房和公共活动空间，并充分利用这个拐角合理地布置了班级活动场地、游泳池、沙坑、植物园、动物园等设施。在场地南侧形成的狭长地带布置了30m跑道，场地北部紧挨着音体室的周边用地布置了游戏设施。从整个场地的用地布局上看，功能分区明确，用地紧凑，安排合理，而且创造了比较丰富多变的室外空间。

（3）班级活动场地集中设置，如图3–13所示。此方案的特点是，班级活动场地集中设置在内院，主体建筑围绕内院空间布置。这种布置方法的好处是：各个班级活动的场地处于一个围合封闭的空间内，几个班级可同时开展小型活动，有利于教学管理。不利之处在于：庭院式布局占地较多，公共活动场地只能布置在场地的四周，全园公共活动场地用地显得较为紧张，且和班级活动场地缺乏有机的联系。

3.3 幼儿园的平面功能构成

3.3.1 幼儿园建筑的房间组成及功能关系

幼儿园的房间构成，要视幼儿园的规模与标准，服务半径，办园单位的性质与要求，所在地区的差异与条件等各种因素有所选择地设置相关用房。

1）幼儿园建筑的房间组成

幼儿园的房间通常由三类不同性质的用房组成，分别是生活用房、服务用房和供应用房，见图3–14。

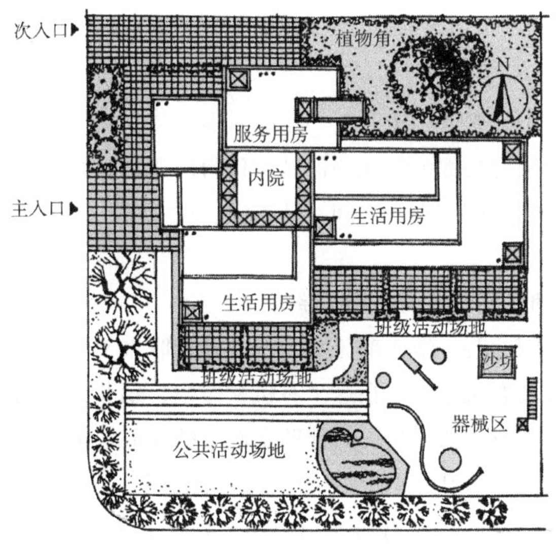

图3–11 室外活动场地布置示例1

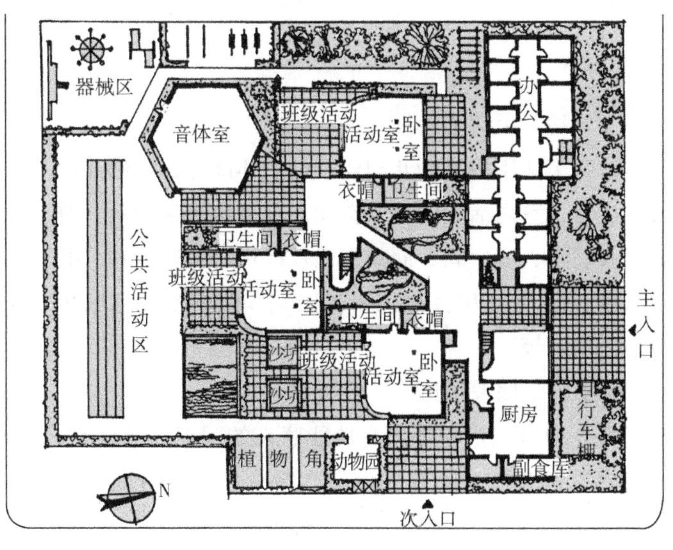

图3–12 室外活动场地布置实例2

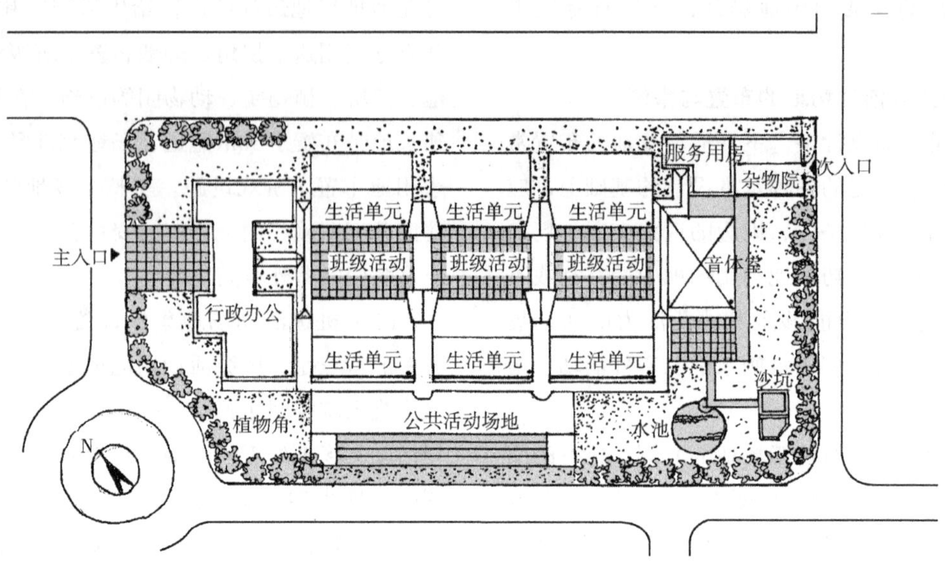

图3–13 室外活动场地布置实例3

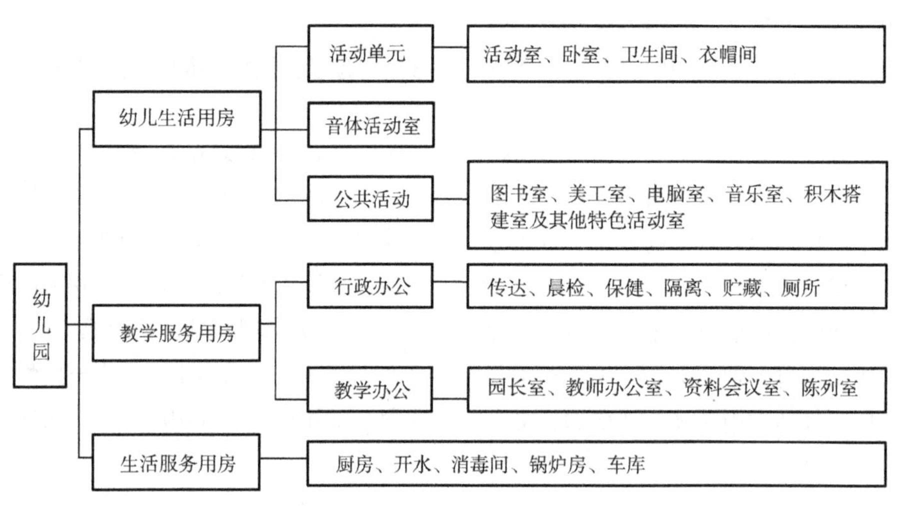

图3–14 幼儿园的房间组成

（1）幼儿生活用房

幼儿生活用房是幼儿园建筑的主体部分，是幼儿生活、学习、室内活动的主要空间，包括班级活动室、卧室、衣帽间、卫生间、储藏室以及提供幼儿教学和公共活动的其他房间和教室，如音体室、图书室、电脑机房、美工室等。

（2）教学服务用房

服务用房包括与外界有功能联系的门卫、会计室、接待室以及直接为幼儿的保健和教育服务的行政办公室、教师办公室、教具制作室、保健室、隔离室、晨检室、会议室、和相关的辅助房间等。在寄宿制幼儿园中还应设置幼儿集中浴室。

（3）生活服务用房

供应用房是保障幼儿园保教工作得以正常运行的部分，包括幼儿厨房、开水间、消毒室、洗衣房、锅炉房及库房等。

2）幼儿园建筑的功能关系

幼儿园的各个组成部分是一个既互相联系又各自具有独立性的有机整体。在这个有机整体中，幼儿生活用房功能区占有主要地位，其他两个部分的功能区都处于从属地位。幼儿生活用房中的活动室、卧室、卫生间、衣帽间、储藏间等又有可能组成相对独立的生活单元，并且自身也存在着比较明确的功能秩序。幼儿园的内部功能分析可见图3–15。

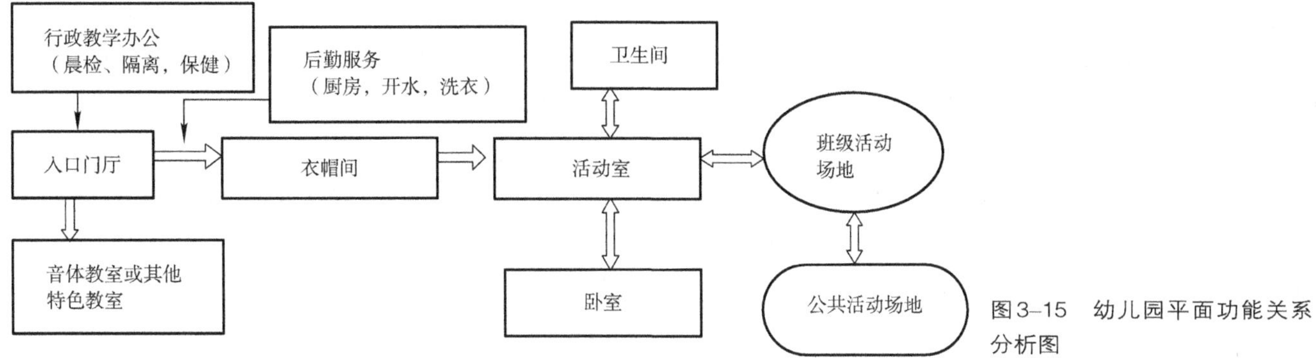

图3–15　幼儿园平面功能关系分析图

3.3.2　幼儿园的平面组合形式

在幼儿园建筑设计中，处理好幼儿生活用房、教学服务用房、生活供应用房三者的关系以及处理好幼儿生活用房内各部分房间的组合关系是幼儿园平面组合的两大重要内容。前者从总体上把握建筑布局的合理性；后者从细节上把握建筑布局的主要内容。在设计中，这两大平面组合内容往往交织在一起，需要同步进行研究。[3]

1）幼儿园主要功能用房的布局

供应用房与服务用房在总平面布置上都处于从属地位，但从使用功能的角度来看，服务用房与幼儿生活用房可以结合得更为紧密些，而供应用房由于在使用中对幼儿生活环境存在着一定的干扰及不安全因素，则需要加以适当的隔离。因此，幼儿园主要功能用房在总平面中的布置从三者结合的紧密程度上来分，主要有分散式和集中式以及介于两者之间的半集中半分散式，如图3–16所示。

（1）分散式（图3–16*a*）

这种布置方式的前提是用地比较宽裕，生活用房、服务用房、供应用房各个部分完全独立，各自的功能需求都能得到满足，但彼此之间的联系较弱，需增加交通廊道来加强联系，对室外活动场地的布置有一定干扰。

（2）集中式（图3–16*b*）

将幼儿生活用房、服务用房、供应用房集中布置在主体建筑内。这种布置方式的优越性在于能够节约用地，且各部分功能联系紧密，但要注意妥善处理好供应用房与生活用房之间的关系。

（3）半集中半分散式（图3–16*c*、图3–16*d*）

这种布局方式是将服务用房或者供应用房与幼儿生活用房适当隔离开来。前者可以减少外来人员对幼儿生活用房的干扰，后者因供应用房单独设置，可以相应降低这部分建筑的设计标准（如隔声），从而最大限度地降低造价。

2）幼儿园的生活用房的平面组合形式

幼儿生活用房的平面组合方式也可分为两种方式，即分层式与单元式。

分层式的特点是，以不同的楼层来组织生活用房的主要功能，例如把几个不同年龄班级的活动室统一布置在一层，而卧室都布置在二层。以楼层划分功能，功能分区很明确，不同功能的生活用房相互干扰较少，但规模与层数一般限定为两层，否则就不利于使用和管理。分层式适于寄宿式幼儿园。

单元式的组合方式是每班（或者是混合班）生活用房各自形成一体而构成班级生活单元，然后按班级

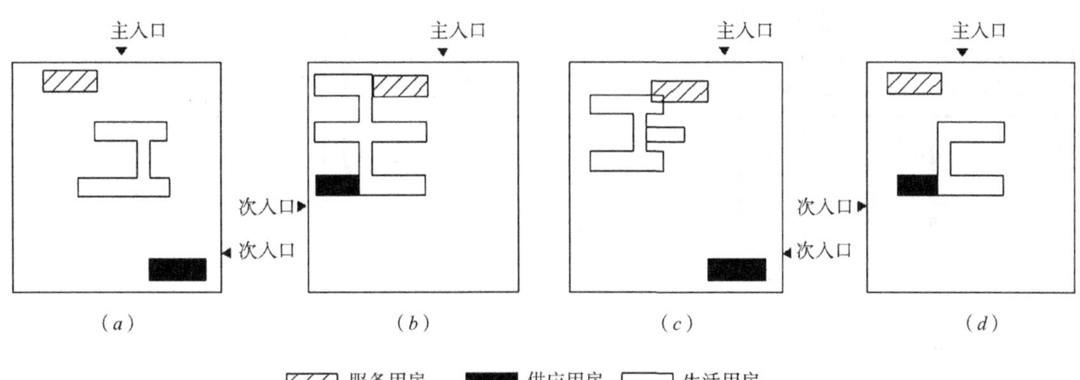

图3–16　幼儿园总平面布局示意图

活动单元进行平面组合。其优点是功能分区明确，容易保证幼儿生活用房有良好的朝向、采光和通风条件。此种布局方式对于卫生防疫，减少疾病流行和交叉感染具有一定的优越性。相对于分层式，单元式的布局在我国有一定的适应性与优越性，是我国幼儿园建筑平面常采用的方式。如图3–17所示，单元式布局常采用的不同形态，大致可分为并联式、分枝式、内院式、圆环式、风车式、放射式、自由式等。下面将逐一进行简要介绍。

（1）并联式

使用廊道把并列的生活单元连在一起，外轮廓形成直线形、锯齿形、弧形等形态，如图3–17中的（*a*）~（*c*）。并联式的优点是，所有的生活单元都能占据最佳朝向，日照通风良好。缺点是，串联的单元不宜过多，否则就会造成交通路线过长，建筑占地过于狭长。此外，走廊宜布置在生活单元的北侧，以避免影响采光或造成干扰。并联式的平面功能布局可见图3–18。

（2）分枝式

分枝式是用廊道将生活单元像植物的枝干与枝杈一样串联起来。如图3–17中的（*e*），一个分枝可以是一个生活单元，也可以是两个以上的单元的组块。分枝式的特点是，每个生活单元都能得到良好的日照通风条件，且能创造比较丰富的室外空间环境，此外，卫生防疫和幼儿园管理都比较方便。缺点是，建筑占地面积较大，南北向尺度较大，对场地的使用有一定要求。分枝式是我国幼儿园较常采用的一种方式。分枝式常见的平面布局见图3–19。

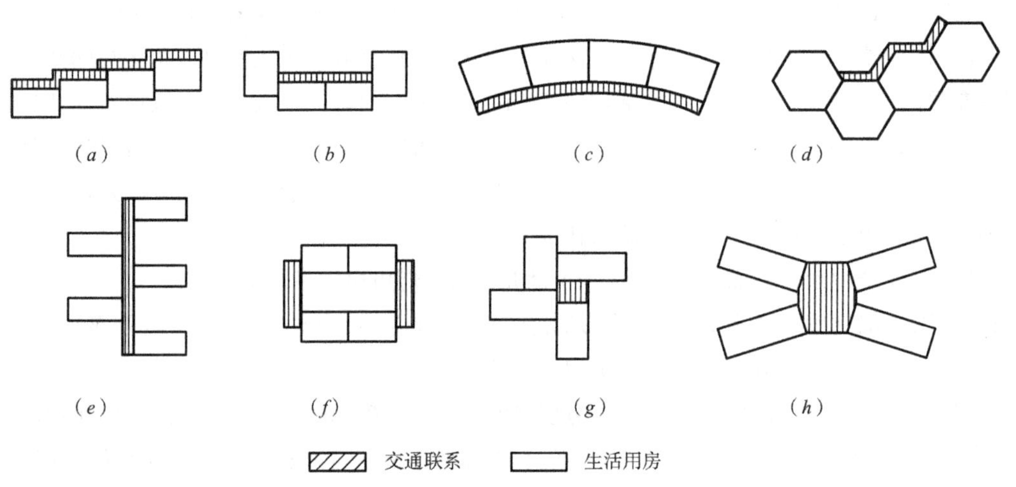

图3–17 幼儿生活用房的单元式平面组合形式

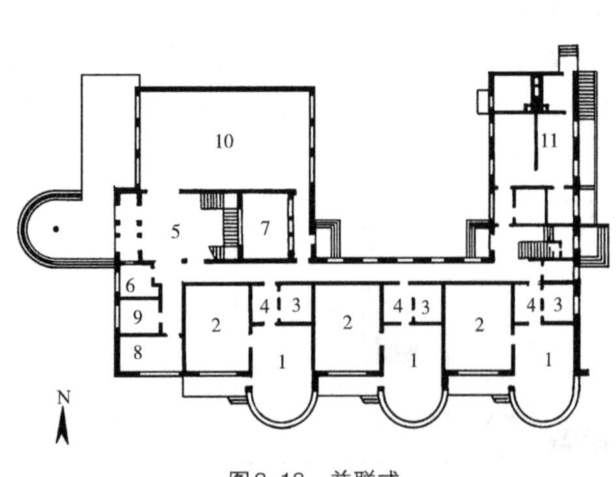

图3–18 并联式

1—活动室；2—卧室；3—盥洗室；4—衣帽间；5—入口门厅；6—值班室；7—内院；8—医务室；9—办公室；10—音体室；11—厨房

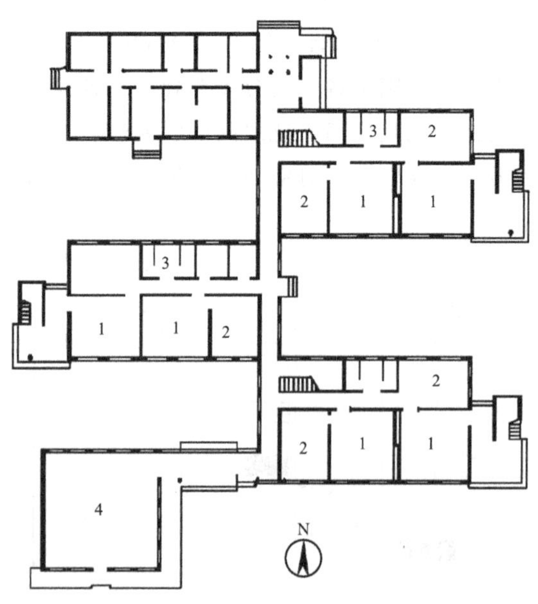

图3–19 分枝式

1—活动室；2—卧室；3—盥洗；4—音体室

（3）内院式

内院式即以生活单元或其他生活用房或者廊道围合成中央庭院，形成以院落为中心组织平面功能的布局形态，如图3–17中的（*f*）。内院式布局的特点是，中间的庭院可以成为幼儿开展中小型游戏的场所，也可以成为可观赏的花园空间。为保证日照间距，内院式布局的占地也较大，适合用地条件宽裕且形态方整的场地。内院式的平面布局如图3–20所示。

（4）圆环式

圆环式布局是并联式的一种变形。生活单元成环形并列布置，可围合成内向的庭院。圆环的形态能够创造出活泼的建筑轮廓及丰富的室内外空间。如果能够充分利用一些场地的特点，就能够得到新颖和多变的建筑形态。圆环的缺点是：较难使所有生活单元都保持最佳朝向，室内容易形成不规则空间，室内家具的布置受到影响，建筑占地面积较大。图3–21即是采用半圆环平面布局的形态。

（5）风车式

风车式是以生活单元或生活用房围合的中央交通空间为核心，形成类似于风车的形态，可见图3–17的（*g*）。风车式是一种适应性较强的平面形态，每个生活单元可作为“风车”的一个叶片，组织在中央交通空间的四周，也可以把生活单元布置在朝向较好的位置，以其他生活用房布置成其中的一个叶片，具有很好的灵活性。风车式具有平面形态紧凑、各部分功能联系紧密、交通便捷的特点。其缺点是，个别生活单元不在最佳朝向，室外用地较为分散，可见图3–22。

（6）放射式

放射式即以交通大厅为中心向四周放射性地布置生活单元，各个生活单元获得了较强的独立性。如图3–17的（*h*）这种平面布置往往具有较强的个性色彩。

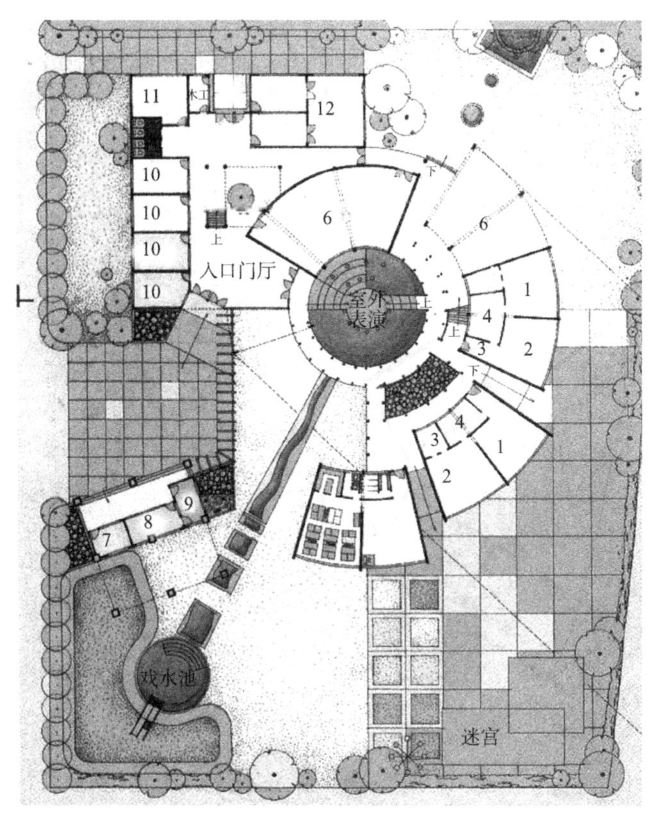

图3–21 圆环式

1—活动室；2—卧室；3—储藏室；4—盥洗间；5—风雨操场；6—大活动室；7—值班；8—晨检；9—隔离；10—办公；11—储藏；12—厨房

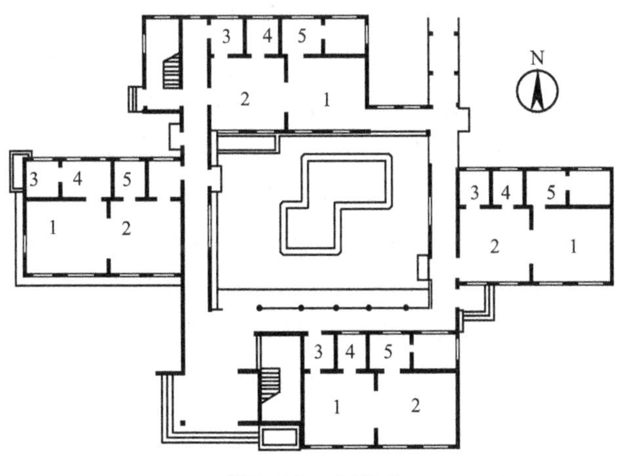

图3–20 内院式

1—活动室；2—卧室；3—衣帽间；4—储藏间；5—卫生间

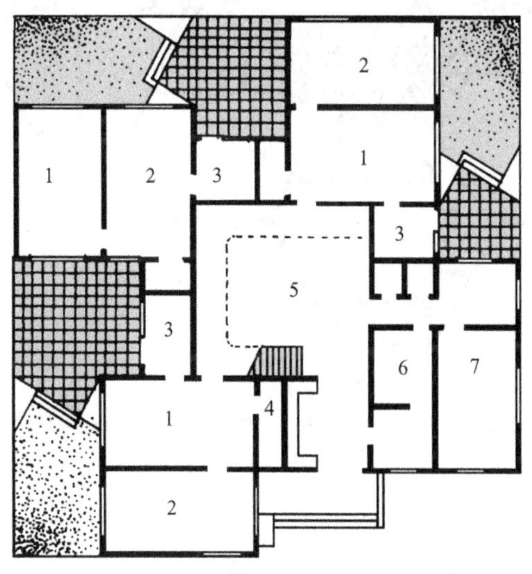

图3–22 风车式

1—活动室；2—卧室；3—卫生间；4—储藏；5—大厅；6—办公；7—厨房

但放射状布置比环形布置更容易牺牲个别生活单元的好朝向，交通面积较大，占地面积也较大，对场地有一定要求，见图3–23。

（7）自由式

当用地形态不规则，为了充分利用土地，需要因地制宜地布置建筑的各个组成部分。这时往往呈现出灵活多变的设计手法，这些设计手法或者是同时采用上述的几种手法，或者是采用没有规则的更为自由的平面形态，如图3–17中的（*d*）或图3–24所示。

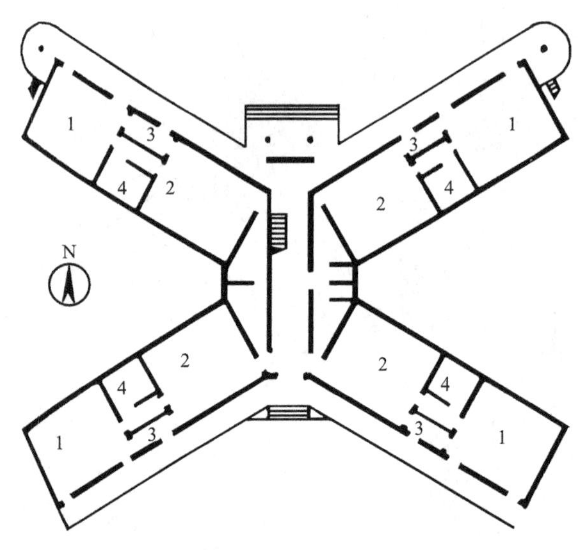

图3–23 放射式

1—活动室；2—卧室；3—衣帽间；4—卫生间

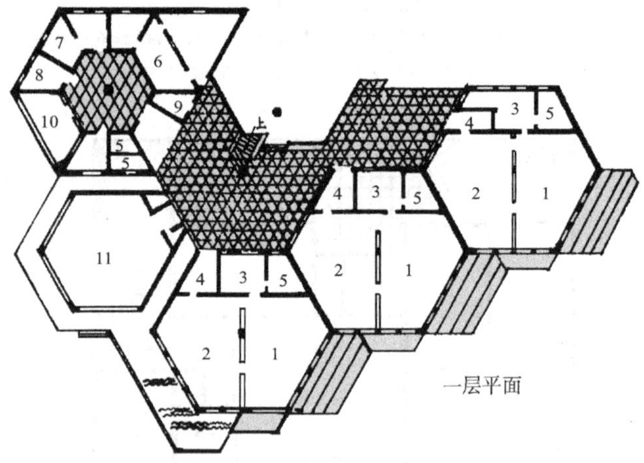

图3–24 自由式

1—活动室；2— 卧室；3—盥洗室；4—储藏；5—厕所；6—厨房；7—医务室；8—隔离室；9—储藏；10—洗衣房；11—音体室

3.3.3 幼儿园的生活单元的设计

幼儿生活单元是幼儿在幼儿园生活的主要空间，包括幼儿在幼儿园里学习、游戏、吃饭、睡觉、盥洗、如厕等几乎所有的生活内容。以年龄分班，以单个班级的活动为主要内容的单组式生活单元是我国幼儿园最普遍的模式，由于目前幼儿教育理论出现了以强调幼儿相互间交往为目的新趋势，所以出现了由单一的单组式活动单元向多组式活动单元过渡的变化。

单组式活动单元是将不同年龄的儿童进行分班，每班拥有一个由独立的活动室、卧室、浴室、盥洗室、衣帽储藏间以及班级活动场地组成的生活单元。生活单元通过组合形成幼儿园建筑的主体。每个生活单元彼此独立，互不干扰，严格按卫生防疫要求进行隔离。单组式生活单元是我国幼儿园的基本模式，在我国具有一定的适应性与优越性。单组式生活单元的缺点是，完全独立的生活单元使幼儿的生活完全局限在班级生活的圈子内，教师在各个环节中扮演主要角色，幼儿个体的交往和游戏场所受到一定的限制，不利于幼儿个性的发展。

多组式活动单元，即针对单组式活动单元的缺点，打破封闭的单组式单元的界限，提倡不同年龄的孩子可以以分组、合组的形式进行活动，以不同年龄的孩子共用班级活动室为特点，通过创造积极的交往空间，以促进不同年龄班级的混合生活为主要内容，形成功能单元。多组式生活单元有利于培养孩子的集体精神和团队精神，促进儿童的智力成长，将是我国幼儿园发展的主要趋势。

下面将分别介绍单组式与多组式生活单元的不同特点。

1）单组式生活单元

单组式生活单元是以一个班级的在园生活为基础的。一个完整的单组式活动单元主要包括的房间有活动室、卧室、卫生间、衣帽间、储藏间以及班级室外活动场地等内容。在这些房间中，活动室是幼儿活动的主要空间，其他房间都应当围绕活动室进行布置。卧室和活动室应首先占据最佳的朝向，保证日照与通风，卫生间应当与卧室和活动室同时保持联系，保证两者使用方便。卧室在活动单元的布局中应当安排在比较不受外界干扰的方位。衣帽间与储存间都可只与活动室产生联系。此外，活动室与班级室外活动场地应保持紧密的联系。综上所述，单组式生活单元的平面布置应当遵守以下原则：

（1）各活动单元应有单独的出入口，其目的是尽量避免各班的相互干扰和影响，以保证各班教学正常进行。

（2）活动单元内各房间应有良好的采光通风条件。

（3）卫生间不仅应靠近单元出入口，也应兼顾幼儿在活动室和卧室都方便地使用。

（4）活动单元中的活动室与盥洗室、盥洗室与厕所应有良好的视线贯通，以保证老师能够在正常的教学活动中对其进行关注和随机观察。

（5）活动室各个房间的平面布局应紧凑，尽量避免产生不必要的交通空间。

单组式活动单元常见的平面布局形式可见图3–25。

除上述布置方式外，单组式活动单元还可以设置夹层，一般将卧室设置在夹层内。这种布置方式，卧室可以获得更为安静的环境，且具有节约用地的优点，但二楼还需要增设卫生间。

2）多组式活动单元

多组式活动单元是以多个班级的混合生活或教学为基础的。主要包括了若干个功能较为单一的小活动室或者是卧室，几个班共用卫生间和一个大的活动室。这种布局方式在国外较多，在国内也日益受到重视。多组式活动单元的重点是要具备不同班级可以共同使用的活动区域，见图3–26。多组式生活单元尤其适应班级数较少的小规模幼儿园。

3.4 幼儿园的建筑造型处理

建筑造型设计是幼儿园建筑设计的重要内容，基于幼儿园所服务的对象在生理、心理上的特殊性，幼儿园在建筑体量、规模、建筑组合规律等诸多方面都表现出了与其他公共建筑类型截然不同的特性。除了应满足一般的形式审美法则外，幼儿园的造型设计在常规的形式处理手法上，如体量的组合、构成手法以及虚实、光影、材料质感、色彩等的应用，还需要抓住幼儿的生理与心理的特点，表达幼儿园建筑在空间与造型上的独特性，以创造出适宜幼儿身心健康、能够引发幼儿内心愉悦的建筑形象。

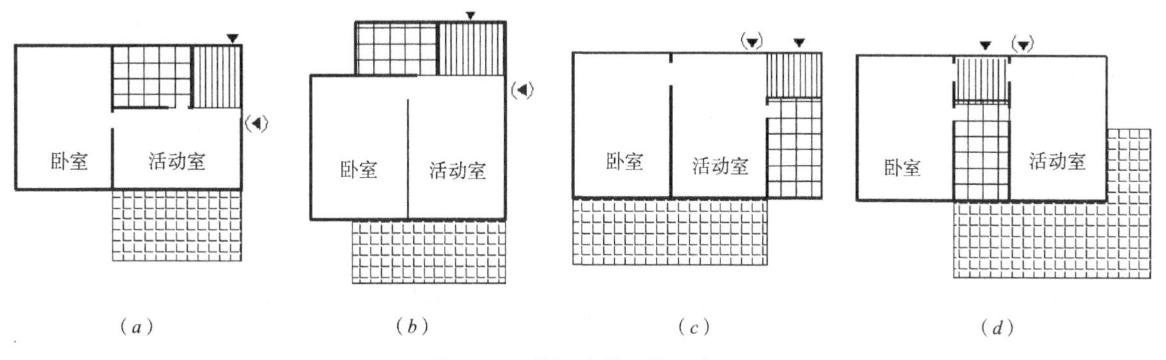

图3–25 单组式常见平面布局
（注：有括号的三角表示其他可能的入口）

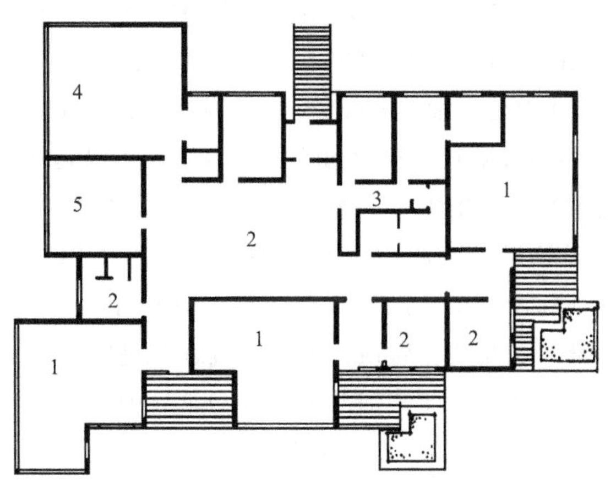

图3–26 多组式幼儿园实例
1—活动室；2—盥洗室；3—衣帽间；4—健身房；5—多功能室

3.4.1 幼儿园建筑造型的基本特征

首先，幼儿园建筑的造型是受到其自身内在规律所约束的，所以，它在形式特征上存在着一些基本特点，了解和掌握这些基本特点才能使建筑造型的构思有可行的基础，而不会最终成为空中楼阁。

（1）建筑体量较小。由于幼儿园的规模一般限定在12个班以下，因此，总的建筑面积较小，建筑规模有限，整体的建筑体量相对于其他公共建筑也就比较小巧。

（2）建筑形态成横向舒展状。由于受到楼层的限制，独立式幼儿园的楼层数一般都在4层以下，建筑的总体高度受限，且内部的使用空间，鉴于幼儿的身体特点，不宜过度高大空旷，因此，建筑形态或者低矮小巧，或者横向舒展。高大、耸立的形态不仅不合时宜，也不符合功能需求。

（3）平面构成模式以重复出现的母题式构图居多。由于以生活单元作为幼儿园生活教学的基本构成单位是我国幼儿园现有的基本模式，因此在建筑平面构图中，母题式构图是一种常见的手法。

（4）建筑整体与细部的比例尺度与其他公共建筑相比更加小巧细腻。这是与建筑的主要使用对象的自身特征密切相关的。[4]

3.4.2 幼儿园造型处理的基本手法

建筑造型处理手法是多种多样的，但从大的方面上来讲，常从建筑的体量组合、建筑细部的设计、建筑色彩质感的选用等几方面入手。需要说明的是，要想创造出理想的建筑形象，应当对各种形式处理手法协调应用，综合应用。

1）体量处理的常用手法

建筑体量处理的目的是为了使建筑的外在形态在视觉上处于一种有机统一、均衡稳定的状态。需要说明的是，对建筑体量的构思是从方案构思的初始就开始的，是与建筑平面的形态构成紧密相连的。虽然在第三节中给出了幼儿园建筑的一些常见平面形态，但这仅是从幼儿园的内部功能关系出发，呈现出的是平面二维的关系，还应从三维的角度对建筑的体量作更为深入的推敲来进行建筑形式的创作。

幼儿园的建筑体量组合中需要注意和推敲的几种手法：

（1）主从关系

有主导和从属的区别才有整体的统一。幼儿园的各个功能组成部分的体量较细碎，在体量的处理上，如果均一处理，就会显得呆板、平缓，缺乏视觉中心，难以突出幼儿园活泼明快的建筑特性。有目的地突出主体功能部分的体量，弱化辅助功能部分，可以有效地彰显建筑自身的性质和特点。突出的手法可以运用体量的尺度、形态、虚实以及材质、色彩等要素的对比，通过对比的强弱取得突出的效果。

（2）韵律与节奏

由于功能部分的主体是由多个生活单元组成，每个生活单元的体量与形态又是相似的，因此生活单元可以形成重复出现的韵律和节奏，也就是建筑创作形式中“几何母题”的概念。利用生活单元的相似性形成有趣味和美感的韵律或节奏是幼儿园建筑创作中常用的一种手法。如对生活单元采用相同的形态和体量，相似的立面处理方式，相通的光影、相似的屋顶形式或者在利用屋面形成连续退台等都是在有意地形成特定节奏。需要说明的是，这种节奏的特点应该是轻快明朗的，活泼跳跃的，所以对于形成节奏的元素处理也应该给予相应的处理。

（3）虚实与光影

体量的虚实对比能够形成丰富的光影效果，加强建筑的生动感并给人带来鲜明的空间体验。幼儿园的建筑体量较为小巧，形态趋向平缓，难以形成强烈的虚实对比。但通过体量之间的进退组合，屋面的退台与出挑，构架的使用等都能够形成较为丰富的光影层次。

2）细部造型的设计

建筑的细部设计是在建筑整体形态的基础上对建筑细部进行深入细致的刻画。在幼儿园的细部设计中，有选择地使用建筑符号以及对建筑细部进行有目的的设计常常能够起到画龙点睛的作用。

（1）建筑符号在建筑细部中的应用

将幼儿熟悉和喜爱的形态作为建筑符号应用到建筑细部中去是幼儿园形态设计常采用的一种方式。比如用墙体、柱子、檐口模仿积木的形态，在楼梯间的顶层中运用童话中塔楼的形态，将女儿墙变换成城堡的墙垛，在门窗的形式上采取幼儿喜爱的简单几何形态等，通过对儿童熟知的形式进行建筑符号的转译来构建一种能引发幼儿共鸣的氛围。但对符号的使用应当恰如其分，适可而止，不能完全超越功能而强加符号，使符号完全沦为表面的装饰，如图3–27~图3–30。

（2）对建筑细部进行变形、增减、夸张、装饰

对建筑的局部进行着重的设计和造型可以起到制造视觉中心、突出重点、增强对比、增加空间层次、制造光影效果、协调整体的比例与平衡等作用。幼儿园的细部设计中，以下几个部位，如大门、楼梯、门窗、檐部女儿墙、屋顶、阳台及挑廊等是细部造型常常强调的部位。建筑细部的设计与整体形态的设计应当始终保持有机统一，不过分繁琐，不可喧宾夺主，可见图3–31~图3–35。

3）建筑色彩的运用

在建筑的外在形式中，建筑色彩是给人视觉感受

图3–27　以童话中的小屋作为符号

图3–28　以童话中的尖塔作为符号

图3–29　以门窗洞口模仿笑脸的形态

图3–30　以陆地中停泊的船只作为表达形态的符号

图3–31　利用出挑的平台强调了幼儿园的入口

图3–32　利用开窗的形式和屋顶局部的镂空形成节奏和韵律

图3–33　对雨篷的变形和装饰以强调入口

图3–34　屋顶使用构架增加视觉上的层次感和轻盈感，并带来光影的变化

图3–35　刻意装饰的窗户

最为强烈的元素。选取适当的色彩不但可以突出建筑的自身特点，还可有效地烘托情感氛围。幼儿园宜选用轻快明朗的浅色作为基调，在局部可加以纯度较高的艳丽色彩予以点缀。但色相的种类不宜过多，如建筑的主体墙面等可使用柔和轻快的浅色，而一些细部如大门、楼梯、屋顶、尖塔、遮阳板、窗下墙、阳台栏板雨篷等部位可使用艳丽跳跃的颜色，以突出重点，形成对比，创造明快、活泼、可爱的氛围。色彩

使用没有定律，但总体应遵循协调、均衡的原则，见图3–36~图3–38。

3.5 幼儿园的实例分析

3.5.1 幼儿园的构成模型分析

构成模型是根据幼儿园建筑设计过程中已经形成的平面、立面让学生对功能空间特征进行解释，从构成角度运用多次空间限定的手法进行的模型制作。这里列举了同济大学学生作业中的一些模型实例，从构成的角度对幼儿园的功能空间进行各种不同的解释，其中不乏奇思妙想，作业评语也十分的精辟，具有很好的借鉴意义。

图3–39以线材、面材通过围合、覆盖进行限定，重复空间限定明确，入口空间限定显弱，可再强些。地板处理有助于整体形态表现。

图3–40以面材、围合进行限定，底板作肌理处理。精炼地表现了主从关系以及重复单元的空间特征。

图3–41以线材设立、围合表现重复空间，以黑色面材的覆盖简练地表达了辅助空间，以红色面材的底面处理完整地表现了交通空间。整个作品流畅清新、一气呵成、感染力强。

图3–42以线材围合为手法将各功能空间明确地表达出来，特别是交通空间一线带过，整体表现力强。

图3–43紧扣平面，运用面材进行围合、覆盖，限定空间，功能关系表达清晰。

图3–44以线材为主进行限定，对重复空间的表现到位，辅助部分可再整体些。线材的尖状顶头处理影响整体表现。

图3–45以面材工整地表现了各功能空间的限定，乒乓球壳的覆盖形态明确，部分构件略显多余。

图3–46以线材和面材围合、覆盖，重复空间限定明确，辅助空间表达到位，对交通空间作了着重表现。

图3–47用线、面材通过围合、设立与覆盖，明快地表现了主体重复空间及其他辅助空间，形态简洁到位。

图3–36 建筑外墙与玻璃应用色彩

图3–37 建筑外墙与玻璃应用色彩

图3–38 屋顶、构架、遮阳、门采用鲜艳悦目的颜色

图3–48以线材与面材运用覆盖的方法进行幼儿园整体空间的限定，建筑各部分空间表达明确。创作表现力强。

3.5.2　幼儿园的实例分析

1）同济大学的学生作业范例1（图3–49）

同济教师评语：该方案从空间形体入手，组织幼儿园室内外的建筑空间。造型活泼、丰富，特别是单元空间形态各异，也是一种新的尝试。交通面积过多。幼儿园入口广场设置丰富。

这个方案将辅助部分、活动单元部分以及中间的交通部分作为三个体块进行穿插交接，构图均衡、大胆，富有新意。特别是活动单元部分，将传统的并列式布置作了有趣的变形，形成了体量上曲与直的对比，突出了主要功能用房。室外活动场地的边界也采用了曲线，不但呼应了建筑的形态，也丰富了室外空间的布置。入口处墙体、列柱、铺地的布置加强了入口的引导性。图面表现生动，富有感染力，显示了良好的基本功。

2）同济大学学生作业范例2（图3–50）

同济教师评语：该设计教学部分与辅助部分以庭院分割，功能分区明确。以两个教学班组成一个单元空间进行重复，空间形态特征明确。单元空间、立面比例把握较好，尺度亲切。水粉透视及立面表现明快，制图精致。幼儿园主入口较偏，与教学班距离较长，大活动室层高较低。

此方案采用了庭院式布局，室内外空间开敞、舒

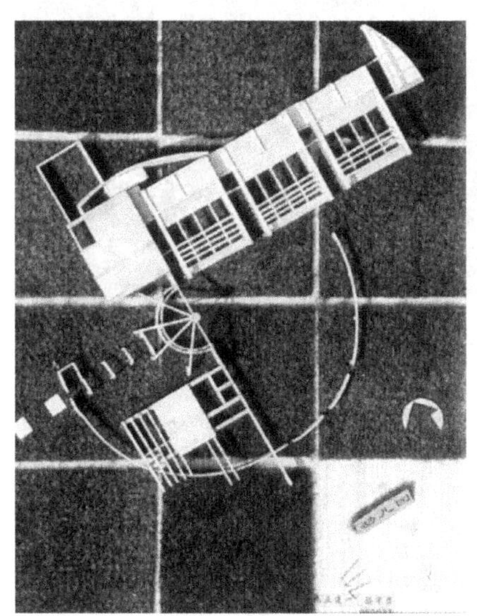

图3–39　构成模型范例1

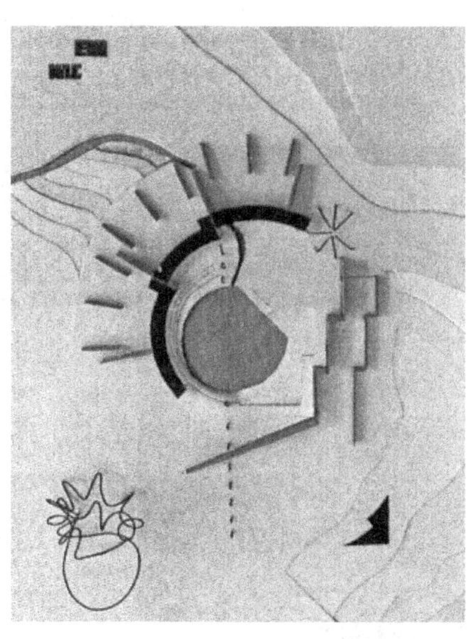

图3–40　构成模型范例2

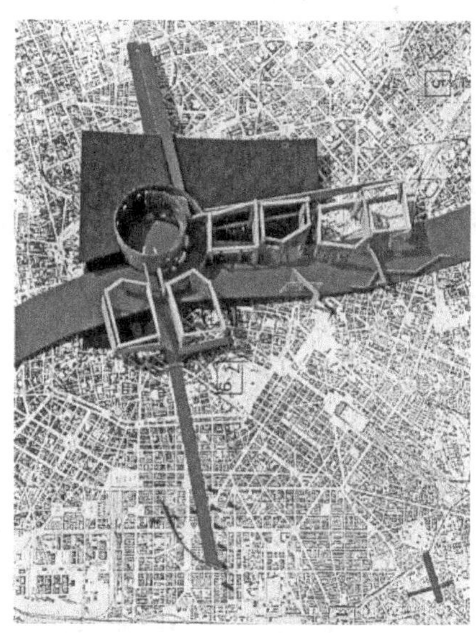

图3–41　构成模型范例3

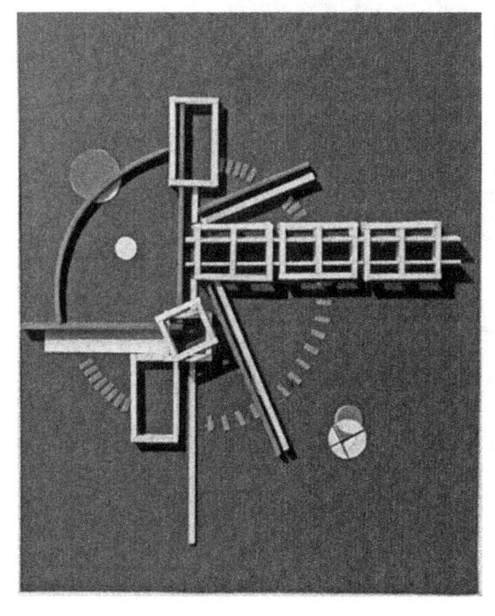

图3–42　构成模型范例4

图3–43　构成模型范例5

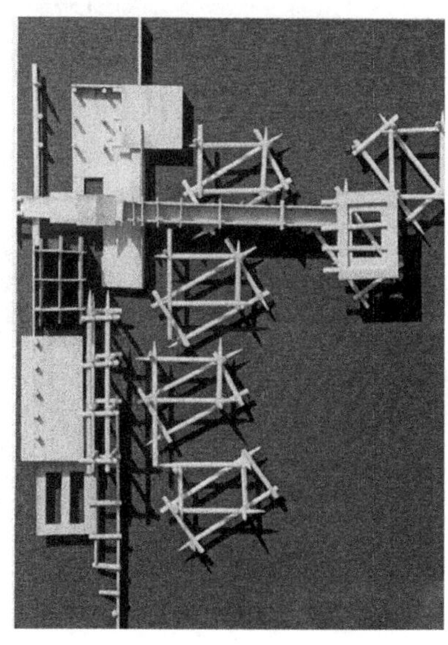

图3–44　构成模型范例6

图3–45 构成模型范例7

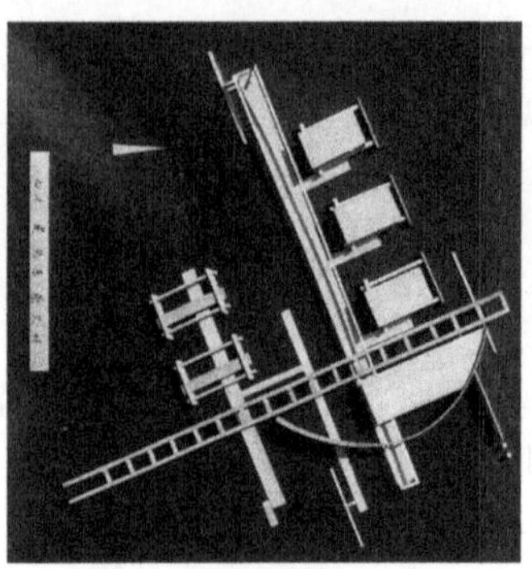

图3–46 构成模型范例8

图3–47 构成模型范例9

图3–48 构成模型范例10

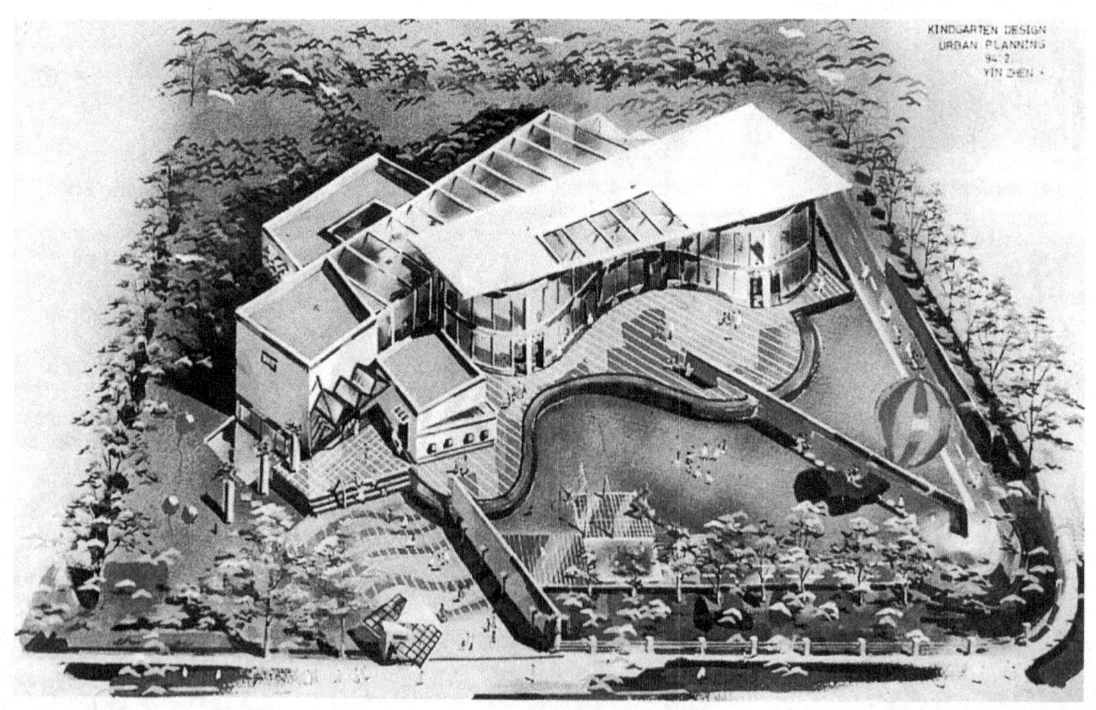

（a）鸟瞰图

图3–49 同济大学学生作业范例（一）（a）

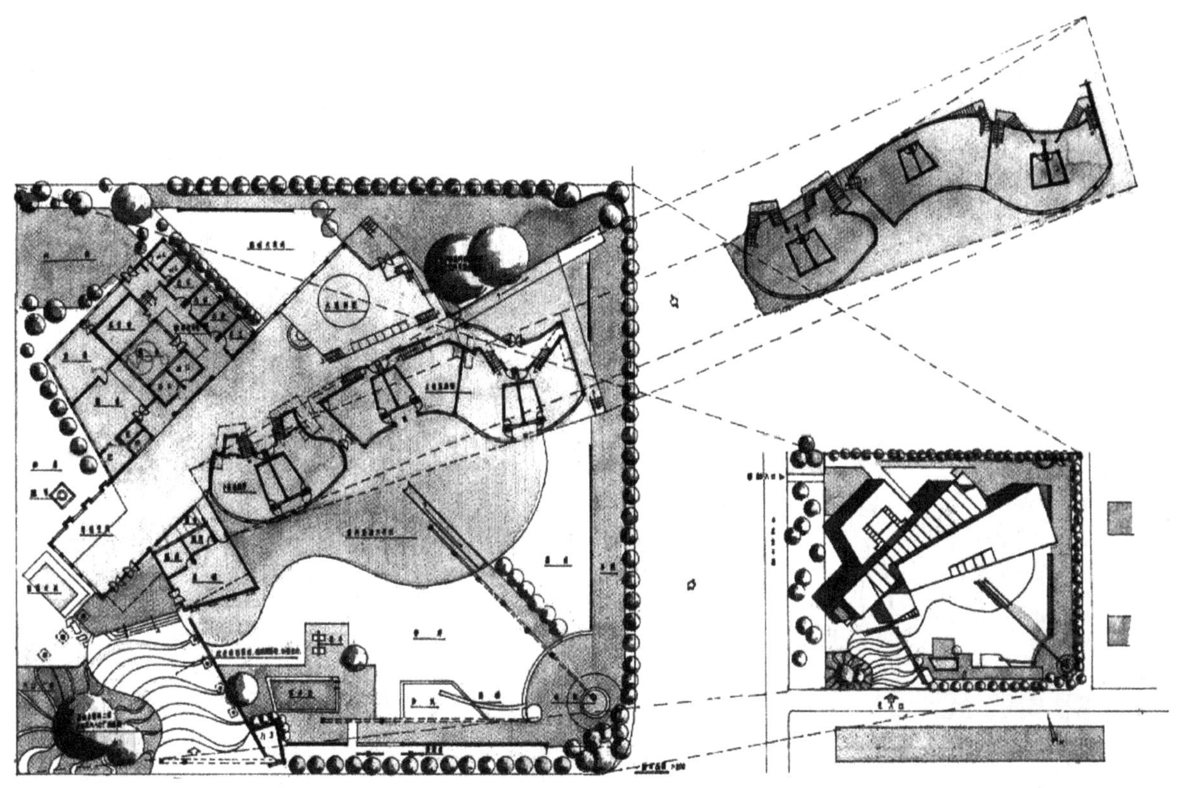

（*b*）一、二、三层平面图

图3–49　同济大学学生作业范例（一）（*b*）

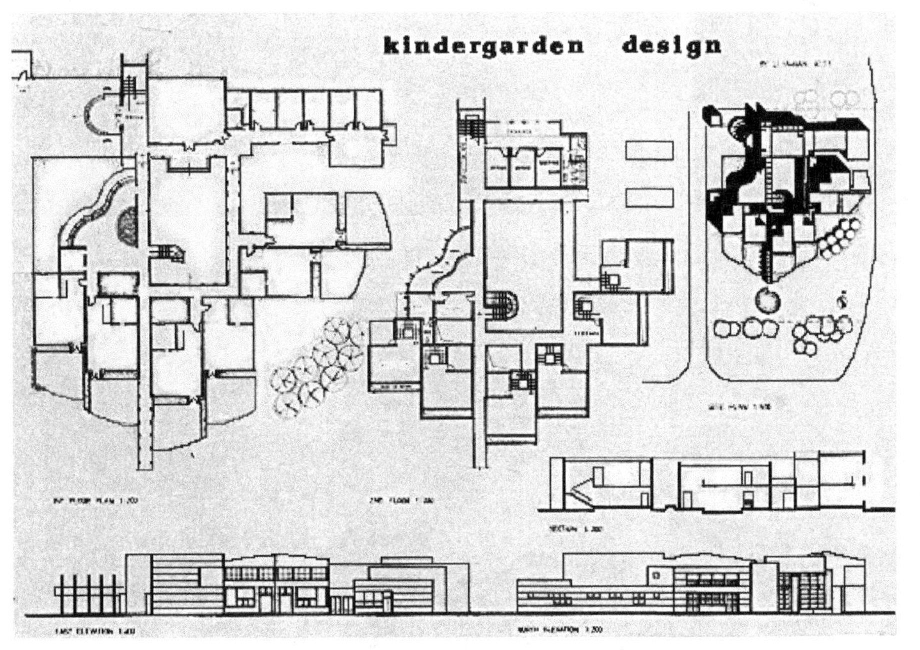

（*a*）平面及立面图

（*b*）透视渲染图

图3–50　同济大学学生作业范例（二）

缓。生活单元的布局规整又不失韵律感，以两个生活单元形成一个体块，立面表现避免了过于琐碎。立面尺度处理适宜，活动室到室外的门添加雨篷，是点睛之笔。

3）意大利巴巴爸爸幼儿园（图3-51）

此方案位于山坡下的一脚，用地狭长，平面功能布局和国内幼儿园有相似之处。屋顶设计特别，充分考虑了当地的主导风向的影响，还使用了太阳能屋面板。室

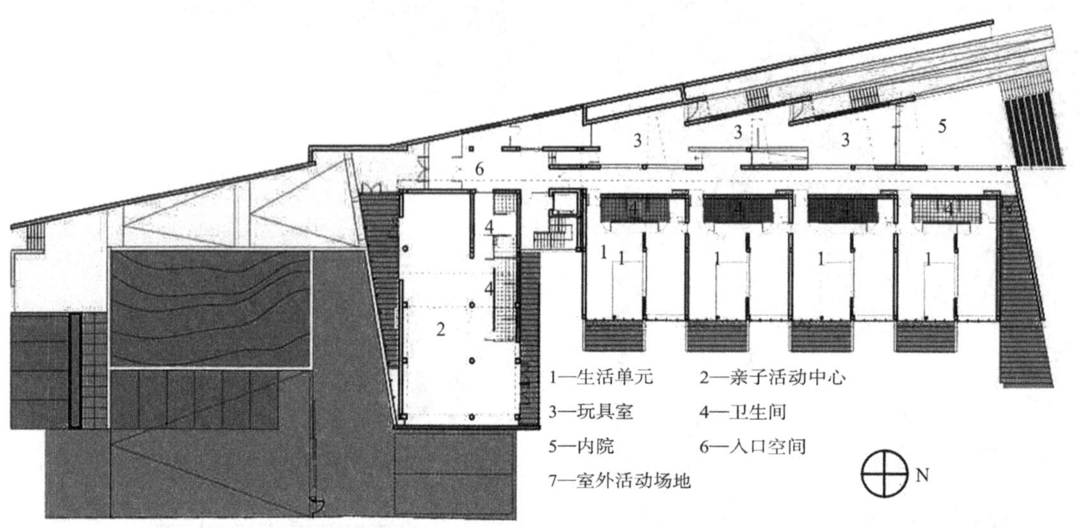

（*a*）一层平面图

（*b*）黄昏中的立面

（*c*）内院

（*d*）屋顶

（*e*）明亮的活动室

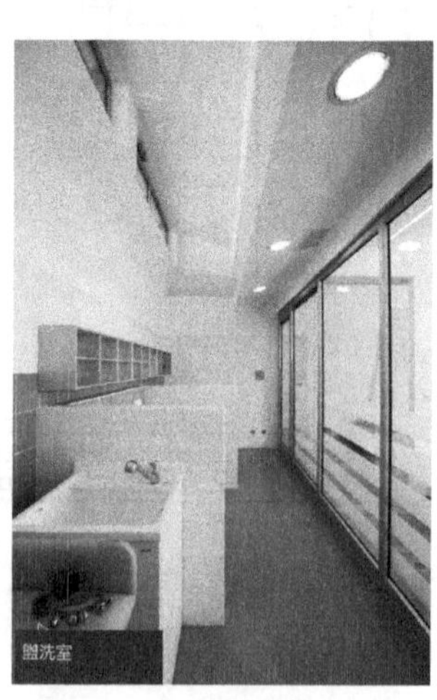

（*f*）通透的盥洗室

图3–51 意大利巴巴爸爸幼儿园（一）

（g）玩具活动室

（h）走廊

（i）贯通的卧室与活动室

（j）活动室

图3–51 意大利巴巴爸爸幼儿园（二）

内空间有类似于生活单元的划分，几个玩具室的布置似分又合，空间虽然有限但十分流畅。在室内几乎没有完全封闭的空间，体现了重视幼儿相互交往的意愿。活动室的空间，由于采取了不等高的屋面及大面积的落地窗，室内空间开敞明亮。建筑的外立面尺度亲切，形态舒缓，好像在树林边上的一排透明的小房子，富有情趣。

3.6 参考书目及解读

3.6.1 理论类参考书

1）黎志涛著．幼儿园建筑设计．北京：中国建筑工业出版社，2006.

此书较为全面地论述了幼儿园建筑设计的原理、步骤与设计方法，其主要内容包括基地选择与总平面设计、建筑布局、幼儿园各个功能用房设计、交通空间设计、建筑造型设计、室内外环境设计等内容，并附有丰富的实例，可以作为学习幼儿园设计理论的基础参考书。

2）亓育岱，邓庆坦主编．托儿所幼儿园建筑设计图说．济南：明天出版社，1986.

此书主要以图说的形式论述幼儿园设计的基本步骤和方法，言简意赅，形式生动，使用方便，示例丰富，可以快速阅读掌握幼儿园设计的一些基本方法。

3）方咸孚，儿童游戏场地设计与实例．天津：天津科学技术出版社，1992.

3.6.2 规范类参考书

1）建筑设计资料集3［M］．北京：中国建筑工业出版社，1999.

2）《托儿所、幼儿园建筑设计规范》（JGJ 39—87）

参考文献

[1] 黎志涛．幼儿园建筑设计．北京：中国建筑工业出版社，2006.

[2] 黎志涛．托儿所幼儿园建筑设计．南京：东南大学出版社，1991.

[3] 亓育岱总主编，邓庆坦主编．托儿所幼儿园建筑设计图说．山东：山东科学技术出版社，1986.

[4] 山东省托幼工作领导小组办公室编．幼儿园建筑设计方案图选．济南：明天出版社，1986.

[5] 国家教育委员会计划建设司，东南大学建筑设计研究院．幼儿园建筑设计图集．南京：东南大学出版社，1996.

[6] 建筑设计资料集3［M］．北京：中国建筑工业出版社，1999.

[7] 托儿所、幼儿园建筑设计规范（试行）JGJ 39—87.

[8] 帕科·阿森西奥．世界幼儿园设计典例．北京：中国水利水电出版社，知识产权出版社，2003.

[9] 同济大学建筑系．建筑设计作业（上）．上海：同济大学出版社，1998.

[10] 张宗尧，赵秀兰．托幼中小学建筑设计手册．北京：中国建筑工业出版社，2002.

注释：

1摘自《幼儿园建筑设计图说》第4页。

2摘自《幼儿园建筑设计》第2页。

3摘自《幼儿园建筑设计》第35页。

4摘自《幼儿园建筑设计》第123页。

文中表格索引

序 号	名 称	出 处
表3–1	婴幼儿发育不同时期生理心理特征表	选自《托儿所幼儿园建筑设计》
表3–2 表3–8	幼儿体格心智发育评价标准参考 我国不同地区最佳日照方位	选自《托儿所幼儿园建筑设计图说》
表3–3 表3–4 表3–5 表3–6	我国3~7岁幼儿身高尺度表 幼儿园桌椅的尺度参考数值 幼儿园的规模 居住区幼儿园用地指标	选自《建筑设计资料集3》
表3–7	城市幼儿园用地面积定额	选自《托幼中小学建筑设计手册》

文中插图索引

[1] 图3–1，图3–2，图3–24，选自《建筑设计资料集3》。

[2] 图3–3，图3–10，选自《托儿所幼儿园建筑设计图说》。

[3] 图3–4，图3–11，图3–12，图3–13，图3–14，图3–17，图3–18，图3–19，图3–20，图3–22，图3–23，图3–25，图3–26，图3–27，图3–28，图3–29，图3–33，图3–34，选自《幼儿园建筑设计》。

[4] 图3–21，图3–39~图3–50，选自同济大学《建筑设计作业上》。

[5] 图3–30，图3–31，图3–32，图3–36，图3–37，选自《世界幼儿园典例》。

[6] 图3–35，图3–38来源网络www.bobd.com。

[7] 图3–51来源网络www.jzcad.com。

[8] 图3–5，图3–6，图3–7，图3–8，图3–9，图3–15，图3–16自绘。

第4章　创意·空间·环境·表现
——快速设计

4.1　快速设计概念

4.1.1　快速设计定义

建筑快速设计是指在一个很短的时间内完成从文字要求到图形表达的建筑设计。用一句话描述：设计+表达+时间=快速设计。它不仅是学生学习建筑设计的一种训练方式，是大学教育中用于检查学生设计能力的一种手段，而且是建筑设计专业求职考试、专业升学考试、建筑设计竞赛等通常采用的考核方式。快速设计顾名思义就是在较短的时间内进行设计，并提交相对完整的设计成果（平面、立面、剖面、效果图等），能够看出设计的总体构思以及对一些关键问题的思考，同时也能表现出设计人的阐述和表达能力（图4–1）。

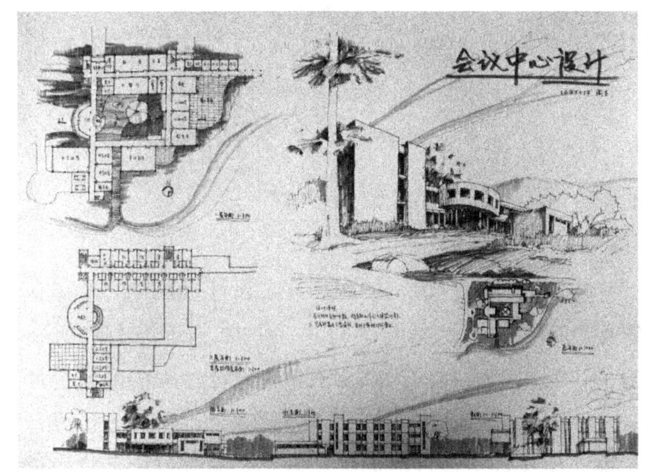

图4–1　学生快速设计——会议中心

4.1.2　快速设计的意义

1）是实际工作中的需要

在工程实践中，建筑师有时会遇到意想不到的紧急设计任务，这就要求建筑师在很短的期限内拿出一个优秀方案。在这种情况下，建筑师只能运用快速设计的工作方法。如今，在蓬勃发展的建筑业中，大量应急的设计任务不断涌现，建筑师更要以快速设计的工作方法适应社会的需要（图4–2）。

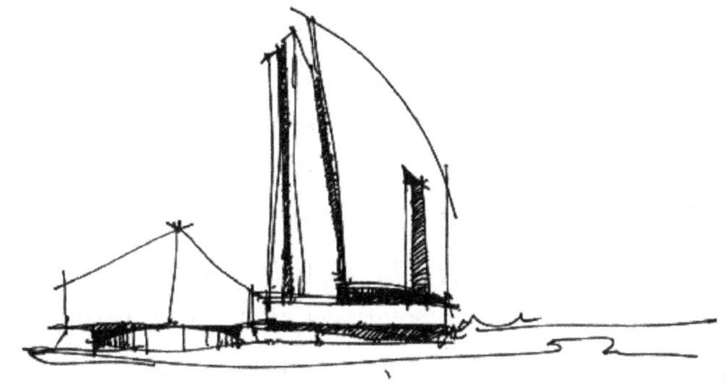

图4–2　建筑创作时的草图

2）是强化训练的教学方式

高校的建筑教育在建筑设计主干课的教学中，总是以由易而难、循序渐进的客观规律展开教学进程的。但要培养一名有作为、素质全面的建筑师，也应该把快速设计作为强化训练的教学方式，因为加强快速设计的训练不仅可以激发学生的创造性思维，而且可以提高学生的设计活力，是提高学生建筑设计能力的必由之路（图4–3）。

3）是考核能力的评价方式

对于一位建筑师而言，建筑设计能力多数情况下是通过运用以同一标准进行现场考核的方法来评价的，快速设计便是这种考核所采取的较为有效的手段之一。因为，应试者在快速设计考试中能真实地反映其设计素质与潜力、创作思维的活跃程度以及图面表达的基本功底等。因此，快速设计是考核建筑设计人员能力的重要方式。[1]

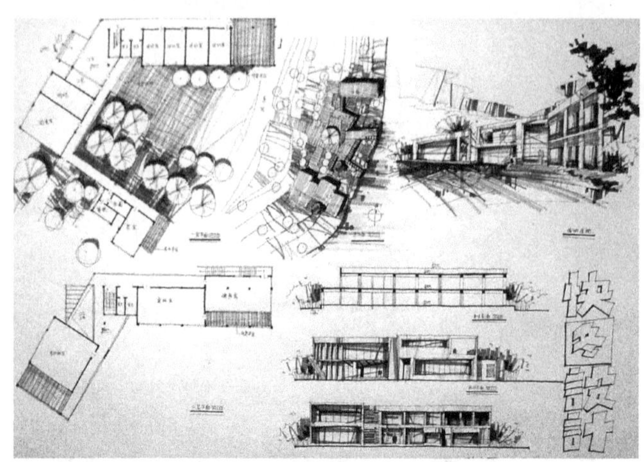

图4–3　学生快速设计作品

4.1.3　快速设计特点

1）设计过程快速

快速设计的“快”体现在方案设计过程中，要求在较短时间内完成，如八小时、六小时、四小时内完成。为了达到快速的目的，就要求整个设计过程中的各个环节都要加快运行速度。要快速理解题意，快速分析设计要求，快速理清设计的内外矛盾，要充分发挥灵感的催化作用，尽快找到建立方案框架的切入点，要快速构思立意，快速地推敲方案、完善方案，直至快速地用图示表示出来。

2）设计思维敏捷

由于设计时间短、速度快，设计思维活动与设计模型的运行就不能稳步推进，而要充分调动创作情绪，捕捉打开创作思路的灵感，搜索脑海中的信息，特别是对设计矛盾的分析、综合，都是在脑海中同步思考的，甚至是一闪念。很多对方案的比较与决策也是要求闪电般地进行。可以说，在快速设计过程中，思想高度集中，动作紧张进行。[2]

3）设计成果简练

快速设计的成果只要求抓住影响设计方案全局性的大问题，如环境设计的考虑、功能分区的安排、平面布局框架的设计、整体造型的构思等，而暂时不去考虑与设计方案细节相关的内容。在此基础上，提交相对完整的设计成果：平面图、立面图、剖面图、透视效果图、总平面布置图、分析图、设计说明等。

4）设计表现自由

鉴于上述快速设计在设计目标、设计过程、设计思考方面的特点，在设计表现方面不可能也没有必要像常规建筑表现图那样表达得非常精致、准确，甚至逼真。相反，图面表达可以不拘一格，丰富灵活。

4.2　快速设计的准备

4.2.1　设计知识的储备

1）设计知识的准备

（1）熟悉常规中小建筑类型的设计要点

对于快速设计来说，常常是根据特定的环境条件要求，设计者运用各类型建筑的若干内容进行综合设计。因此，针对快速设计的特点，设计者要去熟悉常规中小建筑类型的设计要点及原理，在此基础上学会认识建筑，并加以融会贯通，举一反三。以下列举几例常见建筑类型设计要点：

• 文化馆建筑

a.功能组成：包括完全对公众开放的群众活动部分，不完全对公众开放的学习辅导部分。一些活动功能如多功能厅，人流量大，集散时间集中，要求有对外单独出入口；还有些活动功能如学习辅导用房、视听教室等要求安静程度较高，需要相对独立。

b.分区合理：文化馆的建筑设计要做好功能分区，使闹、静相对集中。其次，为适应文化馆的功能特点，某些用房设计应有较大的适应性和灵活性。

c.空间体形富于变化：文化馆建筑的有些功能空间完全可以呈开放式组合，例如：展览空间可以是房间形式，也可以是展厅、展廊形式，茶室空间完全可以与公共空间融为一体呈开放式。它的性质决定了它的内部空间形态丰富，外部造型活泼。为创造适合文化馆建筑个性的空间形态，常常结合功能组织采用分散与集中式布局，前者外部空间丰富，建筑造型高低错落，后者则着重在内部空间处理上，常采用流通空间手法（图4–4）。[3]

• 餐饮建筑

a.功能组成：可分为“前台”和“后台”两部分。前台即为就餐区；后台是厨房加工部分和办公管理部分。“前台”和“后台”部分都各自有单独的对外出入口。就餐区应选择好的景观方位，而厨房位置应较隐蔽，且各自都与主次入口有方便的联系。两者宜紧邻而避免通过长过道联系。

b.处理好流线设计：餐馆的流线主要包括为顾客就餐流线和食物加工流线。顾客进入餐厅的流线应通顺，且途经的空间要富于变化，而送餐流线要有单独通道，避免与顾客流线交叉。厨房内部的流线应按操作流程布置（图4–5）。

• 展览建筑

a.功能分区：展览陈列区是核心部分，并与观众服务设施部分构成对外开放部分；而藏品库区、技术用房、学术研究用房、行政用房、设备辅助用房构成了内部作业区，并服务于对外开放部分。

b.处理好“三线”：展览馆建筑的“三线”即流线、光线、视线。对于快速设计而言，重点在流线设计上，博物馆流线可分为：一般观众流线、专业人员流线、藏品流线、行政管理流线。各流线有单独的出入口与外界联系。要求顺时针布置展馆，避免迂回交叉，在其流线上合理布置休息、厕所等公共空间。

c.空间设计：应适合不同展览内容的需要，做到灵活、多变、可分可合。巴塞罗那国际博览会德国馆建立在一个基座之上，主厅有8根金属柱子，上面是薄薄的一片屋顶。大理石和玻璃构成的墙板也是简单光洁的薄片，它们纵横交错，布置灵活，形成了既分割又连通，既简单又复杂的空间序列。室内、室外也互相穿插贯通，没有明显的分界，形成了奇妙的流通空间（图4–6）。[4]

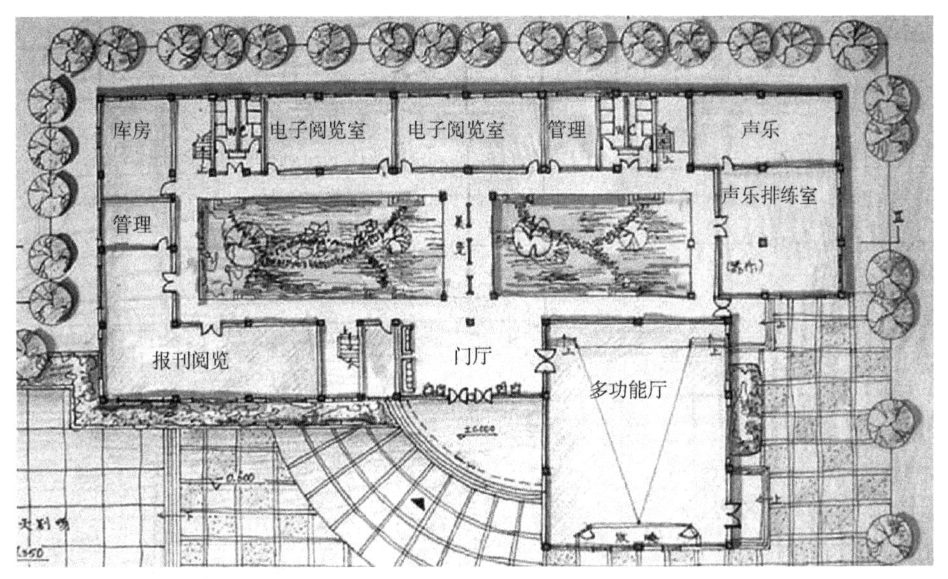

图4–4　西乡县文化馆设计

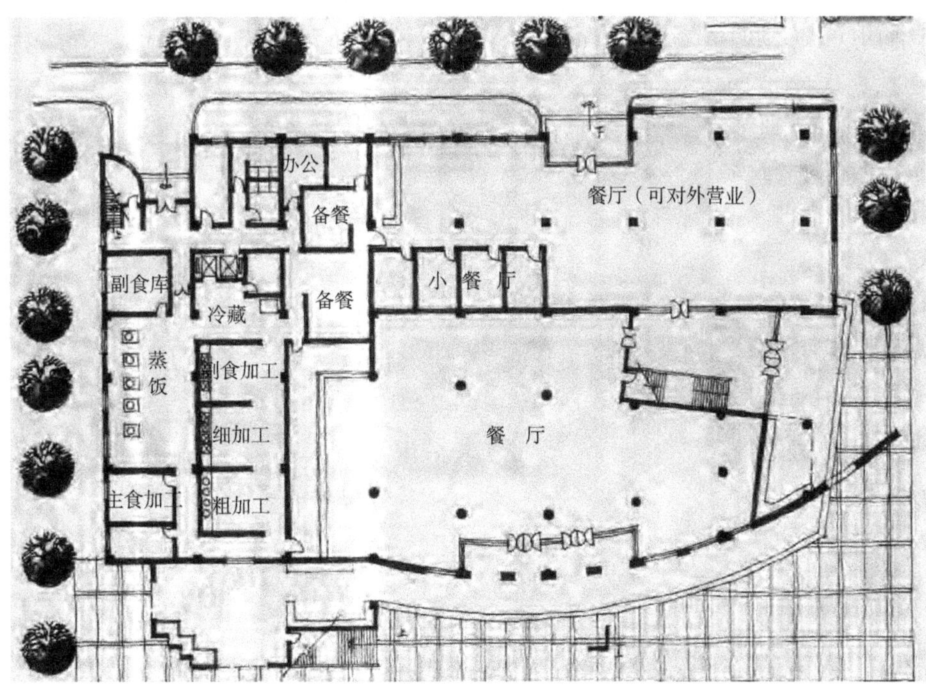

图4–5　西安建筑科技大学新校食堂快速设计

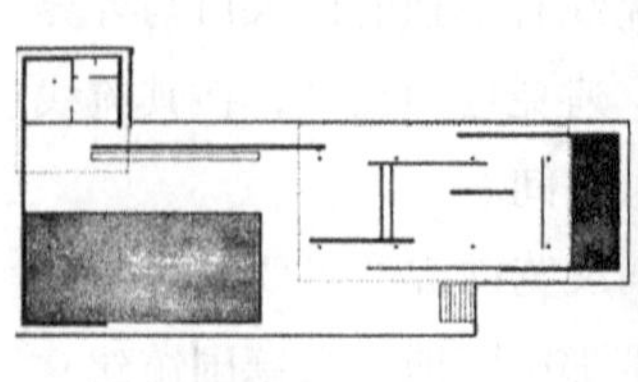

图4–6 巴塞罗那国际博览会德国馆

• 旅馆建筑

a.功能组成：包括入口接待、住宿、公共活动、后勤服务管理等几大部分。入口接待部分包括：大堂、总服务台及前台管理、商务中心、咖啡座、堂吧等。公共活动部分包括多功能厅、各类餐厅、会议厅、娱乐空间、健身空间等。

b.功能分区：旅馆建筑注重各个组成部分的功能分区，保证各自与外部的有机联系。要强调竖向功能布局的合理性，旅馆自下而上的功能布局依次是：地下室后勤管理服务部分与车库、底层公共活动部分、标准客房层、顶层公共部分、顶层设备部分。其中底层公共活动部分，一般而言，自下而上的功能布局依次是：入口接待、商店、餐饮、健身、会议等，结合门厅、大堂的精心设计做到功能合理、空间丰富。

c.客房标准层是旅馆的核心部分，平面形式要结合造型、结构、消防、景观、朝向、每层客房数量等因素综合进行考虑。

d.合理解决垂直交通布局的方式与位置。

• 观演建筑

a.功能组成：包括观众厅、休息厅、舞台、后台。观众厅、舞台、后台三者形成剧场建筑的主体，它们是一种按先后次序纵向排列的紧密组合的整体。需合理处理这几个主要空间功能关系，组织好人流集散。

b.选择合理的观演平面与剖面形式，有利于视听条件的满足。

c.合理进行舞台、侧台、后台三者的平面布局，有利于满足演出的要求。

• 阅览建筑

a.功能组成：包括公共活动区、检索服务区、阅览区、藏书区、行政业务区、技术设备区。主要处理好藏、借、阅三大功能的布局，避免人流与书流交叉。

b.合理组织平面关系：处理好各类阅览室（普通阅览室、报刊阅览室、儿童阅览室、专业阅览室、视听阅览室、学术报告厅等）的平面关系，按照读者对象、阅览时间、安静程度进行合理的布局，并解决好与各自相应书库的关系（图4–7）。

• 商业建筑

a.根据有关条件合理确定柱网。

b.合理布置垂直交通体系，做到分布均匀，与出入口关系紧密。

c.造型应反映商业气氛，注意展示广告对建筑的要求。

d.出入口的室外环境设计要满足人流集散要求。[5]

• 居住建筑设计要点

a.“公共”与“私密”相对分区应合理，各房间的平面组合关系要紧凑，符合人的居住生活和行为秩序。

b.对于别墅类高级居住建筑，在平面功能合理的前

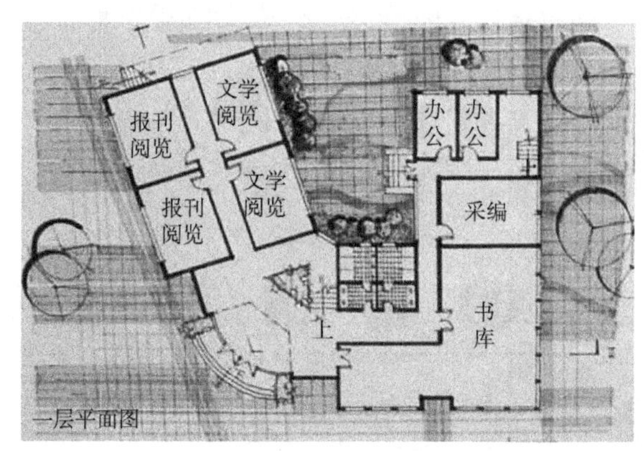

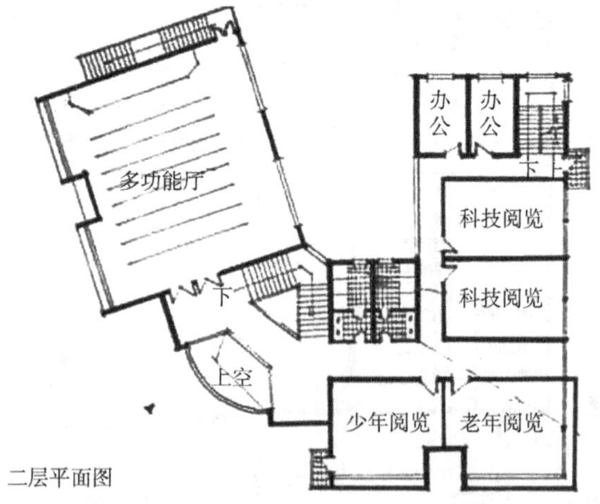

图4–7 某县图书馆一、二层平面图

提下，努力创造丰富的空间形态和造型特色。

（2）借鉴优秀作品

建筑快速设计能力的提高不是一朝一夕的“快速提高”可以实现的，需要坚持不懈地长期点滴积累和练习，方可水到渠成。因此，要学会借鉴一些优秀的快速设计作品，结合自身的理解，整理出适合自己的设计方法。

（3）造型设计能力训练

• 具备空间想象力

建筑设计过程是一个将意念转换为形象的创作过程，所以，创作的对象原先是没有的，除了从环境、功能、技术等因素上考虑满足设计要求外，最终还是要落实到“形”的创造上。因为，“形”是给人的第一印象，所以，空间的创造对快速设计来说就十分重要了。这就要求设计者首先要有丰富的空间想象力。当然，这种空间想象力不是凭空臆想，而是根据环境、功能、技术等因素的制约而进行的空间造型。空间想象力越丰富，创造出来的建筑形象会越生动。当然，这并不意味着平面关系、形体构成要十分复杂，而是要能协调形式与内容的有机结合。相反，如果空间想象力贫乏，设计者所创作的建筑造型也就平淡无味了。

• 掌握空间构成原理

“空间构成”是将空间想象按照美学原理和规则整理成特定建筑造型的过程。如果设计者只有空间想象力而无一定的造型能力，不能使这种感性的空间想象力变为理性的空间设计，那么，设计者仍然达不到预期的设计目标。因此，空间构成是建筑造型设计的关键一步，它不但可以创造出令人愉悦的建筑造型，而且好的空间构成设计还可以反作用于环境设计、平面功能设计甚至是技术设计，使建筑设计更趋完善。[6]

• 掌握形式构成原理

形式构成设计是对空间构成设计的补充和完善，建筑的每一个立面都需要在设计中加以仔细推敲，使之符合美的规律和法则，如统一、均衡、对比、比例、尺度、韵律等，设计者要学会运用这些手法处理立面的虚实关系、各部分要素的比例尺度以及不同材料所表达的色彩关系等。但同时要注意，这种局部的形式构成设计不能脱离整体的造型设计，即必须符合“整体—部分—整体”这个形式构成的基本原则。当然，对于快速设计而言，并不要求设计者对建筑的几个界面都进行均等的考虑，只要重点设计主要立面的形式构成就可以了。

• 善于细部设计

为了加强主立面的设计使之具有吸引力，设计者要具备一定的细部设计能力。所谓细部设计并不要求“细”到何种程度，而是通过画龙点睛的手法加强重点部位的处理。如入口设计可通过特殊形式的雨篷或门廊或其他构成手法加以强调，就会使整个造型重点突出。或者在主立面上按照美学规则点缀一些装饰符号，或局部附加装饰构架之类使整个立面生动而不会显得平淡。至于这种装饰符号、装饰构架究竟是什么形式则不必认真追究，对于快速设计来说，仅仅示意一下也就可以了。

2）设计思维技巧

在建筑设计的整个过程中，设计者要面对各种错综复杂的矛盾，这些矛盾贯穿于设计过程的始终，它们又相互依存、相互交织在一起，且随着设计的进程在不断转化。因此，设计者进行建筑设计的过程，实质上是不断解决矛盾的过程，要不断地对出现的各种矛盾进行分析、比较、综合并做出判断和决策。因此，设计者要着重掌握两种重要的思维方法：

（1）抓住主要矛盾

首先，在设计初始，来自外部和内部的相互交织的设计矛盾总是同时出现。面对这些设计矛盾，设计者只能抓住设计的主要矛盾，全力解决。例如，环境设计是若干设计矛盾中的主要矛盾，是属于决定全局性的问题。因此，首先要根据外部环境条件和内部各项要求，从场地设计入手，进行合理的建筑、场地布局，并对主次出入口同步进行抉择，以使设计方案在总体上能初步满足环境条件的要求，并成为方案设计发展的基础。

其次，由于设计矛盾在发展过程中出现主要矛盾随着设计进程而逐步转化的现象，所以，设计者要用发展的眼光对待设计主要矛盾的转化。例如，在方案设计初始阶段，解决了环境设计的问题后，单体设计就成了设计的主要矛盾。此时，前一阶段环境设计的成果就成为了单体设计的外部条件，在单体设计的诸多矛盾中，矛盾的主要方面应是功能布局，这是此时应着重加以解决的问题。因此，只有合理地解决功能布局问题，才能进一步考虑单体设计中其他矛盾的逐一解决。

综上所述，设计成果正是在这种设计进程的深化和主要矛盾的逐步解决中慢慢呈现出来的，直至达到最终的设计目标。而快速设计正是要求设计者在设计的每个阶段都要善于抓住各个主要矛盾，以此提高设计效率，达到快速的目的。

（2）同步思维

如前所述，建筑设计过程中相互交织在一起的各种矛盾互相制约、互为因果。因此，进行建筑设计时，不是一般意义上的思考问题，而是要将若干问题联系起来进行同步思维，这是进行快速设计必须具备的思维方法。例如，当思考环境设计中的场地规划时，不能只考虑建筑、场地的合理布局，还要对建筑本身有什么要求事先有所考虑，比如建筑的体量组合方式、功能布局要求、环境氛围、个性特征等诸多问题。

再比如，建筑单体设计中一个重要的同步思维是：当入手做平面设计时，一定要预先思考建筑方案的造型设计有何特点，体量组合大体上有一个什么样的关系，剖面形式上有何考虑等。同样，建筑设计与技术设计也需要同步思维，因为设计方案的成立一开始就需要技术，特别是结构的合理性是方案的支撑。而且，有时技术条件如结构选型、柱网确定等对于建筑设计的制约性更大。为了防止对技术条件的滞后思考给方案设计带来难题，必须在方案一开始就要使建筑技术与建筑设计同步思维，这样就可以大大减少设计后期的方案调整工作了。

（3）思维敏捷

思维的敏捷是指思维活动的速度与效率，在建筑设计中，思维敏捷的人，不仅有敏锐的洞察力，还能及时发现主要矛盾，捕捉灵感，而且思维发散性强，能表现出思维的多向性和较大的自由度，并能迅速将各种条件和可能性进行较快的筛选，做出决断，推动设计方案走向成熟。这种设计思维的敏捷性直接影响到快速设计的速度，因而显得极其重要。[7]

3）正确的设计方法

（1）常用的设计方法

建筑设计的程序有着自身的发展规律，所谓掌握正确的设计方法就是把握好设计脉络，遵循设计程序的发展规律展开建筑创作。在具体的设计方法上，绝大多数设计者都属于以下两种模式：

• 从功能入手，再调整形式

先从设计任务的功能要求入手，将功能在各个平面上整理、归纳，待功能大致安排合理之后，再考虑空间形态、建筑造型的要求。根据这些要求反过来调整局部的功能安排，最终完成设计。从功能入手的模式，对于初学者较为容易把握，因为功能布局的安排较之空间形态的组织相对更为容易把握。设计者首先把握直观、理性的因素，进而思考下一步的问题。这种模式的不利之处是，初学者更容易将形态设计平庸化，影响空间形态、建筑造型的灵感创造。

• 从形式入手，再调整功能

从建筑空间形态和造型入手。首先确立一个优秀的空间形体，再将功能填充和组织起来，经过反复调整之后，最终完成设计。从空间形态入手的模式，有着明显的优势：它有利于设计者自由地发挥空间想象能力，而在初始阶段较少受到约束条件的限制。这种模式对设计者能力的要求较高，需要掌握一定的设计经验，才不至于在后期安排功能时完全不协调，适得其反。对于初学者而言，较难掌握。[8]

（2）总结适合自己的设计方法

任何模式都不是绝对的，在设计的思维过程中，有时也难以准确描述采用了哪种方法。总而言之，我们应该在功能与形式的两大方面互相协调、综合思考，最终找到适合自身特点与设计要求的良好途径。

• 设计路线由整体到局部

设计程序大致要经历环境设计—群体设计—单体设计—细部设计的全过程，而且各环节之间是连续展开、互动进行的。这就需要设计者首先解决环境设计中的若干全局性的问题，诸如总平面布局、出入口选择、与周边环境要素协调关系等。

在单体设计中也要把握整体与局部的关系，只有在平面布局合理的情况下，才能进行局部每个房间设计的推敲。另外，单体建筑造型设计不是立即陷入对细部、立面的推敲，它仍然需要从整体上先把握好各体量的组合是否高低错落、有机协调，立体构成是否具有美感等，只有在确认的基础上，才能进行立面设计和细部推敲。

从设计程序来看，设计路线是一个从整体到局部的渐进过程，从设计分阶段来说，也是一个先整体后局部的设计推敲过程。掌握了这个正确的设计路线，才能使设计顺利进行，而且对于快速设计来说，这也是一个提高设计效率的有效途径。[9]

• 设计表达由粗到细

建筑设计是从一个朦胧、模糊的设计概念开始的。因此，设计表达一开始也应该是粗放的、写意的。设计者需要借助于徒手草图，及时记录思维活动，然后将设计思维向纵深发展。对问题的考虑越来越深入、越来越具体时，从初始的设计草图中理出形成方案框架的头绪，使设计程序顺利地从整体进入局部阶段。只有当设计进入到对局部问题的考虑时，设计操作才需要细致、准确的推敲来表达设计的意图。

4.2.2 绘图工具的准备

1）笔

最近几年绘图工具品种繁多，设计者可根据快速设计的特点来进行挑选。画草图可根据个人习惯选用软一点的铅笔（B、2B等），因为，粗线条可以不拘泥方案的细部考虑，从而帮助设计者加速思维流动。正图打稿用的铅笔可以是HB、H，以备最后表现图用。上墨线的笔要注意区分线条等级，等级也不必太多，可选用0.15、0.35、0.8mm。另外，还有绘制表现图时使用的彩色铅笔、水彩、水粉、马克笔等。

2）纸

不同纸张的纹理、吸水性的差别很大，一般分为透明和不透明两种。用透明的描图纸，可以借助纸张的透明性“拷贝”草图，减少打稿及图面布局耗费的时间，但这种纸适用的表现方法有限。还可以使用普通绘图纸、水彩纸、牛皮纸、色卡纸等。

3）其他工具

快速设计表现除了需要丁字尺、三角板、比例尺等常规绘图工具外，还要准备计算器、橡皮、裁纸刀、胶带、模板、圆规等（图4–8）。在打稿和上墨线时，使用尺规、模板画线都可以明显地提高作图的速度，而且线条硬朗顺畅。若徒手作图功夫过硬，不妨有意识地采用徒手或部分徒手作图，好的表现效果可以使评图人印象深刻。

4.2.3 快速求透视方法

快速设计的时间有限，为了把主要精力和更多的时间用在设计上，就必须尽量减少画图的时间。特别是求透视，在保证效果的同时，时间花的越少越好。因此，掌握一手快速求透视的本领大有好处。

1）透视基础

（1）一点透视

当画面平行于建筑的正面或一个主要的立面时，就产生了一点透视。一点透视由于在画面中只有一个灭点，透视关系及作图较为容易，在快速设计训练的起始阶段可采用，较适用于体块简洁、中心入口突出、建筑主立面较宽广的建筑快速设计。一点透视表现范围广，纵深感强，适合表现庄重、严肃的室内空间。缺点是比较呆板，与真实效果有一定距离（图4–9）。

（2）两点透视

画面与建筑物主体成一定角度，有两个灭点。两点透视符合平时的主要视觉观感，能较多地反映出建筑的形体关系。两点透视图面效果比较自由、活泼，能比较真实地反映空间。缺点是，角度选择不好易产生变形（图4–10）。

（3）鸟瞰或轴测

鸟瞰图可最丰富地传达建筑设计信息，表现内容较多，环境刻画较多。在环境较为自然优美（如水面、树林等）的小型建筑设计中，可以运用（图4–11）。

2）几点注意

求透视的基本要领是正确选择视点、视高，并根据透视方向及视距确定灭点位置，再按照透视图原理求出建筑物的透视图。

（1）视高、视平线

建筑物、画面、视距不变，视点的高低变化使透视图形产生仰视图、平视图和俯视图及鸟瞰图（图4–12）。视高的选择直接影响到透视图的表现形式与效果。一个成人的“视高”（约为1.70m）是与我们日常视觉相适应的，因此在空间表达中是最常用的。

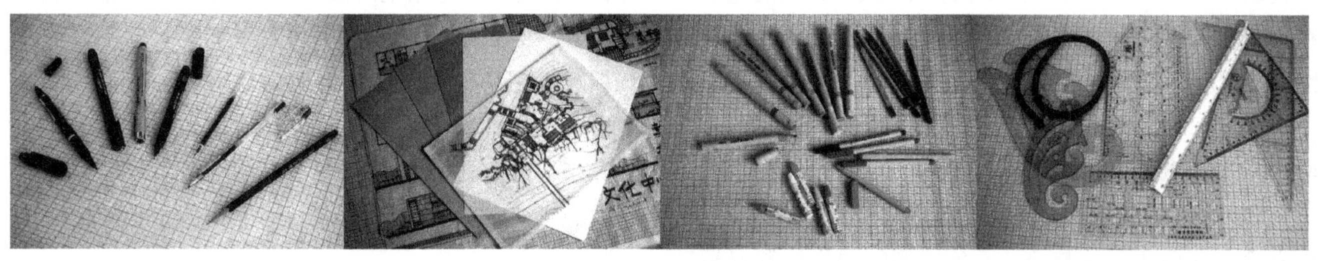

图4–8 绘图工具

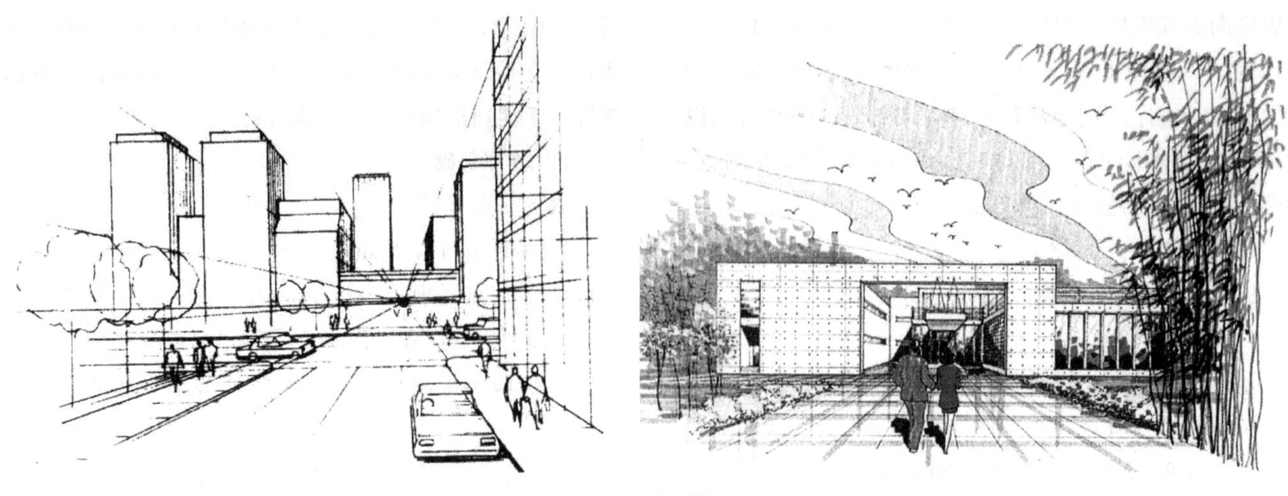

图4–9　一点透视

图4–10　两点透视

图4–11　两点透视之鸟瞰

（2）视距

建筑物与画面的位置不变，视高已定，观察者与物体的距离决定了灭点到观察者视线轴的距离。观察者离物体的距离越近，灭点向画面中间（视线轴）移得越近，反之亦然。要想使被描绘的物体表现得真实，必须特别注意，灭点不要离视线轴太近，否则会导致画面失真（图4–13）。

（3）视角、视野

在绘制复杂的空间界面和形体关系时，用平面图加以检验，以确定哪些部分从观察者的视点看过去是可见的，进一步说，选择哪个视点，可以把事物的标志性特征表现出来。视点的选择必须考虑到人眼的视角受宽度和高度的限制，清晰的视觉范围对画面在视觉上的正确性和可信度是十分重要的。

4.2.4　快速设计表现技法

常见的快速表现技法有彩色铅笔、水彩、水粉、马克笔、综合表现等技法。彩色铅笔的操作比较容易控制，而且彩色容易掩盖素描关系的不足，推荐初学者或者跨专业的应试者选用；使用马克笔，需要有很好的颜色控制力以及笔触变现力，通常为绘画基础较好的应试者选用；水彩和水粉属于湿画法，比较少用。另外，在建筑表现中，有人喜欢用铅笔和钢笔，这两种都是黑白表现方式，虽然这两种方法表现效果朴素含蓄，但常常会使人眼前一亮。下面就简单介绍这几种表现方法：

1）彩色铅笔表现

彩色铅笔表现丰富而不过于鲜艳，而且色彩之间便于混合过渡，容易把握，常用的有12色、24色、48色等各种组合。彩色铅笔的使用很灵活，细腻的笔触能够更好地表达快速设计中的色彩效果和质感效果。一般在快速表现中较多采用水溶性彩色铅笔，除了具备普通彩色铅笔的优点之外，还可以结合小毛笔画出水彩的效果。彩色铅笔的柔和性和水溶性，使得它容易与其他表现方法相结合，常常与钢笔或淡水彩配合使用（图4–14）。

2）钢笔表现

钢笔表现是采用钢笔和墨水表现设计效果图的一种形式，与铅笔表达不同的是，钢笔表现的黑白、明暗对比更加强烈，而对于中间过渡的灰色区域，更多地需要在用笔的排线和笔触变化中来实现。虽然整张图纸只有一种单色，却可以形成多种不同的明暗调子和肌理效果，视觉冲击较强。在快速设计的表现中，我们可以采用不同笔宽规格的针管笔（从0.13~0.15mm等较细规格到0.5~1.2mm等较粗规格），利用笔触的粗细变化表达不同的效果。钢笔表现还可以与彩色铅笔、水彩等手法结合起来，形成表现力更加丰富的多种其他效果（图4–15）。

3）马克笔表现

马克笔表现是快速表现中常用的方法，其特点是方便、快速、颜色鲜明、笔触感强，干的速度比较快。马克笔有油性和水性两种类型。油性马克笔适合用于光滑、不易书写的表面，如油漆表面、塑料、厚铜版纸等。水性马克笔适用于一般的绘图纸表现。马克笔的颜色覆盖性强，在两种颜色混合时效果不易控制。马克笔的颜色很多，但是比较鲜亮，在搭配时要反复试验，充分准备。马克笔的笔触感很强，因而对笔触的要求比较高，要注意有针对性的练习，并加以掌握。此外，上色时应当遵照由浅至深的顺序来进行（图4–16）。[10]

4）水彩表现

水彩是一种水溶性颜料，适合于大面积表现。如果使用得当，可以快速取得明快、富有感染力的效果，但是技法不易把握。除了独立使用之外，水彩可以与其他表现方法结合使用，如钢笔等，要注意先上水彩，后上墨线。

5）综合表现

大多数情况下，我们不会独立使用某一种方法完成表现，而是将两种或更多的方法结合起来使用。比较多的组合有“彩色铅笔+钢笔”、“水彩+钢笔”、“马克笔+钢笔”、“水彩+彩色铅笔+钢笔”等。可以看出，钢笔是一种通过线条来描述对象并能进行深入表现的工具，与色彩表现结合可以取长补短，同时线面结合，能取得较好的表现效果（图4–17）。

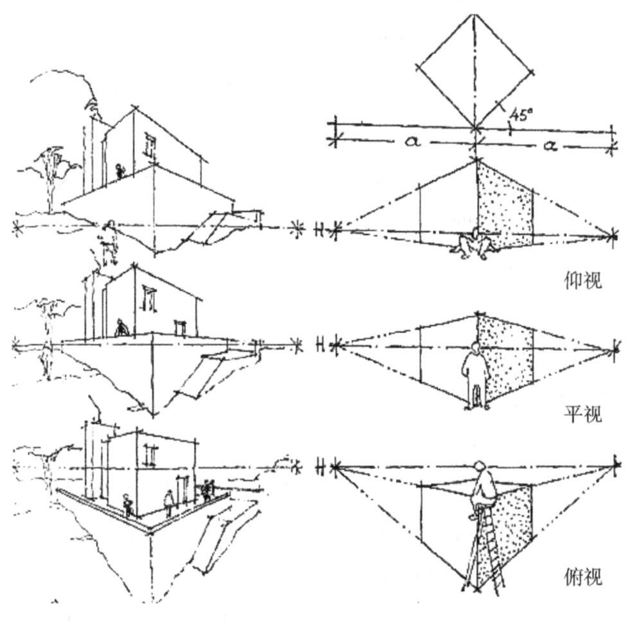

图4–12 视高、视平线

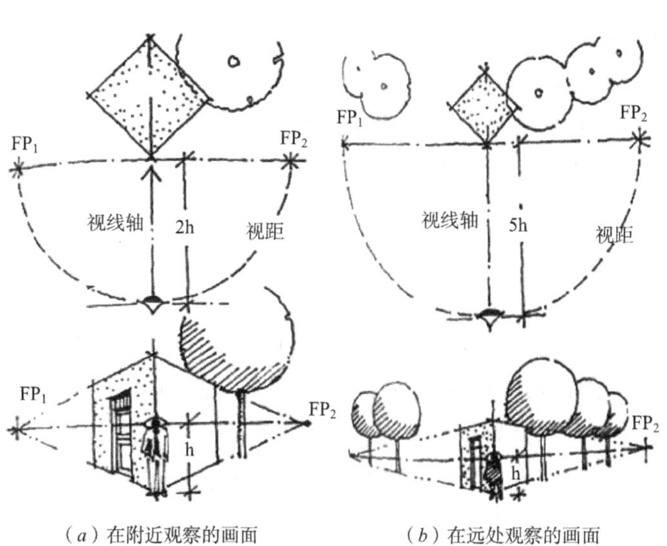

图4–13 视距

图4–14 彩色铅笔手绘表现图

图4–15 钢笔手绘表现图

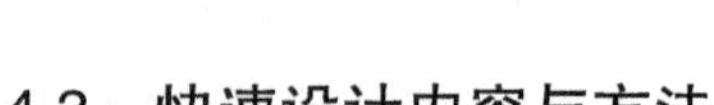

图4–16　马克笔手绘表现图

图4–17　马克笔+彩铅手绘表现图

4.3　快速设计内容与方法

在一个正常的建筑快速设计过程中，设计表达在不同的阶段有不同的表达方式。当接到任务书后，方案准备阶段有功能分析图、环境分析图；方案发展阶段有意念简图、意向草图等；方案表现阶段有正式方案平、立、剖面图及透视图等。

4.3.1　理解题意与条件分析

1）理解题意

解读任务书是展开快速设计的第一步，也是决定设计方向的关键一步。理解对了，可以把设计路子引向正确的方向，理解偏了，则导致设计路线步入歧途。我们总结出理解快速设计题意应注意以下两点：

（1）抓住关键词

实际的快速设计试题给出的用地条件和设计要求是多种多样的，但是仔细分析之后可以发现，根据一些关键要求可以分为几个大类，只要分别掌握了几个大类各自的特殊要求，了解不同类型的考查侧重点，在具体考试中就能做到游刃有余。同时注意，用地条件可能有很多方面，分析时要注意轻重取舍，抓住关键词。

（2）分析设计要求

设计要求是命题人的主要意图，也是评图依据。因此，仔细地阅读、理解设计要求是十分必要的。面对试题，不仅要分析建筑类型的特点，更重要的是要分析环境特征。譬如，试题用地大部分为坡地，只有局部为平地，则题意应为坡地建筑。用地周围为优质环境，设计时应注意空间的流通，特别是辅助用房不宜占据或封闭主要景观视野。另外，还要注意设计要求中的项目性质、建筑规模、使用者（把握设计分寸）、主要功能内容（数量、要求）、特殊功能要求（数量、要求）、规划要求（建筑退界、建筑入口位置、基地保留树木）等。

2）条件分析

在快速设计任务书中理解了题意之后，就要对设计条件进行分析，其目的是为下一步展开设计提供依据。一般来说，快速设计任务书都要提供一份地形条件的设计文件，即以地形图来标明外部环境条件，包括用地范围、周边道路、建筑物现状、地形地貌、场地方位、景观条件等。某些快速设计还附有简单文字来补充说明地形图不能表达的外部条件。测试者只能根据任务书提供的地形图进行理性的分析。分析的方法是，分别根据外部条件的各个因素，理出设计的指导性要求和值得考虑的问题。

（1）根据道路路幅宽窄可分析出车流、人流的主次关系以及主要人流的方向，以便为下一步场地设计确定出入口找到依据。

（2）根据地形地貌，特别是用地范围内有保留名贵树木、水池、古迹、地形起伏等条件时，要注重分析其利弊关系，并加以利用。

（3）根据周边建筑物的设定条件，如平面形状、层数、风格等条件，分析对自身设计的影响，这些条件分析要尽可能详细，只有分析到心中有数，才能做到下笔有底。

（4）根据朝向、景观条件分析两者在方位上是否一致，或者相悖。这对于平面设计中主要方向的定位是十分重要的。

（5）根据任务书设定的拟建建筑物所在地区的情况，如南方、北方的气候特点以及所在地区建筑物式样、建筑材料等，这些条件的分析对建筑的形式、内容和个性特征起着重要的作用。

总之，外部条件分析是展开设计的铺路石，分析程度如何决定着设计主动性发挥的效果。当然，这些分析过程是快速运行的，不能花费很多时间。

4.3.2 总体构思与总图设计

1）立意构思

理解了题意，分析了设计的内部条件，并不意味着就要开始设计工作。建筑设计既然是一种创作活动，它就要符合创作的规律，也就是先要进行立意与构思，所谓“意在笔先”就是说，要在动手设计之前，先充分发挥想象力，在设计者原有知识与经验的基础上，结合题意理解、条件分析，从中捕捉灵感，再运用个人的建筑哲学思想，发挥想象，对所要表达的创作意图进行抉择。在这里就给大家提供一些如何快速整理思路、完成构思的建议：

假如，分析某项目用地是一起伏地形，从环境立意考虑，拟设计的建筑就应该依山就势，与环境融为一体，尽量减少对现状的破坏。那么，在构思上采取分散水平式布局较为合理。这样，一是可以化整为零，有利于结合地形进行布局；二是有利于命题所要求的以坡屋顶为主，把握好尺度关系便可形成错落有致的屋顶变化。因此，此题的立意构思是紧紧抓住了环境特征而进行的。

又如，从命题和条件分析可知，售货亭应属于城市小品之列，不能按一般的规模进行立意与构思。实际上，它的创作思路是相当宽阔的。从售货亭的内容去探寻构思的渠道，才能找到展开设计的脉络。卖饮料的售货亭可以构思成饮料罐状（图4–18），卖鲜花的售货亭可以构思成花房式样等，这些小品放入特定环境中，完全可以起到点缀城市景观的作用。

2）总图设计

通过前一阶段题意的理解、条件分析以及立意构思等一系列逻辑思维的过程，设计者对设计目标有了一个初步的认识，此时，便可着手进入方案设计阶段。方案设计的起步是总图设计，其内容包括出入口选择和总平面规划。

（1）出入口选择

场地的出入口是从外部空间进入场地的通道，出入口的选择应该考虑以下几个内容：

• 外部环境与人流

外部人流是通过道路形式体现出来的，通过道路的分析可以把握人流的密集程度和人流方向。一般来说，场地入口应迎合主要人流方向，这样才能体现场地入口选择的目的性。

• 内部功能

场地出入口由外部主要人流方向来确定仅仅是选择的一种可能性，问题的另一方面是这种选择还要符合内部功能合理的要求。两项同时得到满足，这种场地出入口的选择才能被认可（图4–19）。场地只有一条道路，人流必由此进入场地，但究竟从哪一个确定点进入，还要同时考虑内部的功能布局。

• 城市规划要求

处在城市交叉路口旁边的场地应特别留心，场地出入口选择要满足城市规划要求，特别是机动车出入口要避免人流、车流相混，或者对城市交通产生干扰，或者城市交通对自身产生事故隐患。因此，处在这种情况下的场地出入口选择应尽量远离交叉路口，即使不能回避，也要通过下一步建筑设计，让出入口后退来得到补偿。

（2）总平面设计

一块场地怎么用是进行建筑方案设计之前先要解决的问题，只有从整体的各种因素考虑，解决好“图”（建筑物）与“底”（室外场地）的关系（两者的位置、大小），才能为进入单体设计打下基础。场地规划要通过图示思维来进行，其方法是把所要设计的建筑物和应该留下的场地作为两个要素，在给定的场地上进行思考、分析、比较。[1]同时，徒手把这种思考不停地在纸

图4–18 装扮成可乐罐的售货亭

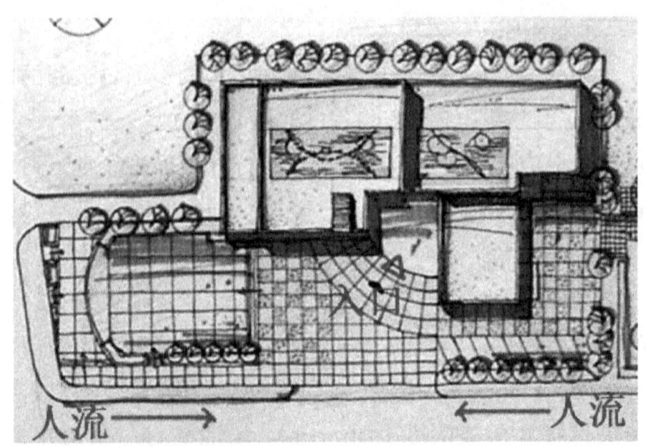

图4–19 场地人流分析

上进行记录，反复推敲。

场地规划设计可从以下几个方面考虑：

- 从环境角度考虑

前述对外部环境的分析，其目的之一在于为总图规划提出设计依据。例如，城市交通情况也影响图底位置关系。如果遇上一座要求安静的公共建筑的快速设计，其图底关系如图4–20所示，从图中可以看出“图”，即建筑用地应后退，“底”应介于建筑用地与城市道路之间。

- 从内部功能考虑

场地规划中的图底关系，不仅要受到外部条件的制约，还要受到内部功能的影响，需要按照不同类型的特殊功能要求，对图底关系进行调整。例如，有地面临时停车要求的建筑设计，需要在建筑物前留出相应的停车面积，尽管外部条件没有这种规定性。又如，一些对场地有特殊要求的建筑类型，如学校建筑的运动场必须南北向，且不干扰教学区。这样，在图底位置关系的思考中要预先合理解决好两者的定位。

- 从规范考虑

图底面积之比常在规划要点中作明确规定，如建筑后退红线规定、场地绿化规定、日照间距规定、消防间距规定等，这些规定在快速设计的场地规划设计时必须首先满足。

4.3.3 功能布局与平面设计

经过场地规划设计确定了“图”的范围后，下一步就是对建筑设计进行思考了，这表明，方案设计开始进入了实质性的创作阶段。

1）功能分区

运用逻辑思维的手段进行实质性的分析，即在场地规划时，已确定了“图”的范围，而且内部条件分析也明确了若干功能分区，这时就需要在快速设计任务书提供的地形图上，对若干功能分区的布局关系进行分析，这种实质性的功能分区才能确定各功能分区在“图”上的具体定位（图4–21）。某纪念馆设计，根据内外条件分析，可以将“图”分成几个组成部分，这样，单个“细胞”的“图”，此时已裂变为不同功能分区的若干个“细胞”。

有些功能分区由于“图”的范围相对较小，不能在“图”的水平方向展开布局，此时，就需要在“图”的竖向上进行功能分区的考虑。例如某商业建筑设计，可将商场、餐饮、会议、写字间分层布置在合适的竖向分区中。

2）平面布局

上述设计步骤仅仅是探讨了功能分区的大格局，紧接着要充实其内容，即将各房间安排到各自相应的功能

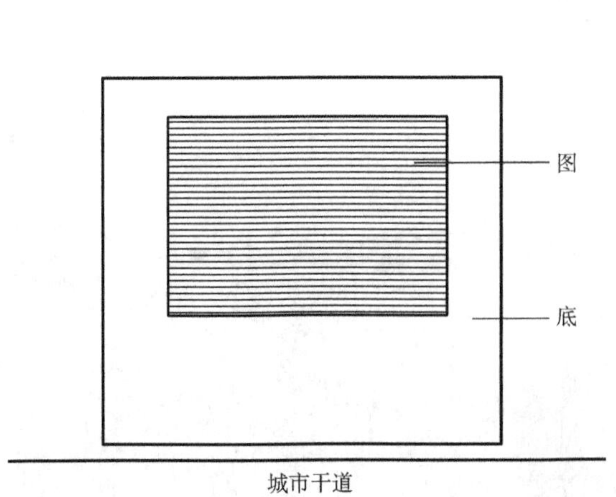

图4–20 “图”与“底”

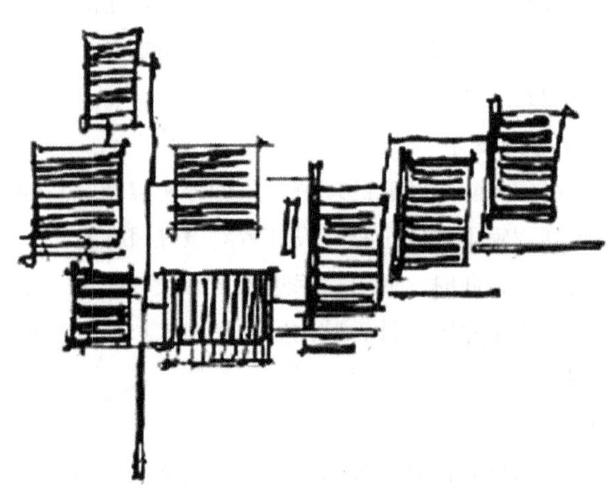

图4–21 某纪念馆的功能分区

区域中去。对平面布局思考的方法，仍然是探讨同一功能区域内的若干房间之间功能的差别与联系，进而进行功能再分区，并通过分区比较，找到一个最佳功能分区方案。

例如，某纪念馆设计任务书规定所有房间中，缅怀厅是庄重且重要的场所，因此，应该将其布置在中间且离门厅最近的地方。展厅属于展示性较强的房间，而从功能性质来说，它要求有足够的面积和数量。音像厅则相对有一定噪声，可自成一区，布置在展厅的西侧。这样，几个房间经过功能布局，确定了自己的位置。在图底关系研究中，已确定了不同分区的布局，这种由全局到局部的功能分区思路，保证了方案设计的顺利（图4–22）。

3）平面设计

功能分区和平面布局之后，要依据任务书规定的面积指标以及各房间的特点要求进一步深化平面，以选择合理的结构方案。通过开间模数化调整房间的面积和形状，使各房间的组合存在一种内在的结构逻辑。特别是对于多层功能布局来说，也可以做到上下结构对位，以保证方案设计在以后的发展过程中不会因结构问题而导致方案失败。这种经过结构调整的功能布局使方案生成发生了质的变化，即从功能分析的图示语言开始转换为方案框图（图4–23）。经过平面生成所获得的设计成果还是一个很粗糙的方案，要形成一个成熟的方案，需要经过多次调整，使方案趋于最优。在调整时要符合以下几点原则：

（1）根据入口迎合人流的要求完善平面关系；

（2）根据景观设计考虑完善平面关系；

（3）根据室外围合空间的完善性考虑完善平面关系；

（4）根据补充必要的辅助用房完善平面关系；

（5）根据坡顶的搭接考虑完善平面关系；

（6）根据环境设计考虑完善平面关系。

4.3.4 空间分析与剖面设计

我们对平面的布局做了大量工作，并进行了一定程度的完善修改，这时，对剖面的研究要比花在平面上的精力少一些，因为快速设计主要关注的是方案的创意性、环境设计的有机性、平面功能的合理性和造型的新颖性，对于方案的技术问题、剖面问题只要不出大错，评判还是宽松的。但这不是说可以不重视剖面设计了。实际上，无论是平面设计还是造型设计，都离不开对剖面的思考。快速设计的剖面设计主要分析建筑物各部分应有的高度、建筑层数、建筑空间组合和利用以及建筑剖面的结构、构造关系等。首先，要满足室内的使用性质和活动特点的要求以及采光、通风等基本要求。另外，适当考虑室内空间比例以及对坡地的利用，使各层上下之间若干空间相互流通并形成独特的空间形态（图4–24）。

4.3.5 造型处理与立面设计

在快速设计中，立面造型设计是一个很重要的设计内容。通过前述的设计过程，平面图和剖面图的设计成

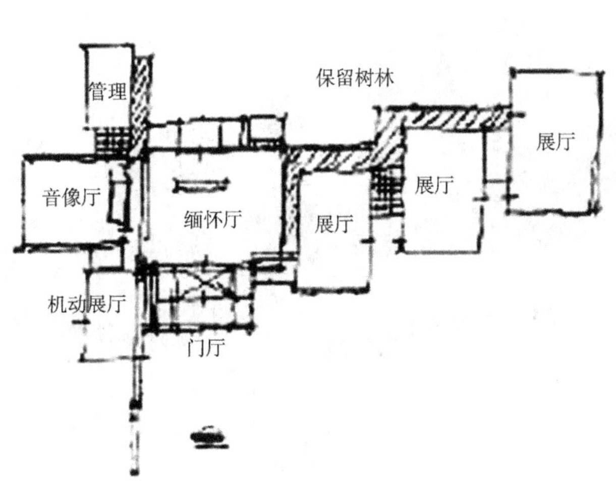

图4–22 某纪念馆平面布局分析

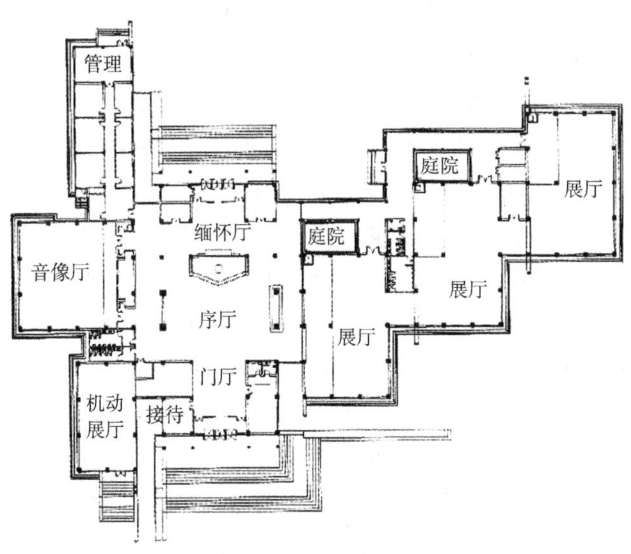

图4–23 某纪念馆平面初步设计

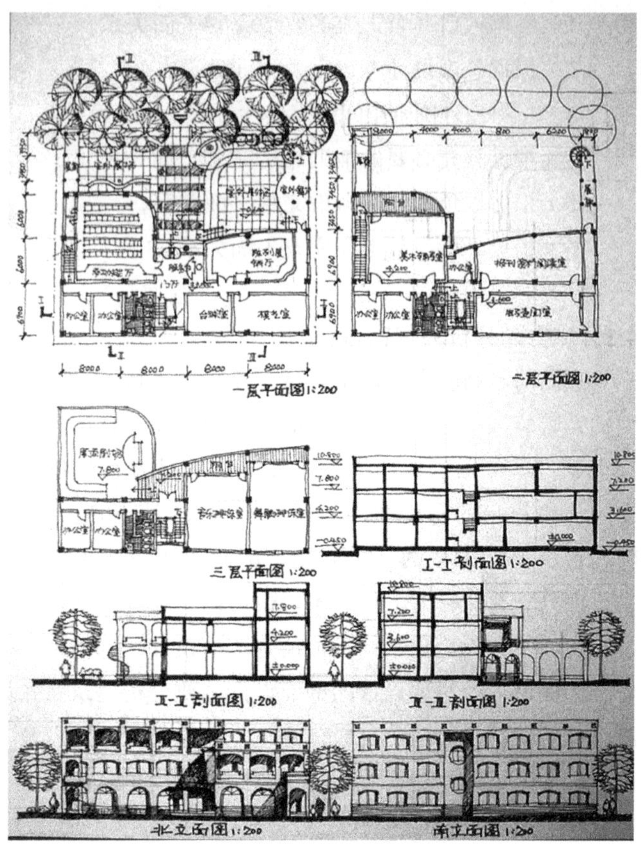

图4–24 台大教学楼建筑剖面图

果并不是平面、剖面的被动反映，而是表达了设计者的空间想象力与创造力思维的活跃程度。快速设计由于时间有限，只要求抓住建筑造型的重点内容进行考虑，而对于细部处理不必反复推敲。以下是立面造型设计的几点原则：

1）形式与功能统一

建筑是为了满足人们生产和生活需要而创造出的物质空间环境。根据使用功能的要求，结合工程技术、环境条件确定房间的形状、尺寸，并进行房间的组合。室内空间与外部形态是互相制约、不可分割的两个方面。建筑外部形象反映内部空间的组合特点，形式与功能紧密结合，这正是建筑艺术有别于其他艺术的特点之一。如办公楼与旅馆立面处理时，外窗较为规律化，可通过窗的设计和突出局部构架，使构图活跃（图4-25）。展览馆、文化馆这类建筑可运用片墙、构架或墙体内陷做洞口等处理手法进行活跃化。窗户常用形式有天窗、高窗、侧窗、局部角窗等，由于功能的文化性需要，经常采用局部实墙与大片玻璃幕墙对比的运用（图4-26）。因此，各类建筑由于使用功能的千差万别，在很大程度上必然导致出现不同的外部形态及立面特征。

2）造型与环境协调

建筑本身就是构成城市空间和环境的重要因素，因此要受到城市规划、基地环境的某些制约。任何建筑都必定坐落在一定的基地环境之中，除了在环境设计、平面设计中要考虑这一问题外，在造型设计时也不例外。要处理得协调统一，与环境融为一体，就必须和环境保持密切的联系。美国著名建筑师赖特设计的流水别墅，建于幽雅的山泉峡谷之中，建筑与山石、流水、树林的巧妙结合使建筑融于环境之中（图4–27）。

图4–25 某建筑立面处理

图4–26 局部实墙与大片玻璃幕墙对比运用

图4–27 流水别墅

3）体形与比例适度

建筑体形和立面设计，除了要从功能要求、技术经济条件以及总体规划和基地环境等因素考虑外，还必须符合建筑造型和立面构图的一些规律，例如比例尺度、完整均衡、变化统一以及韵律和对比等。这些有关造型和构图的基本规律，同样也适用于建筑群体布局和室内外的空间处理。由于建筑艺术是和功能要求、材料以及结构技术的发展紧密结合在一起的，因此，这些规律也会随着社会政治文化和经济技术的发展而发展。

4.4　快速设计的表现技巧

4.4.1　版面构图

好的构图应该永远是表现设计精华的工具。建筑版面设计不仅可以反映设计者个人的修养、工作的条理性，还直接关系到评分老师的第一印象。版面设计的好坏是不可忽视的。那么，版面设计要注意哪些呢？

1）构图匀称

常用图纸尺寸：A2或A2加长、A1、方形图、不规则形等。平、立、剖面图，总平面图及透视图各自图面分量不一。例如，一层平面图要表现室外环境，因此图面内容比较多，剖面图的图面内容可能比较少。这样，用线条表达平、立、剖面图，在图面上会有轻重之分，如果图面不经过精心排版，就会产生不均衡的感觉。因此，在各图定稿后，可将平、立、剖面图，总图分别裁成独立的小块，然后在正图上排版，并从平面构成上比较，以达到各图疏密有致、画面平衡。要注意，宁可图面排版紧凑些，也不要把图幅搞得很大（图4–28）[11]。

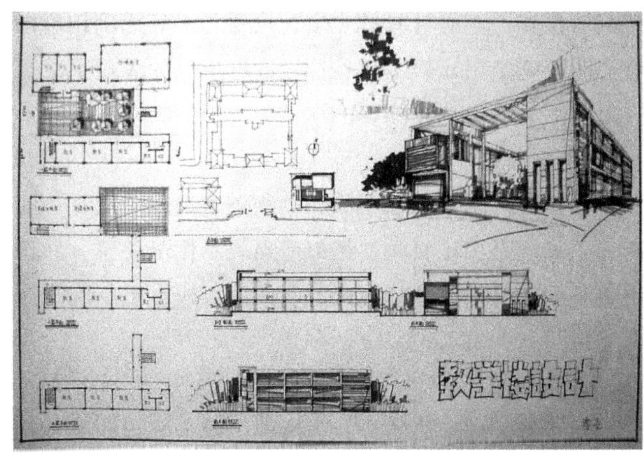

图4–28　A1图纸版面构图1

2）版面填空补白

由于各图分量及图形不一，在排版时总会有些空白，如果不加以处理，整个画面很可能呈现凌乱感。因此，要通过适当增加些与设计相关的内容或符号，以使版面饱满，整体性强。例如，对于一层平面的室外环境表现，无论用钢笔或炭笔都要内容充实。因为，室外环境部分是平面图的衬托，总的效果应呈现灰面，可画上树木、道路、铺地、草坪等配景，接近平面图部分宜重点表现，越远离平面图就越淡化。又如，当立面图与剖面图上下排版可能有长短之分时，为了使画面完整匀称，可通过在立面图和剖面图上加上背景的方法，使其在版面长度上一致，从而改善了版面效果。其次，还可以通过标题的字体设计与布局或适当增加一点装饰符号，来弥补版面的缺陷，并由此给图面带来活力（图4–29）。

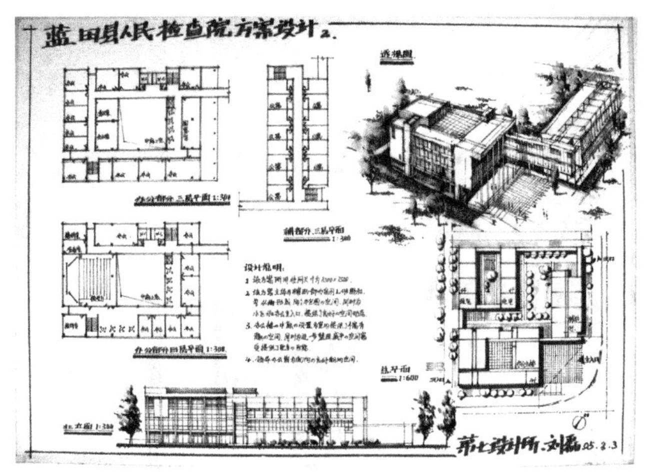

图4–29　A1图纸版面构图2

4.4.2 方案表现

在前期完成了总体设计和草图设计之后，将进入最终的成图设计阶段，将设计理念最终体现到图纸之上。其中，总平面图的绘图比例为1：200或1：500，平、立、剖面图的比例为1：100或1：200为宜。

1）总平面图

总图主要从阴影、环境等方面着手。阴影选用灰色系马克笔，据建筑形体的设计，示意性地刻画阴影以反映形体相互间的组合。如果想图面再丰富些，可适当加些建筑物的阴影，就会立刻有了体积感（图4–30）。

2）平面图

用硬软适中的铅笔迅速画出定稿图，先画轴线，再按比例估计墙厚画出双线。在平面图稿上大体表示出门窗洞口位置，不必计较其宽度，只要与平面比例相称即可。图稿确定后，以下可按照设计者擅长的表现手法进行最后图面的表达（图4–31）。

3）立面图

立面图因图幅一般不大，以线条表现较为适宜，无论徒手画还是用工具画，最好适当表示体量关系，如运用线条粗细等级表达体量的空间关系，或在重点部位涂上阴影（图4–32）。

4）剖面图

剖面图表现可简洁，只需用粗细两个等级线条表示剖到的部位与可见投影部分即可。由于剖面图经常出错，应该细心检查，否则会影响对快速设计成果的评价（图4–33）。

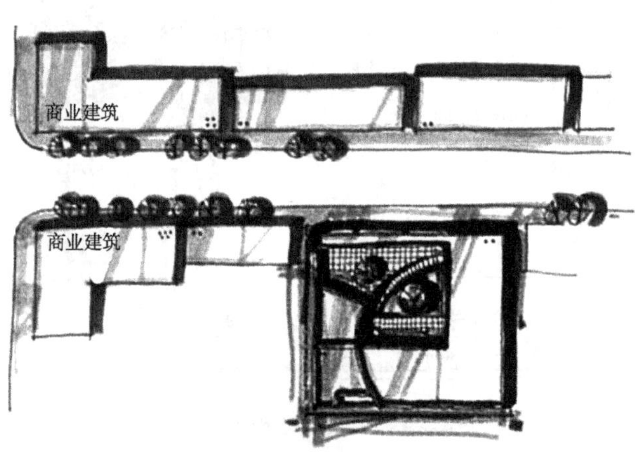

图4–30 总平面图

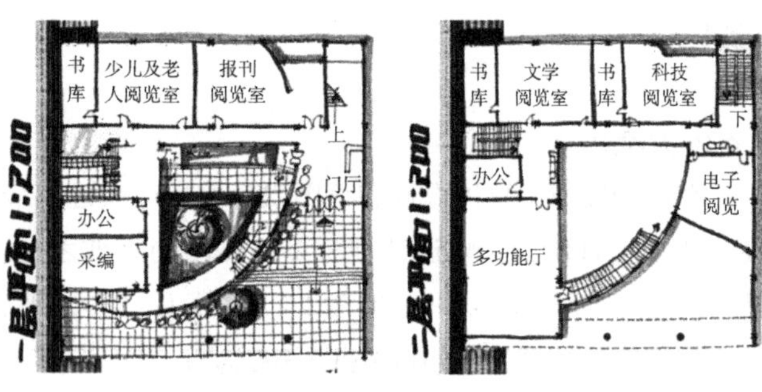

图4–31 各层平面图

图4–32 立面图

5）透视图

透视图表现得好坏，体现着设计者的审美能力。表现占的分量很大，能表达设计意图，展现个性和能力。用钢笔线条白描，是最基本也是最难的一种方式，可以提倡。素描关系，稍加阴影，交代清楚即可。应尽量隐藏和弱化自己的弱点（图4-34）。

4.4.3 时间把握

能否把握好快速设计的时间，往往是保证设计进程能否顺利进行以及设计成果最终能否完成的重要前提。因此，掌握好快速设计的时间分配是至关重要的。以连续八小时快速设计为例：

30分钟——审题，吃透设计任务书要求，搞清楚设计对象的功能和性质。

3~4小时——进行设计，这里包括环境构思、方案设计、细部考虑。可根据设计者的能力和动手情况，分别掌握各段时间进行相应的工作。

3~3.5小时——图面表现，不需要很多线条和色彩，清晰明了，统一是关键。

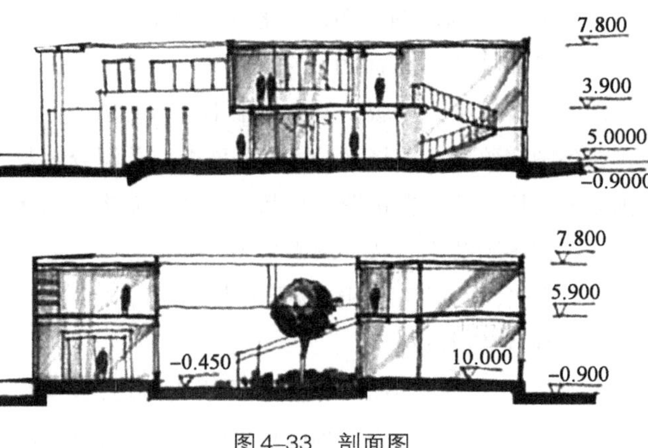

图4–33 剖面图

图4–34 透视图

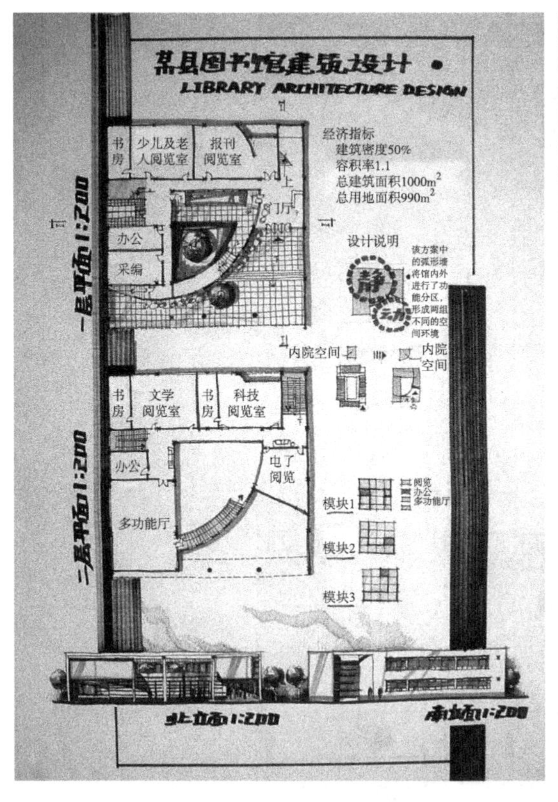

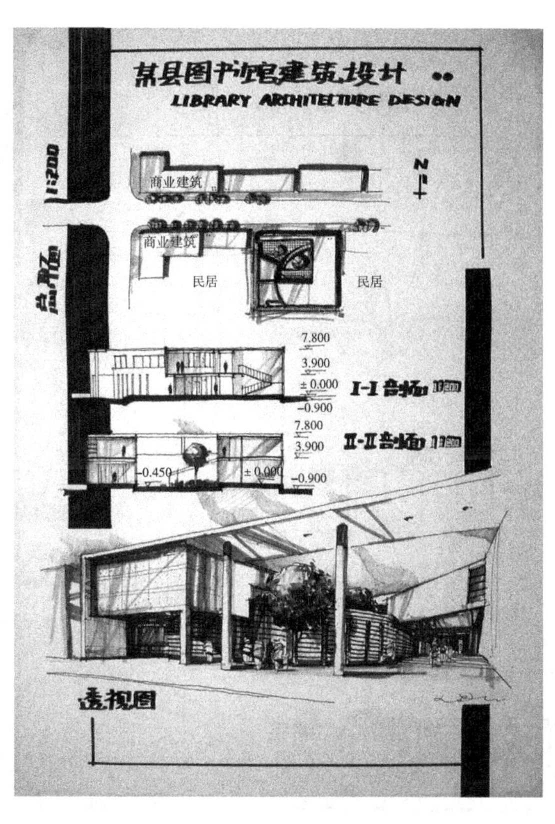

图4–35　某县图书馆建筑设计图

4.5　实例分析

4.5.1　某县图书馆设计

1）创意及构思分析：该图书馆建筑方案是对中国传统建筑院落空间的利用和变形，通过中间庭院的设计达到了展示传统建筑风韵的目的。

2）功能与空间分析：整体布局借鉴了传统院落式的布局，将图书馆内部空间围以圆弧形墙，形成别致的建筑形体及院落空间，增加了室内外空间的流通。

3）图面表达方式分析：版面完整，重点突出，画面内容表现丰富，构图匀称。马克笔用色明快大胆，变化丰富，效果突出（图4–35）。

4）特点与不足分析：建筑造型虚实变化有致，但总平面设计表现力不足。

4.5.2　小型旅馆设计

1）创意及构思分析：方案意在实现空气和阳光在建筑中的自然流通，从而让建筑和环境之间建立起生动、自然的联系。

2）功能与空间分析：平面布局按功能分成南北两区，东北部布置客房部，相对安静。南面布置餐厅、门厅、办公等房间，形成人流活动频繁的闹区。东侧则留出空地，创造了优美的小环境，与中庭景观相互辉映。

3）图面表达方式分析：建筑立面的黑白灰处理得当，空间层次丰富。透视图中塑造建筑的线条刚劲、简练，塑造植物的线条潇洒大气，轻松快意（图4–36）。

4）特点与不足分析：功能分区合理，人流线路便捷。设计构思还可以大胆创新。

4.5.3　某茶室设计

1）创意及构思分析：此方案位于某景区附近，地理位置优越。建筑立面采用皖南民居的造型。建筑依附环境，与自然紧密交融，体现了一种生态的设计理念。

2）功能与空间分析：在静区若干房间中，书画室和阅览室对安静的要求更高，结合丰富造型和减少外来干扰考虑，可以布置在茶室楼上，而棋牌室和麻将室有一定噪声，故自成一区，布置在静区的南侧，该方案动静分区清晰合理。

3）图面表达方式分析：整个图面大量采用排线的方式和面的形式来表现。用彩色图底关系来交代建筑与周边环境的紧密联系。建筑立面线条流畅，结构比例准确（图4–37）。

4）特点与不足分析：绿色的背景色使画面生动，

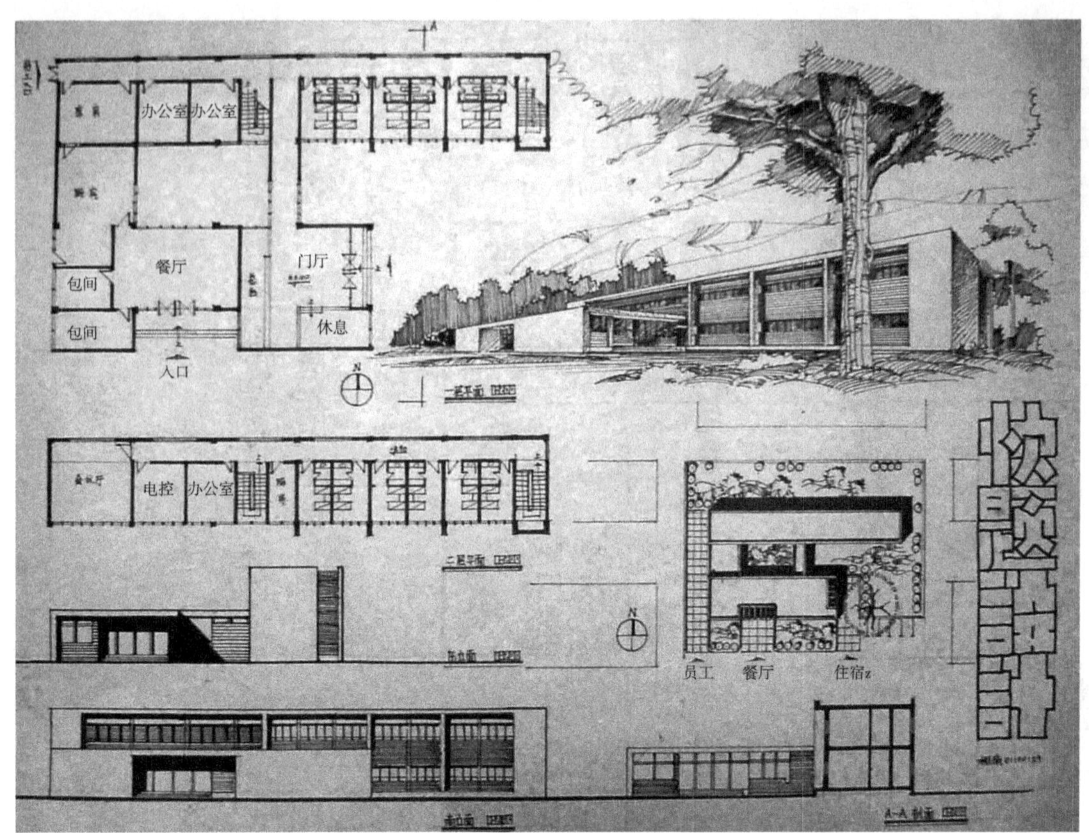

图4–36　小型旅馆设计

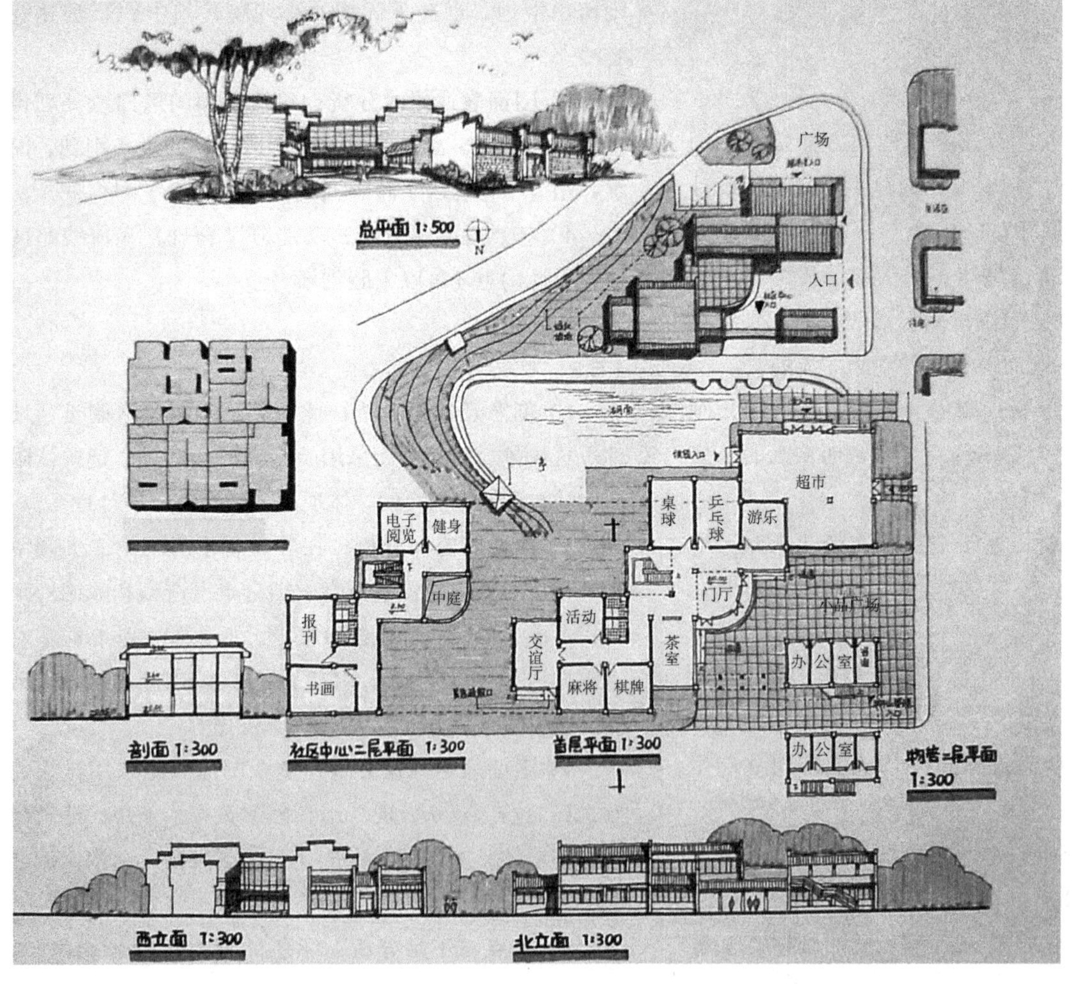

图4–37　某茶室设计

也填补了构图上的空缺，使得构图匀称完整。

4.5.4 西乡县文化馆设计

1）创意及构思分析： 建筑形体的组织采用了单元体重复的构图方式，功能布局灵活。可以根据模式大小进行增减，符合小县城文化馆的实际要求。

2）功能与空间分析： 报刊阅览室、电子阅览室布置在一层的左侧，多功能厅、声乐排练室布置在一层的右侧，棋牌室和美术辅导室布置在二层的左侧，舞蹈排练室布置在二层的右侧，动静分区明确合理。

3）图面表达方式分析： 此方案的表现技法是运用钢笔结合彩铅来完成。徒手钢笔线条技法熟练、规矩却不僵化。立面图阴影效果的表达充分表现了建筑物的空间层次关系（图4–38）。

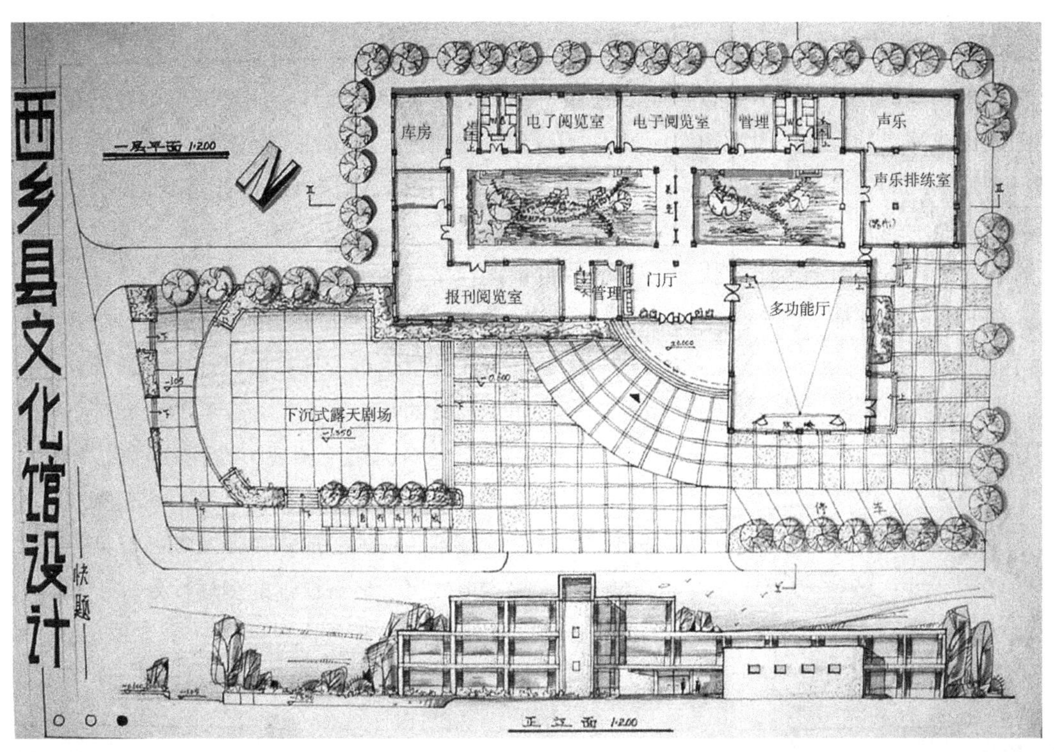

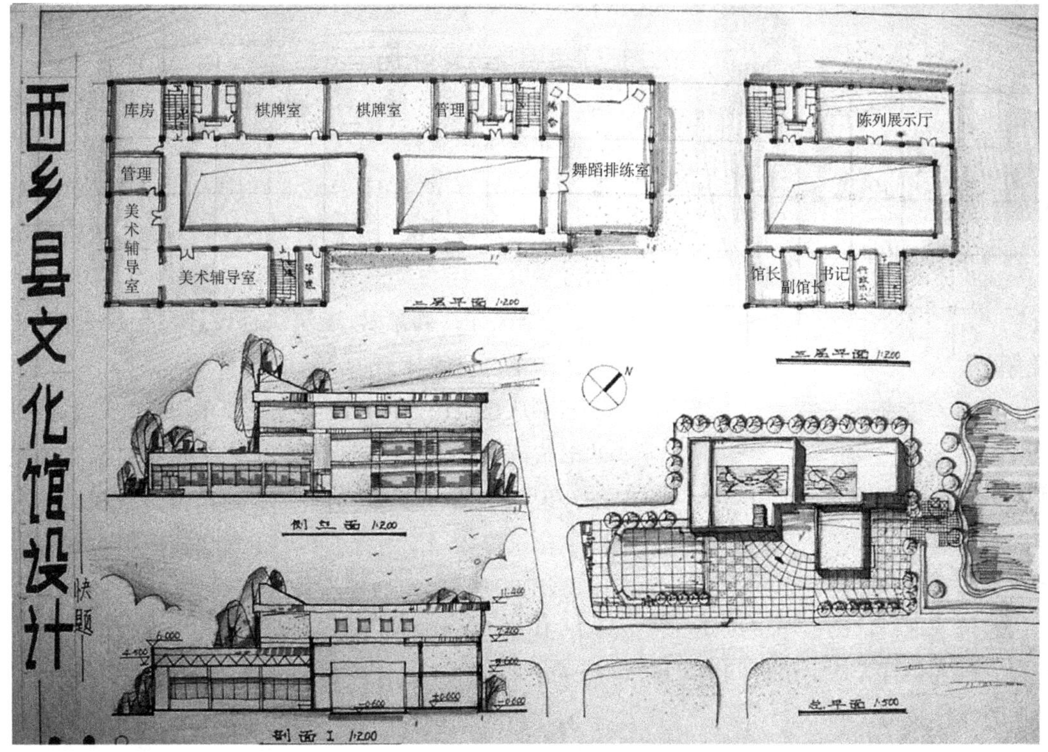

图4–38 西乡县文化馆设计

4）特点与不足分析：建筑设计思维方式合乎理性逻辑，建筑形体几何关系清晰明了。

4.5.5 校园露天展评讲堂

1）创意及构思分析：该设计利用基地原有道路加宽改造为作品展廊。展廊呈稀疏的百叶窗式，灵活通透。

2）功能与空间分析：其间穿插着演讲台和多功能平台，二者相互配合，呼应、满足了多种活动的功能。建筑的形体是由基本的几何元素构成的，清爽简洁。有台阶的平台，必要时可作为演讲或演出的舞台，而下面的平台可直接作为观众席。高低不同的平台平时可供人休息聊天，必要时可以作为模型展示地。

3）图面表达方式分析：马克笔技法用笔大胆、快速、奔放。疏密有致的线条使画面效果整体、统一又不乏生动（图4–39）。

4）特点与不足分析：清晰地表达了设计意图，画面表现活跃，构图饱满均衡。

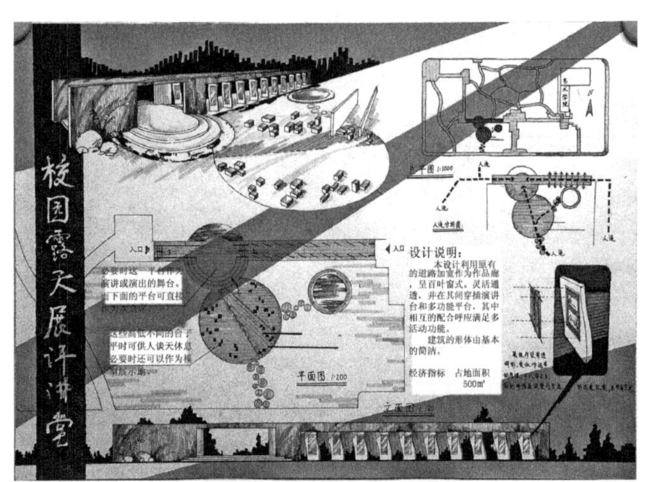

图4–39 校园露天展评讲堂

4.6 主要参考书目及解读

4.6.1 理论类参考书

1）黎志涛.快速建筑设计方法入门.北京：中国建筑工业出版社.

该书首先论述了快速设计的意义和基础，提出了进行快速设计的准备条件，接着按快速设计的程序重点介绍了快速设计各阶段的设计思维和设计方法，最后归纳出提高快速设计能力应掌握的设计技巧。

2）徐卫国.快速建筑设计方法.北京：中国建筑工业出版社.

该书是一部论述快速建筑设计方法的专著，从探究设计的内在规律入手，在对一些成熟的建筑师的设计方法调查的基础上，结合著者本人的建筑设计实践，总结提炼出具有经验性的快速设计方法。同时，该书还兼述了一般建筑方案设计的流程及规律。全书内容分六章叙述，即建筑方案设计与快速设计、快速设计的特征、快速设计的理性分析、快速设计的“立意”思维、快速设计思维的图面表达及快速设计实例评析。每部分在写作中均注意到了知识性、趣味性及易读性。

3）李钢，李保峰.建筑快速设计基础.武汉：华中科技大学出版社.

该书重点在于给学生提供一个建筑设计与方案学习的知识框架，即按学生专业学习的一般步骤，结合案例进行讲解，旨在让学生迅速地掌握设计中多样的处理手法，完善建筑设计的知识体系，为今后的发展打下坚实基础。该书共分八章，绪论阐述了在新的时代背景下，《建筑快速设计基础》编写的特点。第1~6章分别从建筑方案的设计基础、深入、形式设计及细部设计等几个方面，分解式地探讨了建筑设计的多样性处理手法。第7章则通过对建筑方案概念构思的设计全方位的讲述，旨在从整体性的视点展现建筑设计的一体性，使学生更全面地把握建筑设计。

4.6.2 图集类参考书

1）李钢，李保峰，吴耀华.建筑快图表现技法.武汉：湖北美术出版社.

该书共分五章，包括绪论、快图表现的原则及学习方法、二维表现方法、透视表现的快速方法、快速表现实用方法等。

2）李国光，郭惠君.建筑快题设计与手绘表现.北京：中国电力出版社.

该书从建筑快速设计的特点与要求出发，以手绘表达的形式阐述了建筑快速设计的特点、内容以及从建筑基础知识的掌握、建筑速写训练、建筑综合表现技能的训练、建筑形体局部强化训练、建筑快速内容与方法等诸多方面阐述了建筑快速设计对基础技能储备的要求。该书的最大特色是以步骤解析的方式分门别类地列举了30余个在平时建筑快速设计中经常训练和常考的题目。每个例子以平面构思图和手绘效果图的方式表达出来，并且效果图采取分步解析的方式，以便于读者临摹训练。

3）李国光.建筑快题设计技法与实例.北京：中国电力出版社.

该书在介绍建筑快速设计技法的同时列举了180个实例，以中小型建筑手绘为主，每个实例以平面图（或总平面图）和效果图等来表达，设计者可以在研究实例的不断训练中总结提高。建筑快速设计是提高设计水平的一种有效的训练方法，同时它已成为建筑设计类专业选拔人才的考试内容。合理的总体布局，美观的造型与丰富的空间，合理的功能载体，坚实的技术基础，富有创意的表达是建筑快速设计训练中需要重点关注的几个方面。

4）刘仁义，戴慧.徒手建筑快题设计.北京：中国电力出版社.

该书共分4部分，分别介绍了徒手建筑快速设计的基本知识、基本技能、设计的步骤和方法，并对所收集的学生习作和应考作品进行实例解析。徒手建筑快速设计是建筑学、城市规划、景观设计等专业必修的专业课之一，它涉及的知识层面广、建筑类型多、建筑形式纷繁复杂。在研究生入学考试中，徒手建筑快速设计是很多学校建筑学、城市规划、景观学专业的必考科目，也是很多相关用人单位在招聘时的保留项目。该书可以作为建筑设计教学和应试参考用书，也可以供从事建筑设计、城市规划与设计、景观设计以及相关管理工作的人员参考。

5）黎志涛，权亚玲.快速建筑设计100例[M].南京：江苏科学技术出版社.

该书分别做出了25个快速建筑方案设计的示范图。同学从中要领会各方案在面对各种复杂的设计矛盾时是如何综合处理环境、功能、形式、技术等问题的，看懂了设计方案的门道，也是一种学习的提高。其次，该书中关于快速做建筑方案设计的操作方法的阐述，希望同学认真领会，并在设计实践中娴熟运用。

4.6.3 其他类参考书

1）《民用建筑设计通则》（GB 50352—2005）

该规范是建筑设计的重要规范，应要求对该规范的内容进行全面的了解。

2）《住宅建筑规范》（GB 50368—2005）、《住宅设计规范》（GB 50096—1999）（2003年版）、《中小学校建筑设计规范》、《文化馆建筑设计规范》、《体育建筑设计规范》、《剧场建筑设计规范》、《旅馆建筑设计规范》、《博物馆建筑设计规范》、《托儿所、幼儿园建筑设计规范》、《综合医院建筑设计规范》等

注释：

[1] [1、3、4、5、6]黎志涛.快速建筑设计方法入门[M].北京：中国建筑工业出版社，2005.

[2] [2、7、9]徐卫国.快速建筑设计方法[M].北京：中国建筑工业出版社，2007.

[3] [8]孙科峰，王轩远，张天臻.建筑设计快题与表现.北京：中国建筑工业出版社，2005.

[4] [10]李钢，李保峰.建筑快速设计基础.武汉：华中科技大学出版社.

[5] [11]李国光，郭惠君.建筑快题设计与手绘表现.北京：中国电力出版社.

图片来源：

[1] 图4–1，图4–3~图4–5，图4–7，图4–11，图4–19，图4–24，图4–28，图4–29，图4–35~图4–39：《建筑快题设计100例》

[2] 图4–8~图4–10，图4–16，图4–17，图4–25~图4–27，图4–30~图4–34：《设计与表达—马克笔效果图表现技法》

[3] 图4–12，图4–13：《快速建筑设计图集》

[4] 图4–6，图4–15：http: //big5.elong.com/gate/big5/trip.elong.com/home/space

[5] 图4–18：http://news.sina.com.cn

[6] 其余图片为作者自绘。

第5章　场地与文脉主导的空间设计

5.1　场地设计概述

5.1.1　教学目的和意义

前面的建筑设计教学主要侧重于对设计概念和功能、空间等基本问题的引导，在建筑设计入门之后，需对文脉和场地这一对建筑设计的重要问题进行延伸和拓展。强调场地设计和文脉思想，一方面可加强设计练习的系统性，另一方面培养学生将场地和文脉当作设计中的重要资源的习惯。通过学习，掌握文脉分析及场地设计的基本技能，为综合性设计课题打好基础。

建筑设计都是在特定的环境中进行的，都必须要考虑其场地因素和文脉特征，因此，场地设计是建筑设计工作的重要环节，是决定建筑设计成功与否的基本必要条件。为了充分有效地利用土地，并合理有序地组织场地内的各种生产和生活活动，在建筑方案设计之前和设计过程中，必须进行文脉分析和场地设计，从而在保证建筑群体空间、形式及功能完整、统一的同时，使建筑设计充分体现其文化效益、社会效益和环境效益。

5.1.2　场地设计的发展

1）场地设计的历史溯源

场地设计的思想由来已久，建筑一经产生，人们就在自觉或不自觉中运用一些约定俗成的规则选择栖息地，如负阴抱阳，背山面水，就是中国传统的风水观念中宅、村、城镇基址选择的基本原则和基本格局（图5–1、图5–2）。[1]在历史发展的过程中，政治、经济、社会和文化活动以及民俗风情、地方的传统习俗等，都影响着建筑活动。中西方由于社会观念形态等的差异，在建造活动中，对场地环境的理解和态度也各不相同。西方传统文化强调逻辑和理性思维，故欧洲古代城市和传统建筑往往表现出由几何关系、节奏、韵律等构成的人工美；而中国的传统文化强调"道法自然，天人合一"，因此，中国古代的城市和建筑多体现为建筑与环境的融合。场地环境，由于民族文化、宗教、习俗、社会差别、传统技艺的不同，在长期的建筑实践中形成了各具特色的不同体系。中国现代建筑中较有影响的如白云宾馆、香山饭店等，都吸收了传统建筑的手法，使其与山、水、环境有机结合，融为一体。

随着建筑事业的发展，场地环境在建筑创作中愈来愈显示出它的重要意义。在场地设计中，特别是自然环境与场地的关系，是不可分割的有机整体，建筑与环境的结合、自然与城市的关系、建筑对环境的尊重，越来越为公众所关注。当代建筑的发展，逐渐由个体趋向群体化、综合化、城市化。场地环境、区域环境乃至整体环境的平衡更应该成为建筑工作者所关注和重视的问题。场地环境包括自然环境、空间环境、历史环境、文化环境以及环境地理等，要进行综合分析，方能达到圆满的境地。

2）文脉意识的设计背景

现代主义建筑设计对文脉的理解和探索也是一个循序渐进的过程。文脉意识，早在第一代现代建筑大师弗兰克・赖特的设计中就有所体现。他认为，任何一座建筑都必须依存于当地的地形环境，与自然环境尽量融为

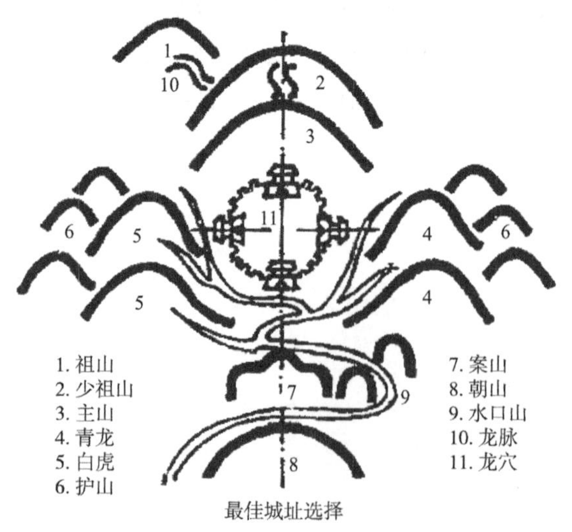

图5–1　古代风水观念中的最佳城址

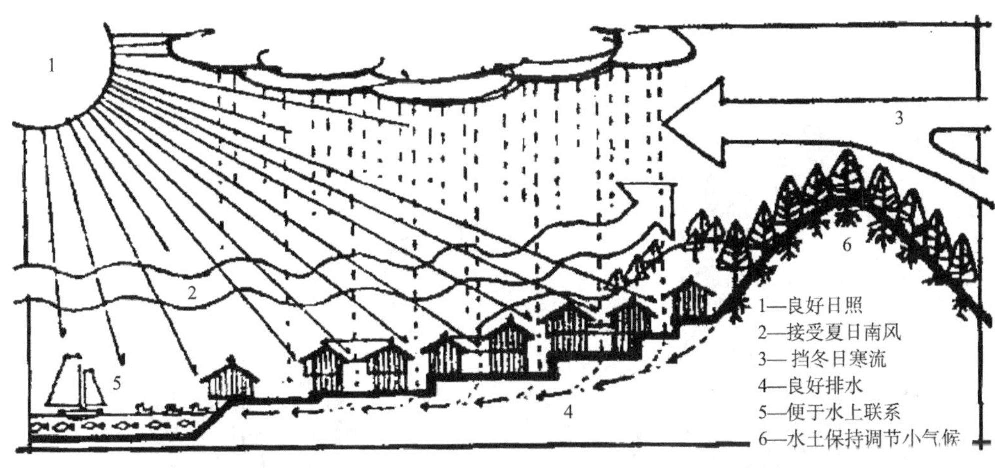

图5–2 传统村镇选址与生态的关系

一体。其代表作之一“流水别墅”即完美地体现了这一思想（图5–3）。

20世纪60年代以后，世界建筑学领域逐渐把对建筑环境的认识放到了一个重要而突出的位置，现代建筑设计逐渐突破建筑本身，而拓展成为对建筑与环境整体的设计。文脉意识也渐渐成为了建筑界的普遍共识，为建筑师们所关注，并在设计中进行不同角度的探索。许多建筑大师在经过了国际主义风格和追求个人表现后，转向挖掘现代建筑思想的内涵，探索建筑与社会、文化、生态等多方面的深层关系，作品寓于文脉之中。例如，贝聿铭一生的建筑设计无不关注建筑所处的整体环境，结合城市的天际线，重视场所和历史文脉，尽量追求完美的环境关系。他的作品华盛顿美术馆东馆的设计充分体现了城市文脉，将建筑融合于整体环境当中（图5–4）；位于日本自然保护区的美秀美术馆更是采取了为保护自然环境及与周围景色融为一体的建造方式，是一个可游、可观、可居、可使精神高扬的场所（图5–5）。“纽约五人”之一的理查德·迈耶主张简单的建筑面貌，关注建筑与环境的内在关系，其作品很好地诠释了建筑如何在环境中生成（图5–6）。[2]

在建筑师们急切地探索可持续发展途径的今天，绿色建筑、仿生建筑等成为了人们关注的热点。在这股热潮中，文脉意识得到了充分的重视和凸显，环境不仅成为了建筑师们需要重点考虑的设计条件，更成为了设计的主体。

5.1.3 场地设计的相关概念

1）场地设计概念

（1）场地的概念

按照我国土地管理法，土地分为农用地、建设用地

图5–3 赖特的流水别墅

和未利用地。当一定面积的土地作为工程项目的主体工程和配套工程的建设用地后，就称为基本用地，简称基地。[3]通常所说的“场地”一词，从所指的对象来看，有狭义和广义两种不同的含义。

• 狭义的场地：在狭义上，场地指的是建筑物之外的广场、停车场、室外活动场等内容。这时“场地”是相对于“建筑物”而存在的，所以当指称这一意义时，经常被明确为“室外场地”以示其对象是建筑物之外的部分。

• 广义的场地：在广义上，场地可指基地中所包含的全部内容所组成的整体，应满足场地功能展开所需要的一切设施。在本章中如果没有特别说明，场地所指的就是这层含义。在这一意义上，建筑物、广场、停车场等都是场地的构成元素，相互依存，构成整体。

（2）场地的分类

• 按地形条件分类：可分为平坦场地和坡地场地。

图5–4　华盛顿国家艺术馆东馆

图5–5　日本美秀美术馆

图5–6　理查德·迈耶设计的洛杉矶盖蒂中心

按地形的坡度分级标准，平坦场地是指0%~3%的平坡地和3%~10%的缓坡地，地势较平坦而开阔，建筑物布置比较自由，可取得较好的日照、朝向和景观视野，道路布置也可采用较理想的形式，土方量一般不大。坡地场地指10%~25%的中坡地、25%~50%的陡坡地和50%~100%的急坡地，地形起伏较大，建筑物和道路布置均受到限制，需要处理高差，土方量较大，支挡构筑物较多。[4]

• 按所处位置分类：可分为市区场地、郊区场地和郊外场地。

• 其他分类方法：按使用性质可分为公共建筑场地和居住建筑场地，按项目的属性可分为工业建筑场地和民用建筑场地，按建筑物的数量可分为单体建筑场地和群体建筑场地。

（3）场地的构成要素

场地由自然环境、人工环境和社会环境共同组成，具体包括以下内容：

• 建筑物、构筑物：通常是场地的核心要素，决定场地的使用和其他内容的布置。

• 道路交通设施：由道路、停车场和广场组成，可分为人流交通、车流交通、物流交通。主要解决场地内各建筑物之间、场地与城市之间的联系，是场地的重要组成部分。

• 室外活动设施：是供人们室外活动的场所，是建筑室内活动的延续及扩展。

• 绿化与环境景观设施：由植被、水体、硬质铺装、小品等景观元素构成，对场地的生态、文化环境起着重要作用，营造优良的景观效果。

• 工程系统：包括工程管线和场地的工程构筑物。前者为场地提供完善的基础设施，后者如挡土墙、边坡等，用以保证场地的稳定和安全。

（4）场地设计的概念

一般来讲，场地设计，是依据建设项目的使用功能要求和规划设计条件，在基地内外的现状条件和有关法规、规范的基础上，人为地组织与安排场地中各构成要素之间关系的活动。场地设计与建筑总平面设计在内容上有一定的交叉，但从概念上应将二者区别开来：建筑总平面设计主要侧重于建设项目本身的使用功能与工程技术要求，场地设计则更加注重场地的地理特征、周围建筑与空间特征、设计成果对使用者心理的影响等方面。

（5）场地设计的特点

• 综合性：场地设计与建设项目的性质、规模、使用功能、自然条件、规划要求以及社会、经济和文化等多种因素紧密相关，设计工作涉及城市规划、建筑学、园林景观、市政工程、生态学、环境心理学、美学等多学科内容。

• 整体性：场地设计是关于场地内所有设施布置的整体设想，重点是把握全局。

• 地域性：场地设计与场地所处的地理位置、区位关系等密切联系，并应适应周围的建筑环境特点、地方风俗等。设计上注意把握此特性，以形成地方特色。

• 政策性：场地设计关系到建设项目的使用效果、建设费用等，涉及政府的计划、土地与城市规划、市政等有关部门的要求。建设项目的性质、规模及相关指标等，不单取决于技术和经济因素，往往要以国家及地方有关方针政策为依据。

• 前瞻性和阶段性：场地设计实施后，一般具有相对的长期性，要求设计者必须充分估计未来的发展，保持一定的灵活性，要为场地的发展或使用功能的变化留有余地。

• 技术性和艺术性：场地中的工程设施技术性强，而场地总体布局形态、绿化景观设计则要求有较高的艺术性，需要用各种形式美的方式表达方案。

2）文脉思想可义

文脉（Context）一词，最早源于语言学范畴，原意是指文字语言中字、词、句等可帮助确定其语义的上下文关系。建筑学转借过来，以表达在决定一个行动方案过程时必须考虑的条件或事实，以期确定其存在和发展方向，包括两个维度：一是指建筑在历时状态下的承续关系，包括新建筑与旧建筑之间的关系；其二，指建筑在共时状态中与场地及其环境的连续关系，即指新建筑与现存环境之间的关系。因此，时间和空间是描述建筑文脉关系的两个基本线索。[5]建筑设计中的文脉思想主要体现为时态性、动态性、互动性和整体性四大特征。

（1）时态性

建筑及其环境的演进构成建筑的基本时态背景，建筑也不断地延续或更迭这种背景。确切地说，建筑设计是于城市设计、于整体环境之中的设计。城市乃至城市区域是历史过程的积淀和反映，建筑设计正是在这样的背景下开始的。

（2）动态性

建筑及其环境是发展变化的，场地应主动弹性地接纳新的建筑，或将其纳入整体结构中，或重整空间结构秩序。设计须整合各组成要素，建立起新的动态平衡。

（3）互动性

环境与建筑存在紧密的互动关系。环境从外至内都是建筑的外部资源和约束。建筑是环境的基本组成部分，建筑设计对文脉的思考即是对部分与部分之间内部结构关系的达成进行设计，并促成新环境的诞生。

（4）整体性

建筑设计不能只管红线内的场地，也要包括周边环境的相关要素，最终确立建筑在环境结构中的文脉位置。

3）文脉与场地的关系

场地是文脉的基础，但仅有场地不成为文脉，当场地与周围环境形成关联，文脉才开始显现。文脉亦不同于环境：在建筑学中，环境表达的是一种相对稳定的范围内由一个个物质和非物质要素（如建筑、道路、植被、社会、经济、文化等）构成的综合体。文脉着重强调环境中各要素之间的逻辑性，环境往往只有通过人的活动使各要素产生关联才形成文脉。

5.1.4 场地设计的程序和内容

场地设计内容庞杂，问题多样，若不理清楚条理和层次关系，往往会顾此失彼，事倍功半。因此，有必要对场地设计工作的程序和各阶段任务进行梳理，大体上分为四个阶段：

1）资料收集阶段

场地设计需收集的资料包括三种类型：文字资料、图纸（图片）资料和知觉资料，最终得出对环境的整体认知。

（1）文字资料：主要包括设计任务要求，城市规划和相关法规的规范要求，场地及周边环境的自然条件、历史文化、社会经济等文献资料。

（2）图纸资料：场地及周边环境的地形图，相关城市规划图纸，现状照片，图片等。

（3）知觉资料：现场踏勘，以获取对场地和环境的整体认知。同时，通过对使用者、管理者和周边居民等进行调查访问，确定场地和建筑设计的总体需求。

2）场地分析阶段

场地分析的主要任务，即采用文脉分析的方法，全面整理上一阶段所收集的设计资料，分析各方面因素对于场地和建筑设计的要求、限制或作用，为场地设计和建筑设计构思提供依据和线索。基于文脉的场地分析主要是对项目要求、自然环境、物理环境、物质环境和人文环境五个方面的综合分析。将在5.2节详细阐述。

3）总体布局阶段

进入具体的建筑单体设计之前以及单体设计构思过程中，需要结合建筑单体初步完成场地的总体布局，主要任务包括场地分区、景观构架、实体布局、交通组织、绿地配置、综合应用，将在5.3节详细阐述。

4）详细设计阶段

在建筑单体设计过程中以及单体设计完成后，需要对场地进行详细深入的设计，主要任务包括道路布置、停车布置、竖向布置、管线布置，景园布置，将在5.3节详细阐述。

5.2 文脉分析要点

基于文脉的场地分析主要包括项目要求、自然环境、物理环境、物质环境和人文环境五个方面。文脉分析的重点在于：一是解析建设项目的内涵和实质，认清在设计各阶段的任务和相应的目标；二是梳理各方面环境因素，找出它们与设计主体之间的逻辑关系。

5.2.1 项目要求分析

1）项目内容

项目内容即项目的功能组成，从场地设计的角度，可分别从建筑外部和内部来考虑。

（1）建筑外部的内容

分两类：一类是有直接功能要求的，如运动场、停车场等；另一类则是仅体现辅助功能的内容，如人流集散场地、休息庭院、景观设施等。前者在项目的任务要求中会明确提出，而后者则需依据建筑的功能需求来分析。

（2）建筑内部的内容

建筑内部不同的组成内容，如空间的功能构成、形态、尺度等会影响建筑外在的表现形态，包括建筑的基底面积、长宽比例等方面，而这些因素都与场地设计直接相关。因此，场地设计中的建筑布局也要考虑到建筑物内部组成内容的制约，例如，人流量较大的建筑出入口前应设置人流集散广场，广场的规模也应与内部空间规模相匹配。[6]

2）项目性质

（1）项目的类型属性

类型属性即建筑的功能属性。从类型来划分，建设项目可分为文化类、纪念类、商业类等，各类型建筑均分别具备一些共同特征，如文化性、纪念性、商业性等。场地设计须对项目的类型属性有所反映，如文化类建筑的场地设计应体现出一定的文化品质，纪念类建筑的场地设计应体现出一定的精神内涵和情感等。

以两个实例作对比分析。一是南京雨花台烈士纪念建筑群（图5–7），一是某度假村项目（图5–8）。二者基地条件同是丘陵，但前者是纪念性项目，因此设计利用起伏的山势构成场地起伏开合的纵深轴线序列，形式规整、严谨；后者是旅游度假类项目，设计将场地化整为零，采用了灵活自由的组团形式，尽量保持基地的自然特色。[7]

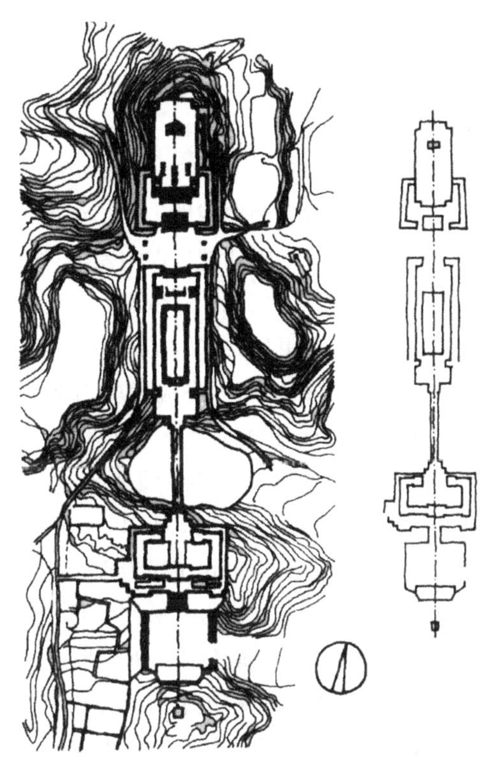

图5–7 南京雨花台烈士纪念建筑群

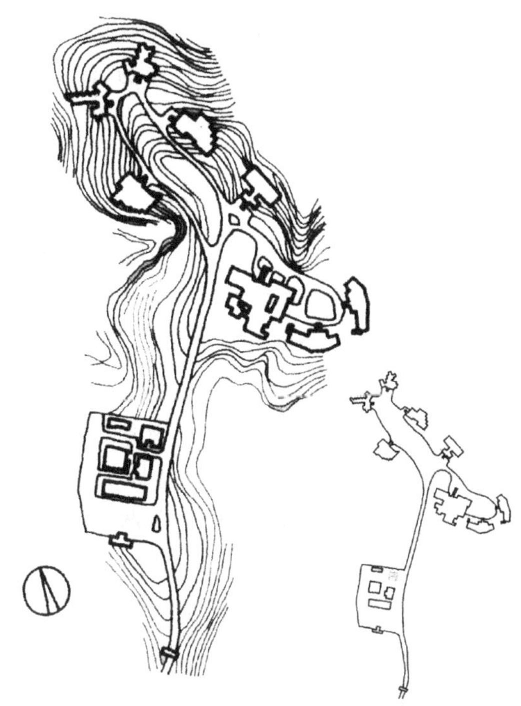

图5–8 某度假村总平面解析

（2）项目的个体特性

项目的个体特性可理解为对其类型属性的一种具体化的补充。同一类型的项目由于在具体功能、项目的规模、服务对象、建造目的等方面的差异，决定了每个项目都具备自身的个体特性。场地设计除反映出项目的宏观属性外，还需根据其个体特性做进一步的定性和定位，体现设计的个性。

以上海宋庆龄陵园（图5–9）为例，与南京雨花台烈士纪念建筑群相对比，场地总体布局中，宋庆龄陵园采用规整与自由相结合的形式，既有轴线也有灵活布置的部分，既庄重又朴实，这与雨花台的严格轴线对称式构图不同，在场地的详细设计中，宋庆龄陵园采用了较宜人的尺度，形式也较朴素，这也不同于雨花台的设计。

3）项目使用者

为使用者服务是项目建设的最终目的，场地设计即是为人的各种行为和活动提供适合的发生和进行的场所。因此，使用者的需求是设计中需要了解和分析的重要方面，包括了解使用者的人群构成及其要求，分析使用者的心理需求、行为模式和活动规律。

（1）使用者的人群构成

即回答“哪些人将要使用场地”的问题，可以从两个基本角度入手。一是根据使用者的身份性质分类，如商业建筑中，顾客和工作人员就分属两类不同的使用者，教育建筑中，教职工和学生也分属两类不同的使用者，他们对设计的要求也有所不同。二是根据使用者不

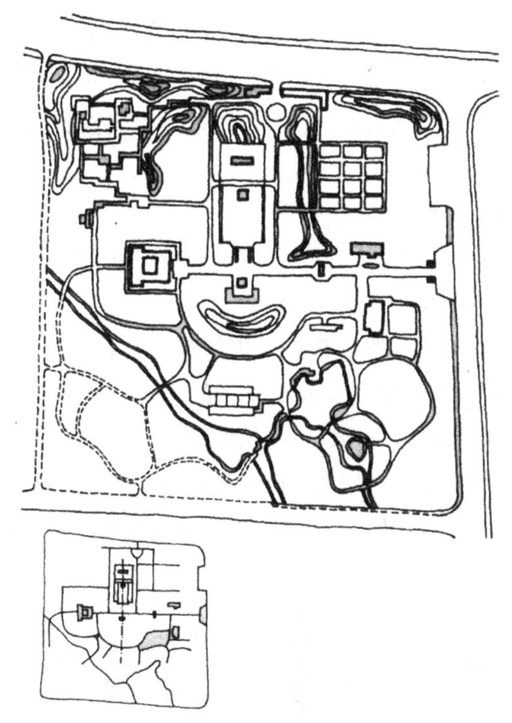

图5–9 上海宋庆龄陵园总平面解析

同的活动性质分类，比如有的使用者是驱车到达，有的是骑自行车，有的是步行，他们对场地设施配置（停车场配置、入口广场的位置和规模、停车场与建筑入口的交通联系等）的要求自然不同。

（2）使用者的行为需求

即是要回答“为什么要使用场地”，“怎样使用”，“在场地上要进行哪些活动”，“在什么时间使用”等问题。可以从使用者的心理特性和行为需求两个层次上进行分析。首先，使用者不同的行为表象下往往蕴藏着一些心理特征的规律，比如人们寻求便捷的心理会导致“抄近路”的习惯，设计中便需要在场地入口或与建筑入口之间建立起直接的路径联系等（图5-10）。其次，使用者在场地内的行为需求，亦可分为两种类型。一种是必然的活动，即不管条件如何都必须发生和进行，如步行通过、停车等，这就需要场地设计中必须考虑通行路径、停车场等设施。另一种是可选择的活动，即在条件具备时才可能发生，比如场地中若具备良好的绿化、景观小品和休息设施，户外游憩活动将会大大增加，反之则会减少。另外，对一些拥有特殊使用人群的建筑，如医院、老年公寓、幼儿园等，病人和老年人需要特别重视无障碍的需求、安静的环境等，而儿童活动场地除了需要活泼的色彩和构图外，更重要的是安全和适宜的尺度。

（3）调查途径

一是通过查阅资料，了解设计所涉及的某一类使用者的一般性的心理特征和活动需求。

二是通过对类似场地使用情况的现场观察，可得出类似场地使用者的活动方式、范围及与时间变化的关系，为本项目的场地设计提供参考。

三是对本项目使用者的直接调查，可采用问卷、访谈等方法，发挥使用者的主动性和积极性，发掘他们最切身的需求，对场地设计提供最直接的指导。

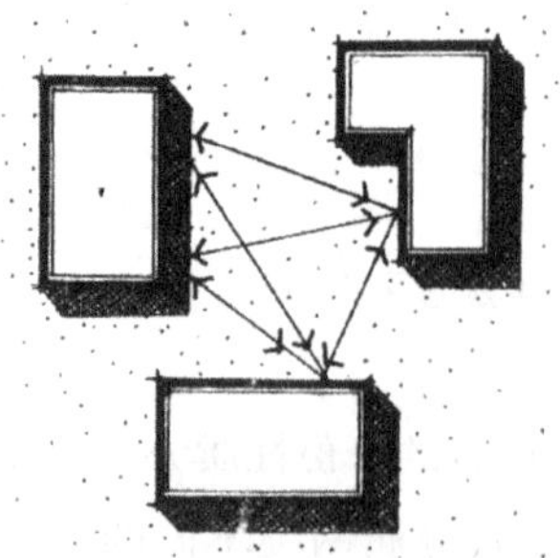
捷径线连接建筑的主要入口

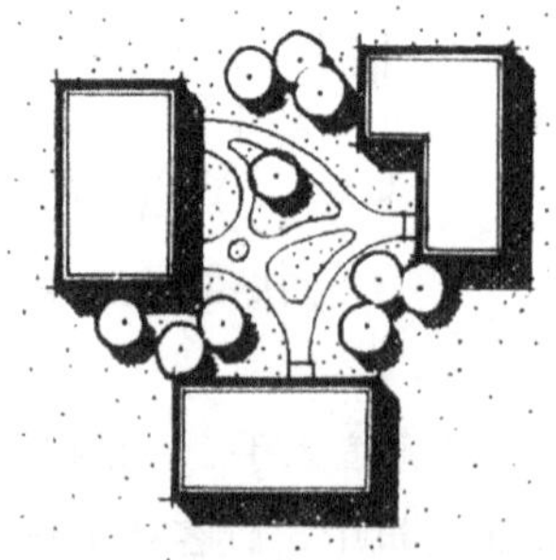
步道根据捷径线来铺设

图5-10 根据使用者心理需求确定场地中的路径

5.2.2 自然环境分析

1）地域与气候条件

在建筑设计中常常强调地域性，除了建筑风格的体现外，在设计中首先应考虑地域气候的差异对建筑和场地的影响。建筑设计和场地设计应采取与基地气候相适应的形式，并努力创造更加良好的场地小气候，场地布局尤其是建筑物体形和平面形态应适应当地的气候特点。我国的建筑热工设计分区划分为五级：严寒地区，寒冷地区，夏热冬冷地区，夏热冬暖地区，温和地区。各地区对应不同的设计标准和规范要求。一般寒冷地区的建筑物以较规整聚合的集中式布局为宜，以利于冬季保温；炎热地区的建筑采取较为疏松伸展的分散式布局为宜，以利于通风散热。采取集中式布局时，场地中除建筑以外的其他内容相对也较集中；而分散式布局常会将基地划分成几个区域，建筑物与其他内容多呈现出穿插状态。

对场地构成影响的气候条件有：日照、风象、气温、湿度、降水等。在具体的场地设计中，要综合考虑各方面的气候因素，分析其影响，找到与之相适应的布局方式。

（1）日照

日照是表示能直接见到太阳照射时间的量。建筑设计中需要了解两个概念：日照标准、日照间距系数。日照标准即建筑物的最低日照要求，这与建筑物的性质和使用对象有关。在日照标准日，要保证建筑物的日照量，即日照质量和日照时间。日照时间则按我国有关技术规范规定选用，具体可查阅《民用建筑设计通则》（GB 50352—2005）、《城市居住区规划设计规范》（GB 50180—93，2002修订版）。

（2）风象

风象包括风向、风速和风级。风向频率最高的方位称为该地区或该城市的主导风向。掌握当地主导风向，便于合理安排建筑物，使其利于通风或将有污染的部分安排在下风向，以创造好的环境。风向特征通常用风玫瑰图表示。

2）地形条件

地形指地表面起伏的状态（地貌）和位于地表面的所有固定性物体（地物）的总体。在场地设计中，要详细分析基地的总体坡度、地势走向变化、起伏大小等情况。从经济和生态的角度出发，对自然地形应以适应和利用为主，忌大量改造，破坏自然。在坡地上进行建设时，建筑物的走向与地形呈现两种基本的关系：一种是平行于等高线布置，一种是垂直于等高线布置（图5–11）。前者土方工程量较小，场地内道路坡度较小，建筑空间组织较容易，后者则相反。地形条件对场地设计而言具有双重性，既有制约作用，也能提供有利条件。

场地设计既要适应地形，同时也要巧妙利用地形，这正是设计的矛盾性所在，是体现建筑设计的创造性和个性的有效途径。如图5–12所示澳大利亚尤拉勒旅游区第二旅馆，位于一个国家公园附近，基地内部及周围环境中地形的变化较大，整体形态是根据地形的条件而形成，主体建筑物依附于地形呈反“S”形布置，其他内容被包容其中。

在设计中，地形条件的直接依据是地形图，因此学会识读和应用地形图是十分必要的。

3）地质与水文条件

基地的地质、水文条件关系着场地中建筑物位置的选择，也关系到工程设施、管线的布置方式等。场地设计需要掌握的基本地质情况包括：地面以下一定深度的土壤特性；土壤和岩石的种类及组合方式；冻土深度；所在地区的地震情况以及地上、地下的一些不良地质现象等。水文情况包括河、湖、海、水库等各种地表水体和地下水的情况。

在地震地区选择建设场地时，应尽量选择对建筑物抗震的有利地段，避开不利地段，并不宜在危险地段进行建设。在建筑布置上，要考虑人员较集中的建筑物的位置，将其适当远离高耸建筑物、构筑物及场地中可能存在的易燃易爆部位，并应采取防火、防爆、防止有毒气体扩散等措施以防止地震时发生次生灾害。应合理控制建筑密度，适当加大建筑之间的间距，适度扩大绿地面积和主干道宽度，道路宜采用柔性路面。

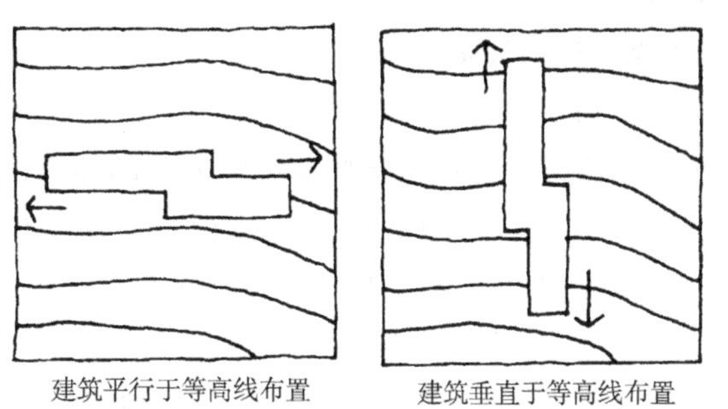

图5–11 建筑物布置与等高线的两种基本关系

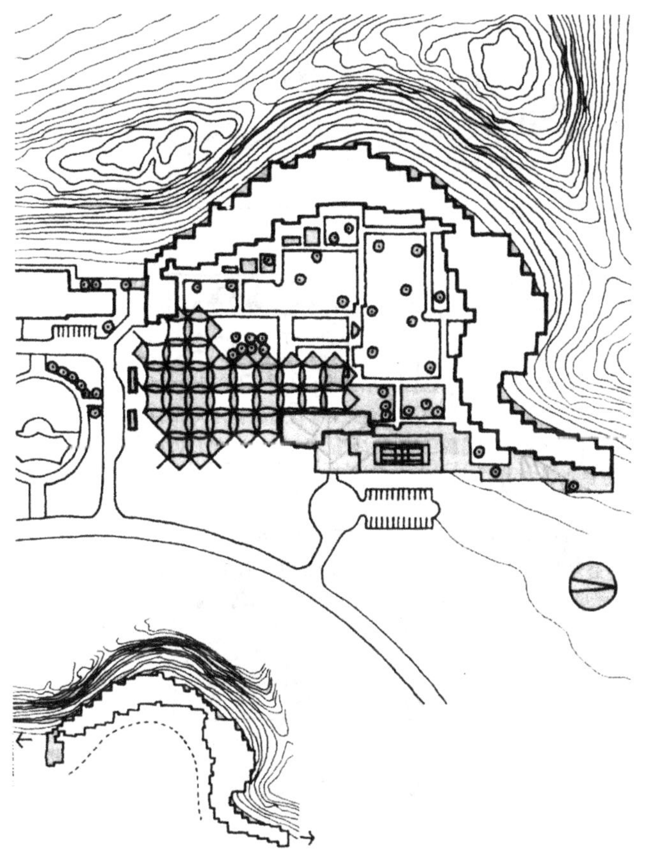

图5–12 澳大利亚尤拉勒旅游区第二旅馆

4）乡土植物与材料

了解本地原有的乡土植物的种类以及当地的石材、木材等建筑材料，以备在场地设计中多使用本土材料，一方面体现地域性，另一方面可节约修建成本和维护成本。

5.2.3 物理环境分析

1）小气候

由于受地形、植被、建筑物等因素的影响，基地内的气候条件会在地区整个气候条件的基础上有所变化，形成特定的小气候。从绿色、生态的理念出发，场地设计应采取与基地气候相适应的形式，并努力创造更加良好的场地小气候环境。建筑布局应考虑到广场、活动场、庭院等室外活动区域的向阳或背阴的需要，考虑夏季的通风路线（图5–13）。适当的绿化配置可有效防止或减弱冬季冷风对场地的侵袭。景观水体的布置亦可调节温湿度，改善场地局部的干湿状况。路易斯·康设计的印度经济管理学院学生宿舍就是一个巧妙利用建筑布局改善小气候的典型例子（图5–14）。建筑被分解成一

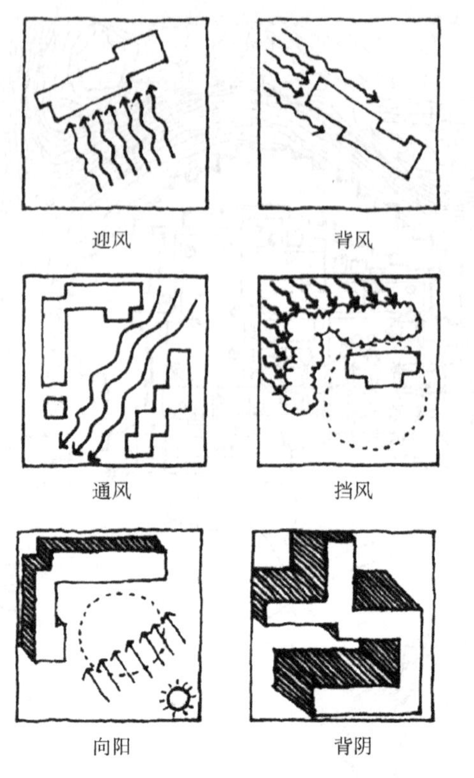

图5–13　场地布局与小气候的关系

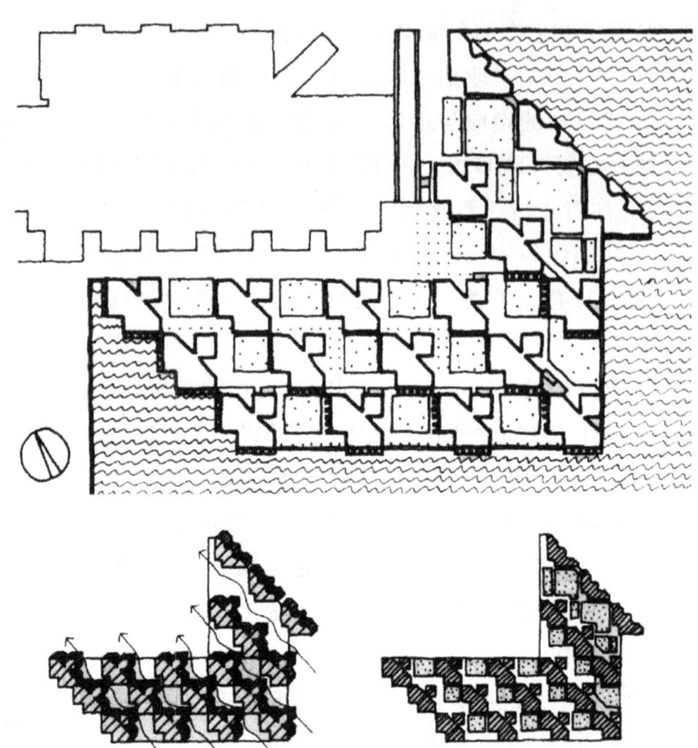

图5–14　印度经济管理学院学生宿舍

个个小单元，密集组合，既创造了遮阳空间，又连成一条条南北风道，通向南侧湖面，形成良好的通风效果，有效缓解了夏季的酷热。

2）污染源

这里的污染源主要包括“三废”和噪声。如果场地附近有空气污染源，如垃圾收集点、有污染的工业等，在场地布置的时候就要结合风向，通过绿化阻隔和合理的布局朝向，避免或减弱污染源对建筑和室外场地的影响。噪声是城市中最大的污染源之一，主要来自于工业生产、交通和人群活动等。在建筑设计中一般采用三种方式减弱噪声干扰：一是通过合理的建筑布局，使主体偏离噪声源方向；二是利用绿化或构筑物等屏障进行隔离；三是结合地形高差进行布局。拉菲尔·维诺利1989年设计的日本东京国际会展中心（图5–15），场地位于新干线沿线旁，维诺利通过建筑布局巧妙地解决了建筑群体与铁道的关系。对此，贝聿铭评价道：“从城市设计的角度看是优秀的方案，强调的是街区空间，把东面用实墙与铁道相隔离，视觉、音质的影响处理得当，满足功能，具有卓越的尺度感。”[8]

5.2.4　物质环境分析

物质环境是文脉分析的主要内容，包括城市规划、城市设计和建筑设计三个层面。

图5–15　日本东京国际会展中心

1）城市规划层面

（1）建设条件

• 区域位置条件：是指场地在区域中的地理位置，分析场地在城市用地布局结构中的地位及其与同类设施和相关设施的空间关系，从中挖掘场地的特色与发展潜力。

• 道路交通条件：场地是否与城市道路相邻或相接，周围的城市道路性质、等级和走向情况，人流、车流的流量和流向，是影响场地分区、场地出入口设置、建筑物主要朝向和建筑物的主要出入口确定的重要因素。场地出入口的设置和交通组织应首先遵守城市规划和法规的有关规定，不能对城市道路交通造成不良影响。

• 市政设施条件：场地设计之初，首先应了解的市政设施一般包括：交通状况、给水排水接入点、供电和电信接入点、规划确定的基地设计高程等。

（2）用地控制

• 用地性质控制：即土地的用途。控制性详细规划中对规划区域内的各块用地的用地性质都有明确的规定，详见《城市用地分类与规划建设用地标准》(GBJ 137)。建设项目的性质必须与规划的用地性质相一致。

• 用地范围控制：规划对用地范围的控制是由用地红线来限定的，用地红线由道路红线和地块分界线组成，场地内容不允许超越红线布置。基地四周红线所限定的用地范围之内的基地总面积称为用地面积。

• 用地强度控制：控制性详细规划中对基地使用强度的控制是通过容积率、建筑密度、绿地率等指标来实现的。容积率是指场地内总建筑面积与场地总用地面积的比例。建筑密度是指场地内所有建筑物的基底总面积占总用地面积的比例。绿地率是指基地内所有绿化用地总面积占场地总用地面积的比例。

• 建筑范围控制：在城市规划中一般会规定建筑后退红线的距离，形成建筑范围控制线，即通常说的建筑红线，以限定建筑物基底位置。用地红线与建筑红线之间的区域可布置场地的其他设施，并计入用地面积（图5–16）。

• 建筑高度控制：建、构筑物的高度直接影响场地的空间形态。城市规划中，常因航空或通信的要求、城市空间形态的整体控制、古城保护和视线景观走廊的要求以及土地利用整体经济性等原因，对场地的建筑高度进行控制，用以控制场地内建筑高度的指标主要有建筑限高、建筑层数。

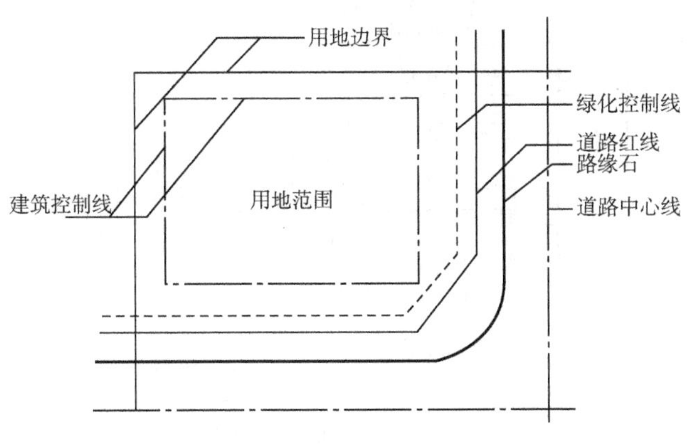

图5–16　与基地有关的各类控制线

（3）交通控制

对交通的控制来自两个方面，一是相关法规、规范对交通组织的规定，二是城市规划对场地的出入口方位、停车泊位等也做了适当的规定。

• 场地交通出入：机动车出入口尽量避免设置在城市主要道路上。同时，为保证规划区交通系统的高效、安全运行，对一些地段禁止设置机动车出入口，如主要道路的交叉口附近和商业步行街等特殊地段。可根据场地大小和人流量来确定是否需要人车分流。

• 停车泊位数：指场地内应配置的机动车停车车位数，包括室外停车场、室内停车库，通常按配置停车单位总数的下限控制。

• 道路布置：按《民用建筑设计通则》(GB 50352—2005)，基地内应设通路与城市道路相连接，其间距不应大于160m，长度超过35m的尽端式车行路应设回车场。

2）城市设计层面

在城市设计层面的场地分析，主要着眼于城市空间关系上，常用以下一些分析方法：

（1）控制线分析：包括建筑的天际轮廓线、空间界面线、轴线、景观视线等。对场地设计而言，它们具有分析性、引导性和全局性。一般需要对场地及周围环境做较深入的了解后，才能找到并在设计中运用这些控制线，如前面所讲迈耶设计的盖蒂中心，其生成过程就体现出对控制线的妙用（图5–6）。

（2）环境肌理分析：肌理分析可以了解环境的空间格局，有助于使建筑场地与周围的空间环境成为有机的整体。通常采用"图—底"关系分析的方法来反映环境的肌理形态（图5–17）。

（3）视觉序列分析：这是一种动态的空间分析技术，选择适当的路线在行进中观察，分析空间的构成方式和序列关系，可实地观察或电脑动画模拟。

（4）空间界面分析：指对场地周围建筑水平方向和垂直方向的限定界面的分析。理查德·迈耶的作品德国法兰克福装饰艺术博物馆是个代表。对场地内保留的老房子和场地外毗邻的居住区从空间界面上进行了控制，对场地外的莱茵河道、道路从线上进行了控制，使新建筑存在于由面和线构成的结构关系中，与原有环境融为一体（图5–18）。

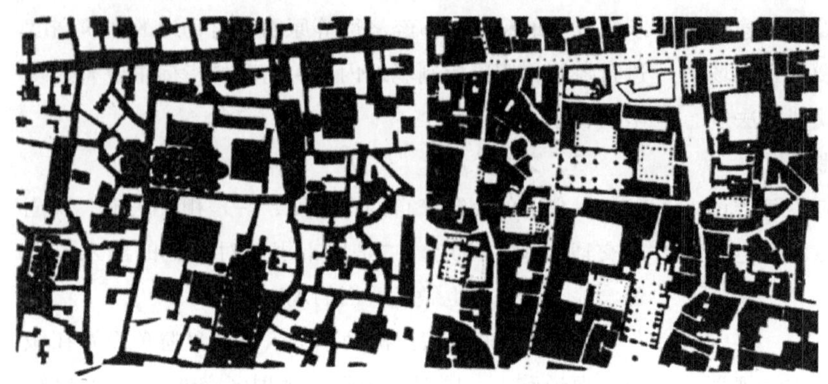
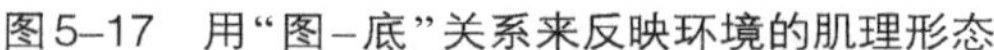

图5–17　用“图–底”关系来反映环境的肌理形态

图5–18　法兰克福装饰艺术博物馆

（5）景观视域分析：分析场地周边有无可借之景，有无视线开敞面，使建筑主体和主要活动场地有较好的景观朝向和景观视域。

（6）建筑形态分析：建筑形态控制主要针对文物保护地段、城市重点区段、风貌街区及特色街道附近的场地，根据用地功能特征、区位条件及环境现状等因素，提出不同的限制要求。如：对城市广场周围的场地，侧重于空间尺度和建筑体形、体量的协调控制；对特色商业街两侧的场地，主要控制烘托商业气氛的广告、标志物及宜人的空间尺度；对风貌街区内的场地，则重点控制建筑体量、风格与色彩的和谐等。常见的建筑形态控制内容有：建筑形体、风格、空间尺度、色彩等。控制采用意向性、引导性与指令性指标相结合，并强调为建筑创作留出充分余地。

3）建筑设计层面

（1）场地建设现状分析

对待场地内现有建筑的处理一般有采取保留保护、改造利用或全部拆除等几种方式，要求充分考虑现有建筑情况，对基地内现有建筑的经济性、保留的可能性、保护的必要性和再利用的可行性做出客观的评价，进行合理的处理。如美国爱荷华州得梅因市的得梅因艺术中心（图5–19），该中心从最初的本体馆到现今的规模经过两次扩建。本体馆是由伊利尔·沙里宁于1948年设计的，建筑物呈反“S”形；1968年，由贝聿铭进行了第一次扩建，南面新增的雕塑馆与本体馆构成了一种拓扑关系；1985年，由理查德·迈耶设计的艺术中心又加建了北厢，主要部分与原馆以连廊连接，沿南北向延伸，使全馆在原有的纵轴之外，又产生了一条横轴，形成了一种新的均衡关系。

除保留建筑外，对场地内的公共服务设施和基础设施情况也应作详细的了解和分析。场地中的现存植物也应被视为一种有利的资源，尽可能地加以利用，尤其是在对待场地中的古树和一些独特树种。

（2）建筑类型分析

从建筑的形体、材质、造型等分析建筑所属的类型特征，把握建筑与场地的协调关系。

5.2.5　人文环境分析

1）历史文化环境

了解场地所在城市或区域的历史文化背景，解读其文化内涵，在设计中加以体现。

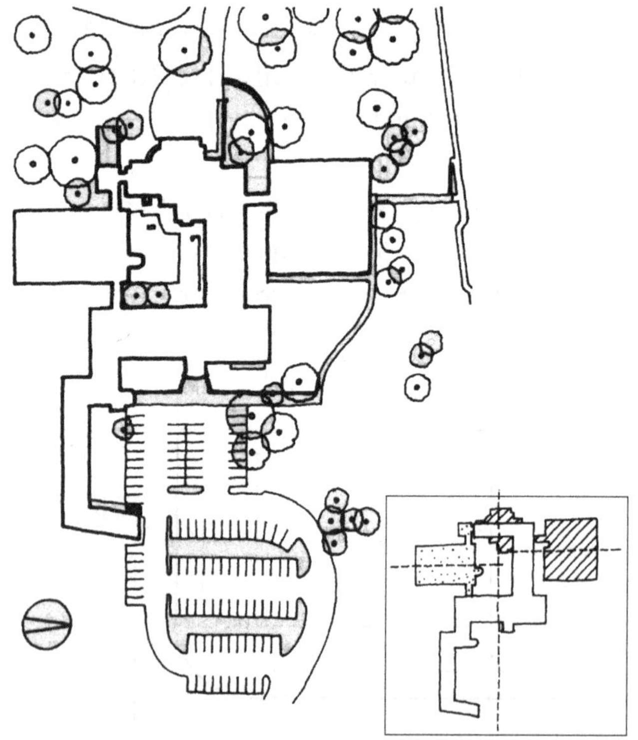

图5–19　美国得梅因艺术中心

了解场地的历史变迁，场地或场地周边是否有文物、历史建筑、标志性建筑等存在，在设计中本着有效保护、合理利用、和谐共生的原则来对待。

2）地域文化环境

除了解场地所在地域的自然环境特征外，还需了解民风民俗、乡土建筑特色等文化环境特征，才能在设计中体现真正的地域性。

3）社会动态环境

了解项目在社会和经济发展中的功能作用，分析其在社会进程中可能的变化和演进，用可持续发展的眼光对项目未来可能出现的诸如使用功能、使用人群、人流量等的变化情况做出预测，在场地设计中留出余地。

5.3　场地设计要点

5.3.1　总体布局阶段的场地设计

1）任务与内容

场地总体布局是在场地分析的基础上，合理确定各项组成内容的空间位置关系及各自的基本形态，并做出具体的平面布置，从而确定场地的整体宏观形态（图5–20）。目的是合理有序地组织场地内各种活动，使各要素形成一个有机整体，与环境相协调。场地布局除满足使用功能的要求外，还应满足安全、经济、美观的要求。具体包括以下方面：

（1）分析项目的性质、特点和内容要求，明确场地的各项使用功能。

（2）分析场地本身及四周的设计条件，研究环境制约条件及可利用因素。

（3）研究确定场地组成内容之间的基本关系，进行场地分区。

（4）分析各项组成内容的布置要求，确定其基本形态及组织关系，进行建筑布局、交通组织和绿地配置。

2）场地分区

（1）分区的依据

对场地的内容进行分区组织需针对不同情况采取不同的思路，可从以下方面着手：

• 功能性质：功能特性是对内容进行划分的最基本依据，将性质相同、功能相近、联系密切、对环境要求相似和相互间干扰不大的内容分别进行归纳，形成若干个功能区。如中小学可根据教学、行政办公、生活服务和运动场地等内容进行场地分区（图5–21）。

• 空间特性：可从功能所需空间的特性分析入手，将性质相同或相近的整合在一起，将性质相异或相斥的作妥善的隔离，分区又可沿多条线索进行。

①按照使用者活动的性质或状态来划分动区与静区，动静区之间有时又有中性空间形成联系与过渡。如文化馆场地中阅览、展览属静区，游艺、交谊部分属动区，室外展场、绿化庭院等作为过渡空间（图5–22）。②按照使用人数的多少或活动的私密性要求来划分公共性空间和私密性空间，私密性要求介于两者之间的则为半公共（半私密）空间。③按照场地中功能的主次来划分主要空间、次要空间和辅助空间，以便分别组织，避

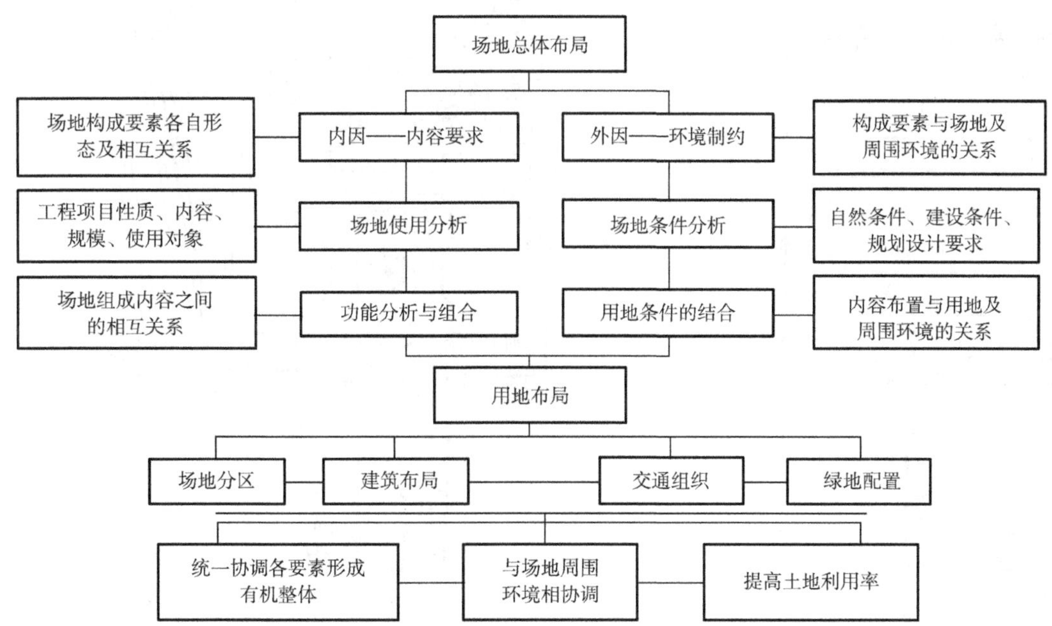

图5–20　场地总体布局的任务与内容

免相互干扰。例如博物馆建筑，陈列室和展场是主要功能空间，库藏与研究部分是为实现主要功能提供服务与支持的次要空间，还有停车场、设备用房等为辅助空间。④按照服务对象的属性划分对外空间与对内空间，以便分别组织各自的流线及与外部的交通联系方式，例如食堂的就餐部分即是对外空间，其操作、库房部分为对内空间。

• 自然条件：由于用地现状的限制，如形状不规则或高差较大，需要将内容分散布置，从而形成不同的分区；如果基地内地质情况有差异时，地质条件好的地段宜作建筑用地，地质条件差的地段可作绿地；若场地中有一定的污染源，则需分洁净区和污染区，其布置要依据风向确定，例如医院的传染病区、幼儿园的厨房部分应布置在场地的下风向。

（2）用地划分

在实际设计中，根据用地规模、形态等的不同，应采用不同的用地划分方式来安排内容。

• 集中的方式：性质相同或类似的用地集中在一起布置，形成分区明确的完整地块，适于地块较小、内容较单一、功能及流线关系较简单的场地。例如槙文彦设计的日本中津市小幡图书馆（图5–23），用地分成三个集中区（建筑、交通、绿化用地），每个区域形状完整。

• 均衡的方式：将内容均衡分布，使每部分用地都有相应的内容，适用于内容多样复杂的场地。处理原则仍是满足功能需要，根据各块功能，该大则大，该小则小，例如黑川纪章等设计的北京中日青年交流中心（图5–24）即体现了用地划分均衡的特点，虚实穿插，使场地大而不空。

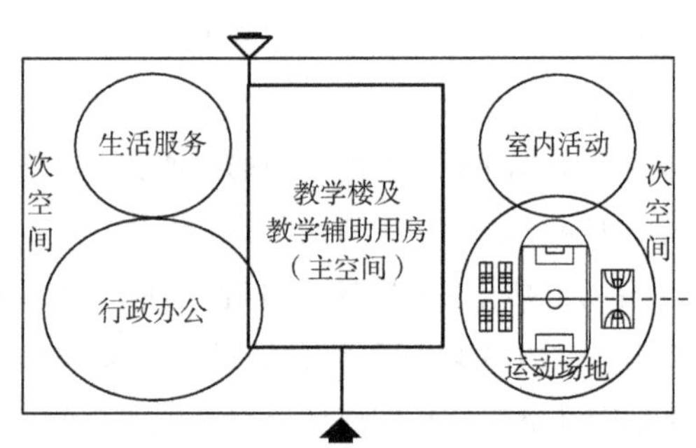

图5–21 中小学场地功能关系示意图

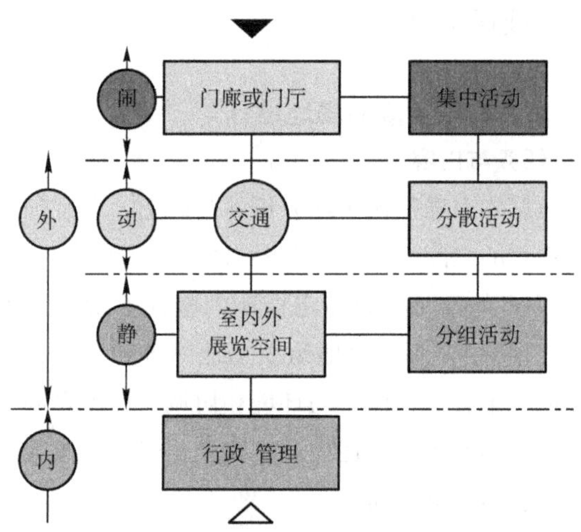

图5–22 文化馆场地功能结构示意图

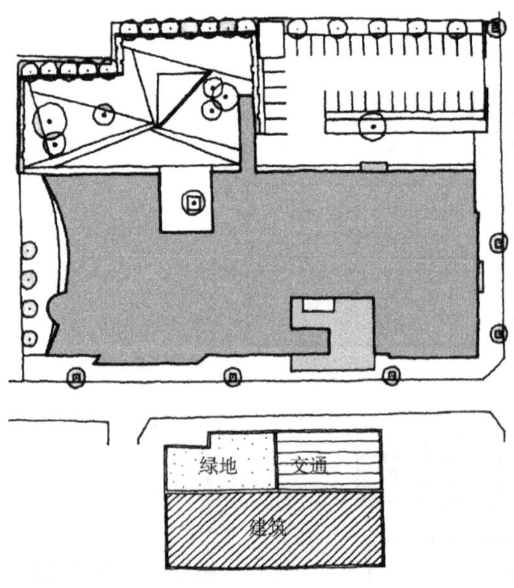

图5–23 日本中津市小幡图书馆总平面布局

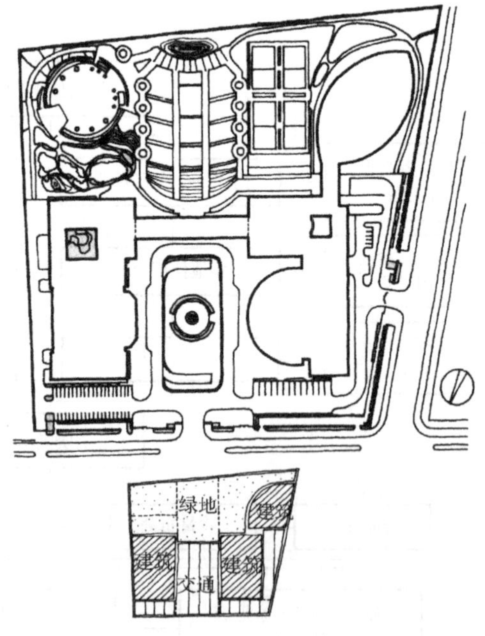

图5–24 北京中日青年交流中心总平面布局

（3）各区之间的联系

各分区之间的联系体现在两个方面，即它们的联结关系和位置关系。联结关系是指它们在交通、空间和视觉等方面是如何关联的，其中交通联系是最主要的。一般使用功能流线关系分析图来表达各分区之间的联结关系与位置关系，例如在展览馆的场地分区中，可以通过图5–25分析各部分的划分状态和相互关系。

3）建筑布局

（1）影响建筑布局的主要因素

• 用地条件：进行建筑布局之前应对基地的形状大小、地形地貌、现状建筑物分布及周围环境等有深入的认识，才能巧妙地利用用地条件做出优秀的设计方案。例如贝聿铭设计的华盛顿国家美术馆东馆（图5–4），基地位于国会大厦与白宫之间，呈一斜角的楔形，设计把握住这一地形特点，建筑平面采用三角形构图，使新建筑与周边环境非常融洽。

• 功能要求：不同性质的建筑功能要求不同；人流活动情况不同，其内部的功能关系也不同。在总体布局中即表现出不同的建筑平面及空间的组合形式，如单元式、辐射式、院落式等（图5–26）。

（2）建筑布局的基本要求

建筑布局要保证合理的建筑朝向和建筑间距。建筑物的朝向通常由日照、风向、地形、景观等因素综合决定。建筑间距是指两幢相对的建筑物外墙面之间的水平距离。总体布局要考虑场地内单体建筑之间的间距以及与场地周边建筑之间的间距。建筑间距主要由日照间距、防火间距以及建筑通风要求等共同限定。

（3）单体建筑在场地中的布局方式

• 建筑布置在场地中部：建筑安排在场地中央，四周留出空间布置其他内容（如庭院绿化、交通集散地等），形成以空间包围建筑的图底关系。其特点是整体秩序简明，主体建筑突出，各部分用地区域大体相当、关系均衡，且相对独立、互不干扰，有利于节地。但应注意避免建筑形象单一，缺乏层次变化，与周围关系较单调等不利因素，如路易斯·康设计的金贝尔艺术博物馆（图5–27），建筑物即位于场地中央，将基地剩余部分划分成了四个区域，场地的整体布局形成了既朴素、实用又富于深刻的内在结构秩序的良好效果。

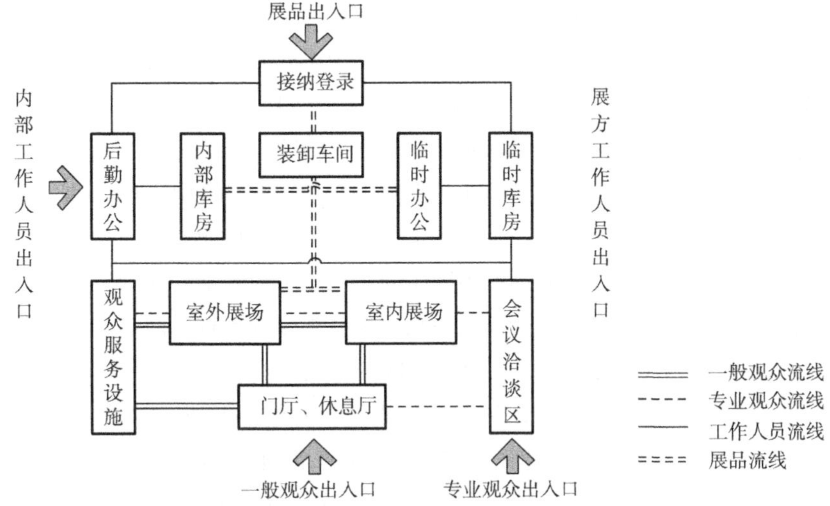

图5–25　展览建筑功能流线关系分析图

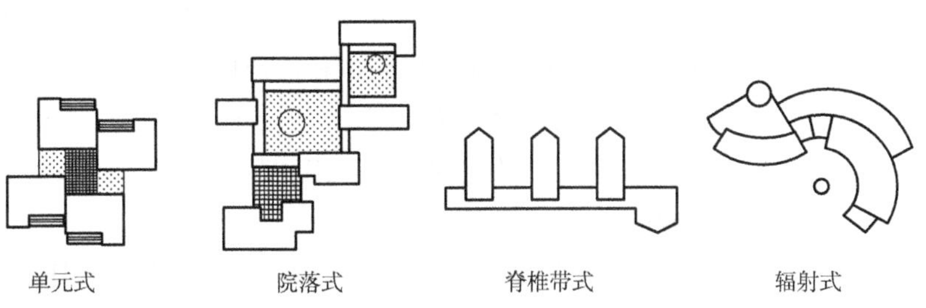

图5–26　常见建筑空间组合形式

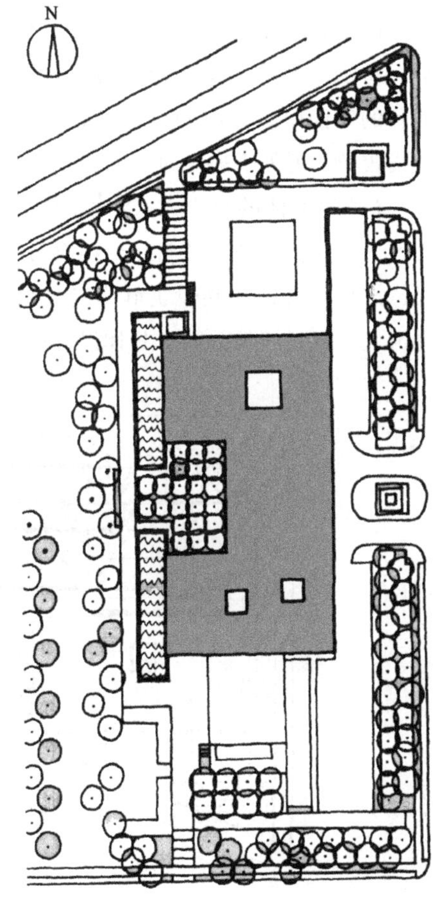

图5–27　金贝尔艺术博物馆总平面

• 建筑布置在场地边侧或一角：有时为节约用地，主体建筑物选择比较规整集中的形式，并尽量靠近场地边侧布置；有时建筑占地较小，与场地规模比例悬殊，为使该场地布局合理而将建筑物安排在场地一侧或一角；有时为增加建筑的雄伟之感，而使建筑远离场地入口，布置在后部的边侧位置。如聂荣臻元帅纪念馆（图5–28），建筑偏于基地后侧布置，留出前面大部分用地作广场，形成纪念性的空间秩序和氛围，又提供了人流集散场地。

（4）建筑群体在场地中的布局方式

场地总体布局时，若需要布置一栋以上的建筑，则需要协调各建筑单体或不同体部之间以及建筑与空间环境之间的关系，达到场地中建筑群体空间的整体统一。

• 建筑群体布局方式

以空间为核心，建筑围合空间。特点是建筑群体各部分之间的交通联系可通过中央核心空间来组织，建筑与空间形成更紧密的联系；秩序结构清晰简明，形成向心的组织形式，整体感和空间围合感强。

建筑与空间相互穿插：将建筑与其他内容分散布置，形成建筑与空间相互穿插的均衡关系（图5–29）。特点在于灵活性和变化性，建筑与其他内容结合更为紧密，易于与周围环境融合，场地的空间构成更有层次。不利的方面是，分散的形式可能造成各部分联系较弱，流线较长，另外需避免过多的变化而削弱统一性。

• 建筑群体的组合方式：不同性质的建筑群组合方式各异。居住建筑群体常用的组合方式有行列式、周边式、点群式等；公共建筑群体组合则常常采用对称式、自由式、庭院式等方式。具体设计中也常用多种形式综合的组合方式。群体组合的重要原则是整体性，为保证场地整体空间有和谐统一的群体组合，往往需要运用有关建筑构图的基本原理，灵活运用轴线、向心、序列、对比等空间构成手法，使平面布局具有良好的条理性和秩序感。

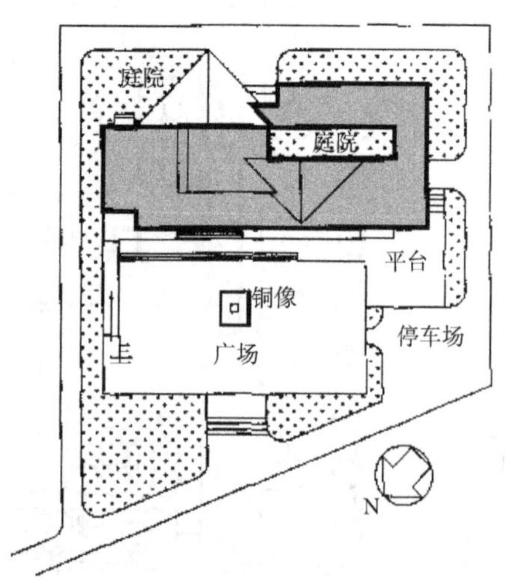

图5–28 聂荣臻元帅纪念馆总平面

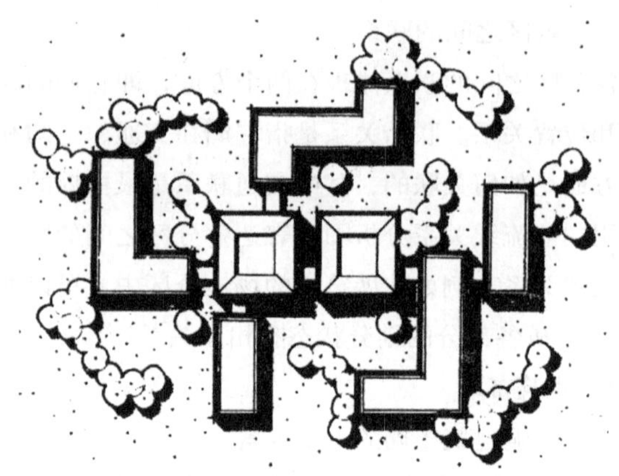
图5–29 建筑与空间相互穿插

（5）外部空间的处理方法

场地中的建筑物与其外部空间呈现一种相互依存、虚实互补的关系。建筑物的平面形式和体量决定着外部空间的形状、比例与尺度、层次和序列等，并由此而产生不同的空间品质，对使用者的心理和行为产生不同影响。因此，在场地总体布局阶段，建筑空间组织过程中，有必要同时考虑外部空间的构成。

• 建筑对外部空间的限定。建筑的不同布局形态，会对空间产生强弱不同的限定度，从而使空间具有封闭性或开敞性的不同倾向，形成不同的空间氛围。其影响来自两个方面：一是建筑各部分的垂直界面对空间的限定方式；二是外部空间的尺度。

a.限定方式：不同的建筑布置形成不同的空间限定方式，从而产生不同的空间氛围（图5–30）。图5–30（*a*）仅有建筑的一面限定空间，限定性较弱；图5–30（*b*）建筑相对布置，形成具有流动感的空间，而缺乏停留感；图5–30（*c*）界面构成L形转角空间，具有一定的封闭性，有领域感；图5–30（*d*）界面形成三面围合的空间，可创造较内向的私密空间，仍可与相邻空间保持视觉上和空间上的连续性；图5–30（*e*）四面围合的空间，具有强烈的封闭感，形成内向性庭院。

b.空间尺度：相距越近、高度越大的建筑所围合的空间封闭性越强，反之越弱。例如，庭院式组合的建筑

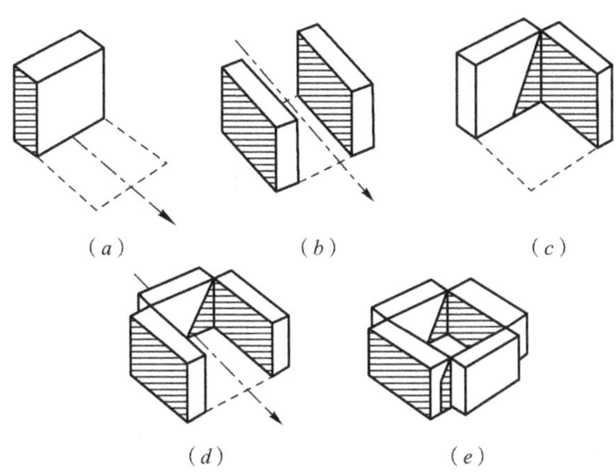

图5–30　建筑对空间的几种限定方式

或建筑群，尤其要推敲庭院的尺度与建筑高度之间的关系，避免因空间狭小而形成“井底之蛙”的闭塞感，或因尺度过大而达不到预期的亲切感。

• 外部空间的组织方法。常用的手法如空间的引导（图5–31），空间的渗透（图5–32），空间的序列组织（图5–33），空间的层次划分（图5–34）等。

4）交通组织

（1）交通组织的基本内容

分析各交通流的流向与流量，选择适当的交通方式，建立完善的交通系统；依据城市规划要求，确定场地出入口位置，处理好城市道路与场地的交通衔接；组织各种人、车流与客、货交通，合理布置道路、停车场和广场等设施，将各分区有机联系起来，形成统一整体。

（2）场地的出入口设置

场地出入口及集散空间的设置，应在分析场地周围环境（尤其是相邻的城市道路）及场地交通流线特点的基础上，结合场地分区，从出入口的数量、位置和交通组织等方面综合考虑。

• 场地出入口的数量：根据场地的大小、功能的复杂程度、人流的多少来确定场地出入口的数量。在可能的情况下，场地宜分设主次出入口，主入口解决主要人流出入并与主体建筑联系方便，次出入口作为后勤服务出入口，与辅助用房相联系。

• 场地出入口的位置：在城市的一般地段，场地出入口位置主要根据用地分区及相邻城市道路情况而定，应尽量减小对城市主干道交通的干扰。场地或建筑物的主要出入口，应避免正对城市主要干道的交叉口。对于车流量较多的基地（包括出租汽车站、车场等），其通路的出入口连接城市道路的位置应符合《民用建筑设计通则》（GB 50352—2005）的规定。

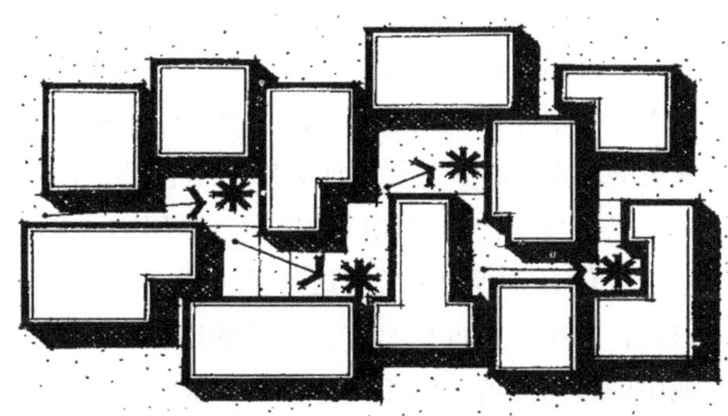
图5–31　空间的引导

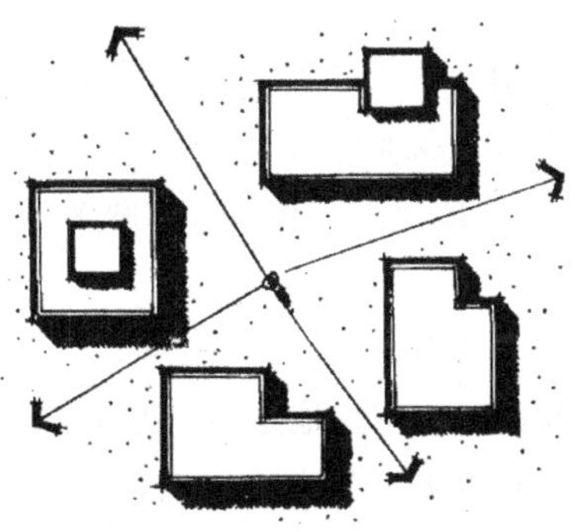
图5–32　空间的渗透

图5–33　空间的序列组织

图5–34　空间的层次划分

• 场地出入口的交通组织：场地的出入口应有序组织场地内各种流线的聚合与离散，使场地内外交通顺利衔接，同时减小对城市道路交通的干扰（图5–35）。建筑主要出入口前应有集散场地，其空间尺度应根据使用性质和人数确定。当场地与城市道路毗邻时，要求入口处适当地后退用地界限（或道路红线），满足使用和安全的要求。对于人、车流量大而人流集中、交通组织较复杂的场地（如影剧院、展览馆和体育馆等），在建筑与场地出入口之间需要较大的集散空间。入口集散场地还要注重景观处理，创造场地景观的良好开端。

（3）交通流线组织

交通流线组织应符合使用规律和活动特点，有合理的结构和明确的秩序，使场地内各个部分的交通流线关系清晰，易于识别，并且便捷顺畅。处理好不同区域、不同类型流线之间的相互关系，避免差异较大的流线相互交叉干扰。主要任务有以下两个方面：

• 确定流线体系的基本结构形式。根据流线进出场地的不同方式，可将场地的整个流线体系分为尽端式和通过式两种（图5–36），可根据场地周围条件及场地分区状况选择，也可将两种组织方式结合形成综合的结构。

• 不同类型流线的组织。考虑流量规模及重要程度，综合起来看，场地总体布局中需主要分析人流、车流和服务流线。有合流式和分流式两种基本组织形式（图5–37）。

（4）道路系统组织

道路系统组织应与场地分区、建筑布置、环境景观等结合考虑，可有人车分流、人车混行、人车部分分流三种基本形式。人车分流，即场地内机动车道路系统和步行（含自行车）道路系统相对独立，一般适用于人流、车流都较大的场地；人车混行，即场地内仅设置一套人行、车行共享的道路系统，较经济、方便，布置方式灵活；人车部分分流，即以人车混行的道路系统为基础，只在场地内个别地段设置步行专用道，联系部分建筑或休息、活动场地，这种系统综合采用了前两种形式，解决交通问题具有更灵活的适应性。与建筑场地中的道路交通组织相关的建筑规范主要有：《民用建筑设计通则》（GB 5032—2005）、《建筑设计防火规范》（GB 50016—2006）。

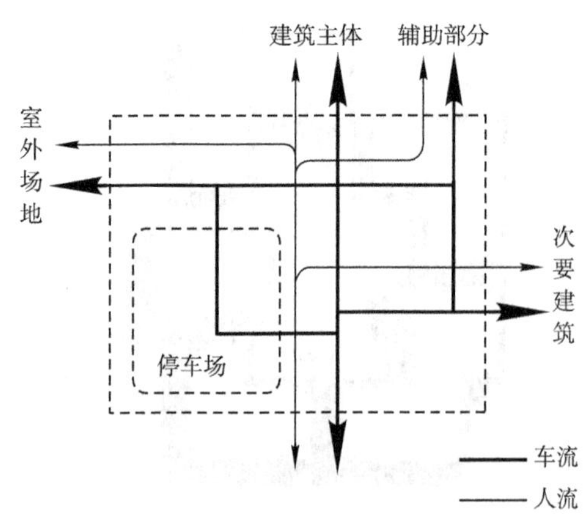

图5–35　入口集散场地交通组织

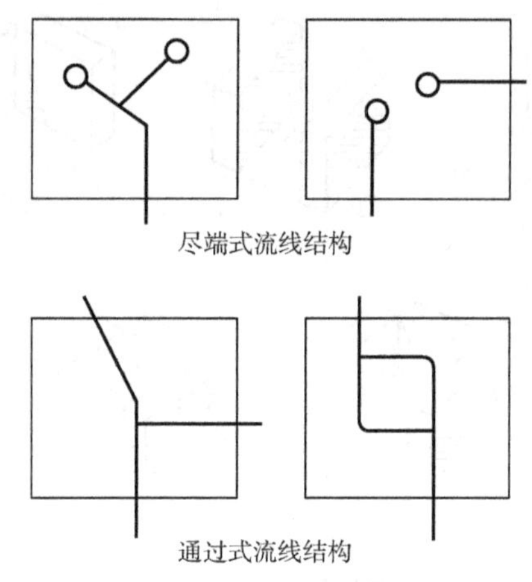

图5–36　场地交通流线结构

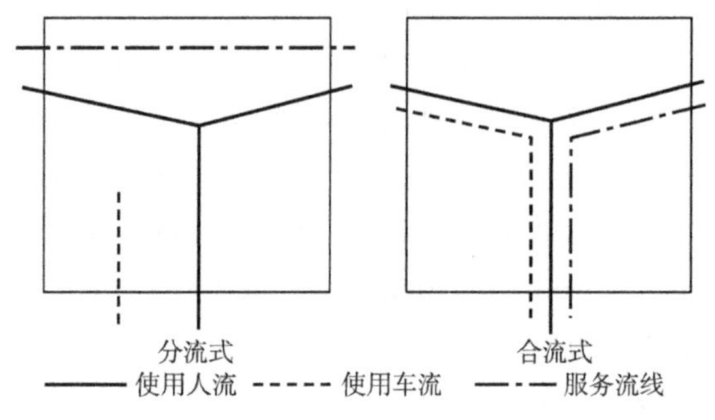

图5–37　不同类型的流线组织

（5）停车系统组织

场地总体布局中对停车系统的组织包括选择停车方式和确定停车场的布置方式，应满足流线清晰、使用便利的要求，并尽量减少对环境的干扰。

• 停车场的基本形式：根据停车场与场地的关系，可将停车场在场地中的存在形式大致分为三种类型，总体布局时需结合场地具体情况进行确定。一是地面停车场。其优点是与场地内交通流线的联系最为直接，车流与人流进出方便，造价较低。缺点是占地较大，有噪声干扰，并且影响景观。如果结合地形，将停车场局部下沉或结合绿化布置车位，可改善空间景观效果。二是地下停车场。其优点在于可节约用地，并可有效地实现地面的人车分离，同时减少噪声和废气污染，优化景观效果，建立健康、安宁、舒适的场地环境。三是独立式车库。这是一种较为特殊的停车方式，为场地中独立的建筑物，其中多层车库最突出的特点是停车数量更大，更为集中，占地较小，节约用地，造价相对高。

• 停车场的位置确定：原则上停车场应靠近主体建筑，以方便使用并减少车流往返。通常停车场布置在接近场地入口的边缘处，路线短捷，避免对场地内部的干扰。条件允许时，停车场还可单独设置对外出入口，直接通向外部道路。用地规模较大时，停车场也可与其所服务的内容相邻布置，以方便联系。

• 停车场（库）出入口的设置：停车场的出入口不宜设在城市主干道上，并应远离交叉口。为减少对城市交通的不利影响，直接对外的停车场应位于城市次要道路一侧，其出入口应与城市道路交叉口、人行横道等保持一定距离，并且宜右转驶入、驶出停车场。《城市道路设计规范》（CJJ 37—90）中对停车场出入口的数量和位置都做了相应的规定。

• 自行车停车场的规模和布置要求：自行车停车场的规模应根据服务对象、平均停放时间、场地日周转次数等确定。位置的选择应结合道路、广场及建筑布置，以中、小型分散就近设置为主。车辆停放点至出行目的地的步行距离要适当，以50~100m为限。根据自行车的停放方式，其停车场可分为：地面式、半地下式、地下式（独立式或附建式）。

5）绿地配置

绿地在场地总体布局中起着平衡、丰富和完善的作用，应从使用功能、视觉和生态环境的综合要求出发，确定相应的绿地规模和位置，并将其有机组织到场地整体结构中。

（1）景观构思

绿化配置应从环境的生态性和整体性要求出发，与基地自然环境要素或周围绿化景观紧密结合。例如，利用流经用地的小河形成绿化“生态链”，利用保留的大树形成主题绿化空间，将场地以外的城市绿化或自然景色借入等，都是创造场地绿化景观特色的常用方法。在没有可利用的自然条件的情况下，需结合项目的性质和使用功能要求，从生态和美观效果出发，确立绿化配置的总体意向。例如，以前区的绿化、喷水、小品等形成场地入口景观，以内部庭园创造安静的休息空间。总体布局中，切忌先将建筑物、道路、停车场等内容布置完成之后，再对剩下的“边角余料”用地进行填充式的绿化安排，同时也要避免绿地配置和建筑布局各自独立进行，而造成建筑和环境的割裂。

（2）绿地分布

整体绿化环境是由分布不同、形态各异的绿化要素构成的。场地中，绿地的分布有集中和分散两种方式。对于一般规模的场地，在进行用地划分时应尽量将绿化用地集中设置，形成较完整的地块和更强的整体效果；在场地规模较大时，考虑到均匀分布的问题，可采用大部分集中、少量分散的形式，以便于场地各部分的就近利用。

（3）绿地形态

从形态的基本特征来看，场地中绿地可归纳为点、线、面三种基本类型（图5–38）。实际应用中，往往将三种形态的绿地结合起来运用，共同构成场地的整体绿地系统。

（4）绿化用地的确定

“绿化用地”特指场地内相对独立完整、集中成片布置，并专门用以绿化（或休闲、游憩等活动）的用地，如旅馆的庭院、小区游园等。除用以绿化外，绿化用地内往往还包括一定面积的水面、小型活动场地和建筑小品等景观元素。

• 绿地的整体规模：在确定绿地在场地中的占地规模时，既要考虑自身的用地要求，又要兼顾其他内容之间用地的相互平衡场地绿地指标可用“绿地率”来衡量，即场地内各类绿地面积的总和占场地用地面积之比。各类场地的绿地率应符合相关规范和当地城市规划部门的有关规定，如新建居住区要求绿地率不低于

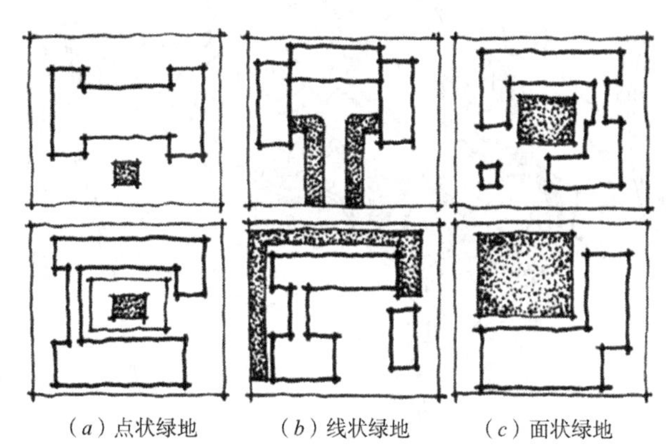

（*a*）点状绿地　（*b*）线状绿地　（*c*）面状绿地

图5–38　绿地的三种基本形态

30%，较困难的旧区改造则不低于25%。对于城市公共活动广场，集中成片绿地不宜少于广场总面积的25%，并宜设计成开放式绿地。进行场地的用地划分时，应保证并尽量扩大绿化用地的整体规模。如图5–39所示巴黎圣康旦新城布依柯公司总部的场地中的绿化用地，恰当的布局方式使得绿地规模相当可观。

保证绿地整体规模的基本手段有：第一，进行用地划分时，将绿化与其他各项内容同步考虑，在相互平衡中保证其用地规模，同时为良好的空间环境打下基础。第二，考虑其他内容的基本布局形式时，尽量选择占地较小的形式，以留出更多用地来布置绿化，如适当压缩建筑基底占地面积，交通流线尽量简洁等。第三，充分利用用地中的边角地块，或在其他内容的组织中穿插布置绿化，如将绿化与停车空间穿插交织的布置等。

• 绿化用地的位置：第一种，较独立的绿地。一般作为集中活动场地、集中景观等，如小区小游园，需在总体布局中作为独立构成要素考虑其位置。第二种，与建筑结合密切的绿地。如与室内餐饮、休闲等活动相邻的庭院空间等，应结合建筑布局和室外活动进行考虑，使建筑与绿化环境相联系，与外部空间相依托。第三种，结合道路布置的绿化。对于交通性强的道路一般以行道树布置为主，对于景观要求高的道路往往将绿化与道路广场、环境小品相结合，创造宜人的休闲空间。

5.3.2 详细设计阶段的场地设计

1）道路布置

（1）道路布置的基本原则

• 场地道路布置应满足各种使用要求：交通运输的要求、便捷的要求、安全的要求、经济性的要求以及环境与景观要求。

• 场地道路布置要充分利用地形：当场地地形为丘陵或山地时，道路应尽量结合地形特点，依山就势，以减少土石方工程量；明确道路的功能分工，使道路主次分明；主干道宜沿平缓的坡地和谷地布置；尽量利用地形高差，组织立体交通。

• 场地道路布置应节约用地：场地道路布置不应盲目估计远期发展规模，以避免不必要的浪费。同时，还应结合场地的具体条件，选择适当的道路类型，以节约建设用地。

（2）道路布置的基本形式

道路的具体布局有多种形式。平坦场地上常见的有内环式、环通式、格网式、尽端式、混合式等形式（图5–40），而坡地场地上则多见环状、枝状、盘旋式等形式（图5–41）。

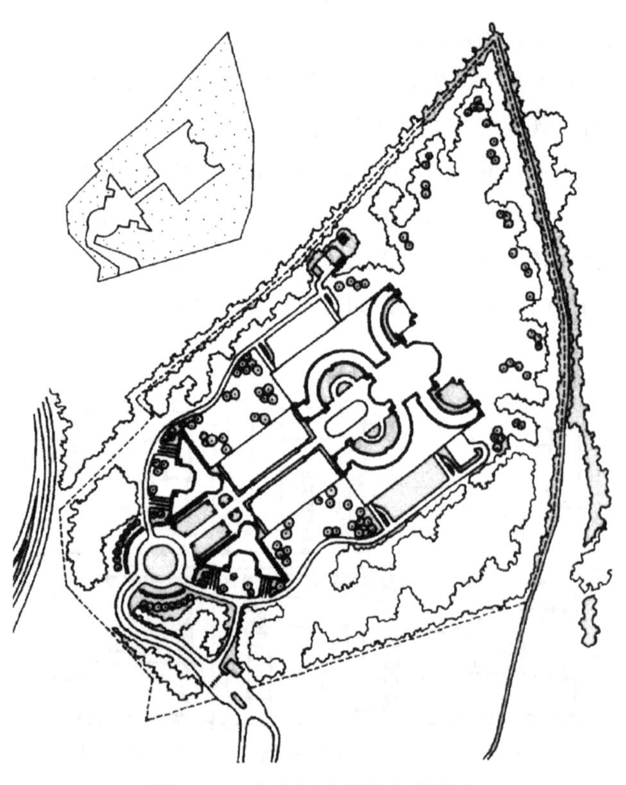

图5–39 布依柯公司总部总平面

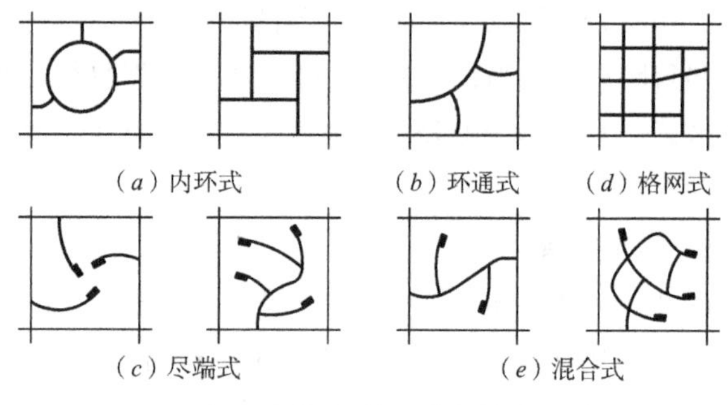

图5–40 平坦场地道路的基本形式

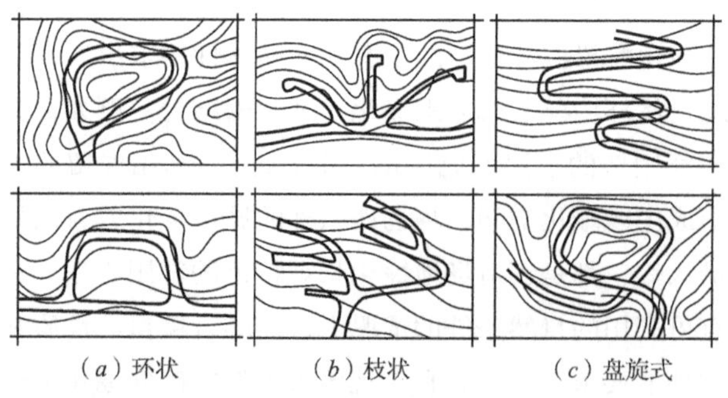

图5–41 坡地场地道路的基本形式

（3）道路的无障碍设计

无障碍设计是建筑场地设计，尤其是公共建筑的场地设计中的一项重要内容。主要人行步道的宽度、纵坡、建筑物出入口的坡道等，要满足无障碍设计要求，应按照《城市道路和建筑物无障碍设计规范》（JGJ 50—2001）进行设计。场地道路布置中需要考虑的内容主要有：设置缘石坡道、轮椅坡道和盲道，公共建筑的停车场还应设置专门的残疾人停车位（图5–42）。

2）停车布置

停车场（库）是停放各种不同车辆的场所，无顶盖者称为停车场，有顶盖者称为停车库。停车场的交通组织要兼顾车流和人流两方面，保证便捷和安全。

（1）停车场（库）布置的基本要求

根据场地功能的需要设置，满足城市规划及交通管理部门的要求；根据服务需求和车流量合理确定停车场（库）的规模；停车场内交通流线组织必须明确；必须综合考虑场内路面结构、绿化、照明、排水及必要附属设施的设计；注意环境保护，减少噪声、废气污染。

（2）停车场（库）的设计

停车场（库）的布置应有效地利用场地，合理安排停车区及通道，方便车辆进出，满足消防的安全要求，并留出布设附属设施的位置。停车场（库）的平面设计包括出入通道和停车坪两部分内容，在设计之前首先要明确车位的平面尺寸。

• 平面尺寸：地面停车场，一般小汽车的停车面积可按25~30m^{2}来计算；地下停车库及地面多层停车库则可取30~40m^2。一般停车位宽度至少为2.8m，如果用地不太受限，采用3m宽度较为理想；进深一般取6m。停车场边缘及转角处的停车位应比正常的更宽一些，特别是在受到建筑物、车道或其他障碍物的限制时，更要考虑尺寸上留有余地，一般端部的停车位应比正常的宽30cm。在架空建筑物下面的停车位宽度应为3.35m（净高应在2.1m以上）。

• 出入口：停车场（库）出入口处应做到视线通畅。为保证行车安全，在出入口后退2m的通道中心线两侧各60° 角的范围内，不应有任何遮挡视线的物体（图5–43）。此外，停车场（库）还可根据需要设置缓和坡段。地面停车场，当车位数量大于50时，须设两个以上出入口；大于500时，出入口数量不得少于3个，且出入口之间间距大于15m。地下车库，当车位数量大

图5–42 道路布置中的无障碍设施

于25个时，应设置至少2个出入口。地面上的多层停车库，当车位少于100个时，可以设置一个双车道的出入口；当车位多于100个时，应设置2个以上的出入口。地面小汽车停车场的出入口宽度不得小于7m。

• 停车坪：停车坪内包括车辆停放区域和出入通道两部分。

车辆停放方式：停车方式应根据停车场性质、疏散要求和用地条件等综合考虑。总的要求为：排列紧凑、通道短捷、出入迅速、保证安全。车辆停放方式按汽车纵轴线与通道的夹角关系，可分为三种基本类型，即平行式、垂直式和斜列式（图5–44）。

通道布置：常见的有一侧通道一侧停车、中间通道两侧停车、两侧通道中间停车以及环形通道四周停车等关系。行车通道可为单车道或双车道，双车道较合理，但占地面积较大。中间通道两侧停车，行车通道利用率较高，为停车场较多采用的形式。单向行驶的主要通道，其宽度不应小于6m；双向合用通道必须在7m以上。停车场内车位布置可按纵向或横向排列分组安排，每组停车不超过50辆。各组之间无通道时，也应留出大于或等于6m的消防通道。

3）竖向设计

竖向设计（或称垂直设计、竖向布置）是对基地的自然地形及建、构筑物进行垂直方向的高程（标高）设计，既要满足使用要求，又要满足经济、安全和景观等方面的要求。基本任务是：利用和改造原有地形，选择场地的竖向布置形式；确定建筑物室内外地坪标高，场地内道路标高和坡度；组织地面排水系统，保证地面排水通畅；安排场地的土方工程，使土方总量最小，填、挖方接近平衡；进行有关工程构筑物（挡土墙、边坡）的设计等。在竖向设计中，应以安全为原则，充分考虑地形、地质和水文条件，满足各项技术规范要求，保证工程建设与使用期间的稳定和安全；在满足建、构筑物的功能布置要求的前提下，充分利用自然地形，对地形的改造要因地制宜，减少土石方工程量；尽可能保护场地原有的生态条件和原有的风貌，体现场地的个性与特色。

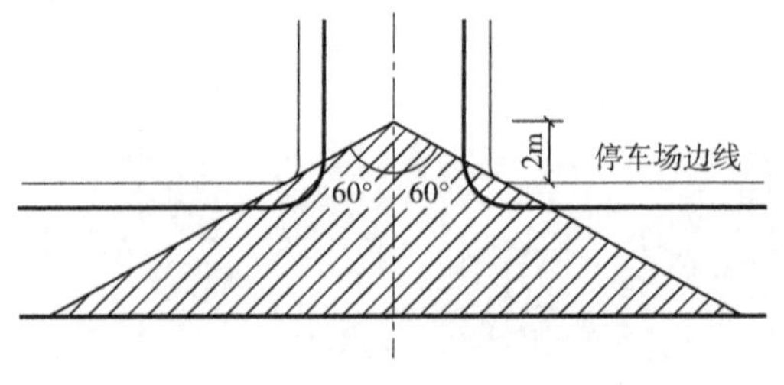

图5–43 停车场出入口视距

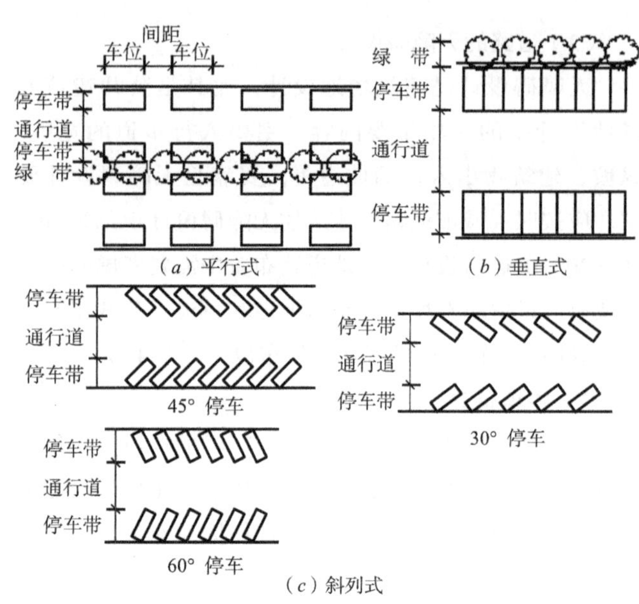

图5–44 车辆停放方式

竖向设计的基本步骤为：第一，确定道路及室外设施的竖向设计。定出主要控制点（交叉点、转折点、变坡点）的设计标高，并应与四周道路高程相衔接，确定道路合理的坡度与坡长。第二，确定建筑物室内、室外设计标高。合理考虑建筑、道路及室外场地之间的高差关系，具体确定建筑物的室内地坪标高及室外设计标高等。一般来说，室内外高差可取0.45~0.60m，最小不应小于0.15m，以避免室外雨水浸入室内。第三，确定场地排水。确定排水方向，划分排水分区，确定地面排水的组织计划，保证场地的雨水有组织地排放。

对于要进行平整的场地，在进行上述步骤之前，一般先要进行以下步骤：第一，确定地形的竖向处理方案。根据场地内建、构筑物的布置、排水及交通组织的要求，具体考虑地形的竖向处理，并明确表达出设计地面的情况。第二，计算土方量。若土方量过大，或填、挖方不平衡而造成土源或弃土困难，或超过技术经济要求时，则调整设计地面标高，使土方量接近平衡。第三，进行支挡构筑物的竖向设计。支挡构筑物如边坡、挡土墙和台阶等，需进行平面布置和竖向设计。

4）管线布置

管线布置是根据设计中的要求来确定场地中各种管线的平面位置，协调各管线之间或与建筑物、道路、绿化等内容之间的关系。场地设计可能涉及的工程管线包括城市公用设施的各方面，一般有给水、排水、燃气、供热、电力、通信等管线。

管线一般自建筑物基础开始向外由近及远、由浅至深地布置，次序宜为：电力电缆、电信电缆、热力管、燃气管、给水管、污水管和雨水管。场地内可按此规律，将管线布置在道路的两侧。为避免管线之间相互干扰，管线与管线之间应保证一定间距，具体可参照《城市工程管线综合规划规范》（GB 50289—98）。

5）绿化景观

场地中主要的绿化景观元素包括植物、水体、构筑物、地面铺装、室外家具、标志等。景观布置即是合理组织这些元素，协调它们与其他场地内容之间的关系。

（1）绿化布局形式

绿化布局形式应与场地总体布局形式对应，基本类型有规则式、自然式和混合式。规整式：采取严整的中轴对称或近似对称的布局，呈几何图形。一般用于营造严肃、雄伟气氛的场地之中，如纪念性建筑、行政办公建筑等（图5–45*a*）。自由式：顺应自然地形，绿地、水体、道路等多采用自然曲线，适用于住宅庭院等氛围较轻松的场地（图5–45*b*）。混合式：将规划式和自然式的特点结合，应用于同一场地绿化布局中，同时体现了人工美与自然美。可视具体情况，用园路将绿地划分成规则的几何形，而在种植设计中，采用丛植等自然栽植方式（图5–45*c*）。

（2）植物配置

植物是场地绿化的主体，不同种类的植物其作用不同，适宜布置的场地和方法也各异。从大小来分，植物可分为乔木、灌木、地被植物和草地。其中，乔木有大、中、小型，灌木又包括高灌木和矮灌木。从季相变化来分，植物可分为落叶植物和常绿植物。此外，还可以从植物的色彩、形状、质地等方面将植物分为若干类别。在以下植物的景观功能中，它们将发挥各自的作用。

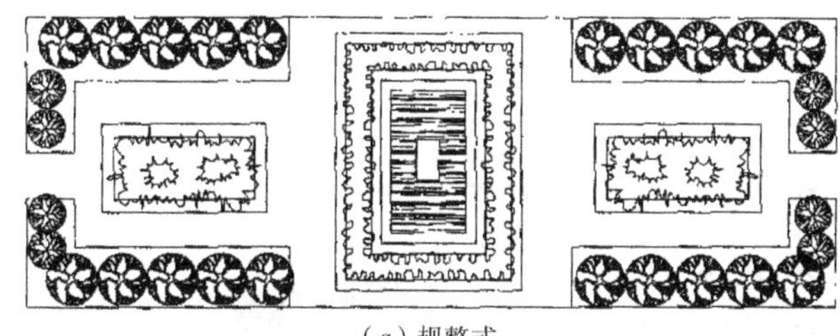

（*a*）规整式

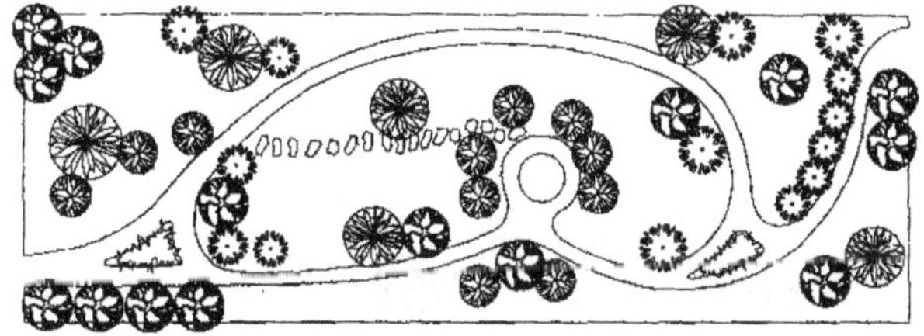

（*b*）自然式

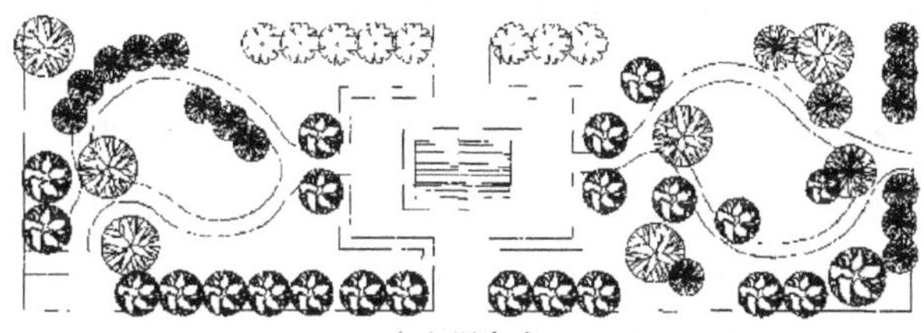

（*c*）混合式

图5–45　绿化布局形式

• 植物的建造功能：不同类型的植物可以营造出不同的空间感。低矮的草地和地被植物可以暗示虚空间的界限（图5–46*a*），稀疏的树干可以使视线穿透并构成虚空间的边缘（图5–46*b*）；低矮的灌木和地被植物可以构成开敞空间（图5–47*a*），枝叶茂盛的高灌木和乔木可以构成封闭空间（图5–47*b*）；高大乔木的树冠可以构成覆盖的空间（图5–48*a*），高灌木排列成组可以构成线形空间并起到引导作用（图5–48*b*）。植物在建筑外部空间中可以起到改变空间层次或改善空间感的作用。不同大小的植物在建筑限定的外部空间中可以分隔出不同的次空间（图5–49*a*），植物还可以围合或完善建筑的外部空间（图5–49*b*），邻近建筑入口的乔木还可以对室内外空间起到延续和过渡作用（图5–49*c*）。

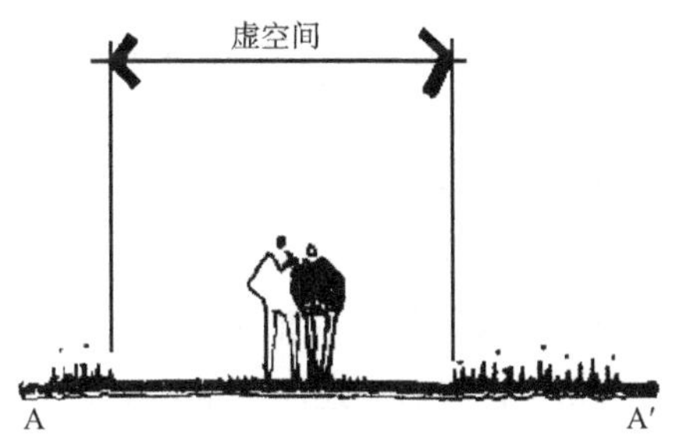

（*a*）地被植物构成的虚空间

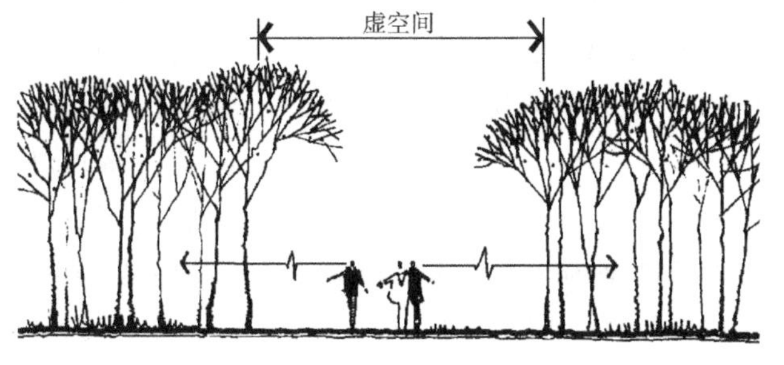

（*b*）稀疏的树干构成虚空间

图5–46　植物的建造功能1

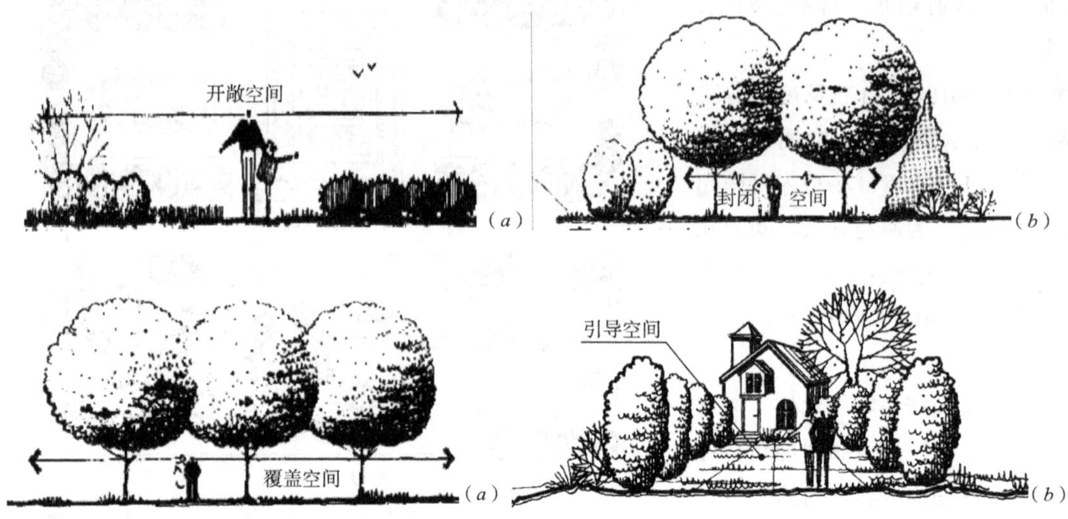

图5–47　植物的建造功能2
（a）植物构成开敞空间；
（b）植物构成封闭空间

图5–48　植物的建造功能3
（a）乔木构成覆盖空间；
（b）灌木构成引导空间

• 植物的观赏功能：植物本身可以成为场地中的主要景观。高灌木组合可以作为标志物的背景，起衬托作用（图5–50*a*），小灌木丛则可以将绿地中的乔木或高灌木连成一体（图5–50*b*），地被植物也能将两组不同的植物统一成整体（图5–50*c*）。大乔木可以在庭院或绿地中央作为主景树（图5–51*a*），小乔木的组合也可以在场地的显著位置成为标志性景观（图5–51*b*）。

（3）水景营造

场地中水的用途是多方面的，如利用水体调节场地小气候，用流水声减弱和掩蔽周围环境中的噪声，为人提供亲切的室外活动场所，为场地创造具有吸引力的景观等。场地中的水体按形状可分为自然式水体、规则式水体和混合式水体。在景观设计中通常有两种处理方式：静态的水和动态的水。

• 静态的水：静态的水可以给人安宁和谐、轻松恬静的感觉，其形态可以是规整的，也可以是自然的。在较大规模的场地中，凭借与水面的联系，可以使场地的不同部分结成具有统一中心的整体。

• 动态的水：动态的水给人以生机活跃、清新明快、变化多端的感觉。动水可以处理成喷泉、瀑布或是水雕塑的形式，场地具有一定规模时，也可以处理成小溪流水的形式。水景的处理也可综合应用以上几种方式，通过不同形式的组合，扩大水景的规模，使水景变得更壮观动人。

（4）地面铺装

地面铺装设计的首要原则是场地的整体性和统一性，场地中至少有一种铺装占主导地位（图5–52），其次，铺装材料、色彩等的选择应要满足相应的使用要求。地面不同的铺装形式可以暗示空间的划分，表示不同的使用功能（图5–53）。在设计中，常用某种独特的铺装作为背景来统一场地中的不同元素（图5–54）。铺装的色彩、质地、铺设形式还能创造出具有视觉趣味的个性空间。铺装方向的不同还可以改变空间的纵深感（图5–55）。

（5）室外家具

• 室外桌椅：其布置首先应有明确的目的性，比如设置在活动场所的附近，或者是布置在良好景观的对面、安静的庭院之中等（图5–56）；其次还需考虑空间的舒适性，如布置在场地边缘，面向中央会有较开阔的视野，背后不直接暴露（图5–57）。

• 栅栏、围墙、栏杆：场地室外环境中分隔空间、限定领域、屏蔽视线的设施。利用不同高度和通透程度的栅栏、围墙可将不同的区域在空间和视线上完全或部分地隔离开，也可以使两个区域在空间与视线上保持一定程度的连通，同时又有所区别。

• 垃圾筒：垃圾筒的设置，要根据清除次数和场地的规模以及人口密度而定。在造型上力求简洁，尽量不要设置在裸露的土地上和草坪上，以便洗刷清扫。安放的地面应略高于普通地面。应选用易清扫、抗损坏，便于定期洗刷、定期油漆的金属材料制成的污物贮筒。

• 绿地灯具：绿地灯具是用于庭院、绿地、花园、湖岸、建筑入口的照明设施，应具有宁静、舒适、柔和的特点。功能上求其舒适宜人，照度不宜过高，辐射面不宜过大，距离不宜过密，白天看去还应是景观中的必要点缀。灯具在选择上，要考虑环境因素，要求灯具的

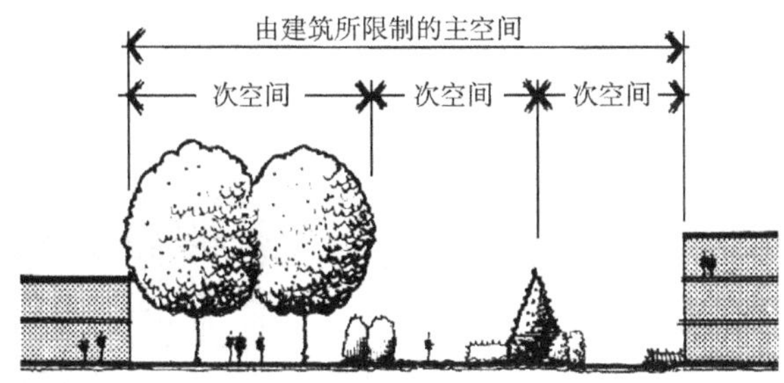

（a）植物划分空间层次

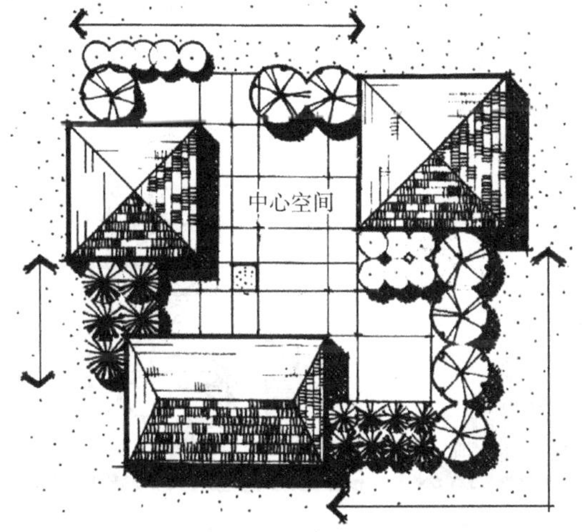

（b）植物完善外部空间

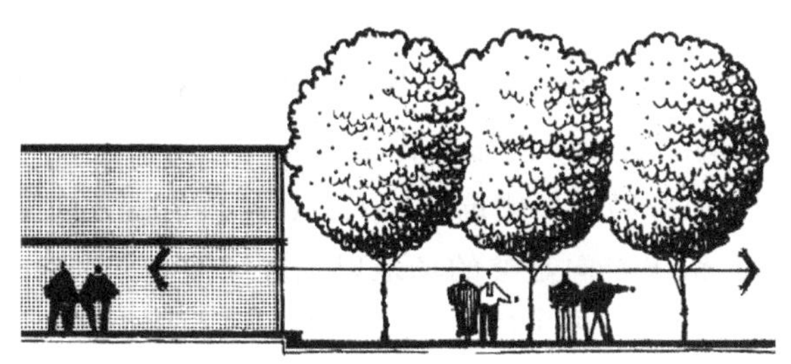

（c）植物构成室内外的过渡空间

图5-49　植物分隔或完善建筑空间

（a）高灌木群做背景

（b）矮灌木的统一作用

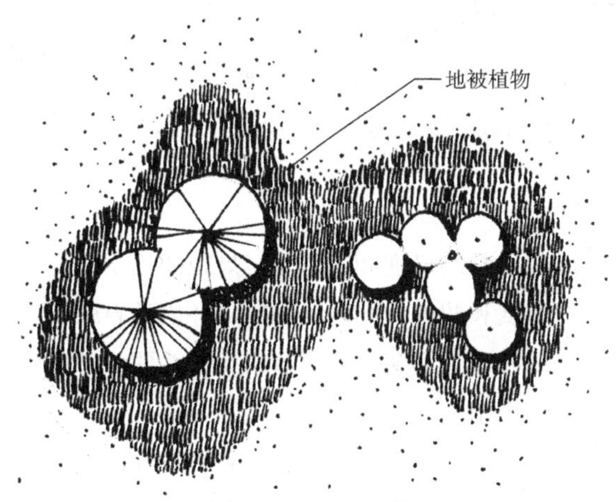

（c）地被植物的统一作用

图5-50　植物的统一作用

（a）高大乔木作庭院的主景树

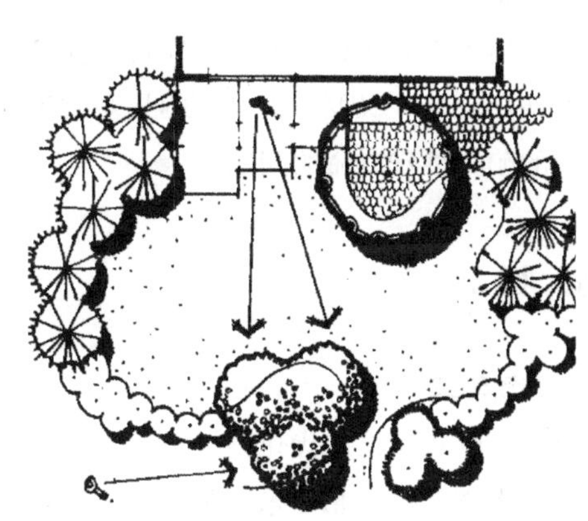

（b）小乔木组合成为入口景观树

图5-51　植物作为场地中的主景

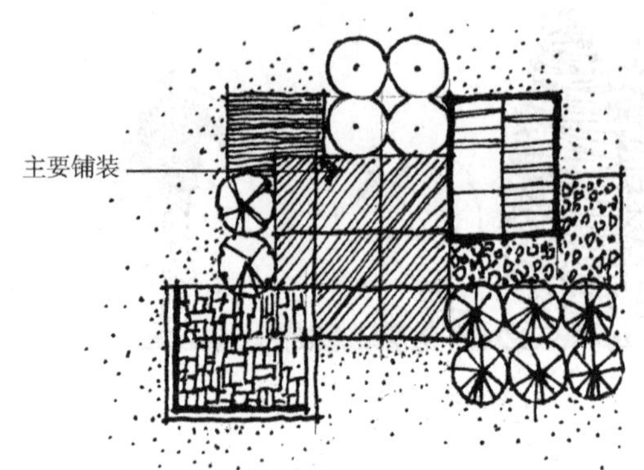

图5-52 场地中至少有一种铺装占主导

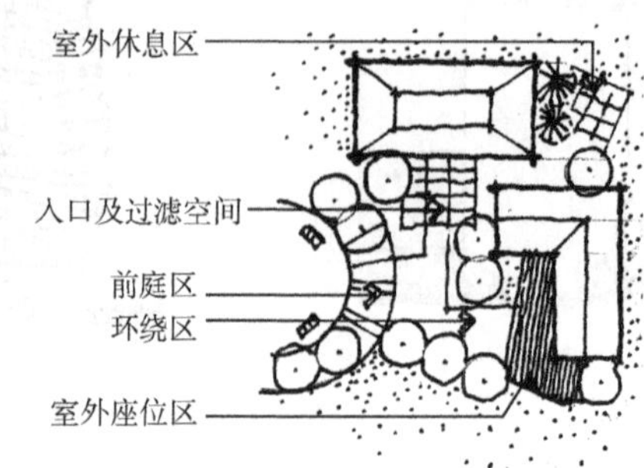

图5-53 不同铺装形式暗示空间功能

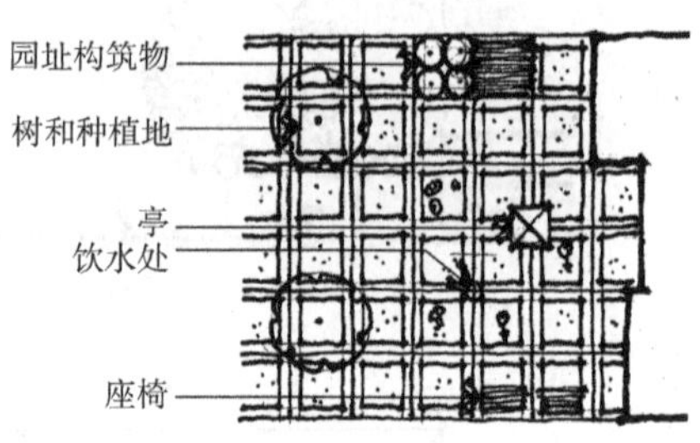

图5-54 铺装作背景统一其他场地元素

(*a*) 强调空间的宽度 (*b*) 强调空间的深度

图5-55 铺装方向改变空间纵深感

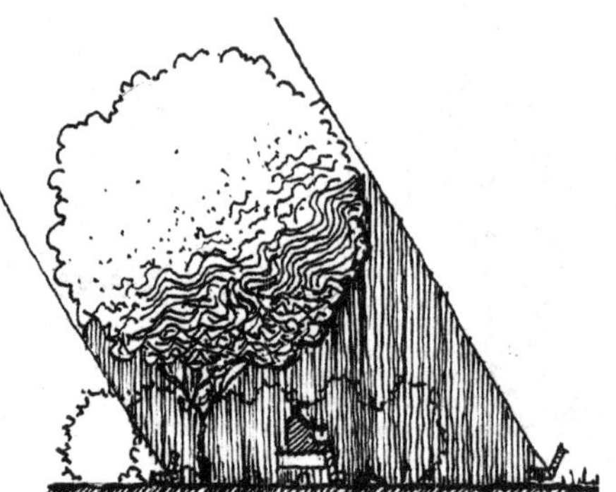

图5-56 休息座椅布置在庭院树下

图5-57 座椅布置在背后遮挡、前方视野开阔处

大小与灯柱本身的尺度和谐得体。灯距的确定要考虑灯具本身的高度和照度，同时，要考虑环境的自然亮度等因素。灯具的造型和颜色要简洁明亮，并要注意同环境的相互影响作用。

• 标识：标识可为人们迅速、准确、有效地传递方位信息，是场地中起指引作用的重要元素。它要求图案简洁、色彩醒目、文字简明。尺度一般不宜过高，在人的视平线上即可。从景观美学角度来看，标志的设置会直接影响和制约整个场地景观。

场地室外环境中对各项设施的组织安排既要考虑到它们所担负的使用功能，又要考虑到它的景观效果，还应考虑到使用的耐久性和寿命的问题。

5.4 实例分析

5.4.1 北京首都宾馆

基地情况：首都宾馆是现代化高级宾馆，其基地位于北京市前门东大街北侧，北临东交民巷，西边是宾馆建筑及商业建筑。

构思分析：整个场地的平面形式与建筑平面采用等边三角形和六角形主题，各部分内容具有有机的秩序感。场地设计运用庭院式布局方式。

场地布局：在建筑布局上，建筑自街道方向整体后退，留出南向足够的场地以配置绿地和交通系统，并将活动场地置于阳光下。主入口设在用地西南角，围绕建筑和庭院形成环形交通。设有四个次入口，并在主入口和东北角次入口处分别安排了停车场和地下车库出入口。曲折的建筑围合成两个异形内院，和南向大面积开放的绿地一同构成完整的庭院式景观，加之与水池、雕塑、亭廊等内容有机结合，自然生动（图5-58）。

5.4.2 拉赫提十字教堂

基地情况：基地位于芬兰拉赫提的马林卡杜街（Mariankatu）北部小山上，周围是环境优美的公园和战争遗址，基地呈不规则三角形，四周被公路及自由的小道包围，用地较宽松。

构思分析：场地设计中借用了基可卡杜街（Rautatienkatu）的轴线关系，使建筑成为轴线上的视觉焦点。整体布局因地制宜，尊重自然，依山就势而建。

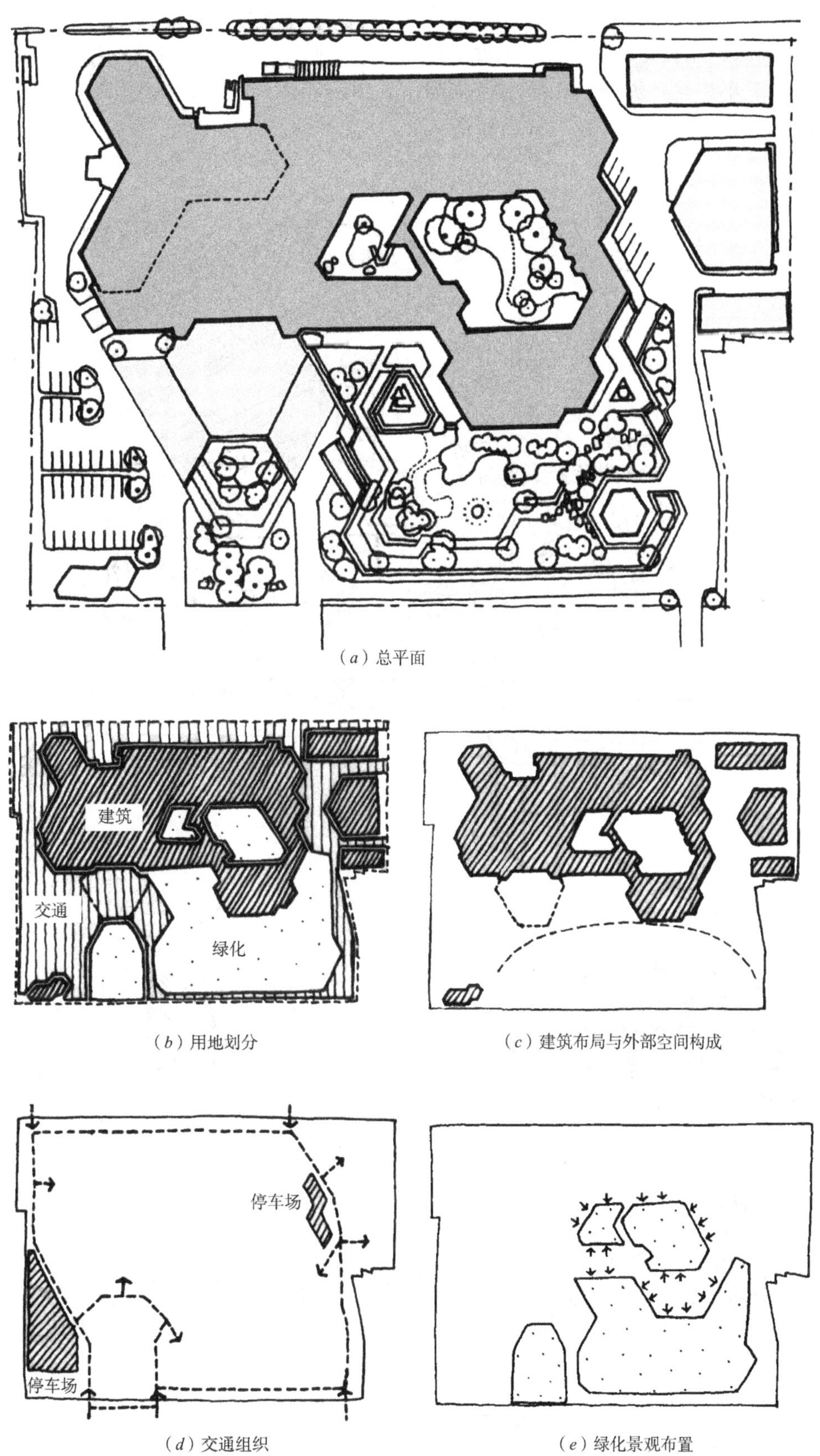

（a）总平面

（b）用地划分

（c）建筑布局与外部空间构成

（d）交通组织

（e）绿化景观布置

图5–58 北京首都宾馆场地布局解析

场地布局：教堂位置居中并远离公路干线，使整栋建筑成为整个基地及其所对的基可卡杜街轴线的终点。建筑物的一个完整侧墙将基地的一端隔成近似梯形的空间，其内配以小广场、雕塑、环形小径分隔的大块绿地。另一侧安排露天讲台及车行通道的入口。步行者主要从基可卡杜街通过花岗石小道拾级而上，进入公园。为了保护公园不受破坏，停车场安排在基地西边一角的不同标高上。场地整体呈现出疏松自由的气息，充分体现出山地建筑环境应有的自然特色（图5–59）。

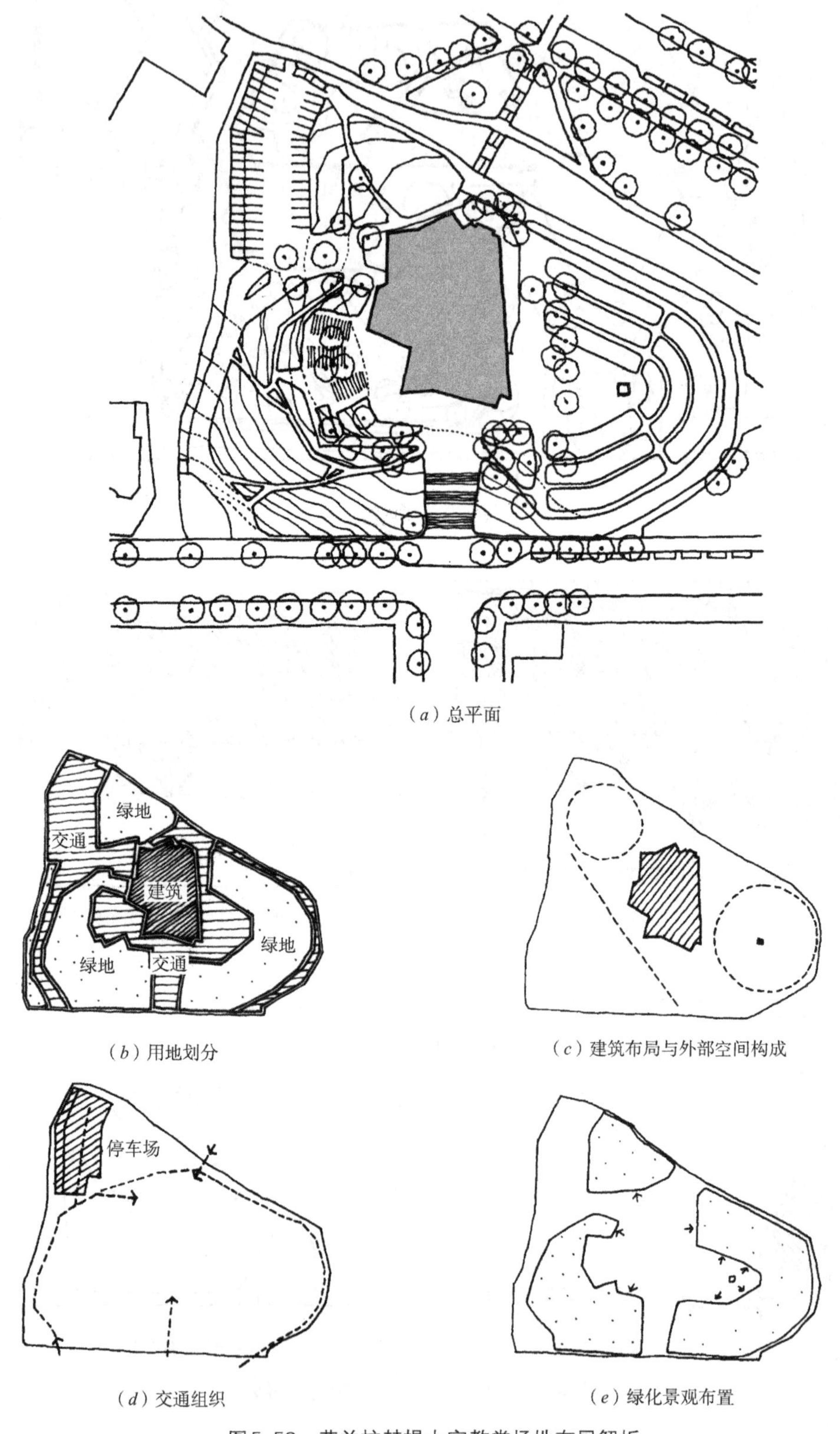

（a）总平面

（b）用地划分

（c）建筑布局与外部空间构成

（d）交通组织

（e）绿化景观布置

图5–59 芬兰拉赫提十字教堂场地布局解析

5.4.3　乔斯林艺术博物馆扩建

基地情况：乔斯林艺术博物馆位于美国奥马哈，是一座以艺术和音乐为主要内容的文化中心。经过60多年的使用，设施损坏严重，使用面积不足，而且大量观众是通过与停车场相邻的出入口进入展馆，原主入口的使用率已大大降低，主立面也失去了原有的地位。

构思分析：设计者针对现状，确立了扩建的主导思想——使新老建筑建立起一种完全融为一体的有机关系。通过对原有场地的适度调整，建立起新秩序。

场地布局：设计中恢复了通往博物馆前的入口大道和停车场，将公众的注意力重新吸引到东部主入口。场地中还设置了专供夏季音乐会使用的露天音乐堂，并作了总体环境景观设计。新建各项设施布置在北面一个新侧翼中。平面为一个规整矩形，通过连接体与老馆相连，新建的入口设置在两馆间凹入的连接部分，不显眼（图5–60）。

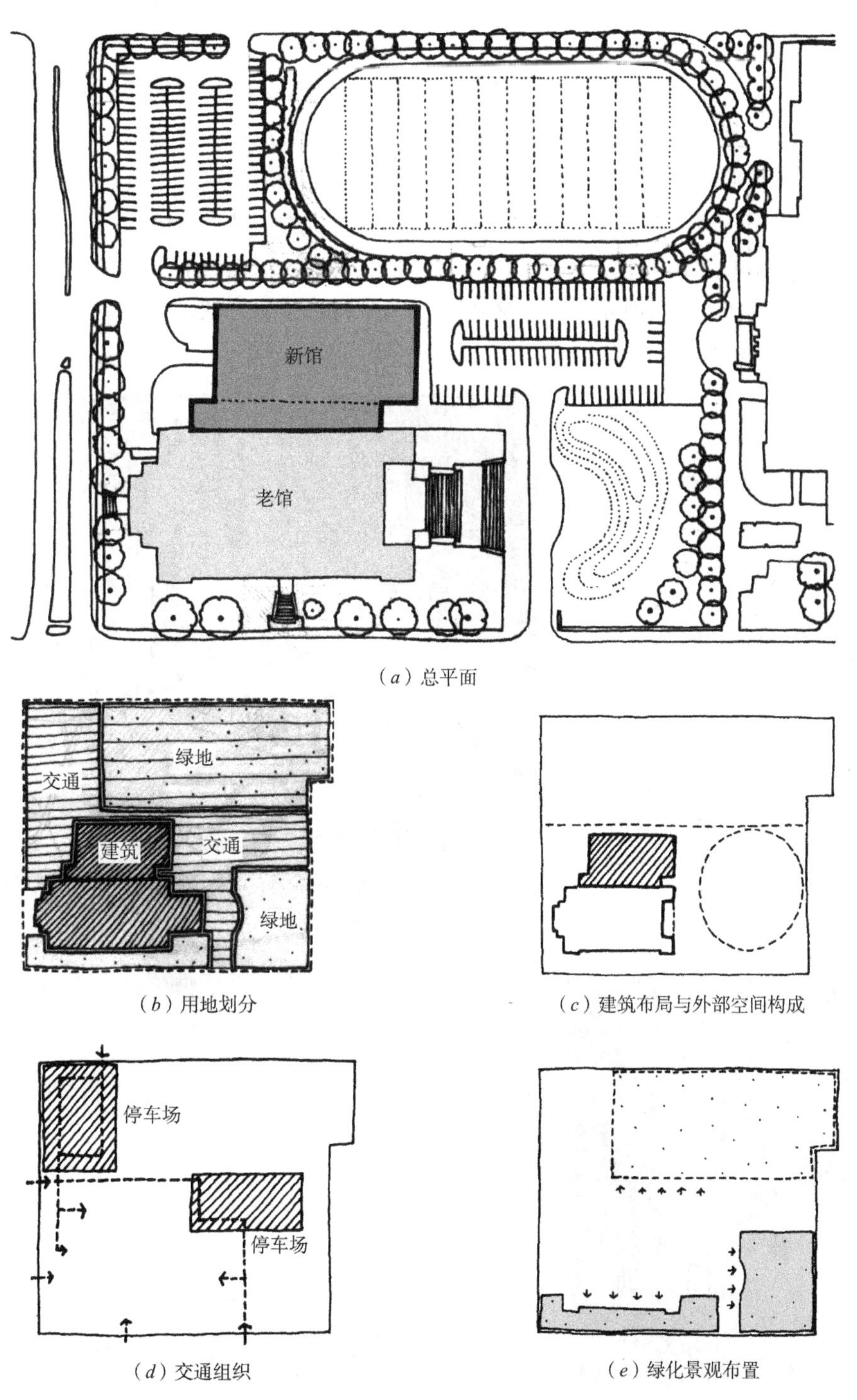

（*a*）总平面

（*b*）用地划分

（*c*）建筑布局与外部空间构成

（*d*）交通组织

（*e*）绿化景观布置

图5–60　乔斯林艺术博物馆扩建地布局解析

5.4.4 竞赛作品：山地俱乐部设计

基地情况：该案例选自1993年全国大学生建筑设计竞赛作品。基地为海边坡地，东、南两面临海，一条道路从基地西北侧通过，地形由西北向海边倾斜，基地内有大树需保留。

构思分析：设计创意是将海洋作为整个空间领域中的主体背景，使建筑在此背景下具有伸展之感，创造纯净而浪漫的建筑形象。在山体的缓坡地带建造，形成水平方向的节奏感。

场地布局：功能分区，通过露天庭院分隔动、静两区，互不干扰。空间序列，借鉴并采用南部沿海民居院落式空间布局，以利于适应当地气候，创造舒适环境。以露天庭院为中心顺应地势并形成良好的室内外交通流线，借助缓缓下降的通道联系各项功能，并利用地形高差形成各种空间形态。其突出的优点在于建筑空间和造型与地形、气候等自然条件的协调，既尊重自然，又巧妙地利用自然构成特色空间（图5–61）。

5.4.5 竞赛作品：建筑师之家设计

基地情况：该案例选自1994年全国大学生建筑设计竞赛作品。基地为华北某市近郊一人工湖边约4800m²的地段内，地势基本平整，湖滨风景秀丽。基地北面为新建居住区，主要是五层住宅楼，东面是一所中学，西面是公共绿地。湖中有一小岛，上有仿古亭子一座。地段内现有一栋单层工业厂房，要求至少改造利用原有建筑面积的1/2，还有一棵古树，应予妥善保护。建筑物或室外小品可局部伸出湖面。

设计要点：功能合理，空间组织及建筑造型表现文化娱乐建筑的特点。现有建筑的合理改造利用。处理好新建建筑物与城市环境、自然环境的关系，重视室内外环境设计，绿化率不小于30%。

构思分析：从建筑室内空间的封闭感中释放出来，

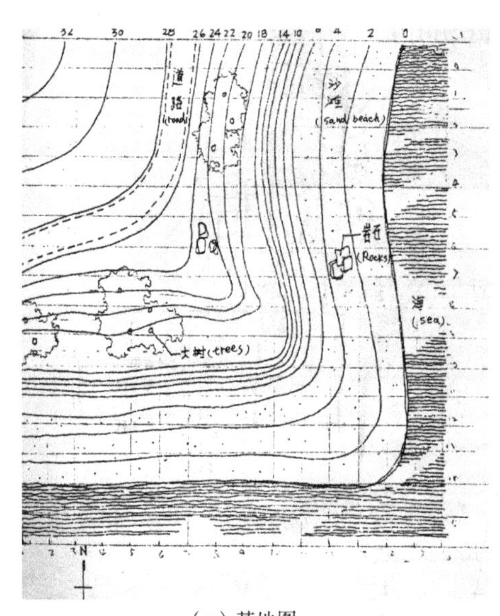

（*a*）基地图

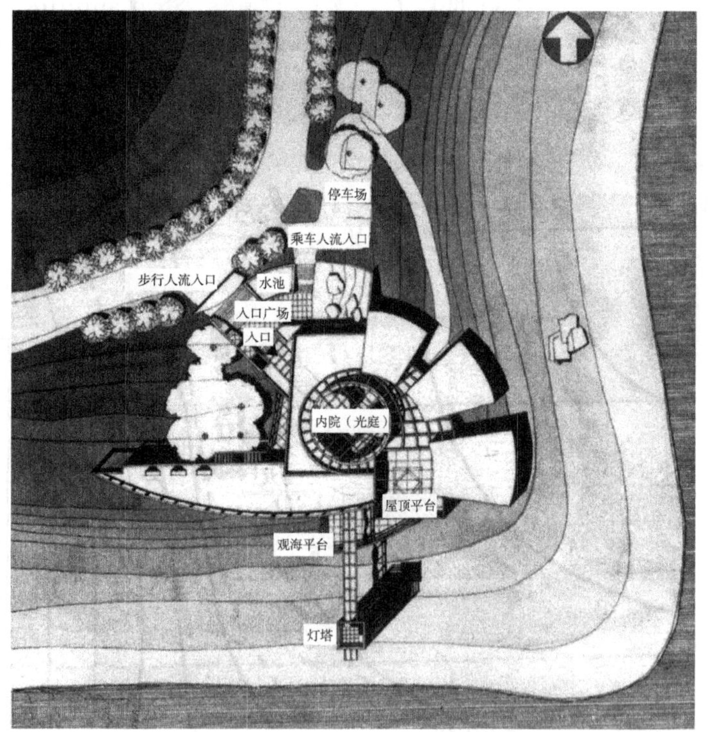

（*b*）总平面布局

（*c*）模型照片

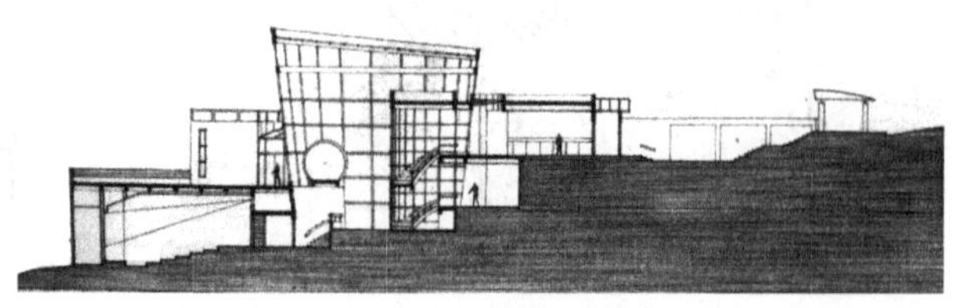

（*d*）剖面图

图5–61 山地俱乐部设计总体布局（清华大学，王若梅）

通过室内外空间的过渡与渗透，营造适合学习和交流的由私密—半私密半开放—开放的多层次交往空间。改造和利用旧建筑，以适应新的功能要求，使新建筑与原有建筑相协调，并与环境融合形成有机的整体。

场地布局：建筑分为娱乐区和学术区，在平面上交叉成十字形，交叉处形成交往空间的聚合点，通过景观元素的处理烘托出浓厚的文化氛围。建筑南部场地作退台处理，层层跌落，亲近水面，可将沿湖风景尽收眼底。室外场地分为交谈区、观赏区和娱乐区，并精心布置室外看台、交谈座椅、绿化、雕塑小品等景观元素。室外空间及场地内各项设施尺度宜人，营造出舒适的、人性化的交往空间（图5–62）。

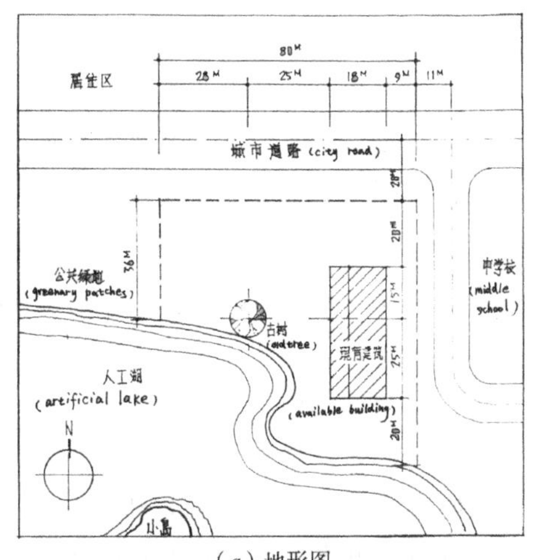

（a）地形图

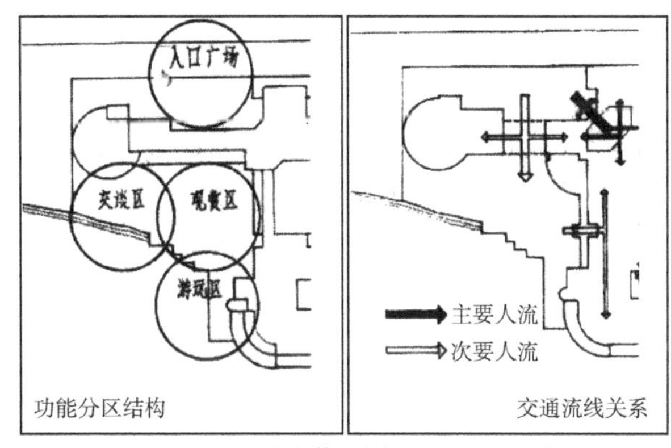

（b）构思分析图

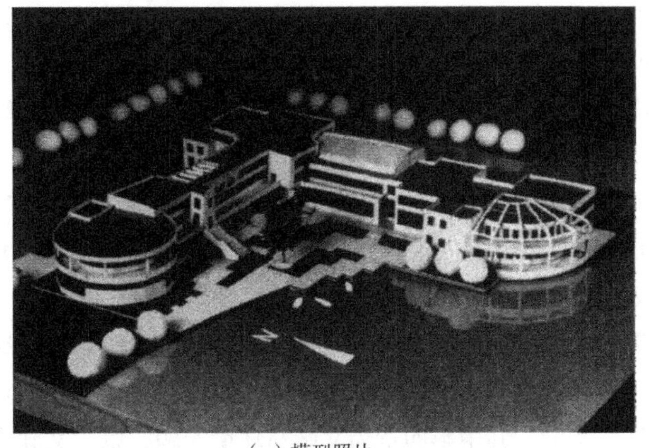
（c）模型照片

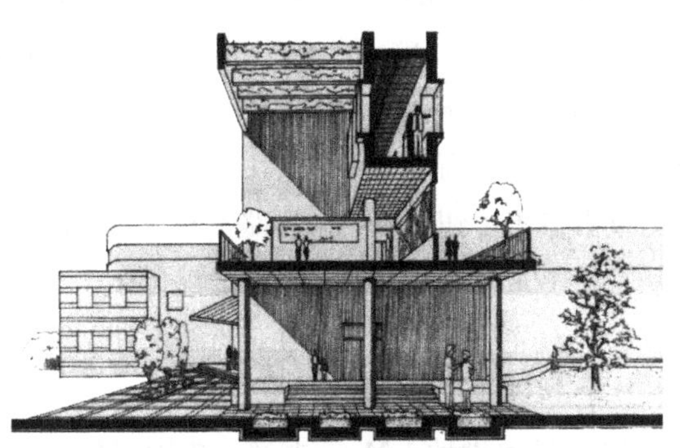
（d）剖视图解析空间关系

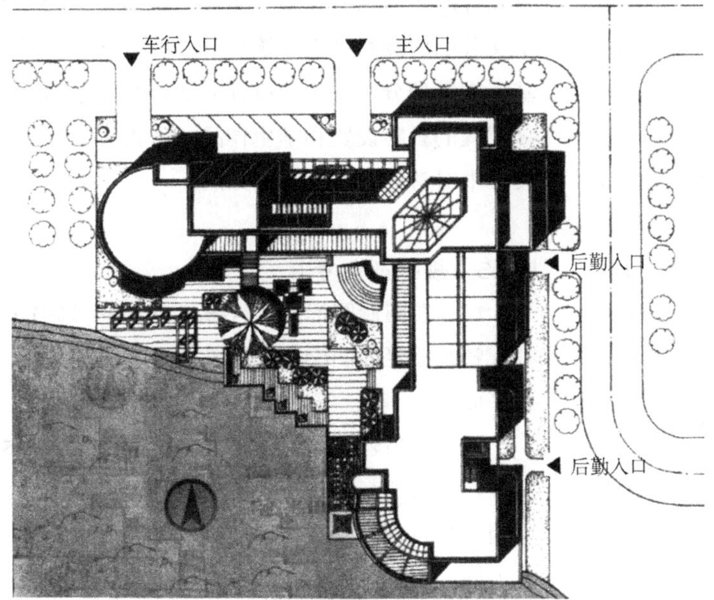

（e）总平面布局

图5–62　建筑师之家设计
（天津大学，曾宇）

5.5 参考书目

5.5.1 理论类参考书

1）张伶伶等. 场地设计［M］. 北京：中国建筑工业出版社，1999.

该书从设计操作的角度出发，对场地的概念、场地设计的概念作了界定，对场地设计的阶段划分、场地设计的相关领域作了讨论和分析，将场地设计的制约因素归纳为前提条件、直接依据、客观基础三个方面，并分别讨论了它们与场地设计的关系，最后按照布局阶段和详细设计阶段两个工作步骤，结合大量实例，对场地设计进行了较深入的探讨。该书结构明确，条理清晰，语句易懂，案例丰富，是建筑学本科阶段比较实用的一本参考书。

2）赵晓光. 民用建筑场地设计［M］. 北京：中国建筑工业出版社，1999.

该书采用专业理论与工程实践并重的方式，在现有的场地设计理论基础上，提出了场地类型的划分，场地设计在工程项目建设中的作用，场地设计文件编制方法等。全书理论系统、完整，反映当前最新的规范和设计标准。同时，通过40个示例，分步骤演示设计过程，循序渐进地、条理清晰地介绍了常用的设计方法和设计技巧，为读者指出了切实可行的思路，并便于在设计实践中应用。本书主要内容包括：场地设计概述、场地设计条件、场地总体布局、竖向设计、道路设计、绿化设计、管线综合和场地设计文件编制等。

3）刘磊. 场地设计［M］. 北京：中国建材工业出版社，2004.

本书对场地的概念、场地设计的概念进行了解释，对场地设计的相关领域进行了分析。对场地设计的基本理论知识、场地分析、设计要素构成、设计步骤、设计要点进行了综述，并对典型场地设计进行了要点总结。最后还附有设计实例分析。

4）约翰·O·西蒙兹（美国）. 景观设计学（场地规划与设计手册）［M］. 俞孔坚译. 北京：中国建筑工业出版社，2000.

该书使我们理解自然是一切人类活动的背景和基础；描述了自然和人造景观的形式、力量和特征引发的规划限制；向我们灌输了对气候的感觉及其在设计中的意义；讨论了场地选址和场地分析；指导可用土地及相关土地利用区的规划；考虑了外部空间的容积率；探讨了场地—建筑组织的潜力；寻找出富表现力的人居环境和社区规划及近代规划思潮的历史教训；提供了在城市和区域背景下，创造更有效且更宜人的生活环境的导则。

5）闫寒. 建筑学场地设计［M］. 北京：中国建筑工业出版社，2006.

该书对场地设计在建筑学范围内尽量加以系统化和实用化，从建筑学所涉及的场地设计技术入手，对现有技术进行深入探讨，把原理落实到技术层面上，以大量的原创性分析，建立了建筑学领域内场地设计技术的一些新的分析方法。全书分为七大部分：场地表达，场地调整，停车场（库），建筑间距，总平面，道路管线与绿化。

5.5.2 图集、工具类参考书

1）赵晓光. 一级注册建筑师考试场地设计（作图）应试指南［M］. 北京：中国建筑工业出版社，2010.

本书是针对一级注册建筑师考试的指导书，对场地设计的实例进行了分析点评，对于建筑场地设计的学习也是一本不错的参考书。内容包括场地分析、地形设计、场地剖面、地面停车场、绿化布置、管道综合、场地综合设计等。

2）历届全国大学生建筑设计竞赛获奖方案集.

各获奖方案中，对场地的分析和设计大多有可学之处。

3）龚恺等. 东南大学建筑学院建筑系三年级设计教学研究［M］. 北京：中国建筑工业出版社，2007.

其中第四章为文脉与环境专题，以“文脉”作为建筑设计的主导因素和源头指导学生展开设计练习，指明了文脉的内涵及其在建筑设计中的意义，并具体阐述了基于文脉的分析方法和设计方法，通过东南大学建筑设计课程的教案设置和学生作品，解析了文脉分析和建筑设计中对整体环境把握的方法。

5.5.3 规范类参考书

1）《总图制图标准》（GB/T 50103—2001）

熟悉总平面图绘制的标准和规范，帮助识读和绘制总平面图。

2）《民用建筑设计通则》（GB 50352—2005）

熟悉第二章城市规划对建筑的要求，了解城市规划层面对建筑基地、道路交通组织等的要求。第三章建筑总平面，了解总平面布局中对建筑布局、建筑间距和日照标准的要求。

3）《建筑设计防火规范》（GB 50016—2006）

重点是第五章民用建筑部分，了解建筑的防火间距和安全疏散要求。

4）《城市居住区规划设计规范》（GB 50180—93）（2002修订版）

了解规划布局与空间环境设计的原则，住宅布置、道路、绿化、竖向、管线布置的要求。

5）《城市土地分类与规划建设用地标准》（GBJ 137—90）

了解城市用地分类，各类用地属性和规划控制要求。

6）《城市道路交通规划设计规范》（GB 50220—95）

了解城市道路网布局形式和相应要求，道路交叉口等重要位置的相关规定，车行、步行、自行车通行的道路布置要求。

7）《城市道路和建筑物无障碍设计规范》（JGJ 50—2001）

了解城市道路和建筑的无障碍设计要求，无障碍设施的类型、尺度和布置方法等。

注释：

[1] [1]刘磊.场地设计［M］.北京：中国建筑工业出版社，2007.

[2] [2, 5, 8]龚恺等编.东南大学建筑学院建筑系三年级设计教学研究［M］.北京：中国建筑工业出版社，2007.

[3] [3,4]赵晓光.民用建筑场地设计［M］.北京：中国建筑工业出版社，2004.

[4] [6, 7]张伶伶，孟浩.场地设计——建筑设计指导丛书［M］.北京：中国建筑工业出版社，1999.

图片来源：

[1] 图5-1，图5-2. 刘磊.场地设计［M］.北京：中国建筑工业出版社.2007，第2版；

[2] 图5-7，图5-8，图5-9，图5-12，图5-13，图5-14，图5-19，图5-23，图5-24，图5-27，图5-39，图5-58，图5-59，图5-60. 张伶伶，孟浩.场地设计——建筑设计指导丛书［M］.北京：中国建筑工业出版社，1999.

[3] 图5-11，图5-16，图5-20，图5-21，图5-25，图5-26，图5-28，图5-30，图5-35，图5-36，图5-37，图5-38，图5-40，图5-41，图5-43，图5-44，图5-45. 赵晓光.民用建筑场地设计［M］.北京：中国建筑工业出版社，2004.

[4] 图5-10，图5-29，图5-31，图5-32，图5-33，图5-34，图5-46，图5-47，图5-48，图5-49，图5-50，图5-51，图5-52，图5-53，图5-54，图5-55，图5-56，图5-57.（美）布思.风景园林设计要素.北京：中国林业出版社，1989.

[5] 图5-17. 王建国.现代城市设计理论和方法［M］.南京：东南大学出版社，2004.

[6] 图5-3 http://www.tieliu.com.cn/Fashion/200906/2009-06-25/Fashion_20090625104107_196770_7.html

[7] 图5-4 http://www.yishuku.com/doc-view-4984.html

[8] 图5-5 http://blog.sina.com.cn/s/blog_5f31378b0100cq5i.html

[9] 图5-6 http://www.ditu.google.cn/maps.LuoShaJiGaiDiZhongXin-LiChaDe-MaiXieSheJi.html

[10] 图5-15 blog.sina.com.cn/s/blog_53a6056201009xcp.html

[11] 图5-18 http://www.sd18.com/html/84/n-184.html

[12] 图5-22自绘。

[13] 图5-42 http://image.baidu.com

[14] 图5-63 自绘。（任务书中的地形图）

[15] 图5-61，图5-62.全国大学生建筑设计竞赛获奖方案集（1993-1997）.北京：中国建筑工业出版社，1998.

第6章　功能主导的空间设计
——中小学设计

6.1　中小学建筑设计专题概述

6.1.1　我国中小学基本情况

1）学制设置

我国现行学制为小学6年、中学6年（初中3年、高中3年），义务教育阶段是小学及初级中学共9年。多数地区义务教育阶段实行"六、三"学制，即小学6年、初中3年。有部分地区实行"五、四"学制，即小学5年、初中4年。

2）学校规模

常规城市小学以12~24个班的规模为宜。中学根据需要可有两种：一种为完全中学型，即该校设有初中班及高中班，初中、高中班数应按需要设置，可以相等也可以不等。另一种形式则是全部初中或高中。这两种形式的规模以18~24个班为宜，大中城市人口密集地区，也可设规模为30个班的学校。

6.1.2　城市中小学建筑发展趋势

1）室内空间开放、自由、灵活

教育体制的改革促使了学校建筑内部空间的变化，其中开放、自由、灵活的空间的出现是最具有代表性的。在小学，这种空间称作开放空间，通常的做法是打破班级教室与公共空间的界限，学校室内空间开放、通畅，并能按需要自由划分。[1]如图6–1所示，某中学室内几乎没有走廊，在这样开放的和互动的室内景观中，紧凑的平面形式使活动和使用更加自在。

2）室内环境轻松、亲切、舒适

随着教育思想与体制的更新变化，学校建筑在室内环境与气氛创造上也有了新的变化，主要表现在：室内生活空间及环境的创造、室内柔和气氛的创造、按照学生身材尺度考虑空间及设施这三个方面。饮水、用餐、盥洗、更衣、休息、交谈、打扫卫生、游戏等都是学生在校生活的主要内容。提供生活上的方便对在校生的学习乃至成长中的青少年身心健康都有好处，柔和、亲切宜人的气氛创造主要指通过建筑用材、室内色彩、外观及小品等的使用所创造的特殊效果（图6–2）。

3）室外环境美观、适用、安全

学校室外环境在设计占有重要位置，其中游戏空间、环境、绿化、树木、小品等内容对成长中的学生的未来人格形成影响很大。

（1）游戏空间

长期从事中小学研究的日本九州大学教授青木正夫先生提出的研究结果表明，除学习外，游戏玩耍是在校中小学生生活的主要组成部分，特别是可见的游戏玩耍活动对于调节情绪、振作精神及身心健康都大有益处。[2]学校建筑设计特别是实际工程设计中，往往由于用地有限，在优先确保运动场和安排校舍用地外，游戏空间被忽视或被认为可与运动场合用，这是较为普遍的现象。

（2）室外绿化

学校应结合校内道路、室外设施及室外空间划分等

图6–1　灵活多变的室内空间

图6–2　挪威耶德鲁姆中学室内设计

图6–3　挪威耶德鲁姆中学中庭设计

图6–4　挪威耶德鲁姆中学的入口

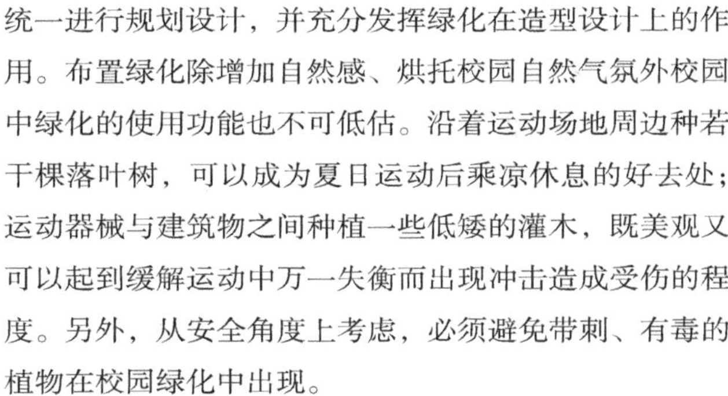

统一进行规划设计，并充分发挥绿化在造型设计上的作用。布置绿化除增加自然感、烘托校园自然气氛外校园中绿化的使用功能也不可低估。沿着运动场地周边种若干棵落叶树，可以成为夏日运动后乘凉休息的好去处；运动器械与建筑物之间种植一些低矮的灌木，既美观又可以起到缓解运动中万一失衡而出现冲击造成受伤的程度。另外，从安全角度上考虑，必须避免带刺、有毒的植物在校园绿化中出现。

（3）庭院设计

总平面设计中，除运动场及校舍外，室外设计的主要内容是庭院。庭院有前庭、侧庭、中庭、后庭及校园周围的部分，是学校的象征性场所。通常前庭布置有叠石、水池、花坛、小品等。中庭原本是为解决校舍之间通风采光等空余出来的用地，由于它是最接近学习环境的场所，所以，尽量创造安静、明快的环境。如图6–3所示，挪威耶德鲁姆中学室外露天的中庭设计，开放的中庭被布置在建筑体量中心，打破建筑的沉重感并且使光线渗透到建筑中。

（4）入口、围墙

校门常常被称为学校的“脸面”，与之连接的入口更是学生、来访者出入的必经之处，也是学校管理上的要点所在，安全性、标志性、象征性是校门设计考虑的要素。如图6–4所示，挪威耶德鲁姆中学朝东的主入口将人流引导进来，它是管理整个校园并与外部相连的据点，满足收发、传达、保卫三大使用功能要求。

6.1.3　设计任务与目的

在建筑学专业教学计划中，中小学建筑设计被选定为三年级建筑设计题目，在建筑设计系列课中起承上启下的作用，是为以后建筑设计课奠定基础的一个课题。学生通过学习，要完成这一阶段的任务并能达到一定的目的和要求，主要有以下几个方面的内容：

（1）了解中小学建筑的特点，进一步掌握建筑设计的步骤与方法。

（2）掌握参观考察、整理调研报告的基本能力。

（3）初步理解及掌握中小型建筑的一般组合规律。

（4）初步掌握走廊式、单元式或其他方式的校舍空间组合及校园环境设计的能力。

（5）熟悉建筑的功能，进行总平面设计、单体建筑设计，初步掌握功能分区、内外关系、流线关系的安排。

（6）逐步提高室内外空间的组织与处理能力。

（7）提高草图及正式图的表达能力。

（8）通过设计过程了解和认识这一种类型建筑的现状及国际上同类型建筑的概况。[3]

6.2 中小学设计内容与方法

6.2.1 校址选择原则

（1）学校的校址应满足学校布点的需要，应有与学校规模相适应的用地面积及适于建校的较为规整的地形。

（2）学校校址应选择在交通方便、地势平坦开阔、空气清新、阳光充足、排水通畅、环境适宜、公用设施较为完善、远离污染源的地段。

（3）学校的校址应便于学生就近上学，应处于就学区适中位置，就学路线便捷，有合理的就学距离。

（4）学校校址应有较为良好的自然环境（如地质、地貌等）和周边环境（如安全环境、安静环境、卫生环境、社会环境等）。

（5）选择校址应注意节约用地，尽量少占农田或不占农田。[4]

6.2.2 总平面设计

1）功能组成

中小学校园用地类型共分四类：建筑用地、运动场地、绿化及室外科学园地、其他用地。这四类用地应按学校的教学活动与管理的规律、各组成部分间的相互关系、各部分的使用功能、物理环境等要求进行总体布局。图6–5为学校平面布置的功能关系图，图中各圆搭接表示相互关系比较密切，在功能上有可能布置在一起或靠近布置。教室、实验室、阅览室等组成教学区，教学区要求安静、朝向好。音乐教室由于声音干扰，宜和其他教室有所分离。教室办公和行政办公楼与教学区联系密切，可与教学区靠近布置或布置在一栋建筑内，同时该区与校外联系较多，应设置在靠近出入口的位置。食堂、宿舍等为生活辅助部分，一般分散在使用方便又较为隐蔽的区域。

2）设计原则与用地标准

（1）设计原则

• 符合国家有关规定、指标、规范和标准，做好整体规划，一次建成或分期建设。

• 平面布局功能应做到分区明确、布局合理、联系方便、互不干扰，并且要解决好朝向、采光、通风、隔声等问题。

• 学校主要出入口不宜开向城镇干道，如必须开向干道，校门前应留出适当的缓行地带。学校主要教学用房的外墙面与铁路的间距不应小于300m；与机动车流量超过每小时270辆的道路两侧路边的距离不应小于80m，当小于80m，必须采取有效的隔声措施。建筑容积率：小学不宜大于0.8，中学不宜大于0.9。

（2）用地标准

《中小学校建筑设计规范》（GBJ 99—86）条文说明对校园各类用地面积的规定，见表6–1所示。

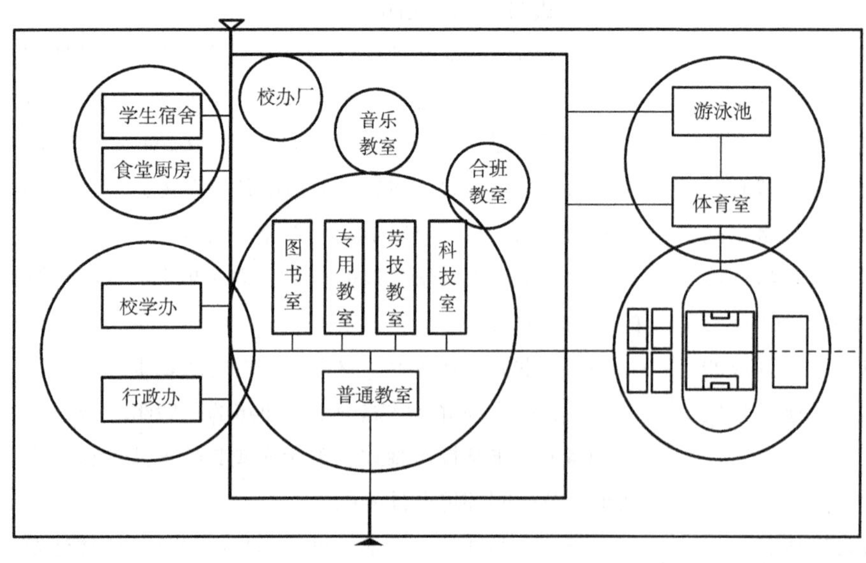

图6–5 学校总平面布置功能分区图

校园各类用地面积参考表 表6-1

学校类别规模			学生人数（人）	用地总计（m²）	建筑用地（m²）	运动场地（m²）	绿化用地（m²）	每生平均用地（m²）
小学	市中心	12班	540	6107	3109	2728	270	11.3
		18班	810	8364	4323	3636	405	10.3
		24班	1080	10159	5397	4222	540	9.4
	一般	12班	540	9667	3109	6288	270	17.9
		18班	810	11824	4323	7096	405	14.6
		24班	1080	13619	5397	7682	540	12.6
中学	市中心	18班	900	10341	5515	3926	900	11.5
		24班	1200	12970	7258	4512	1200	10.8
		30班	1500	15188	8582	5106	1500	10.1
	一般	18班	900	15518	5515	9103	900	17.24
		24班	1200	18147	7258	9689	1200	15.12
		30班	1500	22483	8582	12401	1500	14.99
				31664		21582		21.00

3）教学用房的朝向

确定学校主要教学用房的朝向，应考虑当地的地理位置、气候条件、校址的周边环境等制约因素，慎重确定。北方地区主要考虑冬季能获得较多的日照，避免北向寒风吹袭。南方地区主要考虑夏季能获得良好的通风，避免东、西晒。中部地区既要考虑在冬季获得良好的日照，夏季也要求有良好的通风，同时也应避免夏日的东、西晒。我国部分地区的最佳及适宜朝向可参照中小学校建筑设计规范。

4）教学用房的建筑间距

在进行学校总平面设计时，必须考虑前后两栋建筑或一栋建筑两个体部之间的距离。影响学校的建筑间距有防火间距、日照间距、防噪间距、通风间距等。确定建筑间距，必须满足上述各种因素的要求，故须逐一计算，选择其中最大值作为学校建筑间距。

（1）防火间距

根据《建筑设计防火规范》（GB 50016—2006）规定：防火间距是从安全防火角度规定的建筑物间距。民用建筑之间的防火间距不应小于表6-2中的规定。根据《高层民用建筑设计防火规范》（GB 50045—95），高层建筑之间及高层建筑与其他民用建筑之间的防火间距均不应小于表6-3的规定。

民用建筑防火间距（m） 表6-2

耐火等级	耐火等级		
	一、二级	三级	四级
	防火间距		
一、二级	6	7	9
三级	7	8	10
四级	9	10	12

高层建筑之间及高层建筑与其他民用建筑之间的防火间距（m） 表6-3

防火间距（m）/建筑类别/高层民用建筑	高层建筑		其他民用建筑		
	主体建筑	裙房	耐火等级		
			一、二级	三级	四级
主体建筑	13	9	9	11	14
裙房	9	6	6	7	9

图6-6 计算日照间距示意图

（2）日照间距

• 日照标准

根据《中小学校建筑设计规范》（GBJ 99—86），南北的普通教室冬至日满窗日照不应小于2小时。

• 计算日照间距[5]（图6-6）

日照间距：$Do = Ho \cdot Lo$（其中Ho为前栋建筑女儿墙高度-后栋建筑窗台高度，Lo为所在地区日照间距系数，可查表6-4）。

我国主要城市日照间距系数（理论计算值） 表6-4

序号	地名	地理纬度	冬日满窗日照时数						
			南向				南偏东（西）		
			0°				10°	20°	30°
			3h	2h	1h	正午12h	1h	1h	1h
1	哈尔滨	45° 45′	2.89	2.74	2.66	2.63	2.63	2.61	2.47
2	长春	43° 52′	2.61	2.49	2.42	2.39	2.43	2.38	2.25
3	乌鲁木齐	43° 47′	2.60	2.48	2.40	2.38	2.42	2.37	2.24
4	沈阳	41° 46′	2.35	2.24	2.18	2.14	2.20	2.15	2.04
5	呼和浩特	40° 49′	2.27	2.14	2.09	2.07	2.11	2.06	1.95
6	北京	39° 57′	2.15	2.06	2.01	2.00	2.03	1.98	1.88
7	天津	39° 07′	2.06	1.99	1.94	1.93	1.96	1.92	1.81
8	银川	38° 25′	2.01	1.93	1.88	1.87	1.90	1.86	1.76
9	石家庄	38° 04′	1.98	1.90	1.85	1.84	1.87	1.83	1.73
10	太原	37° 55′	1.97	1.89	1.84	1.83	1.86	1.82	1.72
11	济南	36° 41′	1.87	1.79	1.76	1.74	1.77	1.73	1.64
12	西宁	36° 35′	1.86	1.79	1.75	1.73	1.76	1.72	1.63
13	兰州	36° 01′	1.82	1.74	1.71	1.70	1.72	1.69	1.60
14	郑州	34° 44′	1.72	1.65	1.62	1.61	1.64	1.60	1.52
15	西安	34° 15′	1.70	1.62	1.59	1.58	1.61	1.57	1.49
16	南京	32° 04′	1.55	1.50	1.47	1.46	1.48	1.45	1.38
17	合肥	31° 53′	1.54	1.49	1.46	1.45	1.47	1.44	1.37
18	上海	31° 12′	1.49	1.45	1.42	1.41	1.43	1.41	1.33
19	成都	30° 40′	1.47	1.42	1.39	1.38	1.41	1.38	1.31
20	武汉	30° 38′	1.45	1.42	1.39	1.38	1.40	1.38	1.31
21	杭州	30° 20′	1.45	1.40	1.37	1.37	1.39	1.36	1.29
22	拉萨	29° 43′	1.41	1.37	1.34	1.34	1.36	1.33	1.26
23	南昌	28° 40′	1.37	1.32	1.29	1.29	1.31	1.28	1.22
24	长沙	28° 15′	1.35	1.30	1.27	1.27	1.29	1.26	1.20
25	贵阳	26° 24′	1.27	1.22	1.20	1.19	1.21	1.19	1.13
26	福州	26° 15′	1.24	1.20	1.18	1.17	1.19	1.17	1.11
27	昆明	25° 12′	1.20	1.16	1.14	1.13	1.15	1.13	1.08
28	广州	23° 00′	1.12	1.08	1.06	1.05	1.07	1.05	1.00
29	南宁	22° 48′	1.10	1.07	1.05	1.04	1.07	1.05	1.00
30	海口	20° 00′	1.03	0.97	0.95	0.95	0.97	0.95	0.91

（3）防噪间距

为创造安静的教学环境，使教学用房不受噪声的干扰，两栋教学用房或场地等，须保持一定的距离。根据中小学校建筑间距隔声标准，教学楼与教学楼、图书馆、实验楼、办公楼等建筑长边平行布置时，其建筑防噪间距不应小于25m。办公楼、图书馆、实验楼、专用教室（不包括音乐教室）等建筑之间长边平行布置时，其建筑防噪间距不应小于15m。如教室顶棚以吸声材料进行装修时，教学楼与教学楼、图书馆、实验楼、办公楼之间的防噪间距不应小于18m。

（4）通风间距

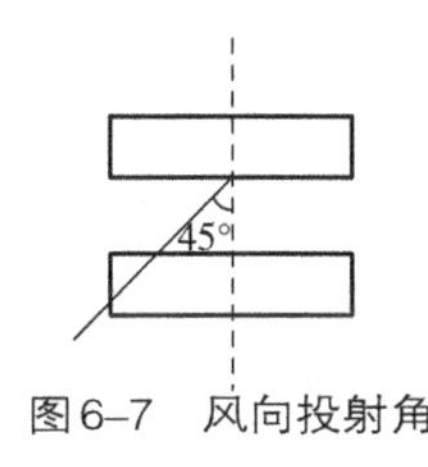

图6–7　风向投射角

当风和建筑物正面直交时，此时第一排建筑物迎风面形成正压区，建筑物迎风面各房间的通风效果好。但建筑物背面漩涡区域大，可为第一排建筑物高度的4~10倍不等。为使第二排建筑正面有良好的通风条件，需使第二排建筑迎风面呈正压区，因此前后两排间的建筑间距较大。

当风向投射方向（夏季主导风向）和法线相交成45°角时（图6–7），室内风速稍有降低，建筑物背面的漩涡区及通风间距可降低到1.5H（H为前栋建筑的高度）。

（5）地震间距

在地震区应考虑当发生地震后建筑物倒塌，其倒塌范围与建筑物高度有关，为保证在紧急情况下人流的安全疏散，在两栋建筑之间必须有5~6m宽的通道不受建筑倒塌物的影响，其建筑物间距参考下式：$D=d_1+d_2+6$m（其中D为建筑物间距，d_1+d_2为前后两栋建筑倒塌范围，建筑物倒塌范围见表6–5）。

建筑物倒塌范围　　　　表6–5

建筑物层数	倒塌范围
1~2层	h（h为建筑物高度）
3~6层	2/3h
10~16层	1/2h
烟囱	10m

5）交通流线与出入口设计

（1）校内的交通流线

• 人流

a. 主要组织好学生人流，其特点是：上学的大量人流虽集中但延续时间稍长，高峰期较短。学生进校后通过门厅（或其他入口）各自去本班教室，课间的活动是由普通教室去专用教室或公共教室等，基本上是小范围的流动。放学期间，尤其是中午，延续时间短，流量大。

b. 教师入校后应能方便而直接地到达办公室，人数虽少亦应直接，不与学生人流交叉、相混。外来访问或联系工作者，人数更少，但其入校后的流线，应能方便而直接地到达办公区域，不宜通过教室区。[6]

• 车流

a. 学校需设置可供运输的车行路，主要用作食堂、总务的供应及校办工厂运输材料、成品等使用。为了不影响教学区的安宁和卫生环境，应设独立的次要出入口。当学校规模较小，只能设置一个出入口时，更应注意校园内的行车路线的组织，应既满足学校供应的要求，也保障安全和创造良好的学习环境。不论何种规模的学校，都应在校园内围绕校舍安排环状的消防车道。

b. 自行车的活动范围：高中应设置自行车停放场所，中学或小学，自行车停放场所应设于校门两侧或临近校门建筑的半地下室。总之，应将自行车的活动范围限制在离校门较近的地带，以保障步行者的通畅与安全。

c. 小轿车停放场地：在学校入口广场一侧或附近，应设置一定数量的停车场地，近期可暂作绿化之用。当经济条件有所改善，访问者或工作人员上下班乘车来时，应有一定的停放场所。车的活动范围，仍应限制在校园前庭广场或附近，不宜扩大其活动范围。[7]

（2）学校出入口的设计

• 学校出入口应设于交通方便、车流量较小的街道内。如必须将主要出入口设于干道，应避免与大量车流出入的单位为邻。

• 确定学校出入口应考虑学校内部的总平面布局，其位置应有利于安排教学用房、体育活动场地，即有利于学校的功能分区及道路组织。

• 学生入校后应能直接到达教学楼，不应有横跨体育活动场地及绿化区的可能性。

• 学校主要出入口应充分考虑上下学时大量人流的通过，和出入校门前后的暂缓停留以及安全等因素，校门内外应设置视野开阔的、较为宽敞的缓冲空间。

6）平面功能布局

进行学校总平面设计时，应结合学校用地现状，探索学校中各个单体建筑、各种室外活动空间及场地组合的合理性，认真研究动与静在环境上的要求，高与低在层数、部位上的要求，独用与公用的要求，互相关系的聚焦与分隔的要求，室内与室外在结合环境上的要求。此外，在使用上应考虑流线组织、使用顺序的要求等。

总平面的布置方式主要有以下三点：

（1）教学楼与体育场地左右布置。适于东西方向长、南北方向短的地段（图6–8*a*）。

（2）教学楼与体育场地前后布置。适于南北方向长、东西方向短的地段。对于北方严寒或寒冷地区，体育活动场地宜布置在无遮挡的南侧为佳（图6–8*b*）。

（3）教学楼与体育场地各据一角布置。如布置得当，教学楼可免受体育场的干扰。

6.2.3 教学用房建筑设计

中小学建筑由教学用房、办公用房、辅助用房、生活服务用房四大部分组成。

（1）教学用房包括：普通教室、专用教室（实验教室、音乐教室、美术教室等）、公共教室（合班教室、视听教室、微机教室等）、图书阅览教室、科技活动室及体育活动室等。

（2）办公用房包括：教学办公用房和行政办公用房。教学办公用房是提供教师备课、批改作业、辅导学生、课间休息等用途的房间。行政办公用房包括党务、行政、教务、总务等各职能部门的办公室和会议室。

（3）辅助用房包括：交通系统、厕所、开水间、储藏室等。

（4）生活服务用房包括：传达收发室、教职工食堂、开水间等。

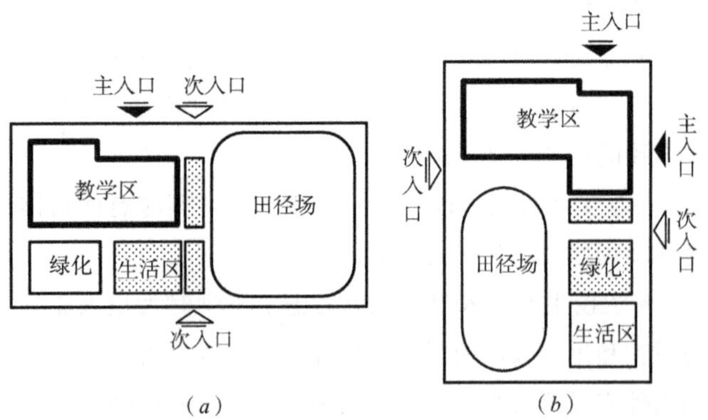

图6–8 出入口、教学区、生活区、体育场地、绿化区的关系

1）教学用房平面组合方式

教学用房的组合原则：各不同性质的用房宜分区设置，应使功能分区合理，相互联系方便；以教学年级为单元设计平面和布置层次；交通流畅，满足安全疏散的要求。其平面组合方式有以下几种：

（1）廊式组合

廊式组合是以走廊连接若干教室的组合形式。廊式组合由于走廊与教室的相对位置不同，可分为内廊式、外廊式、内外廊混合式（图6–9）。

（2）厅式组合

厅式组合是以设于中部的通高大厅连接周边的各教学用房的一种组合形式。各层教学用房是通过设于厅内周边的走廊相联系，形成环状组合，如两侧教学用房较多，长度较长，除沿周边走廊联系外，还设有横跨大厅的天桥，为直接联系两侧房间的交通通道。中部大厅形成学生课间的休息、交往、游戏场所。由于顶部为采光窗，中部大厅具有明亮、开敞的空间效果（图6–10）。

（3）单元式组合

单元式组合为一个年级的教室集中在一个组合体内，在此组合体内必须设置一部楼梯，也可设置本组合体所需的卫生间及教师办公室等（图6–11）。单元式的组合体，可适用于任何地形；布置上较为灵活，适应性强；可使每个教学单元有相对的独立性，以保证有安静的教学环境，也便于组织和开展同年级的教学活动；有利于组织多边化的室外空间，易于创造良好的学习活动及相互交往的环境。

2）教学用房设计

根据《中小学校建筑设计规范》（GBJ 99—86）规定，学校主要房间的使用面积指标宜符合表6–6的规定。

（1）普通教室设计

- 教室必须容纳规定人数所需的课桌椅，其排列要有利于学生听讲，教师辅导和疏散。
- 教室应有良好的采光、通风条件。
- 教室应有较好的音质条件。
- 普通教室布置及有关尺寸如图6–12所示。
- 教室组合类型如图6–13所示。
- 教室室内净高

中小学校教室净高度的确定与教室容纳人数，与各地区的气候条件及教室的进深尺寸等因素有关。我国大

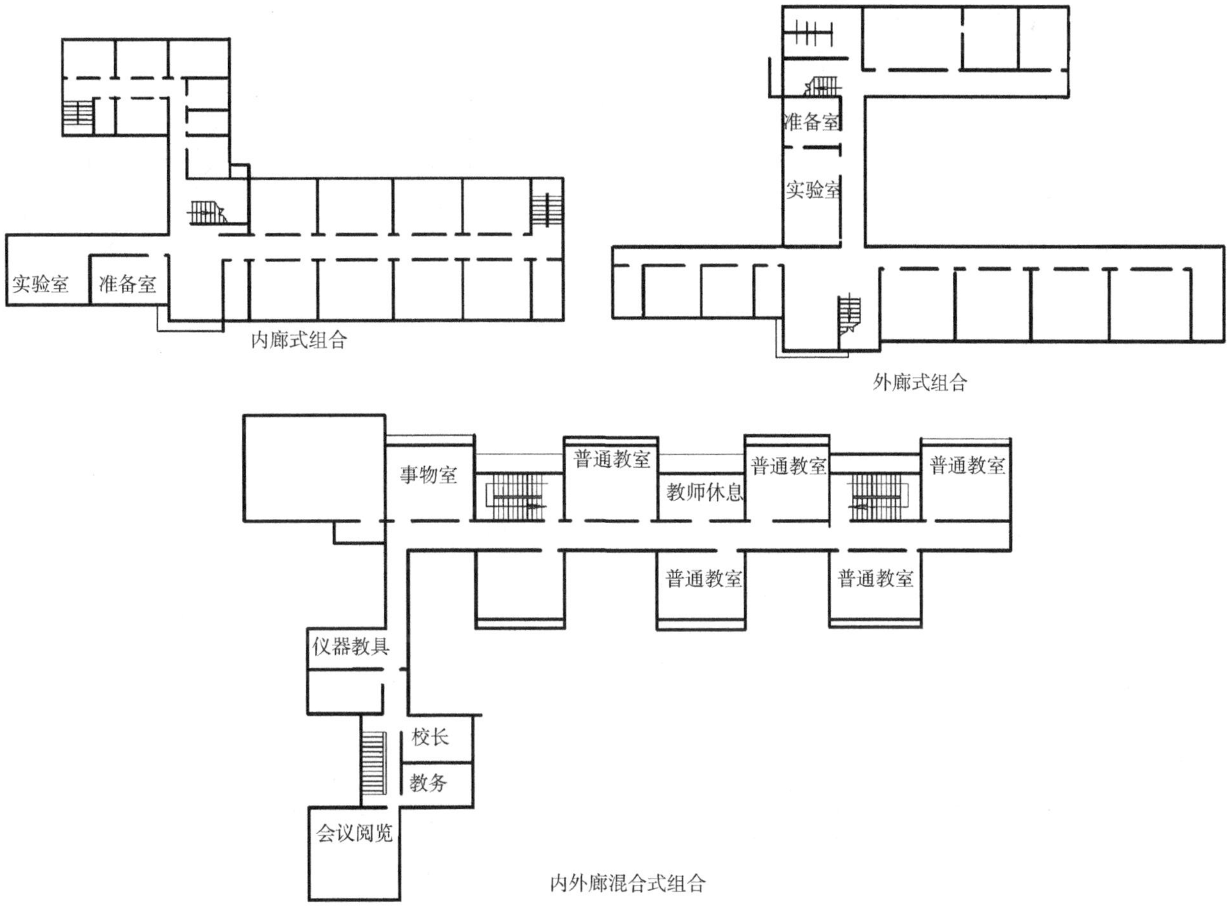

内廊式组合

外廊式组合

内外廊混合式组合

图6–9　教学楼的廊式组合

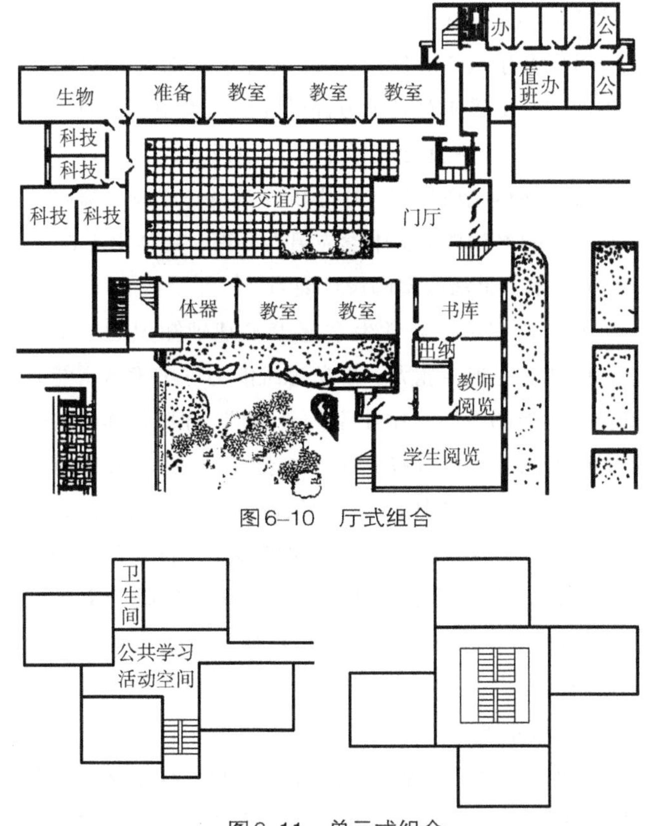

图6–10　厅式组合

图6–11　单元式组合

部分地区中小学教室层高现状是：小学3.30~3.60m，中学3.40~3.90m，如果减去楼板厚度，小学教室净高为3.10~3.40m，中学教室净高为3.20~3.70m。《中小学校建筑设计规范》(GBJ 99—86)规定：小学室内净高为3.1m，中学为3.4m。《城市普通中小学校建议标准》(送审稿)规定校舍层高：普通教室，小学不低于3.6m，中学不低于3.8m，进深大于7.2m的专用教室、公共教学用房不低于3.9m。

(2)专用教室设计

• 自然教室的设计要点

小学的自然课是培养学生爱科学、学科学和用科学的启蒙教育课程，主要通过观察、实验、演示等多种方法培养学生对自然现象的感性认识和探索自然奥秘的兴趣。自然教室的设计必须考虑不同教学方式和不同教学环节中采用不同教学手段的可能性。24班以上规模的学校，高、低年级宜分设自然教室，并按照规范确定自然教室的数量，确定合理的轴线尺寸以满足教师讲课、演示、学生观察及实验活动的教学要求

主要房间使用面积指标　　　　表6–6

房间名称	按使用人数计算每人所占面积（m^2）			
	小学	普通中学	中等师范	幼儿师范
普通教室	1.10	1.12	1.37	1.37
实 验 室	——	1.80	2.00	2.00
自然教室	1.57	——	——	——
史地教室	——	1.80	2.00	2.00
美术教室	1.57	1.80	2.84	2.84
书法教室	1.57	1.50	1.94	1.94
音乐教室	1.57	1.50	1.94	1.94
舞蹈教室	——	——	——	6.00
语言教室	——	——	2.00	2.00
微型电子计算机教室	1.57	1.80	2.00	2.00
微型电子计算机教室附属用房	0.75	0.87	0.95	0.95
演示教室	——	1.22	1.37	1.37
合班教室	1.00	1.00	1.00	1.00

注：1. 本表按小学每班45人，中学每班50人，中师、幼师每班40人计算。

2. 本表不包括实验室、自然教室、史地教室、美术教室、音乐教室、舞蹈教室的附属用房面积指标。

3. 本表普通教室的面积指标，系按中小学课桌规定的最小值，小学课桌长度按1000mm、中学课桌长度按1100mm测算的。

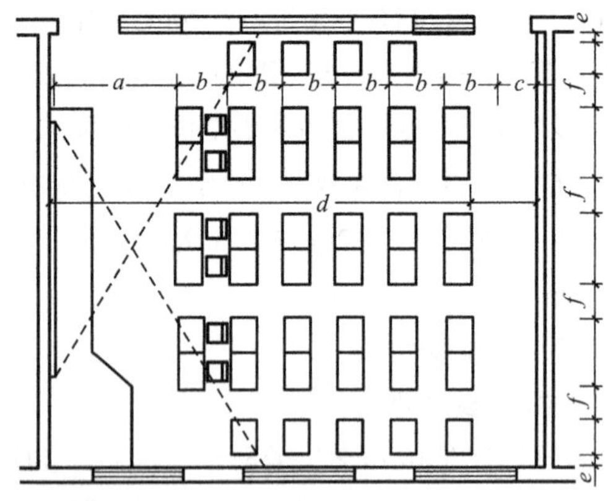

布置应满足视听与书写要求，便于通行及尽量不跨越而直接就坐

a 大于2000mm；*b* 小学大于850mm，中学大于900mm；
c 大于600mm；*d* 小学小于8000mm，中学小于8500mm；
e 大于120mm；*f* 大于550mm

图6–12　教室布置及有关尺寸

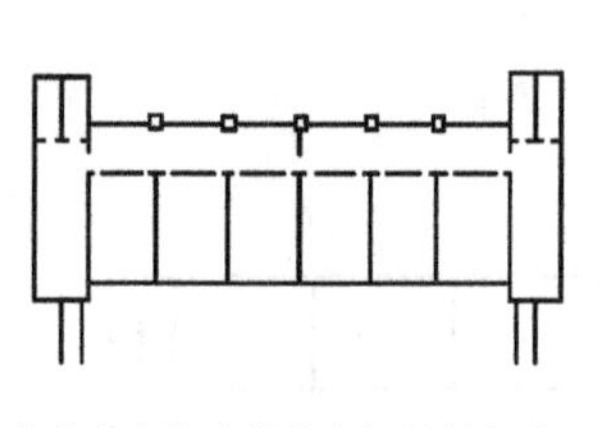

扩大走廊作为教学空间的教室单元

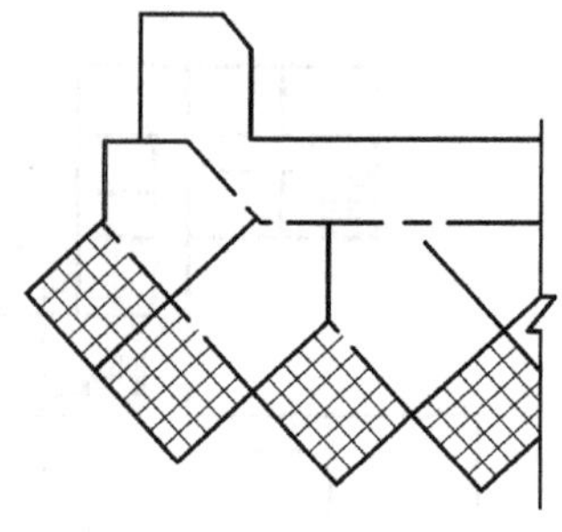

带有阳台的教室单元

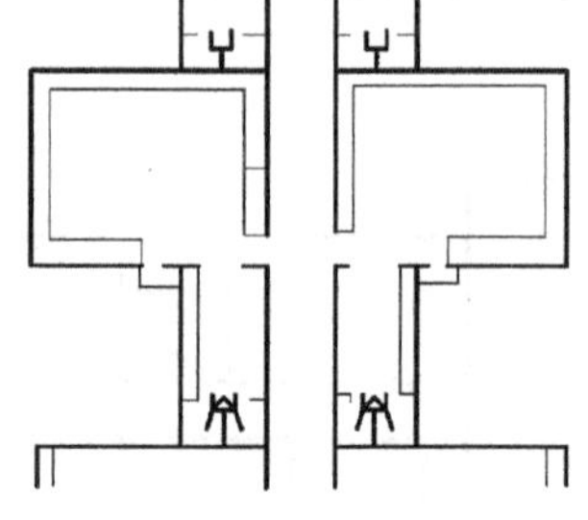

带有附属房间的教室（1）

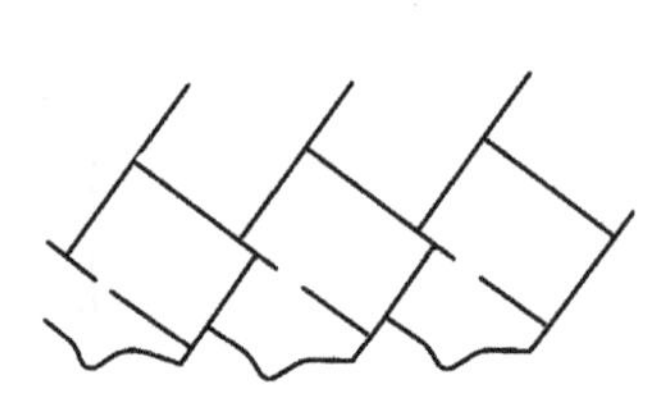

带有附属房间的教室（2）

图6–13　教室组合类型

（图6–14）。

• 音乐、舞蹈教室的设计要点

中小学校音乐课主要内容为讲授音乐基础知识、音乐欣赏、乐器示范演奏和练习合唱。有些学校将音乐教室兼作为课外活动时间的声乐、乐器、舞蹈等兴趣小组的活动场所。在学校总平面设计及建筑组合中，必须充分考虑音乐教室的位置，使其位置既不影响其他教室的授课，又不受来自其他方面的噪声对本室的影响（图6–15）。音乐教室宜远离教学楼单独设置，必须设在楼内时宜放在尽端或顶层。小学的律动课、中学的舞蹈课宜有专用的舞蹈教室，中学应男女分设，每生占4~6m^2。

• 美术、书法教室的设计要点

美术教室是培养学生掌握美术基础知识的基本技能，提高学生观察能力、形象思维能力、美术欣赏能力和表现能力的场所。中小学的美术课应根据不同性质，分别在不同的专用教室上课。如素描、写生可在设有画架、静物台的教室中上课；如绘制图案画、临摹画，做手工作业等，则应在设有绘图桌的教室上课。我国中小学校应设置书法教室，供学生学习我国传统的文化艺术。书法教室可兼做图画、水彩画、版画等学习场所（图6–16）。

• 实验室的设计要点

物理、化学、生物是几门基础学科，在中学学习期间要掌握其基础知识，培养实验技能，因此开设了物理、

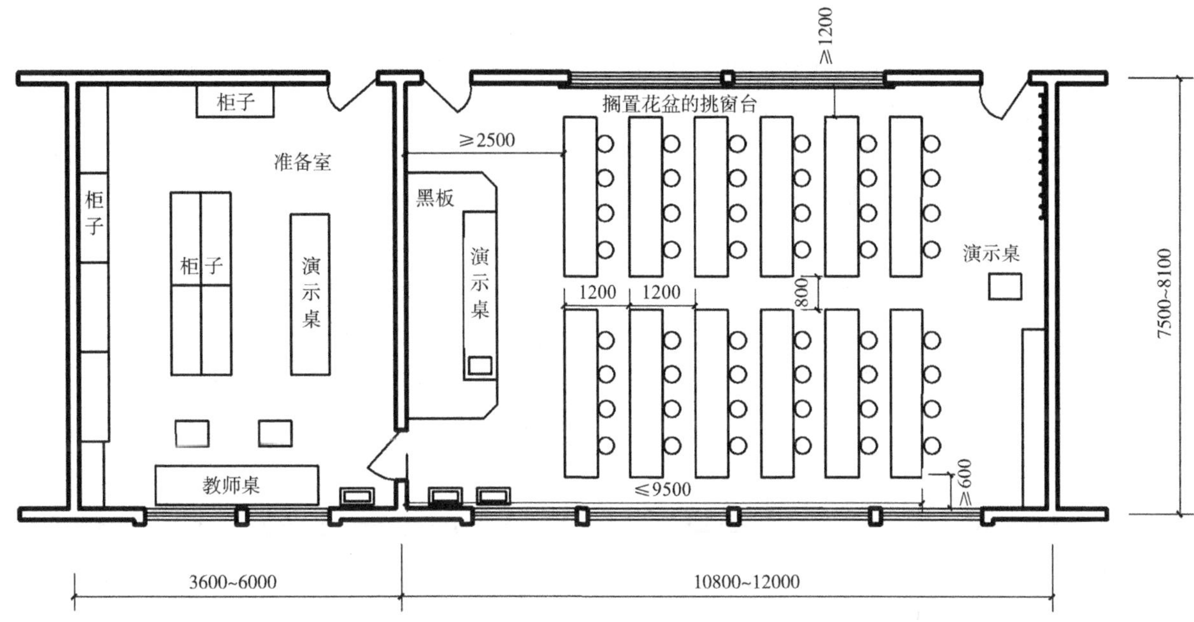

图6–14 小学自然教室平面布置

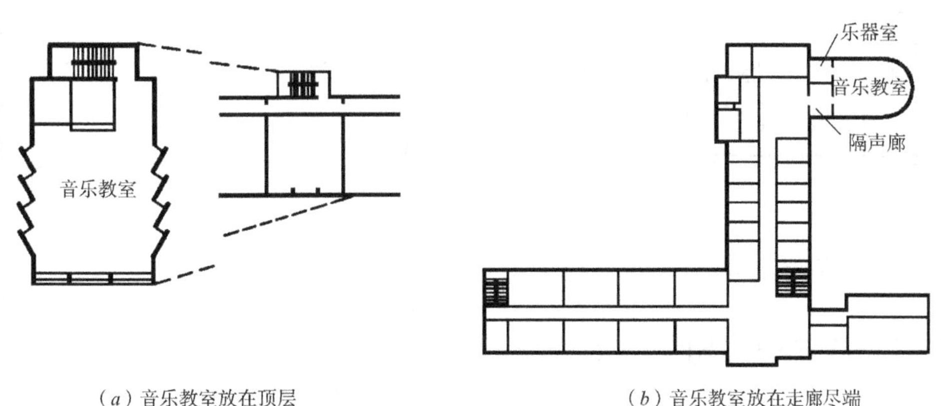

（a）音乐教室放在顶层 （b）音乐教室放在走廊尽端

图6–15 音乐教室位置

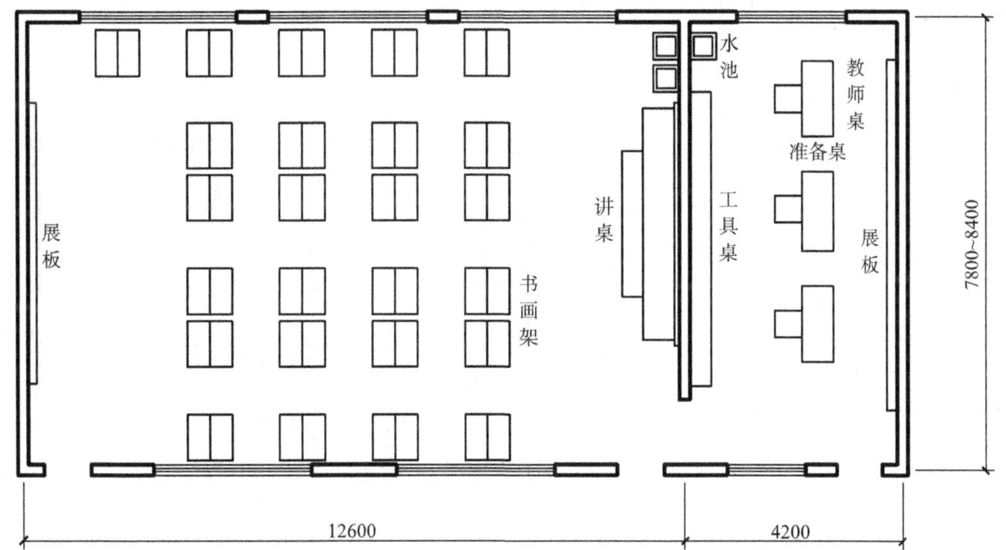

图6–16 美术、书房教室布置

化学、生物实验课。实验室设计需要满足额定人数的实验操作位置，并且应扩大存储空间。其中，化学实验室应设置在底层；试剂室应设于北向房间；实验室应与准备室、试剂室、仪器室有门相通（图6-17）。物理实验室应设遮光设施（图6-18）。生物实验室的辅助用房有标本室、模型陈列室或设置标本、模型陈列室（图6-19）。

有很多小规模学校实验室的总数量为1~2间，在学科上不仅能上化学、物理实验课，也能同时上生物实验课。在这种情况下，应设有不同学科的实验准备室，以保证各学科教学。

• 语言、微机教室的设计要点

学生可以在语言教室内利用耳机、录放音设施等训练语言能力，且不受外界噪声干扰，对提高教学质量、培养学生听说能力、提高外语水平，有较为突出的优越性，因而各校应配备语言教室。语言教室的位置应选择在教学楼中较为安静、便于管理、便于使用的部位，一般以顶层端部或设一独立体部为宜（图6-20）。中小学应设置计算机教室，应保证微机教室的足够的使用面积，以便布置出符合使用要求的微机教室（图6-21）。

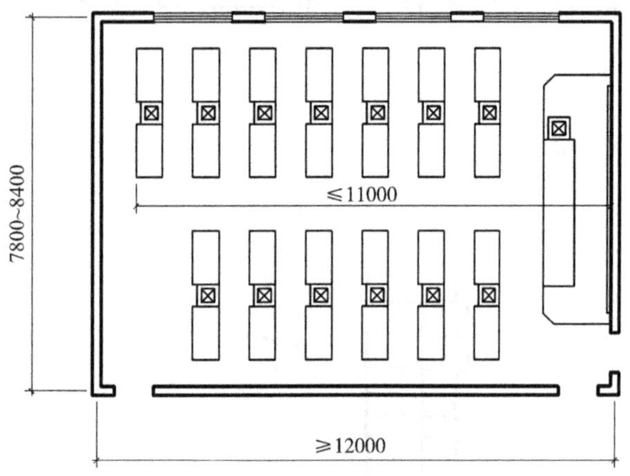

图6-17 化学实验室布置

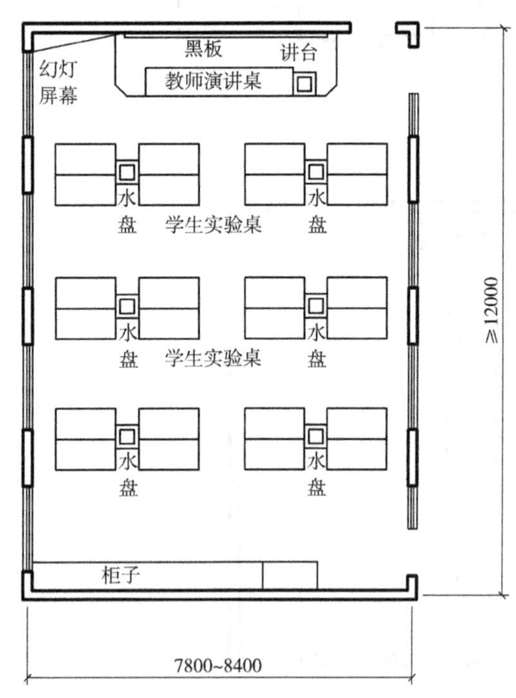

图6-19 生物实验室布置

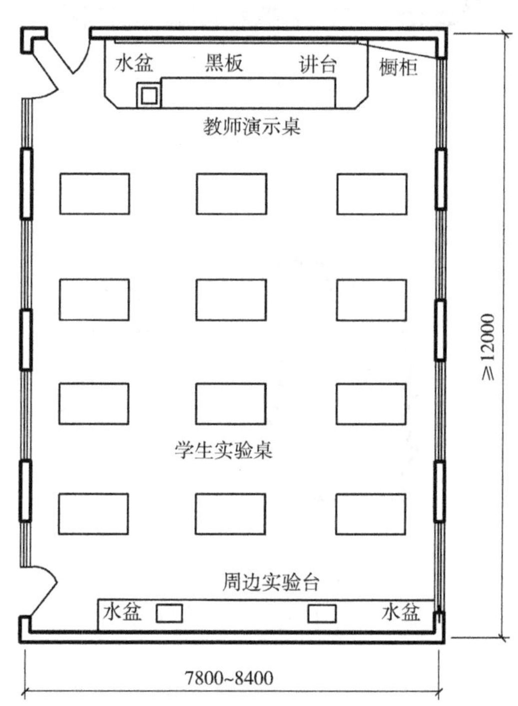

图6-18 物理实验室布置

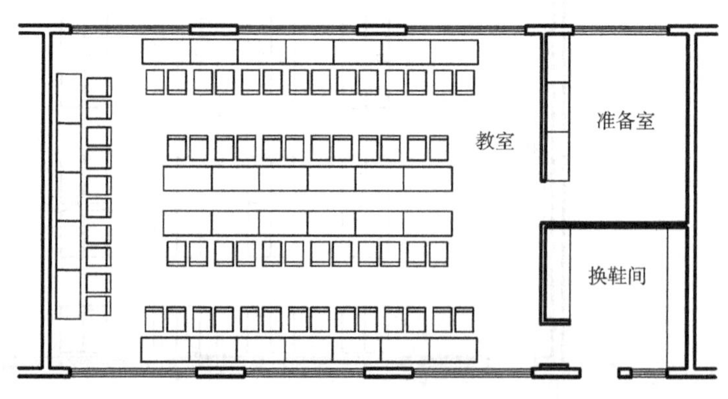

图6-20 语言教室房间的布置

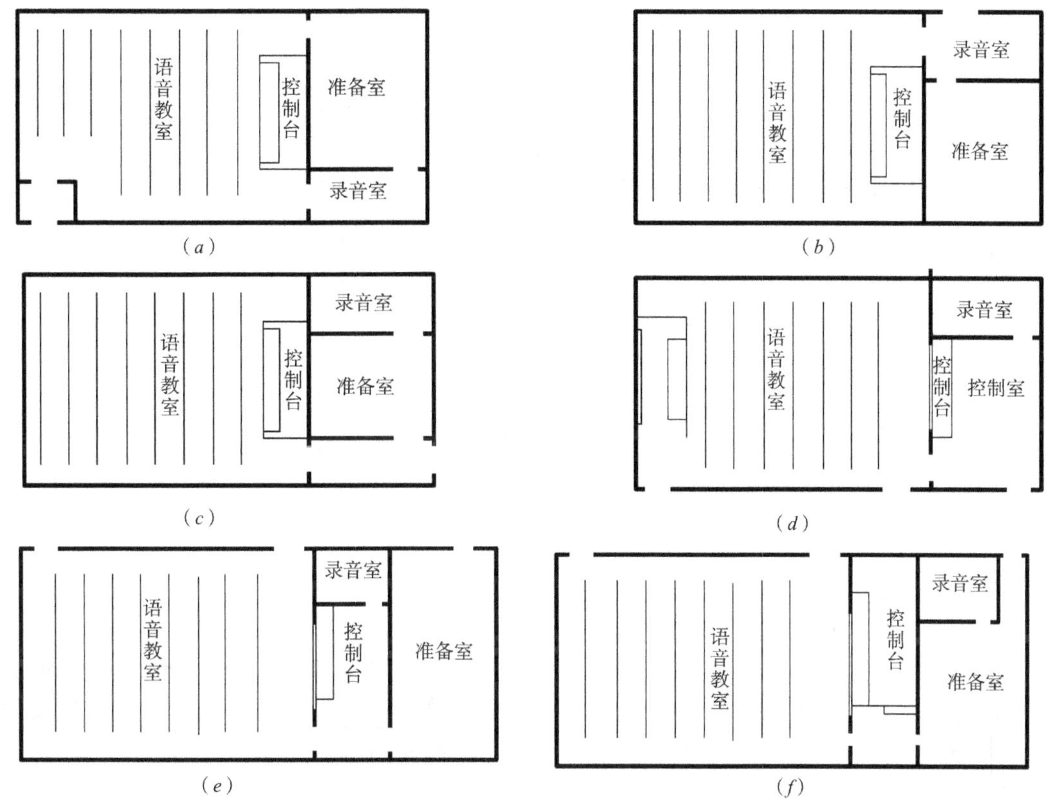

图6–21　微机教室房间的布置

• 史地教室的设计要点

史地教室是通过理论及直观教学活动获得有关知识，了解人类活动与地球资源及地理环境的关系等。史地教室宜设陈列室、储藏室等附属用房，也可在教室内设置供存放仪器、挂图、展品、岩石标本等的位置。

（3）公共教室设计

公共教学用房包括：合班及视听教室、多功能教室、图书阅览室、电教教材制作用房等。

• 图书阅览室设计

图书阅览用房的设置，绝大多数学校按规定的面积指标在教学楼或综合楼中设置图书室、学生及教师阅览室。少数重点学校或规模较大、历史较长的学校常设计成图书楼（馆）。它可以构成一栋独立建筑，也可以是综合教学楼中的一个独立体部。

图书阅览室（或图书馆）应设于教学楼内（或学校内）较为安静的部位，便于学生及教师利用的场所。图书阅览用房包括图书馆、学生及教师阅览室。当学校规模较大及图书资源较多时，还可单独设置教师资料室、音像资料室等。以上各室应根据功能需要相邻布置，成为一个独立区，以便于开展图书借阅、管理、修复、装订等（图6–22、图6–23）。

• 视听教室

装备有映播图像器械及播放、录音、扩音系统的公用教室称为视听教室。视听教室的设计要点：必须满足各种电教器材的使用要求及所需空间与设备。室内的采光、照明除满足规定标准外，尚应考虑在进行电视教学时，室内应保持有一定的照度，以便参看教材及记录。当放幻灯及利用投影进行教学时，为保证幕布上影像的清晰，应设暗窗帘遮挡外部光线。室内应保持良好的声环境。视听教室宜设在北向，为便于管理，可将学校配备的各种电教器械的教室集中地布置在顶层端部。[8]

3）办公、辅助和生活服务用房设计

（1）办公用房

• 教学办公用房包括教研室、休息室等，应与教室有方便的联系，以朝南为宜，可独立布置，通过连廊与教学楼连接起来，也可以与教学用房布置在同一幢教学楼中。

• 行政用房宜设党政办公室、会议室、保健室、广播室、社团办公室和总务仓库等。行政用房宜靠近学校入口，一般设在一、二层，以便对外联系；广播室的窗宜面向操场布置；保健室的窗宜为南向或东南向布置。

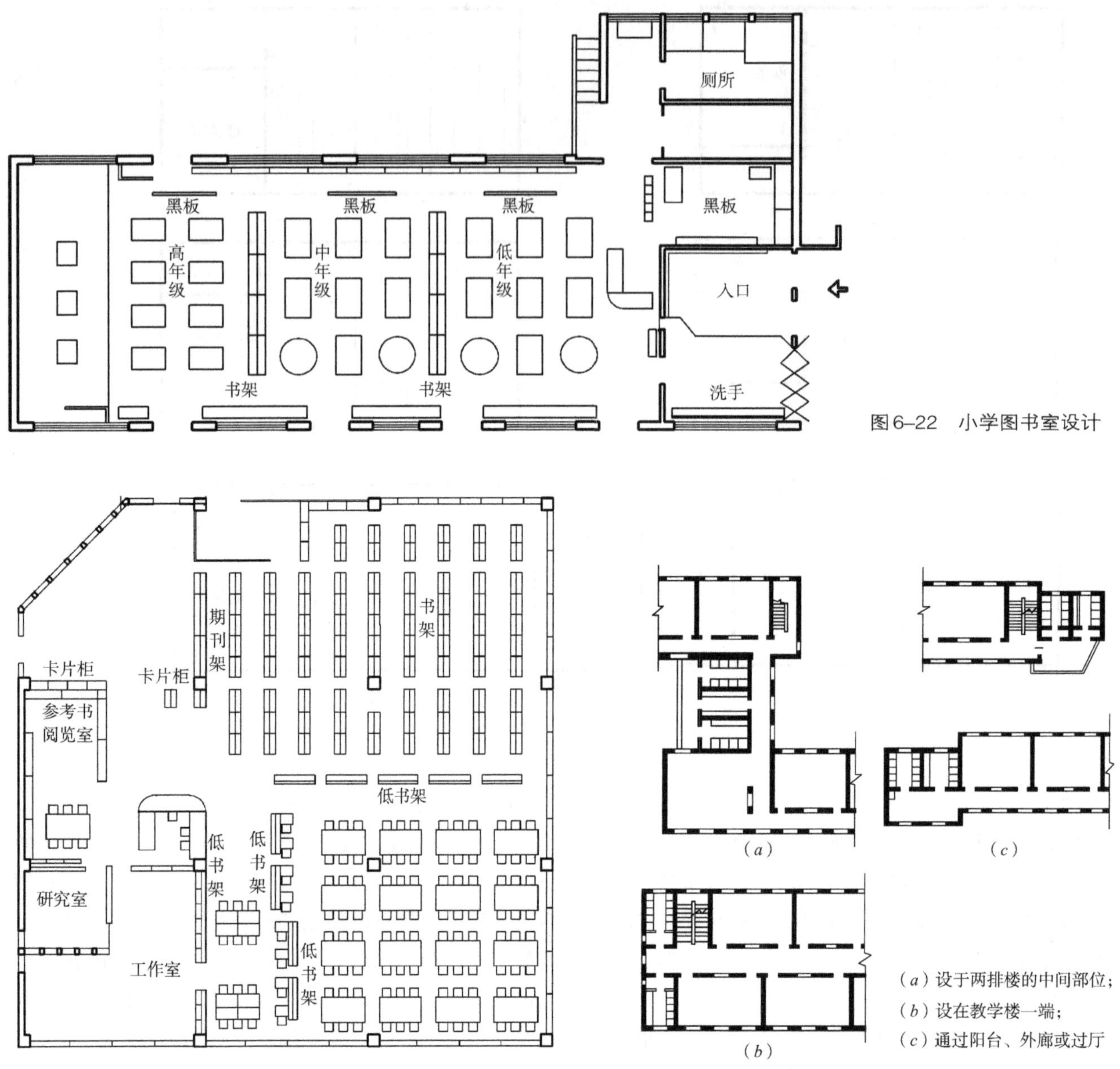

图6–22 小学图书室设计

图6–23 一般开架图书室设计

图6–24 厕所位置图

(2) 生活服务用房

生活服务用房宜设厕所、沐浴室、饮水处、教职工单身宿舍、学生宿舍、食堂、锅炉房、自行车棚。教学楼厕所应每层设置。当学校运动场中心距教学楼内最近厕所超过90m时，可设室外厕所，其面积宜按学生总人数的15%计算，厕所布置如图6–24。教学楼内应分层设饮水处，宜按每50人设一个饮水器。

4）各类用房的组合关系

教学楼除了普通教室之外还包括专用教室及公共教学用房等。这些用房与普通教室之间既有不同的功能要求又有密切的联系，尤其在采用集中式组合或整体群组的布局时，各种用房的组合方式对教学活动的效果有很大的影响，因此必须根据组合的基本原则认真研究他们的组合方案。

(1) 普通教室的组合

普通教室单元的划分及组合应以方便教学活动的组织为原则，同一年级各班的教学计划与内容是相同的，因此普通教室应按年级分组，根据学校规模每组以2~4个教室为宜，根据不同条件，各组教室的组合方式是多种多样的，除了各组单栋分散布局之外，往往以交通走廊为纽带构成不同的组合方案。

• 沿直线纵向展开组合

各组教室沿直线型走廊排列，在各组端部设置楼梯及附属服务用房（图6–25）。这种组合方式交通简洁，各组之间用过渡空间分隔，分组明确，建筑形体较简单，但在安排普通教室与其他部分组合时应合理组织交通联系，教室组数不宜过多，以免纵向走廊过长，穿行人流过多产生干扰。

• 沿直线横向展开组合

在纵向走廊的一侧或两侧横向伸展普通教室组，并可利用纵向走廊安排附属服务用房及公共活动空间（图6–26）。这种方式可以减少每组教室间的相互干扰，并便于各种形式教室的组合，但各组之间应保持适当的间距，以保证良好的通风、采光条件。

• 沿折线组合

这种组合方式的建筑形体变化较大，可利用走廊的转折处集中安排附属服务用房或活动空间，以加大各组教室间的距离，减少相互干扰（图6–27）。

• 院落式组合

将教室单元错开组成庭院或围绕大厅排列，使教室

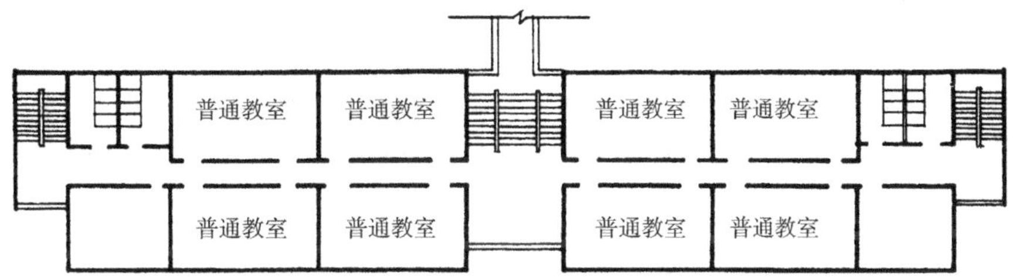

图6–25　沿直线纵向展开组合

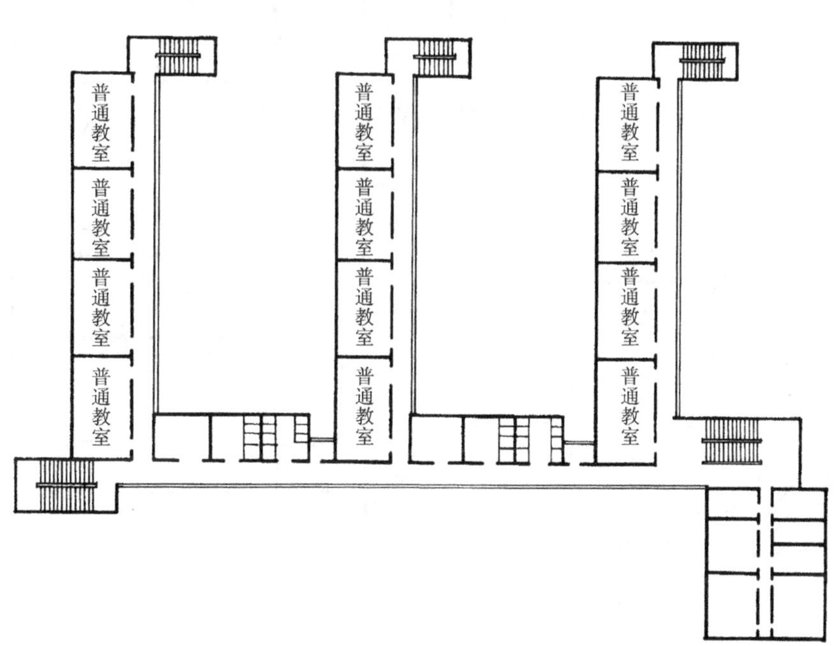

图6–26　沿直线横向展开组合

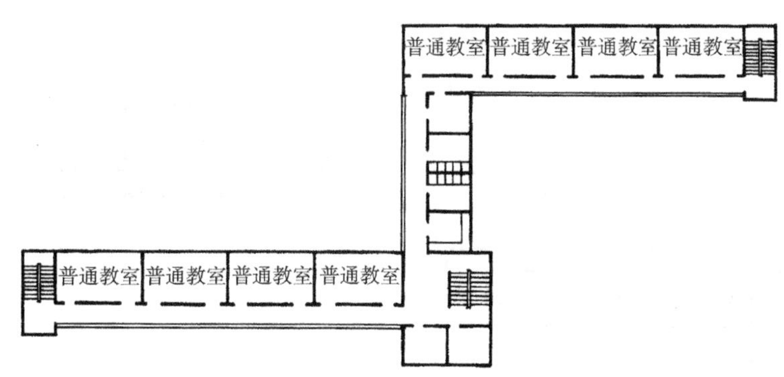

图6–27　沿折线组合

与室外场地或大厅联系紧密，产生丰富的空间组合，创造安静而亲切的学习环境（图6–28）。采用这种组合方式，必须充分考虑到交通流线的组织及有足够的建筑间距，否则将造成交通混乱或相互干扰。

• 混合式组合

根据各校的不同条件，普通教室的组合可以混合多种形式。例如小学可以将低年级部分做一层院落式的组合，而高年级做多层直线展开组合，或者部分单栋分散布局与部分多层集中组合相结合等方式，有利于更灵活地解决使用功能、建筑造型及结构经济等问题。[9]

（2）普通教室与专业教室的组合

中小学的音乐教室、自然教室、史地教室、美术教室等，在使用功能、技术设施、房间规格、结构与构造方面与普通教室有差别。它们一般是多班次轮流使用，某些专用教室（如音乐教室等）会对普通教室产生干扰，一般可以将专用教室组合在教学楼的一端或作为突出部分毗连在一侧（图6–29），也可以组合成独立的建筑，以走廊与普通教室相连（图6–30）。

（3）普通教室与其他用房的组合

中小学的行政办公室、教师办公室及图书室、科技活动室等是为全校师生服务的，行政办公室应既便于对内联系又便于对外接洽，教师办公则应能简洁地到达普通教室，但他们与普通教室之间应当有适当的分隔，使办公区形成良好的秩序和安静的环境。图书馆及科技活动中心等用房则更应注意与普通教室之间的联系，如果位于教学区的中心地带则便于学生使用。

（4）各种类型组合平面（图6–31）

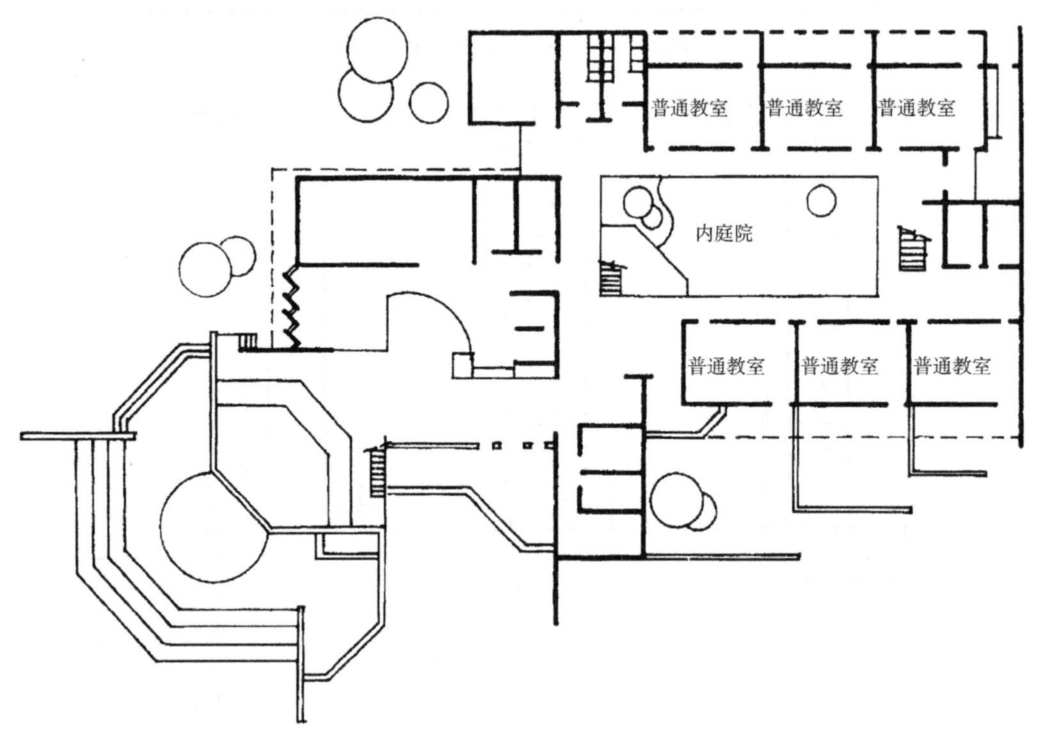

图6–28 院落式组合

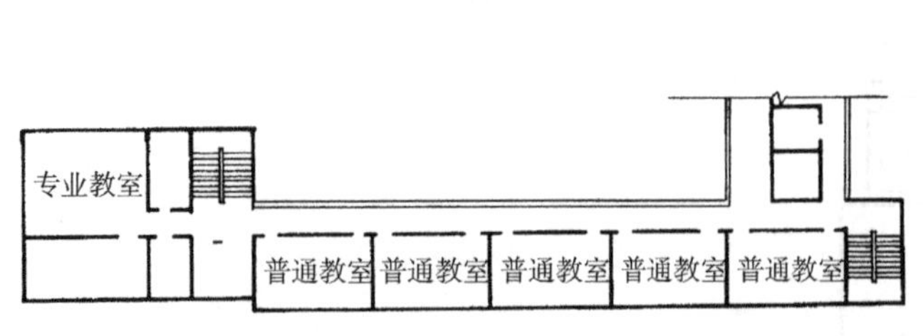

图6–29 专用教室组合在教学楼的一端，或作为突出部分毗连在一侧

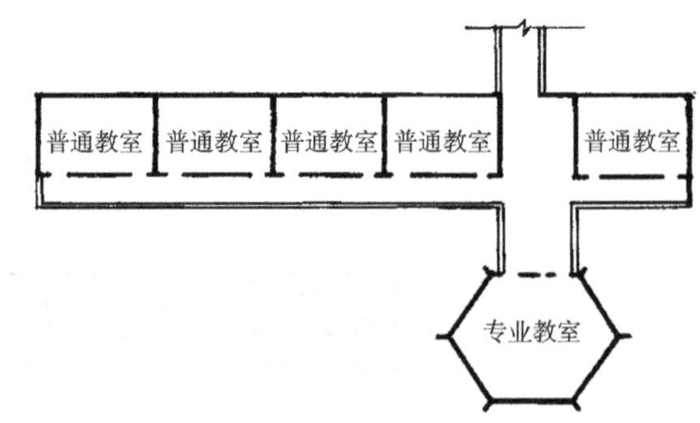

图6–30 以走廊与普通教室连接

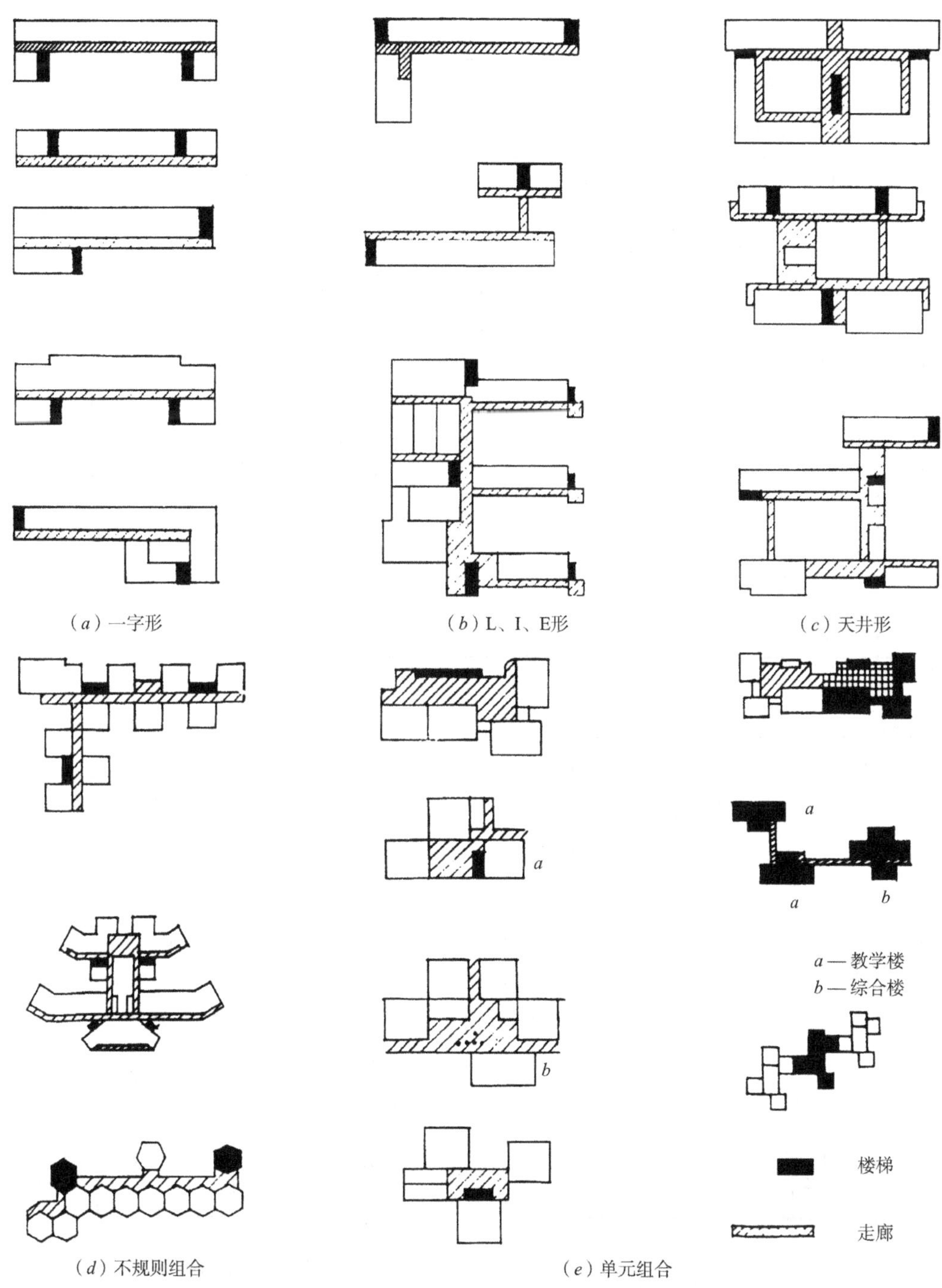

图6–31　各种类型组合平面

6.2.4　体育活动场地设计

体育活动场地和各种教室一样是学校必备的组成部分，它是体育课上课和课外活动的场所。室外体育运动场地面积分析见表6–7。

1）足球场

一般性比赛的足球场地，长为100~110m，宽为64~75m。设有400m标准跑道的足球场长为105m，宽为68m。小型足球场（可东西划分为两个小场）长为90~110m，宽为45~75m（图6–32）。长轴基本为南北向，可适当偏置，以避免长轴与主导风向平行和运动员正对太阳产生眩光，根据当地地理位置、风向和比赛时间等因素确定最佳方位。

2）篮球场

标准场地为15m×28m，缓冲区一般为边线外2m，底线外2m，国际标准为边线外6m，底线外5m，室外场地长轴为南北向（图6–33）。

运动场地面积要求　　表6-7

学校类别及规模			跑道		足球场（m^2）	篮球场（m^2）	排球场（m^2）	其他（m^2）	总计（m^2）	每生用地（m^2）
			规格	用地						
小学	市中心	12班	60m直	640	—	2×608	2×286	300	2728	5.05
		18班	60m直	640	—	3×608	2×286	600	3636	4.49
		24班	60m直	640	—	3×608	3×286	900	4222	3.91
	一般	12班	200m环	5394	—	1×608	1×286	—	6288	11.64
		18班	200m环	5394	—	2×608	1×286	200	7096	8.46
		24班	200m环	5394	—	3×608	2×286	500	7682	7.11
中学	市中心	18班	100m直	930	—	3×608	2×286	600	3926	4.36
		24班	100m直	930	—	3×608	3×286	900	4572	3.76
		30班	100m直	930	—	4×608	4×286	600	5106	3.40
	一般	18班	250m环	7031	小型（35×60）	2×608	1×286	300	8833	9.81
		24班	250m环	7031		2×608	2×286	600	9419	7.85
		30班	300m环	9105	大型（45×90）	3×608	2×286	900	12401	8.26
			400m环	13000	大型（69×104）	3×608	3×286	900	21582	14.38

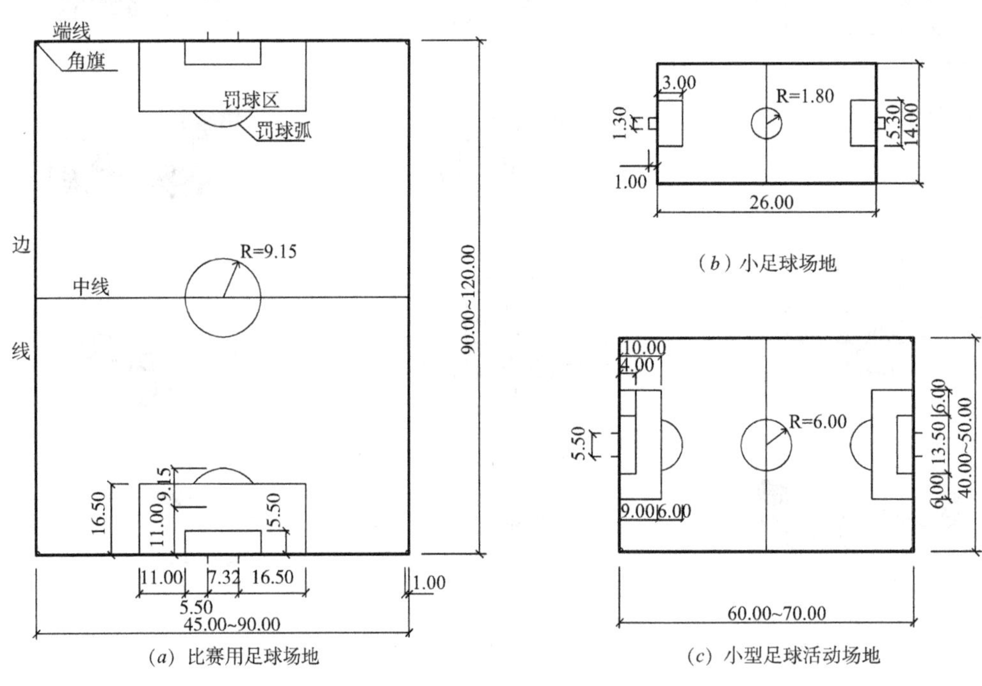

(a) 比赛用足球场地
(b) 小足球场地
(c) 小型足球活动场地

图6-32　足球运动场地（单位：m）

3）网球场（图6-34）

4）羽毛球场（图6-35）

5）排球场

标准场地为9m×18m，缓冲区一般为边线外3m、底线外3m，缓冲国际标准为边线外5+3m、底线外3m，场地上空一般7m、国际标准为12.5m，均不得有障碍。室外场地一般要求长轴为南北向（图6-36）。[10]

6.2.5　交通空间设计

1）门厅

（1）门厅的功能：为教学楼主要交通枢纽，具有接纳、分配人流的作用，即从门厅经走廊、楼梯把人员分散至各个房间。门厅是全楼人员集散的中心，也就成为了张贴宣传、布告的最好位置。入口门厅往往成为建筑造型中突出的艺术处理部分，它既能美化建筑的内外

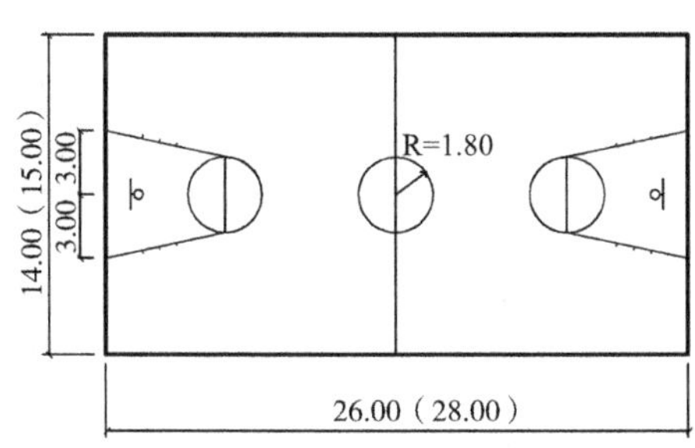

（*a*）一般比赛用场地（括号内数表示国际比赛用篮球场地）

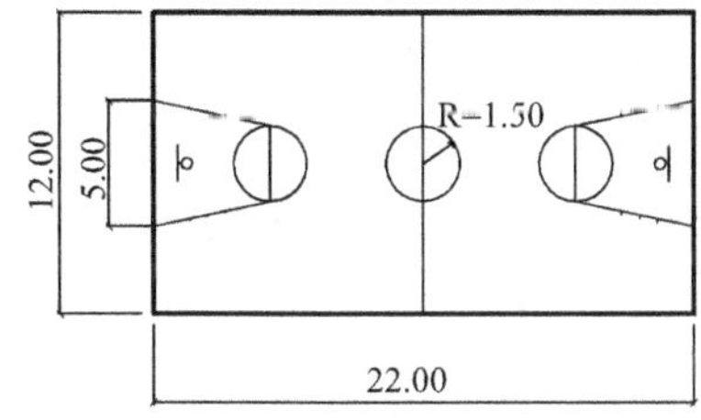

（*b*）小型篮球场地

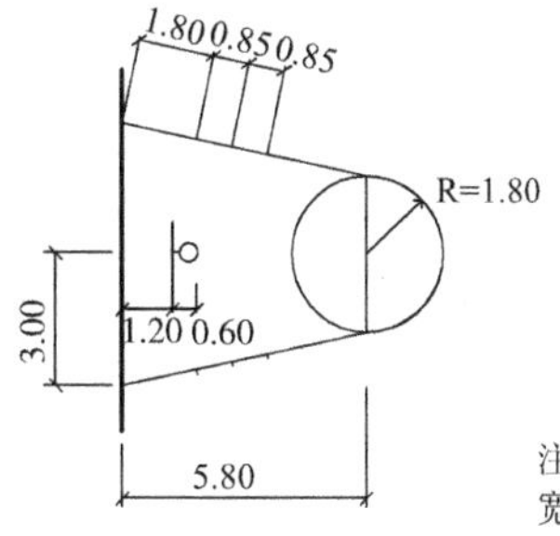

注：1.场地外各边不应有小于2m宽的缓冲地带，但需注意端线外篮球架长度；

2.场地界限宽度为50mm、以外缘为准。

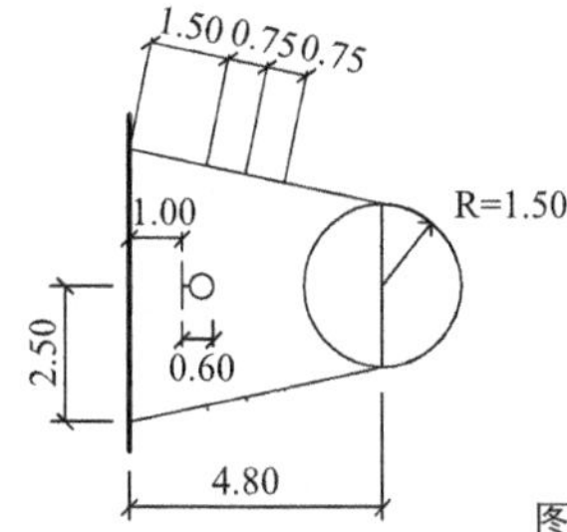

图6–33　篮球运动场地（单位：m）

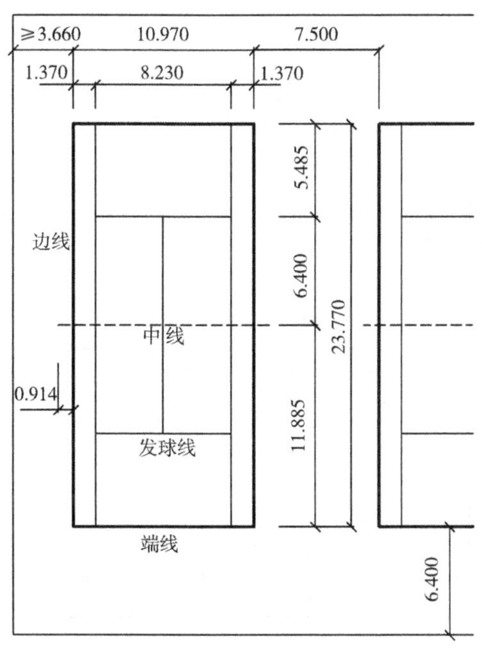

图6–34　网球运动场地（单位：m）

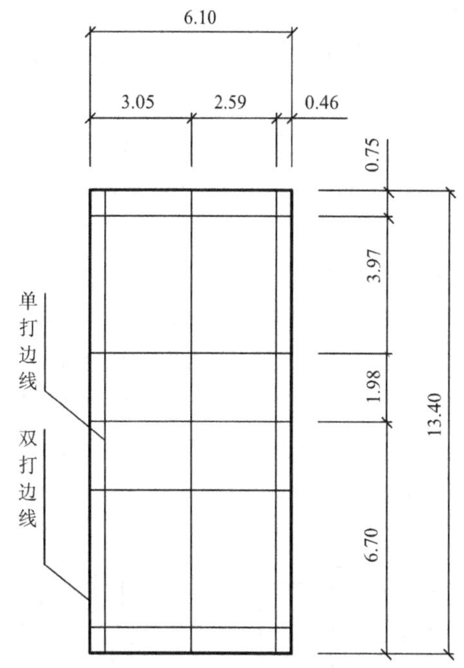

图6–35　羽毛球运动场地（单位：m）

（*a*）一般及比赛用场地

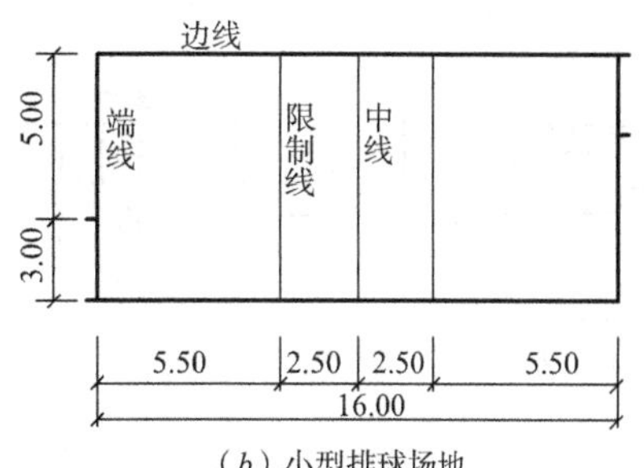

（*b*）小型排球场地

图6–36　排球场运动场地（单位：m）

檐，又能美化建筑内部空间环境，即是人流集散中心，也是建筑构图的中心。

（2）门厅设计要点：门厅内的人流比较复杂，大致有从门厅分散至走廊、楼梯的人流，楼内各部分之间的联系人流。各路人流都包括正、反两个方向的移动，故路线要简洁、通畅，尽量少交叉。如图6–37所示，楼梯直接设在入口一侧的布局或是联系方式较少的布局，其交叉点较少。

2）走廊

（1）走廊的宽度

根据《建筑设计防火规范》（GB 50016—2006）规定，疏散走道、安全出口、疏散楼梯和房间疏散门每100人的净宽度见表6–8。根据《中小学建筑设计规范》（GBJ 99—86），教学楼用房走道宽度：内廊净宽不应小于2100mm；外廊净宽不应小于1800mm；行政及教师办公用房走道净宽不应小于1500mm。走廊的宽度取决于通行量及走廊长度。中小学校教室多采用向内开启的门，此外，窗扇的开启也不应该影响走廊的活动。兼作课间休息、活动和有宣传窗的走廊，宽度还要根据需要加宽，例如较长的中廊宽度可为3000mm，外廊、暖廊宽可为2400mm。

（2）走廊的长度

从安全疏散的观点来看，为了在允许的疏散时间之内使全部人员疏散到室外，走廊长度不应过长。也要考虑到，当一个楼梯发生事故而不得不集中使用另外的楼梯时会增大疏散距离的因素。另外，走廊过长也必将造成通风、采光、噪声等环境质量的下降。

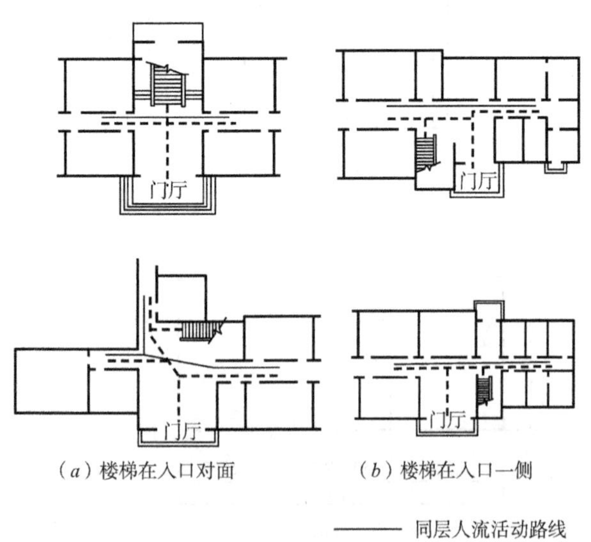

（a）楼梯在入口对面　（b）楼梯在入口一侧

图6–37 门厅内人流活动路线图

疏散走道、安全出口、疏散楼梯和房间疏散门每100人的净宽度　表6–8

层数	耐火等级			层数	耐火等级		
	一、二级	三级	四级		一、二级	三级	四级
一、二层	0.65	0.75	1.00	≥四层	1.00	1.25	—
三层	0.75	1.00	—				

（3）走廊内高差处理

走廊高差变化处必须设置台阶时，应设于明显及有天然采光处，踏步不应少于三级，并不得采用扇形踏步。走廊内允许设坡度较小的坡道，如不陡于1：10的坡度。

3）楼梯

楼梯是垂直交通的"大动脉"，中小学校的人员密度较大，上下课时走廊、楼梯人流集中。因此，楼梯间应直接采光。楼梯的位置、数量、宽度、坡度、形式等都必须认真设计，特别是当紧急疏散时能保证在规定的时间内，将人员顺利地通过楼梯疏散到室外。

（1）楼梯的数量和位置

在教学楼内，楼梯的数量和位置应该满足《建筑设计防火规范》（GB 50016—2006）的规定，安全疏散的距离见表6–9及图6–38。

安全疏散距离　表6–9

名称	直接通向疏散走道的房间疏散门至最近安全出口的最大距离（m）					
	位于两个安全出口之间的疏散门			位于袋形走道两侧或尽端的疏散门		
	耐火等级			耐火等级		
	一、二级	三级	四级	一、二级	三级	四级
学校	35	30	—	22	20	—

房间的门至最近的非封闭楼梯间的距离，如房间位于两个楼梯间之间时，应按表6–9减少5m；如房间位于袋形走道两侧或尽端时，应按表6–9减少2m。

公共建筑应避免人流过分集中于一部楼梯，安全出口的数目不应少于两个。当二、三层的建筑（医院、疗养院、托儿所、幼儿园除外）符合表6–10的要求时，可设一个疏散楼梯。

（2）楼梯的形式

中小学生活泼、好动，不宜采用楼梯井的三跑楼梯。如采用有楼梯井的楼梯，应在楼梯井的一侧设置防护措施。在教学楼中最好采用普通的折跑楼梯（楼梯井

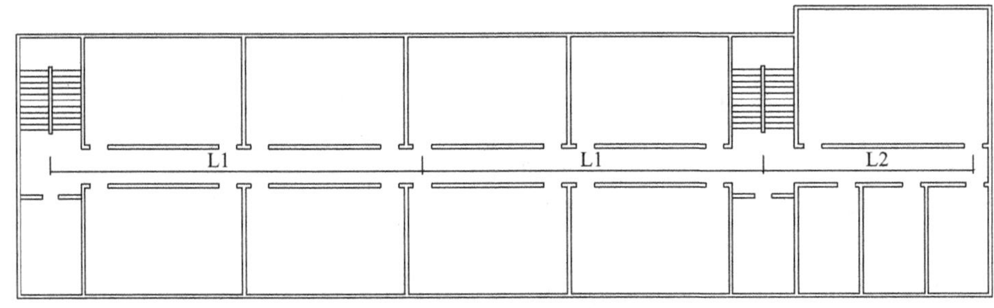

图6–38 安全疏散距离

L1：位于两个外部出口或楼梯间之间的房间门；L2：位于袋形走道两侧或尽端的房间

的空隙不应超过200mm），按防火规范规定，超过五层的教学楼应设封闭楼梯间，以保证火灾发生时楼梯不成为燃烧的垂直烟道。另外，学校建筑的主楼梯不宜是全开敞的室外楼梯，以避免人流密集时发生事故。楼梯间靠墙的一面应设扶手，以保证疏散安全。顶层楼梯水平安全栏杆应特别加高至1100~1200mm，或做成花饰直通到顶棚。

设置疏散楼梯的条件　　　表6–10

耐火等级	最多层	每层最大建筑面积（m²）	人数
一、二级	3层	500	第二层和第三层人数之和不超过100人
三级	3层	200	第二层和第三层人数之和不超过50人
四级	2层	200	第二层人数不超过30人

（3）楼梯宽度

楼梯宽度计算应按《建筑设计防火规范》（GB 50016—2006）规定的百人数据选用，见表6–8。另外，依据《民用建筑设计通则》（GB 50352—2005）规定：楼梯墙面至扶手中心线或扶手中心线之间的水平距离即楼梯梯段宽度除应符合防火规范的规定外，供日常主要交通用的楼梯的梯段宽度应根据建筑物使用特征，按每股人流为0.55+（0~0.15）m的人流股数确定，并不应少于两股人流。0~0.15m为人流在行进中人体的摆幅，公共建筑人流众多的场所应取上限值。

梯段改变方向时，扶手转向端处的平台最小宽度不应小于梯段宽度，并不得小于1.20m，当有搬运大型物件的需要时，应适量加宽。楼梯平台上部及下部过道处的净高不应小于2m，梯段净高不宜小于2.20m［注：梯段净高为自踏步前缘（包括最低和最高一级踏步前缘线以外0.30m范围内）量至上方凸出物下缘间的垂直高度］。

（4）楼梯的基本尺寸

每跑楼梯踏步不得多于18步，不得少于3步。中小学校楼梯不宜采用螺旋楼梯及弧形楼梯。计算楼梯踏步可用以下公式：

$2R+T=600$mm

式中 R——踏步高（中学可取140mm、150mm、160mm）；

T——踏步面宽（相应为320mm、300mm、280mm）。

对于身材矮小的小学生的跨步距离可取：

$2R+T=580$mm

式中 R——踏步高（可取130mm、140mm、150mm）；

T——踏步面宽（相应为320mm、300mm、280mm）。[11]

6.2.6 建筑立面造型设计

学校的建筑造型必须是在满足内部功能空间要求的前提下，结合外部的环境空间进行设计。不考虑内部功能和空间的外观造型是无益的，也必然造成某些方面的虚假和浪费。建筑造型是学校对外最直接的形象，学校建筑的外观形象之美的确可以对一座城市起到“添砖加瓦”的作用，也可给学校的未来带来较为广泛的社会效应和经济效益，因此，强调学校的建筑外形设计也是非常必要的。

例如新加坡华侨中学（图6–39），占地面积29公顷，学校位于交通便利的武吉知马路旁，交通便利，周围佳木葱茏、环境优美。校园建设极具规模，建筑中西合璧，呈现独特的面貌。建筑师在进行造型设计及环境处理时，保留了一些传统建筑中坡屋顶、红瓦白墙的元素，同时融合了西方建筑的风格。教学楼的钟楼是新加坡国家重点文物之一。

再如美国巴克贝利中学（图6–40），一期建设包括

图6-39 新加坡华侨中学

图6-40 美国巴克贝利中学

26间教室、8间科学实验室和2间健身房。二期建设项目包括办公用房、媒体教室、公共艺术区和其他技术用房以及大面积的学校厨房。设计中的一大特点在于，学校的建设不仅为学生们提供高效的教学环境，同时也在放学后成为社区活动的良好空间。建筑的院落使建筑能够自然通风，并将天然采光引入建筑首层。所有的教室、媒体中心、健身房及公共空间等均通过天窗或太阳光管接收自然光。

再如江苏南通某中学（图6-41），校园占地5万m^2，校舍建筑面积3.5万m^2。两栋教学楼通过连廊相连，增加建筑的采光和通风效果。通透明快的体量，不仅使建筑外观上更具特色，更能营造出一种和谐的建筑氛围。

图6-41 江苏南通某中学

另外，中小学建筑应因地制宜，充分运用当地的地方建筑材料，通过对当地材料利用，来创造和凸显当地材料在建筑造型中的特色，使建筑更加能够融入当地的自然景观之中。

6.3 实例分析

6.3.1 庭院式校园——江苏锡山市某实验小学

学校规模：44班

总用地面积：52800m^2

总建筑面积：21500m^2

1）总平面设计

学校教学区规划按单元式组合方式，分教学综合一楼、教学综合二楼、艺术楼、综合办公室等组合单元，以廊连接形成诸多室外庭院。各庭院种植草坪、树丛、花木，丰富了室外空间。各教学单元的层数、平面组合形式相近，但各具特色。故整体效果既统一又有变化，形成一完整并富有活泼气氛的花园式校园。学校设施齐全，运动设施有：400m环形跑道运动场、风雨操场、游泳池（图6-42）。

2）教学用房设计

在综合楼顶层设天文馆，学校设艺术楼，主要安排音乐教室、舞蹈教室等。其他各种专用教室分别设于教学综合一楼及教学综合二楼之内。各教学单元体，一般为三层外廊式建筑。由于房间组成数量少，教室间的干扰甚小，故而创造了良好的学习环境（图6–43）。

3）建筑立面造型设计

在建筑物外观上，以体形、色彩、图案的多种组合，形成绚丽多彩、轻快活泼的建筑组群（图6–44）。

6.3.2　注重交往空间的设计——河南洛阳市某小学教学楼

用地面积：24.56亩（16381m²）

建筑面积：4786.25m²

学校规模：18班小学

学校主要用房规格与面积：

普通教室：6900mm × 9000mm

自然、计算机教室等6900mm × 11100mm

阶梯教室：11400mm × 17700mm

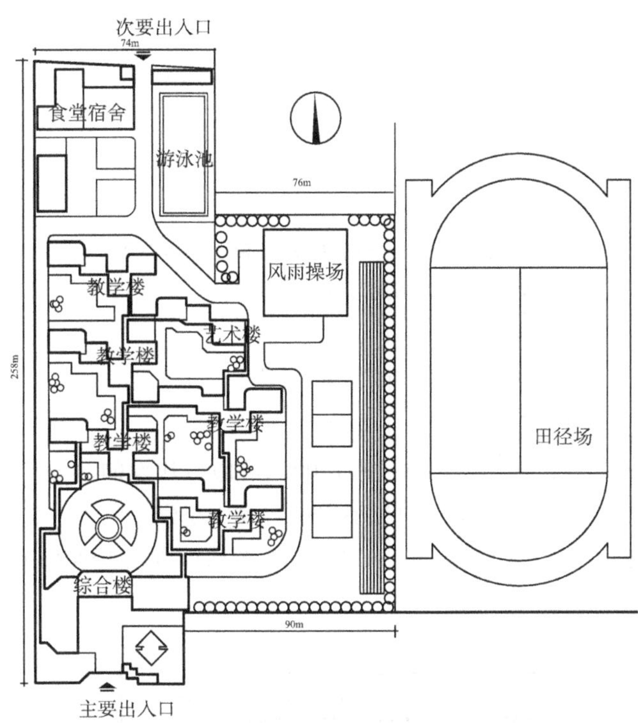

图6–42　江苏锡山市某实验小学总平面图

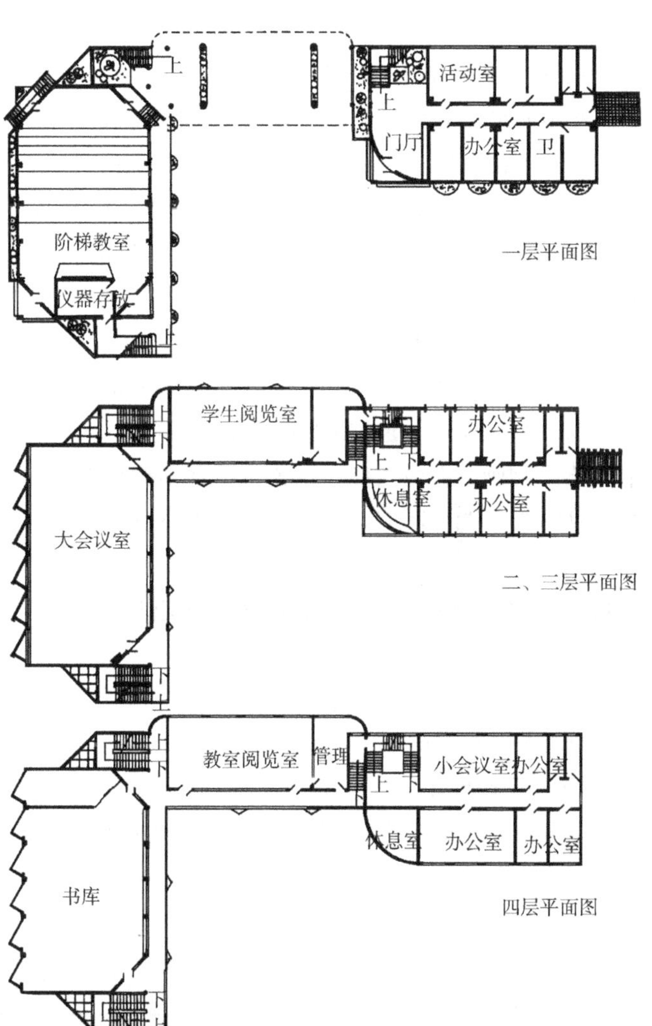

图6–43　江苏锡山市某实验小学综合楼

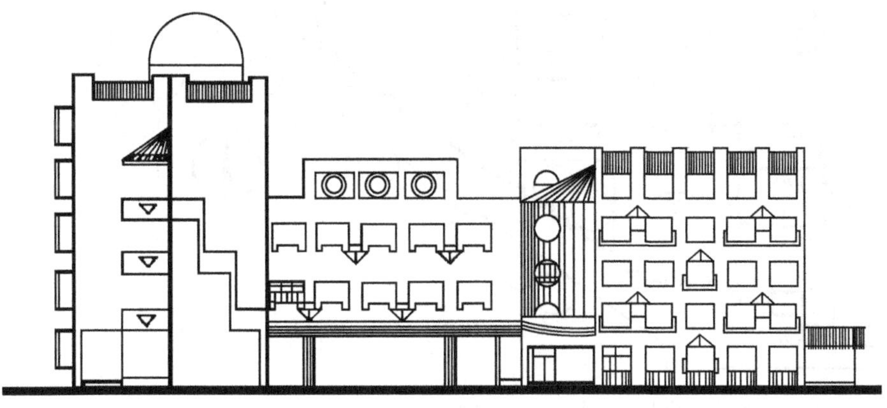

图6–44　苏锡山市某实验小学综合楼南立面

体育馆：18000mm × 24000mm（不包括辅助用房）

1）总平面设计

学校总平面布置紧密结合地形，合理地进行功能分区，有效地组织和利用室外庭院空间、校门内的前庭广场及校门外的缓冲空间，创造了良好的学习、生活及提高素质教育的环境（图6–45）。

2）教学用房设计

在平面组合中，利用门厅、交往空间、走廊等将各种用房组织在一起；设置的交往空间为学生提供了一个交往、展览的空间和全天候的游戏场所。同时交往空间的内天井空间可上下渗透，也增加了空间的趣味性（图6–46）。

3）建筑立面造型设计

造型设计考虑到儿童的心理特点，以重复的三角形为母题，多次运用，使造型活泼、大方，同时，考虑到洛阳盛产陶画，在主立面上设置了体现学校特点的陶画，以烘托学校的学习气氛（图6–47、图6–48）。

6.3.3 木结构建筑——日本武雄市若木小学

学校规模：6班

总用地面积：12699m^2

总建筑面积：3630m^2

1）总平面设计

考虑到冬季北风强烈，两层高的特别教学楼与管理楼呈“L”形背靠北侧修建，能减弱风力。半圆弧形走廊周边分散着6间普通教室，以高、中、低方式两个一组。校舍的一端是一个大型的可供集会、聚集、开展体育活动的多功能厅，图书馆与其相连修建。另外，若木小学以回归自然的开放式空间、休闲道、绿化区直接地融入了当地建筑中（图6–49）。

2）教学用房设计

教室的设计，必须要认识到，这里是激发学生学习兴趣、调动老师教学热情的地方，因此。在其房间大小和课桌椅的摆放上要与需求相适应。学校地处北方，冬季漫长，教室外设有连廊，用于日常活动。由于房间组成数量少，教室间的干扰甚小，故而创造了良好的学习环境（图6–49）。

3）建筑剖面空间设计

若木小学大量使用了日本丰富的森林资源，采用木结构和部分钢筋混凝土结构，抗震性能好。整个木结构建筑与周围建筑相呼应（图6–50）。

6.3.4 综合性学校——日本长野县浪和学校

学校规模：小学6班、初中3班

用地面积：16456m^2

教学综合楼建筑面积：4876m^2

1）总平面设计

该学校是为人口只有1000人的山村建设的，每年级有学生10名左右的超小规模学校由小学、中学、文化馆、体育馆等组成，在规划初期就将保育园也纳入进

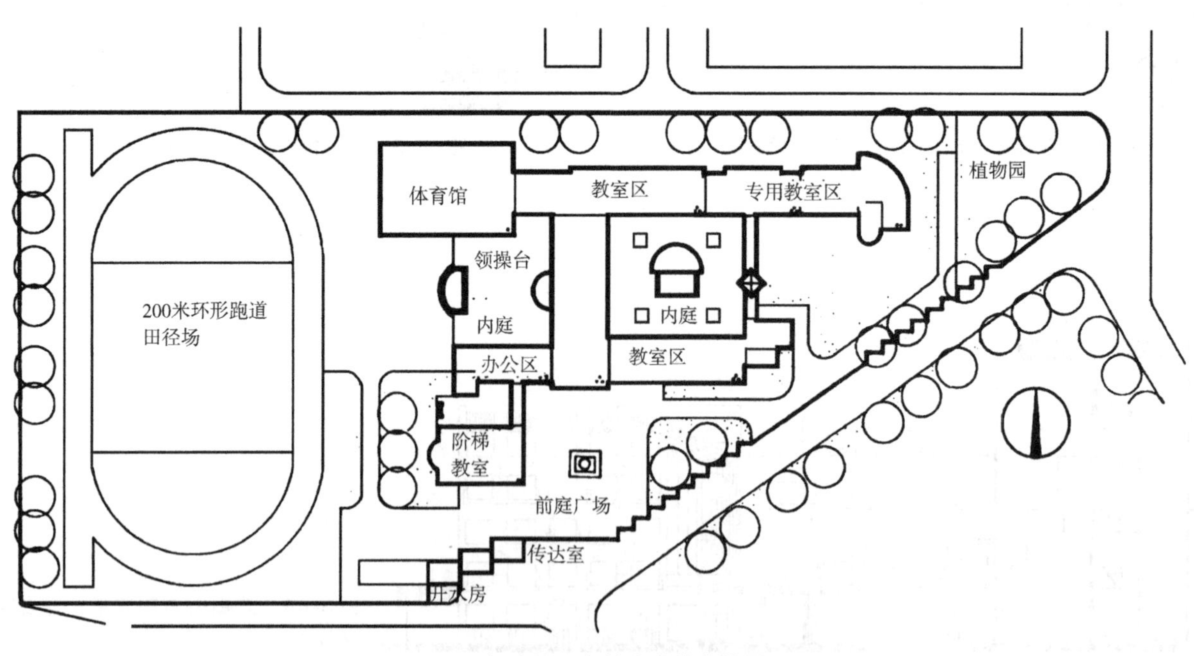

图6–45 河南洛阳市某小学教学楼平面图

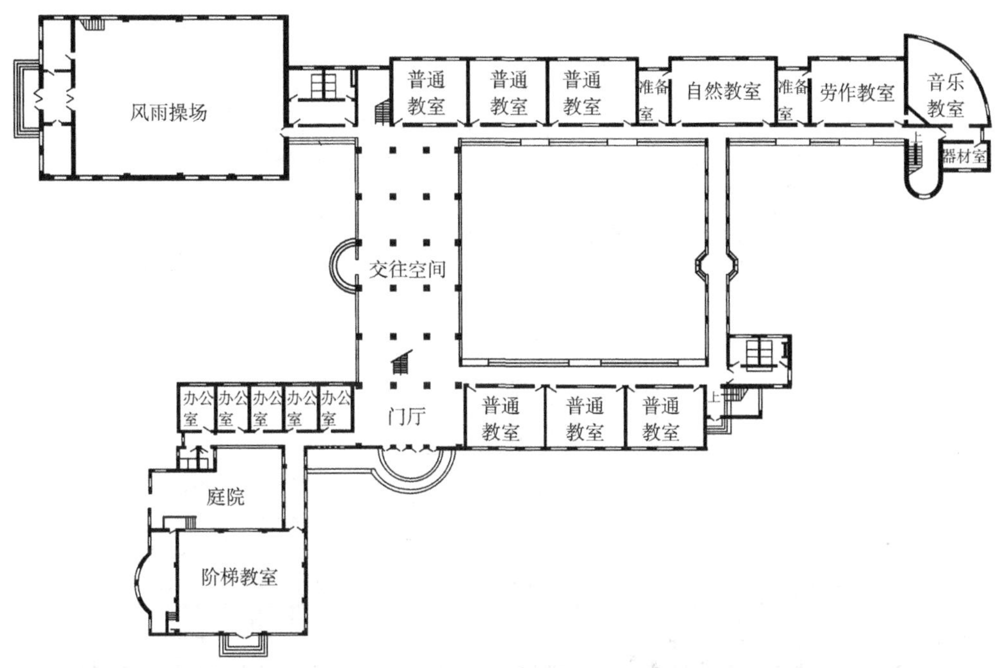

综合教学楼　底层平面

综合教学楼　　二层平面

图6–46　河南洛阳市某小学教学楼底层、二层平面图

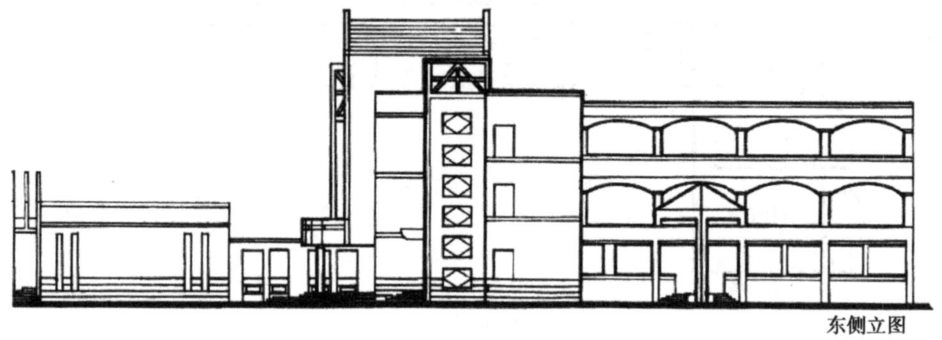

图6–47　河南洛阳市某小学教学楼

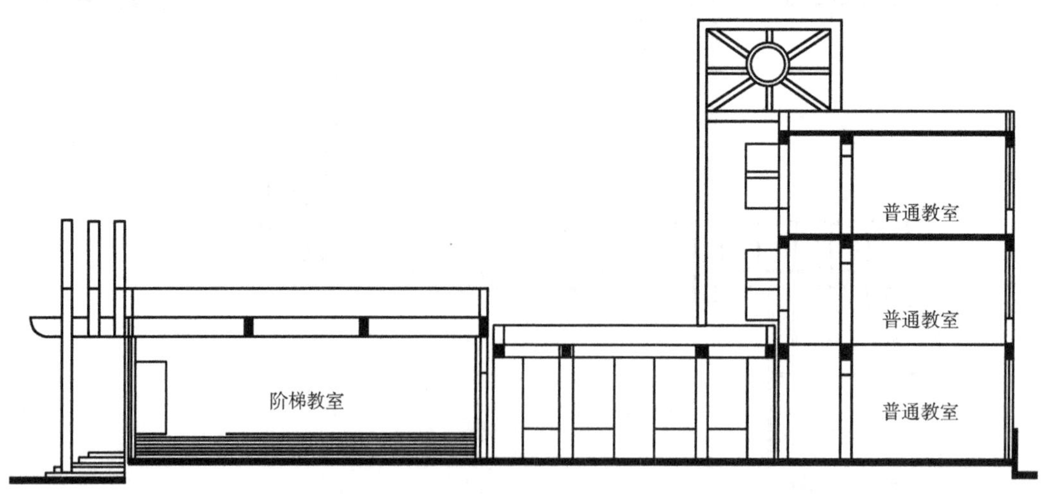

图6–48　河南洛阳市某小学教学楼剖面图

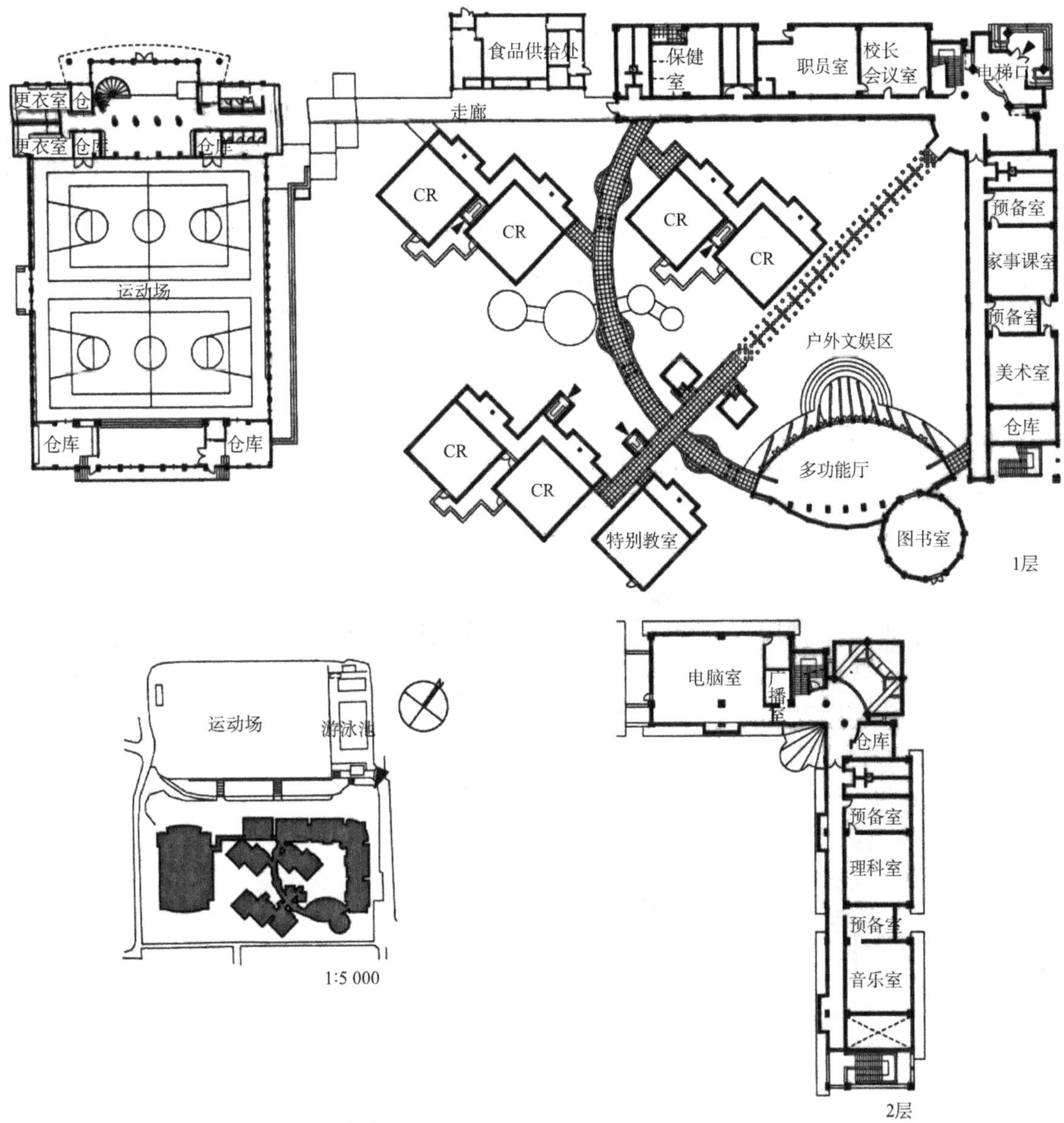

图6–49　若木小学总平面、各层平面图

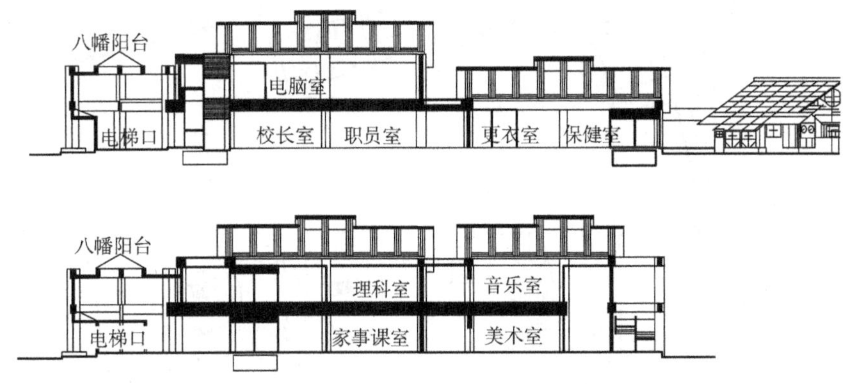

图6–50　若木小学特别教室楼剖面图

来。学校建在南北短、东西长的不规则地段，小学教学楼建在南侧，中学教学楼建在北侧，设计独特的走廊将小学与中学连通。这样的布局，突出了学校功能关系，创造了良好的学习环境。

2）教学用房设计

主楼内设有中学和小学共用的食堂、音乐室、教员室。小学中、低年级是直线开放式空间，南侧设有改善光照与通风环境的绿化阳台，为几乎每一个教学空间带来了绿色景观。西侧是交流广场，是学生间相互交流及噪声缓冲的地带。高年级聚集在建筑上层，特别教室由各种科目综合组成（图6–51）。

3）建筑剖面空间设计

坡屋顶的设计很有韵律感、层次感，增加了房间的内部空间，还可以减少雨雪的压力（图6–52）。

6.4 参考书目及解读

6.4.1 理论类参考书

1）张宗尧，李志民.中小学建筑设计.北京：中国建筑工业出版社，2004.

该书较全面地论述了我国中小学建筑设计的原理、步骤与方法。主要内容包括：普通中小学校校址选择与

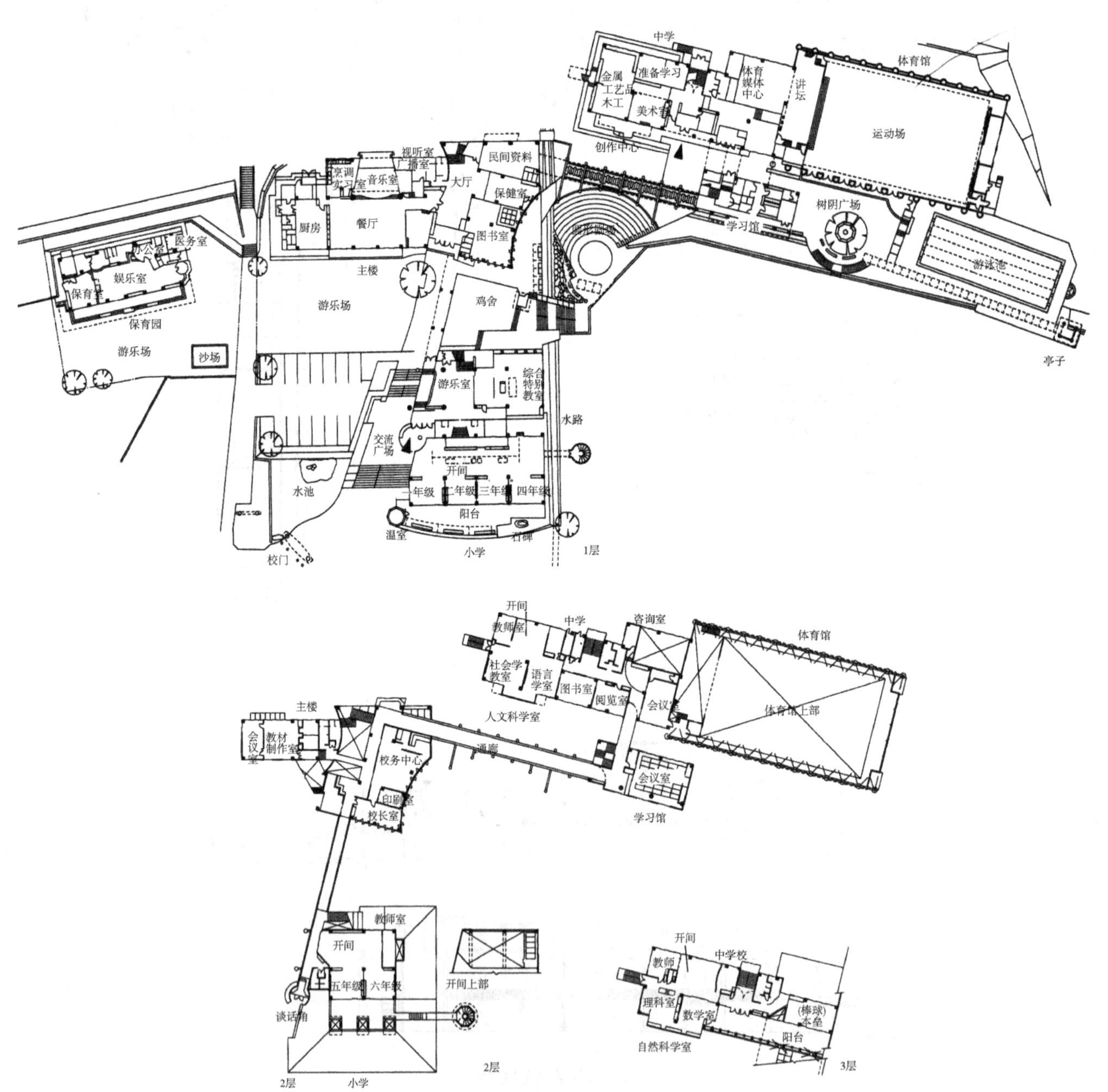

图6–51 日本长野县浪和学校总平面图及各层平面图

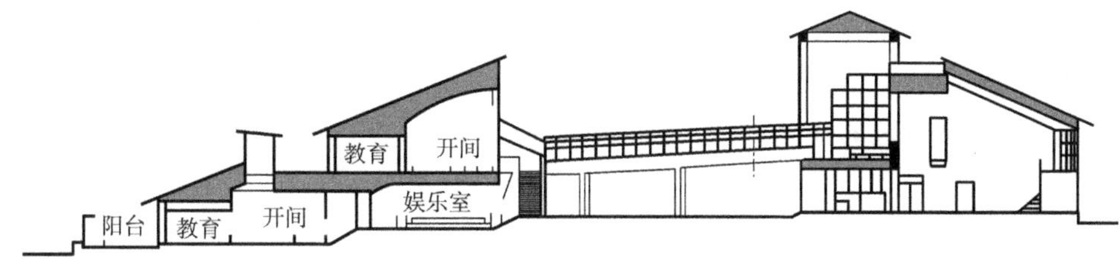

图6-52 日本长野县浪和学校剖面图

总平面设计，普通教室、专用教室设计，公共教学用房设计，办公、辅助用房及交通体系设计，教学楼组合设计，体育活动设施、新型学校建筑空间及造型设计等。书中还介绍了学校建筑的发展及动向，国外中小学校建筑设计的发展等，旨在为我国教育建筑的发展提供参考与启迪。最后，展示了若干类型的各具特色的建筑实例。书中附有现行中小学校课程设置计划、各类型学校面积、规划及有关国家规定指标。

2）张宗尧.托幼、中小学校建筑设计手册.北京：中国建筑工业出版社，1999.

该书包括：托幼建筑及中小学校建筑两种建筑类型，分别按校（园）址选择、校园布局、单体建筑组合、各种用房的设计、室内外环境设计等方面编制。两种类型的建筑分别按章设一定数量的实例，图、文、表并重。在中小学校建筑中，包括普通中小学校及特殊教育学校（盲校、聋校、弱智学校）。

3）（美）布拉福德·珀金斯.中小学建筑.北京：中国建筑工业出版社，2005.

该书是国外建筑方法与实践系列丛书之一，该套丛书向建筑师提供了快速启动各种专用设施设计所需的关键要素。《中小学建筑》为开展学龄前、幼儿园以及中小学等专用建筑的设计提供了基本资料。通过大量的工程照片、图表、平面、立面和细部详图，深入地涵盖了与学校建筑的特定需要有关的结构、设备、音响、交通和安全方面的问题，并提供了有助于正确开展设计、避免出错等联系实际的基本设计指导原则。

4）刘学贤.建筑师设计指导手册.北京；机械工业出版社，2006.

本书共四篇，第一篇为基础知识、第二篇为总体设计、第三篇为单体设计、第四篇为工程经济。第三篇单体设计中的第六章是幼儿及中小学建筑设计。该书浓缩精华，以建筑设计规范与建筑设计资料为基础，以设计为主线，简明扼要地介绍了常见民用建筑关于设计方面的技术要求，为建筑设计以及相关专业的读者提供了基础资料和参考依据。

6.4.2 图集类参考书

1）董华，张原.中小学建筑设计图说.济南：山东科学技术出版社，2006.

该书为“现行建筑设计规范图说大全”之一，全面系统地介绍了中小学建筑设计的基本知识。内容包括：选址及总平面、教学用房、专用教室、体育运动设施、行政和生活服务用房等。

2）建筑设计资料集03（第二版）[M].北京：中国建筑工业出版社

《建筑设计资料集》为建筑设计行业的大型工具书，是一本很好的最基本的建筑设计工具用书。其中第03集以工具手册的形式，介绍了中小学建筑的选址、平面功能布局、教学用房及体育活动场地设计等内容，均以较为具体的数据及详细的文字讲解与图示。

3）日本建筑学会编.建筑设计资料集成（教育·图书篇）[M].天津：天津大学出版社.

该书由（幼儿园、小学、中学、高中）教育建筑，（大学、研究所）教育建筑和图书馆建筑构成，实例丰富，图纸齐全，参考价值较大。

6.4.3 其他类参考书

1）《中小学建筑设计规范》（GBJ 99—86）

该规范是中小学建筑设计的专门规范，应把握的主要内容有：

（1）总则：了解本规范的适应范围

（2）2.1.1中小学建筑的选址

（3）2.2.3学校运动场地的设计

（4）3.2.1教室内课桌椅的布置

（5）4.2.1生活服务用房的设计

（6）5.1.1学校主要房间的使用面积指标

（7）5.2.2学校主要房间的净高

（8）6.2.1教学楼走道的净宽

2）《民用建筑设计通则》（GB 50352—2005）

该规范是建筑设计的重要规范，应要求对该规范的内容进行全面的了解。

3）《建筑设计防火规范》（GB 50016—2006）

该规范要求了解第5章民用建筑的安全疏散的基本要求。

注释：

[1] [3、4、8、9、10]张宗尧.中小学建筑设计[M].北京：中国建筑工业出版社，2000.

[2] [1、5]董华，张原.中小学建筑设计图说[M].北京：中国建筑工业出版社，2006.

[3] [11]建筑资料集第二版03集[M].北京：中国建筑工业出版社.

[4] [2]（美）布拉福德·珀金斯.中小学建筑.北京：中国建筑工业出版社，2005.

[5] [6、7]刘学贤.建筑师设计指导手册.北京：机械工业出版社，2006.

图片来源：

[1] 图6-1~图6-4：http：//news.a963.com/news/detail/2009-10/19820.shtml

[2] 图6-5~图6-7，图6-24：《中小学建筑设计图说》

[3] 图6-8~图6-23，图6-25~图6-31，图6-32~图6-38，图6-42~图6-48：《中小学建筑设计》

[4] 图6-39，图6-40：http：//www.austarstudy.com/School-list.aspx?country=8&type=1&types=1

[5] 图6-41：http：//jingdian.tuniu.com/fengjing/10464

[8] 图6-49~图6-52：《日本建筑学会编．建筑设计资料集成[教育.图书篇]》

第7章　个人与大众行为互动的空间设计
——图书馆设计

7.1　图书馆建筑设计专题概述

7.1.1　图书馆发展概况

1）图书馆建筑发展变革

图书馆大体上经历了两千多年的发展历程。由于社会、政治、经济、技术的发展，新载体、新印刷技术的不断涌现，造成图书馆管理、功能与布局上的不断变化，从早期空间上以藏为主、藏阅合一，逐渐向复合空间的藏阅并重、藏阅分离转变。

现代图书馆出现于20世纪初，西方国家的图书馆建筑在规模上超越了历史，在平面布局上开始突破了房间的固定分隔，并以大柱网、大空间适应调整、互换的灵活性。其次，开始采用了“藏阅合一”的管理方式，大量实行开架借阅，后经过逐步完善，形成了“模数式图书馆”的设计模式。“模数式图书馆”建筑产生于20世纪30年代的欧美，它按照一定的模数式原则进行设计，讲究施工装配化、配件标准化，建筑具有统一的层高、柱网和承载能力，一般表现为通透、扩展的大平面，实现藏、阅、借一体化。模数式现代图书馆可以较灵活地适应信息技术、网络技术不断发展对图书馆业务工作的冲击，能根据信息服务的需要调整功能用房的建筑区域。

2）我国图书馆建筑的历史

建于明朝的浙江宁波“天一阁”是中国现存最早的图书馆建筑，其主要功能是藏书，很少借阅。20世纪初，受西学东渐的影响，现代意义的图书馆建筑开始在我国出现，基本形成了藏、借、阅、管的独立系统，如清华大学图书馆、东南大学孟芳图书馆。新中国成立后，我国的图书馆事业得到了迅速发展，大致分为三个阶段：

20世纪50~70年代中期，主要采用闭架管理的方式，强调借、阅、管、藏功能的独立分区。

70年代后期，图书馆以读者为主，开架阅览、进库借阅。

80年代起，我国图书馆建设引入了“模数式”设计方法，全国新建和扩建了一大批各种类型的图书馆，图书馆的现代化程度也逐步提高。

7.1.2　图书馆建筑类型及特点

1）建筑类型

按照系统和业务关系划分，图书馆可以分为以下几类：

（1）公共图书馆

是包含多门学科、多种文化载体，并具备借阅、收藏、管理、流通等完整使用空间和必要技术设备的图书馆。其最高一级是国家图书馆，如中国国家图书馆（图7–1），省、市、自治区图书馆是我国公共图书馆的主体，县图书馆及各种基层图书馆直接为本地的广大群众服务，担负社会教育及普及科学文化知识的任务。表7–1为公共图书馆建设规模与藏书量对应指标。

公共图书馆建设规模与藏书量对应指标　　表7–1

规模	藏书量（万册）
大型	150以上
中型	50~150
小型	50及以下

（2）专业图书馆

收集特定文献的载体，为专业人员提供阅览和研究的图书馆。主要为研究、生产等部门而设立，包括国家各种科学研究院图书馆，如中国科学院图书馆（图7–2），各专门研究机构和省、市、自治区所属专业研究所图书馆。这类图书馆的服务对象主要是专业人员，有

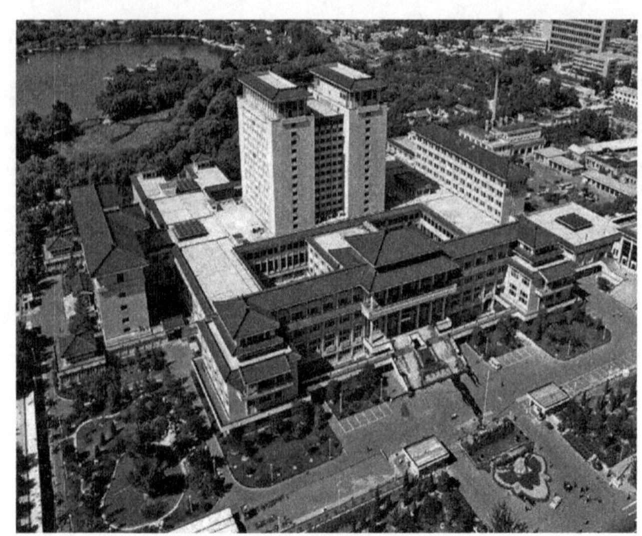

图7–1　国家图书馆

时也对外开放，开展咨询服务。

（3）学校图书馆

包括高等院校图书馆以及中小学图书馆，是学校的文献信息中心，服务对象是全校师生员工，有时也对公众开放。图7–3所示的西南民族大学图书馆新校区馆于2008年3月落成，是一所以民族类文献资源为特色，包含文、史、哲、理、工、农、法、经济、管理等多种学科文献资源的综合性大学图书馆。除了按系统划分外，图书馆还根据藏书特点分为综合性图书馆和专业性图书馆，有时按读者对象分为儿童图书馆、青年图书馆、少数民族图书馆等。

2）现代图书馆建筑的特性

（1）交流性

当今社会生产生活方式的变革改变了人们对于图书馆的认识，图书馆已不仅仅是伏案苦读的地方了，人们更希望其成为会友交流的场所，希望图书馆提供形式多样的文化活动，如参加各种讲座、培训或演讲，在轻松舒适的氛围中享受学习与交流的快乐。

（2）开放性

信息社会，新知识、新技术、新观念层出不穷，越来越多的公民意识到终身学习的重要性，图书馆则被公认为是一个向社会成员提供终身教育的最佳场所。因此，图书馆要充分发挥在现代信息社会中的作用，树立开放观，服务于更多的社会公民。

7.2　图书馆设计内容与方法

7.2.1　用地选址

一座图书馆建成后能否发挥其应有的效能，选址是一个很重要的影响因素。图书馆的选址在符合城市文化建筑总体布局规划的前提下，还需要考虑以下重要的条件：

1）接近服务对象，交通便捷

图书馆是为广大读者服务的，所以，从方便读者考虑，一般公共图书馆布置在读者流向的中心区域。高校的图书馆为了方便师生的使用，一般布置在教学区与宿舍区之间的位置。

2）环境安静

不论是公共图书馆还是学校图书馆，都应该尽量有一个相对安静的环境，才能使读者安心地读书、学习和研究。但也不能为盲目追求“环境安静”这一条件而将些图书馆安排在地处偏远、交通不便的地方，使读者不

图7–2　中国科学院图书馆

图7–3　西南民族大学图书馆新馆内景

方便到达，难以充分发挥图书馆的作用。

3）有适宜的自然环境和地质条件

（1）基地内具备良好的日照和自然通风条件，能使建筑物有良好的朝向。

（2）基地内排水要顺畅，避免低洼潮湿的地方。

（3）基地要远离有害气体的污染源，如工厂等。

（4）基地要远离易燃、易爆、易发生火灾的部门。

4）留有改建和扩建的余地

随着人类社会知识量的不断增长，无论是公共图书馆还是学校图书馆，扩建和改建都不可避免，因此，在选址时需要充分考虑发展和扩建的可能。

7.2.2　场地设计

图书馆场地规划设计应满足以下要求：

（1）分区明确，布局合理，联系便捷，有相对的独立性。馆区与生活区分开，馆区中对外开放的公共区与馆内业务办公区分开，各区设置单独的出入口。

（2）合理、高效地组织交通，使读者人流、书流和服务人流分开，互不干扰且又联系便捷。应分别设置读者出入口和书籍出入口，道路布置应便于图书运输、装卸和消防疏散，读者入口应满足无障碍设计的要求。在有少年儿童阅览区的图书馆中，还应为少儿设置专门的出入口。

（3）良好的朝向和自然通风能使室内外环境相融合，同时也体现节能的需要。

（4）图书馆的周边环境中需要设置必要的室外活动场地、休息绿化场地和道路停车用地。图书馆室外环境设计应根据建筑群总体布局的要求、建筑群的功能特点、地区气候条件等营造文化学术氛围、绿化环境，以达到营造良好建筑环境和吸引读者入馆的目的。

7.2.3　图书馆基本功能构成及要求

1）功能构成

一个图书馆的功能归纳起来主要有四个部分的内容：借、阅、藏、管。功能空间的组成关系如图7–4所示：

（1）外借功能

外借功能是将部分藏书借出馆外自由阅读的服务，其最大优点是，读者可在规定期限内自由安排阅读时间。外借处按不同功能分为综合外借处、专科外借处（如自然科学、社会科学、文艺、科技等）以及按出版物文种和形式划分的报纸、期刊、图书等外借处。外借方式有个人外借、集体外借、馆际互借、预约借书、邮寄借书和流动借书。现在，外借服务普遍实行计算机借书后，出纳台实际上具有提供书目信息的查询功能：个人出借量、出借期、所需图书为何人所借、应何时归还、拒借书的原因分析、某书的藏址等，如清华大学图书馆出纳检索大厅（图7–5）。

（2）阅览功能

阅览服务是图书馆为读者开展的基本服务工作，这也是图书馆区别于其他信息机构的一个最大特点——拥有良好的环境，有适宜读者学习、研究的良好的条件、宽敞的空间和安静的气氛，如浙江大学玉泉校区图书馆阅览室（图7–6），有各种功能各异、内容丰富新颖的书刊资料，一些复本较少的资料往往优先保证阅览室使用。阅览室一般是开架的，如杭州图书馆阅览区（图7–7），读者可以按专业、课题的需要，自由选择书刊文献，还可以利用馆内特殊设备，如显微设备、视听设备、复制设备和电脑，阅读各种非印刷文献，如缩微文献、视听资料、光盘文献，如台湾公共图书馆阅览区（图7–8）。查找信息或文献线索可以去工具书阅

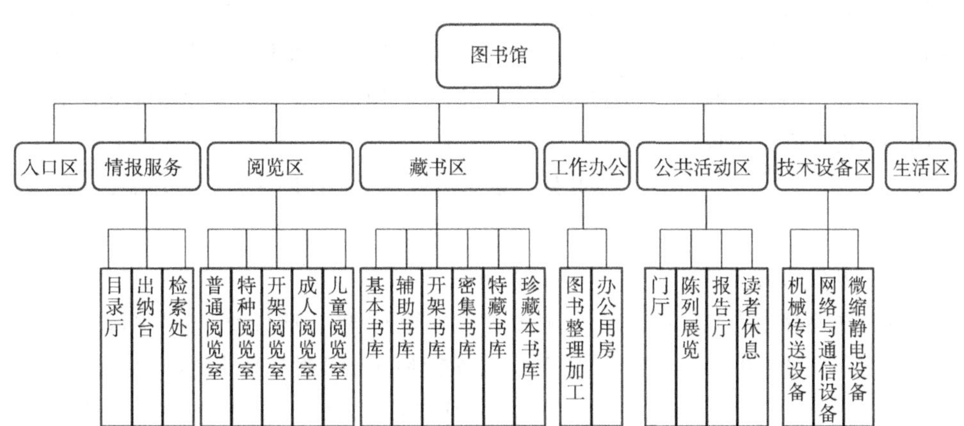

图7–4　图书馆功能空间关系图

图7–5　清华大学图书馆出纳检索大厅

图7–6　浙江大学（玉泉校区）图书馆阅览区

图7–7　杭州图书馆阅览区

图7–8　台湾公共图书馆阅览区

览室、文献检索室查阅索引、文摘、年鉴、企业名录等工具书。不少图书馆根据市场需求，开设了具有特色的阅览服务，如北京东城区图书馆的“北京服装资料馆”，海淀区图书馆的“装饰艺术资料室”，西城区图书馆的“旅游资料阅览部”等。较大的图书馆通常会开设电子阅览室、网络中心、查询中心，可以进行光盘检索、联机数据库检索或网络检索，如国家图书馆电子阅览室提供的多种数据库查询。

（3）管理功能

管理功能主要指内部管理人员业务及办公功能。管理部分包括行政办公和业务用房等。办公区要与馆内其他部分有方便的联系，大型图书馆办公区须有独立的出入口。

（4）藏书功能

藏书功能是图书馆的重要功能。藏书区一般包括基本书库、辅助书库、储备书库和特藏书库等。传统的图书馆藏书空间、借书空间、阅览空间彼此分开，各成一体，彼此相互独立，如牛津大学图书馆藏书区（图7–9）。现在，图书馆随着社会的进步和科技的发展，其功能朝着多层次、灵活性、综合型、高效性发展。

此外，很多现代图书馆还增加了许多功能，如休闲娱乐等。

2）流线分析

一座图书馆流线设计的合理与否直接影响图书馆的经营管理。图书馆流线组织就是要处理好读者、书籍、工作人员三大流线之间的关系。其流线如图7–10所示：

图7–9 牛津大学图书馆藏书区

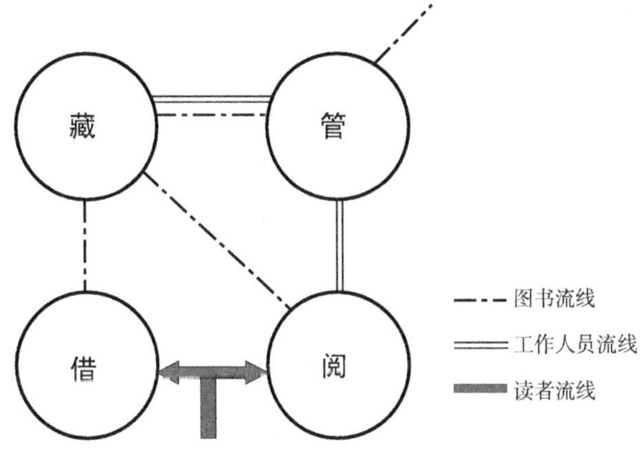

图7–10 图书馆四大功能关系图

读者流线：主要包括儿童读者流线、报刊读者流线、普通阅览流线和研究人员流线。

书籍流线：按工艺要求，应短捷，方便到达书库。

管理服务流线：相对独立且能方便到达图书馆各区。

3）基本功能要求

（1）合理安排借、阅、藏、管四个基本功能部分，使书籍、读者、服务之间的流线畅通，要严格把读者活动、阅览区域与内部人员工作区域分开，特别是读者流线不能与书籍流线相互交叉干扰。

（2）对不同功能要求的空间分区、分层。

内外分区，使内部工作人员区域与外部读者活动区域区分明确，又联系便捷。

闹静分区，做到业务工作区与读者使用区分开，阅览区与公共活动区分开，阅览区要将成人阅览区与儿童阅览区分开，成人阅览区要将浏览读者使用的阅览区与研究读者使用的阅览区分开。

垂直分层，主要需要考虑的是主层的问题，主层服务频繁，读者活动多，流线复杂，是全馆交通处理的重点。主层究竟应设在哪一层，主要要考虑到图书馆的地形、环境、层数和规模等。一般中小型图书馆主层宜设置在底层，大型则常设置在二层。其次，需要针对不同目的的读者分层设置阅览区域。

（3）对不同功能要求的空间的层高和柱网的统一协调。

阅览区，空间较大，层高一般为3.6~4.2m比较合适，柱距按照阅览室的有效合理性、经济性要求，一般为6.6~8.1m比较适宜。

书库，根据书架的尺寸以及灵活性原则，层高一般为2.7~3.3m适宜，柱距一般取书架排列中心距的5~6倍（6~7.5m）较适宜。

办公及业务用房，空间较小，层高多在3m左右。

图书馆各功能用房的空间高度需求不同，需要对不同功能用房的高度进行协调统一，一般对阅览区和藏书区的层高进行协调有下列几种解决方案：

阅览区和藏书区的层高之比为1：1。

阅览区与藏书区的层高之比为2：1。

阅览区与藏书区的层高之比为3：2。

（4）体现现代图书馆的新特点和要求。

现代图书馆是以读者为主，体现以阅读及相关活动为核心的设计指导思想，拉近读者和书籍的距离，因此以开架管理为发展方向，采用多种藏阅结合的方式。

内部空间由封闭固定向开放灵活转变，以适应不断变化的图书馆工艺与功能需求。因此，要求图书馆设计在平面布局、空间布局和结构方式等方面采用新的方法，通过平面集中，采用大开间、统一柱网的方式反映现代图书馆灵活性的特点。

“模数式图书馆”是针对传统图书馆缺乏灵活性而提出的一种现代图书馆设计模式。这种模式的平面柱网整齐，层高、柱网、楼面荷载三统一，使用灵活，可变性大，保证了内部空间的弹性使用，已成为国外图书馆设计普遍应用的一种方式。

（5）体现节能和可持续性要求，尽可能采用自然采光和通风。

通过加大进深，充分利用屋顶采光，设置内天井，阅览室与书库垂直方向布置等方式，满足图书馆使用的光照和通风要求。

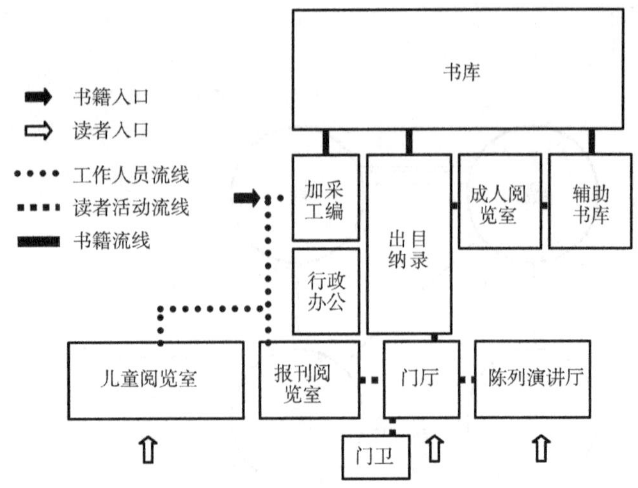

图 7–11 一般中型图书馆组成关系

图 7–11 所示为一般中型图书馆的组成关系。

7.2.4 各功能空间设计

1）阅览空间

（1）图书馆阅览空间的一般要求：

• 朝向良好

阅览室朝向是图书馆设计中的一个主要问题。一般阅览室朝向南北，为了防止阳光直射入室，特别是在我国南方地区，应尽量避免东西向开窗。若无法避免东西向，要采取一定的技术措施加以改善，如加大进深、采用遮光板等。

• 环境安静

在图书馆内部平面布局中要注意动静分离，使阅览区远离休息区、各种设备机房等，防止声响对阅览室的干扰。使用频繁、开放时间长的阅览室可以邻近门厅布置，如综合性阅览室。

• 位置适中

阅览室要易于读者寻找，路线简捷，流线上避免和其他流线的交叉干扰。

• 自然采光和通风良好

良好的自然采光与通风条件不仅能提高读者阅读效率，保护视力，还能节约资源，减少污染。

阅览室的采光系数（窗户面积与阅览室地面面积之比）以 1/4~1/6 为宜。此外，阅览室光线还要求照度均匀，不产生光影和暗角，并避免产生眩光。

自然通风是图书馆比较理想的通风方式。双面开窗有利于自然通风的形成，必要时候可采取有效的机械通风。

• 具有一定的灵活性和适应性

阅览室的设计要考虑到未来发展变化的要求，采用"三统一"的设计方式，即统一层高、统一柱网、统一荷载，进行大开间设计，用轻便隔墙进行灵活隔断，以便可以灵活布置各种不同功能的空间。

（2）阅览室的类型

①按照管理方式分：

• 闭架阅览室

即阅览室内不摆设书架，读者自己带书或借阅带来阅读，通常学生阅览室都采用这种形式，相当于一定意义上的自习室。

• 开架阅览室

开架即读者可亲自到书架上选取书。读者在书架上选取需要的书籍后，可拿到旁边的阅览桌椅前阅读。

• 半开架阅览室

在阅览室旁设辅助书库，以柜台与阅览室分隔。

②根据读者对象划分：

• 普通阅览室

普通阅览室是图书馆的主要阅览室，特点是面积大，并附有大量开架书，布置时应注意整齐统一，便于管理，营造亲切、和谐的大阅读空间氛围。

• 教师阅览室（图 7–12）

教师阅览室常陈列一定数量的参考书、工具书和研究类的经典著作，面积不宜大。座位设置常有供多人使用的大阅览桌，还有单独使用的座位。

• 研究室

要求环境安静，尽量从平面布置上与其他读者阅览室分开，便于研究人员进行较长时间的学习和研究，分为集体研究室和个人研究室（图 7–13）。

图 7–12 教师阅览室

图7–13 研究室

图7–14 期刊阅览室

• 少年儿童阅览室

在公共图书馆中，读者为初中以下少年儿童。

• 参考阅览室

也叫专业阅览室，一般是为综合性研究读者使用，应靠近检索室。

③按照出版物类型划分：

• 期刊报刊阅览室

期刊阅览室应与期刊室紧密联系，便于管理。一般以开架方式将期刊陈列出来供读者自由翻阅（图7–14）。

• 缩微阅览室

缩微阅览室是供读者阅览缩微资料的房间，包括胶片和胶卷，需要借助阅读机放大显现阅读。缩微阅览室常与缩微资料室联系在一起。

• 视听阅览室

视听资料主要包括：磁带、唱片、电视、电影、录音录像等。

• 参考工具书阅览室

为读者提供各种中外文的字辞典、手册、百科全书等参考工具书。

• 古籍善本阅览室

主要提供线装书、史料文献等价值高、年代久、流传少的孤本、善本及手稿抄本和批校本等，应靠近特藏书库。

• 舆图阅览室

提供舆图阅览以及地球仪和地理模型等设备和资料。

（3）阅览室的常规尺度要求

• 柱网

传统较小的柱网尺寸不能满足图书馆空间使用的灵活性，但过大的柱网尺寸也不经济，我国目前多采用6m × 6m、6.6m × 6.6m、7.2m × 7.2m、7.5m × 7.5m的柱网。

• 开间

阅览室开间大小取决于阅览桌的大小及排列方式。一般阅览桌都垂直于外墙布置，因此，阅览室开间应是两相临阅览桌中心距离的倍数。通常每个读者所需要的阅览空间（桌）长度为700 ~ 1000mm，宽度为500 ~ 700mm，如图7–15、图7–16所示。表7–2为阅览桌椅排列的最小间隔尺寸。

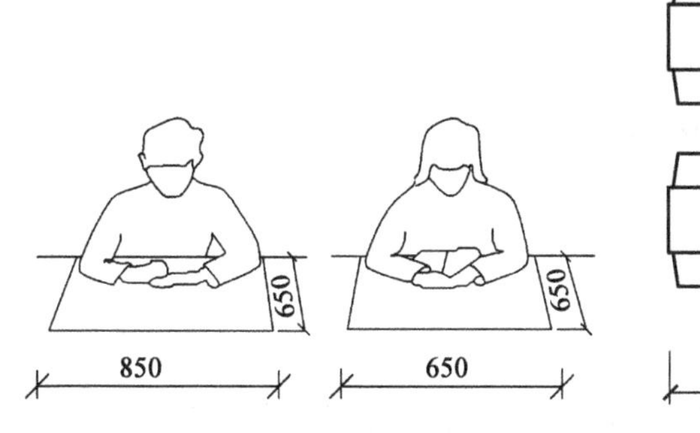

图7–15 一个读者所需要的阅览空间

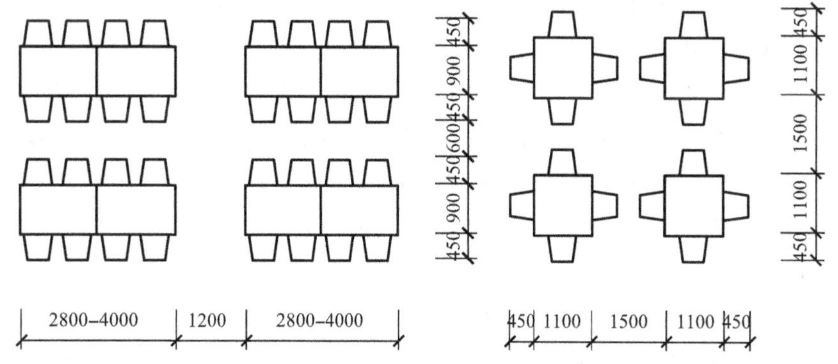

图7–16 阅览桌椅排列的最小间隔尺寸

阅览桌椅排列的最小间隔尺寸（m） 表7–2

条 件		最小间隔尺寸		备 注
		开架	闭架	
单面阅览桌前后间隔净宽		0.65	0.65	适用于单人桌、双人桌
双面阅览桌前后间隔净宽		1.30~1.50	1.30~1.50	四人桌取下限，六人桌取上限
阅览桌左右间隔净宽		0.90	0.90	—
阅览桌之间的主通道净宽		1.50	1.20	—
阅览桌后侧与侧墙之间净宽	靠墙无书架时	—	1.05	靠墙书架深度按0.25m计算
	靠墙有书架时	1.50	—	
阅览桌侧沿与侧墙之间净宽	靠墙无书架时	—	0.60	靠墙书架深度按0.25m计算
	靠墙有书架时	1.30	—	
阅览桌与出纳台外沿净宽	单面桌前沿	1.85	1.85	—
	单面桌后沿	2.50	2.50	
	双面桌前沿	2.80	2.80	
	双面桌后沿	2.80	2.80	

• 进深

目前阅览室进深受结构跨度影响较大，一般都设计成长而窄的条形空间，尽量避免内部有柱子。阅览室面积分类：大型：300~500m^2，中型：100~200m^2，小型：30~50m^2。

• 层高

考虑到经济性和图书馆的物理性能，同时为了满足灵活性要求和藏阅合一的阅览形式，我国图书馆阅览室的净层高为3~3.3m较为适宜。四层及四层以上设有阅览室时，需设乘客电梯或客货电梯，电梯井道不宜与阅览室毗邻。

（4）阅览室的室内环境要求

阅览室的物理环境包括声环境、光环境和气候环境，目前我国多采用自然通风、采光。室内灯具可用一般日光灯，室内色彩多用基础色调，如白色、浅灰色等。有条件时，墙面和顶棚可作隔声处理。室内家具，根据不同类型的阅览空间和不同的使用对象，可以选择不同的家具来调整，形成不同的风格，增强阅览区的可识别性。如图7–17所示的中国台湾国立政治大学图书馆书报阅览室，采用具有家居风格的家具，容易让人感到安逸舒适。此外，阅览空间还可采用一些措施增强读者的精神感受，如播放轻柔的背景音乐，提高阅览环境的精神层次。

图7–17 台湾“国立”政治大学图书馆书报阅览室

2）藏书空间

（1）书库主要类别

• 基本书库

图书馆的主书库，是全馆的藏书中心，一般为闭架形式。

• 辅助书库

各种辅助性质的为不同读者服务的书库，如外借处、参考室、分馆等，一般为半闭架形式。

• 开架书库

直接存放在阅览室内，读者自取自阅。

• 特藏书库

收藏善本、特种文献、手稿、缩微读物、视听资料等。

• 密集书库

保存流通量低又暂时不能剔除的书籍，常设置在底层。

• 保存本书库

把基本书库中各种图书抽出一本作为长期保存，通常，大型图书馆采用这种方法。藏书一般不外借，设置目的是为科研的长远需要服务。

• 储备书库

将基本书库中副本量大、长期呆滞失效的书剔出来专门收藏。

（2）书库内部主要尺度

• 开间

书库开间大小取决于两相邻书架中心之间的距离，书架中心距离常有：1200mm、1250mm、1300mm、1500mm。书库开间一般为书架中心距离的5~6倍，开间为6~7.5m，也有取7倍书架中心距的。

• 进深

书库进深大小与采光、通风密切相关。单面采光书库一般不大于8~9m，双面一般不大于16~18m，若书库内采用人工照明和机械通风，其进深可适当增大。

• 层高

书架高度一般为2.1~2.2m，因此采用梁板结构的书库，层高一般为2.7~3.3m，净高不低于2.4m，采用夹层开架的书库净高不低于4.7m。

• 书架尺寸

双面书架一般采用440mm的较多，书架中心间距多为1200mm、1250mm、1300mm、1500mm，国内大多采用1250mm，如图7–18、图7–19所示。

（3）书库平面布置

• 平面形状

平面布置要保证较短的取书距离和造价经济。过去常为狭长状，但这种形式外墙面积较大，不经济，近年来多采用方形或接近方形的平面。

• 书架排列方式

单面排列：常沿墙壁布置，书架藏书量小，不经济。

双面排列：两书架并排布置，取书较方便，且经济合理。

密集式排列：书架的连续排列，当两端有通道时，可为9~11档，当一侧有通道时，一般为5~6档。

• 书库内部交通组织有水平和垂直两种

水平：主要是走道。进深不大的书库可只在中间设

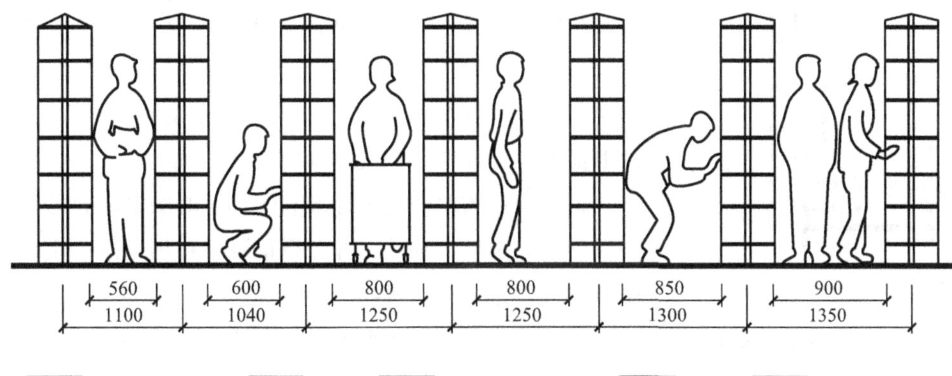

图7–18　闭架书库排列和人流活动（mm）

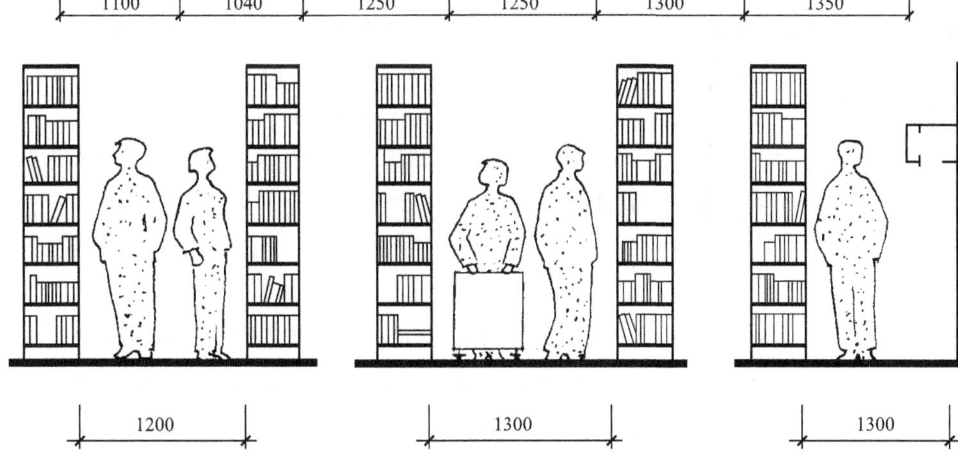

图7–19　书库走道人流活动参考（mm）

一走道；进深较大的除中间设置一条主要走道外，两端还应设置辅助走道，不仅满足必要的通行能力，还便于墙面开窗保证通风采光，如图7–20、图7–21所示。

垂直：主要指库内楼梯和升降梯、电梯。既要考虑使用便利，又要尽量减少占地面积。书库内楼梯为封闭楼梯，如图7–22所示。《图书馆建筑设计规范》规定：2层及2层以上的书库至少有一套提升设备；4层及4层以上的不少于2套；6层及6层以上的书库，宜另设置专用电梯（载重500kg以上）。

水平交通与垂直交通共同构成了书库的交通枢纽，一般设于书库的中心位置，如图7–22。

（4）书库室内环境要求

采光

在自然采光的传统空间中，书架垂直于外墙排列，应避免强烈的阳光照射，书库最好朝向南北，若无法避免东西向，应有一定的遮阳措施。少数图书馆的特藏书库采用封闭式人工采光。

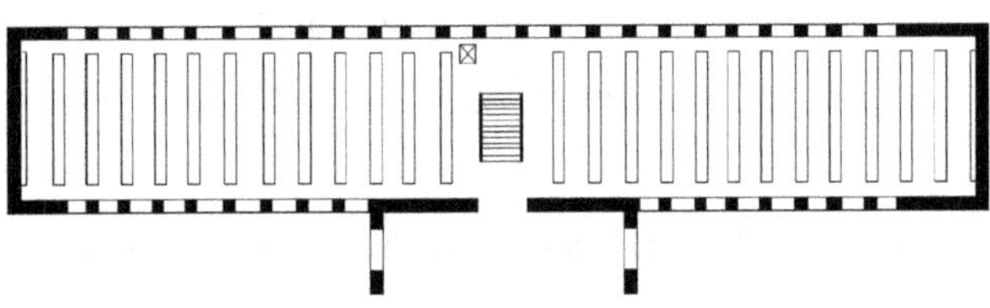

图7–20 书库交通组织方式1

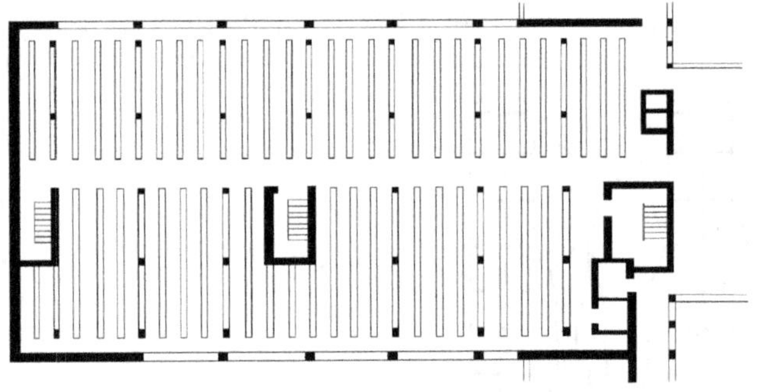

图7–21 书库交通组织方式2

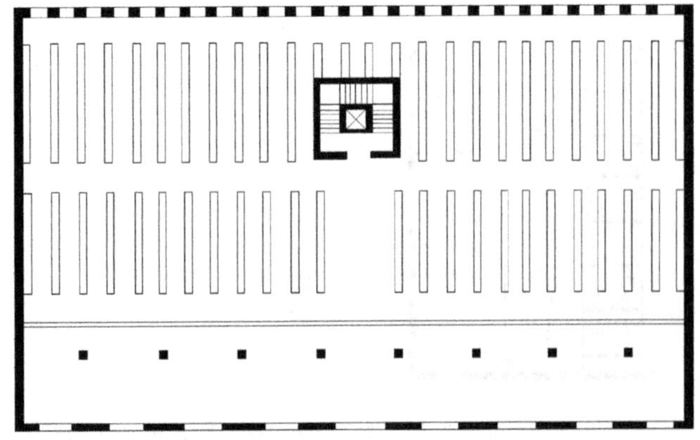

图7–22 书库交通组织方式3

照明

书库内设置配光适当的灯具，保证照度均匀和补充自然采光的不足。实践表明，荧光灯不仅照明效果好，光线舒适，而且利于保护视力。

通风

书库通风问题很重要，若通风不畅，室内闷热，容易使书籍发霉。同时通风还影响室内的温度、湿度等。藏书温度一般不低于5℃，不高于30℃，相对湿度在40%–60%之间。

3）业务、技术设备及行政办公空间

图书馆的基本业务用房包括采编用房、流通宣传等业务用房、装订修复用房等，其中采编即是图书的采购和编目，采编基本流程如图7–23。

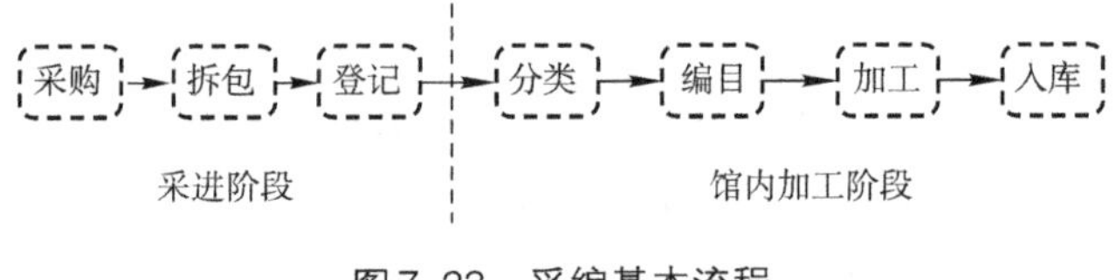

图7–23 采编基本流程

（1）图书馆主要业务用房

• 采编用房

采访（采购）室：主要进行对外接待和电话联系，包括与国内外其他机构的书刊交换。现代图书馆为了协助读者预定刊物，采访部也向读者开放，因此增加了外向性。拆包间应邻近工作人员入口或专设的书刊入口，进书量大者，入口处应设卸货平台。

编目室：按照一定的标准和规则，对图书内容特征进行分析、选择、描述，并予以记录，将记录按一定顺序组织成为目录或书目。

图书馆编目室一般包括中文编目室和外文编目室，通常设置在可灵活分隔的大空间内。

采编用房应符合下列规定：

a.位置应与读者活动区分开，与典藏室、书库入口有便捷联系。

b.平面布置应符合采购、交换、拆包、验收、登记、分类、编目和加工等工艺流程的要求。

c.每一工作人员的使用面积不宜小于10.00m^2。

期刊采编室：一般规模较大的图书馆单独设期刊部，负责期刊的采购、交换、拆包、验收、登记、分类、编目和加工等工作，每一工作人员的使用面积不宜小于10.00m^2。

• 流通宣传管理用房

典藏室：图书馆内部登记文献资料的移动情况、统计全馆收藏量的专业部门，它根据需要把编目好的书籍分配到各个藏书地点，因此，典藏室应靠近采编区。

美工房：主要是为宣传制作之用，面积不宜小于30.00m^2。

各业务部门工作室：为各阅览室的管理工作、馆内业务学习研究等提供相对独立的空间，面积可按6m^2/人计算。

• 装订修复用房

装订室：进行装订报纸、期刊合订本、修理破损图书的地方。装订室最好与期刊室和书库直接联系，面积一般不小于40m^2。

在中小型图书馆中，业务用房一般设在较低层。在大型图书馆中，由于业务量大，也可将业务用房单独设置在一座建筑物内，但要保证与书库联系紧密和靠近目录厅。通常业务用房设有单独出入口，避免和其他流线的交叉干扰。

修整装裱室：对馆藏线装书、善本、拓片等资料进行修复装裱。

（2）技术设备用房

技术设备用房包括电子计算机、微缩、照相、静电复印、音像控制、消毒等用房等。

• 计算机房：分主机房和辅助用房。

• 照相缩微工作室：由于缩微工作中要避免震荡，故常设置在底层。缩微材料需要较好的保存条件，如光、气、热等均要达到一定技术要求。

• 复印室：设于底层。

• 音像控制。

• 消毒间：主要对每次读者使用过的书籍进行清洁和消毒，如紫外线灯消毒（图7–24），

上海图书馆建有书刊高浓度臭氧灭菌消毒房，工作人员将收回的图书放在45cm宽的网架上，推进消毒房，启动电子消毒灭菌器，30分钟后即可完成，一次可消毒2000册图书。

• 技术服务管理部：组织管理各项现代化设备，通常设于底层。

（3）行政办公用房

行政办公用房是图书馆的行政管理中心，设计要保证安静，还要与内部其他部门有便捷联系，因此通常靠近业务用房，有单独出入口。

图书馆行政办公用房一般包括馆长室、行政办公室、人事部门、会议室、接待室、会计室、总务室、值班室、后勤总务用的各种库房、维修房等。行政办公用房可按一般办公室设计，房间面积可按每人4.5~8m^{2}计算。

4）出纳检索空间

出纳检索是图书馆建筑的四个重要组成部分之一，在图书馆的功能关系中，它是书刊流线、读者流线、工作人员流线的交汇处。

（1）出纳、检索空间的组成及设计

• 出纳、检索空间的组成

出纳、检索空间是读者借还书籍的总服务台，由以下几个部分组成：

a. 目录厅：供读者借书时查阅目录的地方，可布置目录柜台及配套的桌椅家具等。

b. 出纳台：也称借书处，是读者办理借还手续的地点。大多数设计为柜台式，具有较长的工作面，方便读者借阅。

c. 工作间：借书处的工作间附属于出纳台，介于出纳台和书库之间，是对归还的图书进行整理和必要的消毒处理，以便进库上架的地点。

d. 信息服务中心：采用计算机联机检索、光盘检索等方式，把文献、情报等信息及时提供给读者，并开展咨询服务，指导读者获得所需要的资料与目录等。

图7–24　图书馆紫外线灯消毒

现代图书馆采用开架管理以后，在多个开架阅览室中分设有各种类型的小借书台（可与阅览室中的管理台合设），实行外借与内借，藏阅一体化，方便读者，提高效率。

• 出纳、检索空间的设计

出纳、检索空间一般处于图书馆的中心部位，既要方便读者又要为管理及服务工作创造良好的条件。为此，必须注意以下几点：

a. 借书处由于出入人流集中，应靠近图书馆入口门厅布置。

b. 借书处应靠近书库，两者之间的联系越紧密越好。如书库与借书处采取垂直联系，则垂直运输电梯应直接设在借书处出纳台的空间内。

c. 借书处与阅览区也应有方便的联系。

d. 出纳检索部分与编目部分需要保持业务上的联系，这两部分之间宜设计直接的通道，而且这条通道只供内部使用，不能让读者穿行。

（2）借书处的设计要求

借书部分与许多部分相关联，一般在馆舍的中心位置，因此，需要有良好的通风和日照。借书部分的平面位置要从方便读者和便于管理的角度出发，应根据需要做到既能开放又能关闭。当设置出纳台时，一般都应附设辅助书库，辅助书库与总书库也应有直接联系，方便取书。借书部分可设置一些座位，供读者休息。

• 位置要求

借书处的位置关系到图书馆的平面设计和空间安排，常见的布置方式有以下几种：

a. 设在门厅内：节省空间，但不方便于人流疏散，所以，采用这种方式的图书馆一般是规模较小的图书馆。

b. 设在门厅的后部：在门厅的后面形成一个相对独立的借书厅，使读者进出较方便，又避免了借书厅不便自由开闭的缺点。

c. 设在门厅的一侧：可以灵活地满足借书部分的功能要求，采用多样化的手法组织好与其他功能区的联系，具有良好的采光和通风。

d. 中央大厅式：北欧斯堪的纳维亚半岛国家的传统图书馆布局特色。一般把借书处设计成一个中央大厅，开架书柜沿着大厅四壁陈列，读者要经过借书处大厅才能进入主要阅览室，借书台在进出口位置，与闭架书库垂直联系。

e. 单元式：在采用单元式建筑布局的图书馆中，借书部分作为一个功能单元设计，具有良好的空间可变性。

f. 设在阅览区内：将借书处设在开架区内，实现藏、借、阅一体化，极大地方便了读者。将总目录设在入口附近，借书台设在阅览区内，也可按学科划分阅览区，可以按层按区设置分借书台，所有这些分借书台都要与总书库有方便直接的联系。

借书部分一般设在一层或二层，方便读者外借，也便于垂直分区，保证阅览区的安静，这种方式适于主层在二楼的图书馆，借书厅下部常作为期刊库或编目作业用房。

• 借书处的布置

一般目录厅与出纳台宜结合在一起，组成一个借书厅，以方便读者查询、借阅。其组合方式有合设和分设两种：

a. 合在一起设置

目录厅与出纳台组合在一起，共同形成一个借书处。纵向布置的布置方式如图 7–25 所示，并列布置如图 7–26 所示。

b. 侧向布置（图 7–27）

c. 分开设置（图 7–28）

水平方向分设：将目录厅和出纳台在同一层平面上分开设置，两者靠近布置，有方便的联系。

垂直方向分设：开架管理时将总目录厅靠近主入口布置，而将出纳台分设于各层的开架书库或开架阅览室中。

• 出纳台的设计

以外借为主的传统图书馆中，出纳台是借书、阅览和服务三部分工作的总枢纽。

a. 出纳台的设置

一般有集中设置和分散设置。分散设置方便读者，借还书较快。它能紧贴相应的辅助书库布置，接近所服务的阅览区，可以缩短取书距离，也便于安装书籍传送

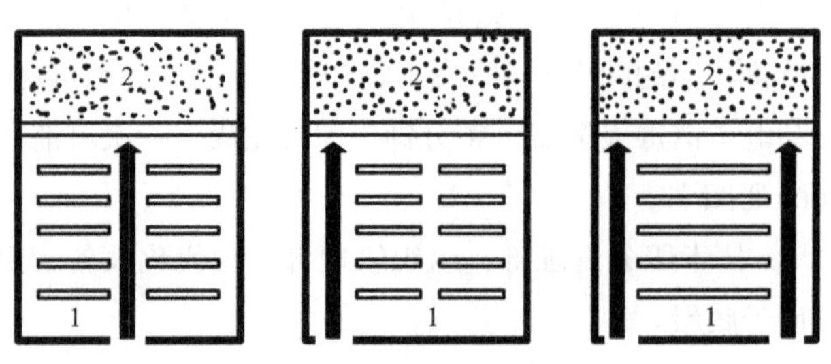

图 7–25　纵向布置的借书处

1—目录室；2—出纳台

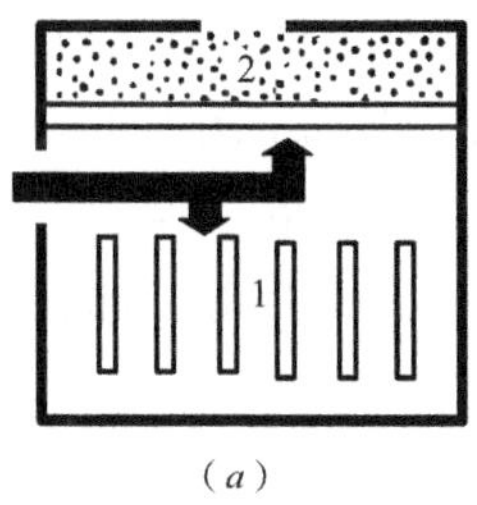

（a）

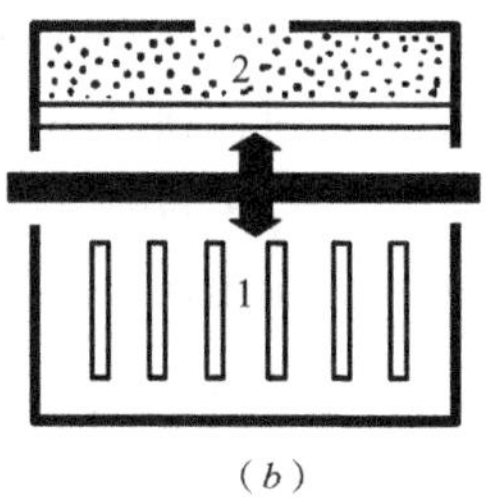

（b）

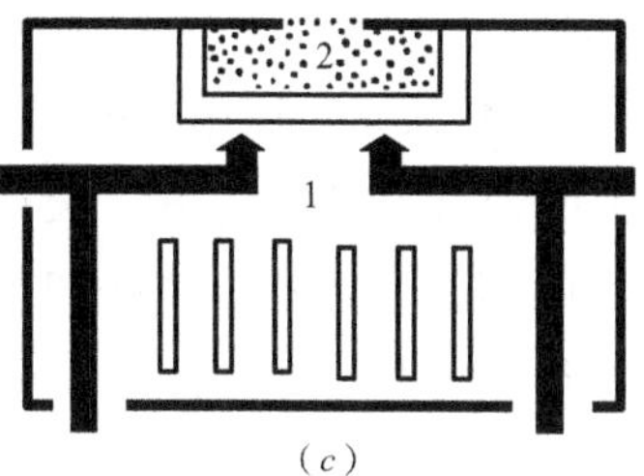

（c）

图7–26　并列布置的借书处

（a）出纳台在一角，面对入口；（b）出纳台居中；（c）出纳台在一角，侧面入口

1—目录室；2—出纳台

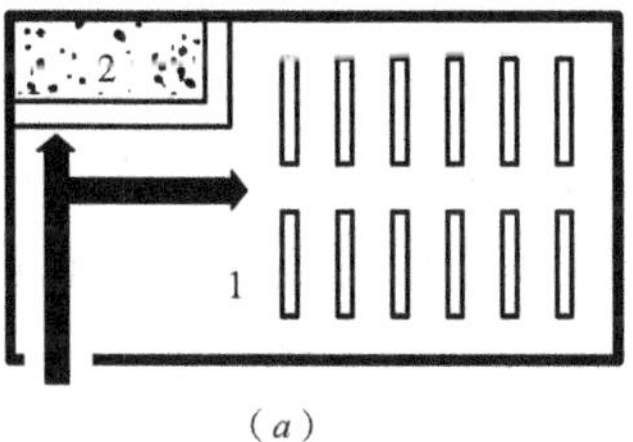

（a）

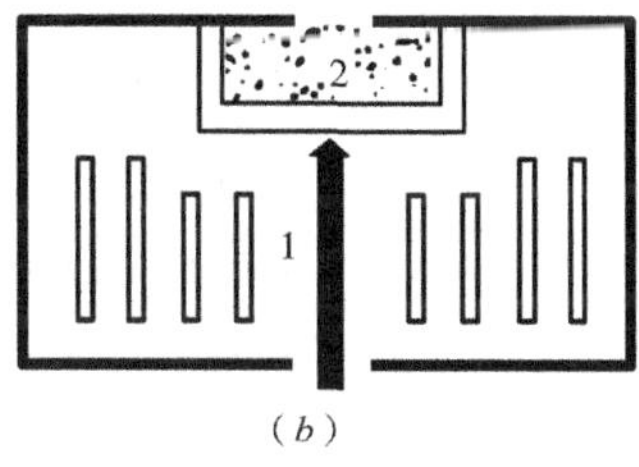

（b）

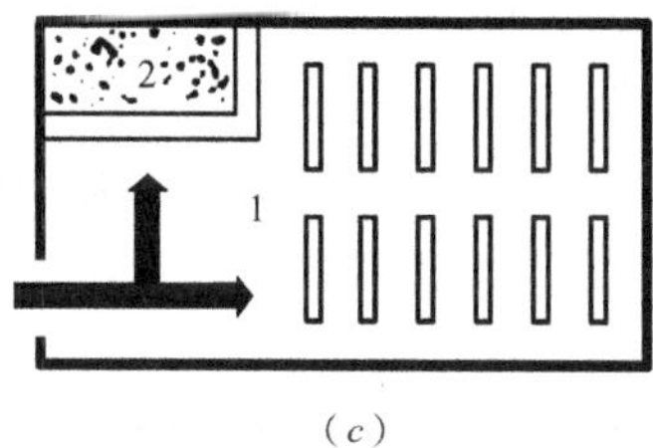

（c）

图7–27　侧向布置的借书处

（a）出入口在出纳台一侧；（b）出入口在出纳台两侧；（c）出入口在出纳台的两侧和对角

1—目录室；2—出纳台

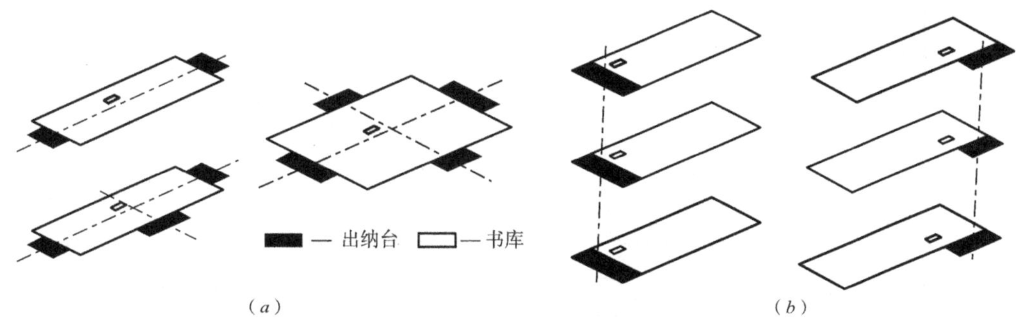

（a）　（b）

图7–28　出纳台设置与书库的相互关系

（a）设置在同一层的不同区位；（b）设置在不同层的同一区位

设备。各层的出纳台最好对齐布置。

b.出纳台的大小、形式及布置

《图书馆建筑设计规范》（JGJ 38—99）规定，出纳台内工作人员所占的使用面积，每一个工作岗位不应小于6m²。工作区进深：当无水平传送设备时，不宜小于2.5m；当有水平传送设备时，不宜小于3.5m（可按工艺布局的实际需要确定尺寸）。如设置计算机终端或出纳台兼有咨询、监控等多种功能服务内容时，使用面积需要更大一些。

出纳台的布置形状同管理方法和借书处的平面布置有关，有的采用“一”字形，有的采用“T”形或者“L”形，如图7–29为出纳台的基本形式，国外有圆形和六角形、正方形等。出纳台需要处理内外的高差，如图7–30所示。

（3）目录厅的布置及面积

目录厅是放置目录柜的场所。

• 目录卡和目录柜

目录室内的主要设备是存放卡片的目录柜，其大小根据卡片屉的组合而变化。带有抽屉的目录柜通常架叠在台桌上，台桌的高低不同：高脚座的桌高约为800~1000mm，矮脚座的桌高约为350~600mm。

• 目录柜的排列

行列式目录柜的排列有单面柜和双面柜两种，一般不大于20个卡片屉的排列长度（即3.2m左右）。单面柜的间距可按1500mm，双面柜可按2000~4000mm考虑。

• 目录厅的面积

目录厅面积的确定决定于图书馆的藏书数量及卡片数量，目录柜的形式和排列方式，设计时可按每万张卡片所需要的面积来考虑，可按图书馆藏书量0.375~0.5m²/万册来计算目录厅面积。

5）公共活动与辅助空间

（1）门厅

门厅是整个建筑的入口，除了分散人流外，还提供各种基础服务，如咨询、收发、展示、值班等，既是“导向”，又是综合服务处。

图书馆门厅是图书馆室内空间序列的起点，充分反映了图书馆建筑的特性。著名建筑大师路易斯·康设计的美国埃克塞特大学图书馆（图7–31）将入口大厅作为全馆的中心，人们在大厅内就可透过周边的大尺度圆洞看到里面的书架，使“书成了图书馆的请柬”。门厅与各种用房之间要有便捷的联系，具有大量性人流的公共活动用房，如报告厅、展览厅等，都靠近门厅设置。图书馆在扩建时，门厅还常作为联系新、老馆的组织枢纽，如图7–32、图7–33所示。

（2）陈列展览空间

图书馆已不仅仅是人们安静读书的地方，读者更希望图书馆能提供形式多样的文化活动，如各种展览和图书评论活动，在轻松舒适的氛围中享受学习与交流的快乐，陈列展览空间的设置便满足了人们的这一要求。一般展览陈列空间与门厅都有直接联系，便于读者进入图书馆后尽快分流，减少与正常读者人流的相互干扰。陈列室应采光均匀，防止阳光直射和眩光。

图书馆陈列展览空间主要有两种设置方式：

• 专门式

图书馆内专门开辟空间作展览陈列用，这类门厅既要与图书馆门厅相连，又要有自己的独性。

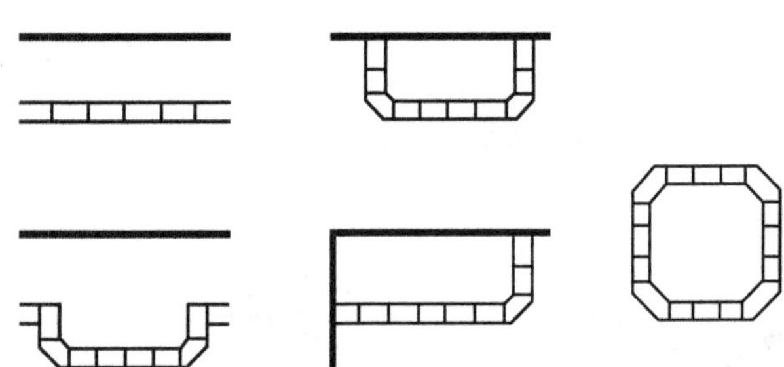

图7–29　出纳台的基本形式

(a)　(b)　(c)

图7–30　出纳台内外高差处理

图7–31　美国埃克塞特大学图书馆大厅

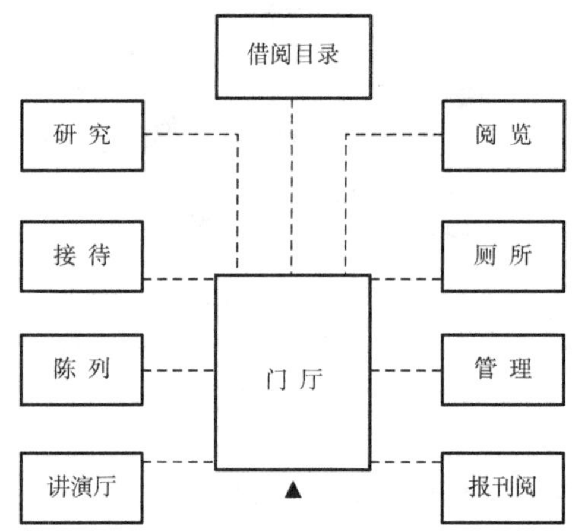

图7–32　门厅各部组织关系

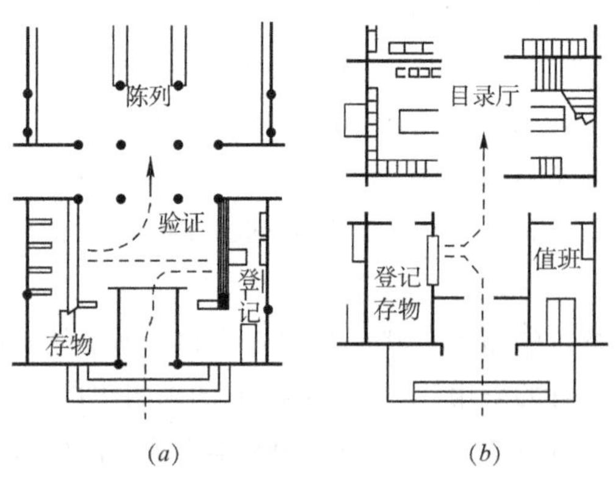

(a)　(b)

图7–33　门厅布置方式举例

• 兼顾式

在一些中小型图书馆中，走廊、走道等兼顾展览陈列用，此时廊、走道要适当扩大。这种设置方式不仅提高了空间利用率，还丰富了空间层次。

（3）报告厅

报告厅是图书馆又一重要大众信息文化交流场所，读者可在里面进行多种文化交流活动，如参加各种讲座、培训或演讲等。报告厅人流量大且集中，比较嘈杂，一般要远离阅览区，设置在门厅入口附近，可单独设置出入口，如图7–34所示，应符合下列要求：

• 报告厅宜设专用的休息处、接待处及厕所。

• 与阅览区毗邻独立设置时，应单独设出入口，避免人流对阅览区的干扰。

• 报告厅应满足幻灯、录像、电影、投影和扩声等设备的要求。

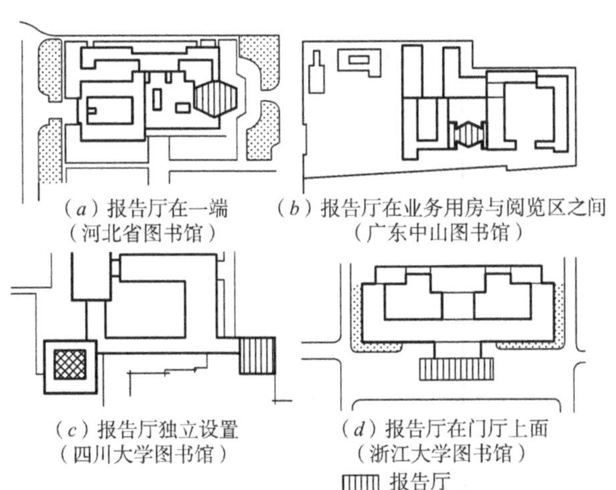

图7–34　报告厅与主馆的关系

图7–35　室外读者休息空间

• 读者休息处的使用面积可按每个阅览座位不小于 $0.10m^2$ 计算。设专用读者休息处时，房间面积不宜小于 $15.00m^2$。规模较大的图书馆，读者休息处宜分散设置。

（4）读者休息空间

图书馆设计要充分考虑读者的各种需求，可集中或分散设置一些休息和互动交流场所，可分片区设置，也可根据不同类型读者设置专门的读者休息室，如老年、儿童休息室，或者直接利用过厅或走廊一角为读者开辟休息空间。

读者休息空间供读者饮水、吸烟、休息用，其使用面积按每个阅览座位不小于 $0.10m^2$ 设置，规模较大的公共图书馆宜集中设置快餐室或食品小卖部。图7–35为室外读者休息空间。

（5）商业服务用房

现代图书馆正朝着多种经营的格局发展，设置了一些供社会活动用的空间，如录像厅、书店、快餐店、商店等，改变了图书馆单一的服务格局，开展与图书相关的多种经营业务。为满足图书馆功能的多样性发展，图书馆建筑设计要突破传统图书馆的框架，力求布局的灵活性。通常情况下，该类服务用房都设置在底层沿街部分，与图书馆正常业务严格区分开来，如日本如阜市图书馆（图7–36），读者活动区与办公区之间设置了一个大型图书市场。

7.2.5　图书馆建筑造型设计

现代图书馆逐渐确立了一种观念：图书馆是一个思考的地方，是一个学习、自我认知的地方。图书馆可以

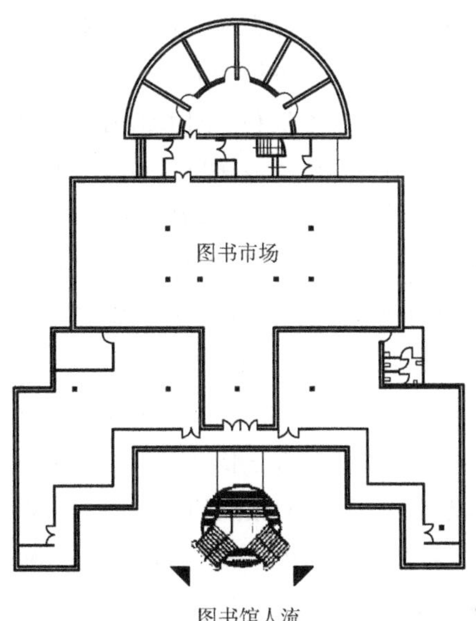

图7–36　日本如阜市图书馆

容纳人类的各种知识，但是它的目的是呈献给需要的读者，因而，图书馆的空间特点是要有供人沉思默想的地方，也要有能让人交流的空间，最根本的是要激发读者的学习欲望。

因此，图书馆建筑中应该有静寂的私人化空间，自由交流的环境以及根据不同需求表现出来的空间情感。理清对图书馆的认识是图书馆造型设计的第一步，这是设计构思的出发点。第二步是运用恰当的手法表现出设计者所感知的图书馆。

下面所列的是图书馆建筑设计的基本设计手法。

1）图书馆建筑造型语言的基本词汇——形态要素的造型运用

形态要素包括几何要素、色彩要素、质感肌理要素。

（1）几何要素主要的造型特征比较

几何要素主要的造型特征比较 **表7–3**

基本形态	建筑表象	造型构图作用	造型处理技法
点	• 总平面——点状（塔式）建筑 • 平面——柱、墩 • 立面——窗洞、装饰点	• 强调位置 • 形成视觉中心 • 点群组合表情运用	• 强化处理（加强独立性背景对比度） • 弱化处理（点线化和面化） • 表现秩序感、韵律感、聚集感、运动感
线	• 总平面——条形（板式）建筑 • 平面——墙体、地面分划 • 立面——天际线、轮廓线、材料分划线、装饰线 • 平、立面设计控制线——轴线、关联线、构图解剖线	• 表现视觉情态 • 直线的表现（粗、细、水平、垂直、倾斜）曲线的表情（圆弧、抛物、双曲、自由） • 形态的几何组织关系	• 主次感处理（粗细、密度变化突出主线） • 方向感处理（以主导方向取得统一感和整体感） • 节韵感处理（曲线可表现节奏的生动流畅） • 面化处理（线的弱化、丰富立面） • 经典构图关系 • 现代构图关系
面	• 建筑外立面、屋面、墙面 • 室内地面、顶棚、构件表面 • 面状形体（板式形体）	• 平面图像二维构图 • 建筑形体三维构图	• 平面形态加工（外形剪裁、平面挖孔、曲面切削） • 平面视域调控 • 平面图像的图底关系
体（块）	• 建筑立体空间外形	• 建筑形体构成单元 • 整体构成的基本几何形态 • 表现三维空间视觉特性（体量感、重量感、充实感、方位感等）	• 体量感处理（增强或减弱） • 方位感处理（垂直、水平、倾斜） • 形体组合和加工变形

（2）形态要素的造型运用

• 功能空间的形体选择和形态的意象形成

图书馆建筑的功能空间需要适宜的空间形式来满足使用的要求和审美趣味的表达，各种基本几何形体——方形、条形、锥形等规整形式不仅利于图书馆内部空间的使用，同时在视觉上也体现出了一种与图书馆这类文化建筑性格相一致的内敛性、纯洁性和严肃性，在图书馆设计中运用较多。这种基本几何形体不是单一的方或圆形，多数方案中采用的是两种或多种基本几何体的组合，不仅具有较强的表现力又不失丰富的表情。比如圆柱体或圆锥体体现一种体量感，如杭州图书馆（图7–37）中部的圆柱体和裙房的条形组合；圆锥体体现出一种标志性和方位感，也会有很强的趣味性，如荷兰代尔夫特理工大学图书馆（图7–38）建筑中心的圆锥体与三角锥体的组合。

• 意象形态的处理手法

基本几何体在建筑造型中出现，一般不会是绝对的、纯粹的、完整的，都会是经过构成处理的。基本的处理手法（或构成手法）主要有以下几种：

削减法：按形体构成需要和构图原则对基本形进行切削、挖抠、掏空等，如杭州图书馆裙房的条形中部的处理，就是这种手法。

添加法：按形体构成需要和构图原则为基本形添加附属形体，荷兰代尔夫特理工大学图书馆即是运用了这种手法。

分割法：按形体构成需要和构图原则对基本形进行分离、错位等，减弱巨大的体量，增加空间层次，如杭州图书馆中部的圆柱体的处理手法。

转换法：按形体构成需要和构图原则在不同基本形之间形成一种或冲突或融合的关系，马尔默公共图书馆

图7–37　杭州图书馆

图7–38　代尔夫特理工大学图书馆

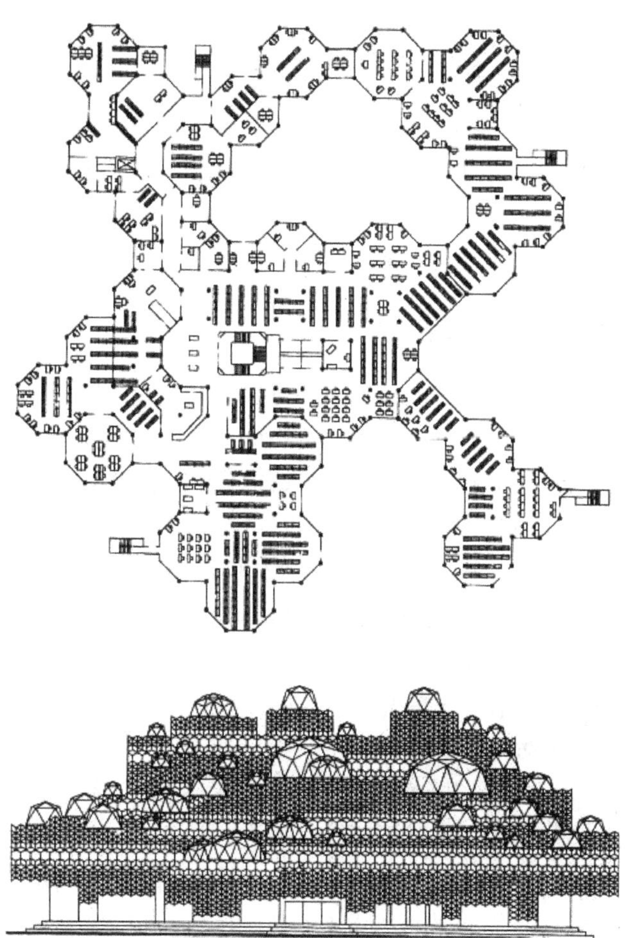
图7–39　前联邦德国Duisberg大学图书馆的平面和立面图

（瑞典）中部的圆柱体和两侧的方形通过中间通透的交通空间联系在一起。

对基本形的处理，无论哪种方式，需要遵循一个原则：保持基本形体的完整性，组合形体的统一性，在丰富中寻求一致性。

2）图书馆建筑造型语言的语法结构——形态构成的构图技法

形态构成的基本构图技法大致可归为以下几种：

轴线控制型：以轴线来控制建筑形态的发展，以求得对称均衡的统一，或非对称均衡的统一，或反对称均衡的统一，马尔默公共图书馆（瑞典）就是运用了这种构图手法。

母形重复型：以一种基本形体或基本空间单元作为母形来衍生发展，如图7–39所示前联邦德国Duisberg大学图书馆的形态构图。

轴网控制型：以交通空间所构成的轴网来控制建筑形态的发展，以求得形态的统一。

3）图书馆建筑造型语言的语言体裁——造型设计的审美理念

现代图书馆建筑风格将由单一的模式逐步走向多元化，表现出与现代社会审美趣味相一致的风格特征和流派倾向，建筑具有鲜明的“个性”特征，可充分体现建筑的特殊内涵。设计理念的思考可以从以下几个方面考虑：

（1）从理性主义的角度，体现现代图书馆建筑新的秩序概念，将文脉、历史、文化、传统与整个城市或校园的环境秩序相统一。

（2）从现象学的角度，尊重不同地区读者在图书馆建筑中的独特感受。

现代图书馆建筑需要注重对民族性、地域性的理解，在大胆吸收他国建筑文化、设计理念的同时，注重延续地域文化脉络，挖掘建筑本身的文化精髓，恰如其分地融合中西文化，既体现时代精神，又充满浓郁的民族特色、地域风格。

位于北京西郊紫竹院旁，环境幽美、建筑恢宏的中国国家图书馆（图7–40），设计以高层书库居中，周围环绕着低层阅览室，其中布置了三个中国庭园式内院，构成了一组“馆中有园、园中有馆”的独具东方文化特色的建筑群。其建筑形式、立面造型对称严谨，富有中国民族及文化传统特色，尤其是孔雀蓝琉璃瓦大屋顶，淡乳灰色瓷质面砖，汉白玉栏杆，配以古铜色铝合金门窗和蓝色玻璃，在紫竹院绿荫的衬托下，平添了中国书院的特点。

（3）从类型学的角度，将图书馆相关的历史原型加以升华和衍变，形成新图书馆建筑的历史厚重感。

图书馆建筑本身所具有的历史性和艺术性要适合各类型读者的审美需要，以激起读者的求知欲望和审美情趣。加拿大温哥华图书馆以一种深入人心的历史建筑—— 罗马角斗场作为原型进行建筑创作，结果带给了这个城市一个富于历史意味的场所。

7.2.6　技术设计要点

1）防火疏散要求

图书馆安全疏散路线应尽量短捷、连续、畅通且无阻碍。

（1）安全出口不应少于两个，并应分散设置，两个安全出口之间的距离不应小于5m。

（2）书库、非书资料库、藏阅合一的藏书空间，每个防火分区的安全出口不应少于两个。

（3）书库、非书资料库的疏散楼梯，应设计为封闭楼梯间或防烟楼梯间，宜在库门外邻近设置。

（4）超过300个座位的报告厅，应独立设置安全出口，并不得少于两个。

2）图书保护要求

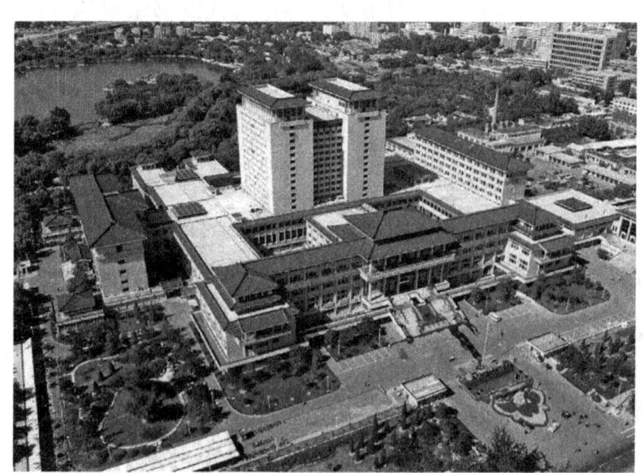

图7–40　中国国家图书馆

图书防护内容包括防潮、防尘、防有害气体、防阳光直射和紫外线照射、防磁、防静电、防虫、消毒和防盗等。

（1）温度、湿度

• 基本书库的温度不宜低于5℃、不宜高于30℃；相对湿度不宜小于40%、不宜大于65%。

• 特藏书库温度应保持在12~24℃之间，相对湿度应为45%~60%。

• 与特藏库毗邻的特藏阅览室，温度差不宜超过±2℃，湿度不宜超过10%。

（2）防水、防潮

• 书库和非书资料库内应防止地面、墙身返潮，室外场地应排水通畅。

• 书库和非书资料库设于地下室时，地下室的防水（潮）设计应符合现行国家标准《地下工程防水技术规范》（GB 50108—2008）的有关规定。

（3）防尘、防污染

• 进行图书馆周边绿化。

• 墙面和顶棚应表面光滑，不易积灰尘。

• 合理安排锅炉房、除尘室、洗印暗室等用房的位置，并结合需要设置通风装置，以减少其产生的尘埃和有害气体对馆区的影响。

（4）防日光和紫外线照射

• 天然采光的书库、特藏库及其阅览室应选用防紫外线玻璃，采用遮阳措施，防止日光直射。

• 书库、特藏库及阅览室采用人工照明时，当采用荧光灯时，应有过滤紫外线和安全防火措施。

（5）防盗

• 图书馆应设安全防盗装置。

• 采取开架管理的阅览室，宜设安全监控装置。

• 图书馆的主要入口处、特藏库、重要设备室、网络管理中心以及馆区周围设置监控系统。

7.3　实例分析

7.3.1　杭州图书馆新馆

——市民温馨大书房

建筑地点：杭州城东钱塘江畔

建筑面积：50000m^2

建成时间：2008年10月

杭州图书馆新馆（图7–41）位于钱江新城，图书馆外立面采用全玻璃墙，拥有三层功能性区域划分，4万多平方米空间。

图书馆的设计理念是要让公共图书馆和私家书房的“公”与“私”糅合在一起，为市民营造一种亲切的“大书房”的感觉，“在这里，每个人以自己的方式来扩充知识”，图书馆设有少儿馆，位于新馆一楼色彩斑斓的区域，在低幼儿童阅览室内专门开辟出一块父母阅览区，家长们可以从成人借阅处取书坐到这里阅读，一边看书一边照看小孩。音乐图书馆是新馆颇具亮点的设计，位于图书馆二楼，平面布局以45°旋转玻璃房和椭圆形封闭体相组合，被设计成“咖啡音乐吧”（图7–42），内部有音乐视听区、HiFi听音室、专业听音室、影音资料展示交流区及自助录制区域。三楼是专为研究型读者设置的专题文献区（图7–43）。高达屋顶的“积层书架”引用欧洲图书馆的厚重风格，读者还可以攀爬上高大的梯子亲身体验找书的感觉。寒冷的冬日，人们还可在专题区的电子壁炉边“围炉夜读”，驱走寒气。实木的书桌则打造出古典气质，被设计成圆环形，为学者们讨论研究提供沙龙般的氛围。

图书馆平面布局自由开放，近2万m^2的开放大厅里（图7–44），没有传统的门框，用沙发、书桌作天然的隔断，力图为读者利用图书馆资源提供最大限度的优化与快捷，营造出“人在书中、书在人中”的阅读环境。

7.3.2　代尔夫特理工大学图书馆新馆（荷兰）

建筑地点：荷兰代尔夫特理工大学

建筑面积：10000m^2

建成时间：1997年

图7–41　杭州图书馆外观

图7–42　音乐图书馆

图7–43　三楼研究区

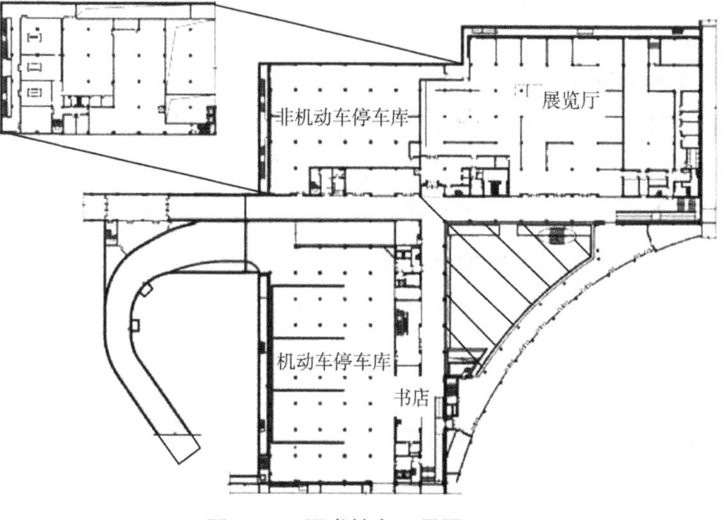

图7–44　图书馆负一层平面图

代尔夫特理工大学图书馆新馆（图7–45）处于校园内著名的"奥拉"大讲堂（注："奥拉"是20世纪60年代由建筑师凡·登·布鲁克和贝克玛主持设计的）的后面，"奥拉"是一座巨大而造型粗野的混凝土建筑，在这样的地段里，似乎任何建筑都很难与"奥拉"取得和谐的关系。新馆的建成无论从建筑材料还是建筑形式上都显得与沉闷的大讲堂截然相反。其主体设计成了一个巨大的楔形，建筑师把草坪和玻璃结合起来，把平坦的地势演化成"丘"状波形的，重新设计过的环境与"奥拉"构成了一个整体，巧妙地避开了与它的任何冲突，同时，草坪覆盖的屋顶为人们提供了散步和休息的场所。

图7–45 代尔夫特理工大学图书馆

建筑的平面是不规则的四边形，三面是玻璃幕墙。白天，建筑就像是玻璃形成的波浪，而夜晚，室内景色更加迷人。草坪覆盖的屋顶从大讲堂前的地坪缓缓升起，正当屋顶与地面融为一体时，建筑师又戏剧性地插入了一个圆锥体，其上的钢架形成抽象的尖顶，标志着图书馆的存在。

图7–46 内部阅览室

位于建筑二层的入口也具有特色，逐渐收缩的台阶把读者引向深处的隧道口一样的主入口，两旁是草坪屋顶，经过短暂的压抑后，展现在你面前的是令人兴奋的巨大空间——中央大厅。这个圆锥体的中心底部由张开的钢柱支撑，上面是4层阅览室，中心是通高的采光中庭。整个图书馆的内部空间全部围绕着中心大厅组织（图7–46），它容纳了出纳、检索、开架书库、期刊阅览、复印等诸多活动。在大厅的周围是计算机厅、书店、休息厅、办公室、研究室以及卫生间等，这些房间与大厅之间多是全透明的玻璃隔断，因此，整个建筑给人的印象是简明、开放。

除了别致的整体造型和简明的空间组织，新图书馆的热工环境设计也是一大特色，草坪覆盖的屋顶本身就是极好的隔热屏障，同时，在图书馆地下设置了一层用于冷储存的沙子。此外，图书馆的3个立面都由整片的玻璃幕墙构成，它们也在环境控制中担任着重要角色，这些幕墙实际上包括两层：外层由中空玻璃构成，内层是可推拉开启的强化玻璃，中间是一个带遮阳幕的空气层，起到了良好的隔热作用（图7–47~图7–50）。

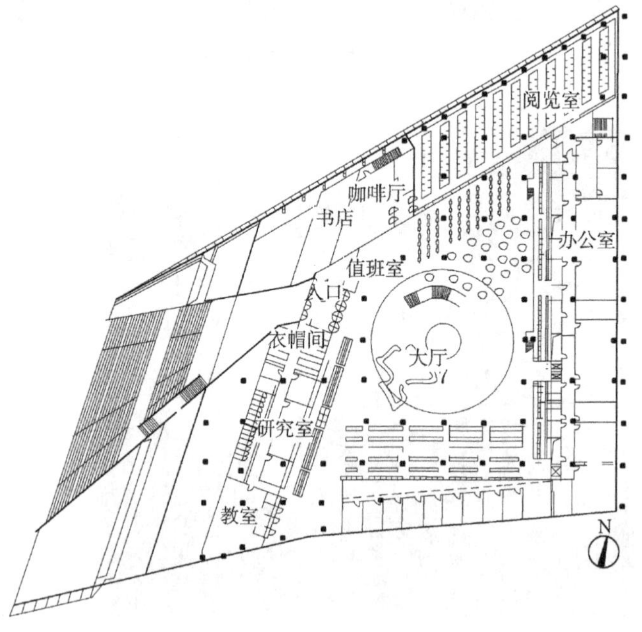

图7–47 一层平面图

7.3.3 埃及亚历山大图书馆

建筑地点：埃及亚历山大

建筑面积：7万m^2

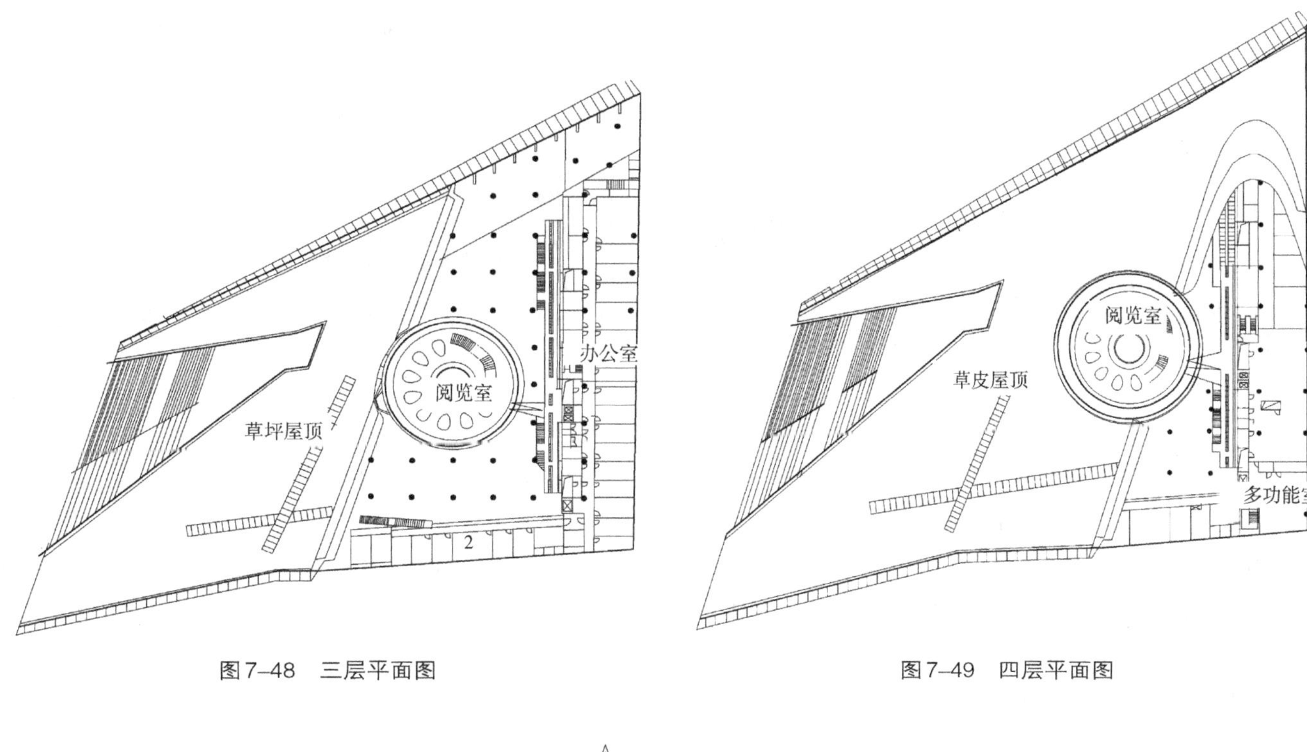

图7–48　三层平面图　　　　图7–49　四层平面图

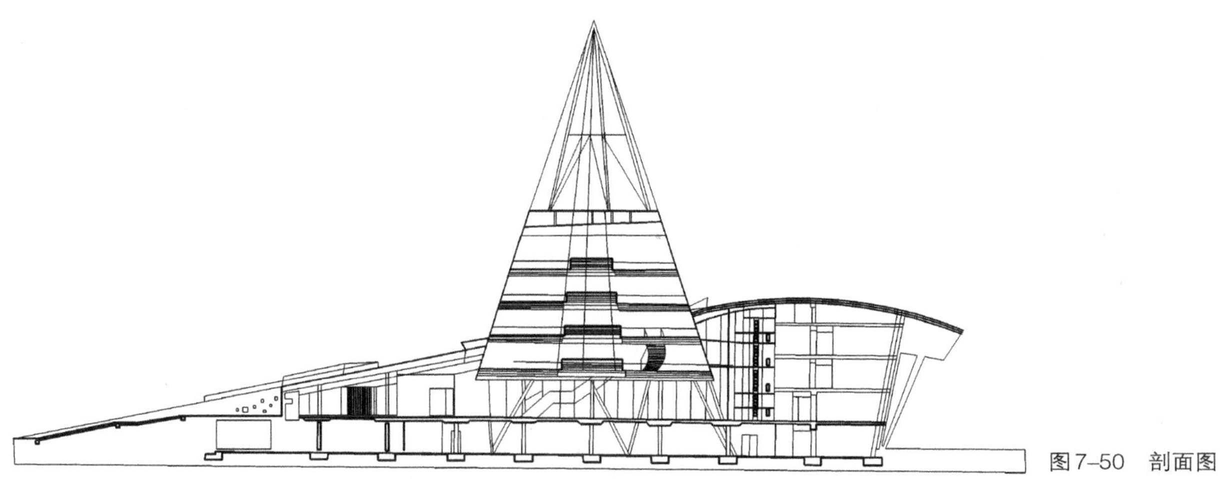

图7–50　剖面图

建成时间：2002年10月16日

公元前290年，埃及托勒密一世为了自己的“梦之图书馆”，要建立一座世界上最大的图书馆，即现在亚历山大图书馆的前身。（图7–50、7–51）这座堪称世界第一的收集人类文明成果的资料库，同时还是一所大学。最鼎盛时期，该馆藏书达90万卷，是当时世界上藏书最多、文种最多、书目记录最全的图书馆。公元48年，亚历山大图书馆曾遭尤利乌斯·恺撒军队的洗劫；1600年前的公元415年，亚历山大图书馆不幸完全毁于宗教文化冲突的战火。

1974年，亚历山大大学校长建议重建这座图书馆，并获得了政府和联合国教科文组织支持。新馆既富有现代气息，又有厚重的历史情感，其意义超过普通意义上的图书馆。

这座建筑的外形看上去就像从海面上升起的一个倾斜的巨大的银色盘状物，也就是图书馆的阅览室屋顶。图书馆的圆形平面直径为160m，各层楼板呈退台式布置，多达14个平台，可容纳2000个阅览座位，形成了世界上最大的阅览室，其容积高达172000m^2。如此巨大的空间要建成宜人的尺度是不易的，建筑师设计了许多纤细的混凝土柱子从平台上升起，形成室内柱林，柱头装饰着抽象的古埃及莲花蕾柱头。无论是这种抽象的柱头装饰还是酷似太阳神图腾的建筑外形，建筑师都否认任何与传统类比的评论，而称这是完全出于结构设备和功能的考虑。其基本的结构网格为9.6m × 14.4m，这是由书库的标准决定的。剖面设计的

图7–51　亚历山大图书馆外景

图7–52　亚历山大图书馆俯瞰

构思是利用跌落式的平台，将每层的书库置于上层的平台之下，伸出的部分用作阅览，同时也满足了大量的闭架书库和部分开架阅览的要求。屋顶16.08°的倾角取决于4.15m的层高、退台形式以及平面柱网的尺寸。

建筑屋顶的设计十分巧妙，圆形的平面被柱网划分成巨型的平面，而每个开间沿对角线分成了两个三角形，降低其中一个三角形的高度就形成了侧窗，所有高窗朝向正北，附加的玻璃遮阳板还形成了屋顶的图案装饰效果，弱化了其巨大的尺度，如图7–53、图7–54。

整个建筑中，屋顶算得上是一个巨大的立面，而另一个立面则是南面倾斜的实墙，与屋面形成了呼应。整个墙面雕刻了世界各地的文字。

图书馆保留了20世纪60年代的会议中心，它把圆形平面切掉了一部分。这一部分形成了联系新老建筑的广场。图书馆的西北侧是球形的天文馆和博物馆（图7–55）。

室内灰色的墙面和柱子给人以平静沉稳的气氛，却又不失活泼，同时还可以眺望大海。室内有蓝色和绿色的反射光，家具和木板都采用了暖色调。

这座图书馆，正如馆长所说，有助于恢复其古代已有的文化交流中心的地位，是埃及面向世界的窗口，是数字时代的图书馆。

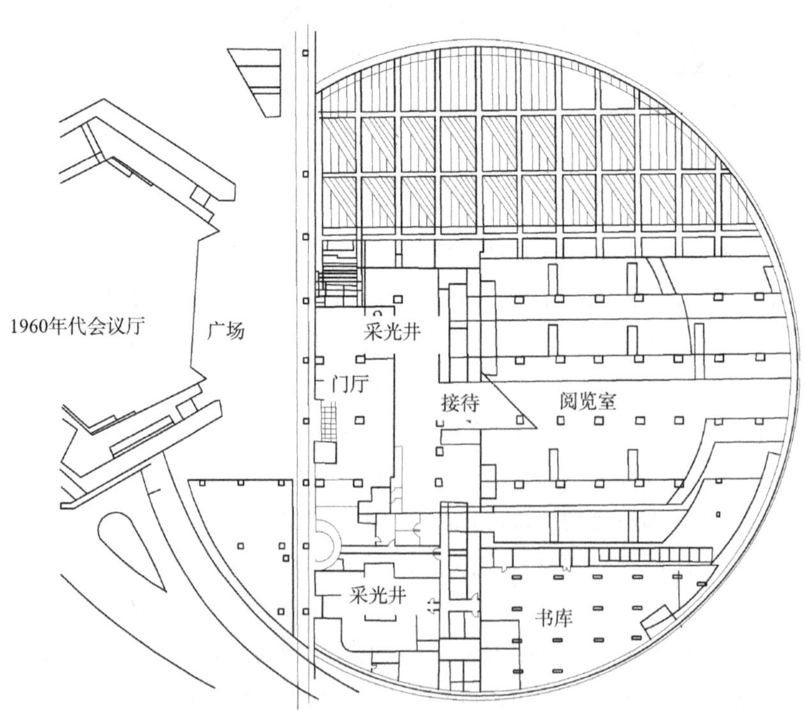

图7–53　七层平面图

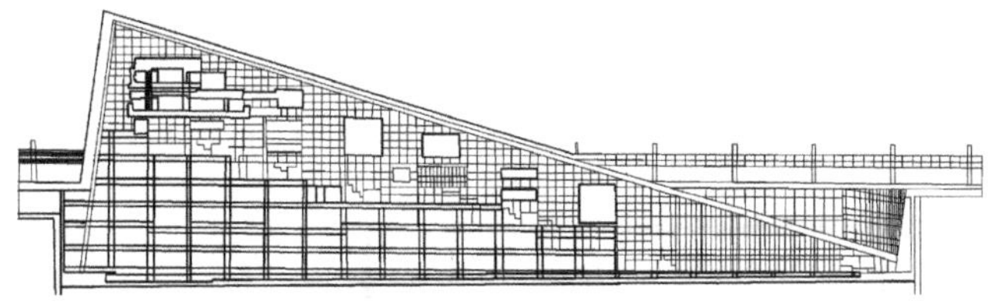

图7–54　纵剖面图

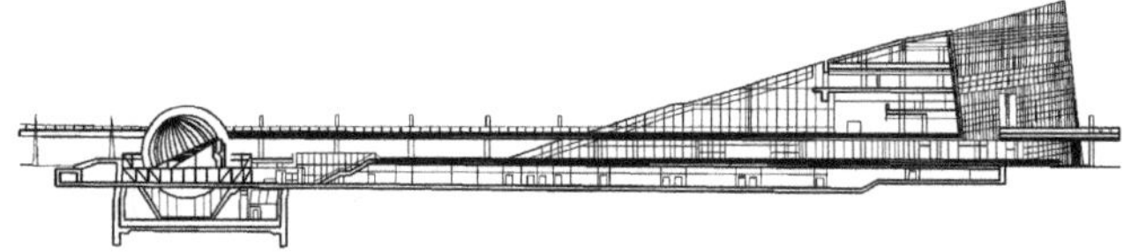

图7–55　剖面图（过天文馆、博物馆广场、自助餐厅）

7.3.4　马尔默公共图书馆（瑞典）

建筑设计：亨宁·拉森

建筑地点：瑞典马尔默

设计时间：1992年

层数：地上5层，地下1层

这项图书馆扩建工程是公共建筑中既简单又庄重的范例。丹麦建筑师拉森于1992年以简洁和富有人性的方案赢得了设计比赛。

老馆建于1899年，当时是城市博物馆，铜屋顶，红砖墙，新汉莎风格。扩建工程包括两个部分，一是石材饰面的圆柱体，里面是入口和门厅，而另一体块则是由两个平面看上去高度不一、相互叠加的方块组成（图7–56）。高的部分是四层通高的玻璃大厅，低的部分是"L"形的五层楼。石材装饰外立面，里面设书库、研究室和办公室。圆柱体是新馆和老馆的平衡点。交叠的体块本身也形成了一系列的对比，虚与实，厚重与轻灵，封闭与通透，石材与玻璃等。

主入口朝北，前面是一个三面围合的"U"形院子，一条安静的道路通向美丽的湖泊和树林（图7–57）。建筑设计是开放式的，显得清楚而大方，有开敞的廊子和楼梯。建筑师以建筑的方式表明，知识并不是远不可及的财宝。

整个建筑的室内设计富有趣味性：门厅内二层的廊子是横跨室内空间的，顶部有一圈连续的天窗，从而使室内光线随时间和季节而变化。四层通高的大厅是室内最壮观的部分，灰色的屋顶支撑在四根白色的柱子上，仿佛飘在空中一样。从通高的玻璃外墙望出去，是公园和花园。沿大厅的西侧有一个独立的三层高的参考书库，在这个纤细的白色钢结构盒子内设小室，既起到了点缀作用，又是研究和观景的最好去处（图7–58~图7–60）。

也许，大的玻璃窗在遮阳上有一些弊端，但它的出现使我们对图书馆有了新的认识。

图7–56　马尔默公共图书馆北侧入口庭院外景

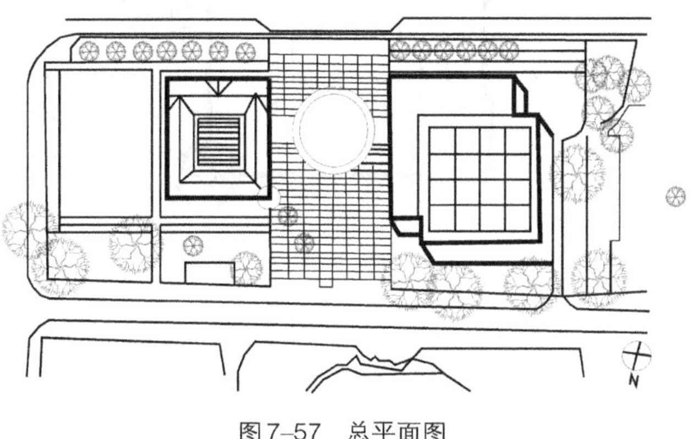

图7–57　总平面图

7.4　参考书目及解读

7.4.1　理论类参考书

1）鲍家声．建筑设计指导丛书——现代图书馆建筑设计［M］．北京：中国建筑工业出版社，2007，1.

本书是一部论述现代图书馆设计的专著，内容主要包括：图书馆选址及场地设计，图书馆建筑功能构成及空间组织，阅览空间设计，藏书空间设计，出纳、检索空间设计，业务用房及行政办公用房设计，公共活动及辅助空间设计，图书馆建筑造型，图书馆

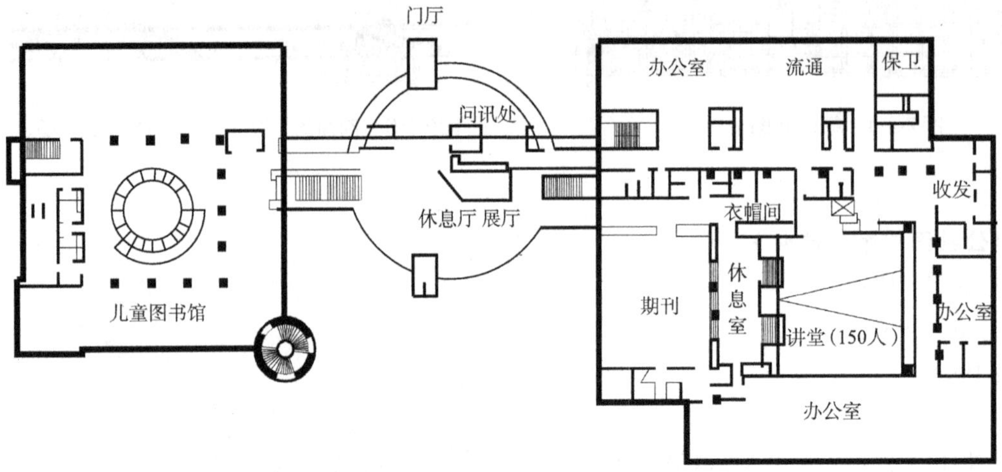

图7-58 入口平面图

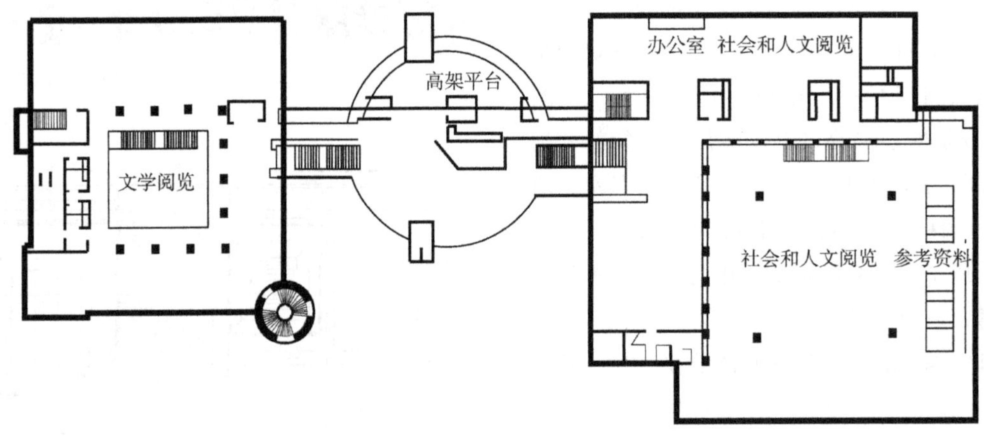

图7-59 二层平面图

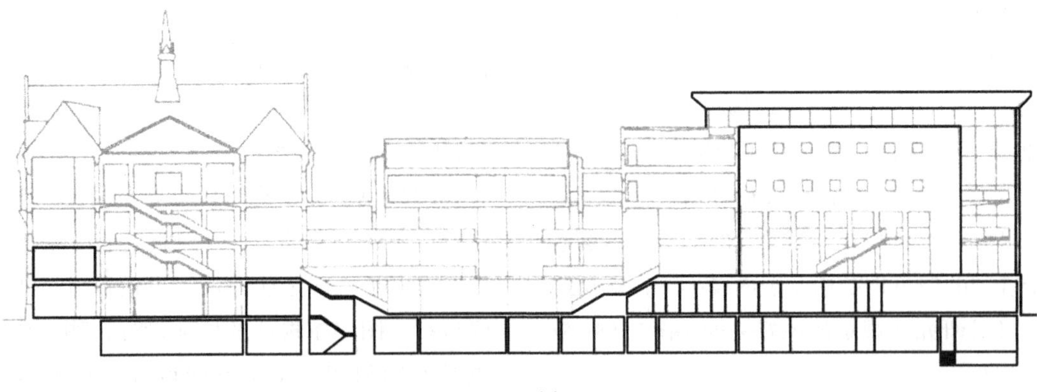

图7-60 剖面图

设计过程与案例解析，图书馆的现代化设备，图书馆家具等，并精选了具代表性的国内外图书馆设计实例56例。

本书图文并茂，理论联系实际，尤其第十章“图书馆设计过程与案例解析”是作者长期工作的总结，不仅对图书馆设计有直接帮助，对其他建筑设计也是不可多得的经验。

2）林耕等. 国外当代图书馆设计精品集［M］. 北京：中国建筑工业出版社，2003.

本书收集、分析了大量国外图书馆建筑实例，它们基本上代表了20世纪90年代以来图书馆设计方面的最高成就，其中有不少是名家名作。这些作品之所以成功，就在于它们无论规模大小，除了设计本身之外，都与地域文化和环境密切相关，同时紧跟时代的技术潮流。

本书分两大部分：第一部分是新建工程，主要涉及建筑设计及与周围环境的关系；第二部分是改、扩建工程，这部分除了要考虑建筑设计与周围环境的关系外，还要考虑新老图书馆的关系，考虑如何利用老建筑这样的热门课题。

3）付瑶等. 建筑设计系列教程&CAI——图书馆建筑设计［M］. 北京：中国建筑工业出版社，2007.

本书在内容组织上共分为五部分：第一部分是图书馆建筑设计原理，主要讲解图书馆建筑设计的基本原理和设计要点；第二部分是设计规范与数据资料，将各种基础数据和国家有关规范、规定详细罗列，以便于查询；第三部分是学生作业实例，收录了一些优秀的学生作业作为学习的范本；第四部分是著名图书馆建筑的实例分析，选择了一些著名的图书馆，对其空间布局、流线组织等各个方面进行了分析，使学生能够形象地理解设计师的设计理念；第五部分是图书馆建筑实录，收录了大量的图书馆建筑实例。本书对建筑学、城市规划、环境艺术等专业学生的建筑课程设计教学有很好的指导意义。

4）胡仁禄. 建筑设计指导丛书——休闲娱乐建筑设计［M］. 北京：中国建筑工业出版社，2001.

5）李延年等. 建筑课程设计指导任务书［M］. 北京：中国建筑工业出版社，2007.

7.4.2 图集类参考书

1）建筑设计资料集10（第二版）［M］. 北京：中国建筑工业出版社.

《建筑设计资料集》为建筑设计行业的大型工具书，集中反映了我国20世纪80年代以来建筑理论和设计实践中的最新成果。本丛书涵盖了建筑设计工作的各项专业知识。它概览古今中外建筑设计的各个领域，不仅与水、暖、电、卫、建筑结构、建筑经济等专业有着水乳交融的密切关系，而且还涉及哲学、美学、社会学、人体工程学、行为与环境心理学等诸多知识领域。本书是第10集，主要包括：①医疗；②图书馆・学校；③实验室；④体育；⑤交通；⑥地铁；⑦邮电；⑧广播电视；⑨影剧院；⑩旅馆；⑪银行；⑫商业；⑬冷库；⑭遮阳；⑮配件。

2）历届全国大学生建筑设计竞赛获奖方案集.

各获奖方案中，对场地的分析和设计大多有可学之处。

3）国际图书馆建筑大观. 上海：上海科学技术文献出版社.

7.4.3 规范类参考书

1）图书馆建筑设计规范（JGJ 38—99）

主要掌握：①总则；②术语；③选址和总平面布置；④建筑设计；⑤文献资料防护；⑥消防和疏散；⑦建筑设备。

2）公共图书馆建设标准（建标108—2008）

注重参考公共图书馆建设选址、总体布局的原则要求，明确公共图书馆建设项目实施过程中的基本要求。

3）《民用建筑设计通则》（GB 50352—2005）

4）《城市道路和建筑物无障碍设计规范》（JGJ 50—2001）

了解城市道路和建筑的无障碍设计要求，无障碍设施的类型、尺度和布置方法等。

5）《建筑设计防火规范》（GB 50016—2006）

重点是第五章的民用建筑部分，了解建筑的防火间距和安全疏散要求。

图片来源：

[1] 图7–1，图7–2，图7–3，图 7–5，图7–6，图7–7，图7–8，图7–9，图7–12，图7–13，图7–14，图7–17，图7–23，图7–32，图7–36，图7–38，图7–39，图7–40，图7–41，图7–42. http：//www.llibrary.hb.com

[2] 图7–18，图7–19，图7–20，图7–21，图7–22，图7–24，图7–25，

图7–26，图7–27，图7–28，图7–29，图7–33，图7–34，图7–37. 建筑设计资料集10（第二版）[M]. 中国建筑工业出版社.

[3] 图7–30，图7–35，图7–43，图7–44，图7–46，图7–47，图7–48，图7–49，图7–50，图7–51，图7–52，图7–53，图7–54，图7–55，图7–56，图7–57，图7–58，图7–59，图7–60：国外当代图书馆设计精品集. 北京：中国建筑工业出版社.

[4] 图7–31. 来自 http：//jzxs.uueasy.com

[5] 图7–45. 来自 http：//megaaboard.info.

[6] 图7–4，图7–10，图7–11，图7–15，图7–16. 自绘.

第8章　大众行为主导的空间设计
——商业建筑设计

8.1　商业建筑设计概述

8.1.1　商业建筑及发展

商业是"商品交换的发展形式"，它是在物物交换发展到简单商品流通之后才产生的。伴随着社会分工和商品生产，出现了固定的商品流通（交易）的场所——市场。市场是沟通生产与消费的桥梁（空间载体）。[1]商业建筑作为商业贸易的市场载体之一，是消费行为和消费文化的直接反映，与人们日常生活的关系愈来愈密切，它已不仅仅是单纯的购物和销售场所，其设计的优劣会直接影响社会公众的生活品质。商业行为自古就有，而随着时代的发展，商业模式在不断地发生着变化，对商业建筑也产生了直接的影响。我国的商业演化大致经历了以下四个阶段。

1）古代商业建筑的发展

（1）市的起源

"市"作为完成交易的固定场所，它的出现应该早于"城"的出现，大致在新石器时代晚期就已逐渐形成。古有"神农作市"、"祝融修市"之说。

（2）宋朝以前

采取"里坊制"的格局，城市的商业及手工业被限制在一些定时开闭的"市"中。这些"市"设有市门，由吏卒和市令管理，全城实行宵禁。城市商业受到这种管制的限制，发展极其缓慢。

（3）宋朝以后

随着商业的发展，旧的"里坊制"已无法满足需要而逐渐消亡，取而代之的是开放式的布局：里坊内的民宅纷纷破墙开店，出现了"前店后坊"、"前店后宅"的商业形式和"沿街设店"的空间格局。

2）近代商业建筑的发展

1840~1949年百来年的时间里，我国商业建筑的发展大致经历了三个时期：

（1）1840~1900年

初始期，体现了外来样式的全盘传入与旧有传统商业形式的延续，如"百货大楼"的出现（图8–1）。

（2）1900~1937年

发展期，主要表现为中西建筑的相互影响和融合，在这一时期，商业建筑从形式、类型、规模等方面发展都很迅速，出现了新的城市商业中心，如劝业场①的出现（图8–2）。

（3）1937~1949年

凋零期，商业建筑从形式到内容均带着半封建半殖民地的色彩，构成了近代中国城市商业区新旧杂处、中西合璧、五花八门的特征。[1]

3）现代商业建筑的发展

从1949年至今，由于政治、经济及所有制形式等种种因素的变迁，商业建筑主要经历了三个主要阶段：

图8–1　哈尔滨秋林公司（1904~1908年）

①劝业场：是在我国传统市场基础上，效法国外陈列和推销商品的经营手段．采用新结构、新样式发展起来的一种综合市场，当时命名为劝业场。

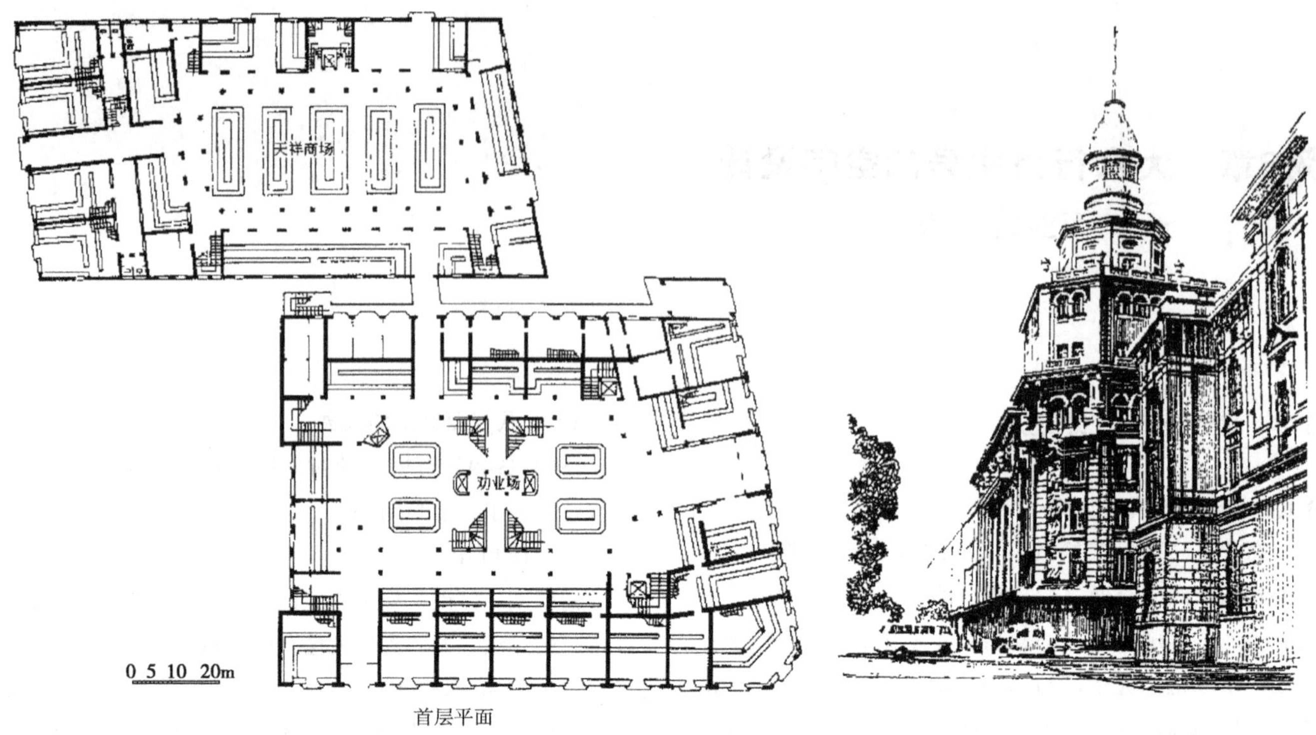

图8–2 天津劝业场（1928年）

（1）计划经济下单一商业时期（1949~1978年）

这个时期，商业建筑的形式是计划经济下国家经营的统一市场，称之为国营商店，起着“保障供给”的作用。对于建筑的形式、空间及艺术性要求不高，在数量上及质量上都成为了城市建设中的薄弱环节。这个时期的商业建筑类型主要有：百货大楼、供销合作社、小型市场与菜市场等。

（2）多种经济形式并存，商业在“量”上快速发展（1978~1988年）

十一届三中全会以来，全面搞活、对外开放、经济体制改革等举措，使商业得到快速的发展。这个时期，国有百货公司还是发挥了主要作用，同时还出现了专门店、自选商店等新的经营模式以及大量的临街铺面的改造。一时间，商业建筑在数量上得到了很大的提升，而在质上还存在很多问题，也给城市交通和城市面貌带来了负面影响。

（3）市场经济条件下商业“质”的提升及多元化发展（1989年以来）

自20世纪90年代以来，随着商品种类和总量的极大丰富，市场经济的全面建立以及市场由卖方市场转化为买方市场，商家的生存与发展就会更直接地经受市场竞争的考验，促使商业向“质”的方向发展，进而使商业建筑也在其规模、形态、空间、造型等方面得到全面的提升。随着进一步的市场化，商业地产也在房地产开发中占了重要地位，而商业建筑设计作为商业地产开发的重要环节之一，对商业的发展起着重要的作用，并且随时代的发展、生活方式的变化，不断地出现新的商业模式，比如量贩店、仓储式商场、一站式购物中心、Shopingmall、体验式商业、综合商业及虚拟商业等，商业模式不断地翻陈出新，并且日趋多元化。另外，方便、高效、综合、专业等是现代商业的发展趋势，同时还要照顾投资、成本等经济利益，并考虑社会效益和城市发展等因素，这些都为商业建筑的设计带来更多的机遇和挑战。

4）商业建筑发展的趋势

（1）多元化发展

随着生活及需求的多元化，商业建筑也呈多元化发展的趋势。

（2）功能上趋于综合化、专业化

城市与业态发展的需要以及对购物方便高效的要求，使商业建筑在功能上的一个方向就是综合化，出现了集商业、办公、住宿、娱乐为一体的综合商业中心。如日本福冈博多水城（图8–3），融饭店、娱乐、办公和贸易等多种功能为一体，是当地举办大型节日庆典、

图8–3　日本福冈博多水城

商品市场推广及社区公益表演的最佳场所，该建筑曾被推崇为20世纪后期最重要的建筑物之一。另一个方向就是专业化，如出现电脑城、家居广场、装饰城等专业化的商场。

（3）信息化时期，商业的国际化与本土化共存

信息化时代加速了商品的流通、国际化市场的建立，出现跨国商业连锁店如沃尔玛、家乐福等，另一方面，传统文化的崛起也让商业从中找到了新的卖点，出现很多复古的商业街，如成都的锦里、南京的夫子庙等。

图8–4　环球影城城市步道

（4）设计更个性化和人性化

商业竞争的加剧，为了吸引人、留住人，商业建筑设计趋于个性化，追求独特且充满人情味的空间形式。

（5）从注重服务向注重体验发展

经济学家认为，“体验”是继“生产”、“商品”、“服务”之后的第四个发展阶段。体验式商业是指商家以产品为载体，以服务为中心，给消费者营造一种难以割舍的内心感受。具有体验式消费特征的商业街、商场不仅能满足人们传统的物质需求，还能满足人们放松精神、愉悦身心的精神需求，把购物当成一种生活方式，一种享受，如环球影城城市步道，就是一体验式主题商业街（图8–4）。

（6）室内空间的生态化和娱乐化

生态化指将绿色引入商业建筑，使购物空间和园林景致结合为一体，这种方式不但可以增加休闲空间，提高空间的舒适度，还可以提高商场的人气，让顾客流连忘返。同时，和可持续发展相结合，是顺应潮流的发展趋势。另外，娱乐化也是为满足人们日益增长的精神需求，在购物的同时还要满足精神上的享受和放松。

8.1.2　现代商业建筑的类型与特点

1）商业建筑的类型

商业建筑的类型很多，如按经营内容分有服装店、书店、五金店等专业店和百货商店，按经营模式又可分自选超市、柜台式商店等，按规模分又有大、中、小型，如表8–1所示。

商店建筑规模　　表8–1

建筑面积（m^2）／商店类别／商店规模	百货商店、商场	菜市场类	专业商店
大型	＞15000	＞6000	＞5000
中型	3000~15000	1200~6000	1000~5000
小型	＜3000	＜1200	＜1000

资料来源：商店建筑设计规范（JGJ 48—88）。

不同的分类还有很多，这里就不多讲了。主要介绍一下按建筑形态来分的类型。

（1）单体式

所有的功能集中在一个单体建筑内，形态比较灵活，有大型商店，也有小型商店，有功能单一的纯购物

的商店，也有集购物、休闲、娱乐、办公、居住等为一体的复合型综合商业建筑。这种类型是这次课程设计要掌握的类型，也是本章节要重点阐述的类型。

（2）组群式

这种类型由一组或一群建筑组成，如大型的购物中心，多是一种综合商业体，集多种商业业态和休闲、娱乐、服务、办公、居住等功能为一体。如前面提到的日本福冈博多水城就是由百货商场、办公、艺术馆、电影城、旅馆几部分组成的商业综合体。

（3）街区式

沿街布置的商业街，或者是形成街巷空间的商业建筑群。这种类型是由一个一个的店面形成的，业态分布多样，以个体经营为主。

2）商业建筑的特点

商业建筑虽然类型很多，但有一些共同的特点：

（1）对区域位置要求高。区域位置关系到“口岸”的好坏，这对商业建筑来说是至关重要的。

（2）要有突出、易识别的外观形态。商业建筑要吸引人，拥有突出、易识别的形态是必不可少的，有很多商业建筑都成为了地段的标志性建筑，如北京王府井百货大楼、太平洋百货等。商业建筑立面要考虑广告牌的位置，因而开窗较少，这也成为了商业建筑极易识别的外观特色。

（3）与城市的关系密切。作为城市空间组织的重要因素之一，大型商业建筑在城市中所处的区位、其结构布置、平面形态、空间特征等对城市布局的影响极大，是当代城市规划和建筑设计的重要内容之一。

（4）内外交通组织通达性要求高。好的通达性是商业建筑能吸引顾客的重要条件，是商业建筑设计时要重点考虑的问题。

（5）商业氛围的营造，商业空间最大的特点就是要有商业氛围，有能够汇聚人气的场所氛围。

（6）需要足够的停车空间。充足的停车空间是吸引人购物的有利条件。

8.1.3 设计难点和原则

1）设计难点

（1）商业建筑设计中，对城市与建筑的关系是较难把握的。如在商业建筑的形态设计时，不仅要考虑商业建筑的个性化，同时也要考虑与城市大环境的协调。

（2）交通组织是商业建筑设计的重点，也是难点。组织好商业建筑的内外流线一直都是商业建筑设计的要点和难点，特别是现代商业建筑向综合性方向发展，使得内外流线变得日趋复杂，给设计者带来了更大的难度。

（3）商业氛围的营造是设计中较难处理的内容。它不仅体现在外观上广告牌的设置，还体现在广场、小品、内部中庭及细部空间等方方面面的设计上。

（4）商业模式与商业空间的结合是设计中常常被忽视的内容。许多学生在进行商业建筑设计时，往往只关注空间形态的处理而忽视了商业模式对空间形态的影响，致使设计缺乏前瞻性，无法满足商业模式发展的需要。

2）设计原则

（1）设计理念要与商业模式相结合。

设计理念与商业模式相结合才能产生出适应市场需求的建筑空间形态。因而，设计者仅有强烈的设计表现力是远远不够的，还应当具有商业敏感性，熟悉商业设施的开发及运营规律。

（2）建筑功能结构要与商业业态发展相结合，适用性和可变性要兼容。

商业建筑要能进行合理的业态规划和商业空间布局，并且还要适应不断更新的商业业态的使用要求。因而，要选择适应性强的空间结构形态。

（3）交通流线组织合理，运行通畅，解决好与城市交通的关系。

（4）内外空间的设计要有利于商业氛围的营造。

（5）要有正确和恰如其分的形象。

商业地产建筑的外观、色彩、各种建筑符号要得体，建筑风格要与建筑所经营的内容相互匹配，建筑外观设计最好能够让所服务对象“一见钟情”。

（6）注重尺度的推敲和人性化的设计。

恰当的尺度和人性化的设计是使人停留驻足、流连忘返的重要因素。

（7）区域性与时代性相结合。

商业建筑应该具有鲜明的区域性，应是对一个地区、一个时期文化艺术的浓缩，对延续历史文脉，彰显时代风貌，传播新的物质文明和精神文明起到推动作用。

8.1.4　设计任务与目标

（1）进一步掌握公共建筑设计的一般原理。

（2）掌握综合性建筑类型的设计方法。

（3）熟悉商业模式和商业运行机制及其对商业空间形态的影响。

（4）培养建筑设计过程中对环境、城市文脉的理解能力。

（5）培养综合处理建筑功能、结构技术和空间造型的能力。

（6）掌握商业类建筑内、外环境的处理与商业氛围的营造。

（7）培养方案表达能力。

8.2　单体式商业综合体基地选择与总平面设计

8.2.1　基地选择

商业建筑所处的位置对其运营状况和运营的性质有重要的影响。在选择上可以从以下几个方面入手：

1）有人气

人气是商业建筑运营的关键。因此，商业建筑选址应尽量选取人流必经之处或人群汇聚场所，以提高商业贸易的机会，如选择繁华的街道、交通集散地、观光场所或人流密集处等。

2）易见度高

一般来说，一个商场越容易看到，它的贸易潜力就越大。所以，应选在地形或地理位置的突出点，以提高易见度（图8–5）。

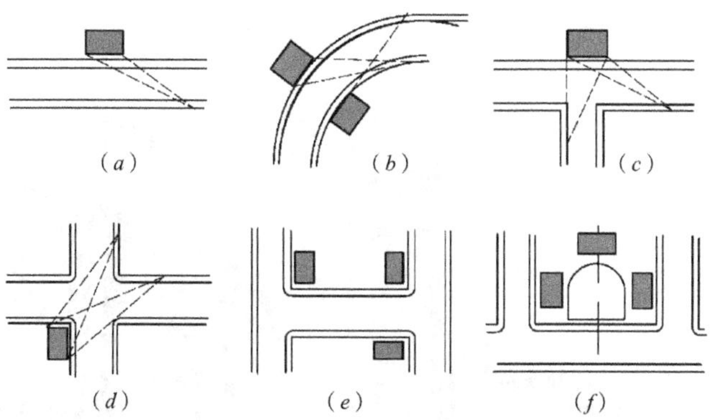

图8–5　商场位置与能见度

（*a*）沿平直街道布置，一面临街、能见度较低；（*b*）在街道曲度较大处设置、能见度外圈大于内圈；（*c*）"T" 形道路交汇的顶头处，能见度也相对较高；（*d*）十字交口处能见度极高，但应注意对城市交通的影响；（*e*）商业街两端有较高的能见度；（*f*）公共广场的迎面处，能见度颇高

3）设施完备

商业建筑选址还应尽量选在城市基础设施完备的场所，以减少前期的投入。

4）地形平缓

商业建筑选址还应避免坡地或洼地，而选择较为平缓的地段。因为，洼地对排水不利，而坡地对运送货物和底层的布置不利。

5）朝向好

在商业基地的选择上还应考虑朝向。一方面朝向会影响到货物的储存；另一方面，朝向会影响人流的走向，如冬天人们喜欢走在向阳的一面，而夏天又喜欢走在背阴的一面。

8.2.2　立意与构思分析

商业建筑的立意与构思除了可以使用建筑设计的通用手法，还要注意其特殊的要求，可以从以下几个方面进行立意和构思。

1）从城市的角度入手

构思的时候应充分研究商业建筑与城市的关系，包括商业建筑的流线与城市交通的关系、商业建筑的发展与区域环境的关系以及城市文化与商业形态的关系等，在此基础上进行商业建筑的形态构想和交通组织模式探讨。

2）从商业模式入手

商业模式是商业空间形态构思的基础，通过熟悉商业运行模式和发展态势，进行商业建筑设计的立意和构思，是形成个性化空间形态的常用方法。

3）从商业空间入手

从商业建筑特有的内部空间形态入手，进行立意和创新，是商业建筑构思的有效途径，产生由内及外的构思过程。

4）从建筑外部形态入手

从外部形态进行构思是建筑设计常用的构思方法，对商业建筑来说更是如此，有利于形成突出、显著的个性化建筑形态，满足商业建筑对外部形态的要求。这里要注意的是，构思可以从某个点入手，不代表只关注这一点，而是在这一点的基础上综合其他要素，最终形成完整的方案构思。如有些学生从外部形态构思入手时，往往陷入形态的推敲，而忽视了商业建筑其他的因素与形态的结合，造成方案深入时无法满足商业需求，使方案重新调整。所以，构思的时候始终不能忘记一个整体的观念。

8.2.3 总图与环境设计

1）基地的流线组织

商业建筑基地内的流线包括人流、物流、车流，随着商业建筑功能的复合化，使得基地内的这些流线不断复杂化。设计时处理不好，不仅会影响商业经营的顺利进行，同时还直接影响城市的交通状况。因此，处理好商业与交通的关系，进行良好的流线组织，是总图设计的重要内容。

（1）人流的组织

商业建筑的人流主要可分为客流、员工流和服务人流几类，通过建筑出入口的数量、位置、大小的设计来合理组织人流。由于现代商业建筑趋于综合化，集多种功能为一体，不同功能对入口的选择又不尽相同，所以，应进行详细的分析，在争取最大营业面积的同时，避免流线的交叉。一般来说，大中型商店的营业厅应有不少于两个面的出入口与城市道路相邻接，或基地内应有不小于1/4的周边总长度，不少于两个的出入口与城市道路相邻接，且主要的客流入口应沿主要街道开设，以便争取更多的人流。员工入口和货物入口应尽量设置在侧面或背面，以避免客流和物流的交叉，同时，保证获取最大的临街面，以利于吸引人流，扩大商机。另外还复合有其他功能的时候，则需根据不同功能的使用要求合理设置，如有些休闲娱乐设施与营业部分的经营和管理不同，需尽量有直接显著的对外出入口，而如果复合有办公或居住功能，则单独设置入口，并且一般设在侧面或背面，避免不同人流的交叉。

（2）物流的组织

商业建筑的物流是很频繁的，对交通影响比较大。物流组织的时候首先要避免与客流的交叉，其次要保证有一定的停车空间和卸货场地，也可让货车直接进入建筑物地下一层装卸货物，与首层商业购物部分的主入口互不干扰。

（3）车流的组织

车流的组织要考虑对城市交通的影响，一般不宜在主干道上开设车行出入口，同时，车的进出方向要与城市交通流相协调。另外，在设计车行道的时候还要考虑消防车的通道，一般基地内应设净宽度不小于4m的运输消防环路，同时避免与人流的交叉。

图8–6为深圳沃尔玛蛇口店总平面中的流线组织，其中人流、车流及物流都得到了合理的安排，避免了流线的交叉。

（4）立体交通组织

随着商业建筑不断大型化、复杂化、人流密集化，其与城市交通的矛盾也不断加大，因而商业建筑的交通处理向立体化方向发展，建立地下、地上、地上二层等多层立体交通系统。如使用下沉式、天桥、二层平台等方式将人流或物流直接导入地下或地上二层，以减轻地面一层的交通压力。如图8–7所示的华南购物中心，通过两个大的室外楼梯直接把部分人流引入二层，而减轻了一层的交通压力。

（5）几种常见基地的总平面布置

基地的形态千变万化，但从它与城市道路的关系来看，有几种常见的情况（图8–8）。

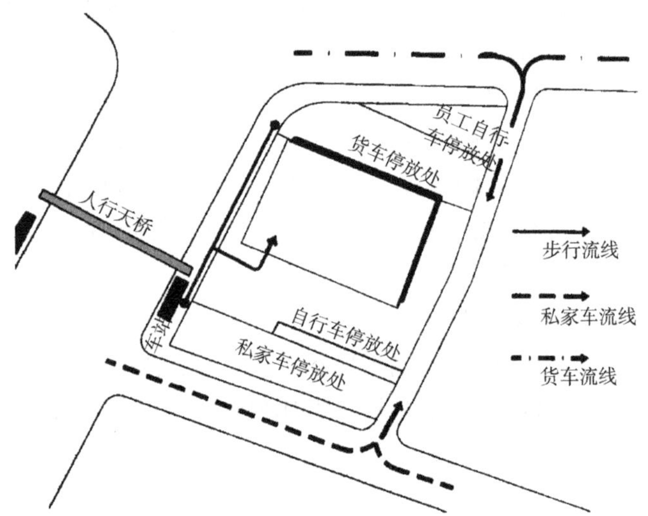

图8–6 深圳沃尔玛蛇口店总平面流线分析图

图8–7 华南购物中心

2）基地地面利用

商业建筑与其他类型的建筑不同的是，它应体现最好的商业价值，因而，对基地的利用是商业建筑设计应关注的要点。设计时要尽量保证和争取一层的营业面积，这对吸引顾客很有利，因为顾客通常更喜爱在首层购物。另外，商业建筑的沿街面与进深比的大小也对商业销售状况有很大影响，商业建筑设计应尽量增大沿街面，使之有足够的临街面来布置橱窗，吸引顾客，扩大商机。

3）停车空间的设计要点

随着汽车拥有量急剧增加，停车问题已成为城市商业区要解决的重要问题，也成为商场吸引顾客的重要条件。停车空间的设置应与基地的车流组织一起来考虑。目前，停车空间的设置有几种方式，包括地下停车库、地上停车库、地上集中停车场、沿路的分散停车等（图8–9），停车方式的选择要根据商业建筑规模、基地条件等因素综合考虑确定。具体停车场（库）的设计要符合国家相应的技术规范要求。

4）基地建筑外环境设计

通过商业建筑外部环境的设计可以协调建筑与城市环境的关系，有序地组织人流并增加集散弹性。如广场，不仅有利于人流的集散，同时也为商业促销活动提供了场地，成为了极具商业氛围的场所，体现了商业建筑的魅力所在，增加了商场的竞争力。

外环境设计要根据城市规划要求、基地条件、建筑体形等，综合构思建筑外部空间形态、位置、尺度、划分等，并进行环境艺术设计，如草坪绿地、植树、铺地、水体、建筑小品及雕塑等，使外部空间兼有功能与美学的含义（图8–10）。

8.3　单体式商业综合体平面功能与流线设计

8.3.1　商业综合体的系统功能

1）商业综合体的功能系统构成

商业综合体既包含有商业服务的内容，又包含餐饮、娱乐、休闲、住宿、办公等各种功能，它构成了一个复杂的系统（表8–2）。这些系统在运营和构成上保持着相对独立性，并作为商业综合体的功能构成要素而有机结合并协同作用，共同塑造着商业综合体的整体形象和艺术魅力。作为商业综合体的基础构成，必须包含商业、餐饮、停车场以及非商业性质中的任何一种功能。[2]

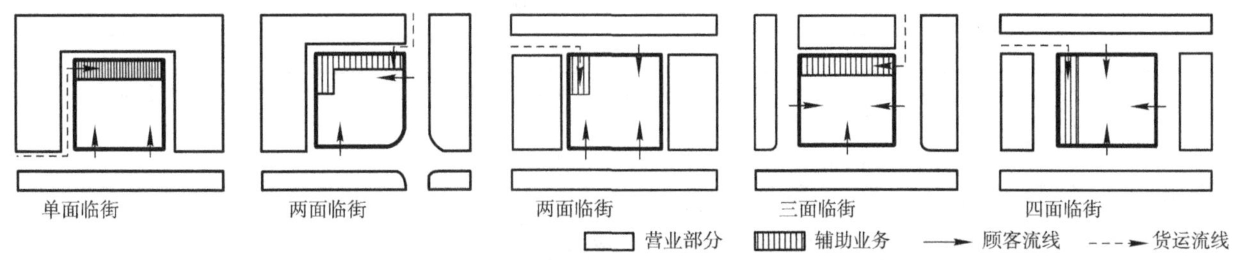

图8–8　商业建筑基地与城市道路的关系

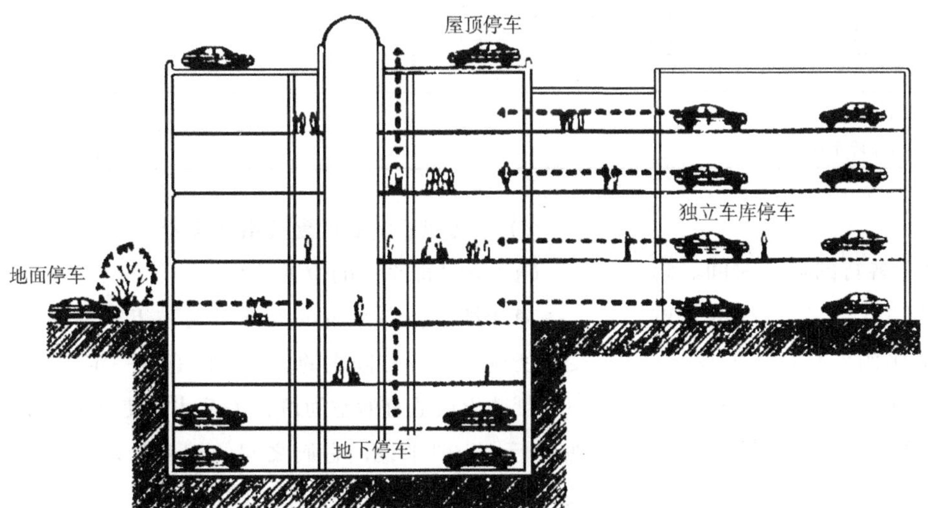

图8–9　停车方式

（*a*）入口广场还可以作为庆典和促销活动的场所，有利于商业氛围的营造

（*b*）商业广场集休息、游憩、观光及体验于一体

（*c*）芜湖联盛国际商业广场的景观设计，将商场内部环境和外部环境相融合，从而达到功能性和观赏性的有机统一

图8–10 商业建筑外环境

商业综合体系统构成 **表8–2**

<table>
<tr><th colspan="2">分类</th><th>主要内容</th><th>性质</th></tr>
<tr><td colspan="2">商业购物</td><td>综合商场、专卖店、超级市场、母婴馆、精品店、家具商场、箱包店、工艺品店、家电商场、五金商场、文化用品店、医药医疗商场等</td><td rowspan="2">商业</td></tr>
<tr><td colspan="2">餐饮</td><td>小吃店、快餐店、风味餐厅、中式餐厅、西式餐厅、茶吧、酒吧、咖啡馆等</td></tr>
<tr><td rowspan="3">康乐</td><td>娱乐休闲</td><td>夜总会、歌舞厅、棋牌室、麻将室、电子游戏室、桌球室、儿童游戏室、游乐场等</td><td rowspan="4">商业</td></tr>
<tr><td>体育健身</td><td>健身房、溜冰场、游泳池、保龄球等各种球类运动场所等</td></tr>
<tr><td>医疗保健</td><td>桑拿浴、水疗、按摩室、保健室等</td></tr>
<tr><td colspan="2">服务业</td><td>银行、邮电服务、美容美发厅、摄影馆等</td></tr>
<tr><td colspan="2">文　化</td><td>影剧院、会议中心、文艺中心、教室、艺术画廊、展览馆、水族馆等</td><td rowspan="3">非商业</td></tr>
<tr><td colspan="2">办　公</td><td>办公楼、商务中心等</td></tr>
<tr><td colspan="2">居　住</td><td>公寓、旅馆或酒店等</td></tr>
<tr><td colspan="2">停车场</td><td>汽车停车场、自行车停车场等</td><td>辅助</td></tr>
</table>

商业综合体各构成要素由于各自的运营时间、运营方式等的不同，不仅在空间位置上有某些特定的要求，而且对所占的空间大小比例也有特殊的要求，在设计时应根据实际情况合理地分配各部分的规模，恰当地安排各部分的空间位置，力求获得最佳综合效益。

2）各功能系统的位置关系和设置

（1）各功能系统的位置关系

商业综合体各系统的功能特性与组织结构复杂多变，所处位置没有固定的模式，但有着一定的规律性，只有创造出最适宜的空间位置关系才能使整个系统顺利地运行。一般来说，它们之间的相互关系大致分为相关、并列、相斥这几种关系（图8–11）。[3]

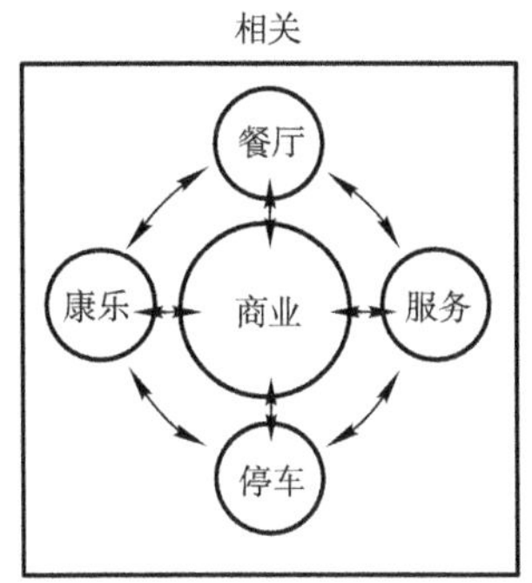

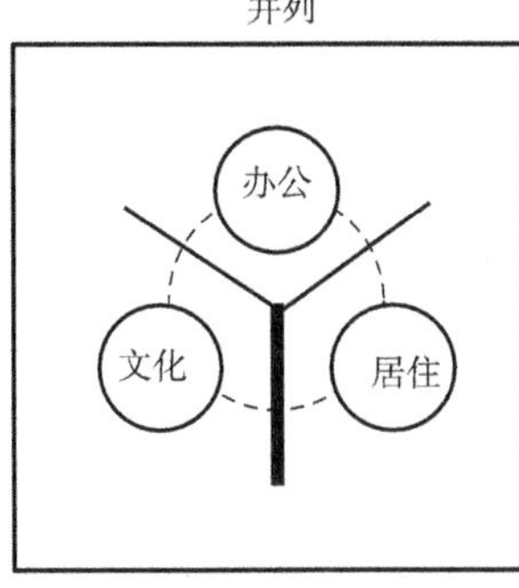

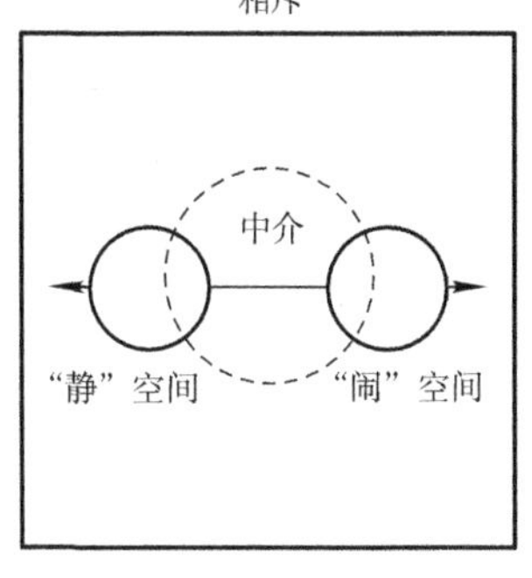

图8–11　商业综合体各子系统的相互关系

（2）各功能系统的位置设置

各子系统空间位置的设置具有多样性和复杂性的特点，必须根据各自的功能特点及相互关系来进行设置。图8–12为一些常见的位置关系。

• 商业购物空间

购物空间是商业综合体的核心内容之一，与外部空间联系极为紧密。通常将其设置在建筑的沿街和底层部分，其出入口宜布置在建筑物临街面的中间部位，方便顾客，以增加购物的机会。

• 餐饮康乐空间

这种空间利益性强，是商业综合体富有特色和吸引力的场所。由于其人员流动性大，应布置在对外联系方便的位置。另外，也可以和购物空间联合设置，成为彼此的吸引点。其位置可以在购物空间的上部，与其共用楼内电梯联系；也可以设在购物空间的下部，如地下层空间，可以有单独的出入口；再有可以围绕中庭或是布置在购物空间的外围，或是与购物空间并置等。

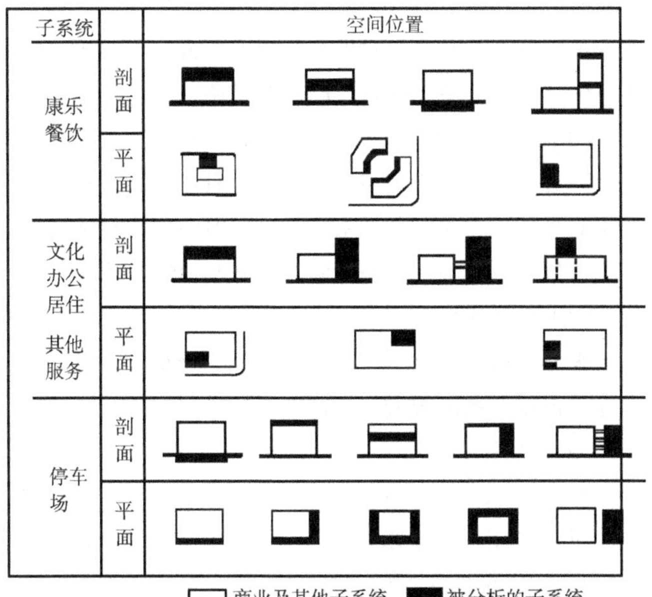

图8–12　各子系统空间位置的设置

• 文化、办公与居住部分

这部分空间独立性相对较强。位置一般设在商业空间的上部或旁侧、内侧，有时也与它们分开设置。需要单独的出入口，宜设在建筑物的两端或背面，应尽量避免与商业空间的相互干扰。另外，办公、居住部分现在多以高层塔楼的形式出现，需要对其电梯、楼梯等交通空间作专门考虑，并与商业购物、餐饮娱乐等人流相对隔离从而保证人员集散的安全与便利。

• 其他服务业

这类空间与商业、餐饮、康乐等部分关系密切。如银行，对外性强，应放在显著的位置，如一楼大厅或沿街处；美容美发、摄影等对外性也较强，一般可放在购物空间的周边或角落处。

8.3.2　商业空间的平面功能及流线设计

商业购物部分是商业综合体构成的核心要素，也是其活力与特色的体现，关系到整个商业的运行。

1）平面功能分析

面积定额参考　　表8–3

建筑面积（m^2）	营业（%）	仓储（%）	辅助（%）
＞15000	＞34	＜34	＜32
3000~15000	＞45	＜30	＜25
＜3000	＞55	＜27	＜18

资料来源：《商店建筑设计规范》（JGJ 48—88）

商业购物空间包括营业部分、引导部分、辅助部分，各部分的内容及相互关系见图8–13所示。其中引导部分要创造吸引人并延长人逗留时间的空间，是商业建筑的亮点所在；营业部分是商业空间的主要功能空间，占据主要的位置和较大的空间；辅助部分应与营业部分有较好的联系，其中仓储空间可集中布置在底层、

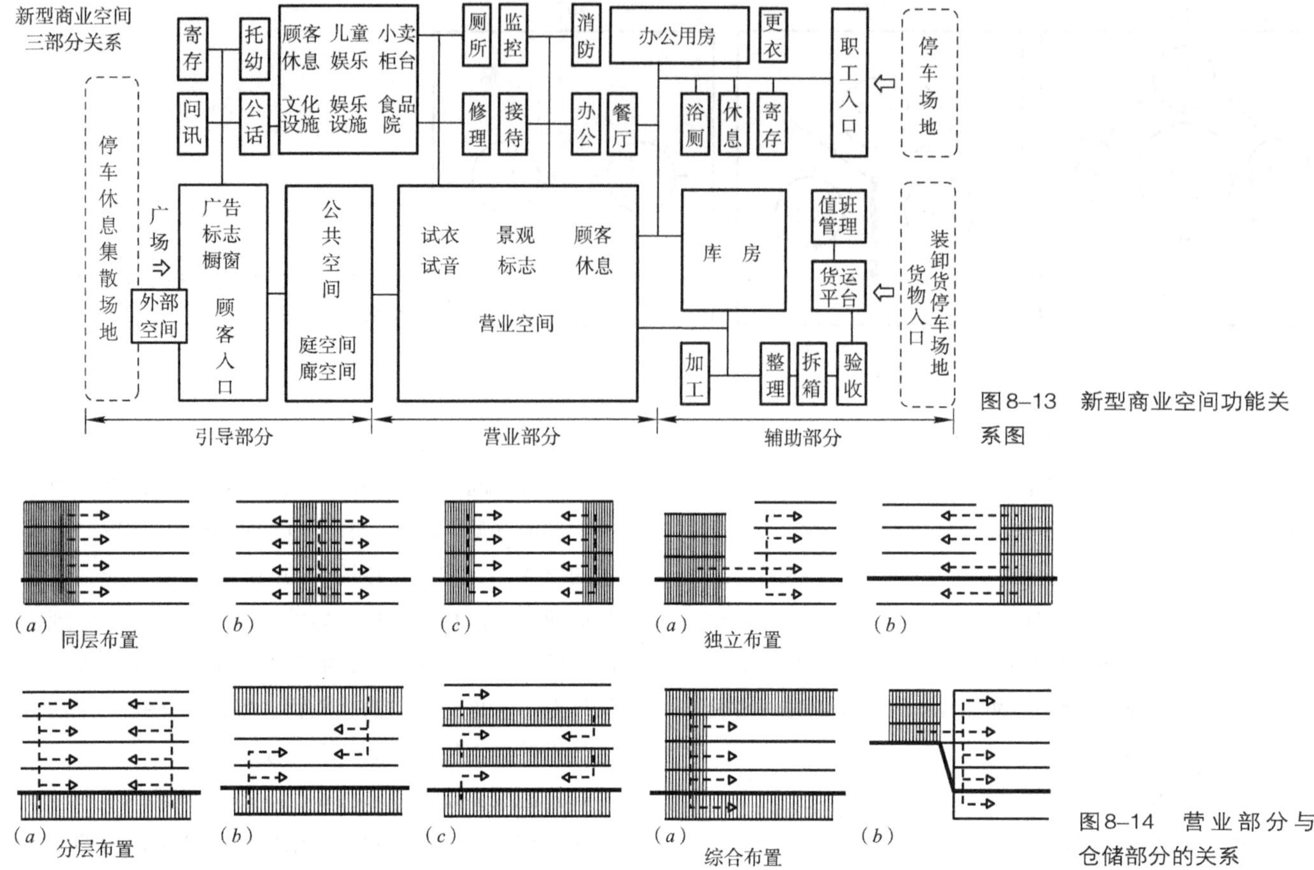

图8–13 新型商业空间功能关系图

图8–14 营业部分与仓储部分的关系

顶层，也可分布在各层，如图8–14所示。办公房间位置选择比较灵活，但应集中布置；营业、库房、办公及员工休息用房之间应有方便的联系。

各部分的面积比例根据经营内容、经营模式、服务类型、商店规模等的不同而有所不同，表8–3是我国《商店建筑设计规范》中的面积定额参考。随着现代经营模式的更新、消费需求的增大，商店营业空间所占的比例不断在增长。但无论商业空间各部分所占的规模比例如何发展与变化，宗旨都是在不影响空间划分的前提下最大限度地集中各类商业及服务，尽最大努力满足顾客的需求。

2）主要功能空间的一般要求

（1）营业厅

营业空间通常为大开敞的空间，以便于布置柜台和顾客购物。根据营业面积和商品布置情况可分层设置营业厅，各层之间通过垂直交通进行联系。营业厅的设计要注意柱网的选择，尽量统一，有利于灵活布置。常用的商场柱距一般为7.2~9m，而当有地下车库时柱网采用7.8m或8.1m是比较经济的。同时，要有合理的交通流线组织以及良好的购物环境，满足相应的采光和通风要求。

（2）仓储用房

仓储用房一般也为较大的空间，可由一个或若干个库房组成，仓储空间主要使用货运电梯同各层营业厅进行供货联系。商场应根据经营规模与方式等设计仓储用房及有关的验收、整理、加工、管理等辅助用房，保证货流的畅通和便捷。设计时应根据存储商品的类型采取相应的防潮、防晒、防霉、隔热等措施。

（3）办公用房

办公用房包括进行行政管理的各种用房，要求既要便于对外联系，又要便于对内管理，其空间设计无特殊要求，位置较为灵活，但要满足采光和通风的要求。

（4）服务用房

服务用房包括休息空间、卫生间、吸烟室、员工食堂等，根据商场的规模、经营方式等合理配置。

（5）设备用房

根据商场规模的不同，设备配备的复杂程度也不同，对设备用房的要求也不同。设备用房可单独设置，也可根据设备的特点和要求放置在建筑内部的适当位置。有些设备用房要根据具体要求进行专门设置，如消防控制室一般要求有直接对外的出口。

3）内部流线组织

流线是商业空间组织的重点，营业大厅是商业空间人流最集中的部分，因而具备清晰合理的流线应是第一位的。流线设计要满足顾客轻松通畅购物的需求，同时保证能迅速、安全的疏散。好的流线组织，不仅可以方便消费者迅速地找到所需的商品，满足商品布置的最大效益，还为良好的商业购物环境创造了条件。商场内部流线的组织可以从以下几个方面入手：

（1）入口与垂直交通的关系

入口与垂直交通的关系基本就定下了营业厅内的主要流线。图8–15所示为几种常见的类型。

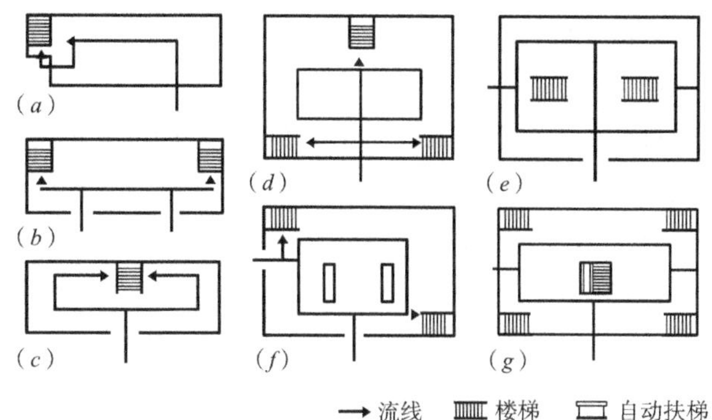

图8–15　营业厅的主要流线示意图

（2）平面流线的划分与组织

水平流线的划分组织原则是形成合理的环行路线，为顾客提供明确的流动方向和购物目标。对大中型商业空间而言，流线可分为主要流线、次要流线。主要流线把人流导向各条次要流线和垂直交通系统，提高空间整体性，便于顾客浏览各个区域的特征。次要流线是各商业区域内部购物流线，它用以明确划分商业营业区的边界。

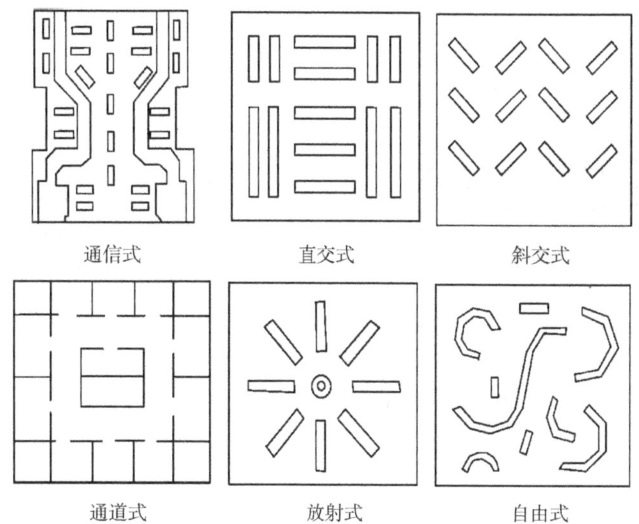

图8–16　次要流线的形式

目前由于大多数商业中心的垂直交通设置在平面中部，因此，主流线以环绕性流线为主，以避免重复，使顾客可以以最便捷的路线浏览各个区域，见图8–15。次要流线的形式与商品布置方式有关，常见的有通道式、直交式、斜交式、环绕式、放射式和自由式等类型，如图8–16所示。它们可以通过柜台、货架、隔断等的布置来形成，各种流线有自身的特点，各有利弊，如直交流线可以使空间简洁，识别性强，但却缺少变化，环绕性流线则空间富有变化，适用于敞开经营方式的类型。

（3）垂直交通设计

对于商业空间而言，竖向交通的方便程度，直接影响到商业经营效益。因而，需要尽可能创造条件，保持良好的竖向交通便捷度。另外，垂直交通对营业空间的氛围影响很大，往往可以成为吸引人流的视觉中心，起到活跃空间的作用，如图8–17所示。

图8–17　徐州友谊商场中庭旋转楼梯

垂直交通的设计要满足安全、快速地运送和疏散客流的需要，因而分布应均匀。主要楼梯、自动扶梯或电梯应设在靠近入口的明显位置。同时，交通设施前需要留一定的人流缓冲空间。

在商业建筑内部，主要的垂直交通工具包括自动扶梯、电梯、楼梯以及坡道等。

• 自动扶梯

自动扶梯已成为现代商业建筑营业厅内部的主要垂直交通工具，常见的有直列式、剪刀式、连续式等，见图8-18。自动扶梯常与商场内中庭相结合，且有一定的装饰效果。设计时要注意的是，自动扶梯上下两端应连接主通道，两端水平部分3m范围内不得兼作他用。当厅内只设单向自动扶梯时，附近应设与之相配合的楼梯，见图8-19。自动扶梯倾斜部分的水平夹角应等于或小于30°，水平部分底部和下层楼地面间净高应大于2.4m。

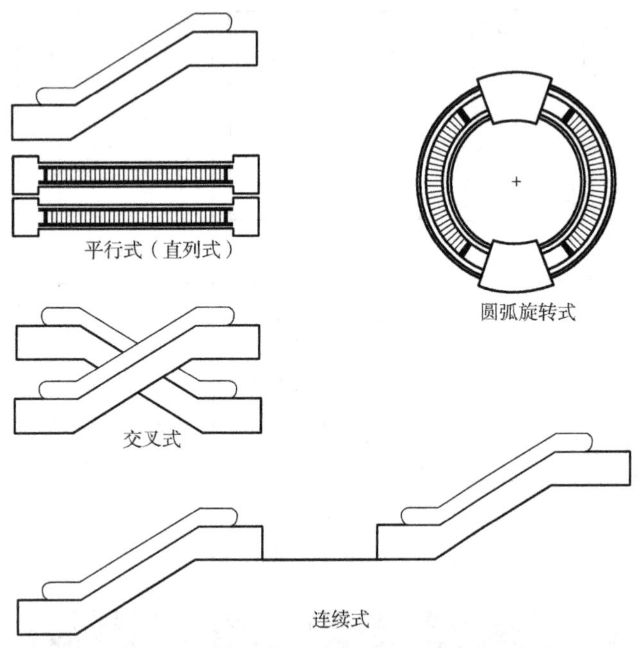

图8-18 自动扶梯的常见形式

图8-19 自动扶梯与楼梯相结合的设计

• 楼梯

营业厅内楼梯的位置、数量以及楼梯间的宽度应满足顾客使用、商品搬运和防火疏散的要求。楼梯有开敞式与封闭式两种，开敞式楼梯通常结合中庭、大厅进行设计。另外疏散楼梯要满足消防规范，具体要求在下面详细讲解。

• 电梯

一般四层以上的商业空间应设置电梯，多与封闭式疏散楼梯联合设置，使用率较低。电梯前应留有足够的等候及交通面积，避免通过楼梯和电梯上下的人流交叉。较大的商场在中庭设置观景电梯作为辅助交通设施，增加了空间环境的动感。

另外，商业建筑中货梯的设计也是项重要内容。货梯的类型和尺寸通常根据货物的种类和尺寸决定。货梯一般设置在卸货入口的附近，以便将货物直接运到仓库。大中型商店应设两部货运电梯，井道轴线尺寸可按不小于2.7m × 3.0m考虑，等候厅尺寸至少是轿厢尺寸的1.5倍。货梯的载重量为500~2000kg。

• 坡道

坡道应满足无障碍设计的要求，方便老幼病残及输送物品。对于残疾人坡道的设计，坡度为1/12，一般每段坡度允许高度为0.75m，长度为9.0m，长度超过时应设休息平台，两侧应有保护装置。

8.3.3 防火与疏散设计

商业综合体是人流物流集中的区域，对防火疏散的要求较高，要求按照《建筑设计防火规范》、《高层民用建筑设计防火规范》等诸多防火技术标准严格进行建筑防火设计。主要应从以下几个方面着手。

1）设置重点部位的防火

（1）易燃的设备用房不应设在人员密集场所的上一层、下一层或贴邻，应布置在一层或地下一层靠外墙的部位，并应设直接对外出口。

（2）娱乐场所、多功能厅、会议厅、观众厅等人员密集的场所，应该布置在高层建筑三层以下。如设在高层建筑四层以上，就必须满足以下条件，以保证消防安全：①一个厅、室的建筑面积不宜超过400m²；②一个厅、室的安全出口不应少于两个；③必须设置火灾自动报警系统和自动喷水灭火系统；④幕布和窗帘应采用经阻燃处理的织物。

2）合理划分防火、防烟分区，正确设置防火分隔

（1）水平防火分区

低层商场的防火分区最大允许面积是2500m^2，设有自动灭火系统时可增加1倍，局部设置时，按该局部面积增加1倍；水平防火分区间的分隔应该采用防火墙，且其上的门应为甲级防火门，同时要设置闭门器来保证能够自行关闭。如果采用防火墙有困难，可选择满足消防要求的防火卷帘加闭式自动喷水灭火系统。

（2）竖向防火分区

划分竖向防火分区有几种情况：

• 楼梯间为一个单独防火空间，用防火门和前室与营业厅分隔。

• 设有上下层连通的走廊、敞开的楼梯、自动扶梯等开口部位时，如果上下层连通的面积叠加起来超过了防火分区面积，应在开口部位设置防火卷帘或水幕等分隔设施。

• 玻璃幕墙的防火分隔，应做好幕墙的防火隔断及构造的防火处理。

• 中庭的防火分隔：贯通中庭的各层应按一个防火分区计算，如果超过规范规定的防火分区允许的最大建筑面积，应该采取相应的防火分隔措施。

• 竖井、管道的防火分隔　每隔2~3层用耐火极限不低于0.5小时的不燃烧体进行防火分隔，井壁上的检查门为丙级。

（3）划分防烟分区

防烟分区宜结合防火分区设置，其分区面积不应超过500m^2，且防烟分区不应跨越防火分区。

3）安全疏散

（1）水平疏散

商场的防火分区应均匀布置安全出口，在同一分区内以形成双向疏散为原则。相关规定包括：①设置足够的安全出口；②结合防火分区控制安全疏散距离。营业厅内任何一点至最近的安全出口的直线距离不宜超40m。

（2）竖向疏散

要求采取必要措施满足合理的安全疏散要求。要求：疏散楼梯为封闭楼梯和防烟楼梯，且疏散楼梯的最小宽度不应小于1.1m，营业厅部分的室内公用楼梯的最小宽度不应小于1.4m，安全门净宽不应小于1.4m。同时，疏散楼梯及前室的门应向疏散方向开启，且不应采用吊门或水平推拉门，严禁使用转门。

4）排烟技术措施

（1）一般低层商场或二类高层建筑内的商场，应设置封闭楼梯，采用开启外窗、自然通风的方法即可满足防、排烟需求。

（2）大型商场的营业厅因每层建筑面积很大，一般都采取设置机械排烟设施的防、排烟方式。

（3）净空高度小于12m的中庭，在顶棚上开设天窗或高侧窗，高窗面积不小于中庭面积的5%，一般可以满足排除热烟的要求，而净空高度超过12m的中庭，则应采用机械排烟方式或机械加高窗的排烟方式。

5）设置必要的自动消防设施

自动消防设施包括：火灾自动报警系统，如火灾探测器、报警控制器、声光警报装置等；减灾防护系统，如安全疏散设备、应急控制装置等；灭火执行系统，如电动喷水灭火系统等；火灾档案自动管理系统等。

8.4　外部造型与内部空间设计

8.4.1　营销空间的设计

1）营销空间的构成

（1）营销空间

也就是营业厅，是整个商业空间的核心，销售是营业厅最基本的功能，同时为保证正常的营业销售，还具有临时储藏、交通、商品展示、休闲、服务等功能。所以，营销空间又可细分为购物空间、交通空间、展示空间、休闲空间和服务空间等。

（2）购物空间

是由货柜和货架等设施作为空间限定的元素划分出的直接进行销售活动的现场。它是营销空间的重要组成部分。

（3）交通空间

包括商场内的通道、楼梯、自动扶梯及电梯，其位置、数量、布置及宽度等既能使急需型购物者迅速到达购物场所，又能使顾客轻松完成浏览观赏的行为。

（4）商品展示空间

从常规的柜架、货柜到地台、墙面及空中挂件，展示的商品从只能观赏到可触摸、可试听、可试用，创造出视觉焦点，以吸引顾客。

（5）服务空间

是商品销售的辅助空间，如：试衣间、听音室、问讯处、寄存处等，体现着商业空间的人性化设计。

（6）休闲空间

为顾客提供餐饮、休息、娱乐、文化等场所，点缀以绿化小品，既满足了顾客的需求，也促进了消费。

2）营销空间形态的类型

目前常见的营销空间类型见图8–20。

3）空间划分的手法

（1）利用柜架设备或隔断划分

利用柜台、货架、陈列柜、隔断或绿化等设施将营销空间进行水平方向的划分，重新组织空间，创造多种形式的空间效果以满足时代性和商业性的需求。

（2）利用顶棚、地面的处理划分

通过地面和顶棚的曲直对比、图案造型的区别，高低、升降错落的差异，材料的对比，色彩的变化，照明的不同效果进行空间限定。划分不同性质的空间，引导人流，创造不同的商业氛围。

（3）设置夹层进行竖向划分

一般在大面积营业厅的中心部位，常为较大的空间，可采取夹层的方式在垂直方向适当划分。这样不仅加大了使用面积，又突出了重点，增加了层次，空间相互穿插，流通渗透。

4）各空间的设计要点

（1）购物空间设计要点

• 根据经营商品类型的不同，进行合理的业态划分。

• 根据商品的类型和经营方式选择合适的商品布置方式，总的来说有封闭式、半开敞式、开敞式、自由式等类型，见图8–21所示。

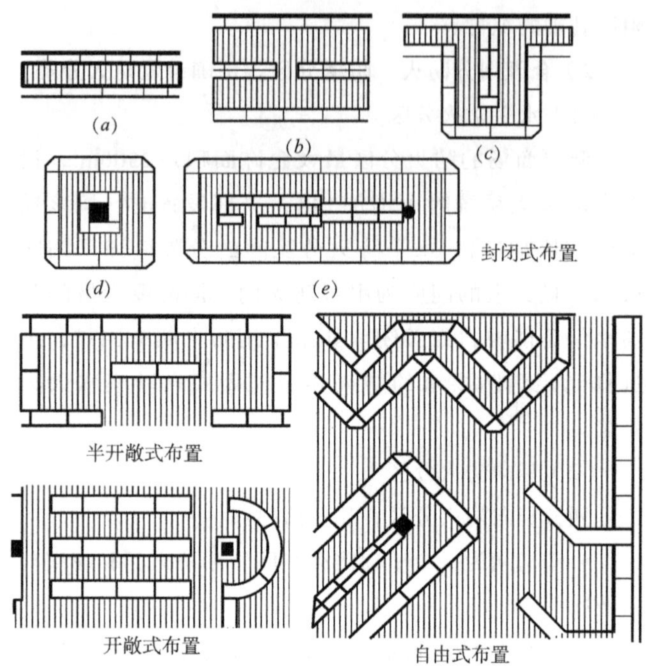

图8–21　商品布置类型

（a）周边式；（b）周边带散仓式；（c）半岛式；（d）单柱岛式；（e）双柱岛式

（2）交通空间设计要点

• 交通流线的组织，详细见上章的内容。

• 交通通道宽度。通道应有足够的宽度保证交通顺畅，便于疏散。表8–4为营业厅通道宽度的最小净宽要求。

（3）展示空间

能强烈激发人的购买欲望的商品展示空间是营业厅内部空间设计的重点，需根据商品的类型对展示空

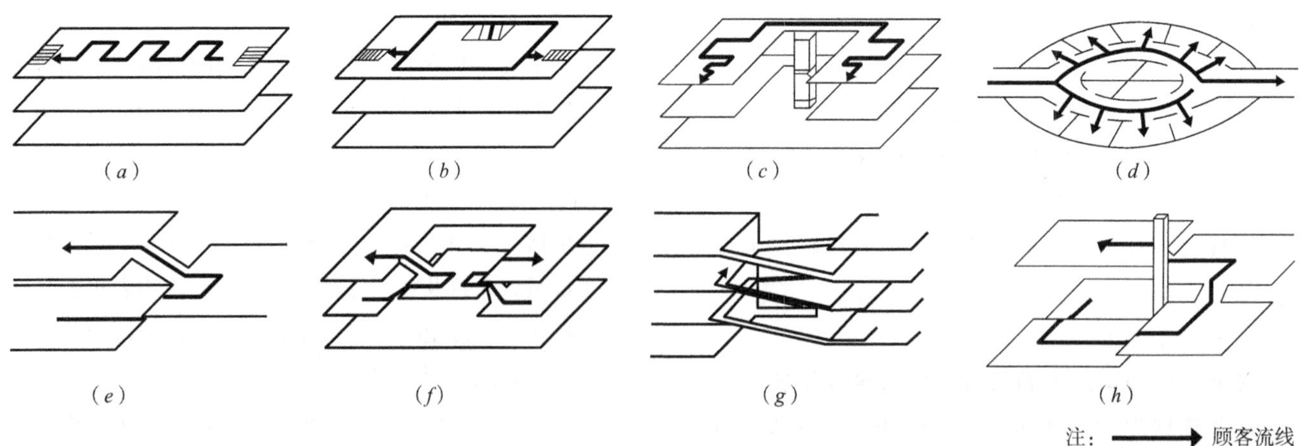

图8–20　营销空间类型

（a）长条式；（b）大厅式；（c）中庭式；（d）单元式；（e）错层式一；（f）错层式二；（g）错层式三；（h）错层式四

间的位置、视线、色彩、灯光等给予充分的考虑，见图 8–22。

营业厅通道最小净宽　　表 8–4

通道位置	最小净宽（m）
通道在柜台与墙或陈列窗之间	2.20
通道在两个平行的柜台之间：	
（1）柜台长度均小于 7.5m	2.20
（2）一个柜台长度小于 7.5m，另一个柜台长度为 7.5~15m	3.00
（3）柜台长度均等于 7.5~15m	3.70
（4）柜台长度均大于 7.5m	4.00
（5）通道一端没有楼梯	上下楼梯段之和加 1m
柜台边与开敞楼梯最近距离	4m，且不小于楼梯间最小净宽

资料来源：王晓．现代商业建筑设计［M］.北京：中国建筑工业出版社，2005.

（4）服务空间

服务空间是为顾客提供舒适的购物环境不可或缺的空间，包括卫生设施、信息通信设施、造景小品、休息以及试衣间、试音室、维修处等特殊商品销售需要的空间，见图 8–23。这些空间的设置对提高商场服务质量、增加商场营业额是有利的，而且还会随着商业的发展不断增加新的服务内容，以提高商场的竞争力。设计时应注意与购物空间的结合，并充分利用边角空间。根据服务内容，可集中布置也可分散布置。

（5）休闲空间设计要点

休闲空间的是为了满足顾客除购物以外的其他需求如休息、娱乐，调节身心等，这些空间可以延长顾客在商场内的逗留时间，增加营业额，促进各业态之间的协调发展。休闲空间的设计，除了这些空间自身的功能安排，还要考虑其与购物空间的关系，根据其规模、环境、经营理念等因素合理设置。如对于可能产生较大噪声的休闲空间，应采取相应的隔声措施，餐饮类休闲空间应注意厨房的位置等。休闲空间在商场中的位置常见于顶层或地下一层，也可在商场的某一层的适当位置，一般在周边，辟出小面积的休闲空间与商场相连通，还可以与中庭结合如一些快餐、冷热饮、游戏、小型儿童活动场所等。

8.4.2　剖面设计要点

1）进行合理的剖面空间组合

商业空间的剖面形态很多样，常用的有大厅式、中庭式、错层式及综合式等，如图 8–24 所示。大厅式空间完整，能最大限度地扩展营业面积。中庭式使空间形成竖向的连续，形成竖向的流动空间，有利于商业氛围的营造，是现在常常采用的形式。错层式能有效地界定空间，丰富空间层次，形成富有动感的空间形态。

图 8–22　某商场的服装展示空间

图 8–23　座椅的方向不同，设置了一个相对私密的空间

2）确定合理的层高和层数

（1）层数的确定

商业空间的层数不宜过高，一般不超过4~5层，从商业价值来看，一层最高，逐层向上依次减弱，因而要尽量争取底层的商业空间。

（2）层高的确定

商业空间由于多为中央空调，需要一定的管道空间。另外，商业空间都是大空间，考虑到空间尺度的适宜，一般商业空间的层高都较高。如表8–5所列出的就是营业厅最小净高和一般层高的具体要求。

营业厅最小净高和一般净高 **表8–5**

通风方式	自然通风			机械排风和自然通风相结合	系统通风空调
	单面开窗	前面敞开	前后开窗		
最大进深与净高比	2：1	2.5：1	4：1	5：1	不限
最小净高（m）	3.20	3.20	3.50	3.50	3.00
一般层高（m）	底层层高一般为5.4~6.0m，楼层层高一般为4.5~5.40m				

注：设有全年不断的空调、人工采光的局部空间的净高可酌减，但不应小于2.4m。

资料来源：建筑设计资料集（第二版）.北京：中国建筑工业出版社.

8.4.3 造型设计要点

1）商业建筑的形体特征

商业建筑日趋综合性，在建筑造型上也反映出其独特的性格和特征：

（1）形象语言的独特性

商业建筑的形象要求商业特性与建筑造型要素结合，如广告、标志在立面上的体现，使商业建筑形象独具特

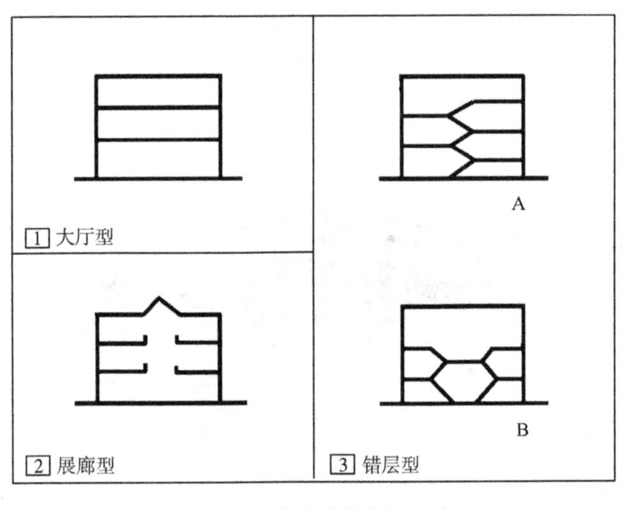

图8–24 商业空间剖面形态

（a）巨大的店标和广告式商业特性一目了然

（b）条形码的构想让建筑极富个性

（c）立面入口比例尺度细致推敲，虚实对比显著，入口显要突出

图8–25 商业建筑形态特征

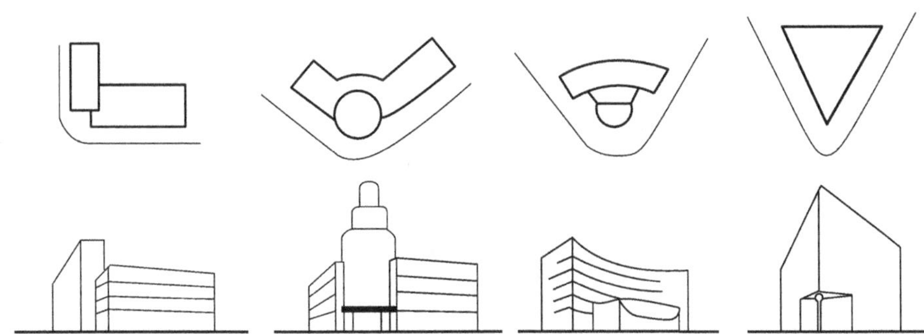

图8–26　单一形体体块组合示意

图8–27　具有复杂形体的商业建筑

色，从而达到吸引与招揽顾客的目的，见图8–25*a*。

（2）形态构成的多样性

商业建筑的个性化要求形态能有所创新和突破，为此，商业建筑的形态千变万化，丰富多样。因此，设计时必须要打破一些常规的造型手法，创造出新颖别致且具有时代感的商业建筑形象，见图8–25*b*。

（3）装饰细部的丰富性

商业建筑通过特有的语言、细部强化建筑的环境气氛，显示其独特的个性，见图8–25*c*。

2）商业建筑的形体组合

总的来说，商业建筑的形体分单一形体和复杂形体两类，如图8–26列举了几种常见的简单形体体块组合方式，图8–27为复杂形体的实例。

3）商业建筑造型手法

常用的造型手法有体块穿插、体块对比、母体体块的重复利用、退台处理、转折处理等，见图8–28。

8.4.4　立面设计要点

商业建筑的立面应反映商业建筑的特性，如立面具有较强的广告性和鲜明的个性，同时具有适当的比例和尺度，重点突出，主从关系明确等立面的基本特征。

1）商业建筑的立面划分

（1）三段式

三段式是建筑立面设计中常采用的一种方式，见图8–29*a*，通常分底部、中部、顶部三个部分处理。

（2）整片式

立面处理采用大片实墙面，布置新奇的广告标志吸

（*a*）吐岭油田购物中心，通过退台的处理、虚实的对比突出入口，使外部造型生动活泼，具有鲜明的个性

（*b*）新加坡NTUC购物中心，通过方与圆、曲与直、虚与实的对比，使形体产生突出震撼的效果

图8–28　商业建筑造型手法

引顾客，形成大气富有个性的立面形态，图8–29*b*。

（3）网格式

网格式能充分反映建筑的结构形式和特点。根据框架结构的布置特点和功能使用要求，将立面处理成富有韵律感的网格形态，见图8–29*c*。

2）立面的色彩处理

商业建筑立面的色彩处理对完善立面的造型效果起着重要作用，它是最容易创造视觉效果和表现魅力的手段之一。在处理色彩时，应注意确定立面的主基调，一般以视野内面积大，视野停留时间长的部位作为基调色，而面积较小的部位，彩度可较高，以强调重点。同时，要注意色彩的对比与和谐关系，从整体出发，考虑形体构成关系，分清主次，求得色彩构成的美感，色彩的运用切忌杂乱无序，失去整体的和谐统一。再有，色彩的处理要考虑地区、气候、环境条件的影响。一般来讲，在南方炎热地区宜用高明度的暖色、中性色或冷色，而北方寒冷地区则宜用中等明度的中性色或暖色。

（*a*）

（*b*）

（*c*）

图8–29 商业建筑立面划分方式
（*a*）三段式；（*b*）整片式；（*c*）网格式

3）立面的细部处理

（1）入口

出入口是商业建筑的设计重点，是整个商业建筑形象体现的重要部位。通常入口处理采用的方式很多，包括：夸张入口的尺度、加强入口的色彩或材质的对比以及通过环境的处理烘托入口的方法等，如图8–29*a*，入口通过色彩的对比得以强化。

（2）图示、标志

图示、标志是商业建筑的特殊装饰，是烘托商业气氛，形成建筑个性的重要符号，见图8–25*a*。

（3）橱窗

橱窗是商业建筑区别于其他公共建筑的外部特征之一，具有招揽顾客并展示商场个性的作用。橱窗的布置方式、比例尺度、墙面的虚实对比、色彩明度等处理都要精心考虑，仔细推敲。

8.5 商业中心实例分析

8.5.1 拉菲特百货公司

1）简介

拉菲特百货公司（图8–30）建于1990年，是著名建筑大师让·努维尔的代表作品之一。基地位于柏林的重要位置，在两条位于市中心密特区的主要道路（Friedrich及Frarizosische街）的交叉口上。在德国重新统一后，城市官方和开发商举办了一个重建大街上3个毗邻的场地建筑的竞赛，贝聿铭和翁格尔斯分别赢得其中一个，第3个恰好在法国大街的转角处，被努维尔赢得。[4]

2）方案构思分析

努维尔的设想就是将百货公司设计成“自己有能力创造出活动”的建筑，因而在空间上是利用混合的功能产生动感，将办公空间放在四周，形成了集中的商业空间。为了引进自然光，设计了很多玻璃锥体，这些锥体在光线下闪动，形成一种玄幻的效果，也因而

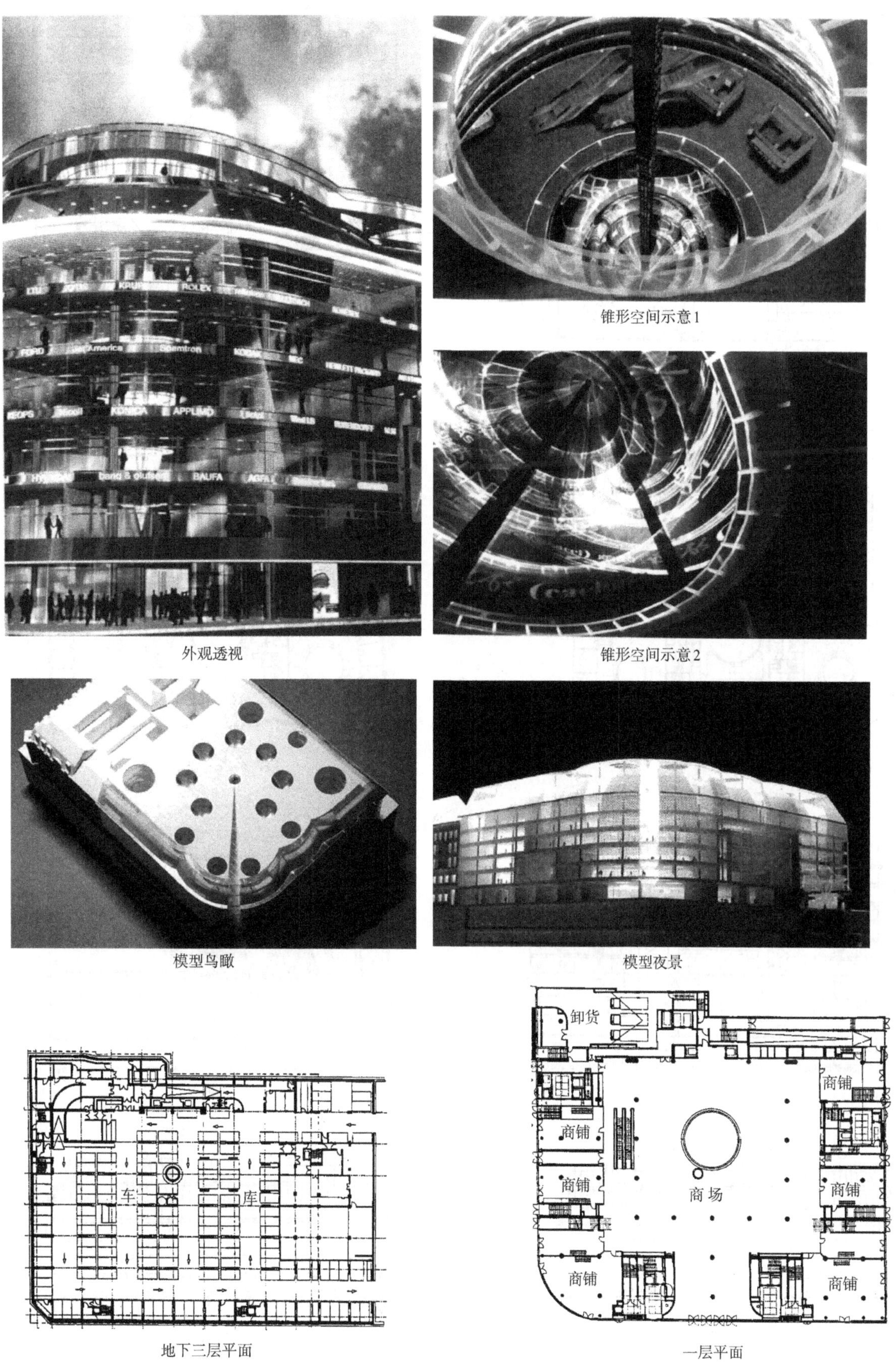

外观透视　锥形空间示意1　锥形空间示意2　模型鸟瞰　模型夜景　地下三层平面　一层平面

图8–30　拉菲特百货公司（一）

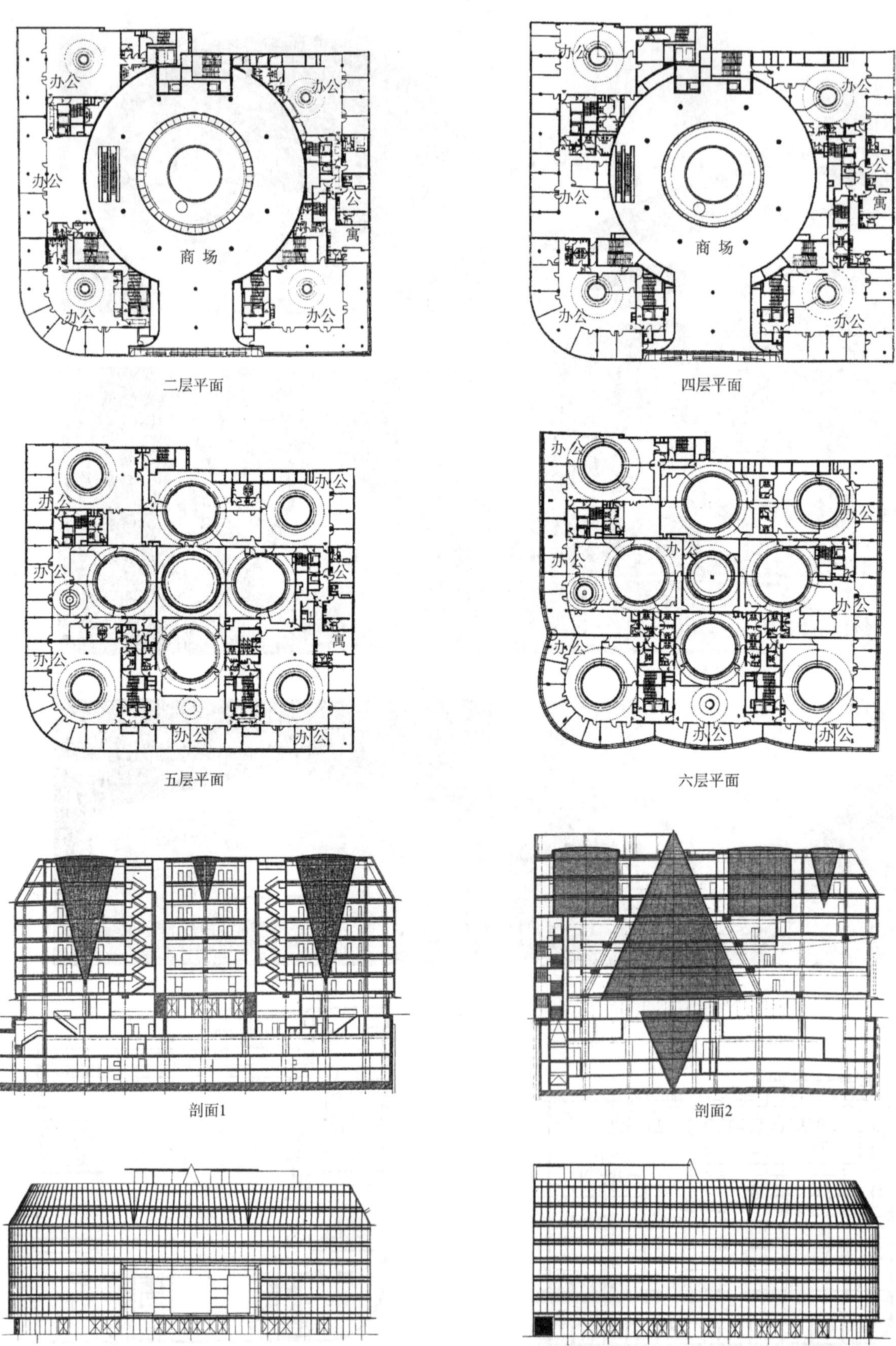

图8-30 拉菲特百货公司（二）

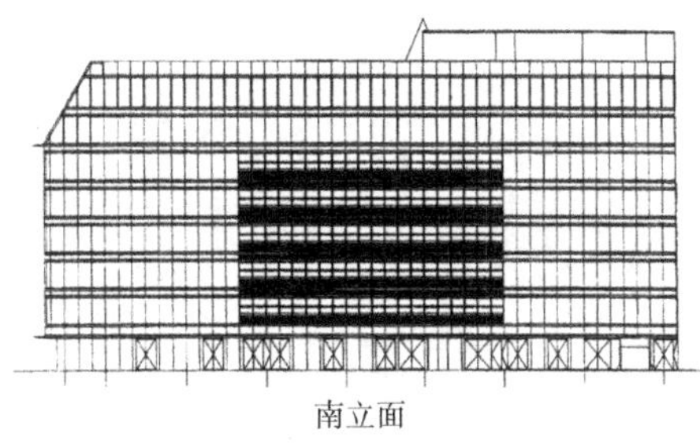
南立面

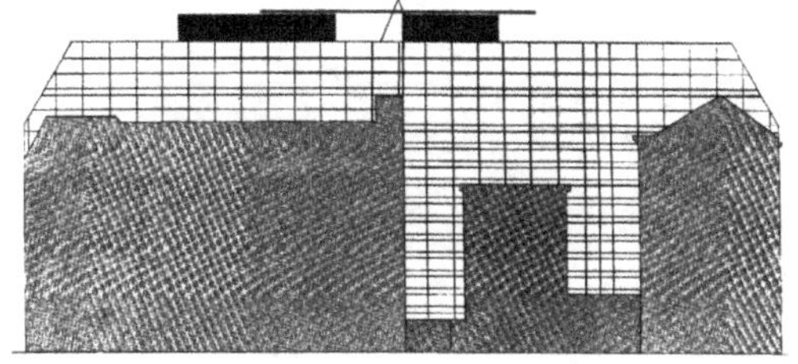
东立面

图8–30　拉菲特百货公司（三）

成为了建筑的标志。另外，为了避免像其他柏林建筑那样沉重封闭，而采用了全透明的设计，让行人及车辆可直接看到建筑的中心和建筑内的活动，形成了有生命的建筑。

3）功能及形态分析

该建筑为一综合商业体，其中包括10%的居住功能，15%的办公功能，其余为商业空间。布置时，将商业放在中间，办公在四周形成核与壳的关系，创造出与其他商业建筑不同的空间关系。该建筑最具特色的就是空间创造，圆柱形采光井的使用，让空间拥有了一种独特的空间和光影效果。圆锥体周围的各层环状空间用作过道和公共空间，这些变幻的流动空间，为商业和办公空间带来了活力，使建筑里的各项活动充满趣味。

8.5.2　上海正大广场

1）简介

正大广场（图8–31）位于上海陆家嘴端部，是上海乃至全亚洲最大的零售业航母。项目启动于1995年，2002年建成，由著名的美国捷得建筑设计事务所设计。该建筑地下3层、地上10层，总建筑面积达240000m^2，集零售、超市、餐饮、购物中心、影院及高级会所俱乐部等多功能为一体。

远景

外观

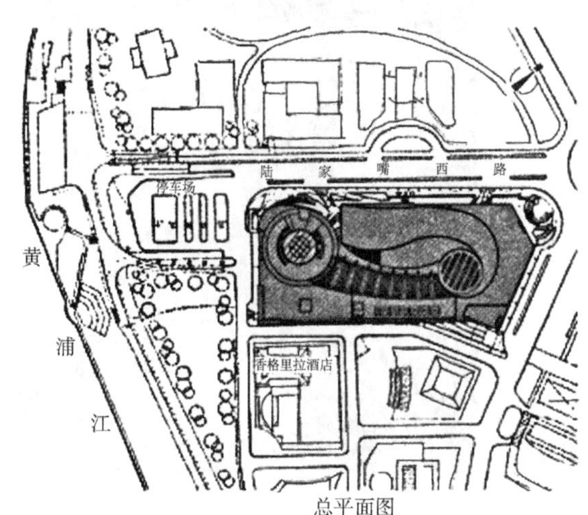

总平面图

图8–31　上海正大广场（一）

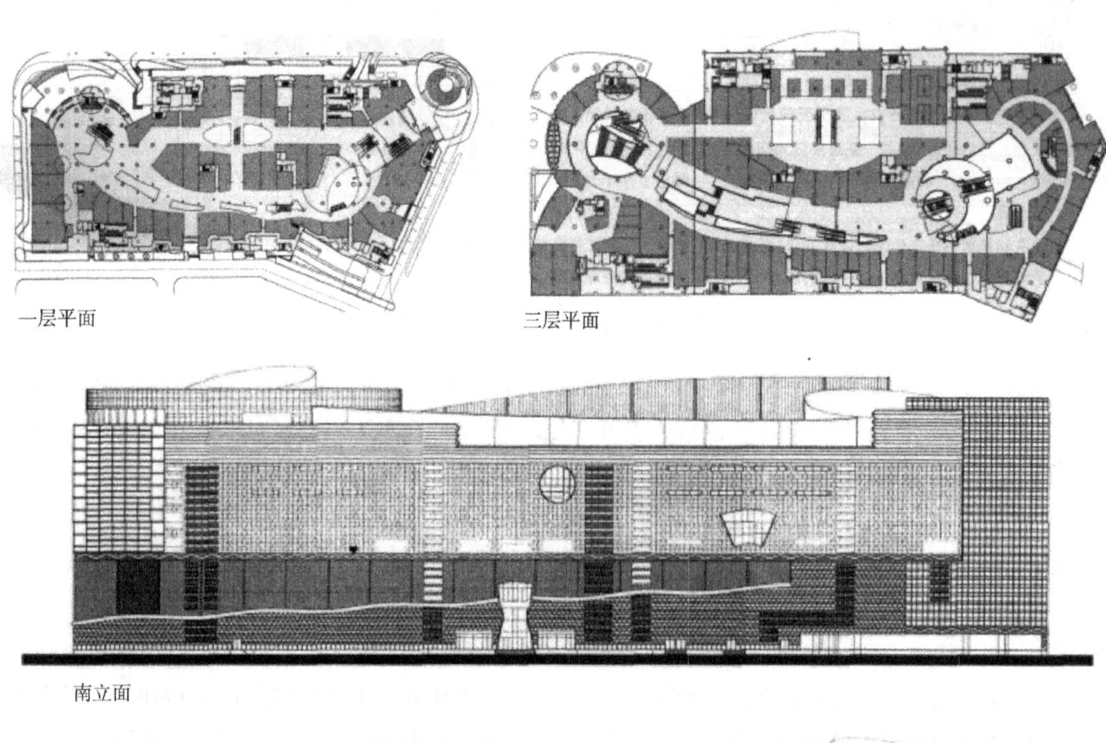

一层平面

三层平面

南立面

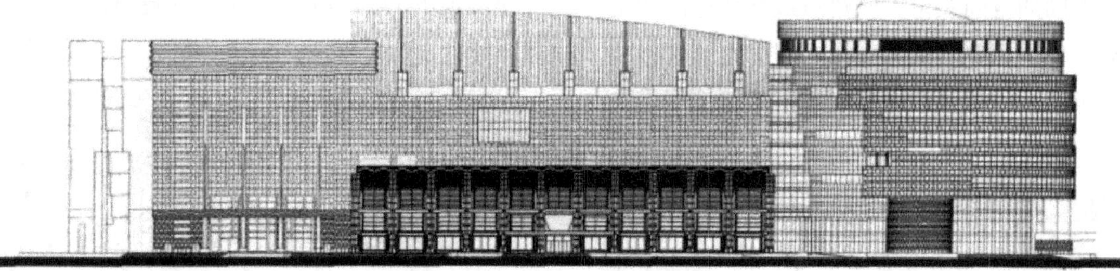

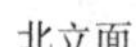

北立面

中庭

线性空间

图8-31 上海正大广场（二）

标识

入口立柱

图8–31 上海正大广场（三）

2）方案构思分析

设计者在设计中致力于创造独特而新颖的环境空间，强调环境体验，营造“奇幻”的购物感受。为此在平面处理上打破常规，不拘泥于传统的“标准层”概念，从建筑外轮廓至内部每个空间、每段线条都处在自由的变化状态之中，引导着人们的视线，激励着顾客们在商场内进行前所未有的体验。

3）功能及形态分析

正大购物中心采用按楼层划分功能的方式布置：B3停车场、B1-2超市、1F世界顶级品牌中心、2F国际知名品牌中心、3F青春服饰、4F家庭生活艺术、5F美食天地、6F节目之旅、7F中国之最、8F娱乐天地、9F多功能会议厅、10F高级行政俱乐部。[6]

内部空间的处理是该建筑最有特色的地方，其别具匠心的“奇幻之旅”带给购物者不一般的体验。通过台阶、坡道、廊桥的巧妙运用，将人流不知不觉地吸引到楼上，参与到奇妙的空间中。再有就是大量曲线的应用，让空间在流动中变化着，使购物空间变得舒畅宜人。外部形态通过曲直的对比，材质的细致处理以及大量鲜亮色彩的运用使其成为陆家嘴建筑群与黄浦江之间唯一的夺目色块。五个立面设计各异，但又互相融合、穿插在一起。金色的店标和巨大的圆柱凸显出入口的大气，与整个风格相协调。

8.5.3 日本大阪Hoop购物中心

1）简介

Hoop购物中心（图8–32）位于日本大阪某铁路车站附近，周围营业场所密集。考虑到城市道路狭窄的情

外观

半开敞中庭

图8–32 日本大阪HOOP购物中心（一）

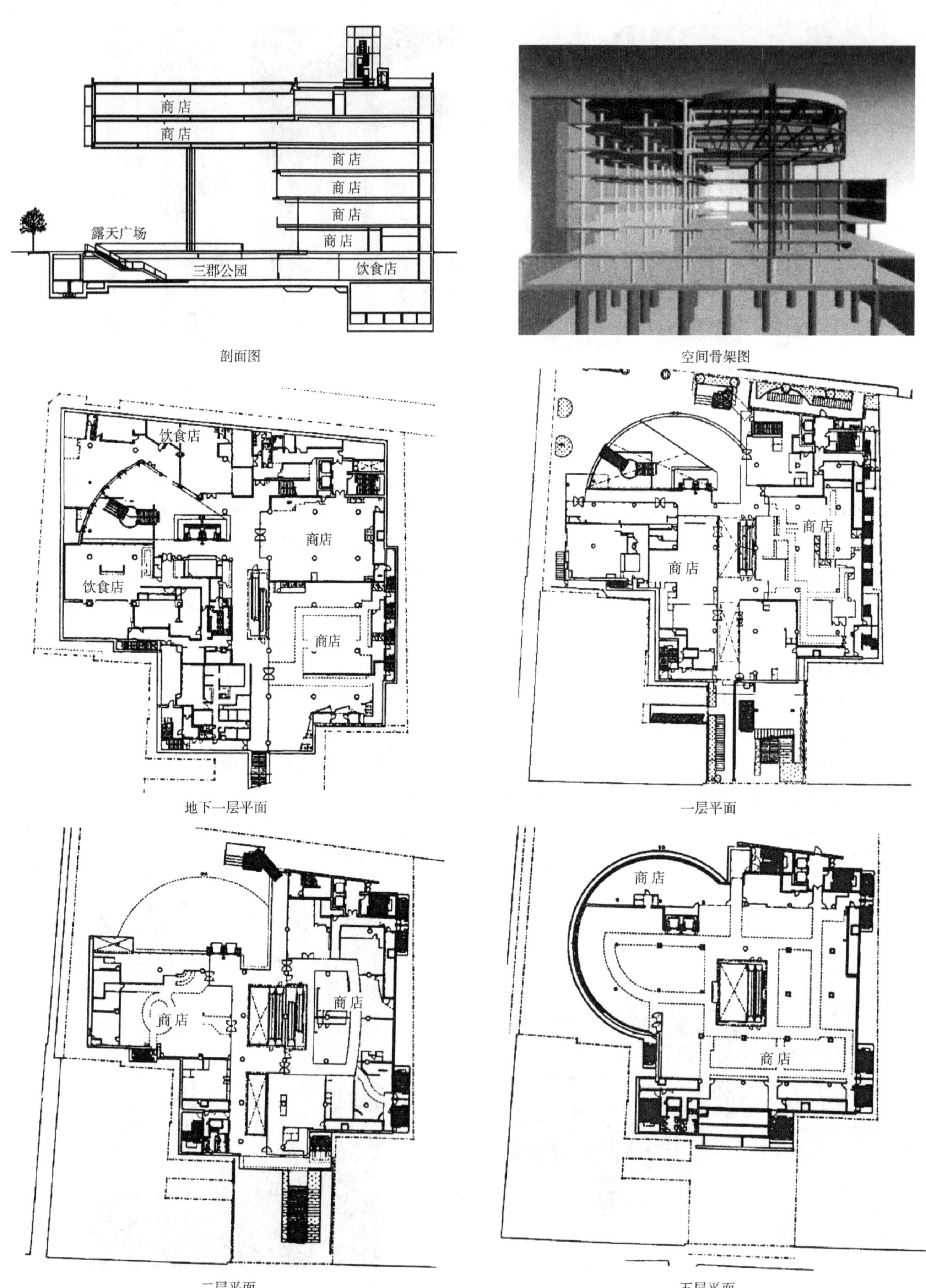

图8–32　日本大阪HOOP购物中心（二）

侧入口透视

主入口处

图8–32　日本大阪HOOP购物中心（三）

况，为了满足建筑容积率要求和增加建筑魅力，在购物中心门前开设了露天广场，并在建筑内部设计了向南穿行的公共通道，以汇聚更多的人流。将5~6层的圆筒形体出挑出来，极为醒目，成为该区的标志性建筑。

2）构思分析

该方案构思就是基于一个“hoop”的概念，hoop就是大铁环的意思，因而出现了5~6层出挑的大圆环，也造成了很强的视觉震撼力，从而大大活跃了该区的商业。另外，这个大圆环还让人联想到奔跑在铁轨上的火车轮子，刚好与火车站这个大环境相契合，反映出区域的特性。

3）功能及空间形态分析

Hoop购物中心地下一层为公园和餐饮，地上主要是商业空间。在空间组织上，首先通过地面广场和半地下、半开敞的“三郡公园”，使地上与地下空间融为一体，让整个建筑充满欢乐的气氛。其次，建筑之中开设了向南穿行的公共通道，并结合垂直电梯和自动扶梯形成建筑的中心空间，使得垂直交通路线一目了然，增加了空间的层次，使空间富于动感，并有利于聚集人气。再有就是出挑的几层高圆筒形空间，使建筑的视觉中心格外醒目，并遮盖了下面的广场，使内外空间相融，更加吸引和汇聚人气，满足了商业建筑的要求。另外，还值得一提的就是铁轨等废旧材料的应用，使建筑富有个性。

8.5.4　伯尔尼西部购物与休闲中心

1）简介

这座休闲购物中心位于瑞士首都伯尔尼西郊，由美国著名建筑设计师丹尼尔·里伯斯金（Daniel Libeskind）设计，耗资5亿瑞郎，总使用面积达14.15万m^2，集商业、文化与休闲等多种功能为一体。自2008年10月开业以来，创造了每天15000~25000人次光顾的傲人记录。它直接盖在高速公路的上方，与都市的交通基础设施整合在一起，建筑本身宛如城市当中的小城市，创造了独特的人造景观及天际线。

2）方案构思分析（图8–33）

该项目的概念就是营造一个能24小时为大众提供不间断的设施和服务的场所，就像一个城中之城，满足现代人渴求各种休闲娱乐的需求。Libeskind 在介绍这座购物中心时讲到：“这是一个21世纪富有生机的地方，是一座城市。这里不仅是一座购物中心，还是休闲、康乐和住宅的新空间，是一种新的经历。”为此，设计者将建筑设计成一个引领人们体验一种全新的、动态休闲方式的场所，来这里的人们就是演员，每一个人都扮演自己的角色，将建筑激活。设计师创造性且高效地配置室内和室外空间，让看似复杂的结构能够给

图8–33　构思草图

更多的人以适合自身的娱乐体验，就算在这里消磨上一天也不会觉得厌倦。它成为了伯恩地区一个独一无二的城市景观。

3）功能及空间形态分析

西部购物休闲中心包含了10家餐厅酒吧、55间店铺、多家酒店以及多媒体电影院、康乐中心和私人住宅等，吸引着各个年龄层、不同兴趣、背景各异的顾客前来购物或娱乐。各个功能关系经过细致的研究组织，各种销售、循环和交付之间形成的是最有效率的关系。

建筑形态也具有像它的功能一样的丰富性和复杂

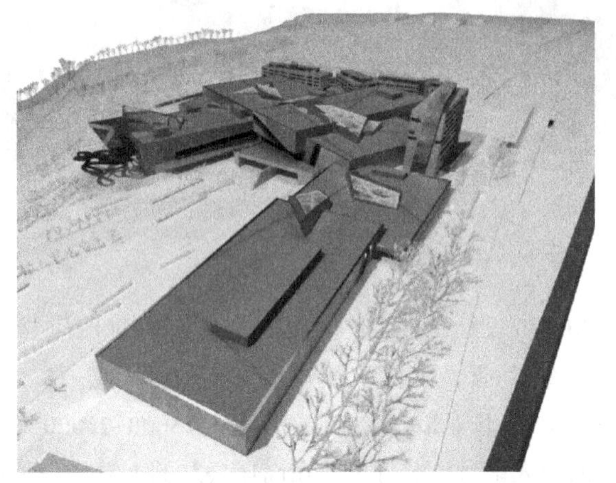

模型鸟瞰1

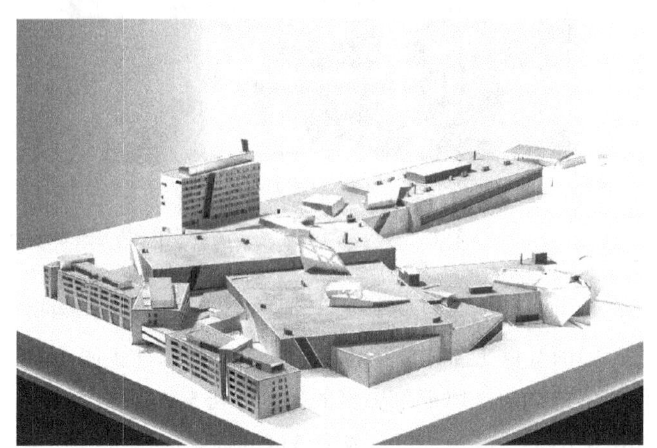

模型鸟瞰2

凌驾于公路之上的体量

破壳而出的金属质感体量

主入口

图8-34 伯尔尼西部购物与休闲中心（一）

泳池内景1

泳池内景2

中庭内景

内景

墙面划分

图8–34　伯尔尼西部购物与休闲中心（二）

性，见图8–33。建筑以长方形的木质材料盒子为造型元素，它们高低错落，按一定的规律组合成像张开的翅膀一样的“翼状”外形，金属质感，类水晶一样的结构从这些盒子中“破壳而出”，打破了建筑可能会出现的沉闷感且个性鲜明。立面上设计了类似横向长窗的平行四边形，将立面不规则地割裂，这一做法也为室内提供了全景窗和自然采光的窗口。白天，深棕色的挡板切口与建筑表面较浅的颜色形成色彩的反差；夜晚，这些切口被照明，而建筑表面则消失在黑暗中，使整个建筑看起来像是一张画，切口成了画中的线条。建筑形式、质感、材料、光影或色彩，营造了一个奇异比例关系和一种非凡的空间氛围，它的空间时而宏伟时而渺小，时而动感时而沉静，给来此的人们提供一种奇妙的感官体验，令人沉醉。

8.5.5 斯德哥尔摩K：fem百货商店

1）简介

K：fem百货商店位于瑞典斯德哥尔摩的Vällingby新城，建成于2008年，是由Wingårdh Arkitektkontor建筑事务所设计的。K：fem百货公司的建成为城区带来了活力和新增长点。乳白色的玻璃从下往上逐渐变得透明，变成红色，再向上联系红色的翅状大屋顶，这里有店内各个品牌的名单点缀出现。整个建筑精致而美丽，犹如一件水晶般的珍贵礼盒矗立在中心入口处。在宁静的夜晚中显得异常动人。曾有人把该建筑誉为2008年最美的十大建筑之一。

2）方案构思分析

Vällingby是瑞典最著名的新城，已有56年历史，由于电影院及商店等服务设施匮乏，使人们生活极为不便。为此，这个商店被设想为一个新的灯塔式服务区，

外观

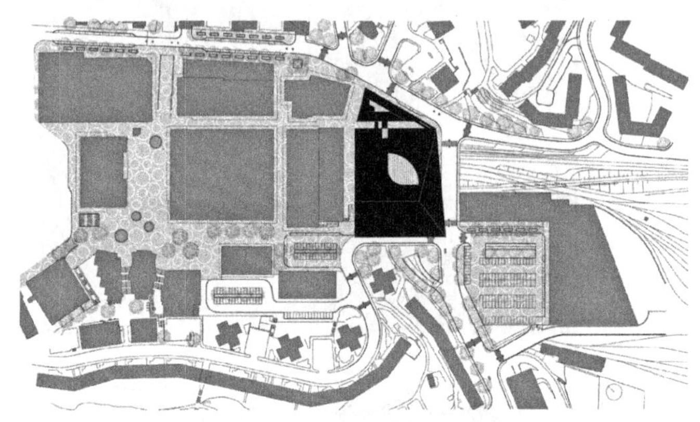

总平面图

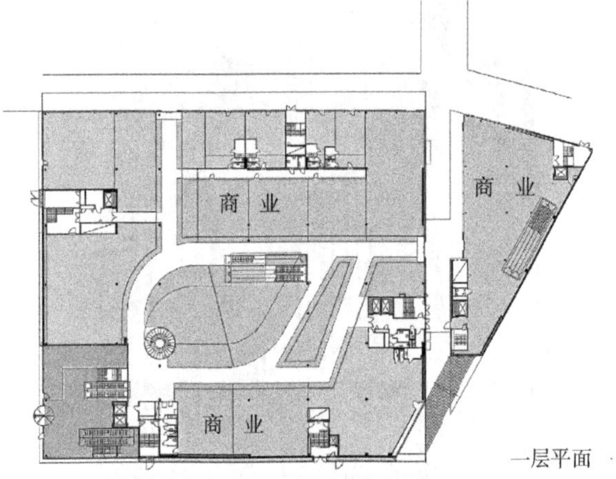

一层平面

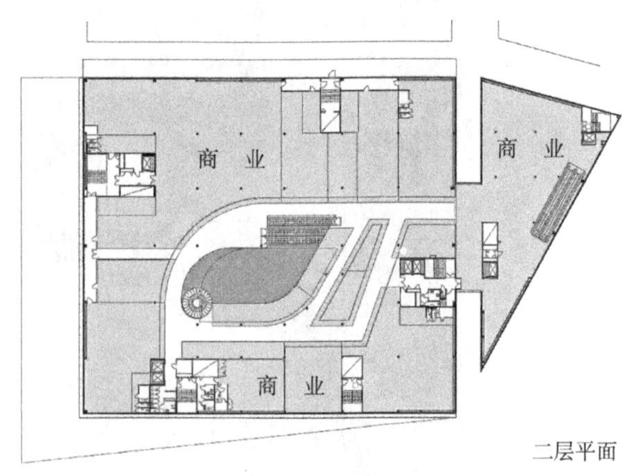

二层平面

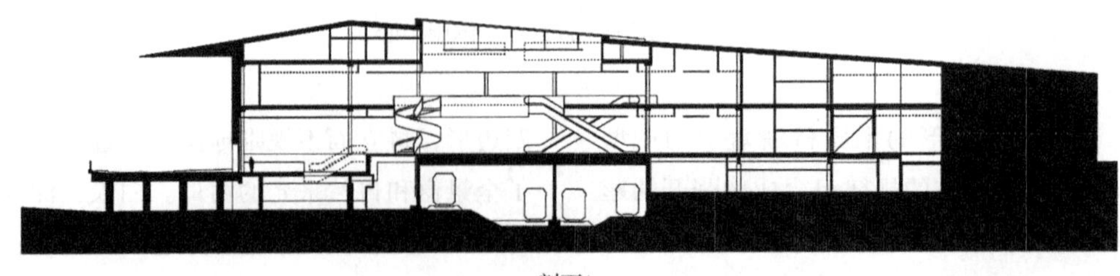

剖面1

图8–35 斯德哥尔摩K：fem百货商店（一）

剖面2

入口　　入口墙面　　入口顶棚

中庭顶棚　　中庭内景

图8–35　斯德哥尔摩K：fem百货商店（二）

为社会服务，给这个区域注入了新的活力。K：fem百货公司以“光芒的散发”为意念诠释时尚的炫目意味。这样，建筑的内外都体现了一种“半透明”的质感，展示光的意象，购物的旅程就是一次光线的梦幻飞行。

3）功能及空间形态分析

建筑在底层被一条建于20世纪50年代的步行街一分为二，在二层开始相连。该建筑内部最独特的特点是由中央的旋转楼梯连接到之上的空间，其核心便是开放性空间布局。从里到外，建筑一点一滴的细节都被精细地安排了。首先，入口处建筑头顶突出的红色顶棚空间中众多品牌名字如繁星般闪烁，然后，步入购物中心，抬头看见的是垂坠而下的天花，光芒柔和地散发着，周围的磨砂玻璃更让人有误闯仙境的迷惑，接下来的购物旅程则充满新奇的体验。建筑的形态简单明了，但它精致的光的体验，让其整个形态非同一般，美丽独特。

8.6 主要参考书目及解读

8.6.1 理论类参考书

1）王晓.现代商业建筑设计［M］.北京：中国建筑工业出版社，2005.

该书较全面地论述了现代商业建筑设计的原理、步骤与方法，包括商业建筑设计构思的过程和方法；消费者的商业环境行为、商业建筑选址、商业项目概念研究、商业建筑策划；商业建筑总平面设计、功能空间构成及基本关系、营业厅设计仓储及辅助空间设计；商业建筑空间形态与形式设计；超市、购物中心、步行街设计以及50个国内优秀的商业建筑设计实例。是一本学习商业建筑设计的很好的参考书。

2）顾馥保.商业建筑设计［M］.北京：中国建工出版社，2003.

该书是一部系统论述商业建筑设计的图书。书内除对商业建筑的发展历史、商业建筑的总体环境、建筑构造和室内外装修进行了阐述外，还对百货商店、菜市场、超级市场、复合型商业建筑、步行街和购物中心等的平面设计、空间组合问题进行了详尽的分析和论述，同时还有丰富的实例供读者参考，可作为学生课程设计的参考书。

3）曾坚.现代商业建筑规划与设计［M］.北京：中国建筑工业出版社，2003.

该书从规划与建筑设计的角度分析了20世纪90年代以来国内外大型的综合性商业建筑的设计作品，探索了现代商业建筑的设计要点和手法。内容包括商业建筑的前期策划程序、商业行为与购物心理、大型商业建筑外部环境规划及其交通处理、商业综合体建筑的构成内容、内部空间的组织与商品陈列原则以及光与色环境的设计等。对商业建筑设计有很好的指导意义。

8.6.2 图集类参考书

1）刘晓晖.商业建筑［M］.武汉：武汉工业大学出版社，1999.

该书从近期北美、欧洲、日本、我国内地及香港、台湾地区搜选了几十个有代表性、典型性的商业建筑实例，内容主要涉及大型百货商店、购物中心、复合商业设施、步行商业街等多种不同类型的商业建筑。每个实例都对构思创意、基地环境、功能组织、流程安排、空间营造、氛围烘托、细部处理以及相关技术措施等都作了一定的分析。对进行商业设计有很好的参考价值。

2）宛素春.当代商业建筑［M］.北京：中国建筑工业出版社，1998.

该图集选编了国内外近年来新建成的各类商业建筑实例87个，涉及美、英、法、德、日、俄及中国等十几个国家和地区。作品中有百货商店、综合商店、超级市场、购物中心及商业街等。对设计有较好的参考价值。

3）建筑设计资料集05（第二版）［M］.北京：中国建筑工业出版社.

该《建筑设计资料集》为建筑设计行业的大型工具书，是一本很好的最基本的建筑设计工具用书。其中第05集以工具手册的形式，专门介绍了商业建筑的有关设计要点与要求，商业建筑的组成、布置形式等的设计与要求，均有较为具体的数据及详细的文字讲解与图示，对商业建筑设计有着较强的指导性，可以进行选择性阅读。

8.6.3 规范类参考书

1）《商店建筑设计规范》（JGJ 48—88）

该规范是商业建筑设计的专门规范，应把握的主要内容有：

（1）总则：了解商业建筑的规模划分。

（2）第二章：了解第一节中的选址和布置。

（3）第三章：仔细阅读第一节至第四节关于商业建筑设计的一般规定和各功能部分的详细规定。

（4）第四章：了解商业建筑防火和疏散的相关规定。

（5）第五章：对建筑设备暂不作要求。

2）《建筑设计防火规范》（GB 50016—2006）

该规范是建筑设计的重要规范，应把握的主要内容有：

（1）第一章：了解该规范使用的范围。

（2）第二章：了解基本术语的概念，如耐火极限、燃烧体、半地下室、安全出口、封闭楼梯间、防烟楼梯间、防火分区、防烟间距等。

（3）第五章：了解5.1.1、5.1.7~5.1.15耐火等级及耐火极限、防火分区等的相关规定；了解5.2民用建筑的防火间距的规定；了解5.3.1、5.3.2、5.3.4~5.3.8、5.3.12、5.3.13、5.3.17、5.3.18等相关条款的规定。

（4）第六章：了解6.0.10的规定。

（5）第七章：了解7.4楼梯间、楼梯和门的相关规定。

（6）其他章节暂不作要求。

3）《民用建筑设计通则》（GB 50352—2005）

该规范是建筑设计的重要规范，应要求对该规范的内容进行全面的了解。

8.6.4 其他类参考书

1）同济大学建筑系.设计——同济大学建筑城规学院学生课程作业集锦之一 建筑设计作业（下）[M].上海：同济大学出版社，1998.

2）天津大学建筑学系.天津大学 神户大学建筑系学生作品选集[M].天津：天津科学技术出版社，1995.

注释：

[1] 1、2顾馥保.商业建筑设计[M].北京：中国建筑工业出版社，2003.

[2] 3、4曾坚.现代商业建筑规划与设计[M].北京：中国建筑工业出版社，2003.

[3] 5大师系列丛书编辑部. 让·努维尔的作品与思想[M]中国电力出版社，2006.

参考文献：

[1] 顾馥保.商业建筑设计[M].北京：中国建筑工业出版社，2003.

[2] 曾坚.现代商业建筑规划与设计[M].北京：中国建筑工业出版社，2003.

[3] 大师系列丛书编辑部.让·努维尔的作品与思想[M].北京：中国电力出版社，2006.

[4] 王晓.现代商业建筑设计[M].北京：中国建筑工业出版社，2005.

[5] 刘晓晖.商业建筑[M].武汉：武汉工业大学出版社，1999.

[6] 建筑设计资料集05（第二版）[M].北京：中国建筑工业出版社，1997.

[7] 刘力.商业建筑[M].北京：中国建筑工业出版社，1999.

[8] 宛素春.当代商业建筑[M].北京：中国建筑工业出版社，1998.

[9] 吴军.建筑的姿态——瑞士伯尔尼Westside休闲购物中心[J].南京：室内设计与装修，2009.

[10] 徐知兰.条形码大厦_圣彼得堡_俄罗斯[J].北京：世界建筑，2008.

[11] 郭俊倩.购物乐趣_上海正大广场设计理念[J].上海：时代建筑，2003.

图片来源：

[1] 图8–1、图8–2、图8–18、图8–26、图8–28.顾馥保.商业建筑设计[M].北京：中国建筑工业出版社，2003.

[2] 图8–3 http://blog.soufun.com/21130082/2374167/articledetail.htm

[3] 图8–4http://www.bxdata.net/BBS/Topic.asp?ID=684

[4] 图8–5，图8–11，图8–12，图8–13，图8–16，图8–24.曾坚.现代商业建筑规划与设计[M].北京：中国建筑工业出版社，2003

[5] 图8–6，图8–9，图8–30，图8–32.王晓.现代商业建筑设计[M].北京：中国建筑工业出版社，2005.

[6] 图8–7. http://www.zszxw.com/gjzs/gjsx_view.asp?news_id=1815200766101713

[7] 图8–8，图8–14，图8–15，图8–20，图8–21.建筑设计资料集05（第二版）[M].北京：中国建筑工业出版社，1997.

[8] 图8–10（a）http://www.linkshop.cn/web/archives/2008/98946.shtml;
（b）http://feeds.qzone.qq.com/cgi–bin/cgi_rss_out?uin=773552158;
（c）http://www.soupu.com/xinxi/tjinfo.asp?id=6046

[9] 图8–17.http://press.idoican.com.cn/detail/articles/20090312139B061/

[10] 图8–19.刘力.商业建筑[M].北京：中国建筑工业出版社，1999.

[11] 图8–22.http://www.oyfs.com/shtml/71/2008228114650.html

[12] 图8–23.http://www.94photo.com/

[13] 图8–25（a）http://q.chinasspp.com/n5064.html
（b）徐知兰，条形码大厦_圣彼得堡_俄罗斯[J].北京：世界建筑，2008.
（c）http://photo.zhulong.com/proj/detail1998.htm

[14] 图8–27 .http://photo.zhulong.com/proj/detail11808.htm

[15] 图8–29（a）刘力. 商业建筑[M].北京：中国建筑工业出版社，1999.
（b）http://photo.zhulong.com/proj/detail21322.htm
（c）http://www.jzcad.com/BBS/viewthread.php?tid=11948

[16] 图8–31. 郭俊倩.购物乐趣_上海正大广场设计理念[J].上海：时代建筑，2003.

[17] 图8–33. http://www.chinaecoc.org.cn/case/zone/20081225/43483.shtml

[18] 图8–34. http://www.chinaecoc.org.cn/case/zone/20081225/43483.shtml吴军.建筑的姿态——瑞士伯尔尼Westside休闲购物中心[J].南京：室内设计与装修，2009.

[19] 图8–35 http://www.cityup.org/case/zone/20090319/46557–5.shtml

第9章　综合设计能力训练
——博物馆设计

9.1　博物馆设计概述

国际博物馆协会通过的章程中指出，“现代博物馆是征集、保管、陈列和研究代表自然和人类的实物，并为公众提供知识、教育和欣赏的文化教育机构”。博物馆建筑作为人类文明进步的标志，映射着一个国家及其民族特定时期的历史及文化，承担着提高人们的科学文化水平，培养人们掌握现代科学的兴趣和能力，传播民族文化，增强民族意识等功能。

9.1.1　博物馆发展史略

现代意义上的博物馆，据说起源于欧洲18世纪的启蒙时代。

从时间上，博物馆建筑的发展大致可分为三个阶段。第一个阶段：从18世纪中叶现代意义上的博物馆的产生到20世纪20年代现代建筑运动的兴起，这一阶段的博物馆建筑总体来说未脱离传统古典建筑的形式，可以称之为古典博物馆时期。第二个阶段：从20世纪20年代中到60年代末是现代主义建筑风靡全球的时期，这一时期的博物馆建筑在内外空间的构成方面都发生了很大变化，可以称之为现代博物馆时期。第三个阶段：从20世纪70年代发展至今，可以称之为当代博物馆时期。这一时期的博物馆建筑风格具有多元共存的特征。

1）古典博物馆建筑

肇始于18世纪启蒙时代的现代意义上的博物馆，其形制起源于古希腊、古罗马时期的神庙。在外部形态上，具有古希腊神庙主立面上的柱廊和宽阔的大台阶。内部具有古罗马神庙中的带顶光的巨大中庭。圆厅、柱廊和大台阶成为普遍采用的形式要素，体现出博物馆稳定统一、庄严神圣的意象特征。如华盛顿国立美术馆（图9–1），建于1730年，位于美国首都华盛顿特区中心，是一座新古典主义风格的建筑，风格庄重大方，与华盛顿的城市环境很是协调。

2）现代博物馆建筑

随着文明的进步，20世纪初各类艺术活动蓬勃开展，博物馆由藏品保存、展示的场所转变得更向大众开放，更加突出大众教育、公众聚集交往的文化活动场所。因而，博物馆的内部空间相应地增设了音像室、报告厅、音乐厅、书店等功能用房。

其次，由于新材料、新结构技术的发展，博物馆建筑形式完全突破了古典建筑厚重呆板的外部形态，同时摆脱了繁缛的装饰，简洁与通透成为这一时期博物馆建筑主要的外部形态特征。这一时期的有代表性的作品有密斯·凡德罗的巴塞罗那德国展览馆、赖特的古根海姆博物馆（图9–2）。

3）当代博物馆建筑

20世纪70~80年代，博物馆建筑呈现出蓬勃发展的势头。在当前这个技术至上和商业膨胀的时代，社会审美意识和审美文化的变化，造成了建筑师价值取向和意识形态的多元化，建筑形态呈现多元化的特征。一方面建筑自身的艺术色彩通过对时空的描述和对光影的追求得到了体现；另一方面建筑的人文色彩通过情感、文脉、概念、自然等意象被加以强调。

图9–1　华盛顿国立美术馆

这一时期的有代表性的作品有皮亚诺的法国蓬皮杜艺术中心（图9–3）、路易斯·康设计的金贝尔艺术博物馆等。蓬皮杜艺术中心的最大的特色是外露的钢骨结构以及复杂的管线。艺术中心的外部钢架林立、管道纵横，并且根据不同功能分别漆上了红、黄、蓝、绿、白等颜色：空调管路是蓝色、水管是绿色、电力管路是黄色而自动扶梯是红色。此外，一大批著名的博物馆纷纷改扩建，如斯图加特美术馆新馆、卢佛尔宫扩建（图9–4、图9–5）、华盛顿国立美术馆东馆（图9–6）。华盛顿国立美术馆东馆的设计师是著名的华裔建筑设计大师贝聿铭。整座建筑的构思都是由三角形变化而来的，设计师巧妙地把梯形分割成两个三角形：大的等腰三角形作陈列馆；小的直角三角形作研究中心。

最近10年，博物馆建筑数量倍增，新建与改建的博物馆遍及全世界。较之从前，当代博物馆的类型更加多样，鼓励公众参与的科技馆以及各种专门化的博物馆大量涌现，现代博物馆进入了多元化发展时期。

我国古代并没有博物馆，也没有博物馆这一概念。古代时期建立的以宗庙为中心的保管和陈列历史文物的场所，可以看作是我国早期的博物馆形态。直至1905年，张謇在其故乡江苏南通建立了我国第一座博物馆——南通博物院。20世纪20年代起，故宫博物院和国立中央博物苑（今南京博物馆前身）相继成立，我国的博物馆建设才得到明显的发展。

新中国成立后，博物馆事业得到空前发展。国庆十周年期间，北京兴建了一批标准较高的博物馆建筑：中国革命历史博物馆、中国军事博物馆（图9–7）、中央自然博物馆等。

20世纪80年代以来，博物馆的内容日趋丰富，数量上有了很大增长。国外先进建筑理论和博物馆建设经验的引入，建筑技术的成熟和建筑师素质的提高，使我国的博物馆建设真正走向了繁荣。博物馆设计更加注

图9–2　古根海姆博物馆

图9–3　蓬皮杜艺术中心

图9–4　卢佛尔宫扩建1

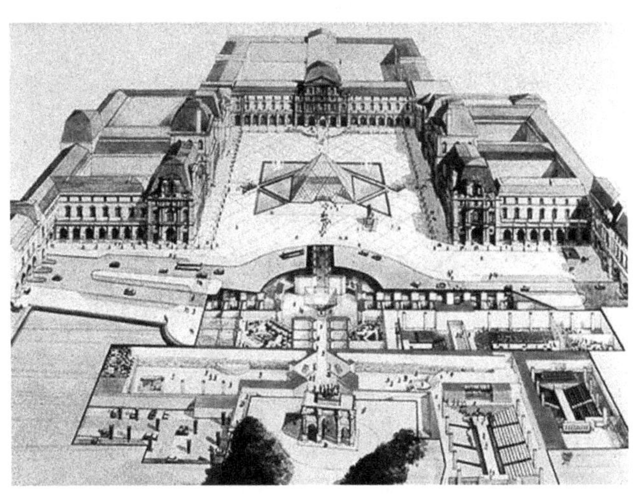

图9–5　卢佛尔宫扩建2

（*a*）

（*b*）

（*c*）

图9–6　华盛顿国立美术馆东馆

图9–7　中国军事博物馆

重现代化和地方性、民族化的结合，如陕西历史博物馆（图9–8、图9–9）的仿唐及宫殿式布局，上海博物馆（图9–10、图9–11）的“天圆地方”的设计构思以及从古天文台遗址中得到造型灵感的河南博物馆（图9–12），都是在满足功能现代化的要求下，对公共文化建筑的地方性和民族化的有益探索，这也是当前我国博物馆建筑设计的主要趋势之一。

与发达国家相比，我国的博物馆设计还有许多不足。一方面，我国大部分博物馆的现代化程度较低，特别是历史纪念物改造而成的博物馆中，矛盾更为突出，急需改、扩建。另一方面，博物馆更侧重大型综合性馆舍的建设，中、小型馆的建设力度不够。此外，近期兴建的博物馆过于侧重纪念性，外观都很庄重、严肃，亲

图9–8　陕西历史博物馆

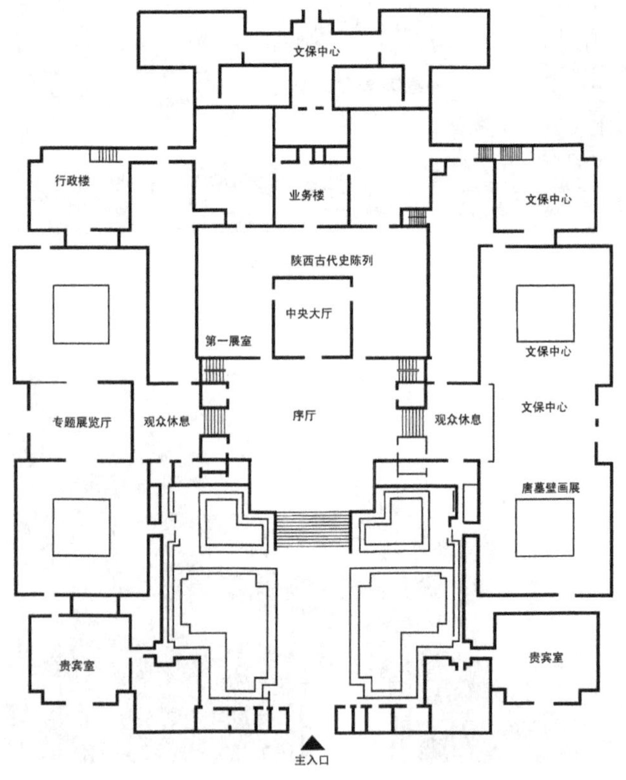

图9–9　陕西历史博物馆平面图

近性、娱乐性不够等，这些都是目前建筑师要进行认真探索、解决的问题。

9.1.2 现代博物馆的发展趋向

1）向大型综合化与小型专业化两个方面发展

现代博物馆最显著的趋势就是兴建博物馆建筑群及大型文化综合体，在综合体中最主要的部分是博物馆，其他更广泛的部分包括图书馆、剧院、研究中心及商业设施等，如法国蓬皮杜艺术中心、斯图如特美术馆新馆。

另一方面，博物馆在近年的发展中专注于某一主题，变得更为多样。这类博物馆大多规模较小，或展示某一民族的文化成就，或专门展出某一主题的展品，或只是为某一艺术家设立，如莫尼奥设计的梅里达古罗马艺术博物馆。

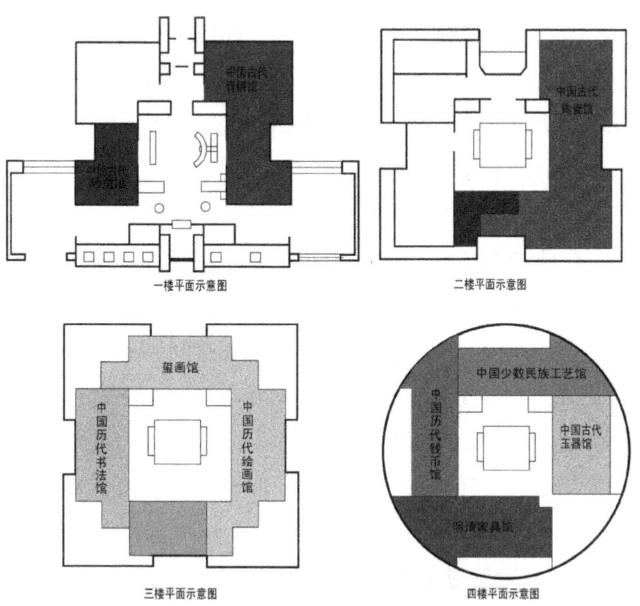

图9–10 上海博物馆平面示意图

2）注重与环境的融合

建筑与环境相协调、融合，形成自身的地区文化特色，已成为现代博物馆设计的共识。通常，在设计时多采用以下三种手法。

（1）与城市环境相融合时，抽取周围环境与建筑的共有要素，如色彩、质地、比例、构件等，进行重新阐释和翻译后形成符号，应用到新建筑中去，以取得视觉上的延续和形式上的相似。

（2）引入城市空间，或构造类似城市肌理的群体结构，以此来延续参观者的空间感受，取得与环境的协调。

（3）与自然环境相融合时，采用分散化的方式，顺应地势分布建筑的体量，利用连廊、庭院等联系各部分，并做到内外环境渗透。

3）广泛运用新技术

新技术的发展促进了建筑的完善。现代博物馆运用各种大众媒介技术，使其能更有效地行使基本职能，其中包括：电脑、电影、幻灯、录放像系统、无线电同声传播系统等。另外，信息时代网络技术的运用将进一步更新展品的陈列与观赏方式，使以往人们建立起的博物馆有限空间的概念得以无限的拓展。人们既可以从博物馆的一个屏幕上搜寻自己感兴趣的展示内容，也可以足不出户，一览世界各类博物馆形形色色的珍藏展品。

4）形象更加开放、自由

传统博物馆形象多是庄重、严肃的，追求宏伟及纪念性。相比较，现代博物馆形象变得更加开放、自由，更为注重公众交流。近年来，受到了当今世界多元化设计理论的影响，建筑师们试图以博物馆为载体来表达自身独特的建筑理念，现代博物馆早已超越了对建筑功能

图9–11 上海博物馆

图9–12 河南博物馆

和内容的单一表现，而变得多元多义。这些革新不断拓展人们对博物馆的故有认识，使现代博物馆日趋多元化、大众化。

9.1.3 博物馆建筑设计原则

1）适当的建筑规模

博物馆建设时，规模大小的确定需从以下几方面来考虑：

（1）藏品量及今后的收藏计划、展品组织计划。

（2）投资状况及今后维护管理时的经济状况。

（3）规模大小对观众的吸引力和服务能力。

博物馆建筑规模根据面积大小可分为特大型、大型、中型和小型四种等级（表9–1）。

博物馆等级与规模 表9–1

规模与面积	耐久年限	耐火等级	适用范围
大型馆＞10000m²	＞100年	2级	省（自治区、直辖市）及各部委直属博物馆
中型馆4000~10000m²	50~100年	2级	省辖市（地）及各省厅（局）所属博物馆
小型馆＜4000m²	50~100年	2级	县（市）及各地、县局直属博物馆

2）合理地选址及总体布局

馆址的选择直接影响博物馆的社会效益和经济效益，通常应符合以下要求：

（1）交通便利，便于公众到达。

（2）环境有利于藏品保护，远离污染区，远离易爆易燃物，场地干燥、通风、排水良好。

（3）有适当用于博物馆自身发展的扩建用地。

（4）馆址周边具有一定的文化氛围，与博物馆的文化属性相适应（图9–13）。

博物馆建筑在总体布局上要考虑到与周围环境的关系，恰当地处理交通、人流等功能性问题。建筑密度要适中，并有一定的绿地和发展余地。如果是旧馆的改、扩建，还要处理好与原有建筑的关系。

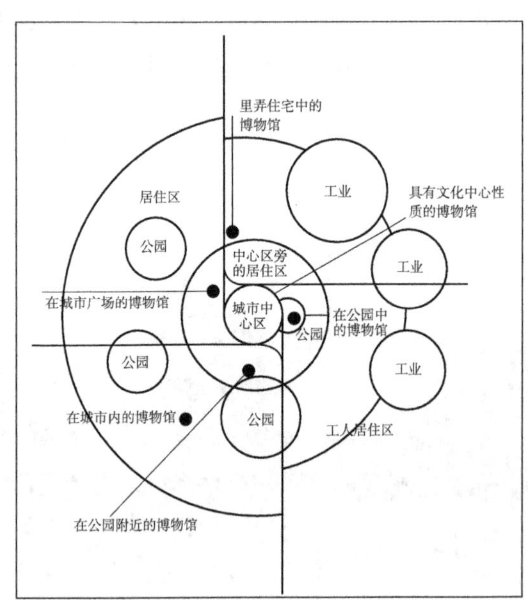

图9–13 博物馆选址示意图

3）合理的功能布局和比例分配

博物馆的功能性很强。规模、性质不同的博物馆其业务构成是不同的，应据此确定适当的功能组成，并进行合理的功能布局。同时，各功能组成部分的面积比例要适当，其中，库房面积的需求最迫切，比例可适当放大。

4）灵活性和多样性

职能的多样性要求建筑的灵活和多样来适应，博物馆的生长特性要求库房有发展的灵活性。展品内容的多元化和活动内容的多样化，要求展厅空间和照明方式具有灵活性和多样性。现代博物馆可通过预留用地来实现生长的灵活性，通过单元拼接的手法或采用先进结构体系，营造大空间来实现展览的灵活性，通过人工照明来实现照明的灵活性。

5）合理地应用先进技术

采用先进的技术设施是现代博物馆的必要手段，但应以经济实力、当地的生态环境及博物馆的功能要求为依据，选择适当的方案，注意合理性，不能不切实际地照搬照抄，盲目追求先进。

9.1.4 博物馆基本职能与类型

博物馆具有收集管理、调查研究和普及教育三大基本职能（图9–14）。

（1）收集保管职能；

（2）调查研究职能；

（3）普及教育职能。

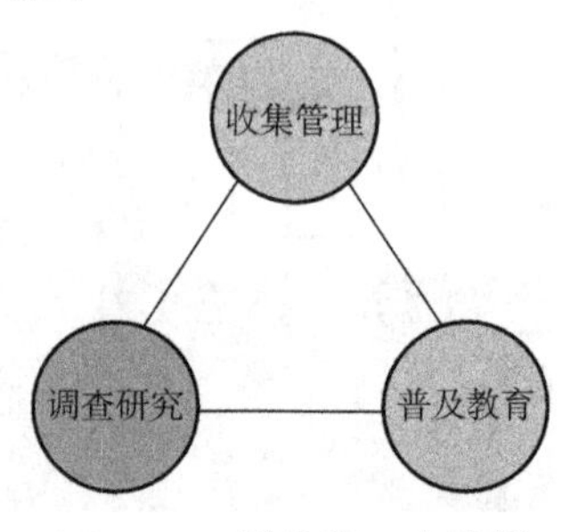

图9–14 博物馆三大职能

博物馆的三大职能是

相辅相成的，除此之外，博物馆的职能又不局限于此，有些博物馆还是当地的文化中心、学术活动中心，内部还有休息、游乐等设施。

博物馆分类的方法比较多，不同国家的博物馆分类方法也不尽相同。国际上通常以博物馆的藏品和基本陈列内容作为分类的主要依据，划分为5类：

（1）历史博物馆；

（2）艺术博物馆；

（3）科学博物馆；

（4）综合博物馆；

（5）其他类型。

在以上类型之外，还有一些将文化遗产、自然景观、民风民俗等以原状自然的方式保护、保存的生态博物馆以及以信息为基础向社会提供服务的数字虚拟博物馆。

9.1.5　博物馆功能分析

博物馆因其规模类型特点不同，所以它的建筑组成也有所区别。一般说来，每个博物馆都有陈列区、藏品库区、观众服务设施、技术和办公用房、观众服务设施及设备用房这七大部分，基本组成（除设备用房外）可用图9–15表示。

1）陈列区

基本陈列室、专题陈列室、临时展室、室外展场、陈列装具储藏室、进厅、报告厅、接待室、管理办公室、观众休息处及厕所等。

2）藏品库区

藏品库、藏品暂存库房、缓冲间、保管设备储藏室及制作室、管理办公室等。

3）技术和办公用房

鉴定编目室、摄影室、熏蒸消毒室、实验室、修复室、文物复制室、标本制作室、研究阅览室、管理办公室及行政库房等。

4）观众服务设施

纪念品销售部、小卖部、小件寄存所、售票房、游乐室、停车场及厕所等。

9.2　博物馆总图与造型构思设计

9.2.1　博物馆总平面设计

1）总平面设计原则

博物馆场地规划设计需满足以下基本要求：

（1）充分考虑基地特点，因地制宜

设计应充分考虑客观自然及历史人文条件，使博物馆与周围环境相协调。如在山地地形条件下，可以考虑将博物馆顺应地势做成阶梯状，在某些敏感地段将博物馆建于地下。

（2）功能分区明确

博物馆平面功能布局须将陈列区与工作区分开，做到“内外有别”，各区设置单独出入口，同时要保证整体的统一和谐。

（3）合理组织观众流、藏品流、工作人员流线

单独设计各出入口，基地道路布置便于各流线的活动。

（4）完善室外活动场地布置

外部环境是博物馆建筑整体的有机组成部分，在场地设计中应注意对室外绿化、活动场地和停车场地的合理设计与布置。

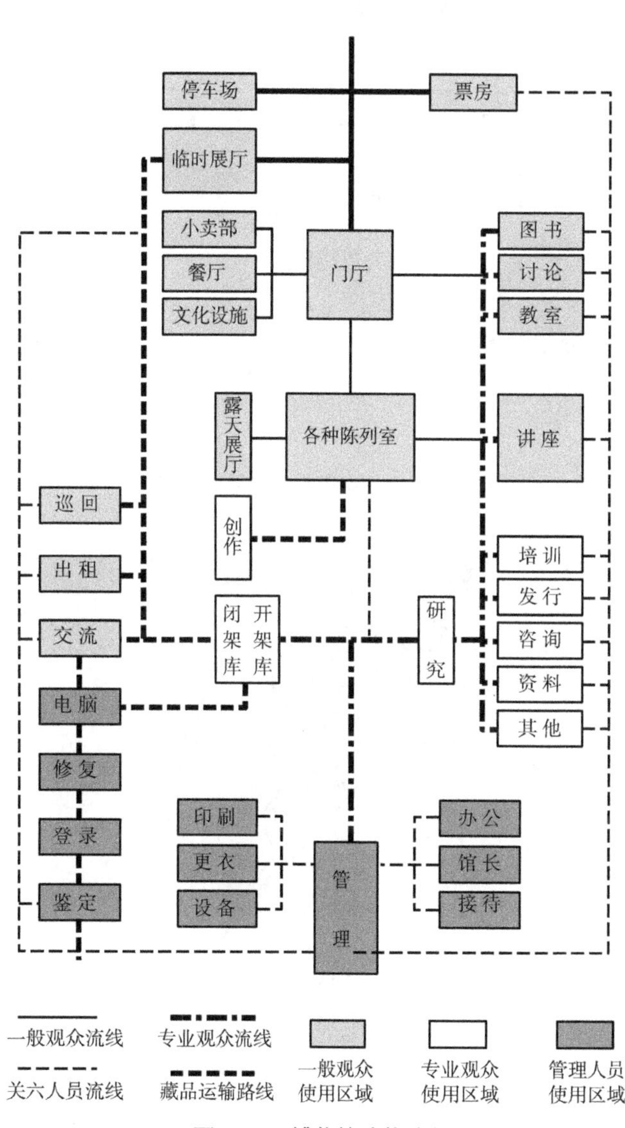

图9–15　博物馆功能分析

2）建筑布局

如何将各个部分有效布局，是博物馆设计成功与否的关键，通常可将博物馆的布局方式分为嵌入式、并联式、独立式。

（1）嵌入式

嵌入式是指博物馆的办公部分位于博物馆的某一层或某几层的部分平面上，与整个展区融嵌在一起。这类布局适用于办公区面积要求较小，或者办公区与陈列区联系较多的博物馆。这种形式的不足之处是，各层平面各不相同，给建筑设计和结构设计带来一定难度，另外，办公区多放在不佳位置或层面。

德国法兰克福博物馆（图9–16~图9–19）的建筑布局就采用了嵌入式这一布局方式。馆址基地是一块由放射道路所界定的不等边三角形，面积狭小。设计师汉斯·霍莱因根据基地特点将博物馆设计成了三角体。建筑布局上，以三角形尖角的角平分线为轴线，中央是一个等边三角形中庭，大部分楼层的功能用房是矩形或其他的规则形式。该方案在有限的基地条件下借助主入口门厅及休闲区低层高的特点，将办公区等辅助部分巧妙地嵌入一层展区与二层展区之间的夹层，既保证了办公，又较好地满足了办公等区域对采光的要求，同时也具有独立的出入口。

（2）并联式

并联式是指博物馆的办公区与陈列区部分在空间和平面上划分明确，相对独立，自成体系。这类布局有利于办公区和展区的管理与独立使用。由于办公区与展区层高的不同，给建筑设计带来一定的难度，所以，并联式中型博物馆的办公区部分地上以两层居多。

由我国著名建筑师齐康设计的中国科学院南京分院即采用了并联式的建筑布局方式。该设计紧密结合基地条件及方案要求，展览区与办公区采用并联式布局，使

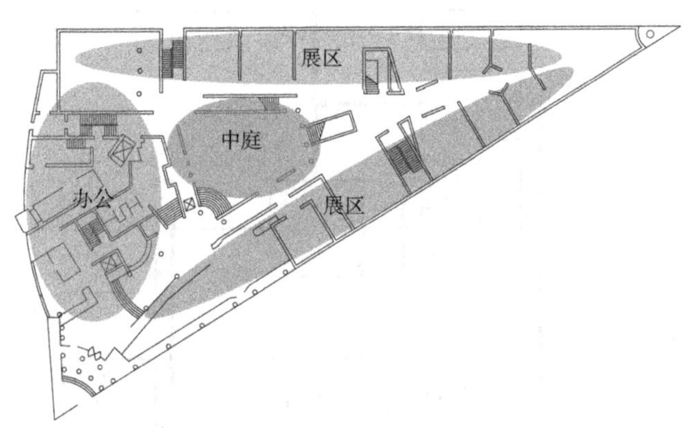

图9–16　法兰克福博物馆平面示意图

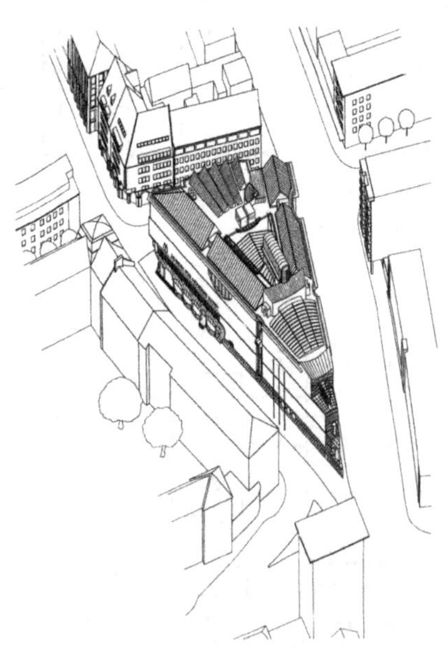

图9–17　法兰克福博物馆轴测图

图9–18　法兰克福博物馆

图9–19　法兰克福博物馆外景

两者在功能上保持相对独立。同时，设计有效利用了展览区与办公区的层高差值，使建筑造型如一只隐喻的恐龙昂首立足于主干道旁，形成了切合博物馆主题的建筑造型。

（3）独立式

与并联式相似，独立式同样具有独立的办公区和展区。不同之处在于，并联式博物馆在外部看是一个整体，内部分区明确，相对独立，独立式博物馆从外部看更近似于是两个或几个建筑组团，它们之间或以坡道相通，或以连廊相连，几个不同区域组团还可围合成庭院式休闲场地，便于人流疏散和视觉缓冲。独立式博物馆往往需要大面积的基地作保障，所以这类博物馆多适用于基地面积充足的情况。

例如由贝聿铭设计的德国历史博物馆新馆（图9-20~图9-23），在布局上紧密结合周边环境，将展区与办公区分开设置，二者用玻璃廊连接，设计者在玻璃廊中安排了室内天桥、阳台及楼梯等，使参观者在玻璃廊内行进或休息的过程中，随时可以观赏到南面的老馆立面。同时，展区主入口以玻璃旋转楼梯加以点缀，将西侧宫殿式的建筑借景到博物馆中来。

3）场地交通组织

（1）各功能区出入口位置的设计

博物馆出入口通常包括基地出入口、展馆主入口、

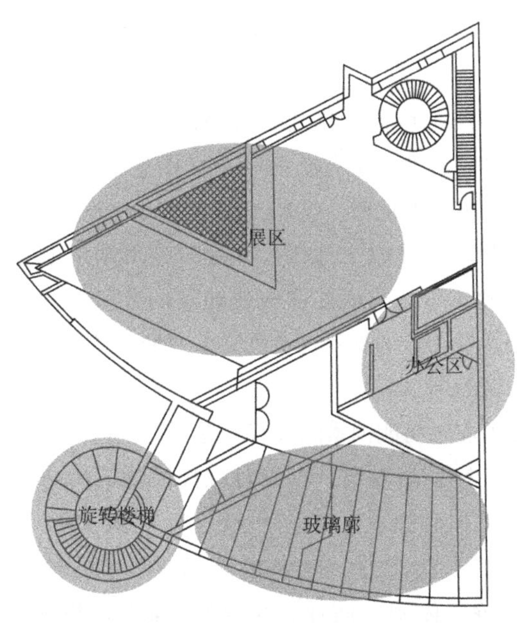

图9-20　德国历史博物馆新馆一层平面示意图

图9-22　德国历史博物馆新馆内部玻璃廊

图9-21　德国历史博物馆新馆模型

图9-23　德国历史博物馆新馆室外旋转楼梯

藏品运输出入口、办公人员出入口、临时展厅独立出入口等。

基地出入口：按使用需要，基地至少设两个出入口。

建筑主入口位置：一般来讲，博物馆主入口应首选面对基地附近主干道。对于道路噪声的影响，多采用退红线、植树木或建筑构造上的减噪措施来降低。

展厅独立出入口：由于展厅经常需要重新布展、运送展品，所以必须设置在接近道路的位置。

藏品运输出入口及办公人员出入口：二者通常合并设置，一般与博物馆主入口保持一定距离，而且由于工作性质的特点，较多设在相对安静、隐蔽的位置，且该入口处要留有一定的室外场地供装卸藏品用。

（2）流线组织

流线组织主要是安排好博物馆观众流线、管理人员及藏品流线的交通组织，这几部分流线应相对独立，避免相互交叉、重复、干扰。

观众流线：主要指一般观众人流及车流。这条流线要组织观众便捷到达博物馆主入口，并且减少步行人流与车行流线的相互干扰。同时，根据建筑用地的大小、博物馆的规模来确定入口广场的规模、尺度和氛围。

展品流线：展品流线要避免与观众流线交叉，应有单独入口，其运输流线宜在观众流线的外围。一般博览建筑多在建筑的侧面、后面增设入口，为展品的进出和加工制作的材料运输服务。考虑到运输展品车辆的停放，应设置足够的停车面积，储存库的入口应设置装卸平台、装卸包空间。

工作人员流线：工作人员出入口不宜与陈列展出空间并列，需要单独处理。

4）室外场地、绿化与建筑小品设施

（1）集散场地

集散广场在满足交通的基本要求上，宜结合室外空间构图的需要，安排一定的绿化、雕塑、壁画和小品，借以丰富室外空间的艺术效果。

（2）停车场地

停车场应结合总体布局进行合理安排，尽量设在方便易找的部位，如主体建筑物的一侧或后侧，以不影响整体空间环境的完整性与艺术性为原则。

（3）绿化布置与室外休息场所

庭园的绿化布置应综合考虑庭园的规模、性质和在建筑群中所处的地位等因素，采取相应的手法。在建筑群外部空间组织中应布置适当的休息场所，与周围环境取得协调一致，真正成为受人们欢迎的室外活动空间。

（4）小品与室外休息场所

在博物馆群体布局中，可结合博物馆建筑的文化特性及外部空间的构思意图，借助各种建筑小品来突出表现外部空间构图中的某些重点内容，起到强调主体建筑物的作用。

9.2.2 博物馆造型构思设计

1）博物馆设计理念

（1）注重环境因素的设计理念

现代博物馆由于其文化、娱乐的属性，经常选建在环境优美的大自然中或历史文化街区，因而在设计时应注意与环境的融合，强调建筑与自然地理环境融合的设计理念。

德国法兰克福现代艺术博物馆（图9–16~图9–19）建在旧城中心的一所老教堂附近，用地是街道中间的一块不规则三角形地段。汉斯·霍莱因用一个完整简洁的三角形体块布满整个地段，在建筑外形塑造上运用后现代的建筑手法，增加些历史建筑的片段，并且采用与周围建筑相近的材料、色彩，表现博物馆建筑与环境相互协调的理念。

（2）注重功能因素的设计理念

随着社会的发展，人们对现代博物馆的功能要求不断地增加和提高，除陈列展览、收藏文物、科学研究等基本功能外，越来越重视博物馆的教育、交流、旅游、休闲、商业、娱乐等功能。这些新功能因素的增加也将对博物馆建筑造型的发展演变产生一定的影响。

理查德·迈耶设计的盖蒂中心（图9–24）是一个多功能的博物馆综合体，除作为博物馆中心的展览馆外，还设有艺术与教育学院、艺术与人文研究所、信息中心、餐饮中心和行政办公等建筑体，适应不同的使用功能。由于功能的多元化，使得一个综合博物馆成为了文化旅游活动中心。

（3）注重艺术因素的设计理念

博物馆建筑是最能体现艺术性和文化价值的建筑类型。注重艺术性是博物馆造型设计的尤为突出的理念。

• 追求标志性建筑形象的理念

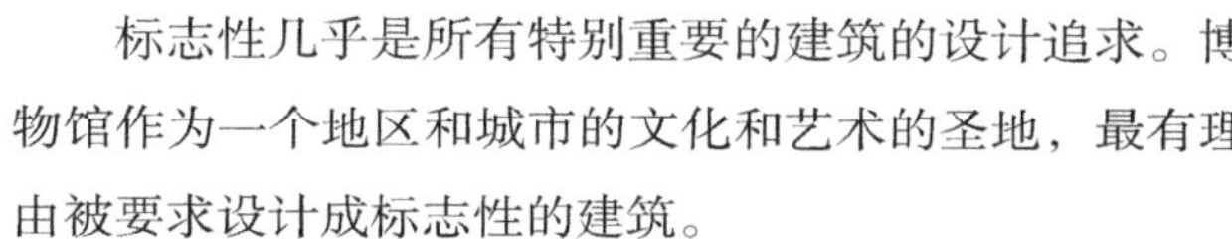

标志性几乎是所有特别重要的建筑的设计追求。博物馆作为一个地区和城市的文化和艺术的圣地，最有理由被要求设计成标志性的建筑。

马里奥-博塔设计的旧金山现代艺术博物馆（图9-25、图9-26）处于三座摩天大楼之间，为了在复杂

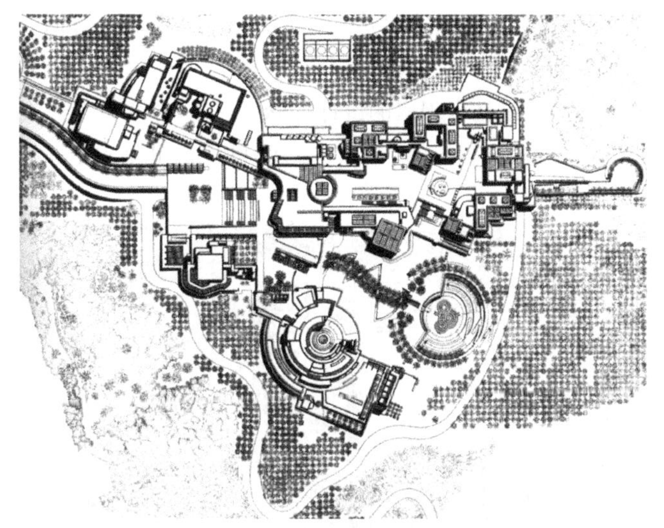

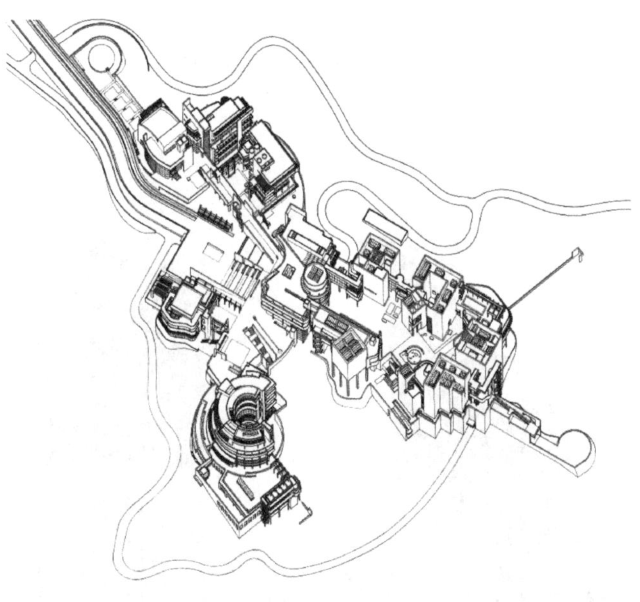

图9-24　盖蒂中心

图9-25　旧金山现代艺术博物馆构思草图

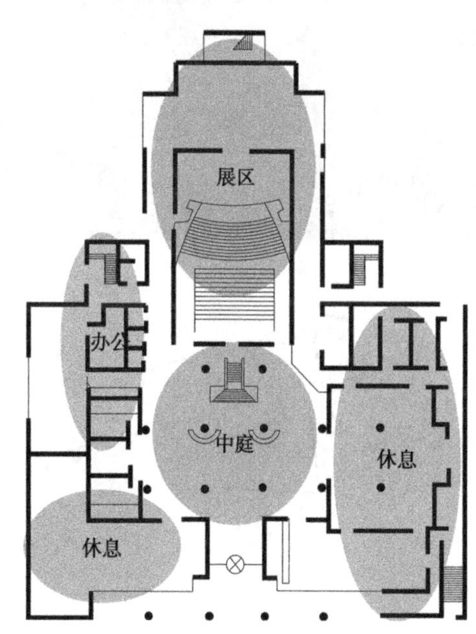

图9-26　旧金山现代艺术博物馆

的都市景观中占据应有的地位，设计者运用对称的几何形体和红色的传统砖石材料塑造了一个具有标志性的艺术博物馆形象。最突出的特征是一个高38m的斑马纹圆柱体，光线可直接由楼顶照射到底楼。它标新立异的外形，彰显了旧金山的艺术精神，体现了旧金山城市的文化气质。

• 追求雕塑感建筑形象的理念

博物馆建筑形象往往追求雕塑的神韵，强调形体变化和光影变化。具体方式大致可分为两类：

理性的建筑雕塑形态：建筑平面多采用基本的几何图形，矩形、三角形、圆弧等，立面的处理也有类似的特点。立面追求强烈的虚实对比效果，形体没有多余的装饰构件，如贝聿铭设计的华盛顿国家美术馆东馆（图9–6）。

感性的建筑雕塑形态的共同点是具有一种自由的、无拘无束的形式，建筑形式不拘一格，造型奇特，具有很强的浪漫主义色彩，如弗兰克·盖里设计的西班牙毕尔巴鄂古根海姆博物馆（图9–27）。

• 以建筑艺术表达情感、思想理念的丹尼尔·里伯斯金设计的柏林犹太人博物馆（图9–28）以反复连续的锐角转折和到处布满的狭窄裂缝形成的艺术效果来表达犹太人走过的坎坷历程和经历的种种苦难。其设计理念是以强烈的建筑艺术形式表达对犹太人的情感和理解。

（4）注重技术因素的设计理念

随着现代科技的进步，建筑的科技含量越来越重，

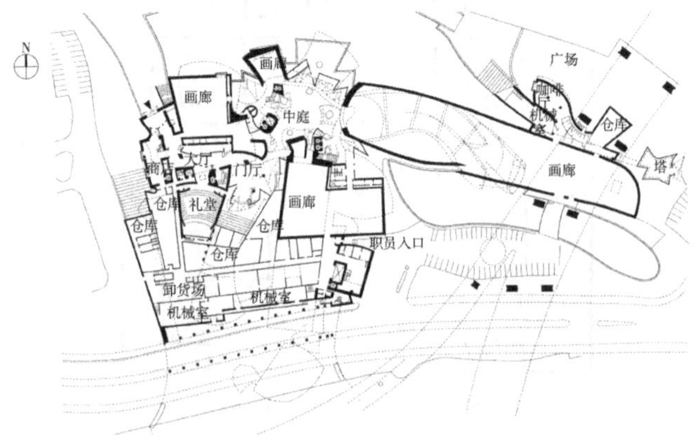

图9–27　西班牙毕尔巴鄂古根海姆博物馆

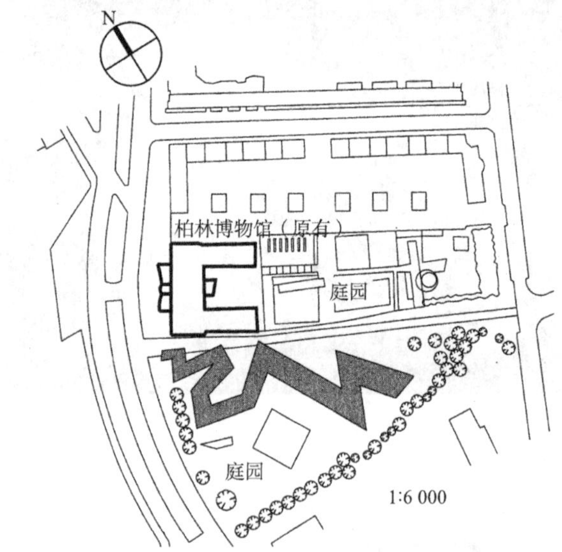

图9–28　柏林犹太人博物馆

注重运用新技术、新材料和新结构成为现代博物馆设计的新理念。

• 表现结构、设备等技术特性的理念

理查德·罗杰斯设计的法国蓬皮杜艺术中心在外观上像台巨大的机器，内部是个巨大的空间容器，在个结构与设备外露的巨大骨架中提供弹性使用的均质空间。技术设备的外露，一方面体现技术美学，另一方面带来了室内空间划分的灵活性，成为了高科技建筑流派的典型代表。

• 仿生学建筑形态的理念

仿生学是模拟自然界的生物形态形成建筑的新结构、新形象，包括对动物的模仿，对植物等的模仿。圣地亚哥·卡拉特拉瓦设计的美国密尔沃基博物馆（图9–29），位于密歇根湖边，建筑模拟飞鸟的形象，而且可以根据需要进行开启或闭合，极富有动感与生动性，使建筑与自然更加和谐，更富有个性。

图9–29 美国密尔沃基博物馆

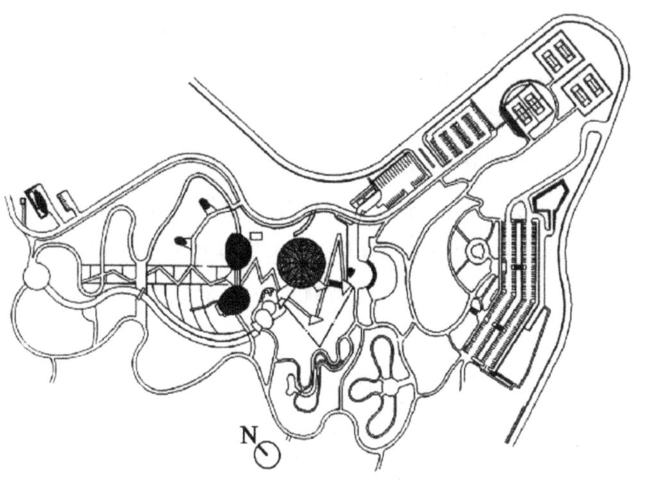

• 高科技生态建筑的理念

长谷川逸子设计的日本山梨水果博物馆（图9–30）是高科技生态建筑的代表性作品。建筑按照不同的使用功能，运用现代建筑材料将博物馆分解为三个独立的建筑体，三个建筑体分别模仿种子萌芽的三个不同阶段，表现万物不断繁衍、更新发展。博物馆室内运用现代技术，建立适合生物生长的人工生态系统。建筑师以高科技的建筑手段和生态技术，创造出极具现代感的建筑造型和生态化的室内环境。

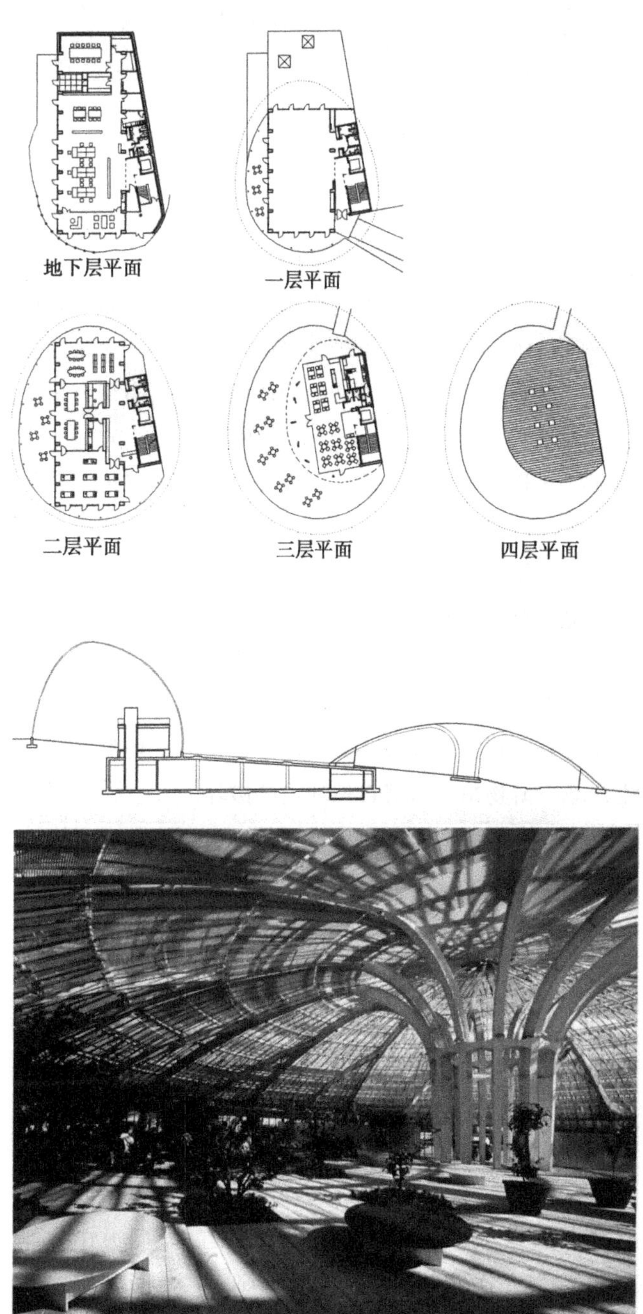

图9–30 日本山梨水果博物馆（一）

图9–30 日本山梨水果博物馆（二）

2）构思方法

（1）发掘博物馆的地域文化内涵

博物馆建筑具有强烈的文化属性，将文化意向和理念通过概括、隐喻、抽象等手法体现在博物馆建筑造型中，可以唤醒人们对某种文化的认同，创造出具有一定“地方性”的建筑形式。如苏州博物馆（图9–31）运用具有江南意象的白墙、黛瓦、方窗反映对中国传统文化的探索，其几何形坡顶又是对江南传统屋顶形式进行的高度抽象和概括。

（2）与环境充分融合

在城市环境中，博物馆需要考虑所在区域的城市肌理以及周围建筑的建筑风格，达到与城市整体环境的延续和融合。在自然环境中则要注意与自然环境的对话交流，减少博物馆建筑对自然环境的破坏。

日本飞鸟博物馆（图9–32）位于大阪一处环境清幽的山林之中。为了尽量减少对周围自然环境的干扰，博物馆大部分建筑形体埋于地下，露出地面部分则采用了简洁抽象的大台阶和瞭望塔。

（3）发挥博物馆主题的特点

这种设计手法通常将博物馆展品最具代表性的特点加以提炼和发挥，并用建筑语言进行相应的表达。很多专业博物馆的造型设计多采用这种手法，如中国电影博物馆的建筑外观充满了独特的电影艺术特色，建筑采用黑色作为基础色，并使用图案的金属板作为外层装饰，四个立面根据建筑的内部公共空间的位置分别开辟一片大型彩色玻璃面。红、绿、蓝、黄分别代表展览、博览、影院、综合服务四个功能区域，流露出了多彩的个性。

（4）突出博物馆建筑的基本功能特征

博物馆中最突出的功能特征就是陈列展示功能，陈列空间的组织方式、采光方式等都可作为博物馆建筑造型设计的出发点。

为了避免阳光对展品的直接照射，博物馆通常采用顶窗，从而会出现大面积的实墙。博物馆的造型设计中，可以对这些实墙和顶窗等加以综合利用，创造出不同凡响的博物馆建筑造型形象。

对博物馆展厅的组织利用也可创造出具有一定特色的建筑形象。博物馆通常由多个展厅组成，各个展厅形状或大小相似，当采用不同的排列方式时，在建筑外观上会呈现出不同的视觉感受。日本东京美术馆将多个矩形的展示空间规则排列，建筑外观具有严谨而丰富的秩序感。

3）造型设计

就建筑形态美学而言，博物馆造型可以分为两大类：抽象类造型和具象类造型。

（1）具象类

具象类博物馆建筑造型取材于表现博物馆文化内涵的具体物象，也可称为“仿真式”建筑，如福建泉州海外交通史博物馆的造型以中国宋代双桅古海船为原形。整栋建筑高达数十米，远看犹如一艘乘风破浪的双桅古海船。

具象类博物馆建筑造型形象生动逼真，容易被一般人认识和接受，在博物馆这类文化宣传性较强的建筑中可以发挥一定的感染推动作用。

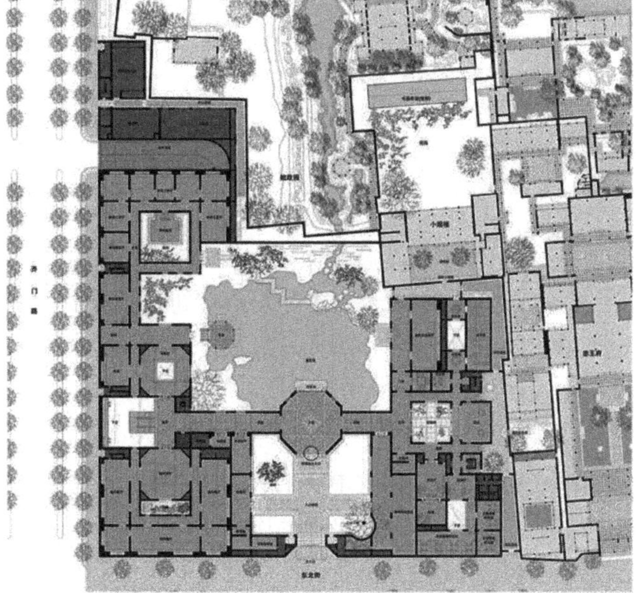

图9-31　苏州博物馆

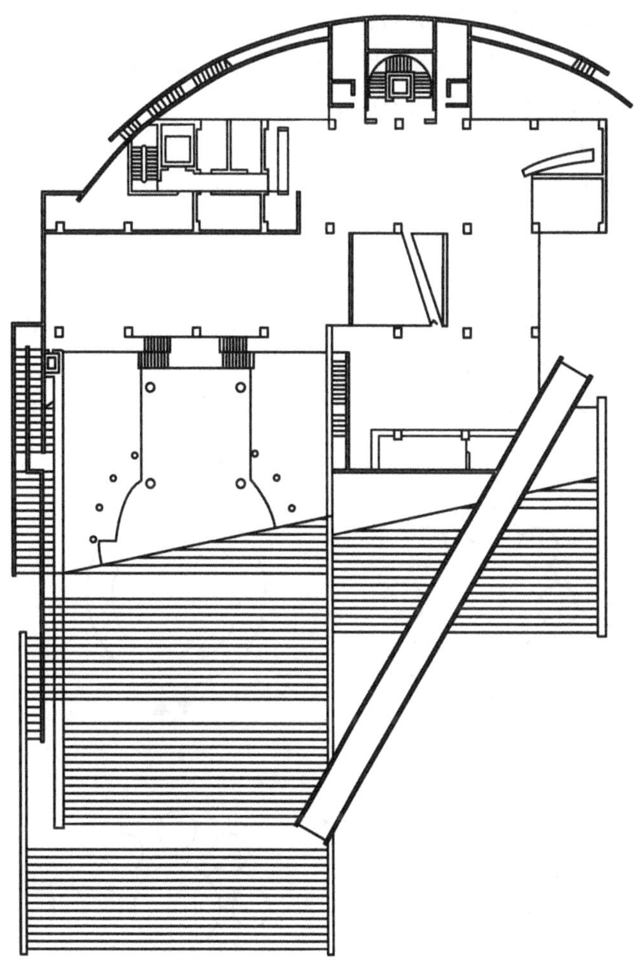

图9-32　日本大阪飞鸟博物馆

（2）抽象类

抽象是将纯粹的点、线、面、色加以组合，以形成新的构成画面。抽象型博物馆造型主要是通过体量、线条、骨架、色彩、质地等来形成具有一定文化内涵的构图。

苏州丝绸博物馆在设计中紧扣“丝绸之路”，用贯穿南北的呈几何曲线形的墙面象征丝绸，原形经过抽象变形呈几何体展现在人们面前，使该馆的主要文化内涵通过抽象的建筑形式准确地显现了出来。

当今，博物馆建筑技术正处在最显著的特征抽象化过程中，博物馆建筑造型的抽象形式必将成为越来越多博物馆的外在表现。

9.3　博物馆各部分设计

9.3.1　各功能平面设计

馆内一般应有陈列区、藏品库区、技术及办公用房以及观众服务设施四个功能分区。

1）陈列区

陈列区是博物馆建筑最主要的部位，一般包括门厅、进厅、各种陈列室、报告厅以及观众服务设施。

（1）陈列区平面设计的基本原则

• 根据陈列的内容性质，合理组织参观流线。参观流线明确，路线简洁，防止迂回、重复、阻塞、交叉。

• 根据规模的不同，展出有灵活性，可全部参观或局部参观，并方便中途退场。

• 争取好朝向，避免西晒。

• 适当安排有间隔的休息场所。

• 工作人员流线与参观流线不交叉干扰，并便于联系组织。

（2）陈列室平面形状

陈列室平面形状取决于展品的性质与特点，并能满足自然采光与照明。一般陈列室的平面多用矩形，个别的亦有圆形、八角形及其他变形的平面。各种平面的特点见表9–2。

常用陈列室形状　　　　表9–2

形状	陈列室特点
正方形	陈列容易布置，排列整齐，走道便捷，参观路线明确，灯光布置有利于组成天棚图案渲染气氛。陈列形式丰富。
长方形	陈列空间利用最充分，走道通畅便捷，占地面积小， 陈列空间照明容易结合走道布置 陈列形式容易调整
圆形	陈列布置富有变化，走道布置适当，便于参观 较难陈列，布置缺乏灵活性

（3）陈列室平面布局形式

从参观路线的角度来看，博物馆常见的陈列室布局大致可归纳为串联式、放射式、通道式、大厅式四种类型（图9–33）：

• 串联式

串联式是将各陈列室串联组织的布局形式。这种布置方式简洁、明确，具有极强的连续性和引导性，但灵活性差，易堵塞，过长的参观路线过于单调、死板，易使人产生疲劳感。另外，由于各展厅穿套相连，不利于单独关闭或开放某个展厅。

此种组织形式（图9–34）适合于中小型规模的博物馆，特别是历史性的博物馆或展品具有较强关联性和发展性特点的博物馆。传统的博物馆基本上都属于这类

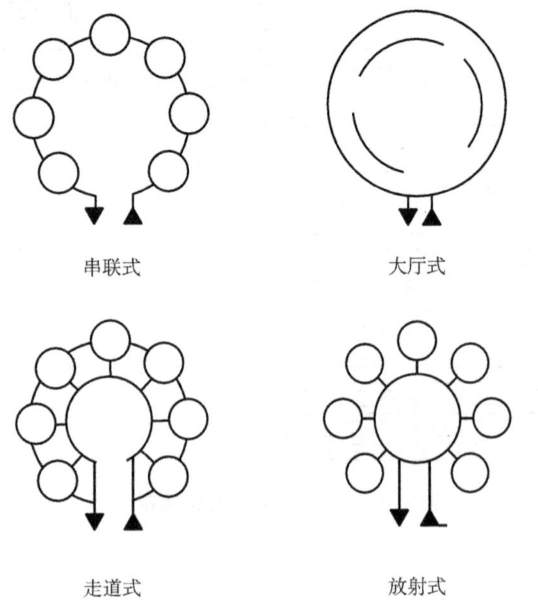

图9–33　博物馆陈列布局形式

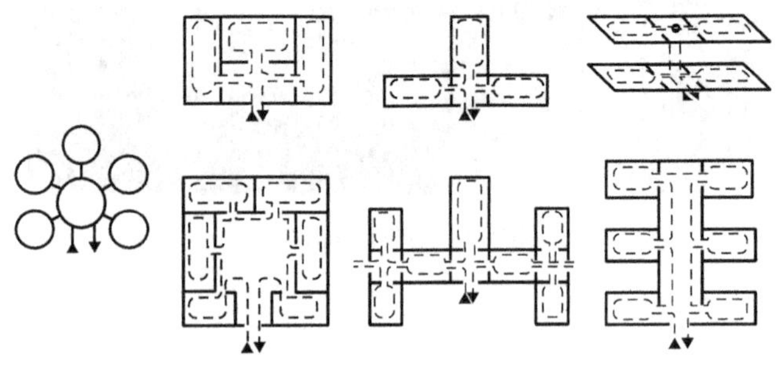
图9–34　串联式布置形式

布局形式，例如冈之山美术馆（图9–35）。

• 大厅式

大厅式布局是利用大厅综合展出或灵活分隔为小空间（图9–36）。大厅作为陈列空间的核心，既可用于展品的陈列，又可满足交通等各功能的需求。这种形式布局紧凑，灵活性大，可根据要求，连续或不连续展出，但缺乏针对性，容易造成参观路线的交叉、无序及噪声干扰，例如墨西哥人类学博物馆（图9–37）。

• 走道式

走道式布局是将各陈列室设在走道的一侧或两侧形成并列式布局，它们之间也可以相互连通，形成陈列区的串联式布局（图9–38）。

这种布局方式的参观路线明确而灵活，整个参观过程具有明显的连续性和较强的导向性，不易造成参观人流的迂回、交叉和拥堵。而且，由于各个展厅均可保持相对的单独性，所以增强了博物馆各展厅布展和开放的灵活性。但是，长的通道往往造成较强的单调感，交通面积浪费较大，同时通道往往在中部形成方形或圆形的围合空间，可形成一个或几个室外或室内的休闲空间，便于人流的安全疏散，又能缓冲通道的单调感和压抑感。

此种交通流线方式多应用于大中型的博物馆，例如曼尼尔博物馆（图9–39）。

• 放射式

放射式布局指的是各陈列室环绕放射中心（前厅、门厅、主展厅、庭院、走道）来布置，观众参观一个或一组陈列室后，经由中心到其他部分参观。这种组织方式以中心区为核心，各个空间相对独立，基本呈围合式

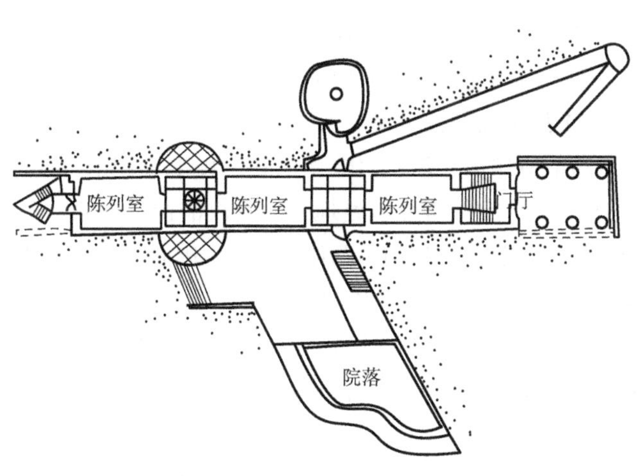

图9–35　冈之山美术馆

布置（图9–40）。

这种布置方式的优点是参观路线简单紧凑，由于各展厅均可以相对独立，增加了各展厅展出使用的灵活性。不足之处是，各展厅间的连续性较弱，由于参观路线选择的不确定性，会导致参观人流的迂回、交叉等问题，并且在人流集中的中心交通区，易造成拥堵现象。这种方式适于大、中型综合博物馆，并成为了大型博物馆底层核心交通流线的首选，如上海博物馆、河南博物院、北京首都博物馆等的首层平面均采用这种形式。

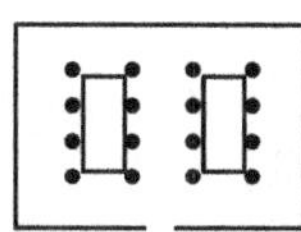

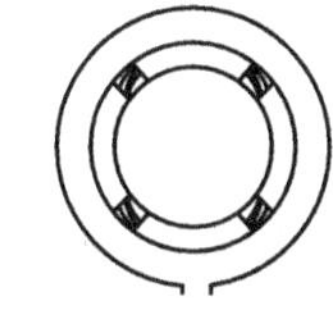

图9–36　大厅式

（4）陈列室的空间要求

• 跨度：与结构形式和陈列布置等有关，一般隔板长度为4~8m，观众通道为2~3m，当单线陈列时，跨度应不小于7m。

• 柱网：应满足陈列布置的灵活性，当双线陈列时，进深应不等跨布置，开间应不小于7m。

• 层高：应突出陈列内容，并保证室内通风、采光良好，净高一般不大于5m。

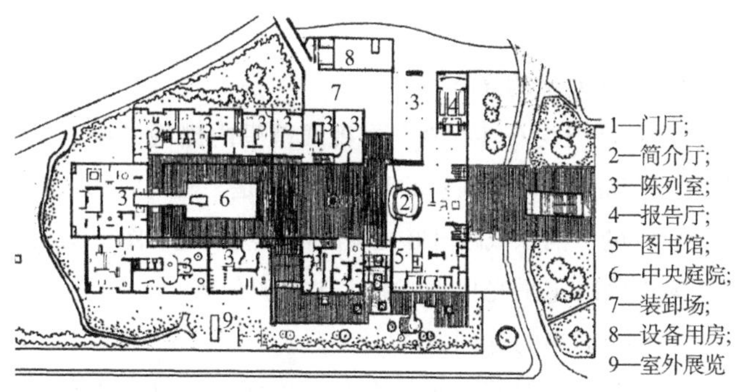

图9–37　墨西哥人类学博物馆首层平面图

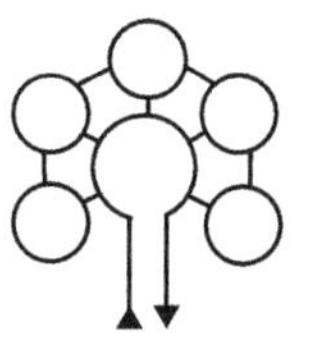

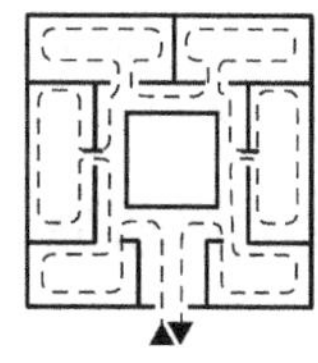

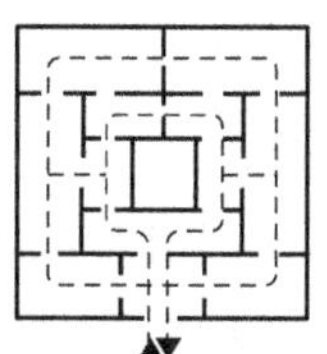

图9–38　走道式

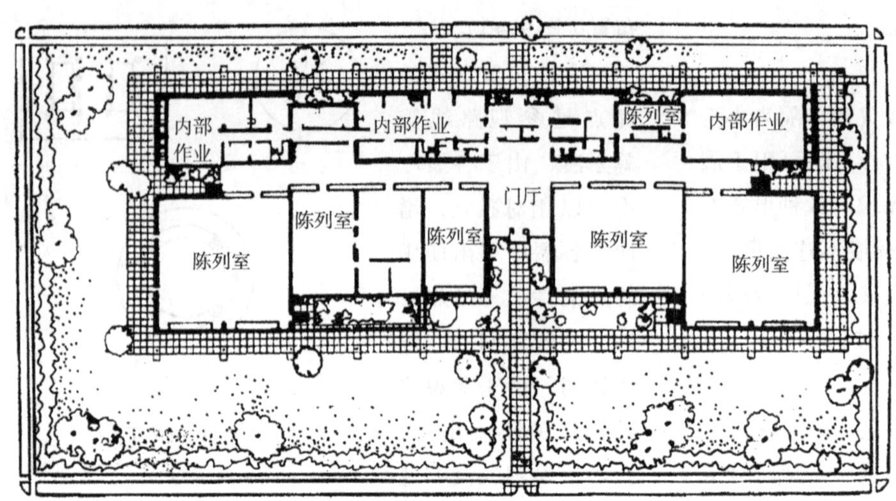

图9–39　曼尼尔博物馆平面

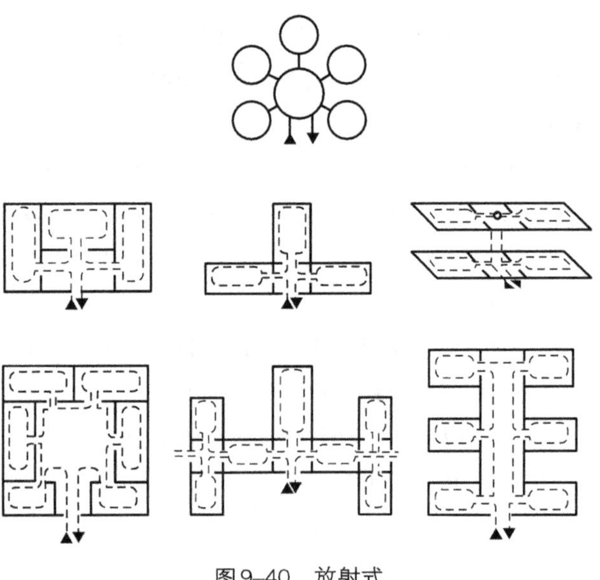

图9–40　放射式

（5）陈列室的光环境

眩光是当观众注视时，在视线范围内出现光源、反光物体或陈列室内有强烈的明暗对比，是一次反射和二次反射引起的。消除或减轻眩光有以下几项措施（图9–41）：

• 正确决定采光口形式和人工光源位置。

• 选择适当的陈列方式。

a. 避免陈列品靠近窗口布置，陈列品与窗口应有一定距离，保证有大于14° 的保护角。

b. 调整画面位置、高度与倾斜角度，避免与墙平行。

c. 将陈列品布置在光线较强的位置，使观众参观的位置较暗。

• 利用人工照明，提高陈列品照度。

2）藏品库区

藏品库区的主要功能是藏品的储藏、登记、编目，一般包括藏品库房、藏品暂存库房、缓冲间、保管设备储藏室、管理办公室等部分。藏品库区的设计主要应考虑藏品的防盗、防火及藏品的储藏等方面的技术要求。藏品库区应有独立的出入口，形成相对独立的内部空间，其空间形体大多较为简单规整。

（1）库区布局方式

藏品库区和陈列区需要相互分隔并便于联系，根据藏品库区与陈列区之间的关系，藏品库区可分为四种布局方式（图9–42）：

• 独立设置：相互间通过连廊等交通空间联系，便于库区的管理。

• 相邻设置：便于展品的运输，但需注意藏品的防卫。

• 分层设置：适用于大型博物馆，需考虑大尺度货运电梯的设置。

• 内附式设置：运输十分方便，但需注意藏品流线和陈列区流线的交叉。

（2）藏品库区工艺流程（图9–43）

（3）藏品库区内部流线（图9–44）

3）技术及办公用房

藏品进馆后，需经鉴定、登记、编目、建档，同时还要进行一系列的技术处理，如蒸汽消毒、化验、摄影、修复、装裱、复制、制作标本等。因此，需要设置相应的技术用房（图9–45、图9–46）。

技术及办公用房大致可分为四类：藏品技术处理用房、研究阅览用房、管理行政办公用房及设备消防控制用房。

藏品技术处理用房的主要功能是藏品的技术处理与

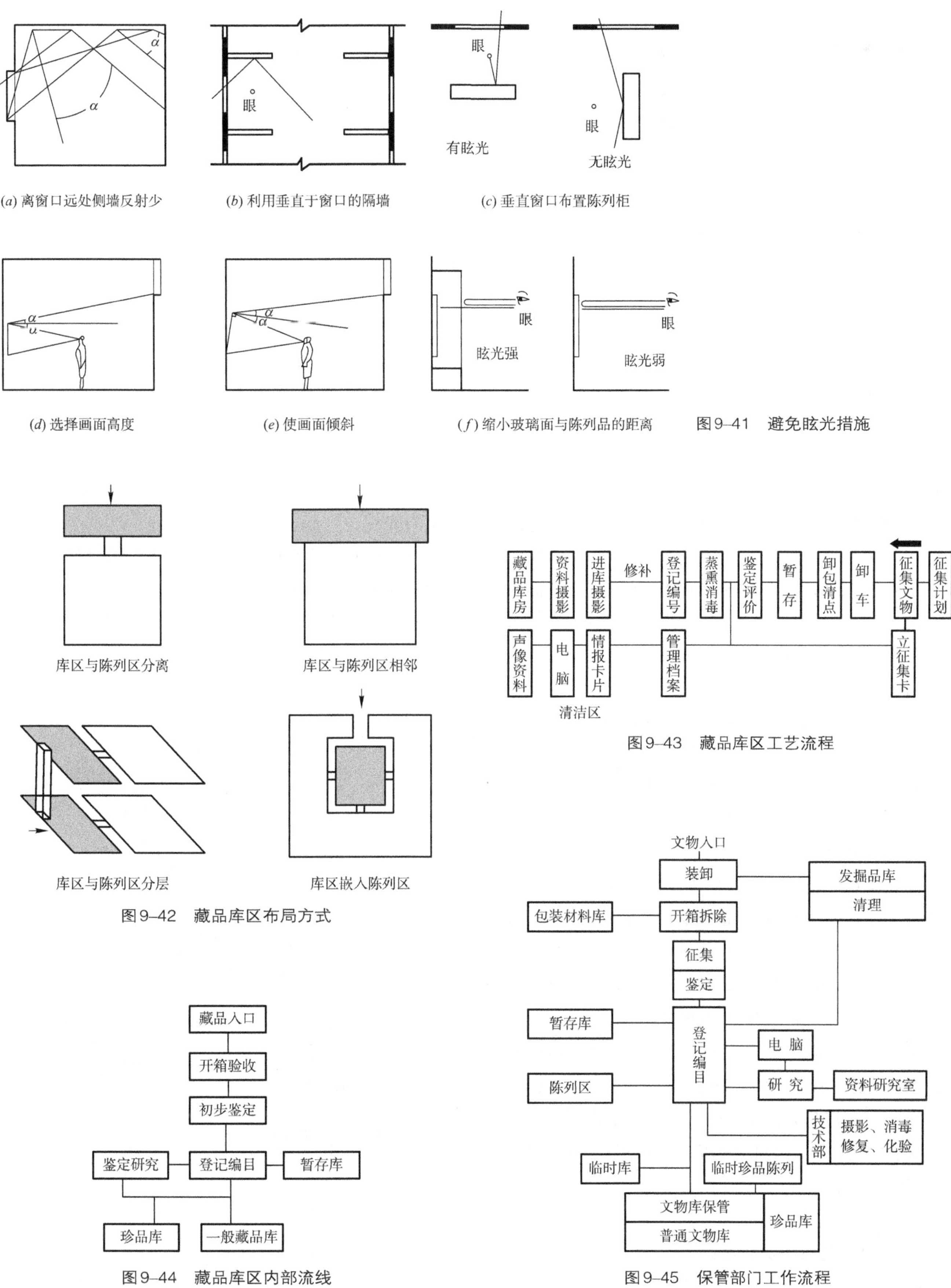

图9–41 避免眩光措施

图9–42 藏品库区布局方式

图9–43 藏品库区工艺流程

图9–44 藏品库区内部流线

图9–45 保管部门工作流程

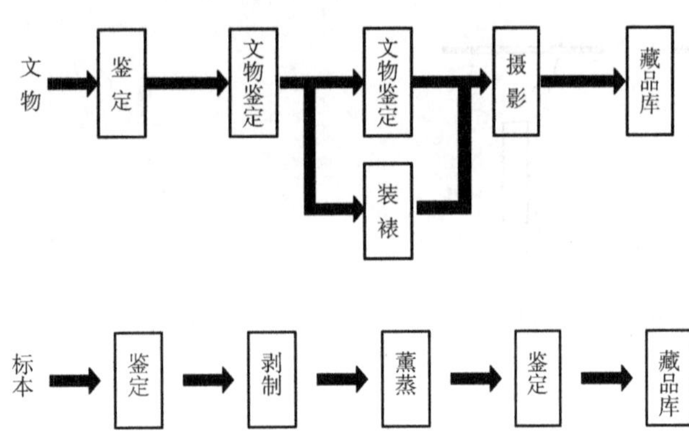

图9–46　文物处理工作流程

修复，包括鉴定室、摄影室、熏蒸消毒室、实验室、修复室、文物复制室、标本制作室等。在设计中，可以采用大空间的方式，便于不同技术处理空间的灵活划分。规模大的博物馆，也可根据建筑造型的需要独立于陈列空间单独设置。

研究阅览用房和管理行政办公用房一般包括研究阅览室、资料室、小型研讨室及办公会议室。这一区域空间平面宜简洁，位置上应与藏品技术处理用房和藏品库区有相对便捷的联系。设备消防用房根据规模应在建筑设计中留有足够的空间，并在设置时与其他空间有适当的分隔。

当收藏对温度较敏感的藏品时，应在藏品库区或藏品库房的入口处设面积小于6m²的缓冲间，主要用以防止藏品在短时间内经受较剧烈的温湿度变化。2层或2层以上的藏品库房应设置载货电梯。

4）观众服务设施

观众服务设施包括：购票、问询、导览、存物、纪念品购买等功能服务空间。这些服务设施一般临近入口或出口，往往结合大厅或门厅来设计，分散式布局的博物馆也可在主体建筑外单独设置。这类设施在设计中应注意有较强的标示性，以便于观众寻找。

服务空间中另一个重要组成部分是观众的休息空间，包括休息、餐饮、咖啡等功能。休息区一般选择在陈列空间的过渡位置，常与中庭或庭院结合，设于其中，既能欣赏景观，又可促进观众间的交流，亦可以调整空间序列的节奏。

9.3.2　博物馆建筑的流线设计

博物馆流线可分为一般观众流线、藏品流线、专业人员流线与管理经营流线（图9–47）。

（1）观众流线：包括博物馆的参观者及一些不参观博物馆展品，只是使用博物馆一些对外服务设施的市民，如报告厅、餐饮设施等。

（2）藏品流线：包括藏品的检验、整理活动的流线。

（3）专业人员流线：包括行政办公人员流线、后勤技术人员流线。

（4）管理人员流线：在进行流线设计时，四条流线应该有各自独立的出入口。当博物馆规模较小时，工作人员和专业研究人员可以共用一个出入口。但是，公众参观流线与藏品流线应该尽量分开，减少交叉。

9.3.3　博物馆建筑剖面设计

在很多种类的建筑设计中，剖面设计已经不单单是表达建筑空间或是帮助理解建筑的辅助方法，往往关系到建筑设计的成功与成败，特别是对于博览建筑，更显得至关重要。

博览建筑对于建筑采光和通风有较高的要求，常在剖面设计中采取各种方式，以改善其通风、采光条件，主要手法包括以下几种：

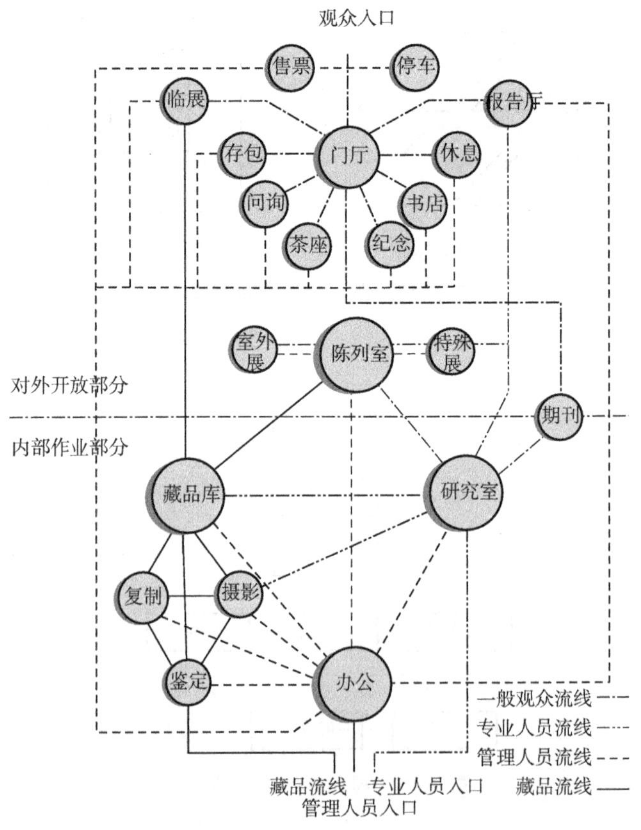

图9–47　博物馆流线示意图

1）利用退台式造型争取自然光

如旧金山现代艺术博物馆（图9–48）陈列在二、三、四层，三、四层平面层层后退，各层陈列室屋顶上的条形天窗使二、三、四层的陈列室同时获得良好的自然采光。平面的中心是可以不要求自然采光的交通枢纽与辅助用房，各层陈列室布置在中心部位周围没有上层建筑的位置上。北京炎黄艺术馆（图9–49）也是利用退台式造型争取自然光的实例。

2）利用采光井将自然顶光引向下层陈列室

在毕尔巴鄂市的古根海姆博物馆（图9–50）中，二层与三层各有3个被其他设备用房包围的陈列永久藏品的方形陈列室。三层屋顶上提供自然采光用的3个方形大天窗正对着三层的3个陈列室，3个大天窗下连着3个小采光井，它们穿过三层陈列室将自然光线引入二层的陈列室内，使与室外环境完全隔离的二层陈列室依然能够获得自然光线。

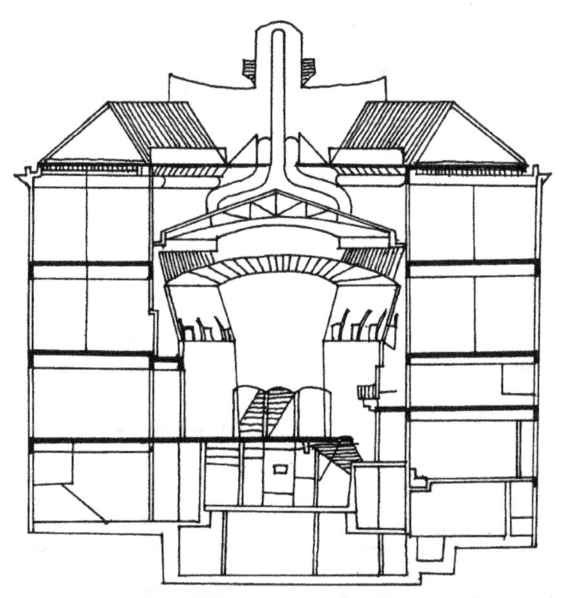

图9–48　旧金山现代艺术博物馆剖面图

3）利用楼层平面旋转错位为陈列室拥有自然光

广东省美术馆陈列室布置在一、二、三层，为了各层陈列室都能获得自然光，设计者将二层平面与一层平面作45°错位，在错位后露出的一层屋面上布置采光口。

4）采用曲线手法

在博物馆的剖面设计上采用松弛的曲线，不仅给展厅的形态和大小带来了变化，也让自然光以不同的方式照射到了室内，也就是，通过曲线扭转、空间和光的交融，使得展厅都能吸收到自然光的照射，例如赫尔辛基当代艺术博物馆（The New Museum of Contemporary Art Helsinki）（图9–51）。

5）利用天窗形式

博物馆的自然采光方式主要有以下三种：

（1）侧窗式

其中又有单侧光与双侧光之分（图9–52）。

我国博物馆多数利用这种采光方式。侧光的优点是经济、省事，其缺点是光线不匀，不柔和，尤其是两窗之间的夹壁特别暗。展厅跨度愈大，里面的光线也越暗。

（2）高侧窗式（图9–53）

将侧窗窗口提高到离地面2.5m以上即成为高侧窗。采用高侧窗有利于扩大墙面陈列面积，提高墙面照度，减少眩光产生，只是需要增加建筑的层高。如果陈列室不具备设置顶窗采光的条件，采用高侧窗采光可弥补侧窗采光或完全人工照明的缺陷。

（3）顶窗式（图9–54）

只限于平房和楼房的顶层。

顶窗式采光口由屋顶天窗或采光面进行采光，其特点是陈列室照度均匀，采光效率高，采光口不影响陈列品的布置面积，但窗户的管理与清洁不方便，需要机械通风，而且一般只能在单层或顶层使用。

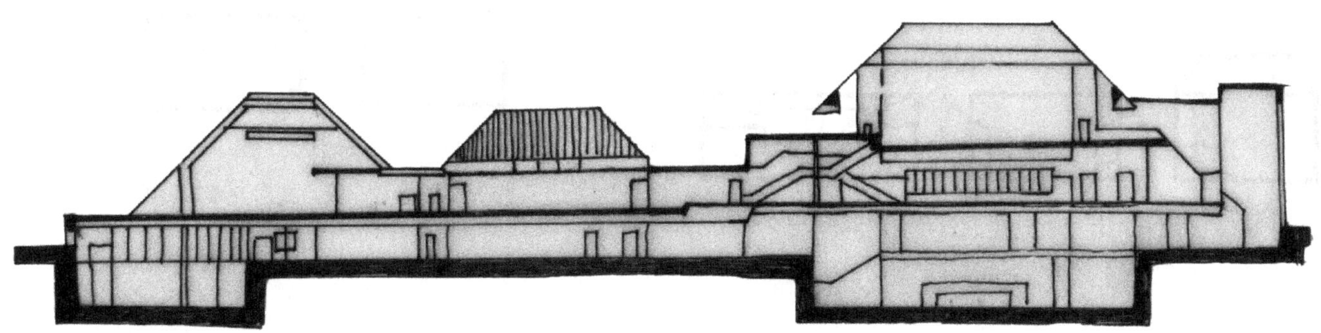

图9–49　北京炎黄艺术馆剖面图

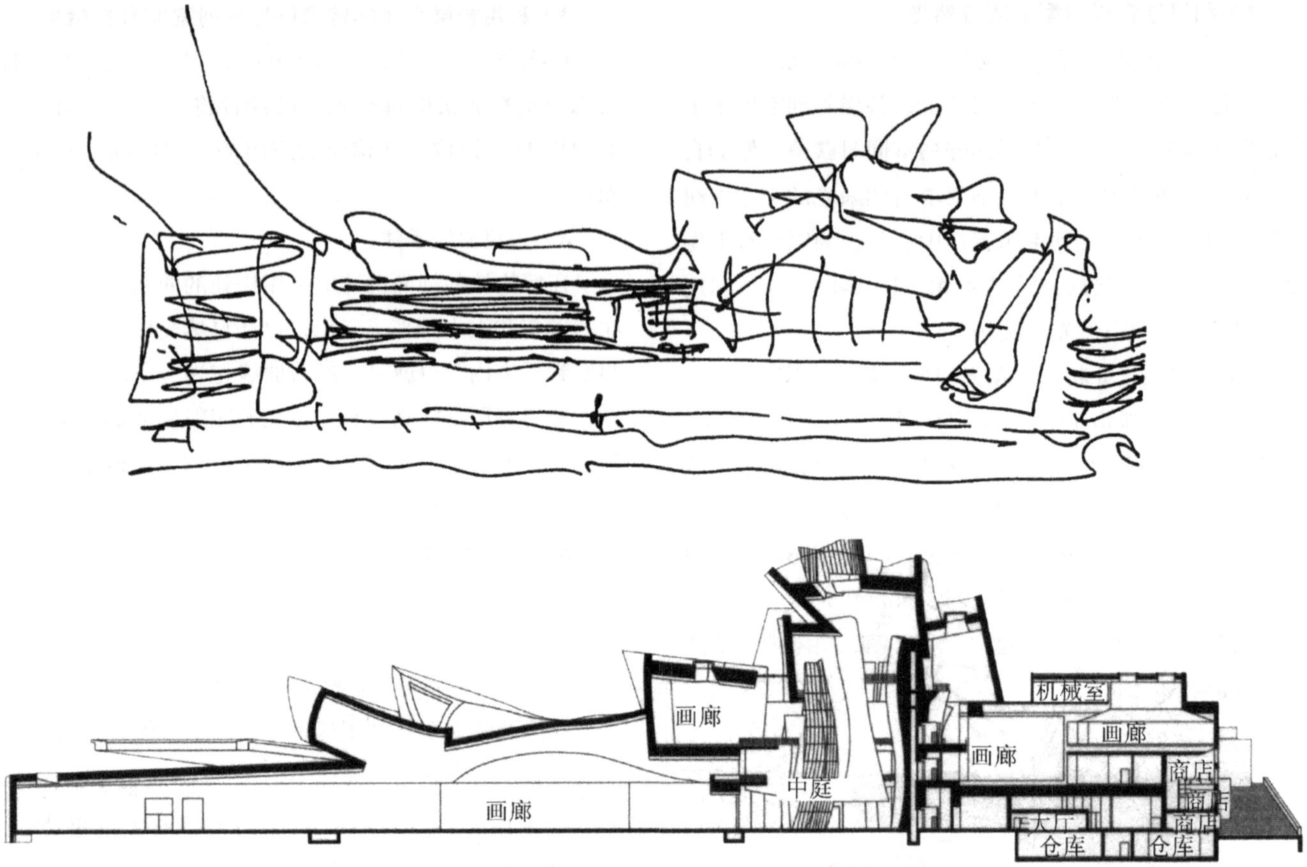

图9–50 古根海姆博物馆

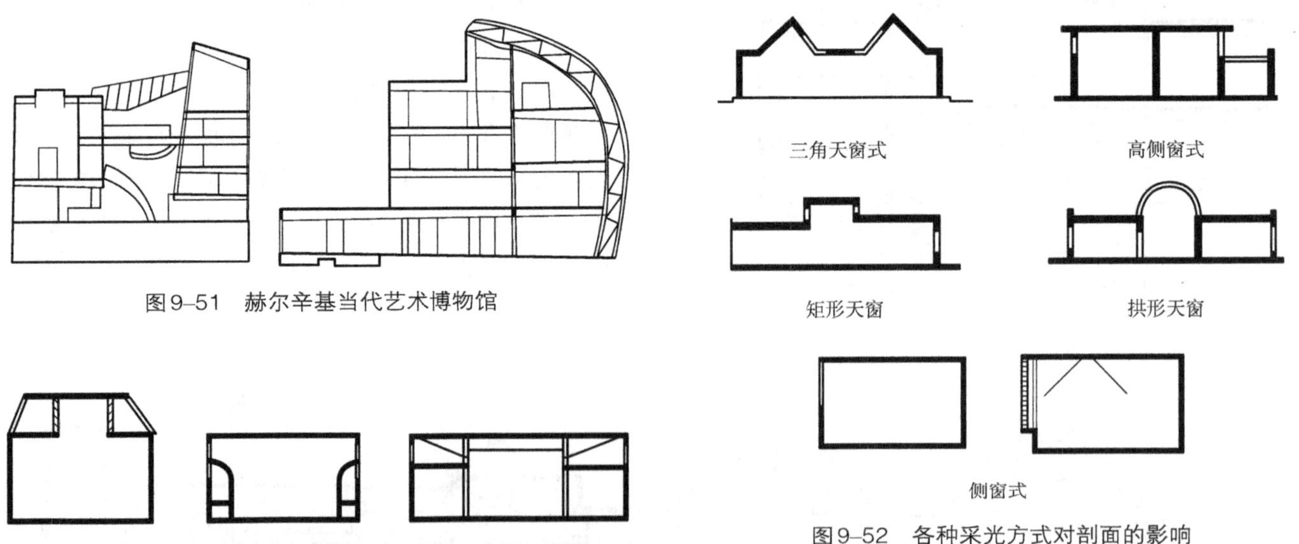

图9–51 赫尔辛基当代艺术博物馆

图9–52 各种采光方式对剖面的影响

图9–53 高侧窗式

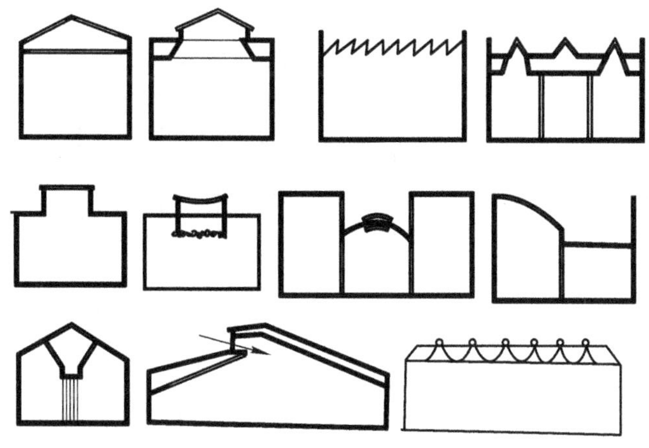

图9–54　顶窗式

顶窗式采光口有各种各样的形式与构造，它需要设置光线扩散装置、反光板、挡光板，以避免阳光直射展品，提高墙面照度，避免产生眩光。

（4）组合式

在博物馆的同一陈列室中，自然采光往往通过几种采光口的组合来完成，以取得满意的采光效果与室内空间造型。

9.4　博物馆设计规范规定

9.4.1　建筑设计一般规定

（1）大、中型馆应全面规划，一次或分期建设，同时应独立建造。小型馆若与其他单位合建时，须满足馆的环境和使用功能要求，应自成一区，单独设置出入口。

（2）除得到当地规划部分的允许外，新建馆的基地覆盖率不宜大于40%，并有充分的空地和停车场地。

（3）陈列区不宜超过四层。二层及二层以上的藏品库或陈列室要考虑垂直运输设备。陈列室、藏品库、修复工场等部分用房宜南北向布置，避免西晒。当陈列室、藏品库在地下室或半地下室时，必须有可靠的防潮和防水措施，配备机械通风装置。

（4）陈列室应布置在陈列区内通行便捷的部分，并远离工程机房。陈列室之间的空间组织应保证陈列的系统性、顺序性、灵活性和参观的可选择性。

（5）陈列室的面积、分间应符合灵活布置展品的要求，每一陈列主题的展线长度不宜大于300m。陈列室单跨时的跨度不宜小于8m，多跨时的柱距不宜小于7m。室内应考虑在布置陈列装具时有灵活组合和调整互换的可能性。陈列室的室内净高除工艺、空间、视距等有特殊要求外，应为3.5~5m。

（6）大、中型馆内陈列室的每层楼面应配置男女厕所各一间，若该层的陈列室面积之和超过1000m^2，则应再适当增加厕所的数量。男女厕所内至少应各设2只大便器，并配有污水池。

（7）藏品库区应接近陈列室布置。藏品暂存库应设在藏品库房的总门外，并单独封闭成间。藏品库房应尽量少开窗，避免外界阳光入射和湿温度变化较大，其窗地比一般不超过1/20。收藏对温湿度较敏感的藏品，应在藏品库区或藏品库房的入口处设缓冲间，面积不应小于6m^2。大、中型馆的藏品宜按质地分间储藏，每间库房的面积不宜小于50m^2。

（8）每间藏品库房应单独设门。窗地面积比不宜大于1/20。珍品库房不宜设窗。藏品库房的开间或柱网尺寸应与保管装具的排列和藏品进出的通道相适应。藏品库房的净高应为2.4~3m。若有梁或管道等突出物，其底面净高不应低于2.2m。藏品库房不宜开设除门窗以外的其他洞口，必须开洞时应采取防火、防盗措施。

（9）大、中型馆宜设置报告厅，位置应与陈列室较为接近，并便于独立对外开放。报告厅宜按1~2m^2/座设计，室内应设置电化教育设施。当规模大于或等于300座时，室内应作吸声处理。有条件时可设置空气调节装置。

（10）大、中型馆宜设置教室和接待室，分间面积宜为50m^2。小型馆的接待室兼作教学使用时，应设置电化教育设施。

（11）鉴定编目室、摄影室、修复室等用房应接近藏品库区布置，专用的研究阅览室及图书资料库应有单独的出入口与藏品库区相通。窗地面积比不应小于1/6，室内光线应稳定、柔和。

9.4.2　防火与疏散设计

（1）博物馆内的藏品库房、陈列室及其他重要部分应看作一类建筑物对待，要求耐火等级不低于二级。

（2）藏品库区的防火分区面积，单层建筑不得大于1500m^2，多层建筑不得大于1000m^2，同一防火分区内的隔间面积不得大于500m^2。陈列区的防火分区面积不得大于2500m^2，同一防火分区内的隔间面积不得大于1000m^2。

（3）藏品库房、陈列室的隔墙应为非燃烧体。防火分区内的隔间应采用耐火极限不低于3h的隔墙和乙级防火门分隔。封闭式竖井的围护结构应采用非燃烧体及丙级防火门。

（4）藏品库区的电梯和安全疏散楼梯应设在每层藏品库房的总门之外，疏散楼梯宜采用封闭楼梯间。

（5）陈列室的外门应向外开启，不得设置门槛。

9.5　实例分析

9.5.1　鹿野苑石刻艺术博物馆（图9–55~图9–59）

设计师：刘家琨

基地面积：6670m^2

建筑面积：990m^2

建成时间：2002年

博物馆占地近百亩，位于四川郫县境内，由混凝土构筑而成，贯穿室内外的入口坡道直达二层，游客由坡道进入博物馆，穿过一个两层高的空间来到展室。二楼的展示空间环绕一个屋顶庭院，经由室外楼梯上

图9–55　鹿野苑石刻艺术博物馆局部透视图

图9–56　鹿野苑石刻艺术博物馆立面外观

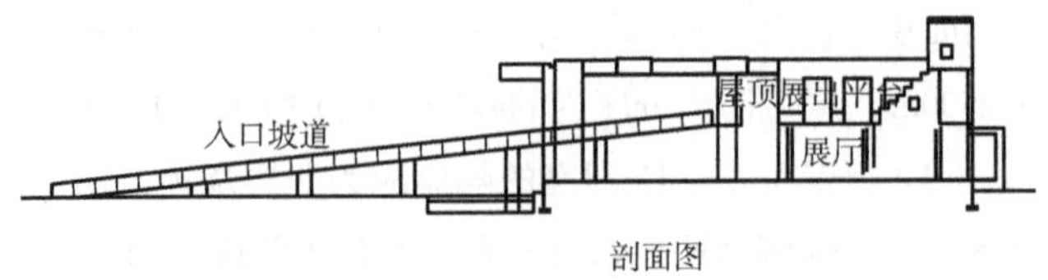

图9–57　鹿野苑石刻艺术博物馆剖面图

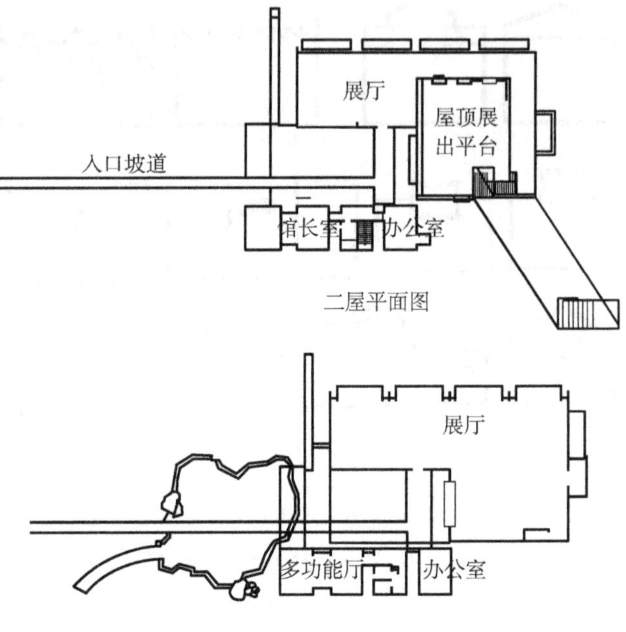

图9–58　鹿野苑石刻艺术博物馆一、二层平面图

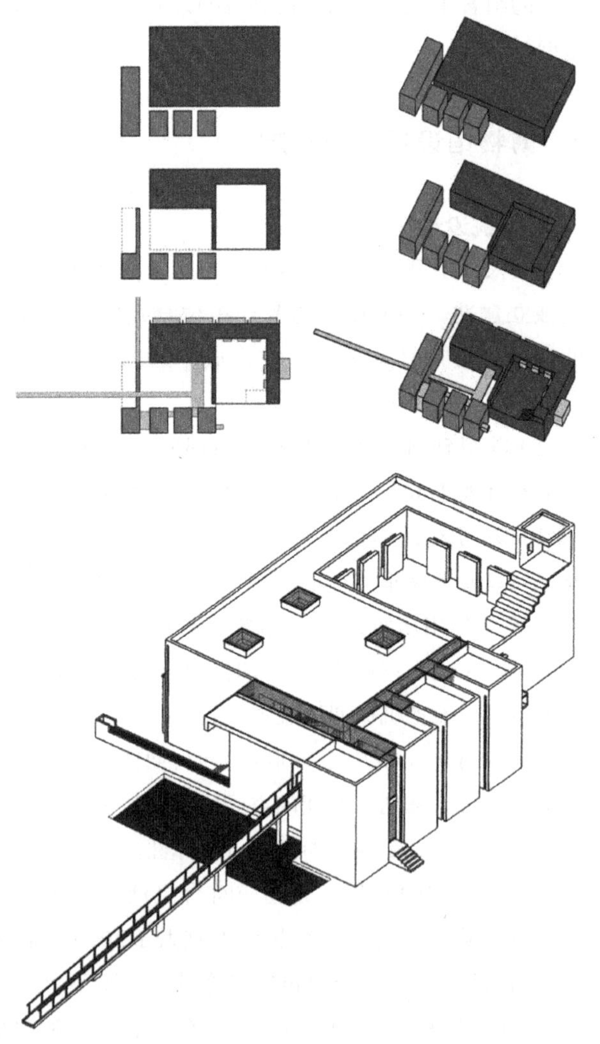

图9–59　鹿野苑石刻艺术博物馆形体组合及轴测图

至一个有顶的楼梯平台，为二楼的展示空间增添了吸引力，并为欣赏府河及四周区域景色提供了观景点。在一楼布置了更多的展室以及一个小型多功能厅和一个办公室。

博物馆室内使用了和外部相同的粗糙的混凝土墙，通过在建筑物的砖石体块的交接处插入通透的玻璃（以保护艺术品不受太多日光照射并强化虚与实、天与地之间的对比）增强这种效果。

9.5.2 加利西亚现代艺术中心（图9-60~9-63）

设计师：J.Falguer, Y.Stump, J.Sabuguriro

层数：地下1层，地上3层

建成时间：1993年

加利西亚现代艺术中心由两栋L形的楼房相组合，组合的中央成为三角空地。一层设有门厅、问询处、讲堂、企划及展览室，二层设有图书馆、研究部门、管理部门和常设展览室，屋顶设计为开放式阳台。地下层主要由收藏、维修部门和展览画廊组成。

图9-60 加利西亚现代艺术中心外观

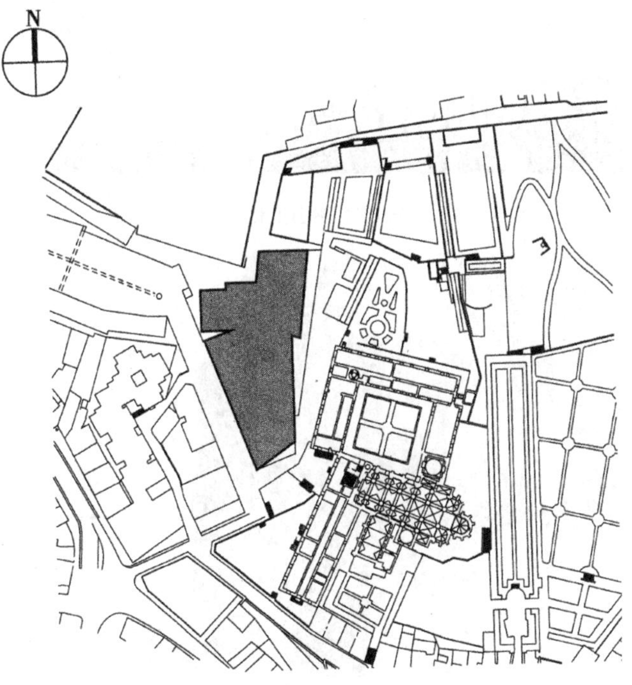

图9-61 加利西亚现代艺术中心总平面图

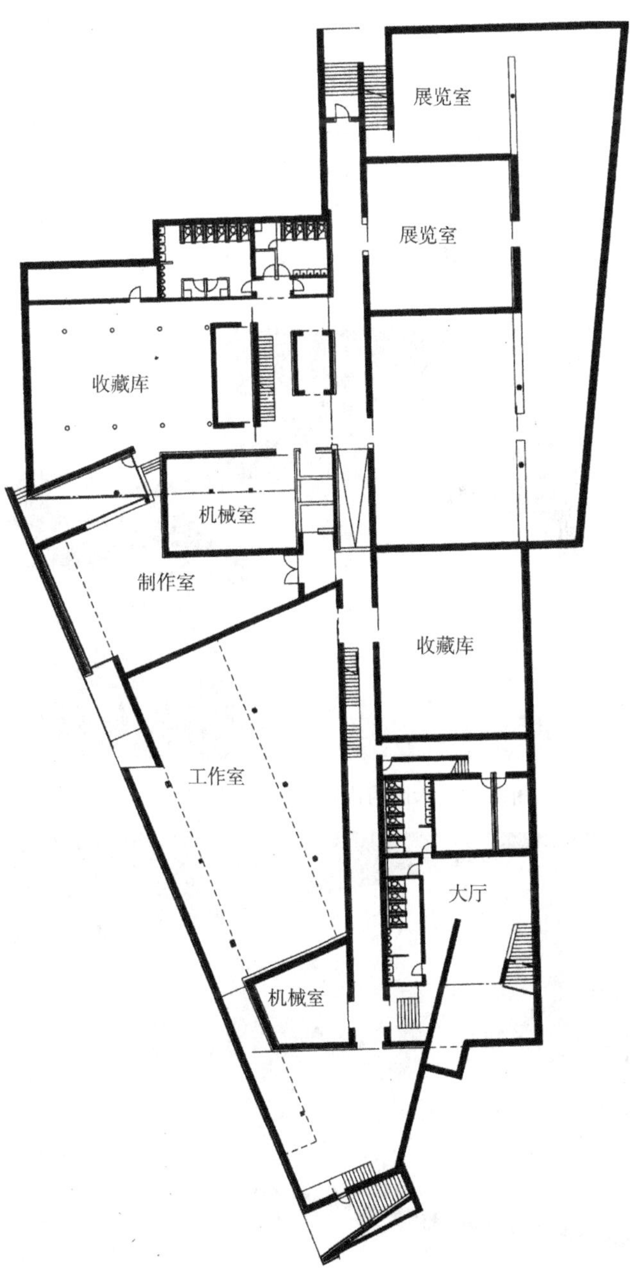

图9-62 加利西亚现代艺术中心地下层平面图

9.5.3 大阪府山狭山池博物馆（图9-64~图9-71）

设计师：安藤忠雄

建筑面积：4948m^2

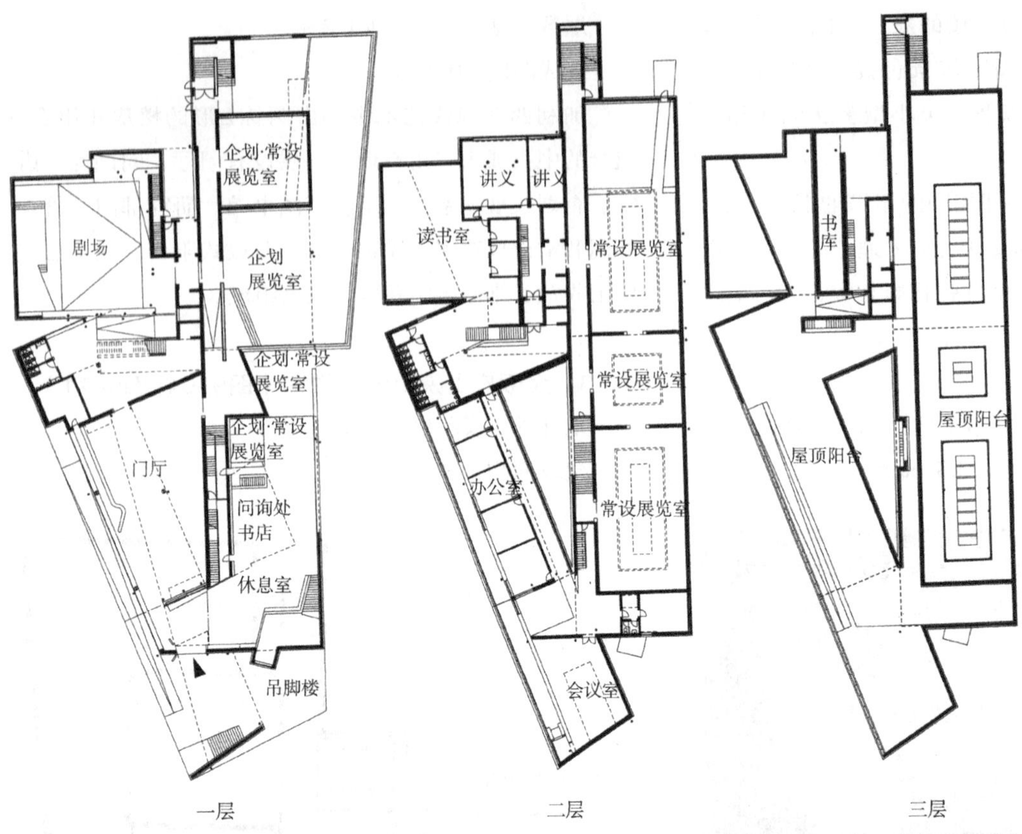

图9–63 加利西亚现代艺术中心各层平面图

图9–64 大阪府山狭山池博物馆外观（一）

图9–65 大阪府山狭山池博物馆外观（二）

图9–66 大阪府山狭山池博物馆水庭

图9–67 大阪府山狭山池博物馆内部展品

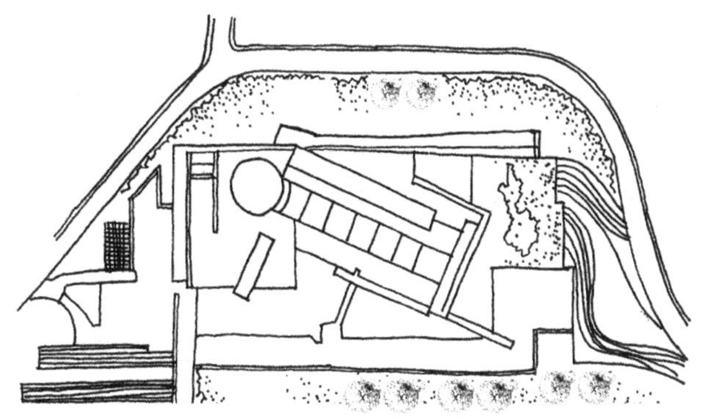

图9–68　大阪府山狭山池博物馆总平面图

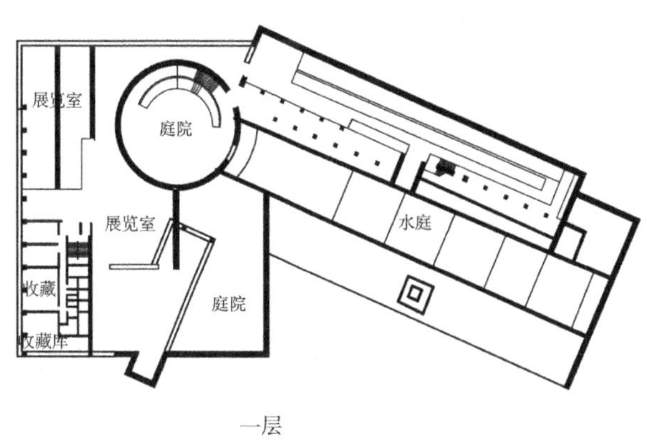

一层

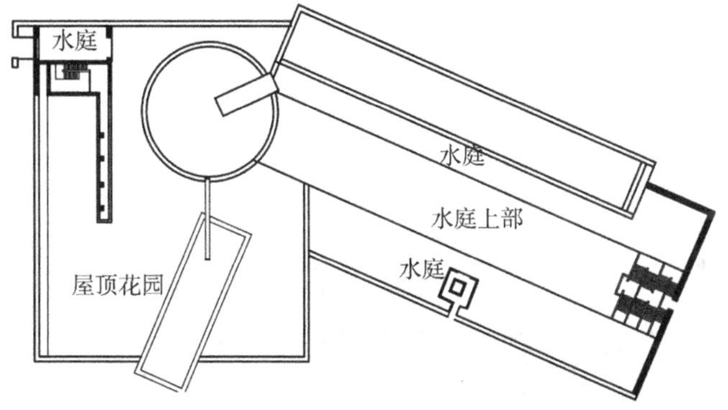

图9–69　大阪府山狭山池博物馆三层平面图

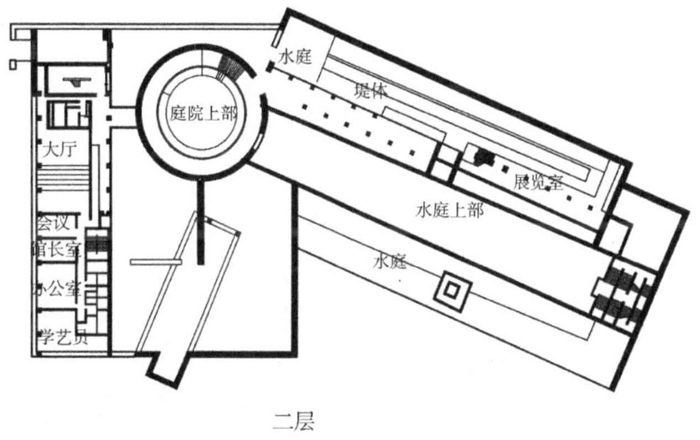

二层

图9–70　大阪府山狭山池博物馆一、二层平面图

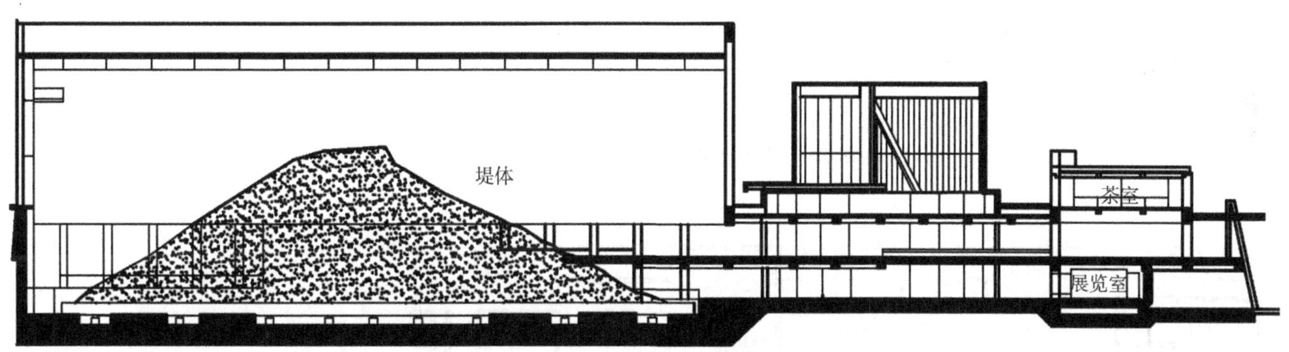

图9–71　大阪府山狭山池博物馆剖面图

层数：地上3层

建成时间：2001年

1993年，狭山池在进行治水工程时发现堤体上雕刻着日本从古至今的土木技术史，以遗址为中心，建立了该博物馆。大阪府山狭山池博物馆在规划之时，意在保留和重现狭山池地带的历史和风情，考虑让周围环境成为博物馆的建设场地。建筑从堤体呈缓坡连续下降15m的地方为建设用地。建筑内部设有中庭、水庭和圆形庭院，它们的比例与展览物尺寸相适应，形成一个动态的空间。

9.5.4　熊本县立美术馆（图9–72~图9–75）

设计：前川国男建筑设计事务所

建筑面积：6814m^2

层数：地下1层，地上2层

建成时间：1976年

博物馆建在熊本县二之丸公园的西端，为了不影响周边景观，建筑避开原有建筑结构，对立面和平面进行了考虑。

博物馆外观用嵌石器质瓷砖的墙面、混凝土、玻璃和耐候性的钢窗构成。除常设展示厅和展览会场外，还有在遗址发掘出的装饰，连接这些前厅和大厅面向公园，构成开放式空间。

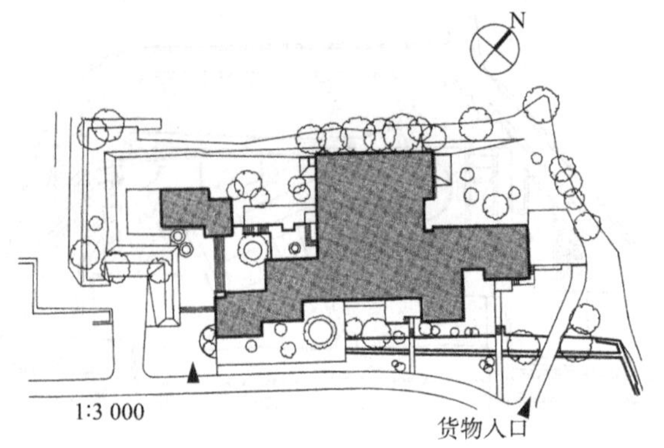

图9–72　熊本县立美术馆总平面图

9.6　参考书目及解读

9.6.1　理论类参考书

1）邹瑚莹. 博物馆建筑设计[M].北京：中国建筑工业出版社，2002.

本书在深入研究博物馆建筑的文化性、艺术性以及

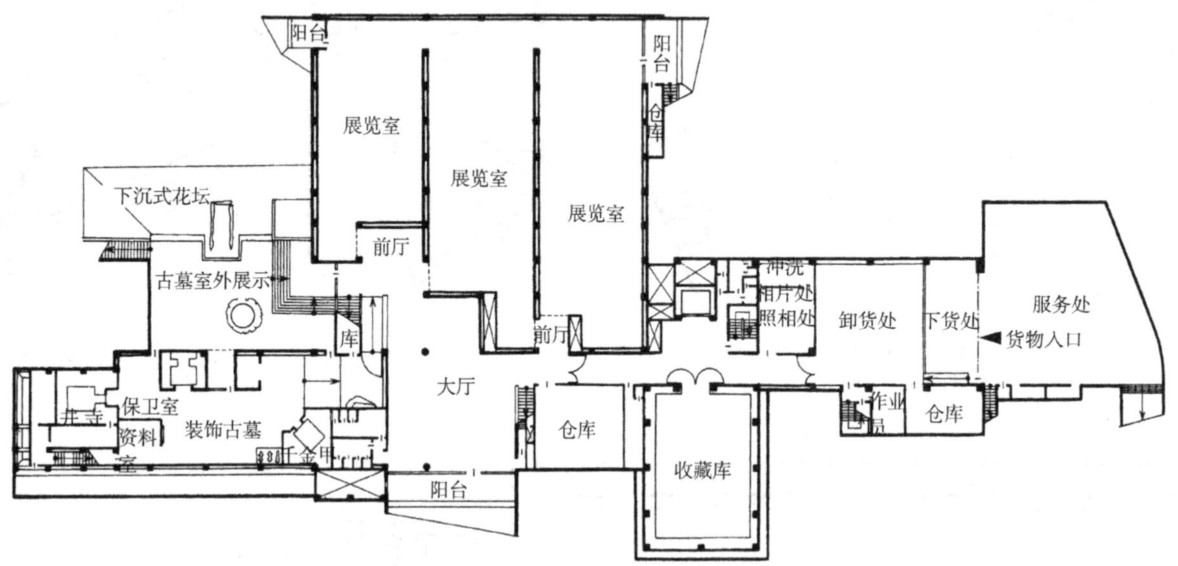

图9–73　熊本县立美术馆地下层平面图

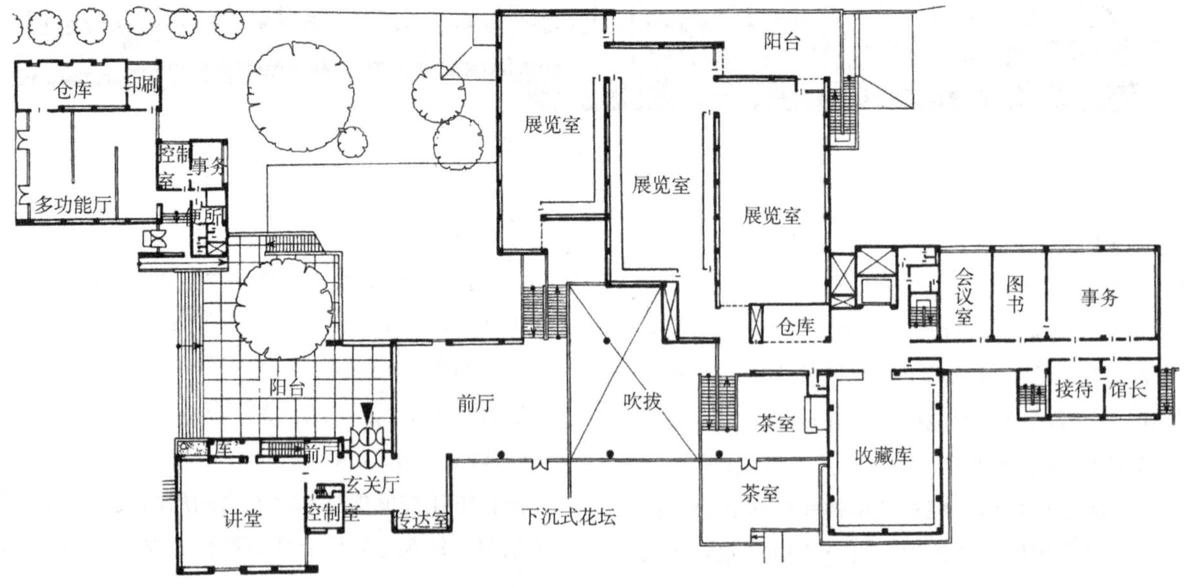

图9–74　熊本县立美术馆总平面图

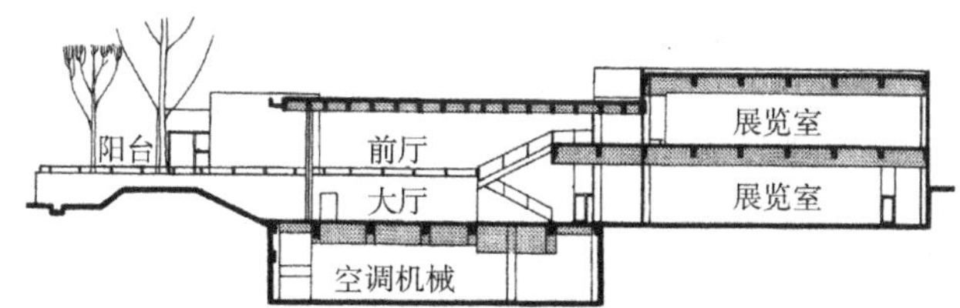

图9–75 熊本县立美术馆剖面图

功能要求的基础上，从博物馆建筑的特点出发，通过对国内外大量优秀博物馆设计实例的剖析，探讨设计博物馆建筑的方法。主要内容包括：博物馆的定义、职能与分类，博物馆建筑的选址、建筑设计创意与构思的途径，博物馆建筑的基本组成、功能与流线，博物馆建筑的总体布局、陈列区的平面设计、空间设计、光环境设计，博物馆的陈列展示、建筑造型设计、扩建设计及55个国内外经典实例。

2）（德）格鲁伯．21世纪博物馆：概念、项目、建筑[M].大连：大连理工大学出版社，2008.

本书选取了2000年到2010年26座面向未来的博物馆建筑，通过近距离观看26座建成的、设计好的博物馆建筑或目前在建的博物馆建筑方案，对当前的博物馆建筑进行了广泛的研究。每座博物馆建筑都以它独特的方式成为当今建筑潮流的一个标准。

3）（德）维多里奥·马尼亚戈·兰普尼亚尼．世界博物馆建筑[M].大连：辽宁科学技术出版社，2006.

《世界博物馆建筑》按照时间顺序介绍了过去十年中设计或建成的最重要最具表现力的艺术博物馆。详尽地描述了诺曼·福斯特设计的尼姆市卡里艺术中心，雷姆·库哈斯设计的卡尔斯鲁厄德国新媒体艺术中心，扎哈·哈迪德设计的辛辛那提当代艺术中心等建筑，并配以实际建筑草图、模型和照片。

4）建筑快速设计：博物馆[M].武汉：华中科技大学出版社，2008.

本书精心挑选了建筑大师经典的博物馆设计作品，并对每一个范例逐一分析，展现了建筑大师的创作才能与独特视角，为建筑师或建筑院校的师生提供详尽的建筑快速设计的依据和参考，供读者理出自己的设计思路和想法。

9.6.2 规范类参考书

1）《博物馆建筑设计规范》（JGJ 66—91）

《博物馆建筑设计规范》（JGJ 66—91）由华东建筑设计院主编，中国历史博物馆、上海博物馆等单位参加共同编制的，《博物馆建筑设计规范》编制组按章、节、条顺序编制了本规范的条文说明，供国内使用者参考。

2）建筑设计资料集4（第二版）．北京：中国建筑工业出版社．

新编《建筑设计资料集》（第二版）是在原版的基础上，按照总类、民用建筑、工业建筑和建筑构造四大部分进行修订的，第1、2集为总类，第3、4、5、6、7集为民用及工业建筑，后续为建筑构造。编写体例仍以图、表为主，辅以简要的文字。本集为第4集。

9.6.3 其他类参考书

1）（美）马斯汀．新博物馆理论与实践导论[M].南京：江苏美术出版社，2008.

《新博物馆理论与实践导论》一书共收录了12篇论文，集中研究各种博物馆实践的理念与主张。各篇论文的作者包括世界各地的博物馆馆长、档案学家、学者、教师和收藏家，研究对象包括泰德博物馆、史密森尼博物馆、体验音乐计划等众多著名博物馆，从各个层次进行博物馆研究，范围涉及该领域各个热门话题。

2）（美）卡里尔．博物馆怀疑论－公共美术馆中的艺术展览史[M].南京：江苏美术出版社，2009.

本书为“西方当代视觉文化艺术精品译丛”中的一本。作者在及时传达当代国际上有关艺术博物馆研究的最新思想的同时，也展开了自己视野广阔而又催人深思的理论探索，既深入讨论了大型的博物馆（如巴黎的卢佛尔宫博物馆，纽约的大都会艺术博物馆），也精湛分析了私人的收藏馆（如波士顿的伊莎贝拉·斯图加特·加德纳博物馆，加州的盖蒂博物馆），为人们进一步思考当代艺术博物馆或美术馆提供了灼人的启示力。

3）徐晓红．绿色博物馆建筑的探索：上海自然博物馆新馆节能技术研究为例[M].上海：上海人民出版社，2010.

本书以科学发展观为指导，探索建筑领域的生态节能技术，以具体的研究与实践。发展节能与绿色建筑，探索解决建设行业高投入、高消耗、低效益的根本途径。《绿色博物馆建筑的探索：上海自然博物馆新馆节能技术研究为例》通过系统研究国内外最新绿色建筑的理论、案例，得出了切合上海自然博物馆项目的技术措施，同时为长江三角洲地区同类型的建筑的建设提供了示范性的参考样板，以减少同类建设的研究成本，节约社会资源。

4）齐玫. 博物馆陈列展览内容策划与实施[M]. 北京：文物出版社，2009.

这是一部论述博物馆陈列展览内容设计与实施的专业书籍，全面、系统、专业、理论联系实际地阐述了博物馆陈列展览内容不同阶段运作的过程，总结、梳理、诠释出博物馆陈列展览内容设计的精髓、程序、规范、要求以及具体的操作过程，可以作为一部进行博物馆陈列展览内容设计与实施的专业参考书，特别是对不了解博物馆陈列展览内容设计与实施的单位及个人，具有实际的指导意义。

图片来源：

[1] 图9-1 http://www.yuanlin168.com
[2] 图9-2 http://www.4aadd.com
[3] 图9-3 http://villa.sh.soufun.com/
[4] 图9-4 http://www.520dn.com
[5] 图9-5 http://www.4963.com.cn
[6] 图9-6 http://blog.csdn.net
[7] 图9-7 http://www.5de.org
[8] 图9-8 http://www.ccots.com.cn/
[9] 图9-9 http://www.motoyes.ne
[10] 图9-10 http://www.ccots.com.cn/
[11] 图9-11 http://www.dawuhan.com
[12] 图9-12 http://image.baidu.com
[13] 图9-13 http://www.jslysx.net
[14] 图9-14 http://www.jslysx.net
[15] 图9-15 http://info.js578.com
[16] 图9-16 http://blog.xcj.cc
[17] 图9-17 http://travel.poco.cn
[18] 图9-18 http://www.hxsd.com
[19] 图9-19 http://photo.zhulong.com
[20] 图9-20、图9-21 http://www.eamtd.com
[21] 图9-22 http://www.uoko.com
[22] 图9-23 http://info.js0573.com
[23] 图9-24 http://blog.xcj.cc
[24] 图9-25 http://travel.newssc.org
[25] 图9-26 http://www.jslysx.net
[26] 图9-27 http://travel.poco.cn
[27] 图9-28 http://www.99265.com
[28] 图9-29 http://www.visitbeijing.com.cn
[29] 图9-30 http://www.fjwh.gov.cn
[30] 图9-31 http://www.5151hotel.com/
[31] 图9-32、图9-33、图9-34、图9-35、图9-36、图9-40、图9-41、图9-42、图9-43. 邹瑚莹. 博物馆建筑设计. 北京：中国建筑工业出版社，2002.
[32] 图9-37、图9-38、图9-39、图9-45、图9-46、图9-47 建筑设计资料集（第二版）. 北京：中国建筑工业出版社，1994.
[33] 图9-60至9-64建筑设计资料集（第二版）. 北京：中国建筑工业出版社，1994.
[34] 图9-65至9-75建筑设计资料集（第二版）. 北京：中国建筑工业出版社，1994.

第10章　综合设计能力训练
——综合医院设计

10.1　医院建筑设计概述

10.1.1　医院建筑发展概述

医院建筑历史发展悠久。纵观历史，医院建筑长期以来在其存在的过程中多依赖于宗教建筑，并借医传教。工业革命之后，以西方理性主义为出发点的精确定量分析方法成为了现代医学的主流，在病理解剖学基础之上发展了现代物理学的医学检验法。20世纪之后，现代医学逐渐将其他自然科学的成果应用于诊断之中，并在治疗过程中对医院建筑提出了系统的要求，促使医院建筑设计理念及方法逐渐发展为一种独立的设计体系。[1]

中国的医院建筑也正经历着经济体制、医学模式和技术革命的三大变革。这三大变革对医院的价值观念、功能结构、空间形态方面产生了重要影响。在规模增长上，从20世纪50年代到80年代，我国居民的医院床位指标从0.147床/千人增至1.94床/千人，到20世纪末已达到3床/千人的水平，趋势逐渐平稳。从21世纪开始，我国医院建设的重点也从“粗放型”的规模建设转向进入“集约化”的建设时期。在开发战略上，自改革开放以来，我国很多城市医院利用自身专业和区位优势，采取沿边开发战略，建立起了医疗与产业共生的复合型医院。处于城市黄金地段的医院调整自身布局，使得医商互利、两全其美；位于郊区的医院也在因势利导，开发农林经济，在改善生态的同时也美化了医院环境。在建筑形式上，面对用地紧张及床均用地大幅度下降的现实问题，我国医院的建筑层数从过去低层及多层逐渐向高层发展。为降低医疗成本，发挥品牌和规模效应，一些小型医院逐渐被大型医院所兼并，经历着小型分散向大型集中的转变，建筑的体积和规模在不断增大。同时，随着医疗设施和医疗技术的不断完善，医院向家庭回归以及医疗环境的人性复归也成为新的发展趋向。[2]

10.1.2　医院建筑特点和设计要求

医院建筑见证着人类繁衍、生存、发展及生命结束的过程，它作为人类的一种工作与生活的特殊环境，在设计中比其他民用建筑更具有复杂性、专业性及特殊性。从当前条件来看，要建立一所现代医院建筑，需要先进的服务理念、设施装备、医疗技术、管理水平及环境保护，同时还应当具备一些设计要求：

1）人性化与艺术性的设计以适应人类社会需求

现代综合医学模式要求医院的建筑设计必须将人性化设计贯穿于设计过程的始终。建筑设计需要以病人为中心，同时还应考虑医护人员的身心健康，为病人和医护人员创造一个良好的就诊及工作环境。同时，医院环境对于艺术性的追求，也将进一步满足医院使用者的社会需求。

2）医院功能要求满足现代医院发展模式

现代医院总体质量的改善不仅来自于医院功能的不断完善，同时新的医学模式也使医院管理体系、医疗体系及建设体系发生改变。医院管理的创新，医疗质量管理的系统化、规范化，医院经营管理的低耗、高效都对医院建筑提出了新的要求。

3）绿色生态建筑以适应人类生存需要

绿色生态建筑是未来建筑发展的必然趋向，现代医院建筑应以能源、环境、材料、技术等为设计目标和原则，符合绿色建筑体系的要求，从而适应可持续发展战略及人类生存和发展的需要。

4）智能化与信息化建筑以适应医院科技发展

办公自动化、信息处理便捷化及医疗设备智能化是未来医疗建筑发展的必然趋势，智能化及信息化的医疗建筑有助于提高医护人员工作效率、减少病人治疗时间并增强医疗效果。同时，医院建筑也是最适宜实现智能化及信息化的建筑类型之一。

10.1.3 综合医院建筑概念及分类

1）综合医院概念

凡城镇以上医院，同时具备下列条件者为综合医院：

（1）应设置包括大内科、大外科、妇产科、儿科、五官科等三科以上病科。

（2）应设置门诊部及24小时服务的急诊部和住院部。

（3）病房的设置应当符合《综合医院建筑设计规范》的要求。

2）分类及用地

我国采用的是“三级医疗网”医疗体制，按照（图10–1）分类，综合医院包括的应当是乡卫生院、街道医院以上的二级与三级医院。

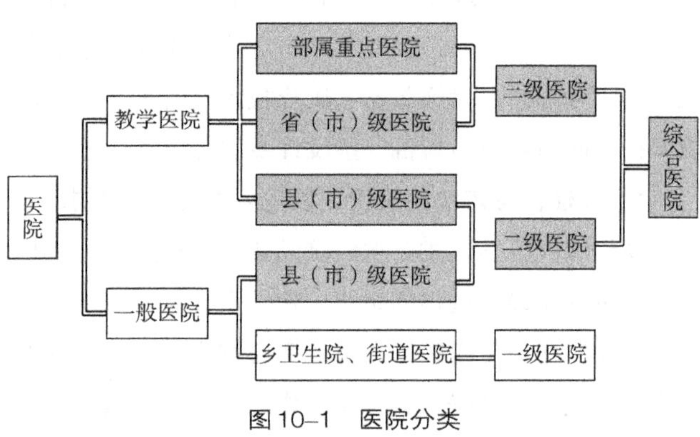

图10–1 医院分类

在用地上，根据国家卫生部2008年修订的《综合医院建设标准》，综合医院的建设用地，包括急诊部、门诊部、住院部、医技科室、保障系统、行政管理和院内生活用房这七项设施的建设用地、道路用地、绿化用地、堆晒用地（用于燃煤堆放与洗涤物品的晾晒）和医疗废物与日产垃圾的存放、处置用地。床均建设用地指标应符合（表10–1）的规定。当规定的指标确实不能满足需要时，可按不超过11m²/床的指标增加用地面积，用于预防保健、单列项目用房的建设和医院的发展用地。

综合医院建设用地指标　　表10–1

综合医院建设用地指标（m²/床）：					
建设规模	200~300床	400~500床	600~700床	800~900床	1000床
用地指标	117	115	113	111	109

10.1.4 学习医院建筑设计的意义

医院设计是一种专业的门类建筑，也是一个流程复杂的系统工程。从内容到形式，从流线到技术，从建筑到场地，将专业知识的学习提高到一个新的层次，也对同学的综合设计能力提出了更高的要求。在高年级的课程设计中安排综合医院建筑设计，是为了强调综合与创造能力，培养同学对建筑的整体把握能力，能够全面地考虑功能、流线、造型、结构、技术及场地、环境等相关问题，同时还培养建立城市设计的概念，学会跳脱出狭窄的思维方式，从新的角度认识建筑设计。

综合医院按照规模具有多重分类，本次教学任务以中小型综合医院（200床左右）作为设计对象，旨在学习医疗类建筑设计方法的同时，能够培养更综合的学习能力。

10.2 医院选址与总图设计

10.2.1 医院选址原则

综合医院的选址要以当地城镇规划、区域卫生规划和环保评估的要求为指导，同时新建医院的选址还需要考虑如下条件：

1）交通方便

对于服务半径较大的县及县级以上的医院来说，交通是选址需要考虑的首要条件。其选址应适当邻近城市道路，位置比较适中，便于居民的就近医疗，同时也要避开繁忙的交通枢纽地带。

2）环境安静

医院应当远离噪声源、震动源，避开闹市区、车站、空港、靶场、屠宰场等地。应有良好的空气质量、绿化植被条件，远离污染场地。场地应当有利于排水，地下水位较低，利于采光通风。同时，注意避免医院本身的污水排放和放射物质对于周边环境的影响。

3）接近管线

最好能就近利用城市公用设施，有充足的清洁用水源，有充沛的供电、供水、供气和电信线路，能够两路供电、供水则更为理想，能方便利用城市下水道系统。

4）用地完整

有较大的缓坡或台地，长宽比例适当，一般不宜超过5∶3，以利于布置，同时可预留规划用地，有安排发展用地和生活区用地的可能性。

5）注意发展

要特别关注未来城市、道路交通的发展规划对于医院产生的正面或负面影响，以便在设计规划中加以考虑并采取对策。[3]

10.2.2　总图功能分区

医院的功能分区主要是针对绝大多数非“一栋式”医院而言的，它将医院构成中，性质相近的建筑成组配置，并依据整体功能关系形成医院的有机整体。一般可分为下面几个区域（图10–2）：

1）普通医疗区

门诊、医技、住院所形成的医院主体，是医院各大组成部分的核心，应布置在相对平坦，日照、景观条件较好的部位，同时也要兼顾工程地质等方面的条件。

2）感染医疗区

主要是传染病房、放射性同位素治疗用房等，应布置在医疗区和职工生活区的下风向，并有一定间距。

3）清洁服务区

包括住院医生宿舍、职工食堂、幼儿园、营养厨房等，一般介于医疗区与职工生活区之间，便于双向服务，职工上下班可顺道接送幼儿，就餐取食。营养厨房应接近住院部，必要时可设置于住院楼内。

4）污染服务区

包括洗衣、锅炉、冷冻机房、动物饲养、太平间等，应在用地边远地带。其中锅炉房应接近营养厨房和职工食堂；冷冻机房应接近负荷中心，一般设于住院楼的地下层。

5）职工宿舍区

贴邻清洁服务区布置，有单独出入口对外，以免对医疗区造成干扰。家属宿舍区一般不设在医院内部，若离医院过远、过散，院内必须设置大片工作人员停车场。为了有利于医疗抢救，职工宿舍以毗邻医院设置为好。

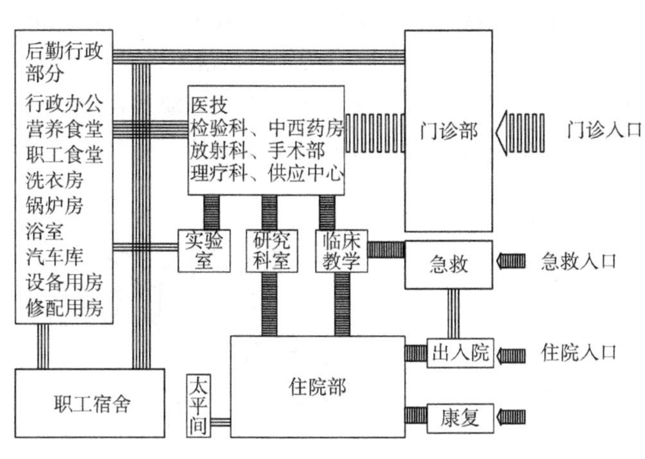

图10–2　医院功能关系示意

10.2.3　总图流线组织

1）外部出入口设置

外部出入口是设在院区围墙上的与城市道路衔接的出入口，出入口的设置原则是，在洁污分流的前提下要便于管理。

（1）主要出入口——供门诊、急诊病人入院，探视和医护工作人员出入的主要出入口，位置明显，常设于城市主要道路上。

（2）供应出入口——供医疗器械、食物、药物、燃料出入的货运出入口，最好布置在次要道路上，如与主要出入口在同一道路布置时，则应拉开两者间的距离，以免混淆。

（3）污物尸体出口——主要指尸体和废弃物的出口，由次要道路运出，该出口应远离医疗区与生活区，最好邻近太平间后院，直接开门对外，垃圾车也由此进出，该处平时上锁，专人管理。

（4）传染病房出入口——传染病房床位在25床以上时，宜单独设置出入口。为便于集中管理，传染门诊也可与住院部合设共用出入口。

2）外部流线组织

外部流线组织主要在于洁与污、传染与非传染人员、器物的运输线路加以区分。

（1）传染与非传染分开

传染门诊、传染病房在总平面上需要单独布置，从宏观上将传染与非传染加以分离，以简化普通医院的流线处理，限定传染病患者的活动范围。

（2）洁净与非洁净分开

两种流线不产生交叉干扰，而是各行其道，单向运作。

- 洁衣污衣——主要应注意，住院部污物电梯出口要设于住院楼主入口的背面一侧，经专用道路送至洗衣间的接收入口，洗净后由洗衣发送口经另一条路线由主入口送入。
- 营养厨房餐车——可与洁衣共用同一运送路线，其他非污染供应品也可用此路线运送，但仍应遵循洁污分流的原则。
- 垃圾尸体——由病房楼经污物电梯，急诊、手术部经辅助楼梯循污衣运行路线送往焚烧炉或太平间。

• 人流线与污物、尸体运送路线应绝对分开，必要时可采用地下通道的方式来解决污物、尸体的运送分流问题。

• 探视流线——应以最短捷的路线直达出入院或住院楼出入口，不应穿越门诊或其他科室，应设置门卫，以便管理。

（3）住院与门诊病人分开

住院部病人需要维持安静及正常秩序，对于非探视时间的外来人员应进行严格控制。因此，门诊病人的活动范围应与住院病人加以分隔，防止对住院部的干扰。

（4）过境流线避免穿越庭园

洁污过境流线都不允许穿越住院和门诊的庭园绿化区，以保证其完整性，也使病人活动不受到干扰。

10.3 医院建筑组合及布局形态

10.3.1 医院建筑配置原则

综合医院各部分单体的相互配置要注重集中紧凑，避免凌乱和松散。其目的是为了留出足够的绿地及扩建预留地，为将来可持续发展创造条件。

（1）以门诊、医技、住院为主体并加以综合，将行政办公、单身宿舍、中心供应、制剂、总务库房、变配电、空调设备用房等加以归并，利用主体建筑的地下层、顶上层或附设于其他楼层等方式，增加主体建筑层数，缩减其基地面积。

（2）一些大型、特殊医疗设施，如加速器、氧舱、核磁共振、同位素等，采取一定措施后也大都可以设于医技楼地下层或底层，营养厨房也可附设于住院部顶层或半地下层，减少建筑栋数，简化流线。

（3）利用基地的某些突出部位，布置传染、太平间等间距要求大的建筑，并充分利用街道、水面等的自然间隔来满足间距要求。

（4）职工厨房、餐厅、管理用房、洗衣房、车库、动物房等也应设法分类组合合并，提高层数，节约基地。

10.3.2 医院建筑间距要求

医院建筑的间距要求主要指的是栋与栋之间的间距，其设计应满足如下要求：

（1）住院楼因病人平均住院期一般在15日左右，有的更长，一般应以日照间距确定其与相邻建筑的距离。

（2）医技楼内放射室要遮光，检验室防直射光，手术室靠无影灯，且大都需要空调，平面多采取板块式布置，除与住院楼相邻一面应考虑病房日照间距外.其余按防火间距即可。

（3）门诊楼，病人在此停留时间最多两小时，可采用自然采光通风，其与医技楼的间距按防火要求确定即可。

（4）一般传染病房与非传染病房之间最好有30m以上的心理距离，尤应注意与住院和厨房之间的间距。

（5）太平间与病房、厨房、食堂之间应有50m以上的心理距离，其他如锅炉、动物、洗衣等服务用房与医疗用房之间应有20m以上的间距。

10.3.3 医院总平面布局形态

医院建筑布局形态依据不同的自然及社会条件会有所差异，包括医院的门诊、医技、住院及后勤供应、管理部门多者之间的构成关系。它们在总平面上的形态类型大致区分如下[4]：

1）分散式

即将门诊、医技、住院、后勤供应和管理等用房按照使用性质分为若干栋独立的建筑，如住院部又分为内科楼、外科楼、妇产科楼，医技部又分为影像楼、手术楼、检验楼等（图10–3）。

这种组合形式具有良好的通风采光效果，也可防止交叉感染，便于分期建造。但是各部分的联系不够紧密，病人医疗路线过长，占地面积较大。

分散式建筑组合适用于技术水平较低、不能有效防止疾病传播的医院，特别适合于传染病、精神病和儿科等类型的医院。

2）集中式

即将门诊、医技、住院及一些后勤供应用房集中在一幢楼里，此楼可以由主楼及裙房组成。此种形式的优点是节约用地，各个部门功能关系紧凑，联系方便，减少能耗，同时建筑整体形象突出。但缺点在于，内部流线较难处理，容易造成交叉和干扰，并且不利于

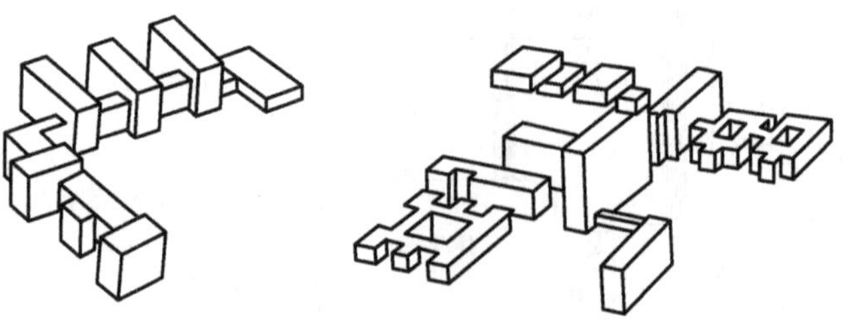

图10–3 分散式布局形式

分期建设。

集中式组合形式过去常用于乡镇或规模更小的医院。目前，随着城市用地的紧张，建筑技术水平的提高，很多城市大中型医院采用高层和裙房结合的集中式布局（图10–4）。

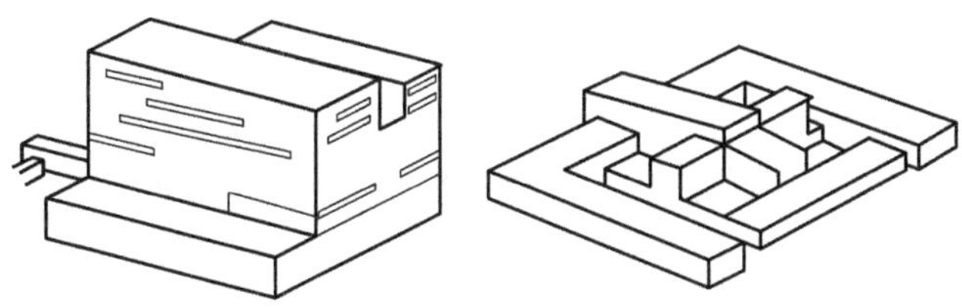

图10–4　集中式布局形式

3）混合式

即将医疗区的门诊、医技、住院分插于交通枢纽或连接体处，形成有分有合的整体，各部分既联系方便，又能根据不同的功能有相对的独立性，出入口易分开设置，有利于隔离，环境安静，也利于分期建设。

混合式也常以行列式、枝状式来组合，并可根据基本形式做出变通，此种布局形式在我国综合医院中较常采用（图10–5）。

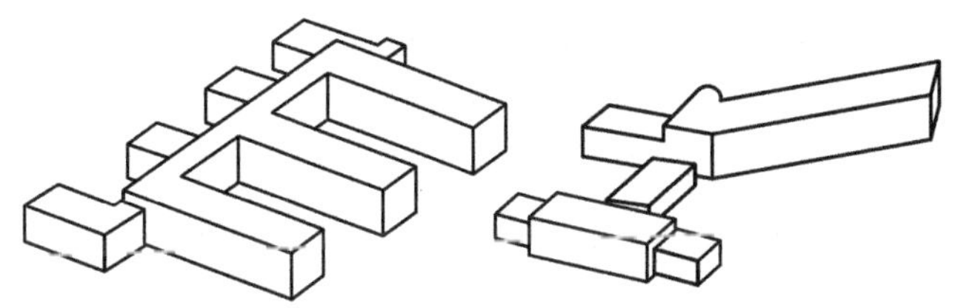

前后行列式　　行列式稍作修改避免阳光遮挡

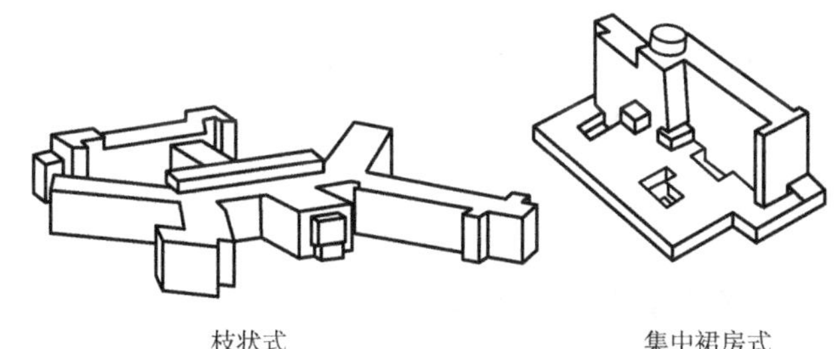

枝状式　　集中裙房式

图10–5　混合式布局形式

10.4　综合医院门诊部设计

10.4.1　规模组成与设计原则

1）规模组成

（1）门诊部的规模组成取决于居民服务地区的居民数与每千居民就诊次数的调查资料，以平均每日接诊人次来表示。其中服务地区的居民数，应根据当地医疗卫生网的设置及城市规划部门的统计资料为依据。

（2）医院的病床数与门诊次数应当有一定比例，根据建设部、卫生部1993年的《综合医院建筑标准》报批文件，床位数与门诊人次之比为1∶3，对于独立门诊部，可不考虑此因素。一般综合医院的门诊部按每一门诊人次平均4~5m^{2}确定其建筑面积。

（3）门诊部的组成可概括为三类用房：

• 公共部分：包括门厅、挂号、收费、取药、门诊办公、综合大厅，非医疗服务设施包括小卖店、咖啡店、礼品店等，还有教学医院的示教室、研究室等。

• 各科诊室及急诊室。各科诊室包括内科、外科、儿科、妇科、五官科、口腔科、皮肤科、中医科等科室，每个科室又由相应的若干个诊室，候诊室，办公、治疗、检查用房组成，各个科室的大小依据门诊人次的多少来决定。

• 医技科室：包括药房、门诊手术、门诊化验、X光、机能诊断、注射、理疗、核医学等（图10–6）。

2）设计原则

（1）门诊部各类病人的人流量大并且携带病菌，为了避免各种病菌的交叉感染，除了设置主要出入口外，还应当分设若干单独出入口。

• 门诊部主要出入口：为内科、外科、五官科、中医科病人及行政办公人员专用。

• 儿科出入口：儿科患儿抵抗力弱，并有季节性传染病的侵袭，故宜设置单独的出入口、门厅、预检处及隔离诊室。

• 产科、计划生育科出入口：为产妇与人工流产者

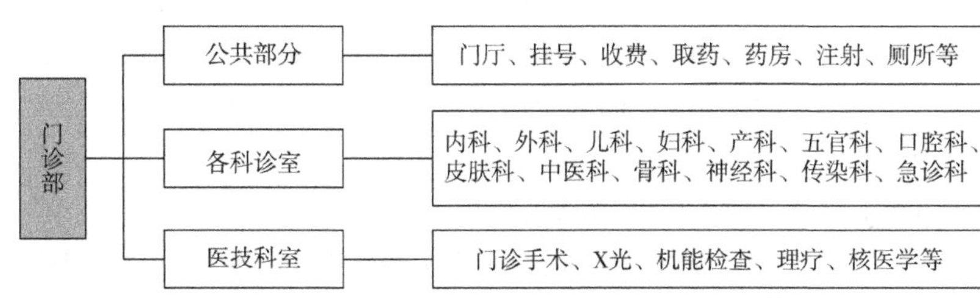

图10–6　门诊部房间组成

（一般为健康者）设置单独出入口。小型医院可与主要出入口合用。

• 急诊出入口：急救病人属于危重患者，需要紧急处理，并24小时昼夜服务，故宜自成系统，并设置单独出入口。

• 结核科出入口：尽可能与其他科室隔离。

（2）门诊部大部分科室宜设置在一、二层，少数科室如理疗、五官科、皮肤科可适当设置在三、四层。

（3）门诊、急诊入口处必须有机动车停靠的平台及雨篷，坡道坡度不大于1/10，兼无障碍坡道坡度不大于1/12。

（4）门诊各个科室的位置应当从门厅开始设置导向图标。

（5）门诊、急诊各用房应充分利用自然采光条件，诊室窗户不宜用茶色玻璃，人工照明应有利于对病人的诊断。

10.4.2 门诊部程序及流线设计

1）门诊部就诊程序（图10–7）

（1）分诊

现代医院门诊分科很细，对初诊病人进行分诊，根据情况指明应去科室，可提高挂号就诊的准确率。一种方式是由经验丰富的医生或护士长在门诊问讯或挂号处作初诊病人的就诊咨询，另一种方式是用多媒体电脑作病情查询。

（2）挂号

挂号分集中挂号、分科挂号、自动挂号几种形式。目前大部分医院在挂号处集中挂号，初诊与复诊分设不同窗口挂号，并且传染科、儿科、急诊独立设置收费挂号室。

随着医院建筑不断地信息化及网络化，患者可先在大厅导医台填写就诊单，然后在结账窗口预存金额，输入电脑后建立病人的个人档案，并发给就诊卡和门诊病例，病人可凭此去就诊。在挂号时就只需刷卡，节约了等候时间。

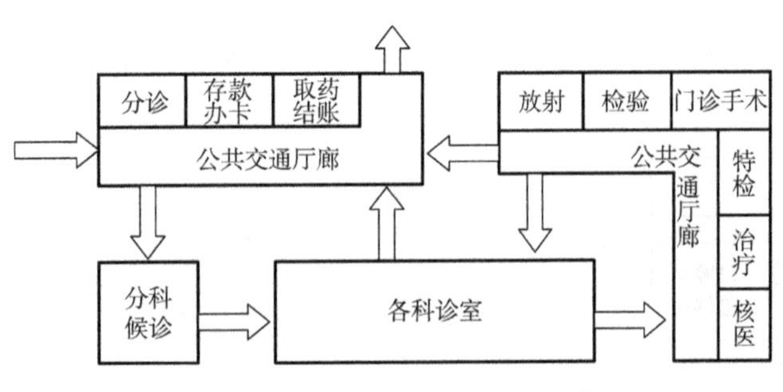

图10–7 普通门诊就诊程序图表

（3）候诊

病人挂号后分别到各科候诊室候诊，值班护士在核对病历、简单了解病情后作诊前准备，如测体温、量血压等。有的可开化验单，利用候诊时间进行常规检查。除了在分科候诊厅集中候诊外，对于门诊人次很多的科室还在诊室外面内廊组织二次候诊。

（4）就诊

门诊护士依照顺序把病人分配到各诊室就诊，医生对病人进行检查，提出治疗意见。如诊断存有疑问要请上级医生或相关科室医生进行会诊，或者特殊检查，根据检查结果再开处方。

（5）医技检治

门诊病人检查可在就诊前作常规检查，就诊后根据医生意见需要作特殊检查者，查完后可持结果再回诊室就诊。现行程序中，每次检查、治疗、取药前都需要计价收费，在一些网络系统完善的医院可以通过网络自动挂号、传递、估价、收费等，减轻了窗口工作量。

（6）终结离院

离院过程可能分三种情况：

• 交费取药——拿着医生处方经门诊大厅划价、交费后取药离院，或取药注射后离院。

• 观察——少数病人需在观察室观察后离院，待观察清楚之后，需住院者办理入院手续住院治疗。

• 取药结账——实行网络化管理的医院，医生直接在电脑上开处方，同时药剂部依据网络配药开始，药费也自动从卡上扣除。取药后病人到结账处结账，取得门诊收据。

2）门诊部流线组织

（1）三级分流模式

• 广场分流——对于需单独设置出入口的传染、急诊、儿科、保健等科室应在门诊广场与普通病人分流，然后分别进入各专用出入口。

• 大厅分流——各科普通病人经门诊综合大厅分流，进入各科候诊厅。门诊大厅要做好水平交通和垂直交通设计，便于病人找到就诊科室，避免流线紊乱。

• 候诊厅分流——同一科室的病人经候诊厅分流，把将要就诊的部分病人依次引入二次候诊和诊室就诊，以保证流程秩序。

（2）平均距离最短原则

应注意防止门诊人次多的科室长距离地流动。门诊量大的内科、外科、儿科、妇产科、中医科的位置要紧贴地面层，紧靠门诊大厅布置。同时平面布局要紧凑，缩短由门诊大厅到各个候诊厅的距离。

（3）科室专属领域原则

每个主要门诊科室要尽量保持独立尽端，不允许其他科室用房及公共领域介入，防止串科现象，以保持正常的门诊秩序。

（4）合理安排房间

各个房间的安排要与门诊流程协调一致，互有联系的科室要相邻布置，便于组成专科、专病中心，利于会诊，减少病人流线往返。

（5）流线设计高明度、低密度原则

所谓“高明度”是指交通流线，空间组织要简明易找，视线通畅，易于识别。所谓“低密度”，是指在同一时空的人流集聚量要明显低于计算允许量，使空间感觉舒适宽松，除前述的时空分流外，设计中必须保证必要而充裕的空间量。

（6）特殊流线处理

一是外宾、高干需在特优诊室就诊，各有关科室适时派医生前往；二是残疾人门诊，均应从地面层进入，可与普通门诊人流合用，但要考虑电梯可直到楼层及科室。

10.4.3 门诊部功能组合设计

目前门诊部的各部分功能组合有以下常见的几种方式（图10–8）：

1）厅式组合

将挂号、收费、化验、取药等合设在一个完整的大厅内，现在多为贯通三、四层的中庭式综合大厅，公用部门和各门诊专科的入口环大厅周边布置，既集中在统一大空间内，又分散在视线所及的不同位置和楼层，科室分布一目了然，空间开朗。较大型的医院还在此基础上发展了厅式指状平面模式。

2）街巷式

西方也称为医院街，即门诊综合大厅与各个科室候诊厅之间用“街”来联系，各个科室的内部通道为“巷”，拓宽可用于二次候诊区域，“巷”的两侧布置各科室房间，可以形成若干尽端门诊科室。

3）庭廊式[5]

由围绕庭园或中庭的通道来联系各个门诊科室。“庭”的周围布置各公共设施，每个尽端部分再布置门诊科室。特点是“庭”的视野开阔，病人易寻找到就诊

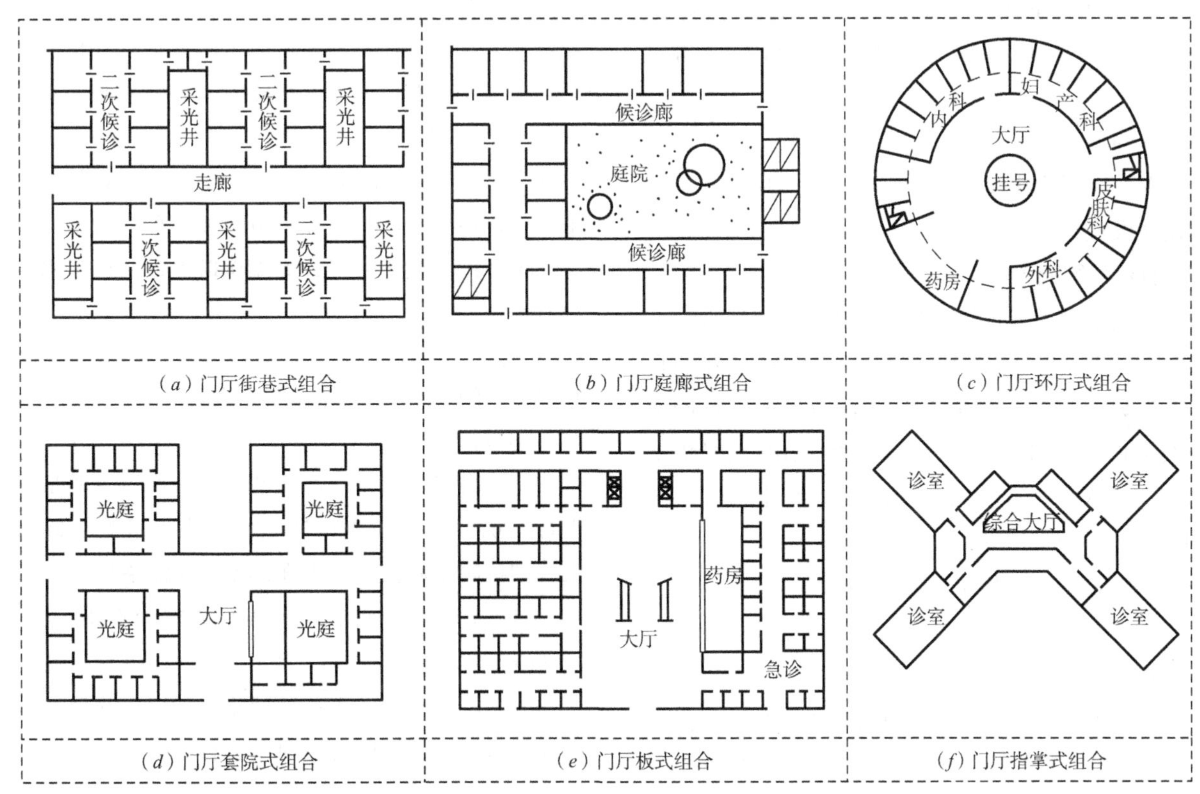

图10–8 门诊部各功能组合形式

目的地。

4）套院式

适用于大型或者特大型的门诊部，由于层数限制，采用复杂的套院式组合以争取在大面积中获取良好的通风和采光。采用这种方式要注意简化平面交通体系以及房间的朝向问题。

5）板块组合

为了节约用地、缩短流线，一些大型医院采取大面积的板式门诊布局，但需要采用人工照明及全空调环境。

10.4.4 门诊部公共部分设计

1）门诊大厅设计[6]

门诊大厅是门诊部人流集散的区域，是组织人流进出的交通枢纽。门诊大厅需要结合挂号、收费、取药、问讯、化验等功能用房组合设计，需解决好人流的组织及等候空间的布局，同时要满足良好的采光和通风，大厅的层高应高于其他科室。

门诊大厅面积一般按照160m^{2}每千门诊人次计算，各部分面积可推算：高峰时门诊人数占每天接诊人数的30%，其中挂号处停留病人约15%，取药处停留病人约20%，每个人停留等候面积为1.5m^2。

门诊大厅挂号室面积不小于12m^2，也常兼作问讯和值班室，同时与病历室紧密相连，也可与病历室合并。

门诊部的药房、候药厅可与门诊大厅集中设置，也可分厅设置。一般大中型医院会将中、西药房分开，收费处也独立设置。

2）门诊候诊设计

候诊区域是供病人等候诊断治疗和休息的地方，人流较为密集，候诊室要联系专科诊室，应有良好的自然采光、通风、清洁的环境以及良好的景观。候诊室面积一般可按照全日门诊人次数的15%~20%同时集中候诊估算，成人每人次按1.0~1.2m^{2}计，儿童每人次按1.5m^{2}计。

候诊空间形式通常有以下几种[7]：

（1）廊式候诊：多作为诊室外面的二次候诊使用，有中廊、外廊之分。

（2）厅式候诊：多用于分科候诊或小型门诊的多科室集中候诊。作为一次候诊使用，人员集中（图10–9）。

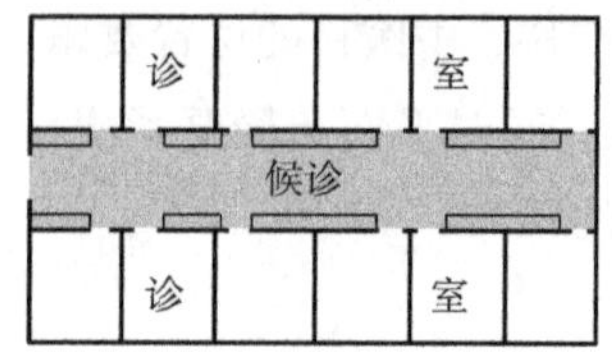

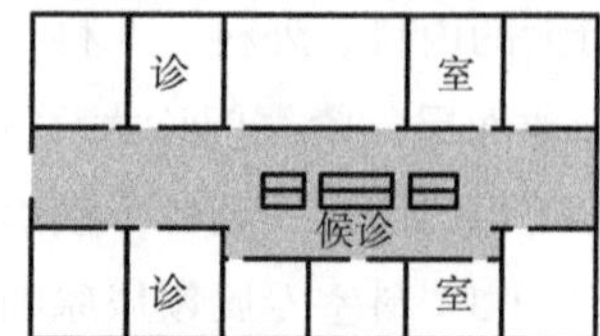

（a）廊式候诊

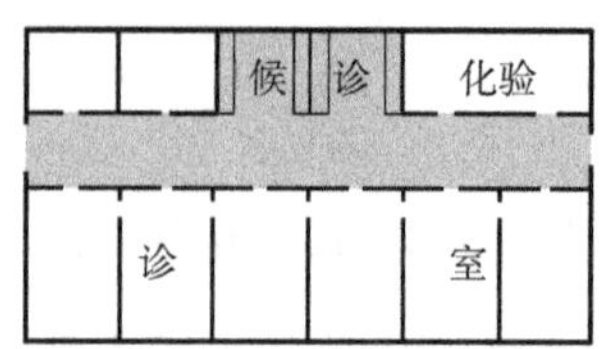

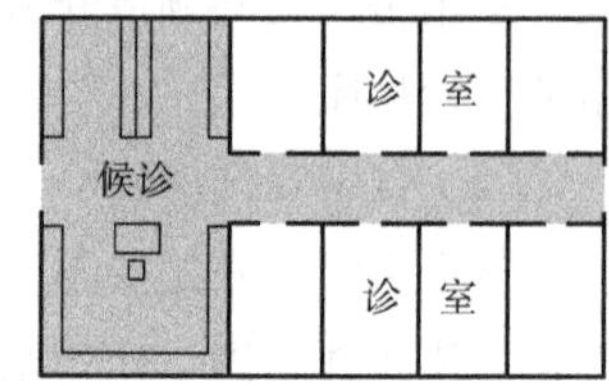

（b）厅式候诊

图10–9 门诊部候诊形式

10.4.5 门诊部内外科诊室设计

内、外科多为分间式或少量套间式组合。在诊疗程序中内科病人较多，约占门诊病人的30%左右。内科诊室适宜置于底层并靠近主要出入口，最好自成一端，不与其他科室穿行。内科除了诊室外，还有治疗室，诊室中还应设有一间隔离诊室，在没有传染科的情况下，可在此诊断。此外，还需设置会诊室。大约50%~70%的病人需要化验、X光检查，因此需要与医技诊断部分取得便捷的联系。

外科病人多行动不便，应设置在门诊部底层，并最好自成一端。外科诊室一般为分间式，骨外科要求有两个开间大小为好，泌尿外科诊室要注意隐蔽，防止视线干扰。泌尿科与内镜科、骨外科与放射科联系多，若不同层应有电梯输运。外科的换药处置室有有菌与无菌之分，换药、治疗室靠近分科候诊厅为宜。外科手术室在小型医院设于外科，大型医院专设门诊手术部（图10–10）。

10.4.6 门诊部妇产科、儿科设计

1）妇产科

妇产科包括妇科、产科两部分，产科主要是对产妇进行产前、产后检查及计划生育小手术等，就诊者健康。妇科属于病科，病人在诊察后还需治疗。

（1）妇产科的位置从产科病人行动不便、私密性、防视线干扰方面考虑设于底层或二楼较好，行动不便者可乘电梯。产室为免于病菌感染，应设置在尽端，并有单独出入口。大型医院产科与妇科分设，中小型医院合设者居多。

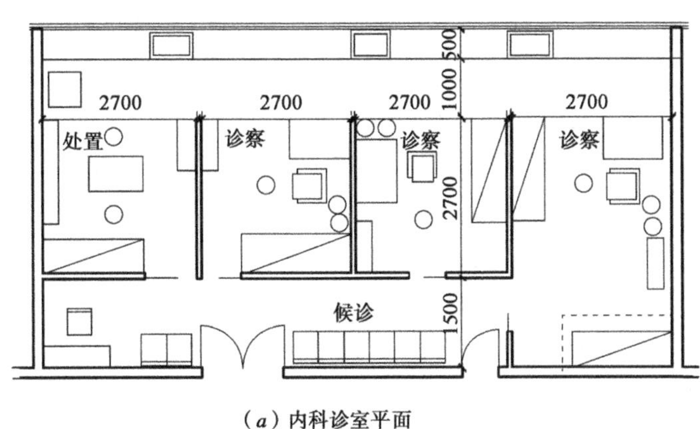

（a）内科诊室平面

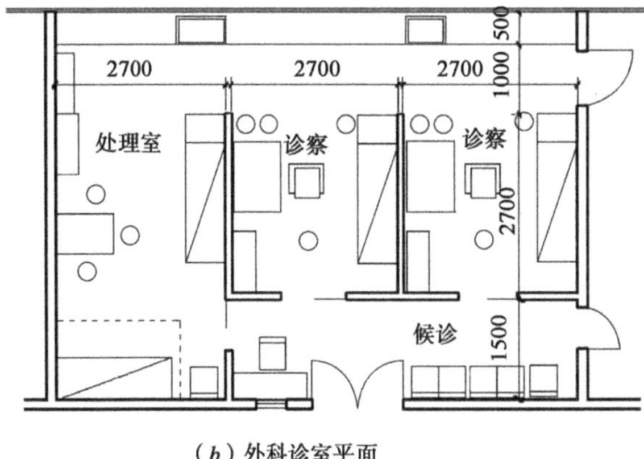

（b）外科诊室平面

图10–10　内外科诊室平面

（2）产科诊室要听胎音，要求环境安静，设专用卫生间、坐式马桶，需采集尿液作化验标本。产、妇科合设时，厕所应分开。

（3）设细胞学检验室，最好是北向，室内应设边台水池。

（4）房间组成：产科由产前检查、化验、诊室、人工流产、术后休息、专用卫生间等室组成，妇科由妇科诊室、隔离诊室、细胞检验、冲洗室、专用卫生间组成，此外，需设宣教室，或与候诊室合并设置（图10–11）。

2）儿科

儿科一般接诊15岁以下的儿童，且婴儿居大多数。

（1）儿科门诊独立性强，位置应自成一区，宜设置在首层出入方便处，并设置单独出入口。初诊传染病儿、急诊病儿都在儿科就诊，急诊室可不专设儿科诊室。

（2）挂号、收费、药房、化验、卫生间等都需单独设置或与普通门诊兼顾，但使用路线必须划分清楚，使之各行其道，互不干扰。

（3）儿科治疗室也应在僻静处设注射室、穿刺室、输液室等，以避儿童哭闹，影响门诊、急诊秩序。

（4）现在每个家庭都是独生子女，生病陪伴特多，候诊面积需要增加。

（5）儿科诊室、候诊室可考虑结合儿童身心特点，可将医疗程序与游戏相结合（图10–11）。

10.4.7　门诊部五官科设计

1）耳鼻喉科

（1）耳鼻喉科靠灯光和反光镜检查诊断，要防止阳光直射，最好朝北，避免东西向。诊室为大空间内分设小隔间，以隔断划分。分隔间距为1.4m宽，1.4m深，1.8m高。

（2）测听室一般为屋内屋的双层结构，除顶部脱离外，墙地支连部位以软木或橡皮支垫隔声防震，六面都作隔声处理。耳语的测听间距要求有5~6m，因此测听室面积不宜过小。

（3）前庭功能测定室作内耳神经平衡测试，小型医院中可与测听室兼容，大型医院专设。

（4）耳鼻喉科可以共用治疗室。治疗室应与洗涤消毒室相通，科内需要单独设置洗涤消毒室，位置应介于

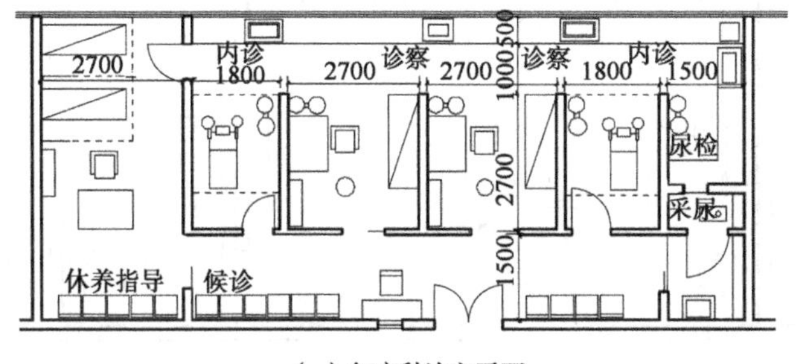

（a）妇产科诊室平面

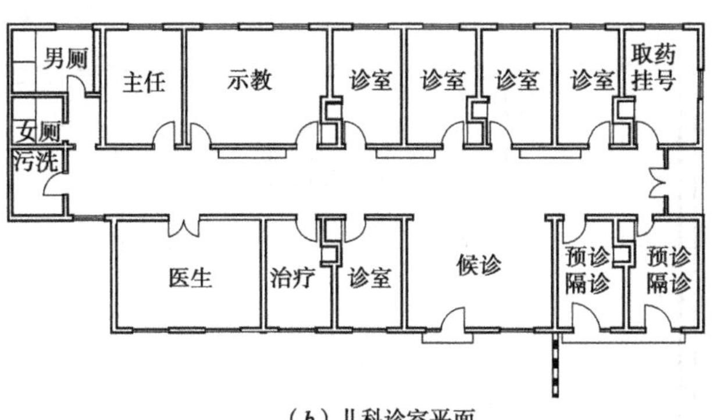

（b）儿科诊室平面

图10–11　妇产科、儿科诊室平面

诊室与治疗室之间，可供共用（图10–12）。

2）眼科

（1）大型医院在眼科门诊专设眼科手术室，小型医院则与眼科治疗室合并。消毒间位置应在眼科手术室与治疗室之间，以备共用。

（2）眼科门诊环境避免强光照射，避免使用红、橙等刺激性色彩，要求光线稍暗而均匀、柔和，北向为佳，避免东西向。

（3）初诊患者在候诊室进行视力检查，复诊患者在诊室或验光室内检查。

（4）暗室是检查诊断的重要部分，暗室长度不低于6m。

（5）门诊眼科手术室最小面积4.5m × 5.5m（图10–12）。

3）口腔科

（1）诊疗室内治疗椅以5~6台为宜，每台治疗椅工作面积为9m²，治疗椅间距2~2.1m。

（2）口腔科器械重复使用率高，应在口腔内科和口腔外科之间设置洗涤消毒间。

（3）口腔X光室面积约15m²左右，另设置5m²左右房间作为洗片室（图10–13）。

10.4.8 门诊部设计实例解析

由于医院建筑功能相对复杂，设计往往多从功能分析入手。现列举一注册建筑师考试例题，主要从功能角度解析方案入手至完善的过程，此例可作为方案设计多元化构思途径的参考之一。

南方某市拟建设一医院（二级医院）门诊部，医院规模为200床位，建筑面积约3000m²。建筑高度不得大于9m，两层为宜。建筑功能必须包含以下几个部分：公共部分、各个科室、其他（交通、卫生间、急诊大厅、候诊厅等）。下面将门诊部设计的过程进行一个梳理及演示[8]（图10–14）：

1）设计前思考的问题

（1）各个科室的单独出入口，结合环境条件如何设置。

（2）注意分层功能布局的合理性。

（3）注意各科室候诊不要被其他就诊流线穿行。

（4）尽量避免房间的东西走向。

2）前期分析

（1）环境分析。该地块用地方整，无任何限定条件。门诊部用地北侧为现有医院建筑，门诊部需要与之有明确的联系。南侧和西侧为主要道路，且南侧边界较长，适合设置场地出入口。

（2）功能分析。需了解门诊部由哪几个部门组成，除公共部分外，需要设置哪些科室。了解各房间面积设置的基本规律，对柱网设置心里有底。

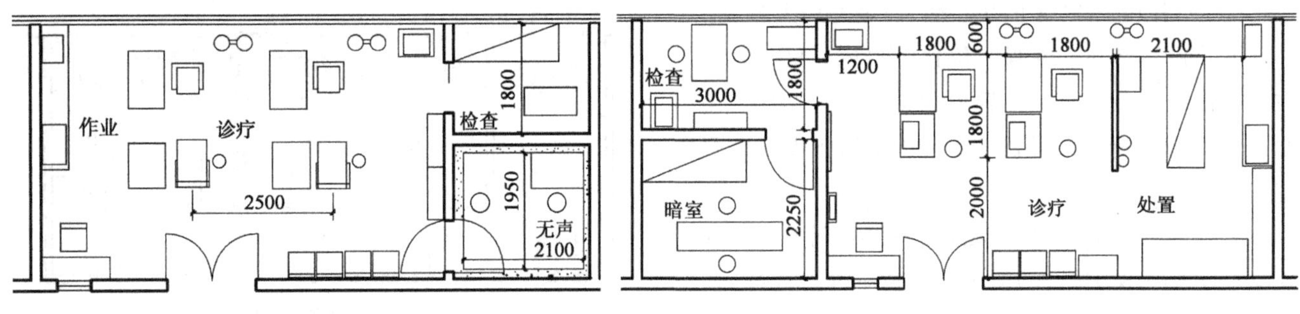

（a）耳鼻喉科诊室平面　　（b）眼科诊室平面

图10–12　五官科诊室平面

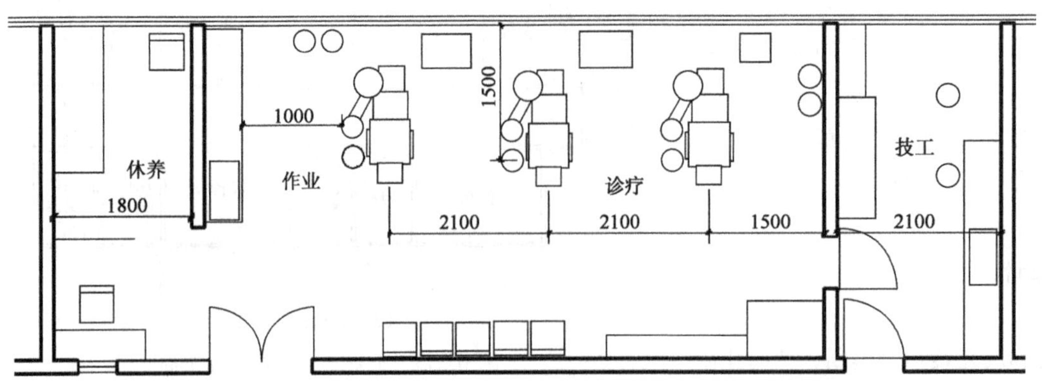

图10–13　口腔科诊室平面

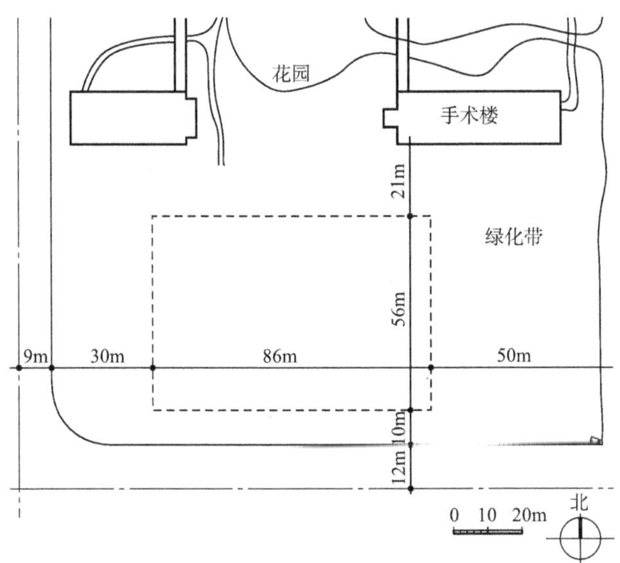

图 10–14 门诊部设计地形图

3）方案起步

（1）场地出入口选择。主入口应选择在南面，但具体定位还要考虑内部功能。一般主入口居中较合适，可使中心向两边流线分流均匀。

（2）图底关系。假设门诊部采用分散式，相应流线会较长，其"图"宜采用集中式。为加强采光和通风，应尽量争取南北向房间并缩短进深，因此"一"字形中廊式图形较合适。

4）方案形成

（1）竖向功能布局分析

对于很多科室，应当分析哪些科室适宜在一楼，哪些在二楼。可先决定一楼用房，考虑原则是，患者行动不便及就诊人数多的科室放一楼，有特殊要求独立成区的科室也应放一楼，比如公共部分、急诊部、儿科、外科、妇产科（不包括门厅、公共交通面积、卫生间等），同时，预算一下面积（图 10–15）。

剩下的内科、耳鼻喉科、眼科、口腔科、理疗科、中医科等可放在二楼，同时预算该层面积。若两个楼层分配下来面积不平衡，需要进一步分析来调整。

（2）平面功能布局分析

在两层楼面积相差太多情况下，不妨从二层楼开始进行功能布局。一旦二层布局确定，即可落实到一层。

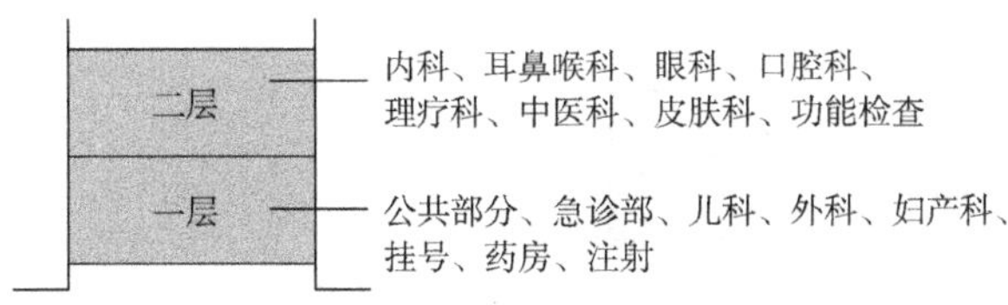

图 10–15 竖向功能布局分析

• 二层平面功能分析

首先可确定布局构思，即平面按何种方式组合房间（图 10–16）。以"街巷式"科室单元组合方式为例，这种方式相对合理，可以保证每个科室能独立候诊。为保证科室的南北向，"街巷式"的"街"走向应为南北向，"巷"是东西向。

进一步分析，地块南北进深只有 56m，按纵向组合各三个单元，除掉采光间距，长度估计会超出用地红线，因而只能串联两排，形成两组并列的方式（图 10–16）。作为单元整体，还需设置横向交通联系空间，同时还应考虑，这个平面落实到一层的话需加入挂号、收费、注射等功能。如何将这些功能串接起来？思路需进一步延展，如在"街巷式"组合基础上加入交通中心，形成厅式节点，再通过节点联系各科室（图 10–17）。

在二层平面形式确定下来之前，还要对二层平面建立结构柱网。首先，要分析每个科室单元的组合方式，前提是保证最多的房间是南北向的。

a. 采用二次候诊。科室单元入口可接至东西向交通流线上，诊室数量和科室单元长度要根据各个科室内容而定（图 10–18）。

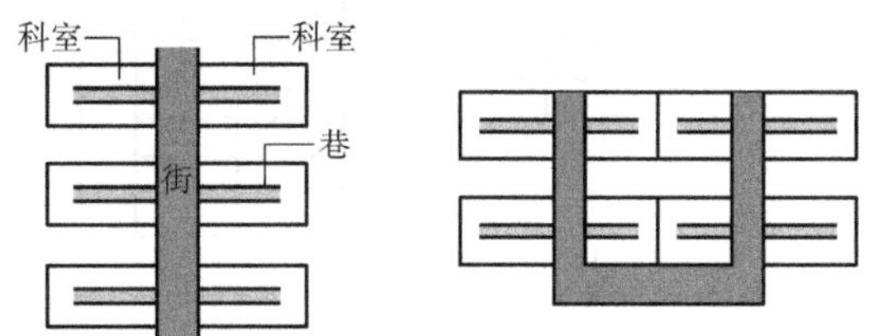

图 10–16 街巷式布局及演变形式

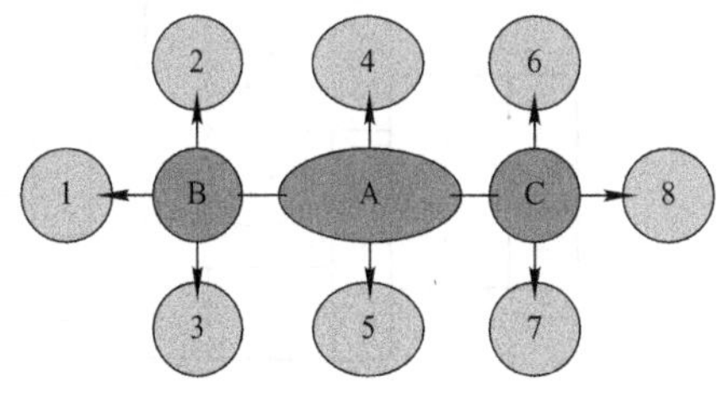

图 10–17 利用厅式节点组合平面

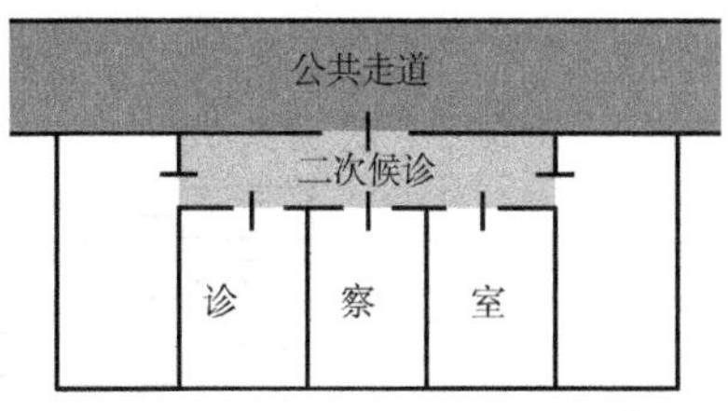

图 10–18 科室单元功能分析

b.确定诊室的平面尺寸。要争取更多南北向房间，开间可减少，根据房间面积计算进深，再确定诊廊进深，从而得出各科室单元总进深。

c.在用地长度范围内按照确定的开间画上格网（图10–19）。

d.当平面模式基本确定后，检查几个问题：各个科室房间数量够不够，若安排不够得当，要适当调整；检查总长度是否超出用地范围，若超出需缩减长度，必要时需牺牲南向房间进行调整（图10–20）。

• 二层平面垂直交通布局分析

根据二层平面功能的分析确定楼梯的数量，最好不要因为楼梯的设置扩大门诊部的总长，比如可在走廊北侧考虑，此区域还未做房间安排。同时考虑安全疏散问题，注意袋形走廊在防火规范中的疏散要求。除此，还需考虑无障碍设计的电梯设置，可以结合一层平面功能布局来整体考虑（图10–21）。

• 二层平面卫生间布局分析

按照一般设计规律，卫生间可与楼梯靠在一起，组成公共服务区域，设置一套卫生间便可满足要求。于是，二层平面功能布局大体完成了。

5）方案深入（图10–22）

（1）对一层平面功能分区的思考

一层的公共部分占据了中轴线区域，妇产科、外科、儿科、急诊部需要考虑面积的均衡。如急诊部靠近东面，贴近住院部，儿科也在东面，妇产科及外科便设置在西面。

（2）确定门厅宽度

根据二层和一层功能排布确定一层门厅所需要的开间数，同时要考虑包括挂号、收费、中西药房和药库在内的公共部分，比如是否可以在门厅处向北延伸集中布置。另外，要保证注射室在门厅附近，最好紧邻门厅布置。

（3）确定各科室具体位置

若将妇产科置于西面，要调整好妇科与产科的关系。注意妇科需要与门厅有联系，产科需要有自己的独立出入口，应尽量靠近入口广场。另外，儿科和急诊部置于东部，要考虑急诊部要与住院部尽可能接近，儿科也需要设置单独出入口，并且均需要与门厅保持联系。

（4）对取药、挂号区域的考虑

各个科室患者都需去药房取药，因此，此区域在

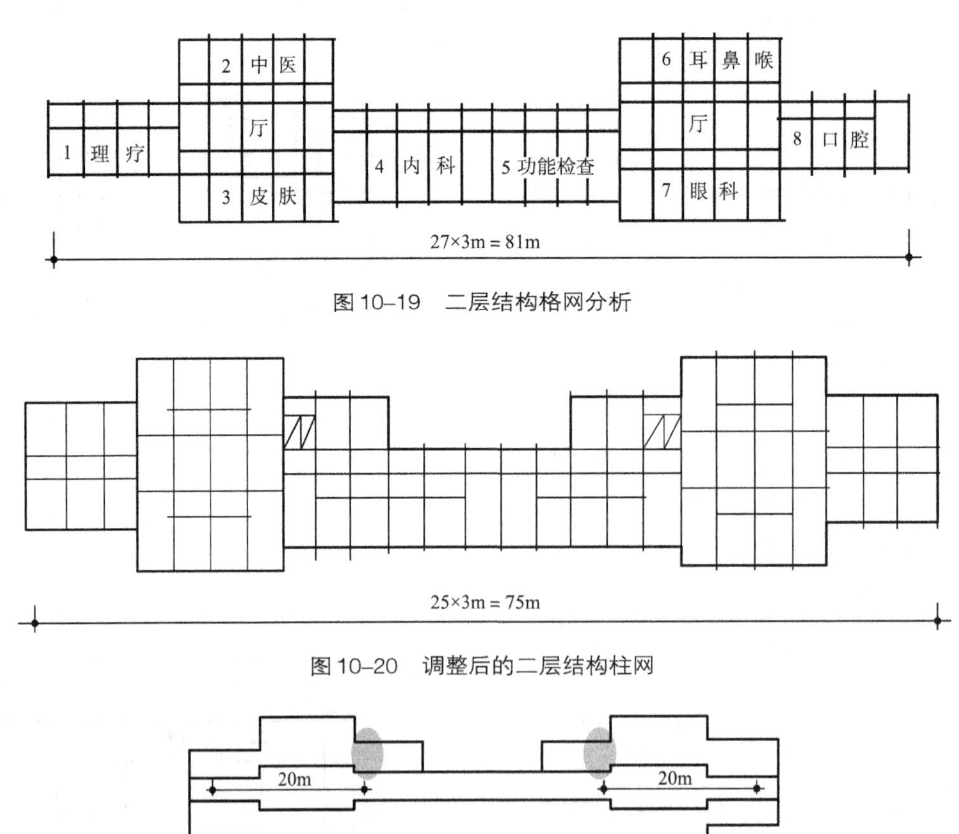

图10–19　二层结构格网分析

图10–20　调整后的二层结构柱网

图10–21　科室单元功能分析1

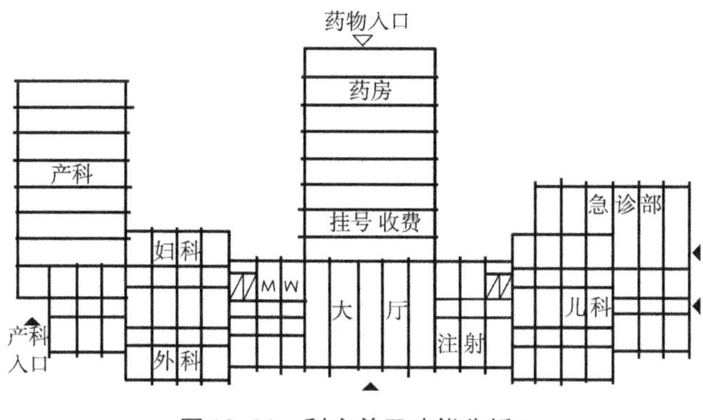

图10–22　科室单元功能分析2

中轴线上为宜，且不应受交通流线穿行和干扰。其中，中、西药房应分开，药库需设置药品入口。挂号、划价、交费处应在取药流程前，可考虑这些用房布置在门厅和候药厅之间。

6）平面方案完善

（1）医用电梯的考虑

设法为医用电梯找到合适的位置，可首先在二层平面中寻找。设置原则是：要与水平交通即走廊联系方便，位置要居中，下到一层后要醒目便于寻找。依照这三个原则，反复推敲医用电梯的最佳位置，注意不要和其他人流交叉，还需要留出适当的候梯空间。

（2）门诊部与手术楼住院部的联系

考虑如何架设之间的联系廊，其原则是联系廊要联系到两部分的公共区域，而不是任何一个科室单元，同时要尽可能短和便捷。

（3）在门厅内还需安排一个问询处，同时完善几个对外出入口的细部，如坡道、雨篷、台阶等。

至此，该门诊部设计的平面方案基本完成了（图10–23~图10–25），但对于一个完整的方案设计来说，总图和平面设计的方案只解决了最重要的功能、流线等问题，对于门诊部的造型问题还需进一步着手考虑。在造型设计过程中，还需结合平面功能对比调整和推敲。在此不再逐一细论。

10.5　综合医院中医门诊设计

10.5.1　中医门诊内容

中医门诊包括中医内科、针灸科及气功、按摩理疗室。中医内科诊疗程序及诊查室的设计与内科基本相同，其诊室面积一般略大一些，应以男、女、小儿病人分间治疗为宜，或大间设置屏帘遮挡。

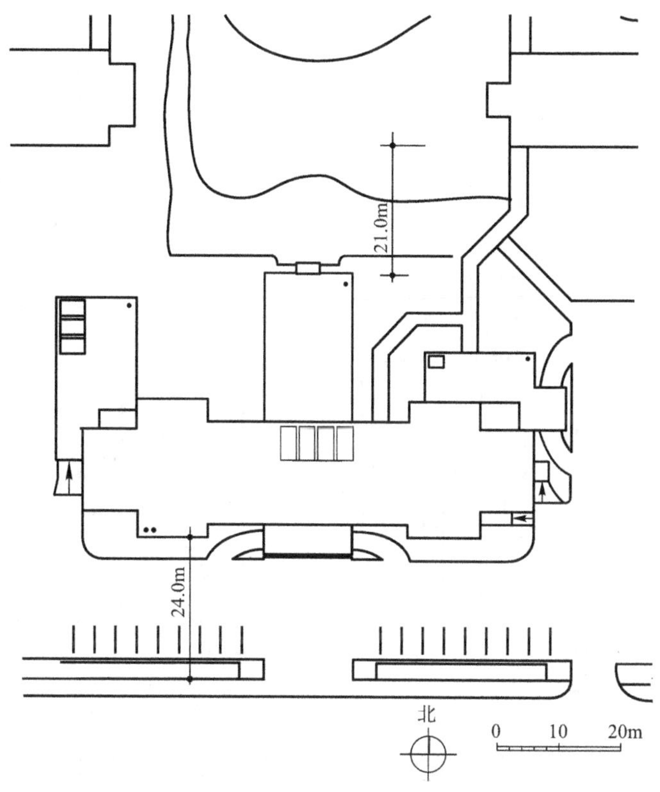

图10–23　门诊部设计总平面

10.5.2　中医门诊设计要点

诊室应置于安静地段，光线要柔和明亮。气功室应置于安静地段，光线不宜太强。

中医诊室一般需靠近中药房，并且与化验、放射科有便捷的联系，也可以靠近理疗科布置（图10–26）。

10.6　综合医院急诊部设计

10.6.1　急诊部定义

急诊部是对危重病人进行抢救、观察、治疗和护理的部门。中小型医院急诊部常附建于门诊部中，形成独立单元，有单独出入口。大中型急诊部分建于单独建筑物中，但需要自成一区，置于底层，也需有独立出入口，便于寻找。急诊部的中转特性很明显，急诊病人在抢救室抢救，待病情大体稳定后就必须向中心ICU、手术室、住院部等部门转移（图10–27）。

10.6.2　急诊部设计要点

（1）入口设计要便于急救车出入，室外要有足够的停车和回车场地，入口应有防护设施，并设置有坡道。

（2）急诊部与住院部要联系方便，同时与手术、化

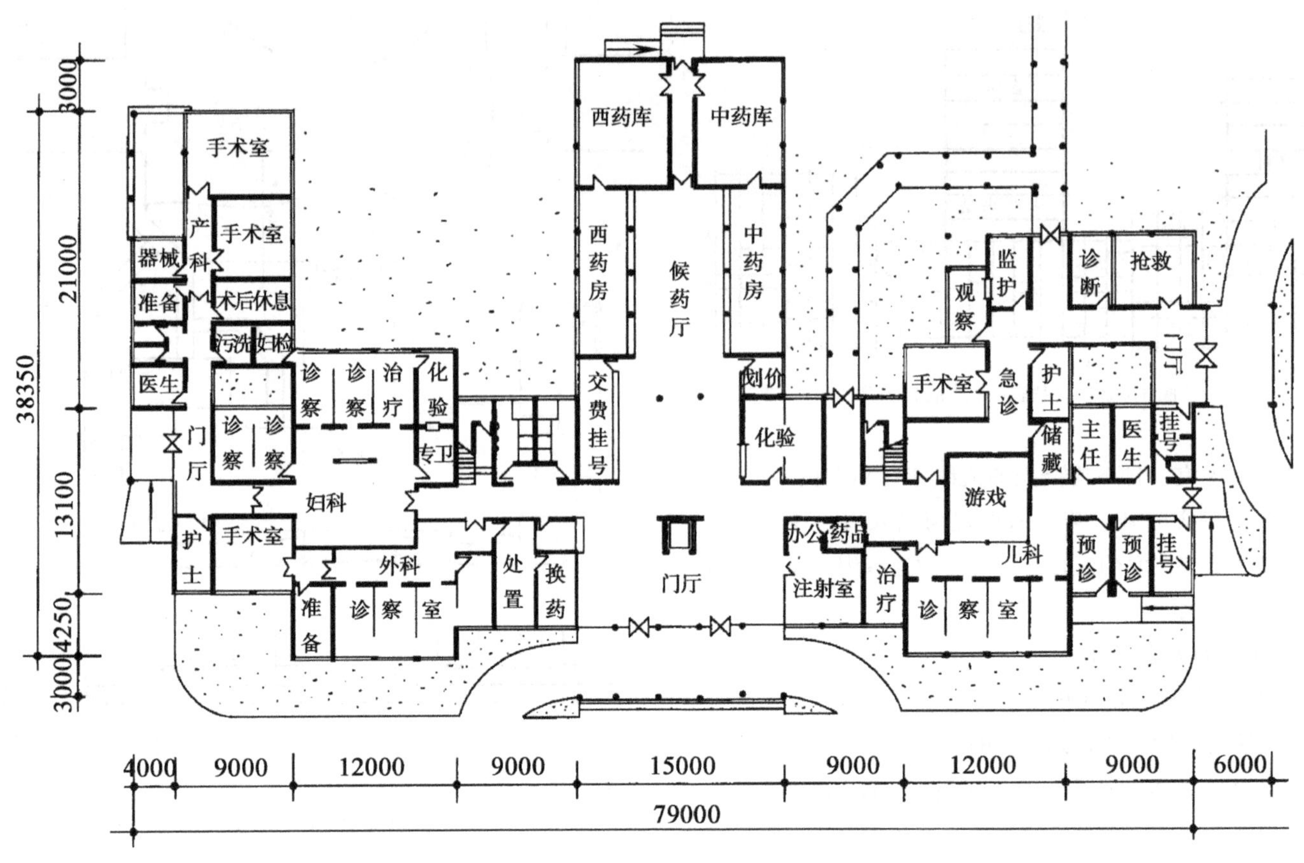

图 10-24 门诊部设计一层平面

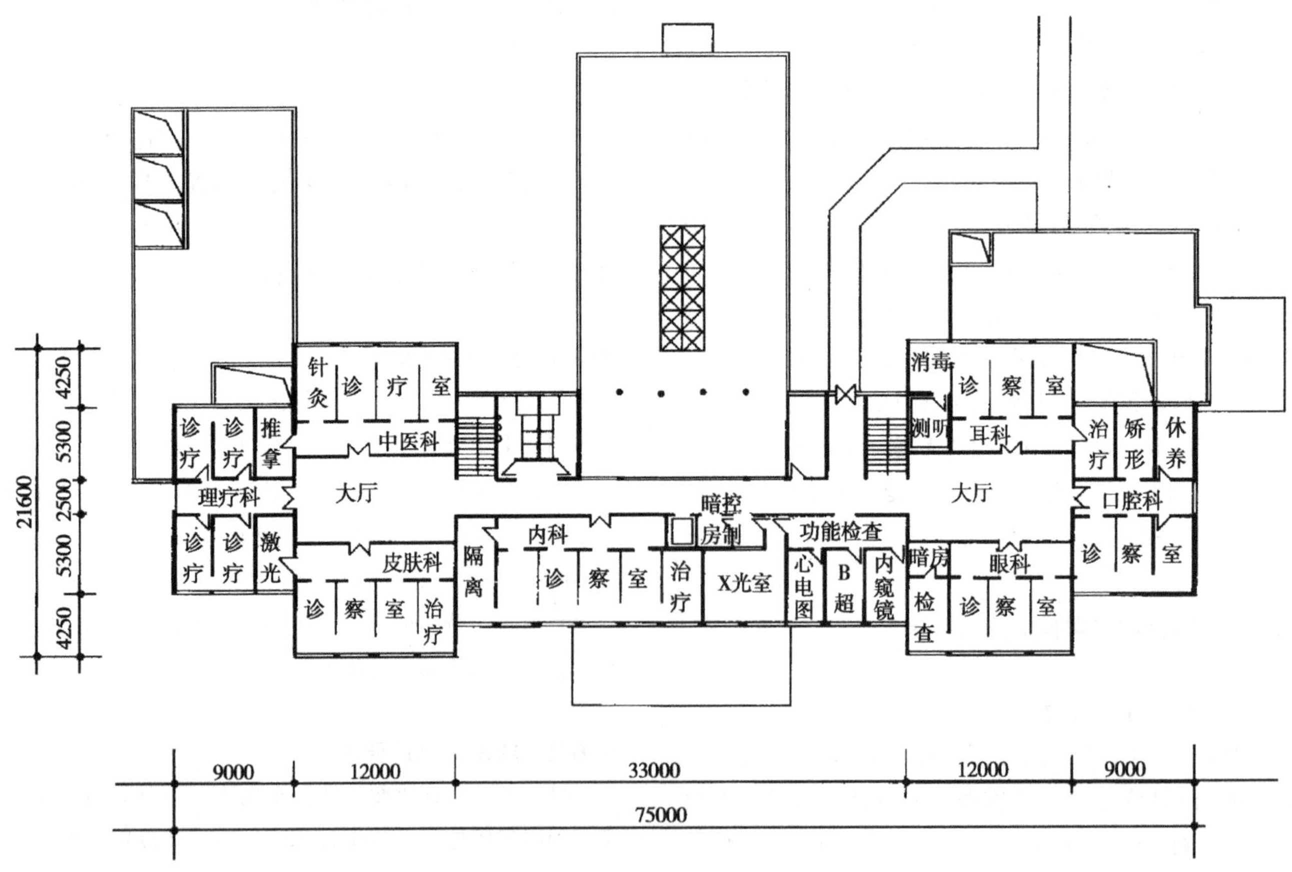

图 10-25 门诊部设计二层平面

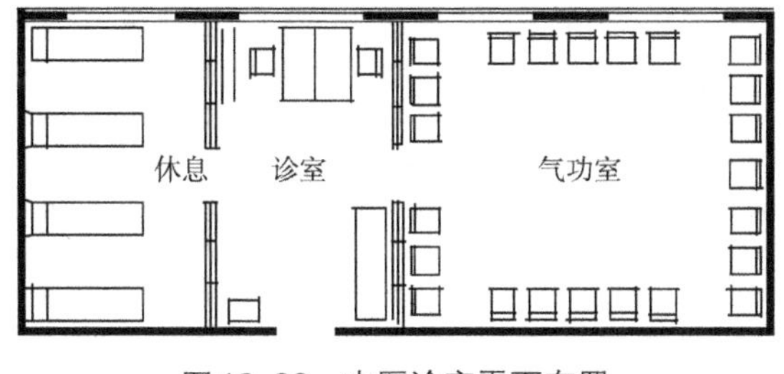

图 10–26　中医诊室平面布置

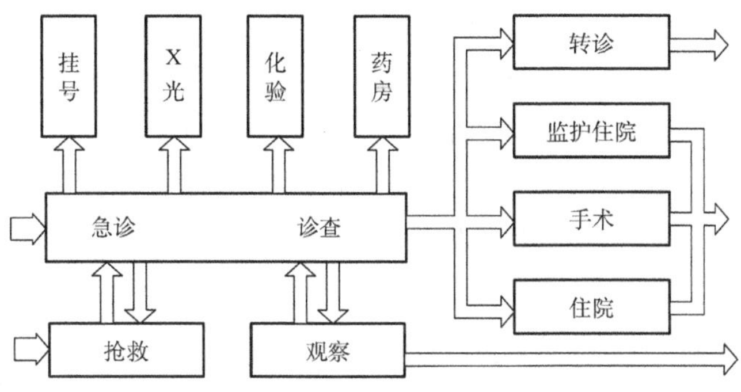

图 10–27　急诊科组成关系及流线

验、X光等相关部门要有便捷的联系，并要考虑24小时营运管理上的方便。

（3）急诊部应设置一定量的观察床位，有条件的话应设置少量急诊监护病床。

（4）要合理组织流线，同时应设置一定的休息空间，有条件还应配置电话间、休息室等。

（5）急诊室应设置独立挂号室和药房，若与门诊合并要设置单独窗口。

（6）门厅面积不宜小于24m^2，抢救室面积不宜小于24m^2，宜直通门厅，门的宽度不宜小于1.1m，观察室宜设置抢救监护室。

10.7　综合医院急救中心设计

10.7.1　急救中心定义

急救医疗服务体系（Emergency Medical Sevice System, EMSS）是当今世界一种行之有效的急诊医疗服务系统。这种服务体系包括院前急救护送、院内急救、院内监护三个部分。院前急救主要由急救中心负责；院内部分则由医院急诊科负责。我国急救中心大体分两类：一种为独立型，不附属于任何医疗机构，有自己的院前、院内抢救设施及ICU病房；另一种为附设型，即附设于一所大型综合教学医院内。[9]

10.7.2　急救中心设计要点

（1）急救中心的位置规划要考虑交通方便、位置适中，其布点位置取决于急救反应时间，即接到呼救信号到救护车到达现场所需的时间。

（2）急救中心位置要明显易找，规模较大的要占据门诊部的一翼，与门诊入口要有适当距离，避免干扰。入口前要有宽敞场地供停车回车，急救车要能直达急救大厅。

（3）由于大部分急诊病人（约60%~80%）需要住院治疗，其位置要接近入院处，也可设在住院楼底层，与中心手术部有适当联系。

（4）急救中心由诊断室、抢救室、手术室、治疗处置室、急诊监护室、观察病房、急诊厅、CT室、B超室、护士站等组成，另有救护车或直升机供中心调配，人员分为院前和院内抢救两个部分。

10.8　综合医院中西药房设计

10.8.1　药房位置

（1）中西药房应同时为门诊、住院病人服务，针对门诊病人的服务量更大，应考虑靠近门诊部或置于门诊部内。

（2）若中西药房合并设置，最好将制剂部和调剂部分开设置（图10–28）。

10.8.2　药房组成

（1）调剂室：负责调配、收方、发药等，室内应避免阳光直射。

（2）分装室：按照常用剂量分别包装各种药品，应临近调剂室。

（3）分析室：分析鉴定药房自制药品的性能、质量。

（4）普通制剂室：配置常用内外用药，可分成小间，避免相互影响。

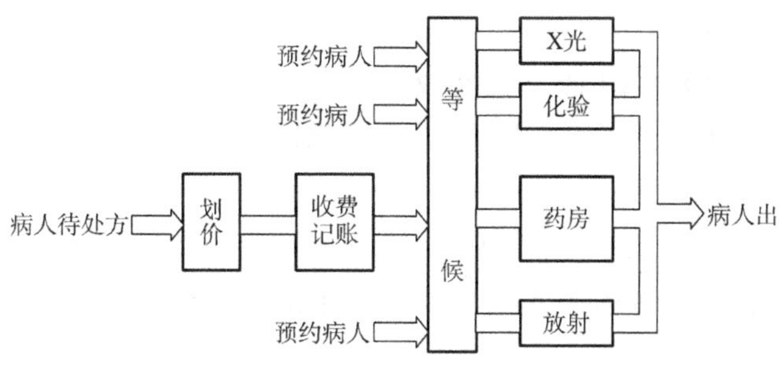

图 10–28　门诊取药、化验、透视、注射流程

（5）灭菌制剂室：用于配置大量注射液，要求保持严格无菌，其位置应与门诊部较多人流的场所完全隔离。

（6）药库：要避免阳光直射，保持室内良好通风和干燥。

（7）小型医院的药房只设置调剂室和药房两个部分。

10.9　综合医院医技部设计

10.9.1　检验科设计

1）设置位置与平面布置

（1）大型医院检验科设置应近住院部，在门诊部另设临床检验室；中小型医院检验科大都设在门诊部，并近内科和急诊部。检验科为带菌部门，应单独成区，使之和其他科室互不干扰。

（2）临床检验室应设于近检验科入口处，以免送标本者进入其他检验室，形成交叉感染，宜设立体检处理室。标本采集室更应设于入口处，并应有足够大的等候处，以免因病人拥堵而产生交叉感染。

（3）生化检验室应设仪器室（柜）、药品室（柜）和储藏贵重药物和剧毒药品的设施以及通风柜、防震天平台等。通风柜出气管应伸出屋顶，并要防止气流倒流。柜内要有水源、电源及排水设施，能供煤气室内应有气源。

（4）细菌检验室应设在检验室末端，大型医院可设无菌接种室和培养基室，中小型医院可用接种箱制作培养基和接种之用。接种室和培养基室、细菌检验室之间应设传递窗。接种室应有前室，培养基室应右侧采光。

（5）血液、血清检验室宜朝北，中小型医院可和生化或细菌检验室合并为一室，大型医院则宜独立设置。

（6）每间检验室至少应装置一个非手动开关的洗涤池。细菌室应设专用的洗涤设施，不能与其他洗涤设施混用。检验室内地面、墙裙、检验台台面、洗涤池及相关的设备管道应采用耐燃烧、耐腐蚀、易冲洗的面层材料。

2）用房组成（图10–29）

由于检验内容繁多、发展变化较快，可根据医院的特征和规模设置。

（1）必须配备的用房：临床检验室、生化检验室、微生物检验室、血液实验室、细胞检查室、血清免疫室、洗涤间、试剂室、材料库房。

（2）根据需要配备的用房：更衣室、值班室、办公室。

3）基本设施

（1）生化检验室应设通风柜、仪器室（柜）、药品室（柜）、防震天平台，并应有储藏贵重药物和剧毒药品的设施。

（2）细菌检验室、接种室与细菌检验室、培养室应设传递窗。

（3）检验室应设洗涤设施，细菌检验应设专用洗涤、消毒设施，每个检验室应装有非手动开关的洗涤池。

（4）距危险化学试剂30m内应设有紧急洗眼处和淋浴，若危险度大，应将安全设备设于更近处。

（5）实验室工作台间通道宽度不应小于1.2m。

（6）有条件时，设置物流传输及实验室信息系统。

10.9.2　病理科设计

1）用房组成

（1）必须配备的用房：取材、制片、标本处理（脱水、染色、浸蜡、包埋、切片）、镜检、洗涤消毒、卫生通过。

（2）可单独设置或合用的设施：病理解剖、标本库。

2）设计要求

（1）大型医院应单独设置，一般可与检验科合并。

（2）病理解剖室宜和太平间合建，与停尸室宜有内门相通，并应设工作人员更衣及淋浴设施。

（3）取材台与解剖台之一端应安装水池，另一端应有冲洗装置。解剖台应在距水池0.7m处设泄水口，且两侧均可操作。

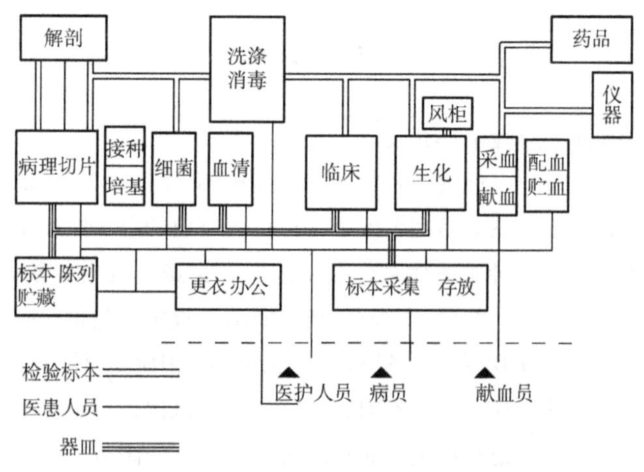

图10–29　检验科功能关系图表

（4）室内地面、操作台台面以及洗涤池等均应采用易冲洗、耐腐蚀材料。

10.9.3 放射（疗）科设计

放射（疗）科在医院广泛使用与发展，可分为治疗组、诊断组和辅助组（图10–30）。

1）用房组成

（1）必须配备的用房：

治疗机房（后装治疗室、钴60治疗室、直线加速器治疗室、γ刀治疗室、深部X线治疗室）、控制室、治疗计划系统、模拟定位室、物理室（模具间）、模具存放、候诊、护士站、值班、诊室、医办、厕所、病人更衣（医患分开设）、污洗间、固体废弃物存放间。

（2）可单独设置或共用的设施：手术室、会诊室、值班室。

2）基本设施

（1）治疗室内噪声不应超过50dB。

（2）钴60治疗室、加速器治疗室、γ刀治疗室及后装机治疗室的出入口应设“迷路”。

（3）防护门和“迷路”的净宽均应满足设备要求。

3）设计要求

（1）宜在医院的适中位置，便于门诊、急诊和住院病人共同使用。放射（疗）科内机器设备重量较大，最好设在底层，同时考虑担架和推车进入。

（2）有较强放射能量设备的放射室应在放射（疗）科的尽端或自成一区，独立设置。

（3）诊断室和治疗室均要有足够的面积，以安置不同型号的机器，包括机器底座、球管、立柱、地轨、地沟、诊察床、操纵台、高压变压器等，还应考虑就诊者

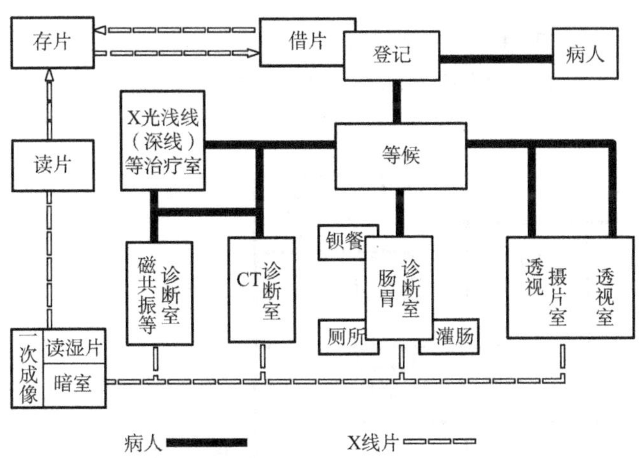

图10–30 放射（疗）科组成关系

的更衣面积和担架回转面积。一般不小于24m²。

（4）暗室的进口处应设有遮光措施。暗室应有良好的通风措施，炎热地区应有降温设备。暗室的面积宜为8~12m²。

（5）有放射线防护要求的房间，应有足够的防护厚度，保证工作人员所受到的剂量不超过允许标准。

4）防护

按照《后装γ源近距离卫生防护标准》（GBZ 121—2002）、《γ远距治疗室设计防护要求》（GBZ/T 152—2002）、《医用电子加速器卫生防护标准》（GBZ 126—2002）、《医用X射线治疗卫生防护标准》（GBZ 131—2002）等相关规定设计。

10.9.4 技能诊断同位素设计

1）用房组成

非限制区：候诊、诊室、医办、厕所；

监督区：等候区、功能测定室、运动负荷试验、扫描间、诊断病房的床位区、厕所；

控制区：计量室、服药室、注射室、试剂配制室、卫生通过室、储源室、分装室、标记室、洗涤室、治疗病房。

2）设计要求

同位素具有放射性，应设置在生活区下方向，周围防护地带不能小于12m，建筑构造应采用竖排放气体的防护措施，还要设置过滤池排放废水。

（1）宜单独建造；如与其他部门合建时，宜设于建筑物的顶层或首层，自成一区，符合国家有关防护标准。放射源应设有单独出入口。

（2）平面布置应按“控制区、监督区、非限制区”原则顺序布置。

（3）控制区应设于尽端，并应有贮运放射性物质及处理放射性废弃物的设施。

（4）非限制区进监督区的出入口处应设卫生通过室，控制区出入口处应加设卫生通过室。

3）基本设施

（1）《临床核医学医卫生防护标准》（GBZ 120—2002）。

（2）《医用放射性废弃物管理卫生防护标准》（GBZ 133—2002），固体废弃物、废水必须经过处理后排放。

4）防护

按照《临床核医学医卫生防护标准》（GBZ 120—

2002）有关规定设计。

10.10　综合医院中心手术部设计

手术部设置分为一般手术部与洁净手术部。手术部的环境要求必须符合《医院消毒卫生标准》（GB 15982），洁净手术部应按《医院洁净手术部建筑技术规范》（GB 50333—2002）有关规定设计。

10.10.1　手术部用房组成

（1）应配备的：手术室、洗手处、术后苏醒室、换床处、护士室、麻醉师办公室、换鞋处、男女更衣室、男女浴厕、消毒敷料和消毒器械储藏室、清洗室、消毒室、污物室（廊）、库房。

（2）根据需要宜配备的：洁净手术室、手术准备室、石膏室、冰冻切片室、医护休息室、男女值班室、敷料制作室、麻醉器械储藏室、教学设施、家属等候处（图10-31）。

10.10.2　手术部设计要点

（1）手术部应在医疗区的上风向，远离可能产生尘土、噪声、烟雾的院内院外设施，并宜与外科护理单元临近，与相关的介入治疗科、ICU、病理科、中心供应室、血库等的路径宜短捷。

（2）手术部不宜设在首层或高层建筑的顶层，一般多设置于低层裙房或多层建筑的顶层。

（3）平面布置应符合功能流程和洁污分区要求。

（4）入口处应设医护人员卫生通过区；换鞋处应有防止洁污交叉的措施；宜有推床的洁污转换措施。

（5）应采用密闭性好的窗，弹簧门或自动启闭门。

（6）应减少突出物，所有阴阳交角应做成圆角，地面与墙面应采用少积垢、耐洗刷的材料。

（7）必须有备用电源。

10.10.3　手术室设计要求

（1）手术室数间，按医院的总床位数计约55~65床一间。若按有关手术病床计，每25~30床一间，教学医院和以外科为重点的医院则每20~25床一间。

（2）应根据分科的需要选用手术室的平面尺寸，无体外循环装备术部，不应设特大手术室。

（3）门窗：通向清洁走道的门窗不应小于1.10m，且应采用弹簧门或自动启闭门。通向洗手池的净宽不应大于0.8m，应采用弹簧门。窗洞口面积与地板面积之比不得大于1/7。

（4）可采用天然光源和人工照明，设无影灯，装置高度不低于3~3.2m。设嵌装式观灯片面对主刀医生的墙。病人视线范围内不应装置时钟。

（5）没有空调设施的房间，空气应符合净化要求，室内采暖温度以22~25℃为宜，湿度以50%~70%为宜。

（6）地面、墙面、顶棚、壁橱等应采用耐冲洗、易消毒的饰面材料。不宜设地漏，如设地漏应有防污染措施。

（7）光影灯以及悬挂式系统供氧和系统呼吸装置必须牢固安全。

10.10.4　手术部辅助用房

1）洗手室的设计要求

（1）散设置。宜紧邻相关手术室。洁净手术室和无菌手术室不能与一般手术室合用洗手池。

（2）洗手、泡手后的医生，肘至手指部位不能再接触任何东西，故供洗手后医生进出的门不能用手开启门。

（3）洗手池的断面选择，应避免医生洗手时污水溅身洗手水嘴每个手术室一般不少于2个，并应采用非手动开关。

2）换鞋、更衣室设计要求

（1）应设在手术部入口处，使其成为清洁区和污染

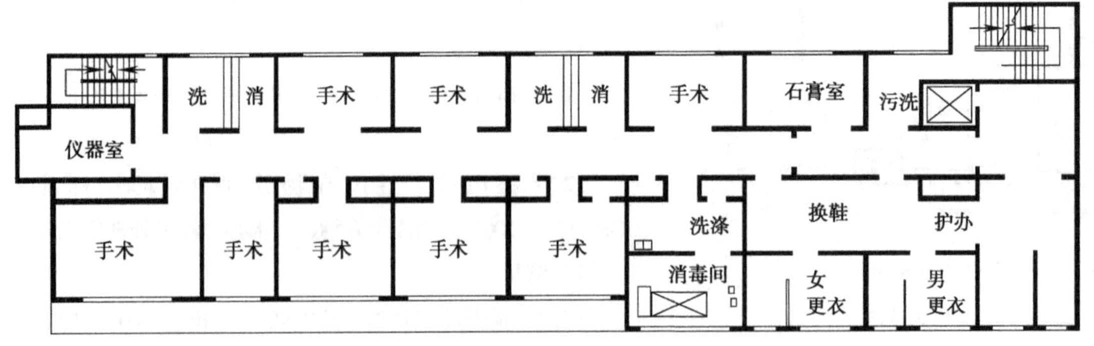

图10-31　手术部平面布置示意

区的分界线。进入手术部者在此脱去外来“污鞋”，换穿内用“洁鞋”。换鞋时不能同踩一处，做到洁污互不交叉。

（2）一切设施必须杜绝外来污垢带入手术部内。

3）观察台设计要求

观察台设在手术室的上层较浪费，可设在手术室的一侧，中间用玻璃隔断。可与闭路电视相辅而用，故对医科学生和一般参观者很为适宜，要求参观者视线不被无影灯和手术医生身躯所阻。

4）消毒室设计要求

手术器械和敷料打好包后在此消毒，设有高压消毒柜及煮沸消毒锅，应设排气孔道，要求机械通风。

10.10.5　其他辅助用房设计要求

（1）石膏室应有调石膏水池，有冷、热水龙头，墙上装把手，顶棚上装铁钩，便于病人骨骼正位。

（2）推床存放运转处以及其他易被撞坏的地方可用金属板或塑料橡皮包护。

10.11　综合医院理疗部设计

设计应按《疗养院建筑设计规范》（JGJ 40—87）有关规定设计。

10.11.1　理疗部用房组成

主要用房为诊察室及各种治疗室。治疗室包括光疗、电疗、水疗、热疗、泥疗等。此外，还应有准备室、护士室、等候处、更衣室、休息室、检修室。

诊察室仅在大型医院中设置，小型医院可与治疗室合并。各种治疗室设置，随医院规模、特点而异。等候处、更衣室、休息室、检修室等都可因地制宜，或利用走道，或与其他用房合并等。

10.11.2　理疗部设计要求

（1）理疗病人约占门诊人次的10%~30%，占住院病人的10%~20%，故其设置位置应以方便门诊病人为主，又要便于住院病人治疗。又因病人有时需要多种治疗，故理疗部各治疗室应集中于一处为宜。最宜布置于尽端，有单独出入口。

（2）各治疗室以光疗、电疗使用率最高，宜设于入口处；又因电量大，为节省线路，可设在近放射科处，但要防止相互间强电干扰，应采取必要的措施。

（3）必须采取单独电源总开关，各治疗室分别设分开关，总开关可装在检修室。

10.12　综合医院住院部设计

10.12.1　住院部用房组成

住院部主要是由各科病房、出入院处、住院药房组成。各科病房则由若干护理单元组成。护理单元则是由一套完整的人员、若干病人床位、相关诊疗设施以及附属的医疗、生活、管理、交通用房等组成的基本护理单位，具有使用的独立性。在护理单元内部，可对其所属病人集中或分组进行护理。

10.12.2　护理单元设计要求

护理单元是组成病房楼的基本要素，在总平面中占的比重大，尤其是大型医院病房楼，其标准层重复多次使用，设计得好，医院受益面积就大，设计得不好，受灾面积也大。因此对护理单元从方案到细部都应该精心设计，仔细推敲。

（1）护理单元的独立完整原则：护理单元是一个独立完整的系统，不受公共交通和其他科室的穿套和干扰，每个护理单元均应保持独立尽端。公共交通枢纽应在护理单元大门之外，单元内部的楼梯应为封闭楼梯间，楼梯平台不能占单元走道，平台与走道间设分隔门。

（2）同层布置原则：在一个护理层有两个以上护理单元的时候，同科单元同层布置，利于人员、床位的相互关照调剂。外科系统的单元最好能与手术部同层或邻层布置。

（3）巡视效率原则：应尽可能缩短护理距离，护士站应居中布置。巡视频率高的重病室和单元内部的ICU、CCU应紧靠护士站布置，这对缩短护理距离起到关键性作用。

（4）单元内护士站的直观监护原则：这点对重病房和ICU尤为重要，其余也应便于从走廊上观察到病人的面部表情，这对病室卫生间的位置和形式影响较大。护士站、治疗室相互间联系紧密，宜靠近布置，其他医辅用房应相对集中，有内部走道联系则更为理想。

（5）合理利用底层单元原则：一般将要求单独出入口的非标准单元设于底层，以便专设出入口，扩大面积，布置专用室外场地等。

（6）护理单元定型原则：为简化结构和管线布置，各层的楼梯、电梯间、配餐、浴厕等室必须上下对位。

（7）病室良好朝向和视野原则：主要使用房间应能自然采光通风，减轻对人工气候的依赖，节省费用和能源。

（8）护理单元的平面组合多样原则：护理单元的平面组合有多种形式（图10–32）。

10.12.3 病房设计要求

（1）病房门应直接开向走道，不应通过其他用房进入病房。门的净宽不得小于1.10m，门扇应设观察窗。

（2）在自然通风的条件下，病房的净高一般为3.20~3.40m，不得低于2.80m。窗洞面积与地面面积之比不得小于1∶7。

（3）病区内一般为3床病房和6床病房混合排列，个别可为4床和8床混合排列，也可采取其他排列形式。

（4）病房内病床应平行采光窗排列布置，单排布置者不得超过3~4床，双排布置不得超过6~8床。重点护理病房不宜超过4床，重病房不得超过2床。应接近护士室布置，便于护理。

（5）单排布置病床，通道净宽不应小于1.10m。双排布置病床，通道净宽不应小于1.40m。平行两床的净距不应小于0.80m。靠墙病床床沿距墙不应小于0.60m。

10.12.4 产科护理单元设计要点

（1）产科床位少者可与妇科合设护理单元，但必须贯彻“虽合犹分”的原则。产科产休室与妇科室分开，治疗室分开，浴厕分开。

（2）产科护理单元包括：产休区、分娩区、婴儿室组三部分，三者既要严格分开，又要联系方便。正常产妇、婴儿可母婴同室。产休病房应以少于3床为宜。

（3）分娩区须自成一区，入口应设卫生通过室，内设有待产、产房、隔离待产、洗手消毒、产期监护室、值班室、病人浴厕、隔离浴厕、污洗、探视及等候面积。

（4）产休区设计要求，一般与内科护理单元相同，室内宜增设洗手盆。

（5）产房与待产应相互邻近，联系方便，注意隔声。分娩床可利用手术部的无菌手术室。

（6）一般产房的室内装修和设施与无菌手术室相同。剖腹产可利用手术部的无菌手术室。

（7）婴儿室组须自成一区，内设有婴儿室，早产婴儿室、哺乳室、配乳室、奶瓶消毒室、洗婴室、隔离婴儿室、隔离洗婴室、护士站、医院办公室，或将早产婴儿室与护士站合并。

（8）婴儿室应有早期供暖系统，室内温度要求冬季不低于20℃，夏季不低于32℃，相对湿度应为65%。

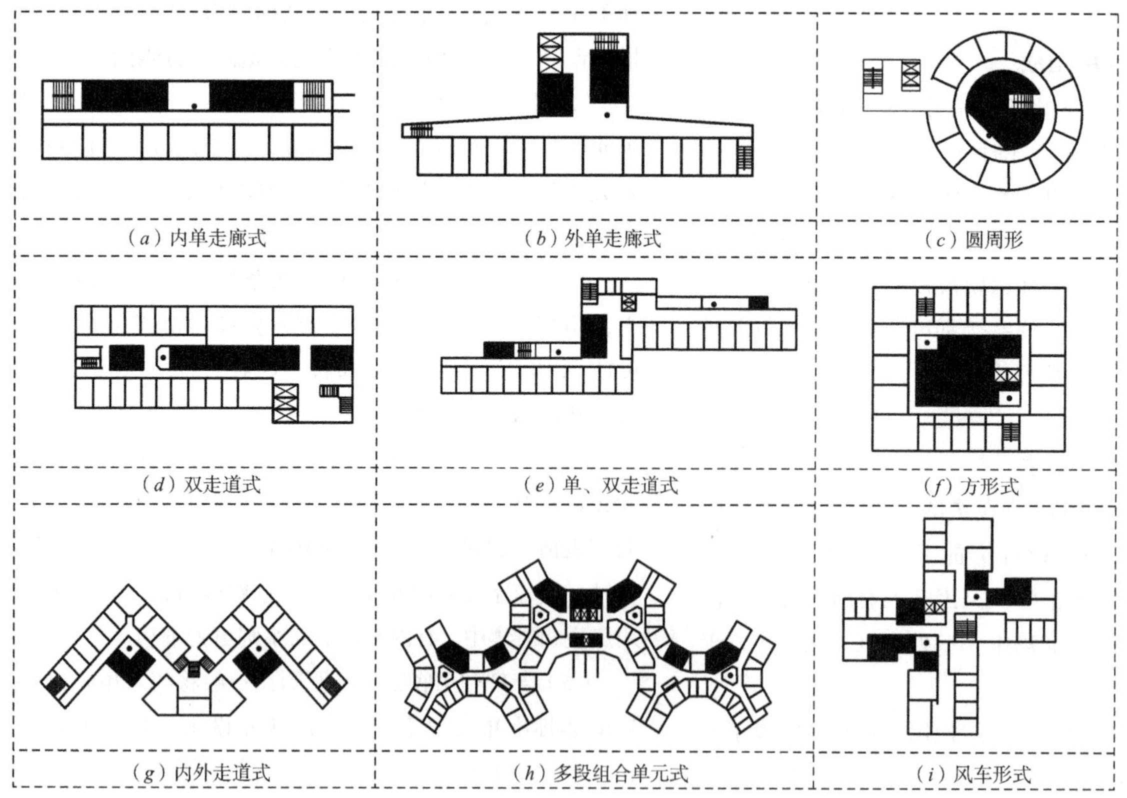

图10–32 护理单元平面组合形式

（9）妇产科床位多于100床者，妇科与产科应分开设置，其入口若有高低，应设缓坡道，以便产妇及车辆行走（图10–33）。

10.12.5 儿科护理单元设计要点

（1）儿科护理工作量较大，护理单元的床位数不宜过多，一般以20~25床为好，不宜大于35床。宜设在四层以下。宜设有单独出入院口及卫生处理室，至少在单元入口处设一个检查口，以免与其他科病人交叉。

（2）应设配奶室和奶具消毒设施以及新生儿病房、儿童活动室、母亲陪住室。

（3）应设置放1~2张病床和专用浴厕的隔离病房数，床位数占总床位数5%左右，其位置应设于护理单元尽端，并有单独出入口。

（4）护士站宜设于病房之中间。病房护士站与走道相互之间的分隔墙应采用玻璃隔断，使护士在任何位置都能看到病人动态，另外，宜设监护病房。

（5）室内装修与各种设施都应考虑儿童的尺度、兴趣、安全（图10–34）。

10.12.6 灼伤科护理单元设计要点

（1）由单人隔离病房、重点隔离病房、康复隔离病房以及处理室、抢救室、治疗室、护士室、洗涤消毒室、消毒品储藏室、器械室、化验室、手术室、扩创室等组成。

（2）灼伤病人易感染，隔离要求高。病床少者可设于外科护理单元的尽端，自成一区。病床多者可建立护理单元。每一护理单元都应独立成区，避免穿行。

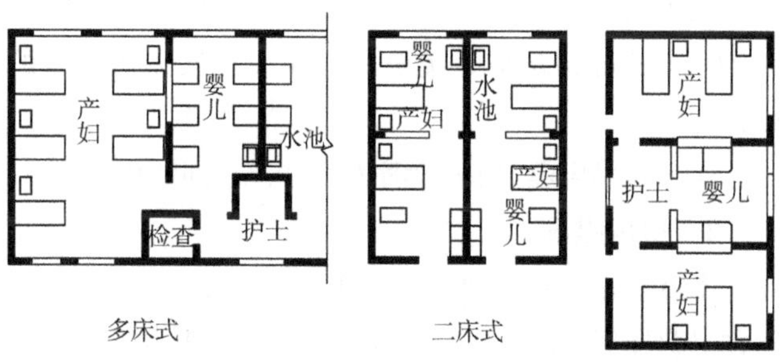

图10–33 产科护理单元示例

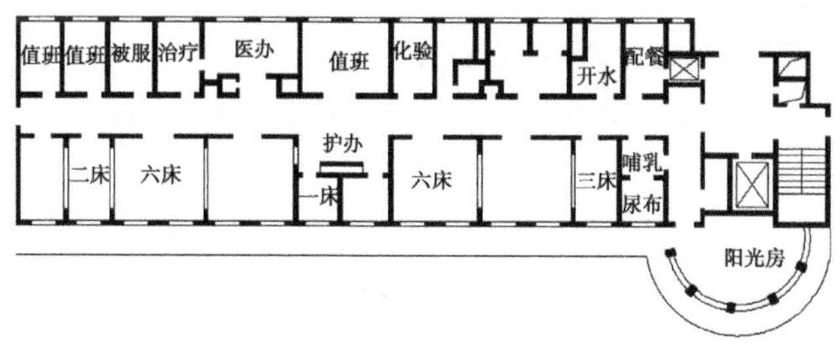

图10–34 儿科护理单元示例

（3）应设在环境良好、空气清洁之处。

（4）入口处应设医护人员卫生通过室，应有换鞋、更衣、厕所、淋浴设施。病人厕所应附设于病房中。

（5）探望者不得进入病区，宜在病房外侧设探视走道。

（6）宜有空调设施，应采用直流式空调系统，排风须经初效过滤器处理后排放。

10.12.7 传染病房护理单元设计要点

（1）由医护人员卫生通过室、病人入院处理室、病房、病人浴厕、探视室与医护人员办公室等组成。

（2）一般不收烈性传染病。病床少者可设于病房楼首层，病床多者或兼收烈性传染病，必须单独建造病房，并与周围的建筑保持一定距离。

（3）应严格区分洁污路线。传染病门诊和设于病房楼首层的传染病房均应单独自成一区，设单独出入口。传染病门诊几种病种不得同时使用一间诊室，并应设置专用化验室和发药处。传染病房平面应按清洁区、半清洁区、污染区布置。

（4）病房应分病种安排，每间病房不得超过4床。完全隔离的病房的浴厕应附设于病房中；一般病房的浴厕则可设在病房之外，但应分病种设置，并安排好路线，使不交叉。

（5）应设探视室或探视廊，探望病人者不得进入病区。

（6）病区应设消毒室，面积不宜小于20m^2。

（7）如设空调，必须采用直流空调设施，排风须经初效过滤器处理后排放。

10.12.8 重症监护护理单元设计要点

重症护理单元或称加强医疗单元（ICU），是现代医院的重要组成部分，是一个单独区域。大规模ICU包括以下三个区：

（1）ICU的设置以护士站为中心，另设隔离室、电子仪器室、化验室、处理室、器材室、污物室、休息室、厕所等，组成护理单元。

（2）手术区的组成与要求和一般手术室相同，但至少要有两间手术室，或与医院手术部合用。ICU与手术室宜同层设置。

（3）恢复治疗区，是专供患者在恢复与观察治疗阶段使用，待病情稳定后，可以转送到有关普通病房或回家继续治疗（图10–35）。

10.12.9 洁净病房护理单元设计要点

（1）由准备、病室、康复病床、病人浴厕、净化室、卫生通过室、护士室、医生办公室、洗手室、化验室、洗涤消毒室、消毒品储藏室、备餐室、污物室等。

（2）应自成一区。病床少者可设于内科护理单元内，或设于重症监护病区的一端。平面应按清洁区、半清洁区、污染区顺序布置。

（3）入口处应设医护人员卫生通过室，宜设风淋室。病人入口处应设换鞋处、更衣处。病人浴厕应同时设有淋浴器和浴盆。

（4）净化室仅供一病人使用，应符合三级净化标准，并在入口处设第二次换鞋、更衣处。

（5）血液透析治疗室的室内装修和设施与一般手术室相同。治疗床之间的净距不得小于1.20m，通道净距不得小于1.30m。

（6）洗涤室的地面、墙裙、洗涤池等应耐酸碱，洗涤池宜设专用冲洗设施。

（7）宜设隔离透析治疗室和隔离洗涤池，同时应设观察窗。

10.13 医院的后勤供应部门

10.13.1 中心消毒供应部设计

1）用房组成

由收件、分类、清洗、敷料制作、消毒、储藏、更衣、办公等组成。

2）设计要求

（1）位置应方便医疗部门递送未消毒物品和领用消毒物品，并适当靠近蒸汽源。

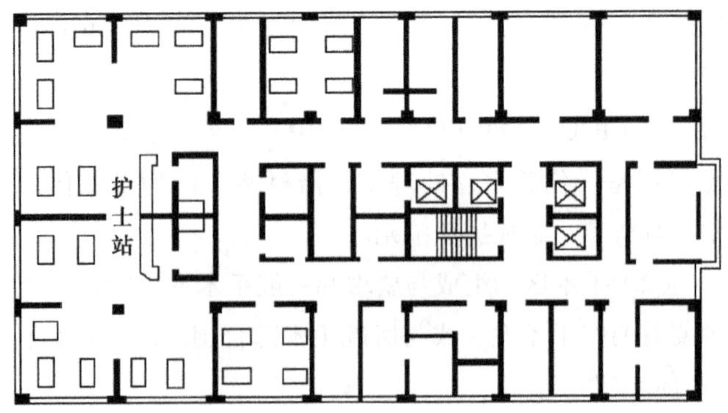

图10–35 重症监护护理单元示例

（2）要注意符合使用流程，洁污路线要分清，同时工作中产生的粉尘不能影响到其他工作室。

（3）消毒室需临近储藏室，并宜有传递窗口相连接。

10.13.2 太平间、焚毁炉设计

1）太平间设计要求

（1）应建于隐蔽之处，还应方便尸体搬运。尸体出口周围宜与其他医疗用房用绿篱隔开。

（2）应有冷藏尸体设施。停放尸体数量一般按医院总床位的2%~3%计。应有尸体推车的回转面积。

（3）应有防蚊、蝇、鼠、雀等侵扰的措施。室内应有水源，以便冲洗。

（4）应有良好的通风，地面及墙面采用耐冲洗的材料。

（5）应设置亲属入口，大型太平间还可设遗体瞻仰室。附近宜设休息室。

2）焚毁炉设计要求

（1）应建于隐蔽之处，一般近停尸房。

（2）应有消烟除尘的措施，最宜靠近锅炉房，以便利用其烟囱排放烟气。

（3）根据所用燃料采取不同构造。

10.13.3 营养厨房设计

1）设置位置与平面布置

（1）自成一区，靠近病房，应有便捷的联系。

（2）宜与营养部办公室紧邻或合设，配餐室和餐车停放室（处），应有冲洗和消毒餐车的设施。

（3）营养厨房应避免蒸汽、噪声和气味对病区的窜扰。

（4）布局应遵守生产程序和工作流程间的相互关系。

2）用房组成

主食制作、副食制作、主食蒸煮、副食洗切、冷荤熟食以及库房、配餐、餐车存放、办公、更衣等。

10.13.4 洗衣房

1）设置位置与平面布置

（1）如洗衣房设施社会化，应设收集、分拣、储存、发放。

（2）自成一区，应按照工艺流程来进行平面布置。

（3）污衣入口和洁衣出口处应分别设置。

（4）宜单独设置更衣休息和浴厕。

（5）设置在病房楼底层或地下层的洗衣房应避免噪声对病区的干扰。

（6）工作人员与病人的洗涤物应分别处理。

2）用房组成

收件、分类、浸泡消毒、洗衣、烘干、烫平、缝纫、储存、分发、休息、更衣等室。

10.14　综合医院实例

10.14.1　德国汉堡艾尔贝克综合医院

1）项目概况[10]

该医院位于德国汉堡西北内城边上，临近一座大型公园。周围的新建筑为该医院提供了一个新的经济挑战机遇，也促使其设计适应了医学功能结构未来的发展需求。该医院病床数量为222张，总建筑面积为16500m^2。

2）建筑总体分析

整个建筑群由两个较大的建筑相互连接而成，成为了现存建筑的轴向连接物。新建筑将所有的体细胞医学病区聚集在一起，其组成结构包括急救接待区、诊断室及咨询区、候诊区和一部分位于底层的医生服务区。阁楼层上建造有员工集会设施和培训设施，如会议厅、图书室、活动室及医生服务室和另一部分带演示设备的医生服务组。护理区分布在中间的三个楼层，地下室为建有太平间的病理解剖室。

3）建筑特色分析

建筑在整体布局上契合了周边环境，造型上简洁清晰，不仅保留了战后现代主义风格的美感，同时还利用金属钢材立面构成引人注目的入口区域，为建筑注入了新的时代特征（图10–36）。

10.14.2　德国卡尔斯鲁厄市立医院儿科和妇产科医院

1）项目概况[11]

该建筑是一所儿科及妇产科专科医院，其中妇产科医院有86张床位，儿科医院有164张床位，占地总面积为35451m^2。

2）设计总体分析

建筑整体布局上呈枝干状，产科与手术科、新生儿及早产儿护理机构像一根项链上的珍珠一样相互连接。新建三层建筑群由一栋主楼和两栋与之对接的住院部组成，住院部一直延伸到美丽如画的医院公园中。建筑空间设计巧妙，带有问讯处的入口大厅引人注目，宽阔的大厅在视觉与功能上使所有楼层彼此相连。主楼东侧通道构成了医院入口区至关重要的定位元素，从那可直接到达略呈弧形的住院部。

3）建筑特色分析

建筑布局方式较为典型，主楼与辅楼的枝状平面形态便于组织各功能及流线。建筑形象欢快开放，突破了传统医院难以接近的印象。建筑功能及流线组织合理及人性化，并能充分利用光线及环境为患者创造舒适的就医环境（图10–37）。

10.14.3　加利福尼亚Kaiser Permanente集团安提阿医疗中心

1）项目概况[12]

该项目用地面积为20.2hm^2，建筑面积为2.16万m^2，拥有174张床位，设计将可持续的设计理念和最新科技融入规划概念中，以实现该集团的目标——为患者、员工和来访者提供高效、舒适和安全的医疗环境。

2）设计总体分析

建筑两个主要部分围绕贯穿多层的带状中庭、庭院和康复花园组织，为建筑内部引入自然光并形成了极强的引导性。诊断和治疗楼设有可适应未来增长的“弹性空间”；医院内几栋建筑的每个楼层都相互连通，并贯通2层的圆形入口大厅和毗邻的医疗办公楼。在流线上，员工与患者的交通流线与公共流线分离设置，同时中央室外庭院还设有康复花园及用餐阳台，给患者、员工及访客提供了活动及休息空间。

3）建筑特色分析

该建筑力图在设计中实现客户提出的弹性、高效及通用性目标。充满阳光的中庭便于人员往返；独特的住院楼布置提高了护士的工作效率；分离设置的流线设计为患者和员工提供了舒适安全的环境（图10–38）。

10.14.4　内蒙古呼伦贝尔市海拉尔区人民医院（图10–39）

1）项目概况[13]

医院紧邻城市主干道，东面是美丽的伊敏河，交通便利。医院拟建建筑面积为55900m^2，由病房、门诊、急诊、医技、后勤保障、行政管理等功能构成的12层高的一体化综合楼。用地面积2.31hm^2，建筑面积2.79万m^2，床位数量为300床。

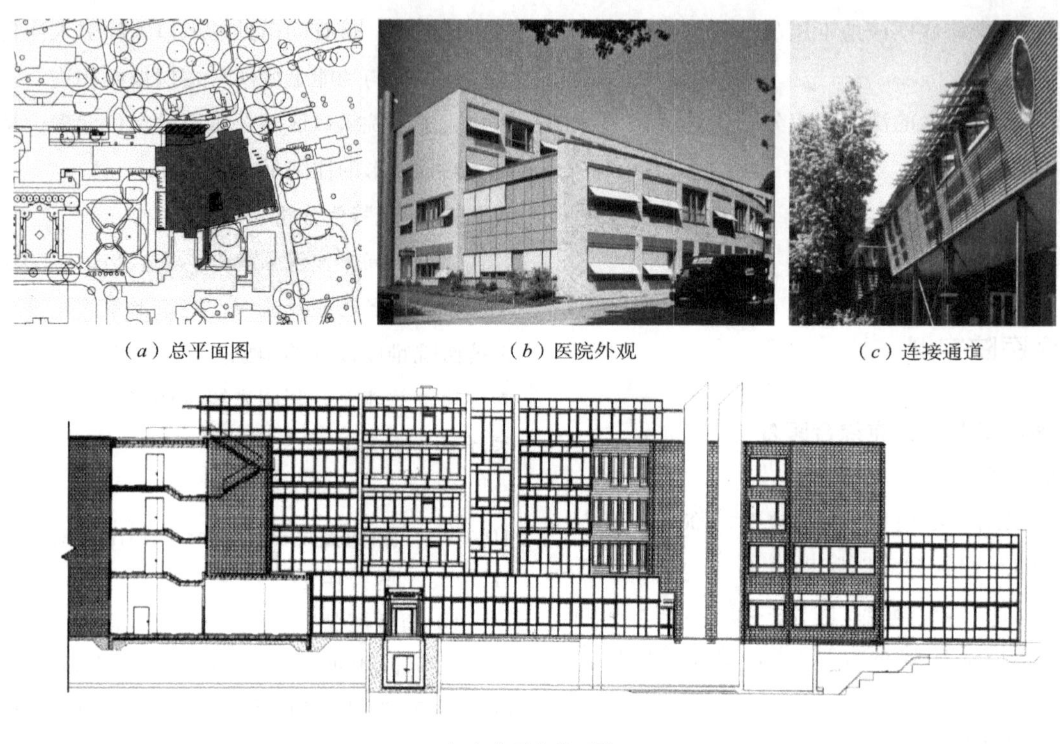

（*a*）总平面图 （*b*）医院外观 （*c*）连接通道

（*d*）东西向截面图

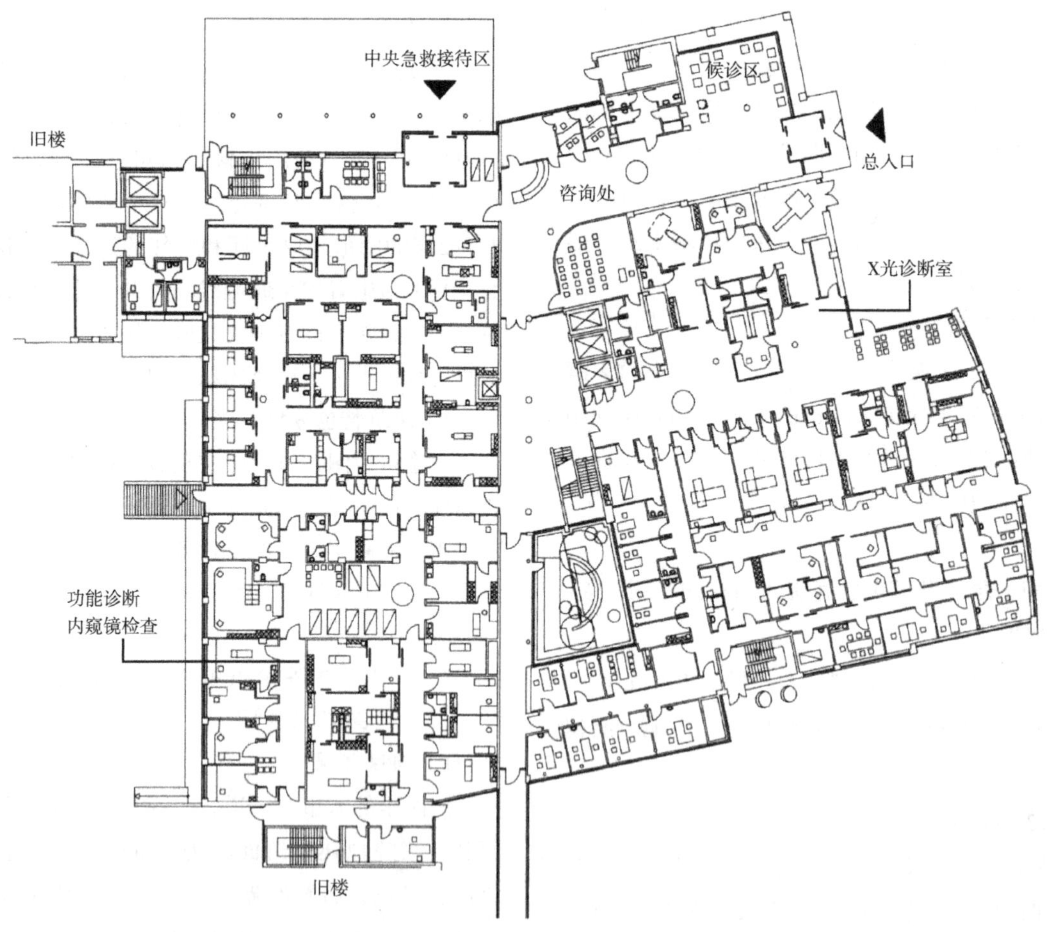

（*e*）一层平面图

图10–36 德国汉堡艾尔贝克综合医院（一）

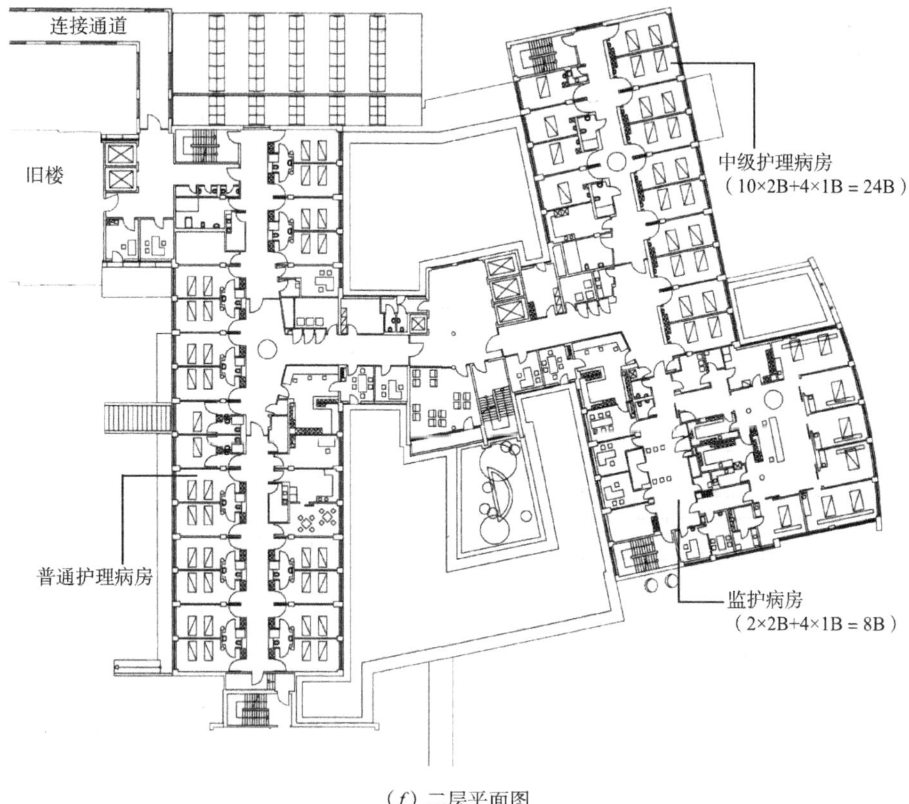

（*f*）二层平面图

图 10–36　德国汉堡艾尔贝克综合医院（二）

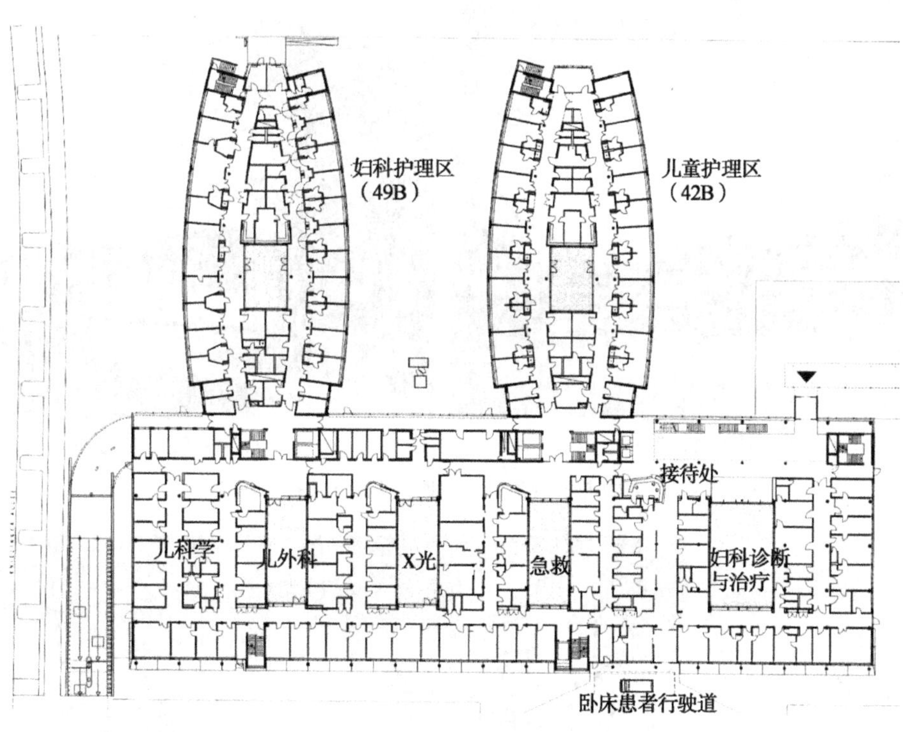

（*a*）一层平面图

图 10–37　德国卡尔斯鲁厄市立医院儿科和妇产科医院（一）

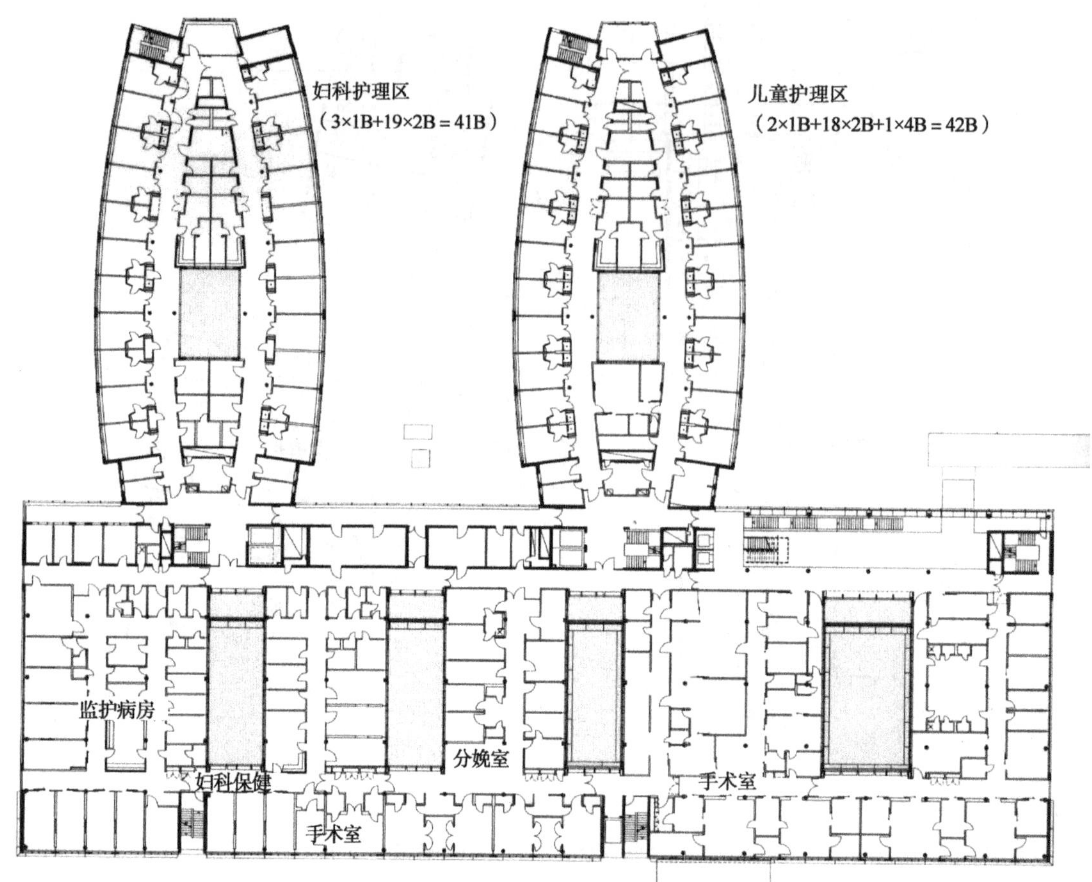

（*b*）二层平面图

（*c*）住院部玻璃通道

（*d*）镶彩色玻璃嵌板的主楼

图 10–37 德国卡尔斯鲁厄市立医院儿科和妇产科医院（二）

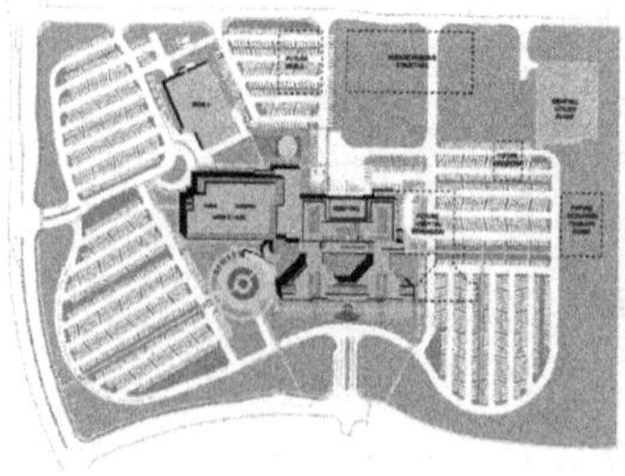

（*a*）总平面图

（*b*）医院外观一

（*c*）医院外观二

图 10–38 加利福尼亚 Kaiser Permanente 集团安提阿医疗中心（一）

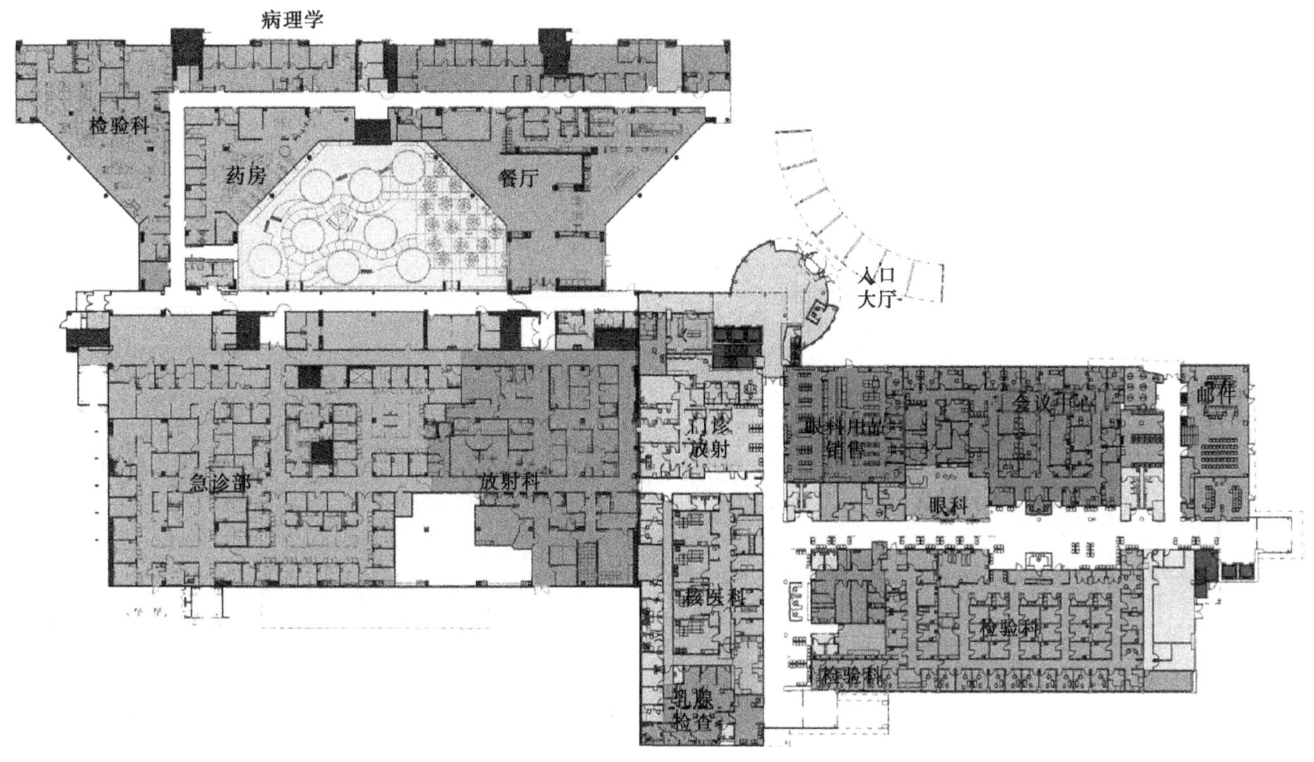

(*d*)一层平面图

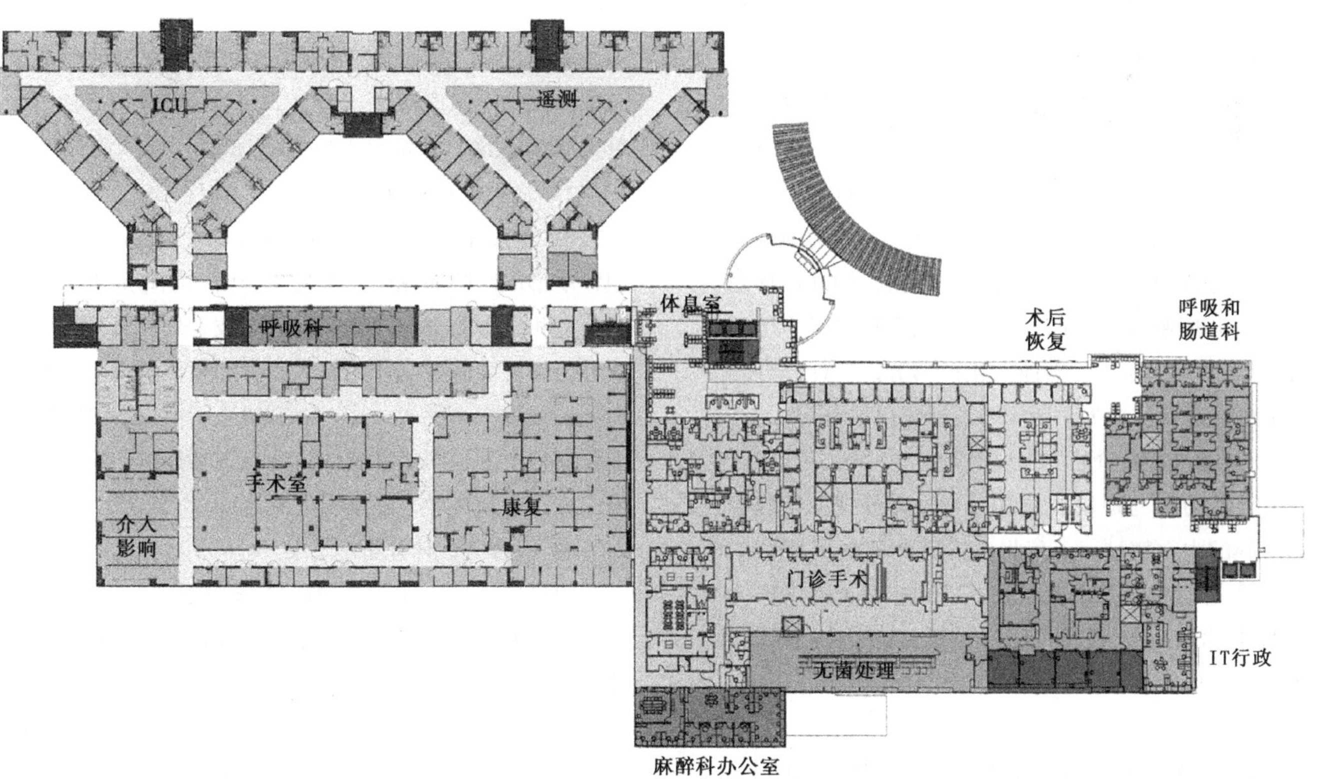

(*e*)二层平面图

图10–38 加利福尼亚Kaiser Permanente集团安提阿医疗中心(二)

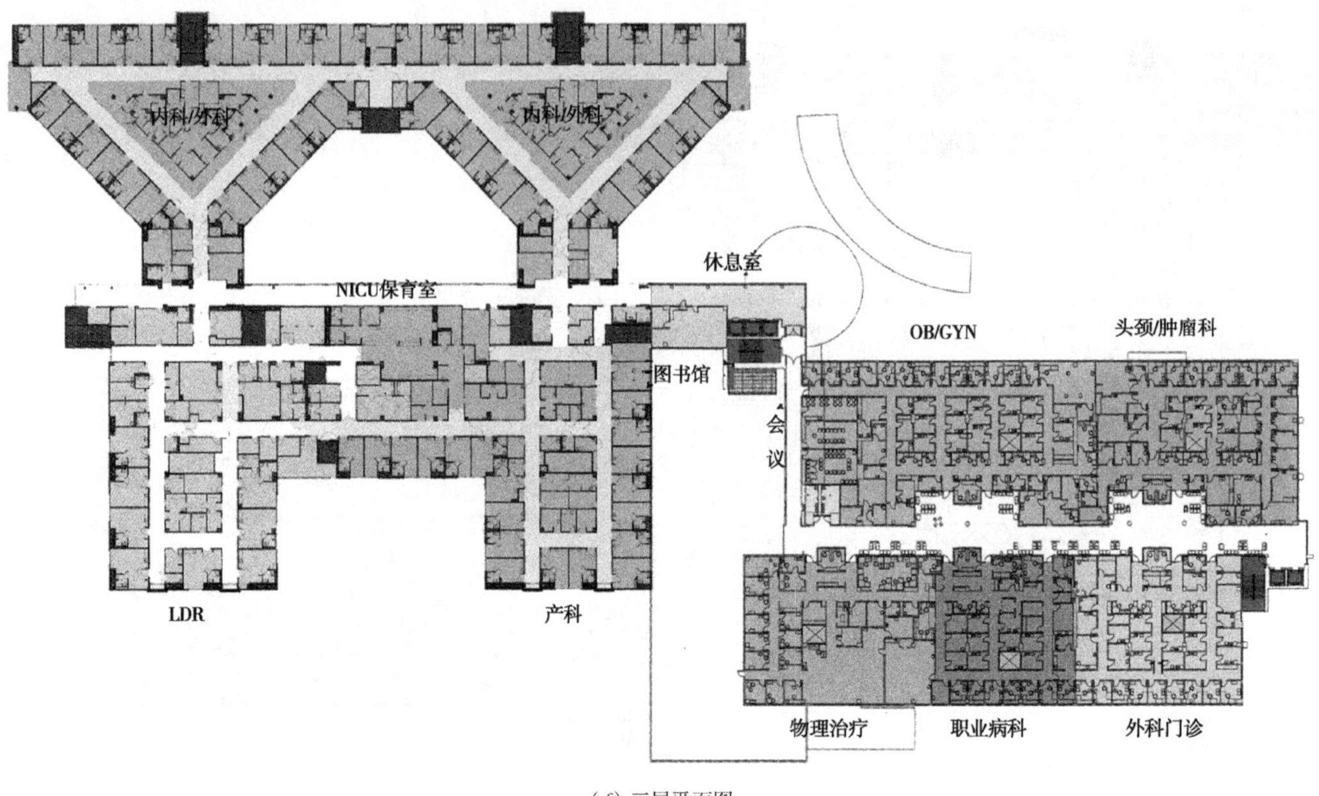

（f）三层平面图

图10–38 加利福尼亚Kaiser Permanente集团安提阿医疗中心（三）

2）设计总体分析

设计方案对医院建筑模式和概念进行了探讨：第一，寻求一种模块式的设计方法以适应未来发展；第二，建筑布局上考虑到北方寒冷气候特征，将建筑设计为高低层叠加的统合体；第三，方案便捷地组织了建筑内外各类交通流线，包括架构外循环系统及内循环系统；第四，建筑形式上利用了当地材料，尽可能地传承了当地文化；第五，设计充分考虑了可持续发展规划，为未来发展预留了空间。

3）建筑特色分析

设计力图与地域文化相融合，充分挖掘了鄂温克民族的内在精神，不仅将建筑设计为舒展简洁的形态，同时将该民族特有的装饰图案抽象化作为建筑主体构件，用现代的建筑形式语言将民族特色充分表现了出来。

10.14.5 重庆开县人民医院综合楼（图10–40）

1）项目概况[14]

该规划用地位于开县新城中心区，占地约8.67hm^2，四周与城市道路相临，西面与规划的生态公园隔路相望。医院综合楼设计规模为500床位，日门诊量为1000人次，建筑面积为5.4万m^2。

2）总体布局分析

设计将医院置于场地中部偏西，与生态公园隔路相望，以形成医院前花园。医院综合楼功能布局采取集中与分散相结合的方式，将门诊、医技、住院病房、后勤及办公等功能区域进行关联式思考和整体设计。南北方向上形成横向联系轴，以“医院街”串联起各功能区，绿化作为室外空间元素延伸到建筑各功能区，形成“一横三纵”空间格局，使流线更便捷。

3）门诊区设计分析

门诊区入口大厅正对院前广场，是一个3层通高的中庭式空间。宽敞的入口大厅中部设休息区，正对入口处设挂号区，左右分设药房区。入口大厅向东是贯穿门诊部的“医院街”，“医院街”3层通高，中部有天桥连接，顶部覆以三角形钢结构采光屋架，室内空间开敞明亮。“医院街”东侧有三个绿化庭院将门诊的诊疗区有机分割并联系，形成三个南北朝向、相对独立的门诊诊疗区。通过横向医院街与纵向庭院结合，形成了“街”与“院”的关联设计，建筑与环境得以共生。

4）建筑特色分析

医院整体营造出了亲切、愉悦、人性化的就医环境，宽敞、明亮的医院街不仅创造了良好的室内物理环境，也利于人们的身心健康。建筑形象简洁明快，多层裙房与院落的穿插建构了良好的尺度感，也营造出了富有特色的入口空间。

（*a*）医院鸟瞰图

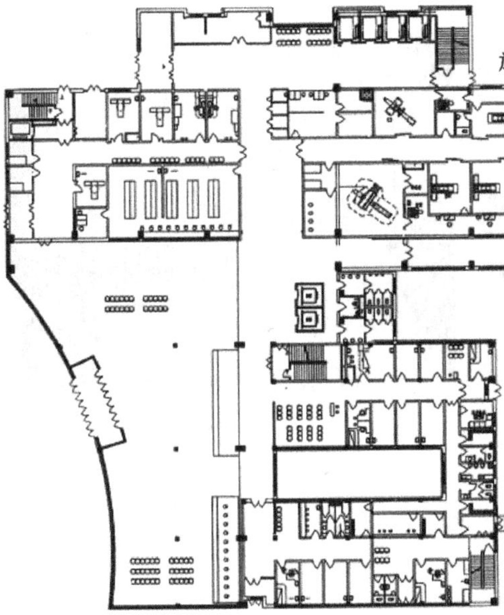

放射科
外科
高压氧
肠道
发烧

（*b*）一层平面图

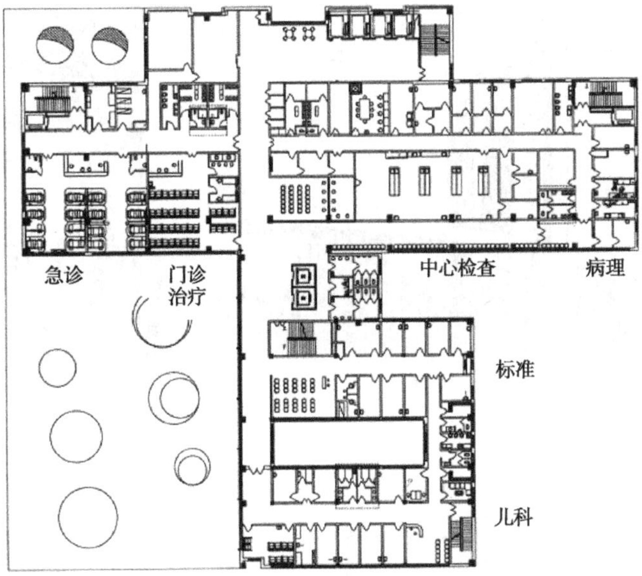

急诊
门诊
治疗
中心检查
病理
标准
儿科

（*c*）二层平面图

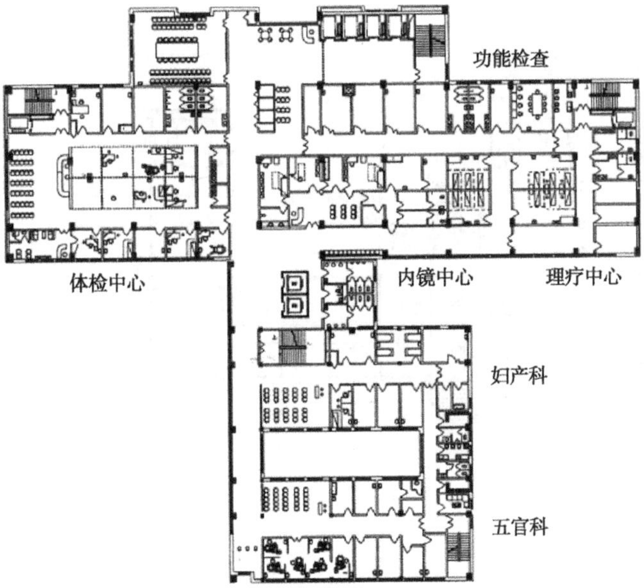

功能检查
体检中心
内镜中心
理疗中心
妇产科
五官科

（*d*）三层平面图

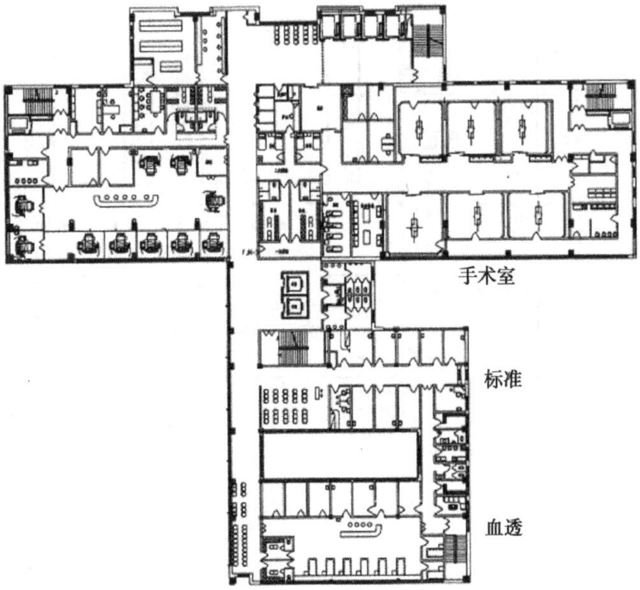

手术室
标准
血透

（*e*）四层平面图

图10–39　内蒙古呼伦贝尔市海拉尔区人民医院

10.15　参考书目及解读

10.15.1　理论类参考书

1）罗运湖 . 现代医院建筑设计［M］. 北京：中国建筑工业出版社，2002.

本书是一本系统论述现代医院建筑设计理论和创作实践的专著。其中1~5章着重从总体上宏观地论述医院的发生、发展，功能结构和建筑形态，区域卫生规划与总体布局，并对医院建筑的“变”与“应变”规律作了分析评述。结合医学模式的转化及其对医院建筑的影响，专列一章对病人需求及其对环境的感受与评价作了探讨，以期对创造人性化的医院环境有所助益。6~12章分别对医院的门诊、医技、住院、后勤供应等部门作了深入细致的论述，注入了新的理念、内容和例证，基本反映了当代世界医院建筑的最新成果和发展动态。本书内容系统全面，是一本很有价值的专业参考书。

2）骆宗岳，徐友岳 . 建筑设计原理与建筑设计［M］. 北京：中国建筑工业出版社，1999.

该书包括建筑设计原理和各类建筑设计专题两部分。前者阐述了民用建筑设计的理论及一般原则，后者

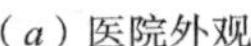
（*a*）医院外观

（*b*）入口大厅

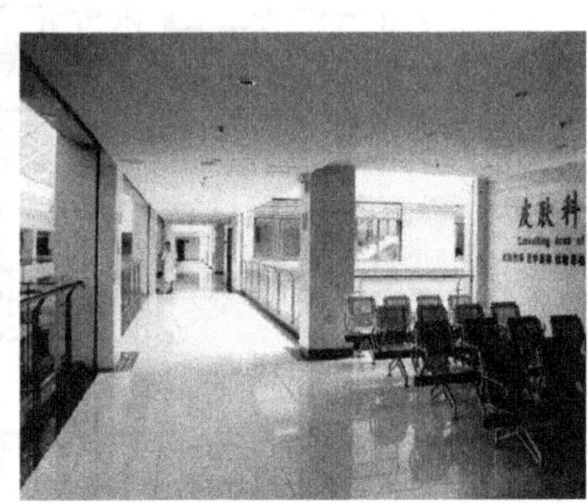

（*c*）三层候诊区

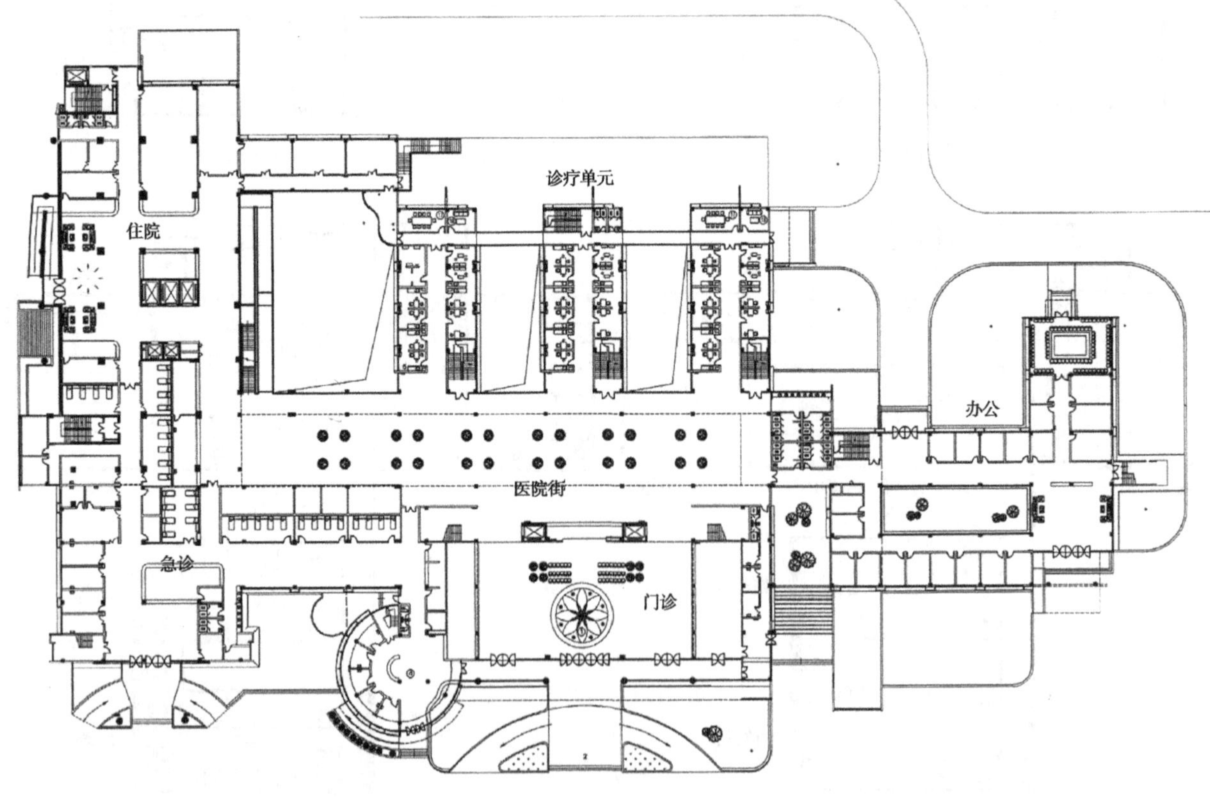

（*d*）一层平面图

图10–40　重庆开县人民医院综合楼（一）

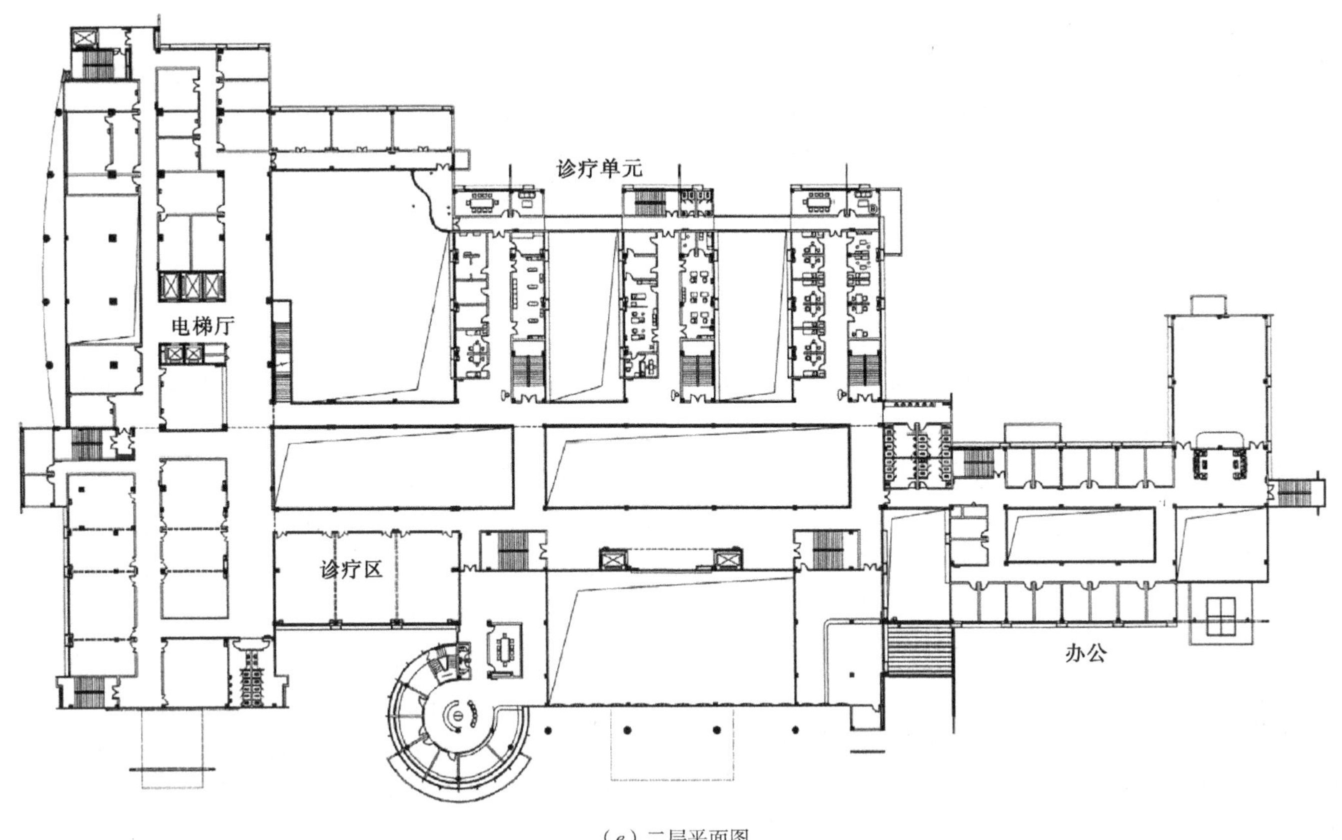

（*e*）二层平面图

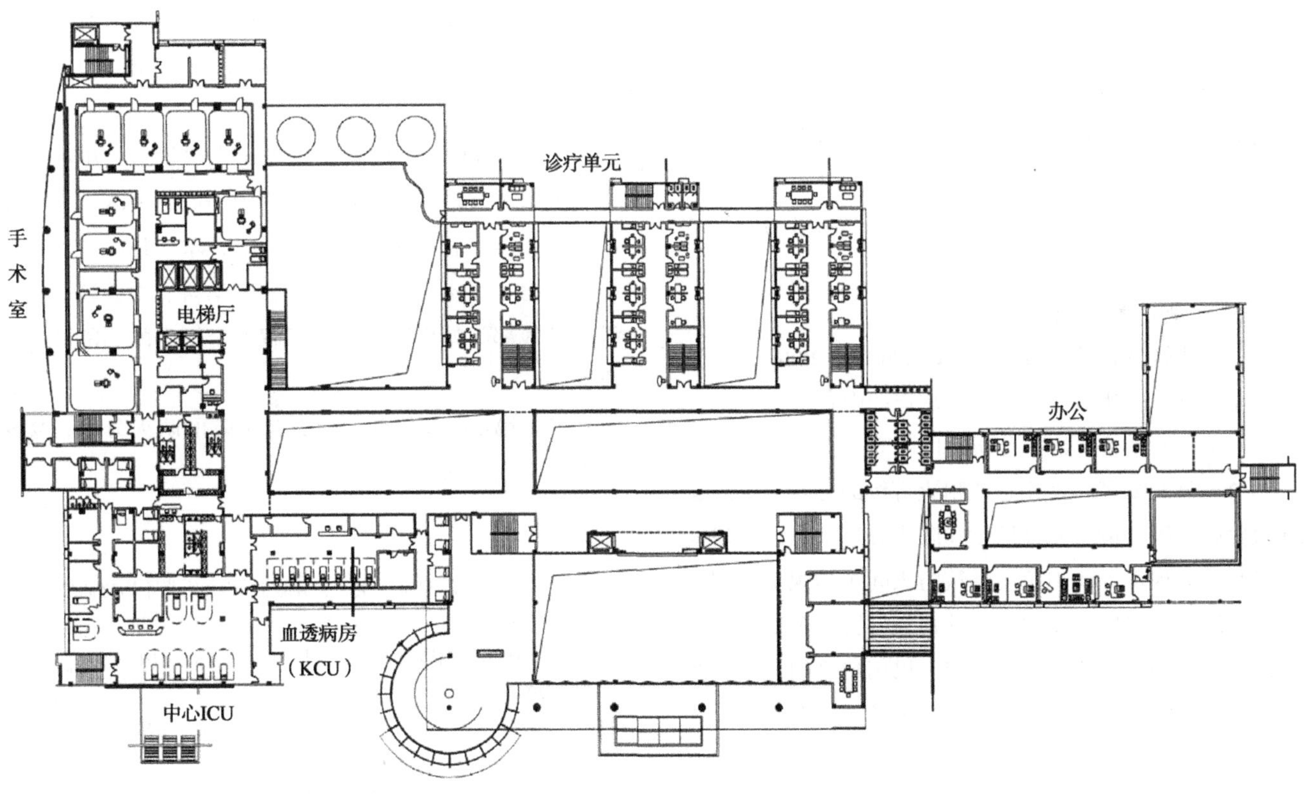

（*f*）三层平面图

图10–40　重庆开县人民医院综合楼（二）

结合建筑实例介绍了常见建筑类型的一般设计方法。书中广泛收集了国内外有关资料、数据和建筑实例，并加以归纳总结，内容丰富，编排合理。该书可作为中专建筑设计技术（建筑学）专业、城市规划、建筑装饰专业的教学用书，也可作为二级注册建筑师资格考试的参考用书和建筑设计人员的参考用书。

10.15.2　图集、工具类参考书

1）建筑设计资料集（第二版）［M］. 北京：中国建筑工业出版社，1994.

该《建筑设计资料集》为建筑设计行业的大型工具书，是一套最基本的建筑设计工具用书。其中第7集以工具手册的形式，系统、全面地介绍了综合医院的有关设计要点及要求，以具体的技术参数、指标、文字及图示作了详细的讲解，对医院建筑设计有着很强的指导意义，非常具有实用性。

2）（德）菲利普·默伊泽尔，克里斯托夫·席尔默（德）. 综合医院与康复中心［M］. 王婧译. 大连：辽宁科学技术出版社. 2006.

该书收集了自德国统一以来新建的医院建筑案例，详细说明了德国的100多个项目，除了50多个新建筑项目外，还包括50个改建与扩建项目。为了对建筑的规格和功能进行比较，还采用了功能示意图帮助阅读。整本图书内容新颖，代表了现代综合医院设计和发展的新趋向。尽管德国医院建筑在设计上与国内医院有所差异，但对于医疗建筑的学习是一本不错的参考书。

10.15.3　规范类参考书

1）《建筑设计防火规范》（GB 50016—2006）

在综合医院建筑设计中必须掌握的内容包括：

（1）第1章 了解该规范所适用的建筑。

（2）第5章 了解民用建筑耐火等级的分类，民用建筑的耐火等级、最多允许层数和防火分区最大允许建筑面积的相关规定；认识民用建筑防火间距的规定；理解民用建筑安全出口的设置，公共建筑设置安全出口的条件，对于公共建筑疏散门的规定，民用建筑的安全疏散距离应符合的规定，建筑中的疏散走道、安全出口、疏散楼梯以及房间疏散门各自宽度的规定。

（3）第6章　了解消防车道设置的相关规定。

2）《民用建筑设计通则》（GB 50352—2005）

该规范内与医院建筑设计相关的主要条款应把握的主要内容有：

（1）第3章　民用建筑的分类，设计使用年限，建筑与环境的关系，建筑无障碍设计的要求，停车空间的要求。

（2）第4章　需要掌握建筑基地的相关要求，关于建筑突出物的相关规定，对于建筑高度的控制要求等。

（3）第5章　了解建筑布局的规定，建筑日照标准应符合的要求，建筑基地内道路应符合的规定，道路与建筑物间距应符合的规定，竖向设计的相关知识以及绿化设计应符合的要求等。

（4）第6章　理解建筑物设计的平面布置，层高和室内净高的要求，地下室和半地下室要求，厕所、盥洗室、浴室应符合的相关原则及尺寸，台阶、坡道和栏杆应符合的规定，其中楼梯踏步的高宽设置及相关规定要认真理解。了解电梯设计的相关要求，门窗、楼地面、屋面设计的相关要求等。

（5）第7章　建筑物采光、通风、保温、防热的相关规定要加以认识，医院室内隔声的标准和要求要详细了解。

3）《综合医院建筑设计规范》（JGJ 49—88）

该规范需要通读，其中需重点把握的内容有：

（1）第2章　掌握综合医院选址的要求，总平面设计需要符合的要求。

（2）第3章　了解建筑物的出入口设置，电梯、楼梯、坡道等交通枢纽的设置，室内净高的要求，重点掌握门诊用房、急诊用房的设计要求，掌握住院用房、传染病用房、手术部、放射科、核医学科、检验科、病理科等其他部门的设置位置，了解各个用房的功能和工作流程。

（3）第4章　重点掌握综合医院的防火分区，楼梯和安全出入口的布置。

注释：

[1] [1]范维. 现代医院建筑的生态文化设计理念及设计趋势研究［D］. 重庆大学硕士学位论文. 2007.

[2] [2、3、9]罗运湖. 现代医院建筑设计［M］. 北京：中国建筑工业出版社，2002.

[3] [4、6]骆宗岳，徐友岳. 建筑设计原理与建筑设计［M］. 北京：中国建筑工业出版社，1999.

[4] [5、7、8]黎志涛. 一级注册建筑师考试建筑方案设计（作图）应试指南（第四版）［M］. 北京：中国建筑工业出版社，2009.

[5] [10、11]（德）菲利普·默伊泽尔，克里斯托夫·席尔默. 王婧译. 综合医院与康复中心［M］. 大连：辽宁科学技术出版社，2006.

[6] 12、13、14城市建筑（医疗建筑专刊）[J]. 城市建筑杂志社，2009，7.

表格来源：

表10–1，综合医院建设标准（2008年修订版报批稿）[S].北京：卫生部，2008.

图片来源：

[1] 图10–1，图10–2，图10–27，图10–28，图10–30，建筑设计资料集（第二版）[M]. 北京：中国建筑工业出版社，1994.

[2] 图10–3，图10–4，图10–5，图10–26，图10–31，图10–32，图10–33，图10–34，图10–35. 骆宗岳，徐友岳. 建筑设计原理与建筑设计 [M]. 北京：中国建筑工业出版社，1999.

[3] 图10–6，图10–8，图10–9，图10–10，图10–11，图10–12，图10–13，图10–14，图10–15，图10–16，图10–17，图10–18，图10–19，图10–20，图10–21，图10–22，图10–23，图10–24，图10–25. 黎志涛. 一级注册建筑师考试建筑方案设计（作图）应试指南（第四版）[M]. 北京：中国建筑工业出版社，2009.

[4] 图10–7，图10–29. 罗运湖. 现代医院建筑设计 [M]. 北京：中国建筑工业出版社，2002.

[5] 图10–36，图10–37.（德）菲利普・默伊泽尔，克里斯托夫・席尔默. 王婧译. 综合医院与康复中心 [M]. 大连：辽宁科学技术出版社，2006.

[6] 图10–38，图10–39，图10–40. 城市建筑（医疗建筑专刊）[J]. 城市建筑杂志社，2009，7.

第11章　综合技术运用训练
——高层城市商务旅馆建筑设计

11.1　高层城市商务旅馆建筑设计专题概述

11.1.1　教学目的

综合技术的运用训练是建筑学本科阶段向职业建筑设计阶段的过渡与衔接，高层城市商务旅馆建筑设计教学旨在通过较为复杂、建筑规模较大型的设计题目的训练，进一步加深学生对建筑设计原理的理解，融会贯通相关课程内容，培养解决较复杂建筑功能与形式并协调技术因素的能力。

根据建筑设计课程教学指导思想，我们确立了以下能力培养目标：

（1）设计能力：培养综合运用已学的相关知识和技能处理功能、技术较复杂的建筑设计的能力。

（2）分析能力：培养对设计相关要素综合分析的能力。

（3）表达能力：培养熟练的绘图表达、计算机辅助表达、口头表达以及综合运用各种表达方式的能力。

（4）技术能力：引导学生关注结构本身的实际意义，学习正确选择结构与材料的方法。

11.1.2　旅馆建筑发展概述

旅馆是为旅行者提供短期居留处所的建筑设施的统称。

1）我国古代旅馆的发展

中国古代旅馆建设的高峰出现在唐代，宋、元、明、清等时期也屡有兴盛，但形制变化不大。我国古代旅馆的规模较小，其建筑特点如下：

（1）以低层木结构为主，吸取当地民居建筑形式特色。

（2）依势借景，结合庭园绿化，布局活泼。由于封建社会时代的社会生产力和生活方式的限制，我国古代旅馆的发展上规模虽有扩大，装修技艺日趋精致，但没有质的变化，一直停留在低层院落式组合的格局中。

2）西方旅馆的发展

西方旅馆的发展大致可分为四个阶段，即客栈时期、大饭店时期、商务旅馆时期和现代旅馆时期（表11–1）。各个阶段的发展有交错与渗透，并非截然隔断。

（1）客栈时期

古希腊、古罗马时期的城市便出现了供人们宿食的客栈以及供国外使节住宿的迎宾馆。

1400年左右，英国出现了房租低廉的公共住宿设施，称为客栈。

西方旅馆的发展　　　　**表11–1**

发展阶段	客栈时期	大饭店时期	商务旅馆时期	现代旅馆时期
时间	随旅游业出现	19世纪后半叶至20世纪初	20世纪初至中期	20世纪后半叶
主要使用者	宗教、经济目的的旅行者	富有和特权阶级	商务旅行者	商务、观光、会议、疗养等的顾客，当地居民的社会活动等
投资目的	慈善事业	社会名望	利润（中等、小额）	各种目的，包括大资本的参与和公众福利
经营性质	社会义务	迎合贵族的需要	低成本，薄利多销	目的在于通过多种经营，实现经济价值的最大化
体制	独立、小规模	独立、中等及大规模	联营、联号，有大规模的优点	与联营、联号体制并存，有独立设施
设备性质	保证最低限度的需要	奢华	标准化、简易小巧，要求成本低	多种效用、多种标准、为特殊计划和特殊项目的需要

（2）大饭店时期

19世纪下半叶，旅馆建筑进入了大饭店时期。大饭店时期的建筑平面常采用对称式布局，功能仅作简单分区，室内空间高大，强调的是舒适与豪华。

（3）商务旅馆时期

20世纪20年代以后，商贸往来和旅游业的发展使旅馆建筑进入了商务旅馆时期，同时由于受到国际主义建筑的影响，此时的旅馆建筑设计注重功能，发挥新材料、新结构的特性，重视经济效益。

（4）现代旅馆时期

20世纪50年代以后，旅馆建筑进入现代旅馆时期，成为一种功能多样、主题突出的建筑类型。

3）当代旅馆建筑的发展趋势

目前，为了适应现代社会发展的要求，现代旅馆建筑的设计正在向两个不同的方向发展。一是综合性方向。旅馆不再是单一的功能建筑，它与商场、公寓、博物馆、影剧院等结合在一起，形成城市中体量巨大的综合服务设施。另一个方向则是专业性，例如汽车旅馆、会议旅馆、旅游旅馆、疗养旅馆等，这些旅馆普遍规模较小，以多层为主，但布局灵活，空间尺度亲切宜人，室内外设计注重吸取当地的传统文化特色，同时具有一定的时代特征。

当代旅馆建筑的发展在以下几方面表现突出：

（1）客房：客房功能呈多元化发展趋势。传统旅馆客房功能为睡眠、起居，而随着信息时代人们对生活的多样性与舒适性的追求，其功能体现为以睡眠、起居为主，兼有休闲、工作等多功能于一身。

（2）中庭空间：1967年，由美国建筑师约翰·波特曼设计的亚特兰大摄政旅馆首次推出了中庭（图11–1）、玻璃观光电梯和顶层旋转餐厅“三大法宝”，突破了传统旅馆的空间格局。

11.1.3　旅馆等级与规模

国际上常按旅馆的环境、规模、建筑、设施、装修、管理水平等具体条件划分等级。星级制是当前国际上流行的划分方法，在我国也较为普遍。按照国际旅游协会通行的星级评定标准，将旅游旅馆分为五级，星数越多，级别越高，旅馆的建筑、装饰、设施设备及管理，服务质量等方面的水平也就越高。我国旅馆规模与等级评定标准参见表11–2、表11–3。

图11–1　旅馆中庭

等级评定标准　　表11–2

资料名称	编制	等级
旅游旅馆暂行设计标准	国家计划委员会	一、二、三、四（级）
旅馆建筑设计规范	建设部建筑设计院	一、二、三、四、五（级）
国家旅游涉外饭店星级标准	国家旅游局	五、四、三、二、一（级）

规模评定标准　　表11–3

规模	客房间数	标准	等级
小型	＜200间	中低档 超豪华	一星、两星、五星
中型	200~500间	中档、豪华	三星、四星、五星
大型	500~1000间	豪华	五星
特大型	＞1000间	中档、豪华	三星、四星、五星

11.1.4　旅馆建筑类型

随着现代生活的发展，旅馆建筑在形式和内容上都发生了很多变化，也逐渐出现了许多新型的旅馆建筑。通常情况下，旅馆可以依据以下两种标准进行分类：

1）按位置分

（1）城市旅馆

城市旅馆又叫市区饭店，是建在城市中心区和其他较繁华城市地段的旅馆。由于它交通便利、服务多样，因此是旅游观光、商务会议、普通过境或者各种因公因私逗留的首选场所。

（2）郊区旅馆

郊区旅馆远离城市繁华地段，多数选择在依山傍水、林木葱茏等风景优美的地段。因此，除了对城市外来人员的服务外，还为本地市民提供了很好的周末及节假日闲暇娱乐的场所。

（3）风景旅游区旅馆

选址在风景区的边缘或内部，如山坡、海边、湖畔等处，景色优美，一般规模不大，经营具有一定特色，如度假别墅、温泉疗养地、度假村等。

（4）总站旅馆

总站旅馆是车站、机场、码头等各种交通枢纽附近综合性旅馆的总称。这类旅馆因其对外交通联系的便利性，吸引多数过境转乘客人、部分商旅客人以及观光客人。

（5）路边旅馆

路边旅馆依托交通流量较大的省市区道路以及高速公路服务区，为过往客人提供短暂的住宿服务，尤其是为长途驾车的司机解决食宿、修理、物资补充等问题。

2）按功能分

（1）商务会议旅馆

现代商务会议旅馆为顾客提供商业洽谈、各类会议宴会的场地及相关的配套服务，保证各类商务活动能够安全有序地进行，同时商务旅馆大多还为客人提供较全面的休闲娱乐和健身服务。

（2）旅游旅馆

以接待旅游观光客人为主的旅馆，以住宿、餐饮为主，也附其他设施。这类旅馆要求有轻松愉悦的环境、安全舒适的客房以及周到的服务。

11.2 高层城市商务旅馆建筑的设计方法与内容

高层城市商务旅馆的设计，需要从城市角度、顾客角度来思考，同时也要从旅馆经营者的角度出发来考虑。从建筑学学生向职业建筑师过渡，需要熟悉职业建筑设计师的思考方式：作为职业建筑师，对设计对象的思考不能仅限于建筑本身的艺术和技术属性，还要考虑建筑的社会属性。

11.2.1 设计前期研究

1）高层城市商务旅馆的社会特征：

（1）城市或地区地标性建筑。由于高层城市商务旅馆一般占据城市或一个地区的重要位置（城市商务、金融中心或城市入口及其他显要位置），所以它对一个城市或地区的城市形象有很大影响。

（2）城市或地区生活的重要组成部分，是一个城市非常重要的社交和休息空间。

（3）商务与娱乐相结合的社会生活形态，体现一种康乐富足与充满活力的城市生活环境。

2）高层城市商务旅馆作为大型城市建设项目，前期研究非常重要，主要包括两个方面的内容：

（1）对设计项目的成因、规模大小、赢利模式等因素的研究，确立设计项目的经济性原则。

（2）对设计项目所在城市或地区发展目标、城市文化历史的研究，了解设计项目的设计目标和构思方向，以确定设计项目的文化艺术性原则。

11.2.2 高层城市商务旅馆建筑的设计方案构思

1）设计理念

针对大型复杂的公共建筑，形成恰当的设计理念是非常关键的一步，是整个设计的总纲和方向。城市商务旅馆设计定位要鲜明，主题要明确。当前比较流行的旅馆建筑设计理念主要有：

主题化：主题酒店是在20世纪90年代出现的一种新型酒店，它通过外表和内涵展示某种文化，从而形成酒店的主题特色。

人性化（或家居化）：在整个旅馆设计中，从酒店大堂直至客房都体现出家居化的空间尺度和装饰特点。

经济性：以简约（Minimal）的设计风格为基础，体现出一种精致（Refinement）与时尚。

豪华性：不仅体现在内部装修与设施的奢华上，同时还体现在旅馆建筑设计理念的新奇刺激，对富有的旅行者有着强烈的吸引力。

图11–2所示的迪拜的“阿拉伯大厦”号称七星级酒店，宛如一艘巨大而又精美绝伦的帆船停泊在蔚蓝色的海边。它有直升机平台，有世界上最高的中庭，还有一个水下海味餐馆。

2）建筑形态构思方法

（1）运用装饰手法

随着公众对旅馆造型的丰富性提出更高的要求，装饰更多地出现在旅馆建筑中。现代的装饰意识、手段、手法已有新的发展，除了运用传统语言、传统构件进行装饰外，还出现了大尺度、大面积的装饰，如大型雕塑、大色块饰面等使旅馆造型呈现出戏剧性的艺术效果。

1988年，华特·迪士尼创造的米老鼠诞生60周年，美国佛罗里达的迪士尼世界建造了由美国建筑师格雷夫斯负责规划设计的天鹅旅馆。天鹅旅馆有两翼客房伸向湖面，在旅馆主体的两端顶部，矗立着高达13.5m的天鹅雕塑，墙面均以丰富的冷暖色块和海浪图案作为装饰。超常尺度的装饰设计非常适合迪斯尼乐园夸张幽默的风格（图11–3）。

（2）解构手法

解构主义的创作取向强调打碎、叠合、重组，用分解和组合的形式表现时间的非延续性。解构主义者Zaha Hadid设计的梦幻旅馆（图11–4）充满了前卫艺术氛围，建筑风格简约、时尚。

（3）形态处理的类型学方法

意大利建筑师罗西在设计中喜欢借助熟悉的对象，通过变化其意义而达到设计目的，在他设计的加拉拉特西公寓（图11–5）中就使用了由一系列的柱子组成的柱廊。柱廊来源于对意大利城市建筑的研究（图11–6），由于它与当地人们的生活经验相联系，激发了人们对传统米兰住区的联想。

图11–2 迪拜“阿拉伯大厦”酒店

图11–3 迪士尼天鹅旅馆

图11–4 梦幻旅馆鸟瞰

图11–5　加拉拉特西公寓

图11–6　意大利城市中传统的建筑内部柱廊

11.2.3　总平面设计

建筑总平面设计的任务是解决建筑本身与周围环境的相互关系，直接影响建筑的平面布局、体形塑造及经营模式。旅馆总平面设计主要包括总平面布局、交通组织、竖向规划、外部环境设计等方面内容。

1）总平面布局

（1）总平面组成

一般旅馆总平面由建筑、广场、道路、停车场、庭园绿化与小品、室外运动场地和后勤内院等组成。然而，旅馆总平面组成也不是一成不变的，它随基地条件、旅馆等级、规模、性质的不同而变化。

（2）总平面布局方式

高层旅馆的总平面布局随基地条件、周围环境状况、旅馆类型等因素的不同而有所变化，根据客房部分、公用部分、行政后勤部分三者不同的组合类型，可概括为以下几种布局方式：

布局方式　　表11–4

布局方式		示意简图	布局特点	基地面积	旅馆特点	实例
集中式	水平集中	平面	客房、后勤、公用相对集中，在水平方向连接	适中	多层或高层客房楼与低层公共部分以廊水平联系，并围合成内庭院	北京建国饭店 东京新高轮王子旅馆
	竖向集中	剖面	客房、后勤、公用全部集中在一栋楼内，上下叠合	小	城市高层旅馆，基地面积狭小	大阪日航旅馆 上海城市酒店
	水平、竖向相结合	剖面	客房集中在高层，后勤、公用集中在裙房	较小	城市高层或超高层旅馆，裙房外有绿化，裙房内设小庭院	大部分城市旅馆和市郊旅馆
分散、集中相结合			客房分散，公用、后勤相对集中	较大	城市或市郊旅馆，高低层建筑相结合	杭州黄龙饭店

图例 □ 客房　▨ 公用　⬚ 后勤

• 集中式布局

水平集中式：市郊、风景区旅馆总体布局常采用水平集中式。客房、公共、餐饮、后勤等部分各自相对集中，并在水平方向上相互连接，庭院穿插其中，用地布局较紧凑。

水平集中式各类用房可按不同的结构体系、跨度、层高设计，便于化整为零。客房楼多数为低、多层，能保证客房与公共部分有良好的景观视线。北京建国饭店、香山饭店（图11–7）、回龙观饭店、西安唐华宾馆、曲阜阙里宾舍等均采用该种布局方式。

竖向集中式：适合于位于城市中心、基地狭小的高层旅馆。其客房、公共、后勤服务在一幢建筑内竖向叠合，垂直运输靠电梯、自动扶梯解决。因此，足够的电梯数量、合适的速度与停靠方式对该布局方式来说十分重要。

• 水平与竖向结合的集中方式

此为高层标准客房楼带裙房的布局方式，是国际上城市旅馆普遍采用的总体布局方式，特点是路线短，紧凑、经济。根据旅馆规模、等级、条件的差异，裙房公共部分的功能内容、空间构成有了许多变化。

杭州黄龙饭店（图11–8）位于黄龙洞风景区的名胜保护区范围内，环境要求客房楼避免过于庞大，为此，570间客房被设计成3组、6个6~8层的塔式客房楼，均于首层与公共部分连成一片，内向的庭园与客房楼互为因借，景观良好。

2）场地交通组织

城市商务旅馆由于场地一般不太宽裕，交通组织需要认真分析。因此，在场地各种功能区域之间建立起合理有效的交通联系，是高层商务旅馆总平面设计中的重要内容之一。

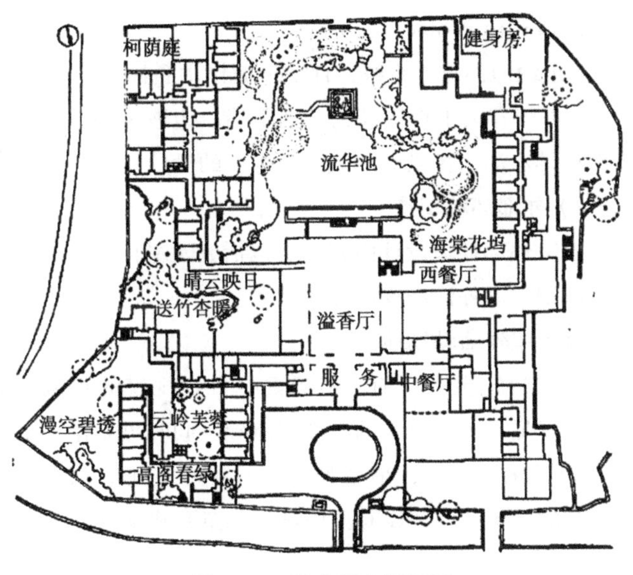

图11–7　香山饭店平面图

（1）旅馆出入口

出入口是场地内外交通的衔接点，其设置直接影响建筑布局和流线组织方式。规模大、等级高的城市旅馆在基地条件许可的情况下，为了更多地向社会开放，提高利用率，常设置几个不同功能的出入口；规模小的旅馆为便于管理而设集中出入口，但过分集中也可能造成人流混杂而影响大堂或客房，因此至少应将客人出入口与内部出入口分开。

旅馆建筑出入口主要包括：主要出入口、辅助出入口、团体旅馆出入口、职工及货物出入口。

主要出入口：位置必须明显，宜设在主要道路旁，并能引导旅客直接到达门厅。现代旅馆也应考虑无障碍设计：入口轮椅坡道的坡度一般为1：12，最大坡度为1：10，坡道的有效宽度应大于1.35m。

辅助出入口：用于出席宴会、会议等非住宿人员的出入，大中型城市旅馆常设此出入口。

团体旅客出入口：为减少主入口人流，方便团体旅客集中到达而设置的出入口，适用于规模较大的旅馆。

职工出入口：用于旅馆职工上下班进出，宜设在职工工作区，可以在次要道路旁，不致引人注目。

货物出入口：应靠近服务流线中的仓库与厨房部分，远离旅客活动区以免干扰客人。一般旅馆需考虑货车停靠、出入及卸货平台。大型旅馆需考虑食品冷藏车的出入，并应注意将食品与其他物品的平台与出入口分开，以利洁污分流。

（2）流线组织

旅馆场地设计需解决以人流和车流为主的场地交通问题。旅馆人流主要有住店客人、刚到及等候离去客人、来访客人、宴会客人及旅馆职工等；车流有大小客车、出租车、旅馆专用车、货车、消防车等。

旅馆场地设计中，需要根据基地条件、旅馆功能、城市道路功能要求等合理组织场地交通，将旅馆内部交通流线与外部城市道路的交通流线结合成有机联系的整体，尽可能减少人流与车流、不同性质车流之间的交叉或干扰，减缓对城市干道的冲击，同时要留有足够的人流、车流集散场地。高层旅馆建筑按高层建筑防火规范要求，在基地内需设环形消防车道，平时即作辅助车道用（图11–9）。

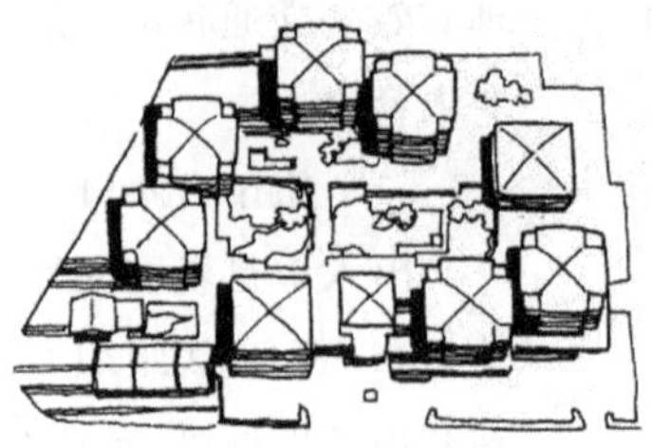

图 11–8　杭州黄龙饭店

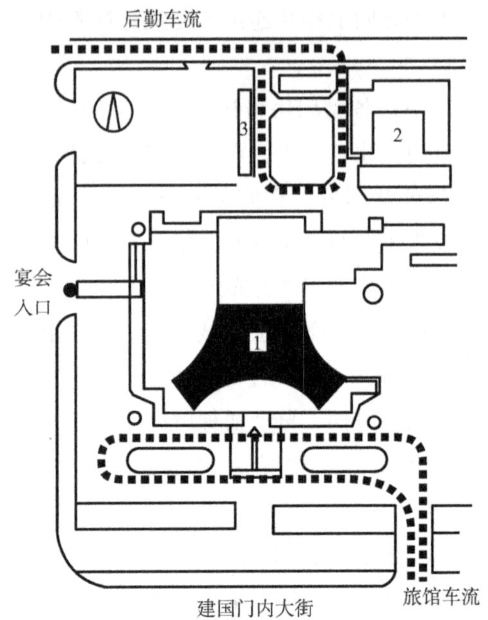

图 11–9　总平面交通流线示例

1—客房主楼；2—后勤服务；3—自行车棚

3）竖向设计

竖向设计（或称垂直设计、竖向布置）是对基地的自然地形及建、构筑物进行的垂直方向的高程（标高）设计。旅馆竖向设计既要满足使用要求，又要满足经济要求。

（1）旅馆场地竖向设计基本原则

• 满足旅馆的功能布置要求

要按旅馆的使用功能要求，合理安排各功能区的位置，使旅馆各部分间交通联系方便，并满足旅馆建筑防火规范要求。

• 充分利用自然地形

对地形的改造要因地制宜，因势利导。平整地形时，应考虑旅馆建筑的布置及空间效果，尽量减少土石方工程量。

• 满足各项技术及规范要求，保证工程建设与使用期间的稳定和安全。

• 解决场地排水问题

保证场地雨水能顺利排除，且与周边现有或规划道路的排水设施等标高相衔接。当进行坡地、滨水场地设计时，应特别考虑防洪、排洪问题。

（2）竖向设计的基本任务

场地竖向设计的基本任务是利用和改造原有地形，使其满足工程建设的要求。具体包括以下几方面内容：

• 选择场地的竖向布置形式，进行场地竖向设计。

• 确定旅馆室内外地坪标高，建筑关键部位（如地下建筑的顶板）的标高，广场和活动场地的设计标高，场地内道路标高和坡度。

• 组织地面排水系统，保证地面排水通畅。

• 进行有关工程构筑物（挡土墙、边坡）与排水构筑物（排水沟、排洪沟、截洪沟等）的设计。

4）外部环境塑造

旅馆外部环境设计内容主要包括庭园绿化、建筑小品、雕塑、室外活动场地等。

（1）室外活动场地

旅馆建筑主入口前一般需要有一定规模的集散场地，以满足人流和车流的集散与疏导。同时可安排一定数量的绿化、雕塑、小品等，增强室外空间的艺术效果。有的旅馆室外还设有游乐场、儿童游戏场等。

（2）庭园

庭园能为来客提供良好的视觉环境。总体上，建筑宜相对集中，留出日照条件较好的一定部位布置庭园，这能特大大提高旅馆的身价。旅馆中的庭园往往体现旅馆所在地区或所在国家的文化传统和园林风格，如广州白天鹅宾馆（图11–10）的庭园是就是岭南园林风格，而中日合资的上海太平洋大饭店客房南面庭院则为日本式。

位于德国某小镇的“老磨坊”酒店（图11–11），以其独特的建筑风格和烹饪风味而著名。酒店共拥有12栋彼此独立的楼房，这些楼房以一个室内庭院和一个浪漫花园为中心。改建后的庭院、客房和拱形地下室均具有中世纪风格，许多拆除建筑的旧材料都拿来用以酒店的修复，酒店外观和内部的仿古装修使人仿佛置身于古老的中世纪时期。

（3）室外停车场地

旅馆室外停车场的位置既要接近旅客主入口，又要避免对入口人流的干扰，同时不要遮挡旅馆建筑的正立面外观。一般可将停车场布置在主体建筑的一侧或后方，以不影响整体空间环境的完整性与艺术性为原则。

根据旅馆标准、规模、投资、基地和城市规划部门规定，考虑地面广场停车、地下及地面多层独立式车库等停车方式，职工自行车停车数按职工人数的20%~40%考虑，面积按1.47m²/辆计算。

（4）绿化布置

旅馆外环境应根据建筑群的功能特点、地区气候、土壤条件等因素，选择适应性强，既美观又经济的树种和花卉进行绿化布置。

（5）小品设施

小品在建筑群的外部空间组合中占有很重要的地位。在旅馆群体布局中，可结合旅馆建筑的文化特性及外部空间的构思意图，借助各种建筑小品来突出表现外部空间构图中的某些重点内容，起到强调主体建筑物及深化设计主题的作用（图11–12）。

11.2.4　功能分析

衡量一个城市商务旅馆成功与否的标准是顾客在停留期间的愉快感受，其中最为重要的方面是商务旅馆的功能完善程度：

一方面，旅馆提供给旅客的最基本的功能是住宿与膳食，但商务性旅馆需要给旅客提供必要的技术支持，比如办公桌椅和网络设施，能同时为2个或以上的团体客户提供适宜的会议场地。

另一方面，商务与休闲的组合是商务旅馆长期以来固定的经营模式，这种方式能真正地提高会议的效率，休闲和舒适的感觉有助于学习。因此，商务旅馆大多需要为入住的客人提供较全面的休闲和健康服务。

1）功能构成

（1）高层商务旅馆内部功能一般可分为入口接待、住宿、餐饮、公共活动、后勤服务管理五大部分。

上述旅馆功能并非完全孤立，在与周围社会功能相互补充、渗透的同时，旅馆也形成了不同程度的开放性。作为城市商务旅馆，除满足住店旅客的需要外，还承担了部分社会活动功能，其公共活动部分的内容和面积在总建筑面积中所占比例逐渐在增大。

（2）旅馆竖向功能分区（图11–13）

高层旅馆建筑竖向功能分区可分为地下、低层、主体、顶层等部分。

地下部分：地下室一般布置车库、仓库及服务用

图11–10　广州白天鹅宾馆庭园

图11–11　“老磨房”酒店

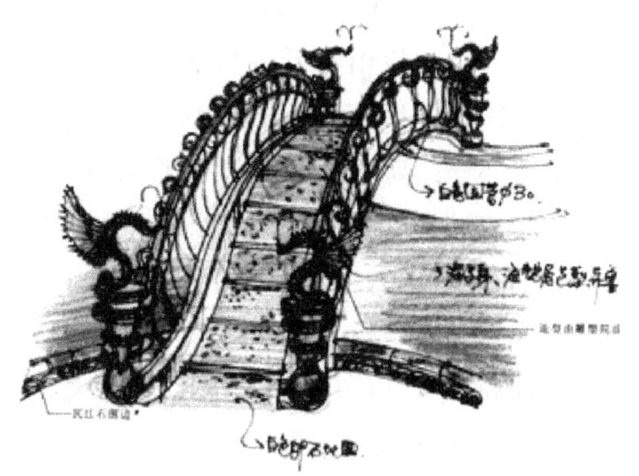

图11–12　庭院小品意象图

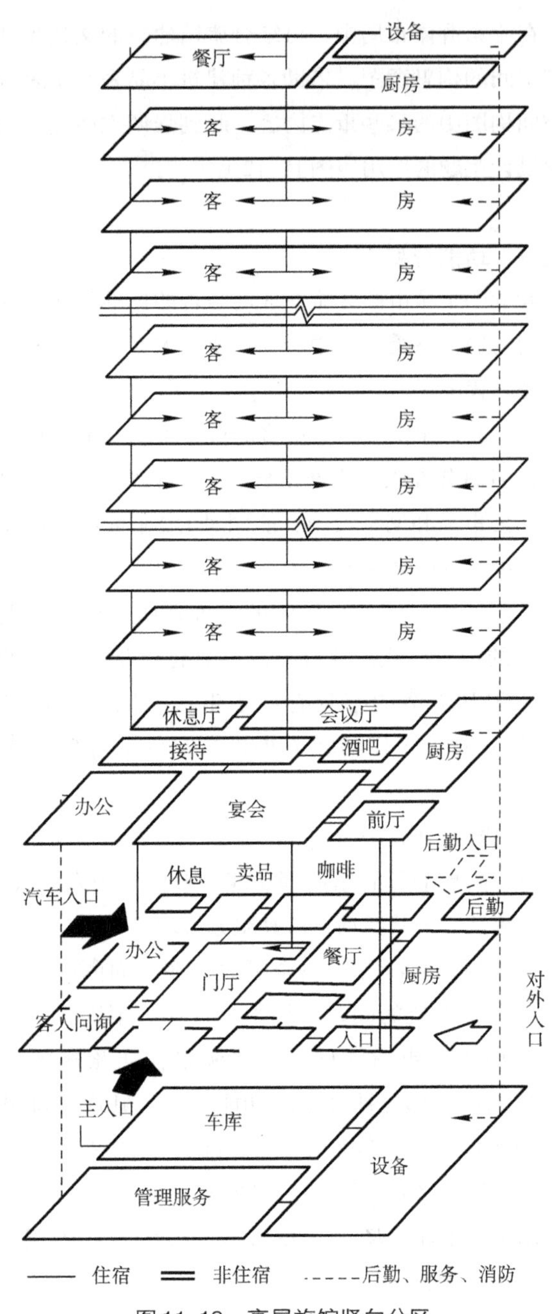

图 11–13 高层旅馆竖向分区

房，如地下室防水可靠、设施完善也可作为餐厅等。

低层部分：旅馆的低层部分主要布置接待、休息、商店、餐饮等公共活动内容，中庭也布置在低层区。

主体部分：高层旅馆的主体就是标准客房层。按国内外资料统计，客房层面积占旅馆总面积的50%~80%。设空调的旅馆，一般会降低客房层的层高，国外常将客房净高降到2.5m，以节约投资。

顶层部分：顶层视野开阔，对旅客有较大吸引力，适于布置公共活动用房和高级客房。顶层常设有各种餐厅。

设计顶层用房时，要注意视线的遮挡问题。靠外墙的房间，其窗台应低一些，不靠外墙的房间如有女儿墙阻碍视线时，要将房间的地面抬高。设备层位置一般在客房层以下，当层数很高时，每隔15~20层还要加设一层。

2）流线分析

一个旅馆的流线设计是科学地组织、分析功能的结果。客人流线是旅馆流线设计中的主干线，而围绕着主空间的辅助设施、服务路线则需要相对紧凑、便捷。

旅馆的流线从水平到竖向，分为客人流线、员工服务流线、物品流线三大类。

（1）客人流线

城市大、中型商务旅馆的客人流线分为住宿客人、宴会客人、外来客人三种。为避免住宿客人进出旅馆及办手续、等候时与宴会的大量人群混杂而可能引起的不便，有些向社会开放的大、中宴会厅的现代旅馆将住宿客人与宴会客人流线分开。城市商务旅馆的客人流线示意如图11–14。

（2）服务流线（图11–15）

员工服务流线连接旅客活动的每个场所，要求简捷，且不与旅客流线相交叉。

（3）物品流线（图11–16）

为了提高工作效率，保证清洁卫生，大中型旅馆均设有物品流线，其中以布件进出量为最大。食品也需每日补给，其流线应严格遵守卫生防疫部门的规定，洁污分流、生熟分流。

在现代旅馆中，及时处理大量垃圾也是不可忽视的，从收集、分类、清洗或冷冻到处理的路线需避免对其他部门的干扰。

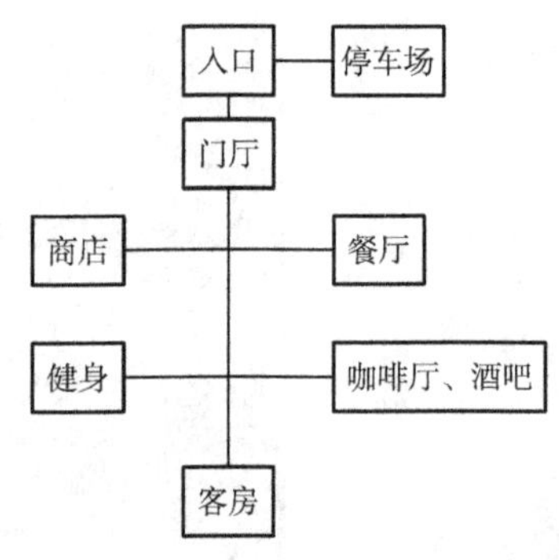

图 11–14 客人流线示意图

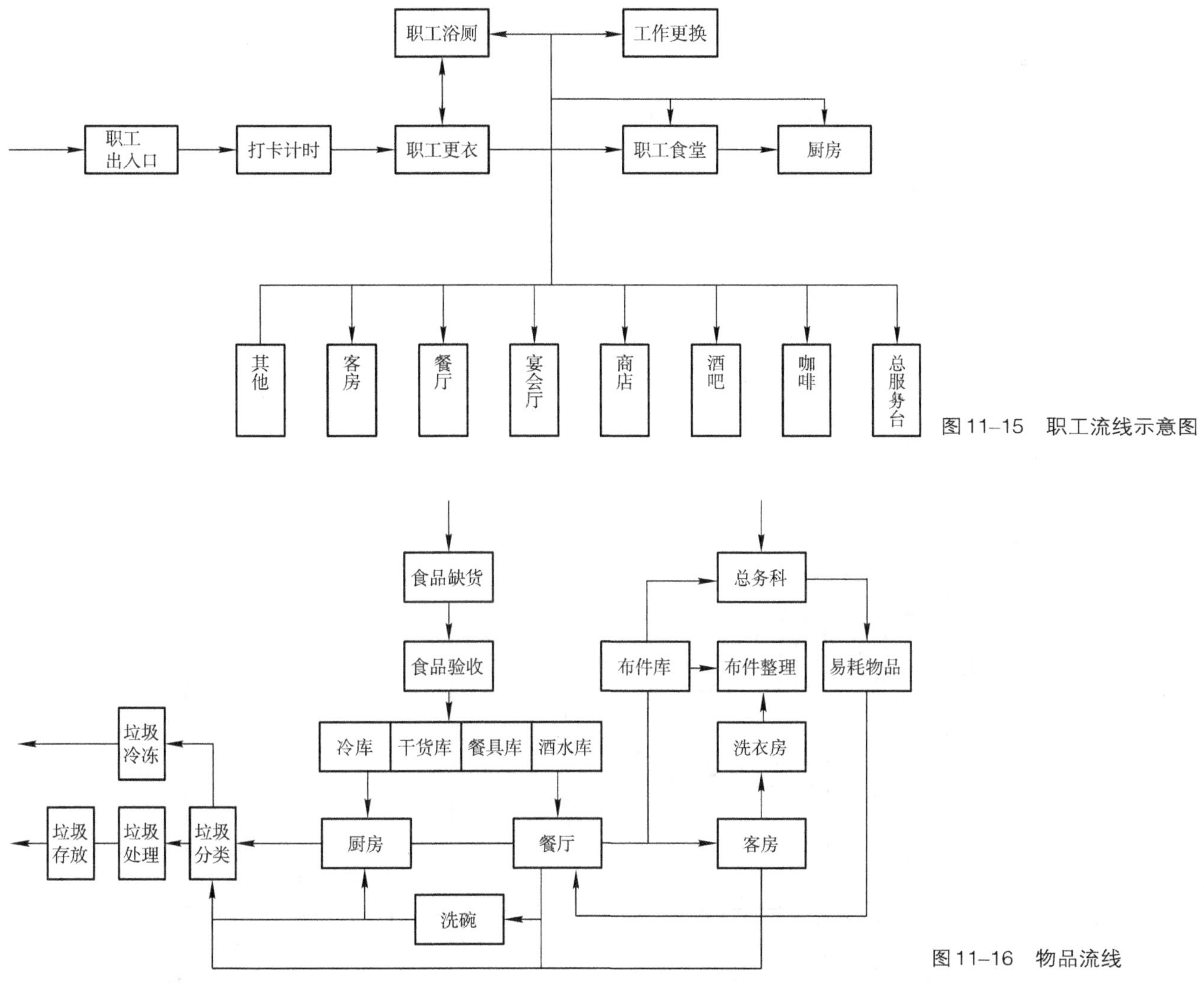

图11–15　职工流线示意图

图11–16　物品流线

11.2.5　各功能空间设计

现代高层商务旅馆建筑的功能空间主要分为客房空间、公共活动空间和辅助空间。

1）客房空间（客房标准层）

客房空间的设计要考虑旅馆的等级、客房开间和进深以及使用对象的要求等因素。

（1）客房的类型（图11–17、图11–18）

客房一般分为：

- 标准间：放两张单人床的客房。
- 单人间：放一张单人床的客房。
- 双人间：放一张双人大床的客房。
- 套间：按不同等级和规模，有相连通的二套间、三套间、四套间不等。其中除卧室外一般考虑设置餐室、酒吧、客厅、办公或娱乐等房间，也有带厨房的公寓式套间。
- 总统套房：包括布置豪华的卧室、客厅、写字间、餐室或酒吧、会议室等。

（2）客房功能构成

旅客在客房中的行为有休息、眺望风景、阅读、书写、会客、看电视、用茶及点心、梳妆、睡眠以及与旅馆内外的联系等。

（3）客房设计要求

- 客房设计应根据当地气候特点、旅馆环境位置、景观条件等，选择良好景观朝向。伦敦中央青年会旅馆在狭窄的基地上安排了约700间客房，其密集的9~15层客房楼层采用斜侧窗，从而避免了客房相互间视线的干扰。
- 客房设计应考虑家具布置，家具设计应符合人体尺度，方便使用和利于维修。
- 客房长宽比以不超过2：1为宜，以长方形较为常见，如7.8m × 3.9m。
- 客房一些特殊尺寸如表11–5。

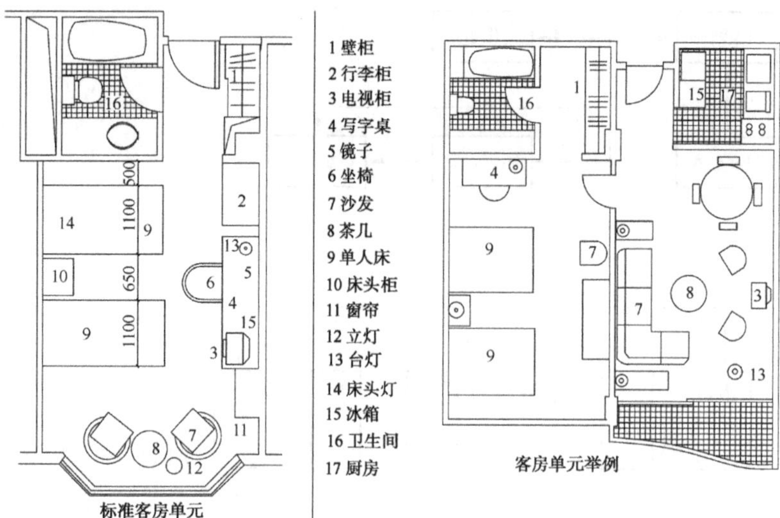

图 11–17 客房与套房实例

图 11–18 总统套房实例

特殊客房尺寸 表 11–5

	平面轴网尺寸（m）	平面面积（m^2）
五星级城市商务酒店	9.8 × 4.2	42
城市经济型酒店	6.6 × 3.3	22

（4）高层标准客房层平面类型

• 一字形平面

一字形标准客房层平面是最常见的旅馆客房层平面形式，它布局紧凑，交通路线明确，施工方便，适用于大、中、小型各种规模的旅馆。但这种布置方式走廊两边客房的景象不一，在高层旅馆中迎风面大，横向刚度较其他类型差（图 11–19）。

• “L”形平面

“L”形客房层平面需防止两翼部位客房的互视，即视线互相干扰的问题，常在转角设交通服务核心，或采取锯齿形“L”形平面（图 11–20）。

• 钝角相交和多折线形

具有折线形平面的优点，且客房视野开阔，避免了互视问题，适于大、中型旅馆（图 11–21）。

• 十字形平面

客房层由几个方向的客房交叉组合而成。通常在交叉处设交通、服务核心，缩短了旅客和服务的路线，平面效率较高，但用地较大，适于大中型城市和市郊旅馆（图 11–22）。

• "Y" 形（三叉形）平面

具有交叉形平面的优点，且客房视野开阔，客房层平面效率高。三翼长者，适于市郊和风景区的低层和多层旅馆；三翼短者，适于城市旅馆，特别是高层。美国希尔顿旅馆集团早年曾建有不少 "Y" 形旅馆（图 11–23）。

（5）客房卫生间

客房卫生间最基本的设施是洗脸盆、坐便器、浴盆等，以满足客人盥洗、梳洗、如厕、沐浴等个人卫生要求。客房卫生间的设计要求如下：

• 根据旅馆等级确定卫生间设计标准，包括卫生设备的配套，面积的确定和墙、地面材料等的选用。

• 卫生间管道应集中布置，以便于维修及更新。

• 卫生间地面及墙面应选用耐水易洁面材，并应做防水层、泛水及地漏等处理。

• 卫生间一般需设置通风及干燥装置。

• 卫生间设备示意如图 11–24。

（6）主题客房的设计

近年来，随着旅游经济的迅速升温和人们消费水平的提高，酒店市场的竞争日趋激烈，开发有鲜明特色的产品已成为旅馆业必须面对的问题，主题客房应运而生。目前国内已经有很多比较成功的案例，如北京王府井大饭店、南京名人城市酒店（图 11–25）等，这些高级酒店花费巨资打造的具有主题文化的客房产品受到了消费市场的认可。

主题客房最早出现在美国。1958年，加利福尼亚的 Madonna Inn 首先推出12间主题客房，随后发展到109间，成为当时最有代表性的主题酒店。现在以美国"赌城"拉斯维加斯的大型主题酒店最为典型。这类主题酒店将主题文化的范围从客房扩展到整个酒店的服务项目、建筑风格和装饰艺术，通过特定的主题形成文化氛围，使顾客从中获得快乐和富有个性的文化享受。

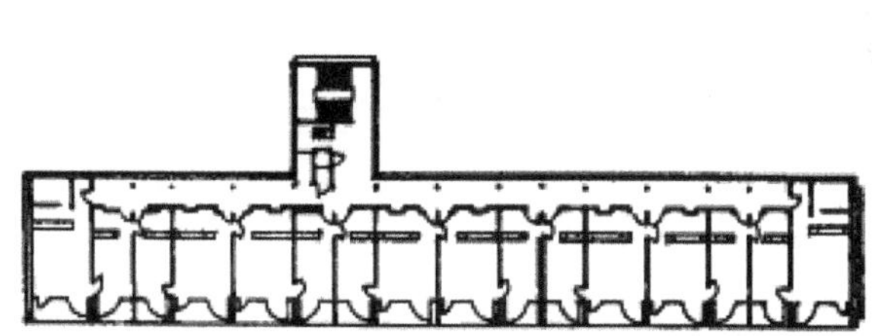

图 11–19　几内亚科纳克海滨旅馆客房平面

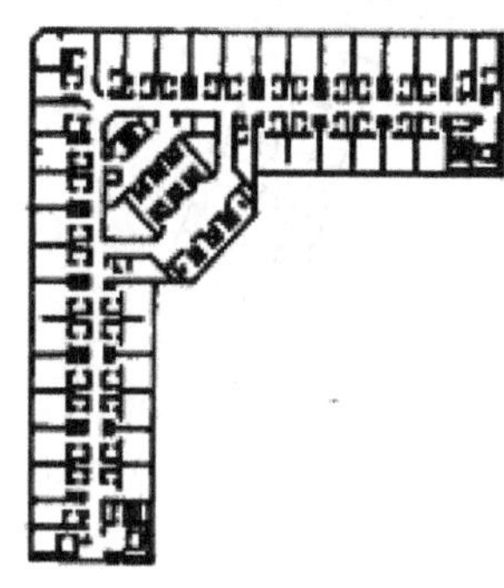

图 11–20　东京新宿世纪旅馆客房平面

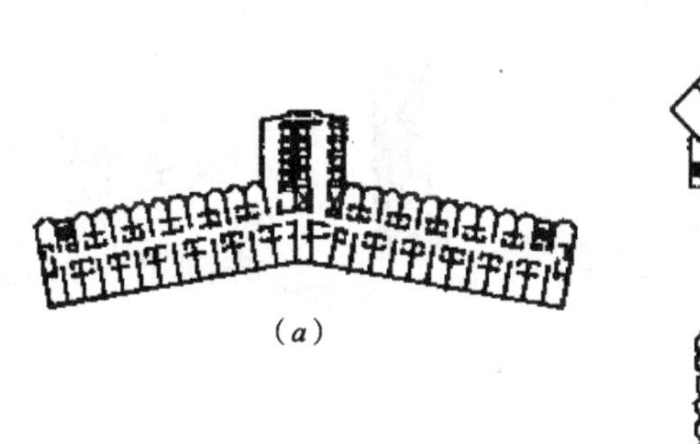

(a)

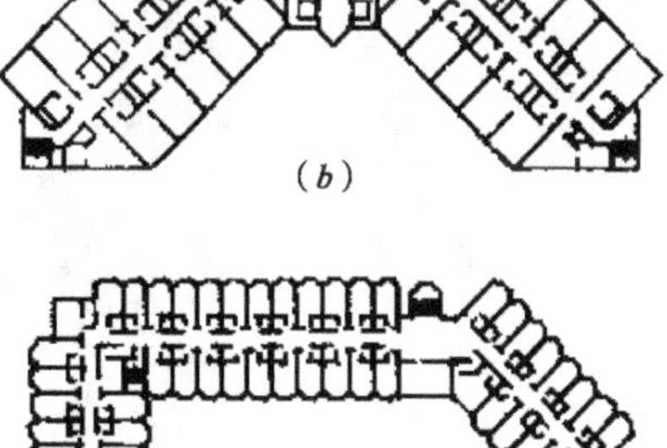

(b)

(c)

图 11–21　钝角相交和多折线形平面

（a）海洋旅馆；（b）上海建国宾馆；（c）广东中山翠亨宾馆

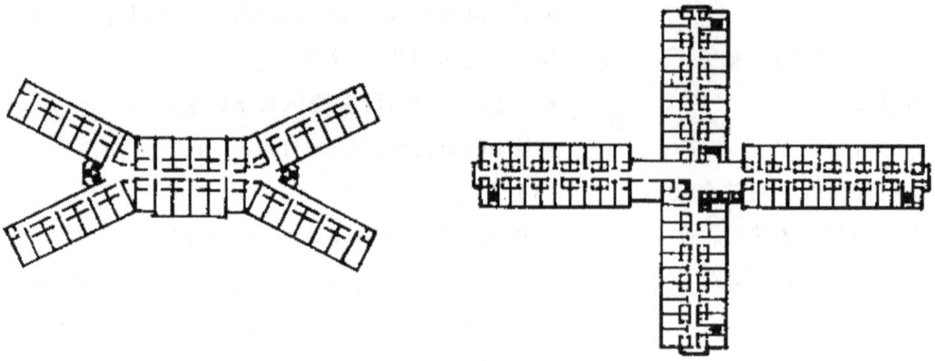

(*a*)　(*b*)

图 11–22　十字形平面

（*a*）藏泽当饭店；（*b*）杭州望湖宾馆

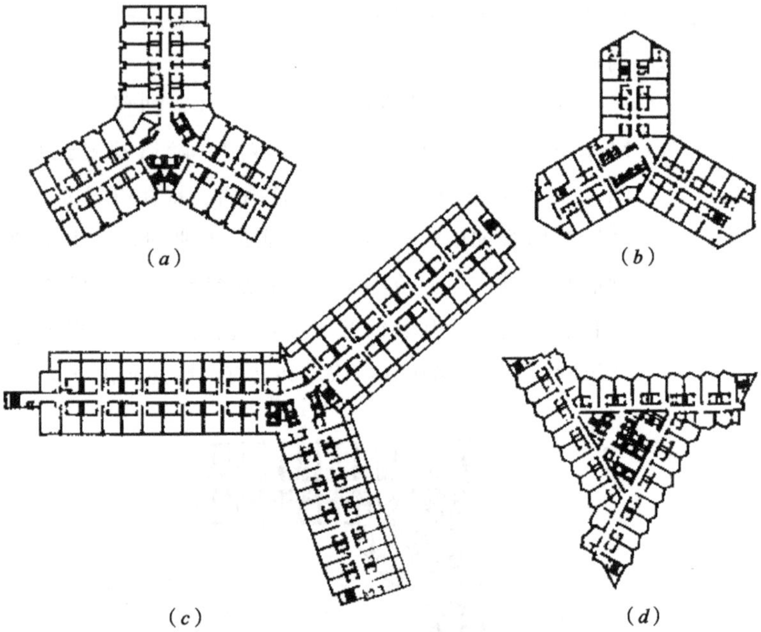

(*a*)　(*b*)　(*c*)　(*d*)

图 11–23　Y 字形平面

（*a*）中山国际酒店；（*b*）北京首都宾馆；（*c*）希尔顿国际酒店；（*d*）东京全日空旅馆

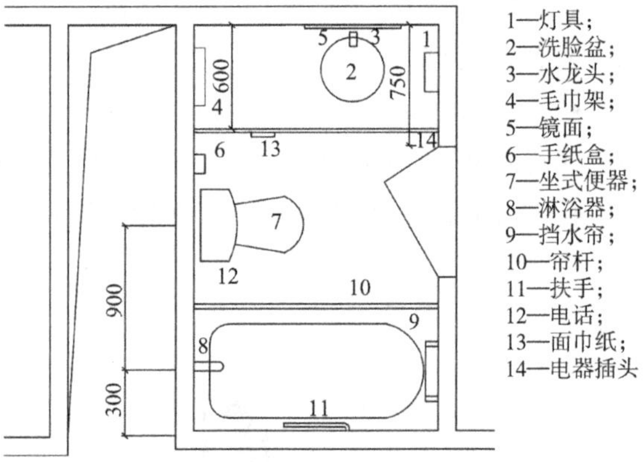
600
750
900
300
1—灯具；
2—洗脸盆；
3—水龙头；
4—毛巾架；
5—镜面；
6—手纸盒；
7—坐式便器；
8—淋浴器；
9—挡水帘；
10—帘杆；
11—扶手；
12—电话；
13—面巾纸；
14—电器插头

图 11–24　卫生间设备示意图

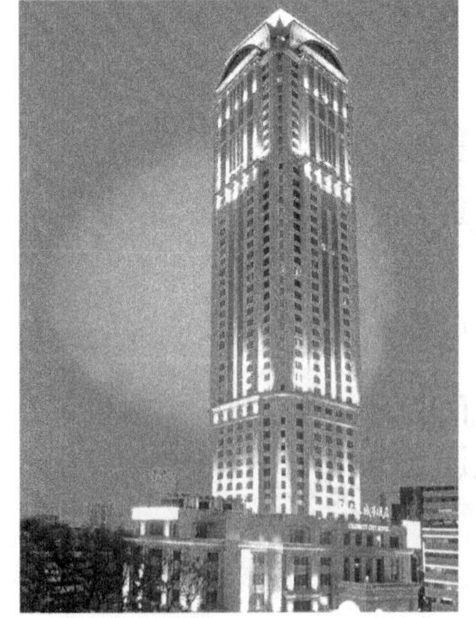

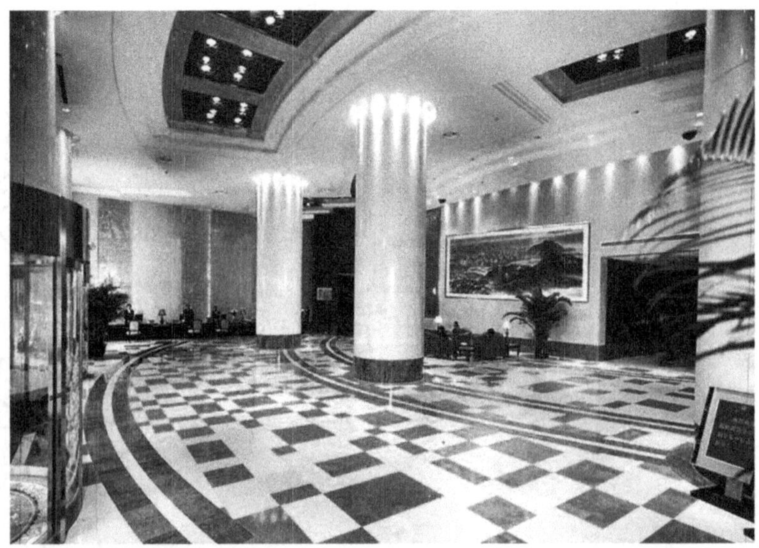

图 11–25　南京名人城市酒店外观及大堂

• 客房文化主题确定的基本素材

区域：根据饭店所在地的自然环境特征确定主题。如位于道教发源地青城山的鹤翔山庄，以道家文化为主题，客房装饰以道家养生、长寿为主题，各类寿字、寿图布置其中，做工精细，并大胆使用红、黄、蓝三种颜色（图11–26）。

历史：以历史人文史迹和题材确定主题。如成都京川宾馆，以三国文化为主题，客房装修平实，却处处透露着三国文化气息（图11–27）。

民族：按照不同民族的生活习俗、风土人情、建筑风格等确定主题。如成都西藏饭店，以藏文化为主题，客房设计融入藏民族的文化与生活传统（图11–28）。

时代：根据重大事件、重要人物确定主题。如天津利顺德大饭店，是全国酒店业唯一的国家级文物保护单位，其中一间客房就是当年孙中山先生曾经下榻过的（图11–29）。

文学艺术：根据古今中外著名的文学艺术作品确定主题。如西雅图阿里克伊斯酒店的约翰·列侬套房，房间内放着有Ono Yoko亲笔签名的作品。

• 客房文化主题展示的形式

通常通过设备、灯具、标识、招牌设计等将主题文化融入其中，同时可以通过灯光设计，更好地烘托出需要表达的文化氛围。

2）公共活动空间

高层商务旅馆的公共活动空间是指旅馆中的各种公共厅堂和各类活动用房（图11–30）。

（1）门厅

门厅是旅馆中最重要的交通枢纽、旅客集散之处。当门厅结合中庭或休息厅成为大空间时，还可在其间进行各种公共活动。门厅部分主要包括门厅入口、前台、休息处、辅助设施等内容。门厅各部分必须满足功能要求，互相既有联系，又互不干扰。

门厅入口：包括旅馆主入口，宴会厅、娱乐设施及商店等的辅助入口。门厅入口处宜设门廊或雨罩，采暖地区和全空调旅馆应设双道门或转门。在采用台阶的同

图11–26　清城山鹤翔山庄客房

图11–27　成都京川宾馆客房

图11–28　成都西藏饭店客房

图11–29　天津利顺德大饭店孙中山先生下榻过的客房

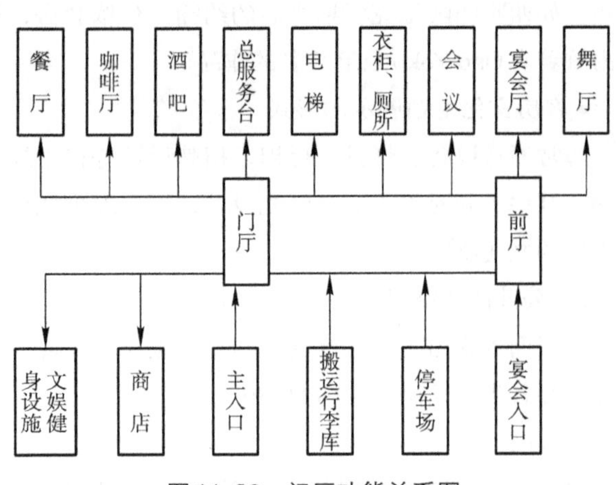

图11–30 门厅功能关系图

时，宜设置行李搬运坡道和残疾人轮椅坡道（坡度一般为1∶12）。

前台服务：主要进行登记、问讯、结账、邮电、代办、贵重物品存放、商务中心及行李房存放等，总服务台位置应明显。

休息处：提供休息座位、饮料供应、景观设施等。

公共辅助空间：包括客梯厅及各种交通空间。

门厅为旅馆交通核心，必须合理组织各种人流路线，避免相互交叉干扰，对团体客人及其行李等，可根据需要采取分流措施。门厅人流示意如图11–31。

（2）会议室

会议室作为现代商务旅店的重要组成部分，应避免与旅馆一般顾客流线相互干扰。大型或中型会议室不应设在客房层。

此外，会议室作多功能厅使用时，应能灵活分隔为可独立使用的空间（图11–32），且有相应的设备和储藏间。多功能厅部分宜单独集中布置，并与前台有一定的联系，规模较大时，应尽量单独设置出入口、休息厅、衣帽间和卫生间。

（3）中庭空间

旅馆中庭的空间构成方式受基地环境、总体布局方式等因素的影响，其常见的空间构成形式如下：

• 中庭位于多层裙房、呈内向围合式

城市旅馆在基地狭小、无佳景可借的情况下，设多层中庭，顶部采光、创造宜人的室内景观。中庭空间贯穿裙房，不影响客房层，如北京兆龙饭店（图11–33）、东京日航旅馆、美国亚特兰大桃树中心旅馆等。

• 中庭位于多层裙房、单侧敞开式

有的城市旅馆中庭一侧朝向城市广场或庭园，有的风景区旅馆中庭一侧朝向优美景观，中庭采用顶光与侧光相结合的采光方式，客房层位于中庭一侧，如上海新锦江饭店（图11–34）、北京长城饭店等。

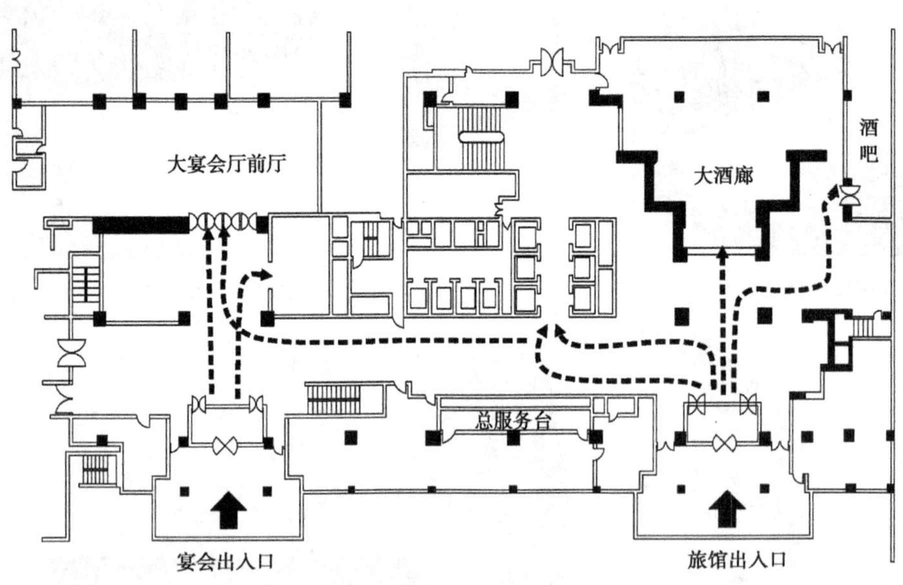

图11–31 门厅人流示意图

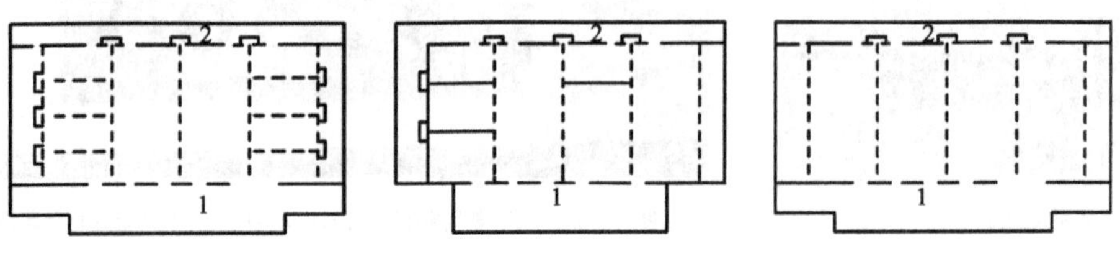

图11–32 多功能大厅灵活分隔
1—前厅；2—服务廊

图11–33 北京兆龙饭店中庭

图11–34 上海新锦江饭店中庭

• 中庭空间由客房楼围合而成

中庭竖向空间自公共部分一直升至客房楼顶部，客房层走廊环绕于中庭上空。设计常着重于竖向空间造型，以求新颖独特的中庭空间效果。有的旅馆中庭通过别致的客房层平面形状，创造与众不同的空间感，如新加坡晶殿旅馆圆形客房层围合的中庭，通过绿化和灯光装饰使中庭景色昼夜变化、绚丽动人。

中庭内通向主要公共活动场所的路线需导向明确。不收费的休息空间常组织在人流交通路线边，稍加扩展；收费的休息空间如咖啡座、鸡尾酒厅等则需有一定形式的空间限定。

（4）餐厅

旅馆是为旅客提供住宿、餐饮等服务的场所，应设置不同规模的餐厅、酒吧、咖啡厅、风味餐厅、宴会厅等，以满足顾客对不同餐饮消费环境的要求。

餐厅必须紧靠厨房，以利于提高服务质量，其桌椅组合形式应多样化，以满足不同顾客的要求。餐厅空间一般不宜过大，80座左右规模为宜，最大不宜超过200座。图11–35所示的是日本京王广场饭店餐厅层平面图。

3）辅助用房空间

（1）厨房

• 厨房的位置

厨房应与餐厅联系方便，并避免厨房的噪声、油烟、运输对公共活动区或客房造成干扰。一般厨房在旅馆内的位置有以下几种（图11–36）：

①设在底层：餐厅对外营业或以煤为燃料；

②设在上部：以煤气为燃料；

③设在中部：旅馆层数较高，旅客量较大时采用，须进行特殊的通风排气处理；

④设在地下室：厨房受到空间条件限制，须进行机械通风排气和补风。

• 厨房设计要求

厨房是旅馆的重要组成部分之一，其设计应满足以下要求：

①厨房内部应合理布置，尽量缩短工艺流程，避免多余往返交叉路线。

②必须明确区分“生与熟、洁与污”流线，严格确

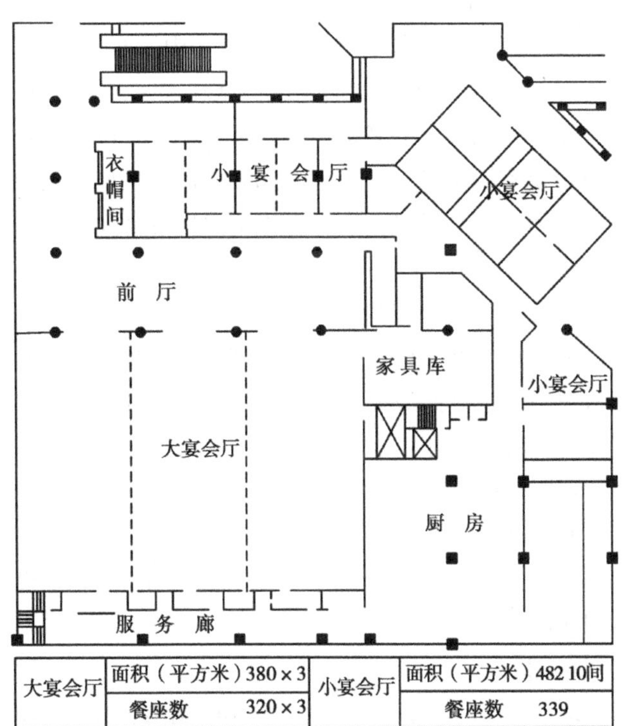

大宴会厅	面积（平方米）380×3	小宴会厅	面积（平方米）482 10间
	餐座数 320×3		餐座数 339

图11–35 日本京王广场饭店餐厅层平面

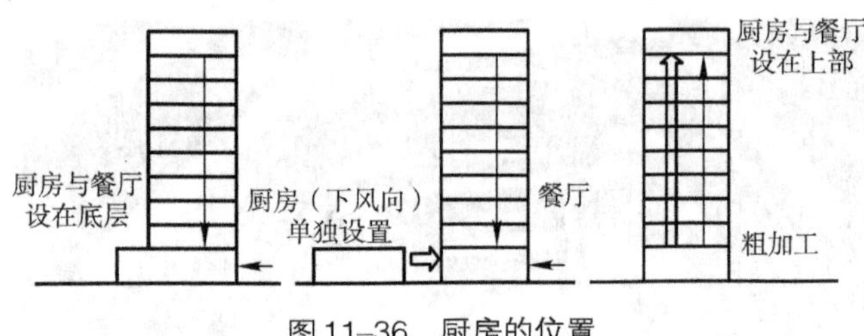

图 11–36 厨房的位置

保生熟、洁污的分离。

③点心制作、备餐间等要求干燥的房间应远离洗碗间、蒸煮间等十分潮湿的房间。同时冷盆间、西点制作、厨房冰箱应与烹饪部分分开，防止冷热相互影响。

• 厨房工艺流程

厨房工艺流程总体来说都是由生到熟，从货物购入→储存→食品加工→烹饪→备餐出菜。其具体流程示意如下图（图11–37）：

• 厨房的平面组合形式

统间式：空间大，联系方便，互相干扰，不便管理。

分间式：各部分隔开，便于管理，联系不便，采光通风差。

（2）行政办公及员工生活部分

国外大型旅馆行政办公部分，上层主要设置总经理室、副总经理室，设销售部、客房部、餐饮部、宴会部、公关部、人事部、供应服务部等，中层常设保安部、会计部、监察室等。

我国旅馆管理体制正处于改革之中，时有变动，上层常设经理和经理助理办公室，中层的餐饮部包括宴会服务空间等。除各部门办公室之外，行政部分还需设会议室及厕所。员工生活部分指供员工使用的更衣室、浴室、食堂等，在大型旅馆中还有理发室、医务室等。

（3）地下车库和设备用房

高层建筑的地下室在满足结构要求的同时，也为高层旅馆的某些功能提供了足够的空间。设计中往往将汽车库及各类设备用房安排在地下层中。

• 地下车库

城市高层旅馆由于基地限制和功能要求，常将设备层和车库分开设置，车库常位于负一层或负二层，而设备则在地下室更下面的楼层。

a. 规模

地下车库的停车位的多少直接影响到高层旅馆的经济效应与运转效应，故停车位应从以下因素确定：

a）高层旅馆自身对停车位的需求

城市管理部门规定，高层旅馆的每客房车位数为0.08~0.2个。

b）高层旅馆所在区域的交通设施及条件

高层旅馆所在区域的公共设施、停靠点数量和规模、道路宽度、周边出入口长度以及与其他街区相联系的地下通道、公共走廊、周围公共停车库的现状及发展等因素，均直接影响停车位的确定。以下几点尤为重要：

（a）基地周边道路交通条件：条件好则车辆易达，对停车位需要大，反之则小。

（b）公共交通系统完善与否：公共交通完善，进入基地的人流会更多地利用公共交通，对停车位的要求就相应减小。

（c）道路停车限制政策：如果基地周边道路限制停车，则停车的需求相对增大。

b. 防火

地下车库往往规模较大，投资高，一旦发生火灾，会造成严重的经济损失和人员伤亡，因此，地下车库的防火设计十分重要。

a）地下车库的防火分类、耐火等级及防火分区

汽车的防火分类是按停车数量多少来划分的，根据《汽车库、修车库、停车场设计防火规范》（GB 50067—97），车库防火分为四类，同时，规范规定地下车库的耐火等级应为一级，地下车库不设自动灭火系统时，其防火分区最大建筑面积为2000m^2。各防火分区以防火墙分隔，若必须在防火墙上开门，应设甲级防火门或窗，或者耐火极限不低于3.00h的防火卷帘。

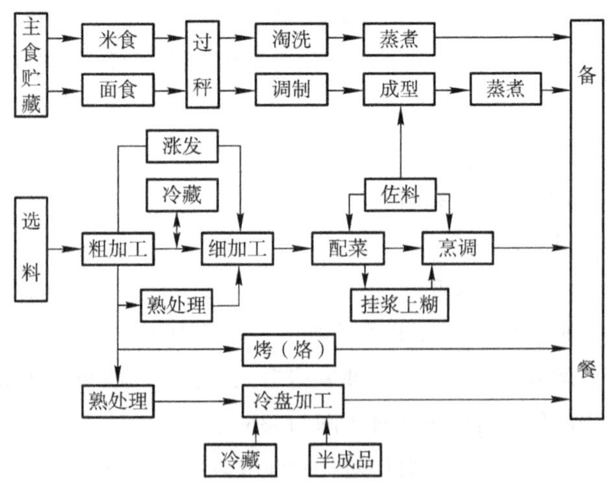

图 11–37 厨房的工艺流程示意图

b）安全疏散，规范有如下规定：

（a）地下车库人员安全出口应与汽车出入口分开设置。

（b）每个防火分区内，人员安全出口不应少于两个，目的是为了能够有效地进行双向疏散。

（c）地下车库内疏散楼梯应设封闭楼梯间，与室内最远工作点距离不超过45m，有自动灭火系统时，其距离不小于60m。

（d）地下车库与上层不宜共用楼梯间。

（e）地下车库的汽车出入口不应少于两个，但停放数量为50辆以下的汽车库和停100辆汽车且疏散坡道为双车道时，可以只设一个出入口。

c.地下车库通道宽度

地下车库的通道宽度和停车的方式有关系，一般情况下，车的停放方式与行车通道中心线的角度为0°、30°、45°、60°、90°等。

d.地下车库坡道设计

a）坡道类型

从基本形式上可以分为直线形坡道（图11–38）和曲线形坡道（图11–39）。直线坡道上下方便，结构简单，占用空间大，不适合于小型的地下停车库。

曲线坡道节省空间和面积，适用于基地狭窄的建筑，但坡道视距小，车辆要连续旋转，必须保持适当的坡度和宽度。

b）坡道位置

坡道的位置取决于地下车库与地面交通之间的联系、库内水平交通组织方式、地面交通组织方式以及车库平面与基地平面的相互关系等。坡道在车库中的位置有三种：坡道在车库主体建筑内，坡道在车库主体建筑外，一部分在内、一部分在外。三种情况各有优缺点，实际工程中应根据具体情况灵活采用。

c）坡道坡度、宽度及车库层高

《汽车库建筑设计规范》（JGJ 100—98）规定：直线坡道允许小型车最大纵坡为15%，12%为较好的坡度。另外，曲线坡度应小于直线坡度。直线单车坡道的净宽应为车辆宽度加上两侧距墙和栏杆的安全距离（0.8~1.0m），双车道还要加上两车之间的安全距离（1.0m）。车库净高应为车辆总高加上0.5m的安全距离，见表11–6。

汽车库内最小净高　　　表11–6

车型	最小净高(m)	车型	最小净高(m)
微型车	2.2	轻车型	2.8
大、中型绞接客车	3.4	中、大型绞接货车	4.2

e.地下车库柱网设计

柱网设计是地下车库设计的重要环节，直接关系到设计的经济合理性，其设计应满足停车和行车的要求，主要考虑以下因素：

a）停放车辆有关数据

柱网的选择必须考虑车库内停车的类型，车型的尺寸不同，所采用的柱网也不同。柱网的选择必须尽量增大车库内有效停车面积，减少因柱网产生的空间浪费，在相同的车库面积中，柱网越多，相应的停车位越少。一般情况下，车库面积较大时，每柱间停3辆车比较经济。在增加停车数时，也应考虑柱距的经济合理性，两者应结合起来考虑。

b）停车和行车的多种技术要求，如停车方式、行车方式、通道宽度和车辆转弯半径等。

• 设备用房

在高层旅馆建筑中，一般将产生振动、发热量大的重型设备（如制冷机、锅炉、水泵、蓄水池等）放在地下室，将竖向负荷分区用的设备（中间水箱、水泵、空调器、热交换器等）放在中间层，将利用重力差的设备，体积大、散热量大、需要对外换气的设备

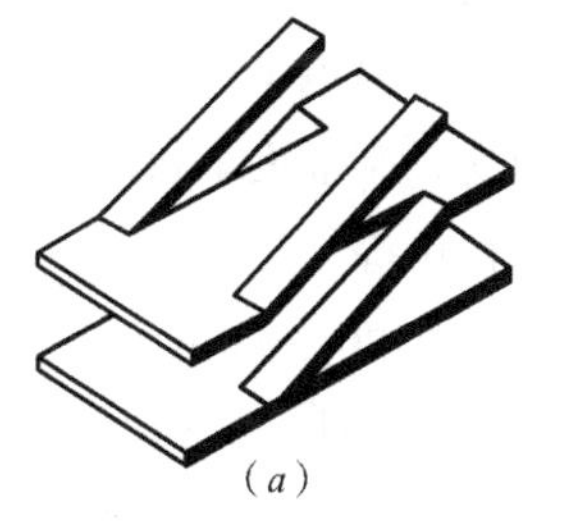
(a)

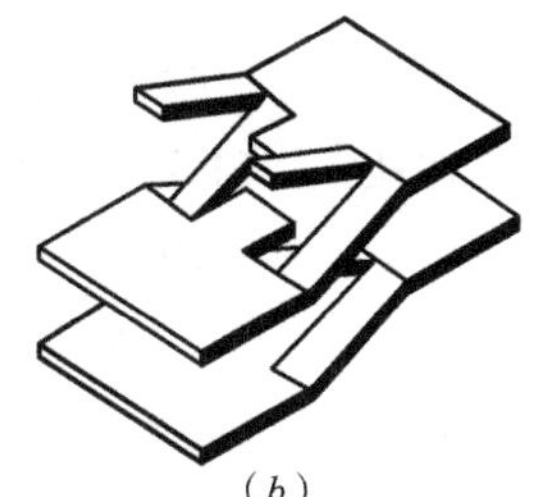
(b)

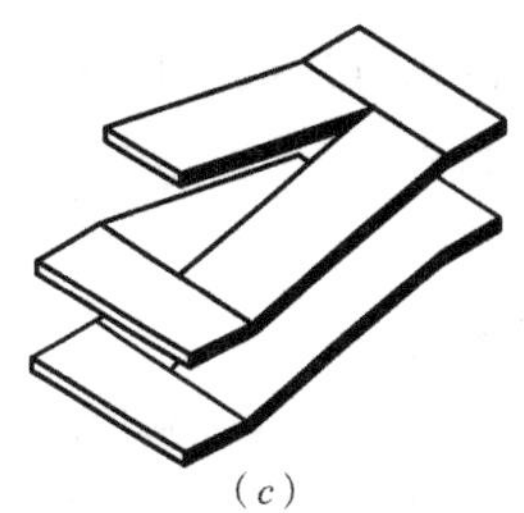
(c)

图11–38　直线形坡道
(a) 直线长坡道；(b) 直线短坡道；(c) 倾斜楼板

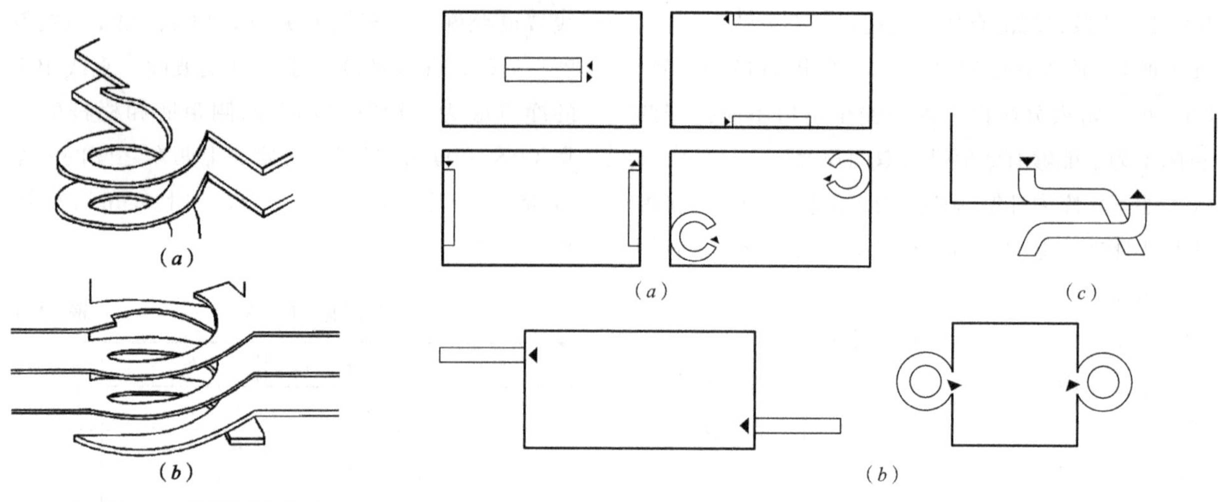

图11-39　曲线形坡道
（a）整圆形坡道；（b）半圆形坡道

图11-40　坡道的位置
（a）在主体建筑之内；（b）在主体建筑之外；（c）在主体建筑内、外均有

（如屋顶水箱、冷却塔、送风机等）放在最顶层。因此，高层旅馆建筑中需要设置地下设备层、中间设备层来布置不同类型的设备用房，主要的设备用房大体分为以下几类：

a.空调系统设备用房

高层旅馆建筑的空调系统设备包括冷、热源设备，空气调节与分配系统设备，自动控制系统设备等。

a）冷、热源设备机房包括制冷机房和锅炉房，制冷机房设备包括制冷机、冷冻机、冷却塔等，根据设备特点，机房放在地下设备层最好，设备之间需留出宽0.8~1.5m的检修通道。

锅炉房一般包括锅炉间、风机除尘间、水泵处理间、配电和控制间、化验室、修理间、浴厕等房间，位置可单独设置，如有困难，可设置在高层建筑的裙房首层和地下室，同时应避开与人员密集房间的上、下层和平层贴邻。

b）空气调节与分配系统设备主要是空调机房，大型空调机房一般设在底层和地下室，设在地下室时，平面上要考虑适当的风道竖管位置，地面层空调机房尽可能靠外墙。

b.防排烟系统设备用房包括排烟机房和送风机房

一般排烟机房放在地下一层，送风机房则可放在地下二层。

c.给水排水系统设备用房

主要考虑给水系统设备或设施用房，高层建筑的给水系统的构成包括水池、水泵房、高位水箱和消防水系统（消火栓、自动喷淋）等。

a）高层建筑的蓄水池分为生活水池和消防水池，可设于室内或室外，设于室内时一般设在地下室。当市政给水管网为枝状或高层建筑的给水系统只有一条进水管时，应设消防水池。供消防车取水的消防水池应设取水口或取水井，其水位应保证吸水高度不大于6m，取水口（井）距高层外墙距离应大于5m且小于100m。当水池距地面高度超过6m时，应在水池旁设专用水泵，从水池抽水至室外取水井，取水井直径一般为1.2m。

b）水泵房可设在首层或地下室，屋顶水箱间设于建筑屋顶

高层水泵房的防火要求：当消防水泵设在首层时，其出口宜直通室外，当设在地下室或其他楼层时，应设直通地面的安全出口。隔墙的耐火极限不小于2h，楼板不小于1.5h，应设甲级防火门，与消防控制中心之间应设直接通信设备。

设置高位水箱的目的是为了保证给水系统中的最高、最低水压。为保证消火栓口处的最低水压，高位水箱位置至少应高于上层消火栓口20m左右。

d.电气系统设备用房

高层旅馆建筑的电气系统设备主要包括两类：一是电力（强电）设备，二是电子（弱电）设备。设备用房主要包括变、配电房，柴油发电机房，消防控制室，计算机房，交换机总机房等。

配电房：当楼层为20~30层时，设于地下室或附属建筑内；高度大于100m时，分别设于地下室、中间设备层和顶层。

柴油发电机房宜设于首层或地下一层，靠近一级负

荷或配电所。

消防控制室应设在首层或地下一层，靠近建筑入口，并有通向室外的安全出口，距离不大于20m，控制室的面积大小应考虑操作、维修和值班人员休息的位置。

11.2.6 安全疏散要求

1）防火分区

一类高层每个防火分区的最大允许建筑面积为1000m^2；地下室每个防火分区的最大允许建筑面积为500m^2；当高层建筑与其裙房之间设有防火墙等防火分隔设施时，其裙房的防火分区的最大允许建筑面积为2500m^2，设有自动灭火系统的防火分区可增加至5000m^2。

2）防火间距

高层建筑与高层建筑之间最小间距为13m；高层与低层之间最小间距为9m；低层与低层之间最小间距为6m。

3）安全疏散出口

一般情况：每个防火分区安全出口不应少于两个，安全出口应分散布置，两个安全出口之间的距离不应小于5m。安全疏散路线应尽量连续、畅通。

4）安全疏散距离

旅馆房间门至最近的外部出口或楼梯间的最大距离为：位于两个安全出口之间的房间为30m；位于袋形走道两侧或尽端的房间为15m。

高层建筑内的观众厅、展览厅、多功能厅、餐厅、营业厅和阅览室等，其室内任一点至最近的疏散出口的直线距离不宜超过30m，其他房间内最远一点至房门的直线距离不宜超过15m。

5）安全疏散宽度

（1）高层建筑内走道净宽按1.0m/百人计算，多层建筑根据建筑耐火等级计算。

（2）走道最小净宽：单面布房1.30m，双面布房1.40m。一般适宜的走道宽度：

外走廊1.80m，内走廊2.10m。

（3）首层疏散外门总宽度：应按1.0m/百人计算，最小净宽1.2m。

11.3 高层旅馆建筑的结构设计与造型特点

11.3.1 高层旅馆建筑的结构选型

旅馆结构通常根据建筑物的高度和建筑空间要求进行相应的选择。由于不同结构体系的强度、刚度不同，它们适宜的高度范围也不一样。高层旅馆建筑常见的结构体系主要有以下几种：

1）框架结构体系

框架结构的最大特点是分隔空间十分灵活，便于形成各种大小空间，很适合旅馆公共部分、餐饮部分。对于客房层，在客房类型变化较多时，适应性也很大。

2）剪力墙结构体系

剪力墙体系在承受水平荷载方面，性能比框架体系好，一般可建造35层以下的高层建筑，对于上、下均为客房的旅馆比较合适。但是，因剪力墙间距小，高层建筑底部要作为大空间使用时，会有很大的困难。

3）框架—剪力墙结构体系

适用于50层以下的高层或超高层旅馆。框剪体系的框架部分对布置旅馆大空间的餐厅、咖啡室、酒吧等具有很好的适应性。

4）钢结构

主要承重部分全部用建筑型钢组成。超高层建筑常采用这种结构形式，它具有柱梁断面小、施工速度快的特点。

5）框架—筒体结构体系

框架—筒体结构体系适合于超高层建筑，框筒体系下部空间连通使用的范围一般比框剪体系更小，因而旅馆的大空间常布置在高层部分的外围。

6）筒中筒结构体系

该体系是内外两层钢筋混凝土筒体，外筒是外墙，内筒则是交通枢纽、辅助房间的核心部分。采用筒中筒体系的钢筋混凝土结构，可以建造更高的超高层建筑。

11.3.2 高层旅馆建筑的造型特征

高层旅馆建筑造型应充分考虑建筑结构自身的逻辑性，使建筑艺术与技术完美结合。建筑技术对高层旅馆建筑的影响体现在以下几个方面：

1）楼身形体

高层旅馆建筑的结构要求决定了其合理的楼身形体是基本几何形体及其适度的变形，基本几何形体主要包括方柱形、圆柱形、三角锥形，发展的形体包括台阶形体、雕塑形体。常见的有下列几种形式：

（1）直面块体及其组合

直面垂交形成矩形块，它具有设计、施工方便，造价较低的优点。此种旅馆体形最为常见，如广州白云宾馆（图11–41）就是此种体形，南京金陵饭店（图11–42）是略有变化的方形块体造型。

以直面斜交呈折角或三叉形形成新的块体，如日本东京太平洋饭店（图11–43）是直面斜交呈折角形，东京新大谷饭店旧馆（图11–44）是直面斜交呈三叉形。

（2）曲面块体

曲面块体更显得舒展，亲切，气氛活泼。

圆形平面的旅馆是曲面块体中的最简单、纯粹的形式。由于其具有核心服务区小、交通走廊短等优点，可使旅馆客房平面层取得经济合理的效果，美国亚特兰大桃树广场旅馆（图11–45）就是圆柱形塔式旅馆。圆柱形塔式旅馆可以采用几个大小、高低不一的客房楼组成，更富神奇变幻的特征。

（3）直面块体与曲面块体的转化与组合

直面块体与曲面块体的各种巧妙组合，使得旅馆建筑有了千变万化的造型，可演变成为折板式直面块体、波浪形的曲面块体和弧形三叉或反弧风车式曲面块体等，它们可以相互转化，使得旅馆建筑造型更具有强烈的可识别性，特别引人注目。

2）顶部造型

高层旅馆顶部常常成为城市空间的构图中心，必须加以重点处理。高层旅馆建筑的顶部造型大体有尖顶、坡顶、穹顶、平顶、古典造型、旋转餐厅造型等，如上海虹桥新区的扬子江大酒店（图11–46）采取了塔式体形，其顶部是尖斜面，非常突出、醒目。

图11–41 广州白云宾馆

图11–42 南京金陵饭店

图11–43 日本东京太平洋饭店

图11–44 东京新大谷饭店

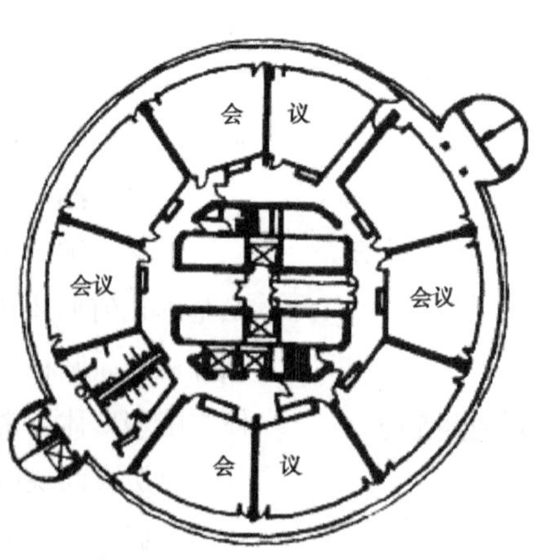

图11–45 亚特兰大桃树广场旅馆

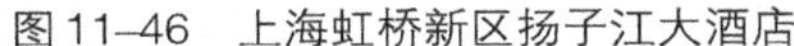

图11–46　上海虹桥新区扬子江大酒店

图11–47　那米拉公寓

3）基座造型

旅馆底部基座造型，常常采用增加体量的“加法”以示伸手表示欢迎之意，也可以结合环境特点，把旅馆一角作斜向切面，用“减法”处理，以示内含、兼容的姿态。基座尺度应与街道尺度协调，在材质、色彩和细部造型上与主体建筑相统一。

4）立面设计

建筑首先要满足使用要求，同时，它的体形、立面以及内外空间组合等，还会给人们在精神上带来某种特殊的感受。高层旅馆的立面设计主要体现在其结构、生态节能和历史文脉三方面。

（1）体现结构艺术风格的立面设计

高层旅馆建筑的体形和立面，由于其功能的特殊性，必然与所用的材料、结构体系以及施工技术、构造措施等密切相关。结构形式和构造做法，由于尺度的巨大和规整重复的变化，也体现出一种结构和构造的美感。

（2）体现生态与节能特征的立面设计

在高层旅馆建筑中，尽管先进的空调等机电设施可以创造独立于外界的人工环境，但这种做法导致了人与自然的疏离，导致了能源的巨大消耗和城市中心的热岛效应。建筑师应尽量采取与当地气候相适宜的设计手法，强调人与环境交互作用，将建筑对生态系统的适应程度当做衡量现代化的标志。

马来西亚建筑师杨经文针对热带城市建筑生态可持续性的研究和努力成果，反映了当代建筑师对城市类型建筑生态问题的理性思考。在他的代表作品——那米拉公寓（图11–47、图11–48）中，建筑西侧是带绿化的阳台，东侧是服务核，有凹窗和带遮阳的窗子，使交通厅和卫生间都有自然采光和通风，南北向为大面积的玻璃窗，螺旋上升的垂直绿化和底部斜坡的绿化有利于调节气候，屋顶上的遮阳设施丰富了外轮廓线。建筑将生态观念与现代的造型手法进行了完美的结合，创造了远东地区低能耗高层建筑的典范。

（3）体现地方历史文脉的立面设计

高层旅馆建筑作为一个城市或地区的标志，是对当地历史文脉的展示和强化，使城市的空间文脉序列具有更加丰富的节奏变化。

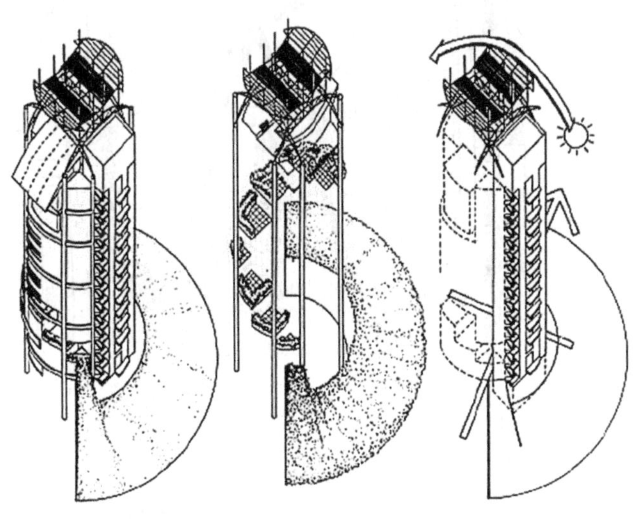

图11–48　那米拉公寓剖面意向图

11.4　实例分析

11.4.1　日本大津王子旅馆（图11–49~图11–54）

设计单位：丹下健三都市建筑设计研究所

设计时间：1986年

占地面积：32561.59m²

总建筑面积：52438.07m²

1）建设背景

建筑基地位于日本琵琶湖畔，附近名胜古迹众多，同时有高尔夫球场、滑雪场分布于周边。当地的政府以地域开发为目标，力求打造一湖岸线休闲生态旅游区，在此背景下建造了大津王子旅馆。

2）设计特点

（1）半圆

旅馆平面以半圆为主要构成元素，不仅使每个房间都能眺望湖面，而且使走廊最短，有效面积提高，使得成本降低。

（2）30° 旋转

平面半圆进行30° 旋转，塔楼和琵琶湖长轴一致，创造最佳眺望角度。

（3）平面旋转错接

平面旋转错接使平面形式活泼有力，整体造型生动化，突出了两圆弧曲线。

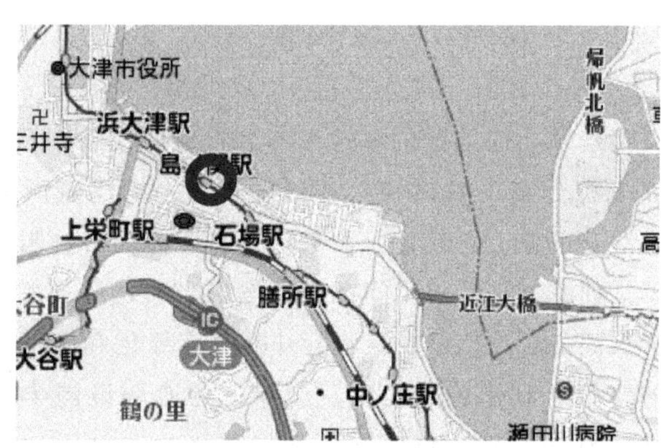

图11–49　场地位置

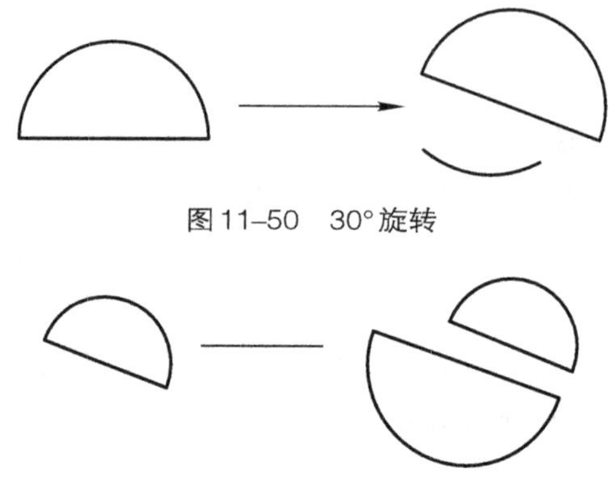

图11–50　30°旋转

图11–51　平面旋转错接

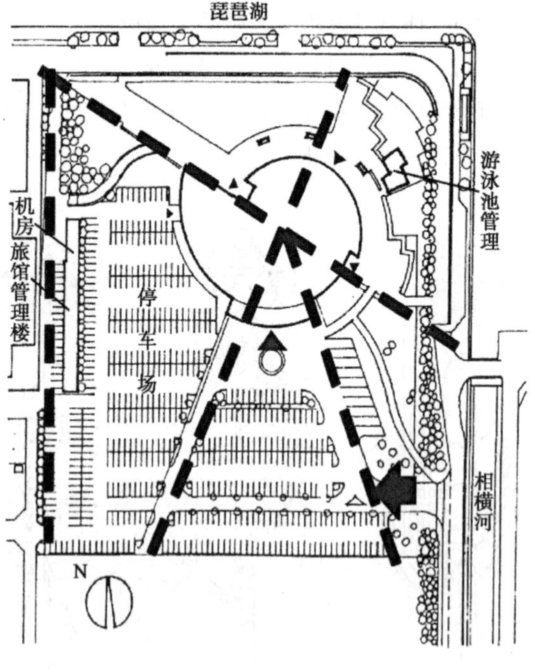

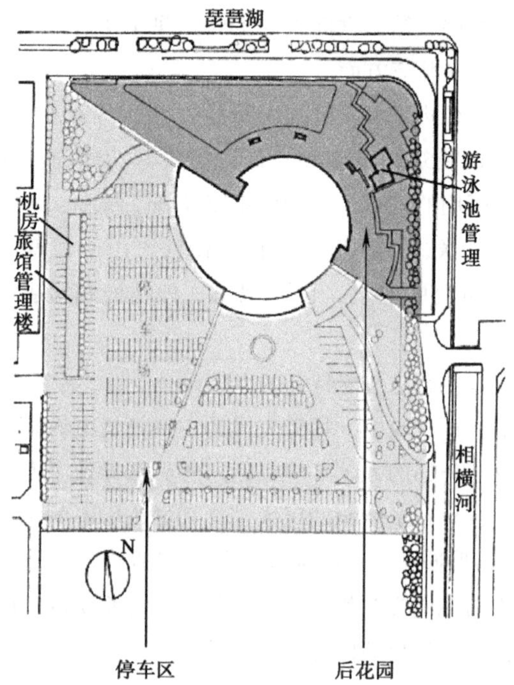

图11–52　场地划分轴线及总体布局

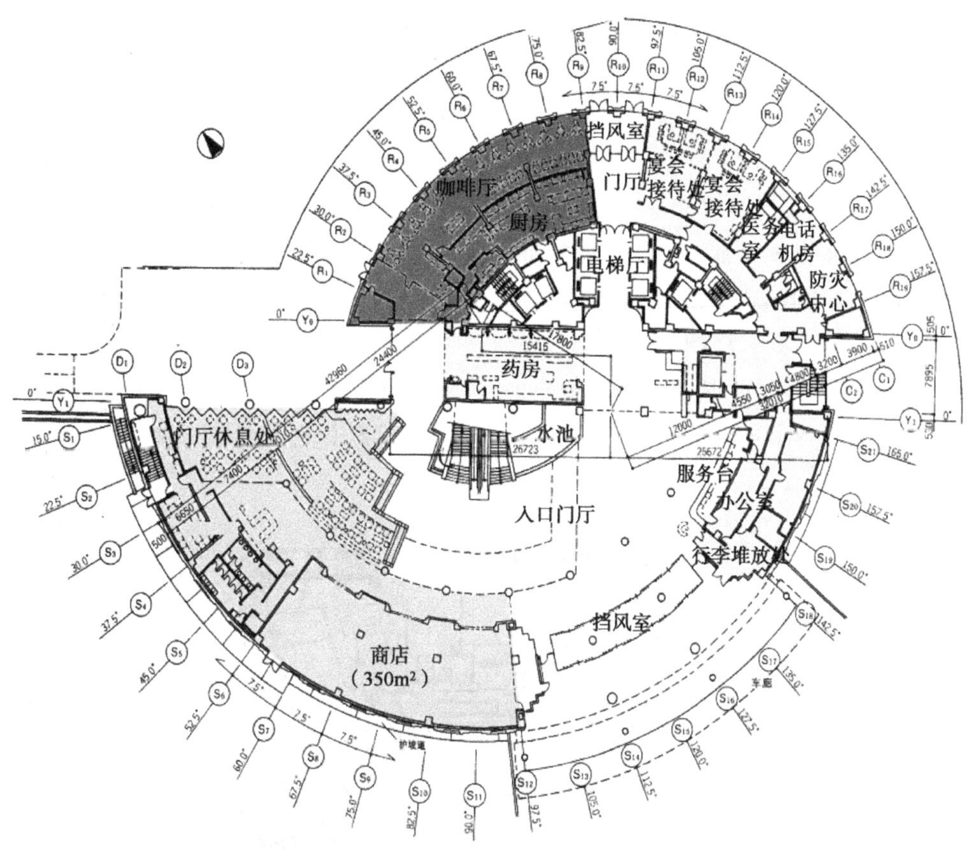

图 11–53　一层平面图

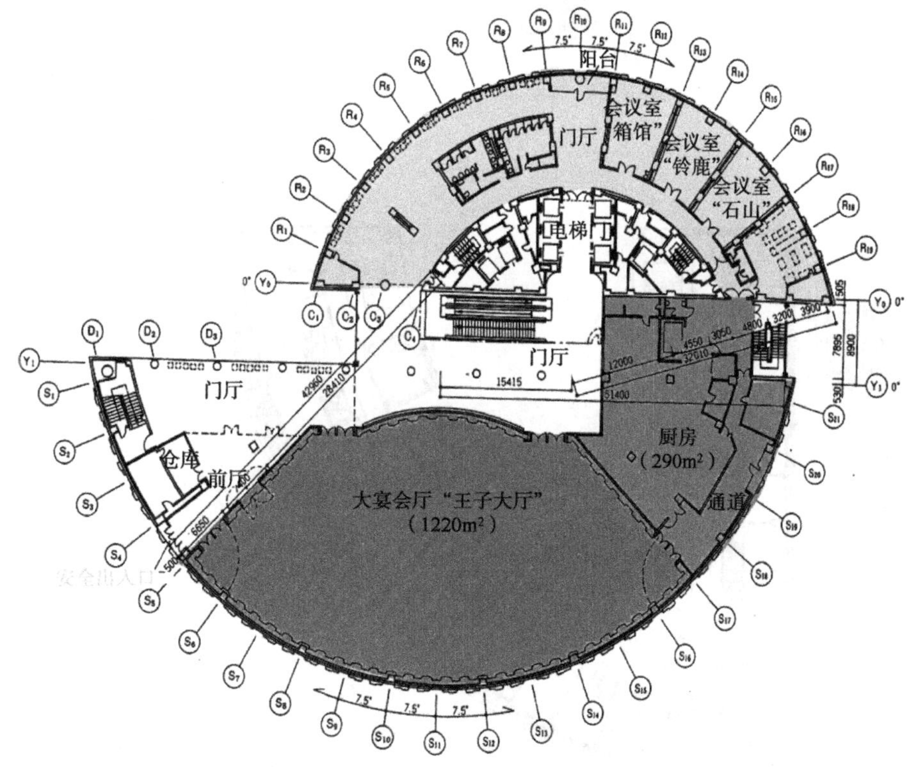

图 11–54　二层平面图

11.4.2 日本半藏门大圆弧饭店（图11-55~图11-57）

建设时间：1998年

层数：地下3层，地上17层，塔楼2层

总建筑面积：26391m²

客房数：205间

半藏门大圆弧饭店位于日本皇宫周边。建筑平面呈“L”形，平面的中央部的低层形成了一个6层高的中庭，使其成为了通向周围各宴会厅的行动路线上的一个核心。在中庭的上部安装有玻璃天窗和采光井，从而使整个中庭空间充满了柔和的光线。餐厅位于客房楼的下部，并通过斜状玻璃屏风将周围庭院的绿色映入餐厅的内部。

包括大宴会厅在内的主宴会厅与客房楼是分开配置的，在其最顶层配置有带两层中庭的教堂，通天窗，在这里形成了一个以来自上面的光线为主的空间。

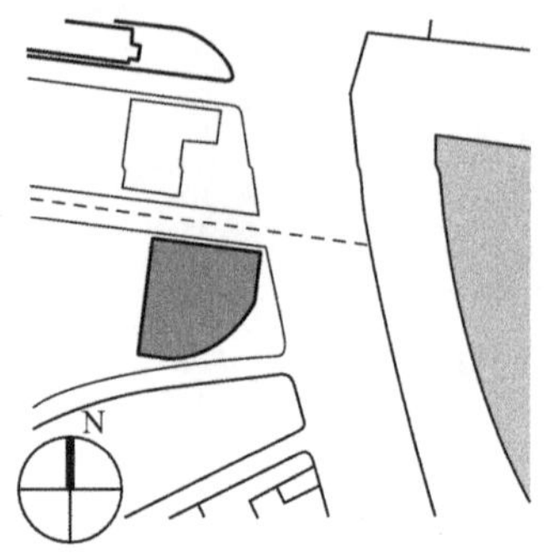

图11-55 日本半藏门大圆弧饭店总平面位置图

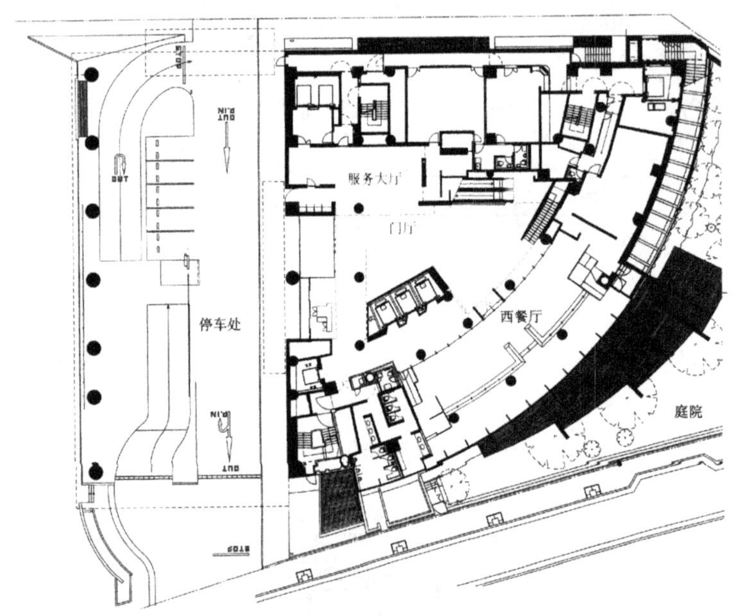

图11-56 日本半藏门大圆弧饭店一层平面图

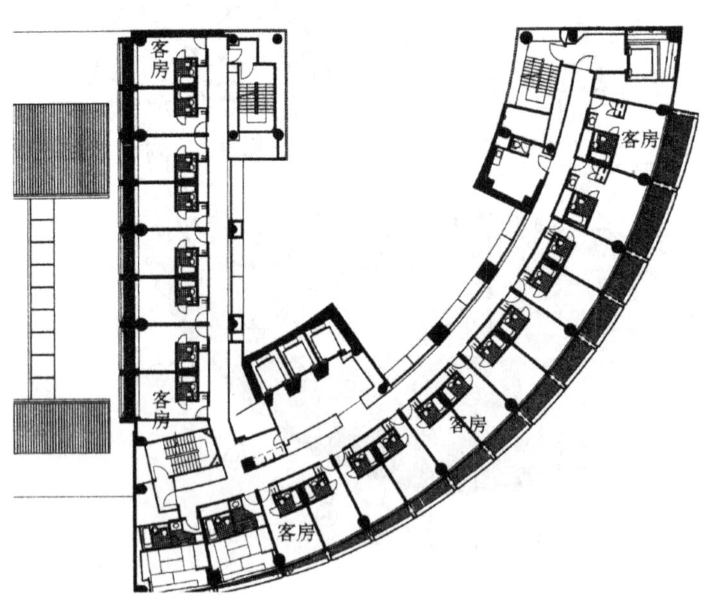

图11-57 日本半藏门大圆弧饭店客房标准层平面图

11.4.3　京王广场饭店主楼（图11-58~图11-61）

建设时间：1971年

层数：地下3层，地上47层，出屋面1层

总建筑面积：116000m²

客房数：1057间

京王广场饭店基地范围内设置了公共人行廊，步行和车行路线有层次地分离，区域集中供冷、采暖，同时，区域内停车场以及民间营建以公共服务为前提。

在结构设计上与通常的所谓超高层相反，结构开间跨距较大（11.4m），在1个开间的跨距上铺设了6张外装幕墙（1.8m），而客房的开间灵活采用3.6m或5.4m。这些独特设计正好迎合了以顾客为对象的饭店战略，能够较为自由地设定不同客房的比例。同时，开间模数的可变性不仅意味着适应将来灵活变更的可能性，也可以说是为延长饭店使用寿命的具有前瞻性和独具匠心的构思。

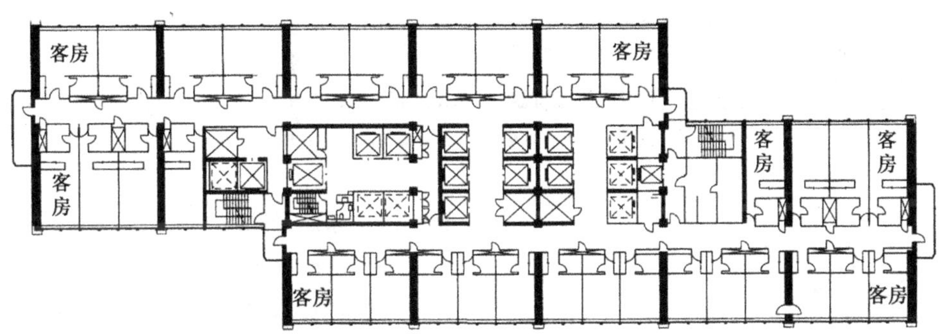

图11-58　京王广场饭店标准层平面图

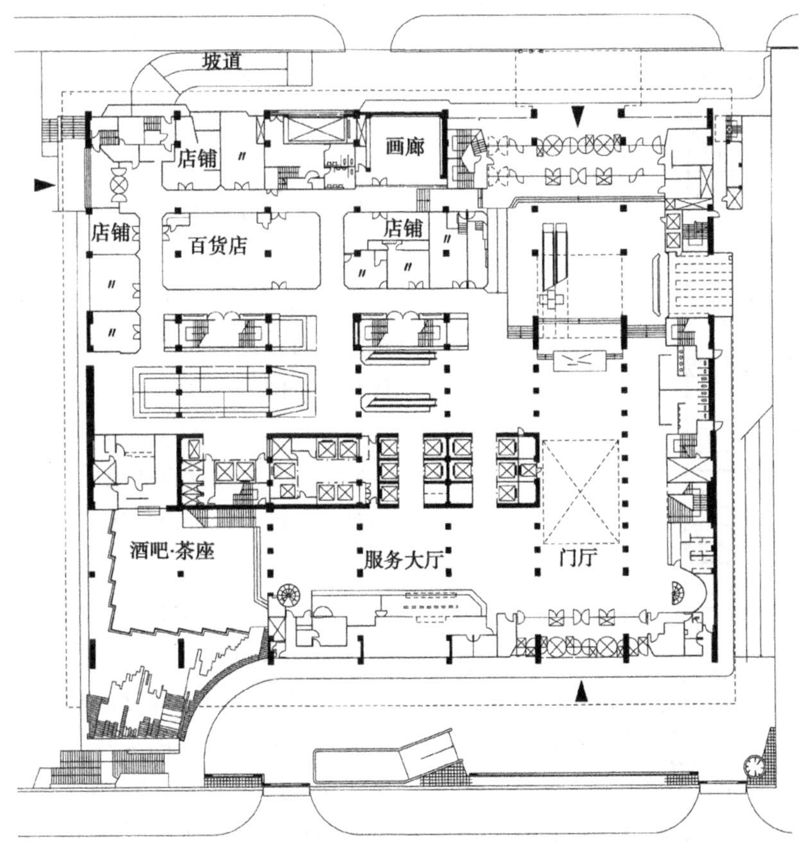

图11-59　京王广场饭店一、二层平面图

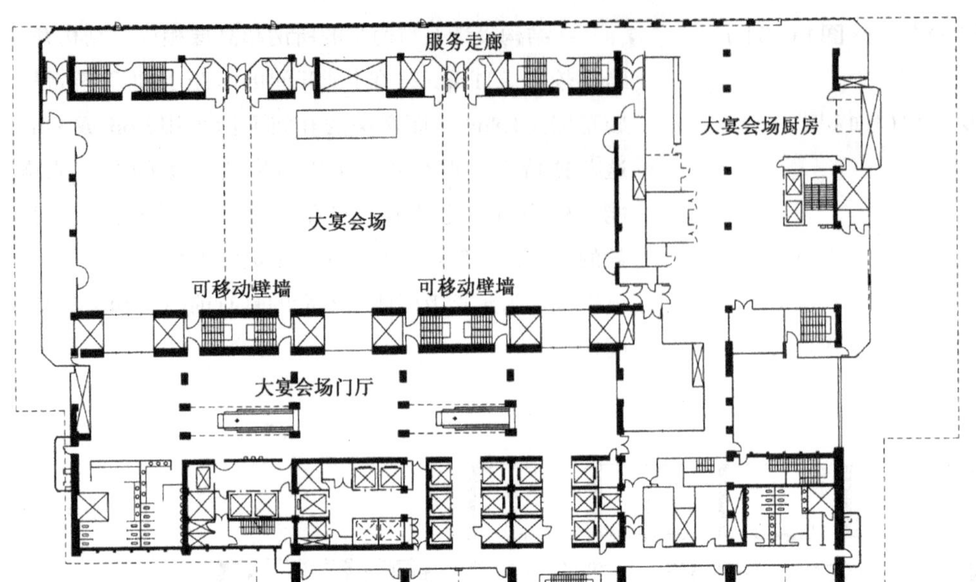

图11-60 京王广场饭店五层平面图

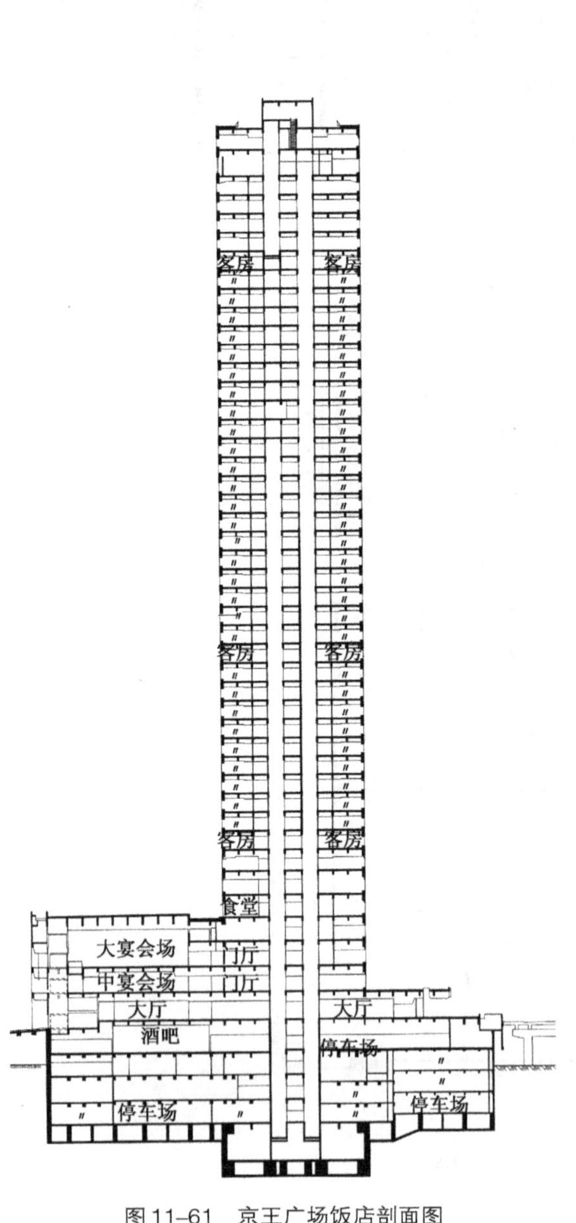

图11-61 京王广场饭店剖面图

11.4.4 东急圣路尼安塔楼饭店（图11-62~图11-65）

设 计：观光企划设计社+东急设计咨询

建设时间：2001年

层 数：地下6层，地上41层，出屋面2层

总建筑面积：105950m^2

客房数：414间

该饭店处在涩谷中心街和代官山的结合部，成为了该地区的一栋标志性建筑。建筑利用了基地内的地形高差，从地下1层到地上2层的各层都有风格各异的入口。所以，在与街道紧密相连的同时，也使人车分离、办公和饭店入口分离、宴会厅和客房部的入口分离等复杂的交通流线处理得到了解决。在饭店基地的南侧，修建了绿树成荫的庭院，作为公共开放的空地，为地区做出贡献的同时，也实现了与饭店门庭休息室的室内外装修一体化的意图。

通往宴会厅的交通流线是由地下3层和地下1层的宴会用停车场门厅自然地进入。在平面上，在高层塔楼向外突出的位置上设有休息室和大宴会厅，使所需的大空间得以实现。

在饭店客房标准层，将位于下部的办公专用电梯的核心部分进行了一个大的切角，形成了一个五角形的平面，并将斜边部分面向涩谷中心街，将整体建成具有城市轴线意识的独特的塔楼形状。各客房以正面宽为4.5m的舒适的双人间为主体，无论从何方眺望，都有其吸引人的地方，尤其是五角形平面转角，设置有能享受远眺乐趣的浴室，从而形成了具有魅力的转角套房。

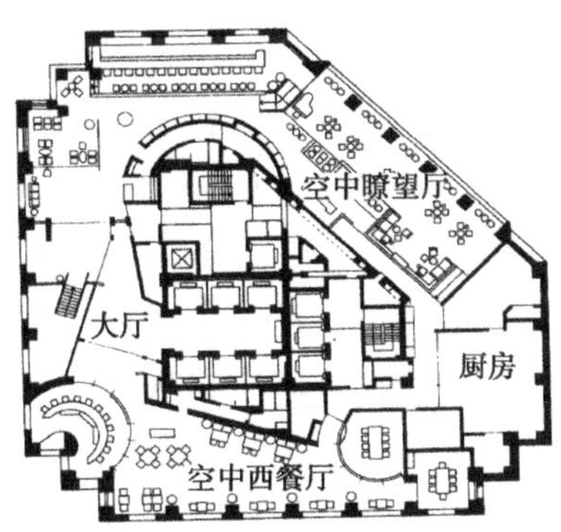

图11-62　东急圣路尼安塔楼饭店阳台标高层1

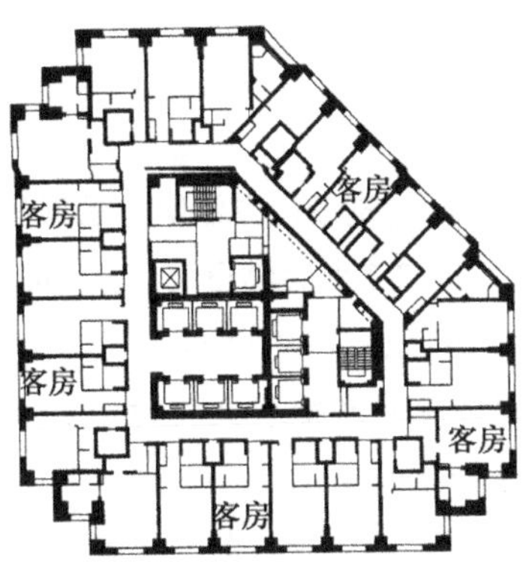

图11-63　东急圣路尼安塔楼饭店阳台标高层2

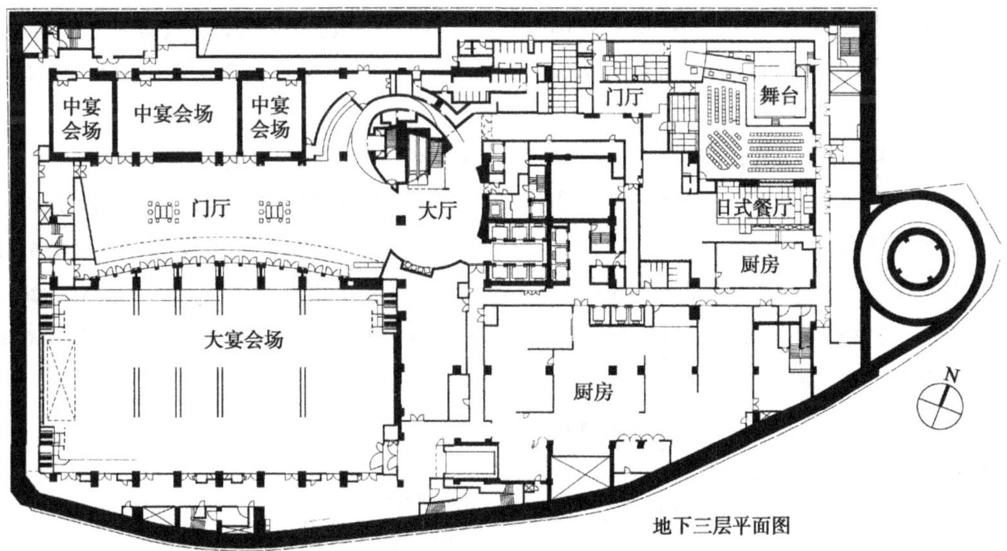

图11-64　东急圣路尼安塔楼饭店地下三层平面图

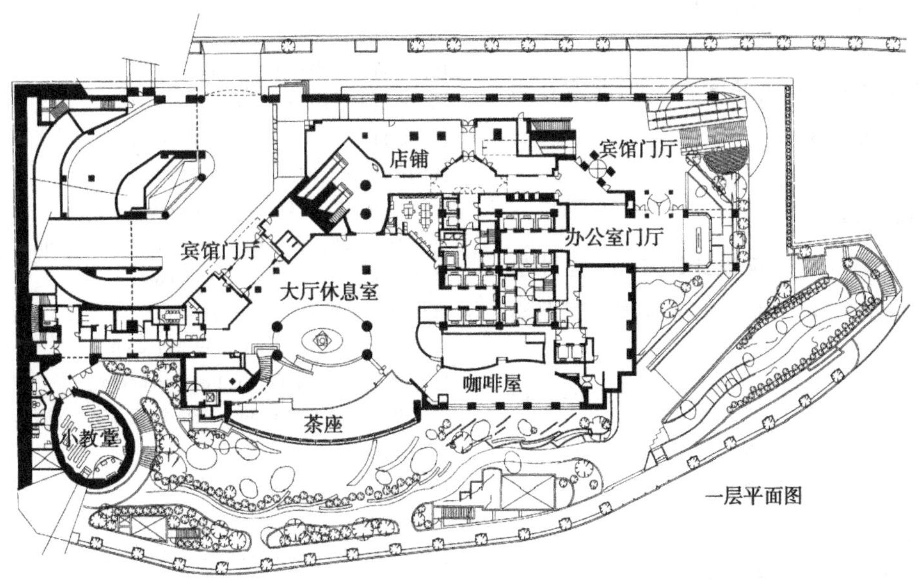

图11-65　东急圣路尼安塔楼饭店一层平面图

11.5 参考书目解读及图片来源

11.5.1 理论类参考书

1）吕宁兴，徐怡静．建筑设计方法解析系列丛书—旅馆建筑［M］．武汉：武汉工业大学出版社，2002，1.

《旅馆建筑》详细介绍了国内外50多个旅馆建筑实例，对每例的工程概况、环境与文化背景、设计手法等方面进行了客观分析与概括，同时也相应地表达了分析者的分析与观点。书中收录的案例以新建为主，兼顾经典；以国外为主，兼顾国内；既有城市旅馆，又有风景旅游旅馆、民俗文化旅馆，还有度假疗养旅馆等。

2）（美）布赖恩·麦克多诺等．国外建筑设计方法与实践丛书—酒店建筑［M］．北京：中国建筑工业出版社，2007，1.

本书介绍了豪华酒店、度假/主题酒店、会议/聚会酒店和有限服务酒店（汽车旅馆）等多种类型的酒店设计以及酒店设施所特有的结构、机械、照明、室内交通、安全和易达性等内容，提供了酒店设计过程中的关键信息、潜在的问题、特殊设计考虑因素以及最新趋势，本书是设计酒店建筑重要的指导工具书。

3）香港科讯国际出版有限公司．国际品牌酒店［M］．武汉：武汉工业大学出版社，2007.

本书挑选了18个国际品牌酒店，从规划背景、整体设计理念、室内装饰、景观布置、配套设计和服务等方面进行了细致的展示。

4）张皆正等．旅馆建筑与设备概论［M］．上海：上海科学技术出版社，1989，1.

5）刘建荣．高层建筑设计与技术［M］．北京：中国建筑工业出版社，2005，1.

11.5.2 图集、工具类参考书

1）中国建筑科学研究院建筑设计研究所．国外建筑实例图集 —旅馆建筑［M］．北京：中国建筑工业出版社，1982，1.

本书中选取多个国外品质较高的旅馆设计，能够代表近年来旅馆的发展趋向，书中内容以实景照片和设计图纸为主，同时配以简要的文字说明，对于学生的设计会有很好的帮助作用。

2）李艾芳等．国外当代旅馆建筑设计精品集［M］．北京：中国建筑工业出版社，2004，1.

本书精选了世界各地具有代表性的商务酒店、风景区观光旅馆、度假村、主题旅馆、艺术旅馆及新型大酒店等65例，并对每例从方案构思、平面布局、建筑造型、室内设计等方面进行了分析与评述。

3）《建筑设计资料集》编委会．建筑设计资料集.4［M］．北京：中国建筑工业出版社，2004，2.

《建筑设计资料集》对建筑工程技术和规范的内容都有兼顾，是一本很好的建筑设计工具用书。其中第4集专门介绍了旅馆建筑的有关设计要点与要求，用详细的文字讲解与图示讲述了旅馆建筑的设计内容与方法，具有较强的指导意义。

4）日本建筑学会．建筑设计资料集成—休闲·住宿篇［M］．天津：天津大学出版社，2006.

11.5.3 规范类参考书

1）《旅馆建筑设计规范》（JGJ 62—90）

2）《建筑设计防火规范》（GB 50016—2006）

3）《民用建筑设计通则》（GB 50352—2005）

4）《高层民用建筑设计防火规范》（GB 50045—95）（2005年版）

图片来源

[1] 图11–1，图11–2来自www.bbs.chets.com
[2] 图11–3，图11–5来自www.tag.51hejia.com
[3] 图11–4，来自www.yn.chinanews.com
[4] 图11–6，图11–12，图11–34~图11–38，图11–40~图11–48来自www.photo.zhulong.com
[5] 图11–7，来自www.zyjjt.com
[6] 图11–9，图11–10来自www.szjkji.com
[7] 图11–11，来自www.sina.com.cn
[8] 图11–26，来自www.djy517.net
[9] 图11–27，来自www.chinatour.net
[10] 图11–28，来自www.easy–linkholiday.com
[11] 图11–29，来自www.88ht.com
[12] 图11–30~图11–32，自绘.
[13] 图11–33，来自www.99sleep.com
[14] 图11–39，来自blog.liontravel.com
[15] 图11–49~图11–54，来自张艾芳的《国外当代旅馆建筑设计精品集》
[16] 图11–8，图11–13~图11–25，来自吕宁兴，徐怡静的《旅馆建筑》
[17] 图11–55~图11–65，来自《日本建筑设计资料集成》

第12章　综合技术应用训练
——剧场设计

12.1　剧场设计概述

12.1.1　剧场发展史略

剧场建筑是为戏剧演出及观演等活动服务的，它的发展与社会、经济、戏剧、建造技术等因素息息相关。

剧场形制的演变，除了受物质、技术条件的制约和建筑思想的影响外，主要由舞台、观众厅、辅助功能空间三个部分的功能、规模及其相互关系的变化来决定。

1）国外剧场建筑发展概况

古希腊的剧场为露天剧场，3个部分毗连又各自相对独立。古罗马时代，这3个部分成了统一的建筑整体，为半露天，如图12–1，即为典型的古罗马剧场形式。

这个传统经过中世纪的中断，到文艺复兴时期，在意大利得以继承。1618年，在帕尔玛建造了第一座有镜框式舞台的剧场，这一时期最具代表性的如巴黎歌剧院等（图12–2）。

后来，在相当长的历史时期里，就是在这种剧场的基础上，从不同的方面去改进、丰富，直至发展成具有现代化机械设备的剧场。

现代化剧场的重要标志是电力能源的利用以及在此基础上各种舞台设备的不断改进和完善，如转台、附台、推拉台、车台、活（电）动台板或升降台、完备的吊杆系统、照明控制系统等。随着非镜框式舞台演出的发展，又出现了不同样式的剧场结构，如伸出式舞台、中心式舞台、终端式舞台、可自由组合变化的舞台等剧场形式以及兼有镜框舞台和伸出式舞台特点的剧场等。20世纪60年代以后，西方又出现了将不同类型的演出、娱乐场所建造成综合建筑群的趋向，其中最为著名的无疑是悉尼歌剧院了（图12–3）。

2）中国剧场建筑发展概况

中国剧场的历史可上溯到汉唐。汉代上演百戏有看棚，隋唐有戏场、乐棚，宋代出现了瓦舍、勾栏，具有了剧场的要素，成为了后来中国剧场的基本格局。清代的剧场沿着宫廷剧场（三层大戏台、图12–4）、府第剧场、营业性的民间茶园、地方性的或会馆里的小型剧场等不同的形制在发展。1909年建造的上海新舞台，是在中国最早出现的建有镜框式舞台的剧场。这类剧场在1949年以后得到了大规模发展。20世纪80年代建造的剧场有中央戏剧学院实验剧场、上海戏剧学院剧场、中国大剧院、上海大剧院（图12–5）等。

图12–1　古罗马剧场

图12–2　巴黎歌剧院

图 12–3 悉尼歌剧院

图 12–4 颐和园戏台

图 12–5 上海大剧院

12.1.2 剧场建筑特点

1）体量宏大

剧场建筑属于大型公共建筑，其体量较大，结构复杂，投资巨大，同时人流量较多，防火疏散应综合考虑。

2）结构复杂

剧场建筑的功能组成包括观演厅、舞台及辅助管理用房三部分。每个部分都有其主要功能与辅助功能房间，组织有一定难度。

3）观感要求高

剧场建筑的大型性决定了其不可能大量地出现。一个剧场必然是一个城市或一定区域内舞台表演艺术的中心，成为一个区域的地标性建筑，地位极为重要，客观上要求剧场建筑造型美观。

12.1.3 学习剧场设计的意义

观演建筑是公共建筑的一大类型。观演建筑通常包括电影院、剧院、文化艺术中心、音乐厅、文化馆、报告厅等，而剧场建筑可算是观演建筑的典型类型之一。它同其他观演建筑一样，具有多科性、高技术性（如声、光、视线、疏散、结构等设计）和较强的艺术性、社会性、综合性的特征。作为一个建筑类本科学生，该建筑类型是一个不可缺的应该掌握的建筑设计类型，即让学生通过剧场建筑设计的训练，对观演类建筑的功能特点做一全面的了解和认识，锻炼他们对于复杂的功能、大空间的结构、较高的建筑艺术要求等多种复杂因素的综合处理能力。

另外，剧场建筑由于其大型少量的特性，成为了城市建筑群体中较为特殊的一个节点，多为区域地标性建筑，对建筑造型要求较高，要求剧场方案符合城市文脉并与总体环境相协调，是建筑思想与理念的综合表达，而综合的技术设计等对设计者综合能力的提升有重大意义。在剧场建筑设计的学习中，可以尝试特殊的造型设计手法，锻炼解决各种技术问题的综合能力。

12.1.4 剧场的功能组成

一般剧场的功能组成见图 12–6。

1）演出部分

一般包括舞台演出与演出准备两大部分。

舞台演出一般包括舞台、乐池、机械电器设备辅助用房等。演出准备部分一般包括化妆室、更衣间、道具室、剧团办公室、库房等，大型剧场常需设置排练厅等用房。

2）观众部分

观众部分主要有观众厅、休息厅、卫生间、小卖部、

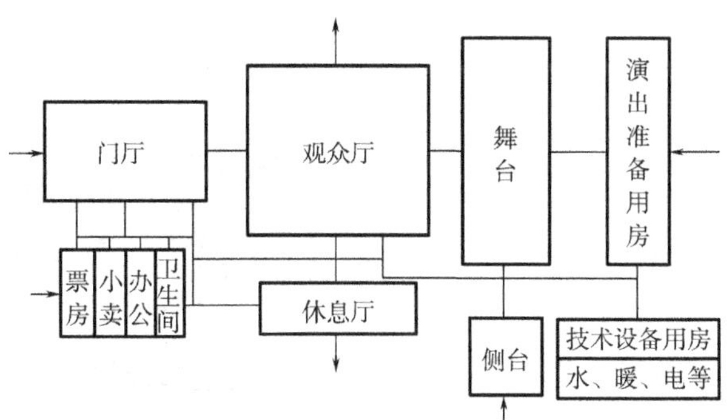

(a) 小型剧场的功能组合关系

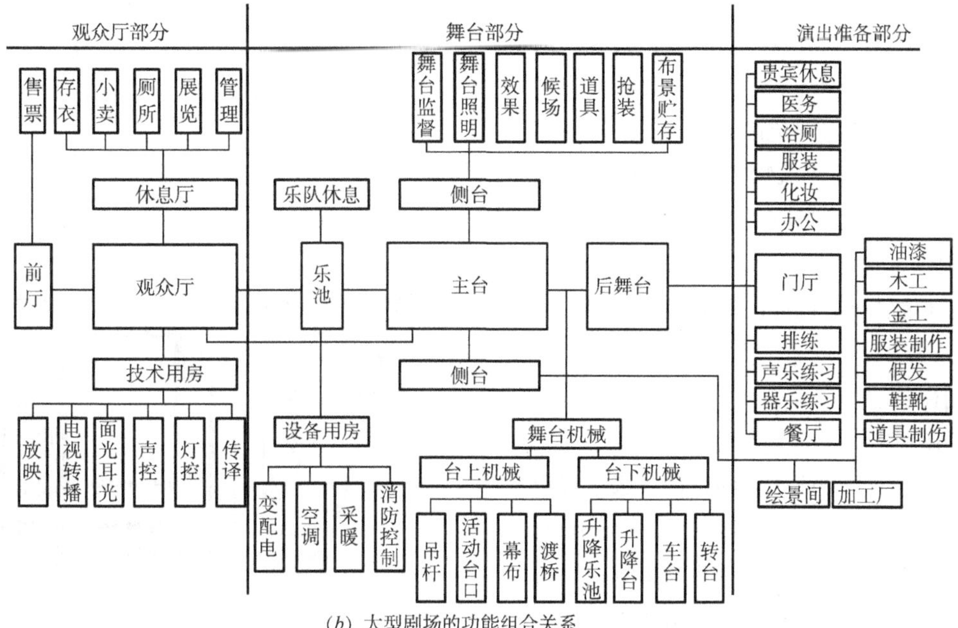

(b) 大型剧场的功能组合关系

图 12–6　不同规模剧院的功能组合关系图

售票室、技术用房等。有贵宾室的还应设置其专用卫生间及其他辅助用房。

12.1.5　剧场设计原则

剧场以文艺演出为主要功能，观众来剧场的目的也是为了观看演出，因此剧场应保证其使用功能要求：

1）良好的演出条件

这主要与主副舞台、技术装备的设置、表演准备房间及演员行走的流线有关。

2）良好的观演条件

设计者应考虑观演厅的平面与空间形式，满足观演的视线设计与声学设计的要求。

3）保证安全与舒适

剧场要有符合规范要求的防火疏散设计，保证在其内的安全。另外，剧场设计还应注意温湿度调节、通风设备设置与卫生条件等为观众创造良好观演条件的舒适性设施。

除满足剧场的功能要求之外，作为城市地标的大型公共建筑，还应注意处理好室内外环境与建筑造型。在某些方面来说，这是更加重要的因素。

12.2　剧场总图与造型设计

12.2.1　剧场用地选择

1）合理布点

应与城市规划协调，合理布点。重点剧场应选在城市重要位置，形成的建筑群应对城市面貌有较大影响。

2）文化体现

剧场基地选择应以剧场类型与所在区域居民文化素养、艺术情趣相适应为原则。

3）交通便利

应设在位置适中、公共交通便利、比较安静的区域。

4）疏散保证

基地里至少有一面临城市道路，临街长度不少于基地周长的1/6。剧场前应有不小于0.2m²/座的集散广场。剧场临街道路宽度应不小于剧场入口宽度的总和，且剧场规模800座以下的不小于8m，800~1200座的不小于12m，1200座以上的不小于15m（为保证剧场观众疏散时不对城市交通造成阻塞）。剧场与其他建筑毗邻修建时，剧场前面若不能保证观众疏散总宽度及足够的集散广场，应在剧场后面或侧面另辟疏散道口，连接小巷宽度不小于3.5m。剧场与其他建筑物合建时，应保证专有的疏散通道，室外广场应包括剧场的集散广场。

5）整体环境协调

充分利用周边环境特征，创造出和谐的整体环境。

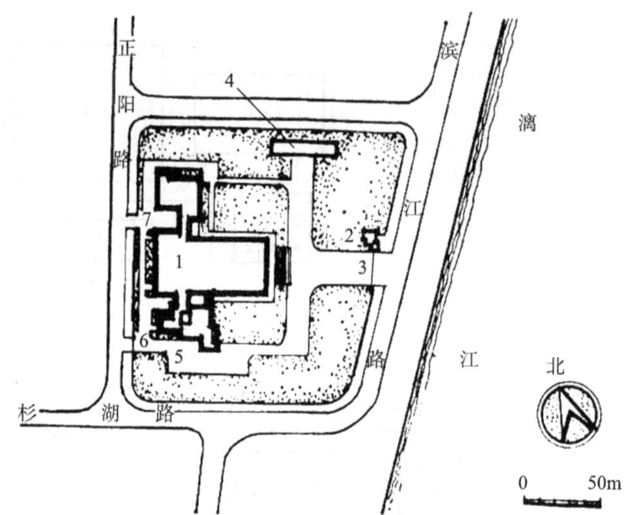

图12–7 桂林漓江剧院总平面

1—剧场；2—售票房；3—大门；4—演员接待站（旅社）；5—停车场；6—贵宾入口；7—演员入口

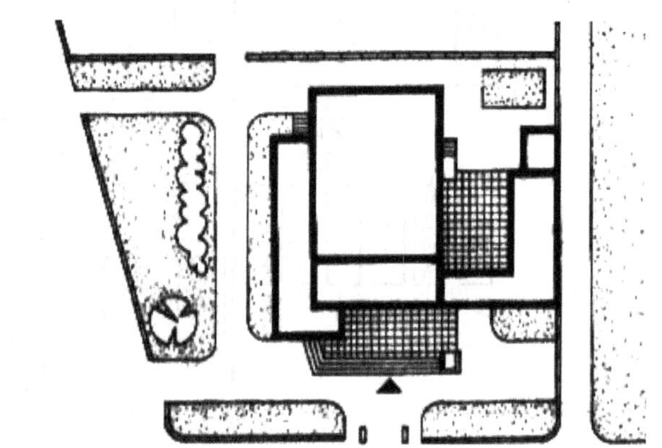

图12–8 小型剧场总平面实例

12.2.2 剧场总图设计

1）功能分区明确

尤其是演出观演与辅助功能用房的合理分区。观众人流与演员，布景路线要分开，景物应能直接上侧台；避免设备用房的震动、噪声、烟光对观演的影响；设备用房尽量靠近负荷中心。餐厅等辅助用房附建于剧场主体建筑时，一般应设置独立的防火分区，并有自己的疏散路线与出入口。

2）交通流线顺畅

与城市公交站、停车场位置协调，避免剧场人流与城市人流交叉。总平面内部道路设计要利于观众疏散，便于消防设备操作，并设置照明。消防道路宽度大于3.5m，穿过建筑时，净高4.00m，净宽4.00m。

3）环境优美适宜

应布置绿地、水池、雕塑等建筑小品，组织优美宜人的环境。

4）停车场地合理

剧场应设停车场。当剧场基地不足以设置停车场时，应与城市规划及交通管理部门统一规划。

5）主从关系明确

以剧场为主体的大型综合性文化中心，其总图设计较为复杂。除前面各项之外，要着重处理好建筑群体空间中的主次关系。

见剧场总图图12–17，12–18。

12.2.3 剧场造型设计

剧场建筑中，无论在使用上还是在空间体量上，观演厅都处于核心地位，它的体量、空间造型以及不同的结构形式所构成的形状很大程度上能体现出剧场建筑的形体特征。

在剧场造型处理上应注意以下几点：

（1）应根据剧场的性质、等级标准、技术经济等条件作恰当的艺术处理，不过分追求繁琐的装饰。

（2）结合地区条件与特点，符合城市文脉。

（3）突出主体，顾及全面，有统一格调、有主次、有变化、有呼应。

（4）很好地处理观众厅结构造型与整体建筑造型的关系，做到二者有机统一。

（5）剧场造型设计手法

剧场建筑造型千变万化，但形成外形的决定性因素是功能。所以，其基本结构是相同的，主要变化在于门厅、观演厅与辅助用房的平面功能组织形式。其造型手法可大体分为两类。

1）整体式处理

这种处理是把门厅及观众厅部分构成一个主要体部，在局部的处理可采用对称或不对称两种形态，具代表性的有上海大剧院（实例12.5.1）、国家大剧院、德国埃森歌剧院等。

现以多伦多四季音乐厅为例。虽然它具有35716m^{2}的巨大的演出场所，但其总预算仅为10200万美元。在达到总体功能要求的同时，兼顾了较好的造型效果，其手法值得借鉴。该建筑的内部空间——礼堂、乐池和舞台，与外部空间——街道形成了巨大的反差。剧院入口戏剧性地通过五层高的空间，成为了城市与剧院两者之间的纽带。宏大的入口大厅在城市景观中如同一个显示屏，为过往行人提供了一幅幅生动的室内景象，如图12–9。这个城市空间除了担当歌剧院的前厅以外，还能作为一个非正式的演奏和接待大厅（图12–10）。楼梯（包括大楼梯、玻璃楼梯和空中露天剧场）的作用是连接各级剧场。通过玻璃幕墙，市民可切身地体验城市的互动关系。四季艺术中心的设计反映了艺术的演变和现代艺术的平民化。这个建筑表达了开放、亲切的意识，并在城市中牢固地确立了歌剧的场所。

2）多体部组合处理

近年来，剧场建筑规模扩大，功能上也体现了综合使用的特性。造型处理上以大小不同的多个体部构成，形成有机结合的建筑群体，具有代表性的有广州歌剧院、东京艺术剧场、巴黎国际音乐城、悉尼歌剧院等。

林肯中心，全名为林肯表演艺术中心（图12–11），由多个表演剧场和学校组成，可以说是全世界最大的艺术场馆。环绕喷泉广场的三个剧院——纽约州剧院、大都会歌剧院、爱沃莉·费斯音乐厅，是这个著名的艺术区域的中心。林肯中心的设计师有意模仿米开朗琪罗的市民广场的设计，其建筑风格同时具有20世纪60年代流行的现代主义的简捷和明快。林肯中心将三个功能有所差异的建筑形体有机地融入到广场之中，其风格统一，而形体又有变化，是大型剧场建筑群体处理的成功案例。图12–12为林肯艺术中心的鸟瞰图。

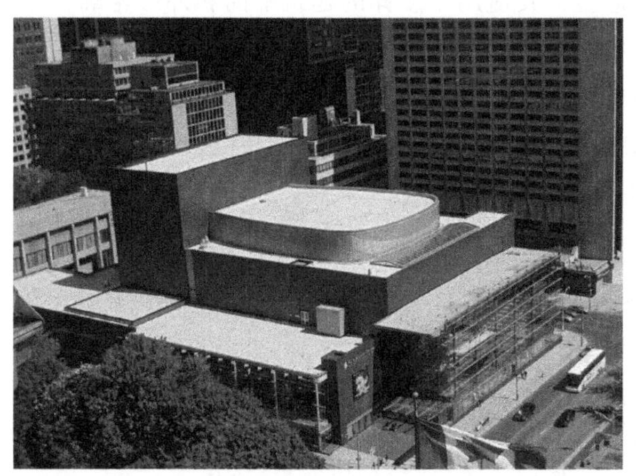

图12–9　多伦多四季音乐厅外观

图12–10　多伦多四季音乐厅内部大厅

图12–11　林肯表演艺术中心外观

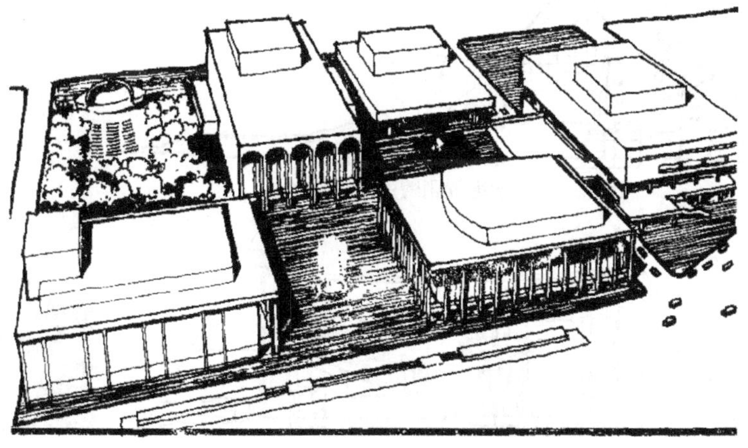

图12–12　林肯表演艺术中心建筑群鸟瞰

12.2.4 剧场结构选型的原则

建筑的不同功能要求相应的结构形式，因此，工程技术一直影响着建筑的造型。建筑的外观造型设计与结构设计往往是同步交叉进行的。

1）使用要求

观众厅是观演建筑中最主要的使用空间，观众厅所采取的结构形式特别是显露在外的结构形式，对剧场空间造型起着决定性的作用。因此，要满足剧场的使用要求，结构选型就要满足建筑使用的荷载要求并与观众厅视线设计、声学设计相适应。

2）荷载与经济性要求

剧场建筑结构选型时应考虑舞台机械、声光电等设备的荷载。在满足使用荷载的条件下还应尽可能地减少结构体系所占用的空间，并注意结构工程的经济性要求。

3）观感要求

结构的选型要符合美观功能要求，可以从发掘结构自身美学要素入手，利用它构成艺术形象。

4）结构选型实例

由于剧场建筑观演厅部分跨度较大，因此观演建筑多采用大跨度结构。

（1）桁架

桁架结构是20世纪我国剧场建筑应用最为普遍的结构形式，适用于跨度不大的矩形及钟形平面，其施工方便，结构简单。

（2）网架结构

随着剧场建筑对于造型观感要求的增高，单一的桁架结构形式已很难满足现今剧场设计的要求。现在的剧场建筑多采用网架结构作为替代。网架结构具有其优越性，可以适应方形、矩形、扇形等多种建筑平面形式。图为采用网架结构的德国贝多芬音乐厅（图12–13）。

（3）壳体结构

壳体结构的结构强度主要取决于其合理形状，不需要像其他结构形式一样增加结构所占空间，相对来说，厚度与自重较轻，适合于覆盖大跨度空间。采用壳体结构的剧院建筑中最为著名的无疑是悉尼歌剧院，其主体由帆状壳体覆盖，极具造型美感，但与此同时，也创造了当时结构造价的记录（图12–14）。

（4）悬索结构

悬索结构是以钢索作为受拉的主要构件，由于钢索抗拉强度很高，其结构自重轻而覆盖面积大，同时施工方便，音响效果好。此外，悬索结构也有利于建筑的造型，其适用于多样的建筑平面和外形轮廓，广泛运用于大跨度建筑形式。加古川市民会馆极具代表性的悬索结构剧场，其四角设置的三角形墙体支撑着索网曲面，形成了类似传统檐口的特征，如图12–15、图12–16。

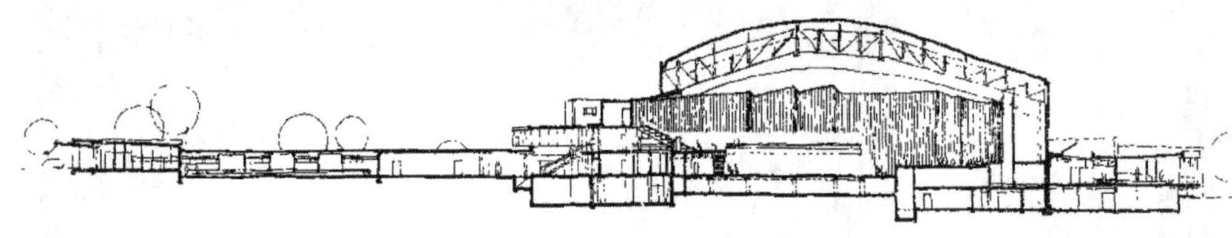

图12–13 贝多芬音乐厅剖面

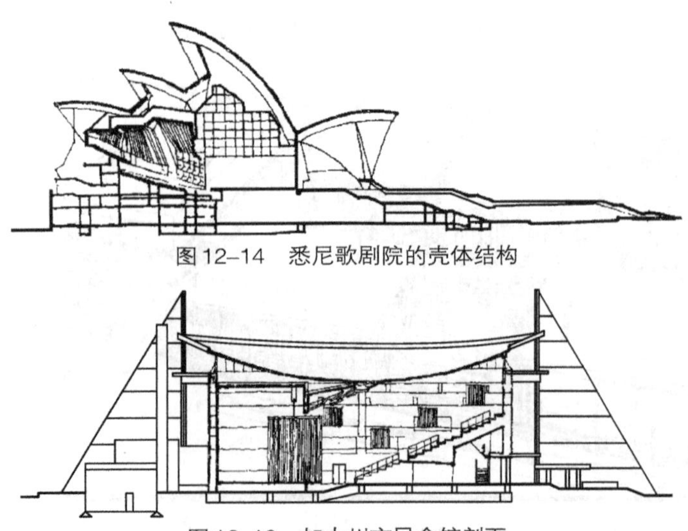

图12–14 悉尼歌剧院的壳体结构

图12–16 加古川市民会馆剖面

图12–15 加古川市民会馆

（5）其他结构

剧场建筑观众厅结构跨度一般为30m左右，在大型公共建筑中并不算大，但由于其本身的观感要求较高，多采用大跨度建筑的结构形式。折板、巨型框架、膜结构等也可用于剧场建筑，只要运用得当，也无可厚非。

12.3 剧场建筑各部分设计

12.3.1 演出部分设计

演出部分一般分为主舞台、侧台及后舞台、舞台设备、乐池及台唇四个部分。

1）主舞台

剧场建筑的舞台形式大体上有开敞式和箱形舞台两大类。箱形舞台因其便于舞台特效的运用，在剧场建筑中较多使用。一般除小型试验性剧场及音乐厅外，其他剧场均采用箱形舞台，即舞台是独立于观众厅外的箱形空间，观众通过镜框式台口观演。

（1）舞台及台口的空间尺寸

箱形舞台一般包括主舞台及侧台、机械化舞台，有时也在后面加设后舞台。舞台的尺寸一般由剧场规模及演出剧种对舞台及其设备的要求决定。

图12–17中台口宽度A是舞台平面尺寸的基本比例单位，主要由演出规模及剧种综合考虑，台口的宽度与高度需综合考虑舞台和观众厅两方面因素，台口宽度应大于等于表演区（幕布遮挡），并考虑台口本身合适的高宽比例。

表12–1为剧场规模用途与舞台空间尺寸的关系。

舞台空间尺寸表　　表12–1

剧种	观众厅容量（人）	台口（m）		主台（m）		
		宽	高	宽	进深	净高
歌舞剧	1200~1400	12~14	7~8	24~27	15~21	16~20
	1401~1600	14~16	7.5~8.5	27~30	18~21	17~22
	1601~1800	16~18	8~9	30~33	21~24	18~24
话剧	500~800	10~11	5.5~6.5	18~21	12~15	13~17
	801~1000	11~12	6~7	21~24	15~18	14~18
	1001~1200	12~13	6.5~7.5	24~27	15~18	15~19
戏剧	500~800	8~10	5~6	15~18	10~12	12~15
	801~1000	9~11	5.5~6.5	18~21	12~15	13~16
	1001~1200	10~12	6~7	21~24	15~16	14~17

（2）舞台净高

舞台净高是指台面到棚顶或顶部工作天桥底面之间的高度。舞台面一般比前排地坪高出1m左右。舞台高度主要由布景需要及观众的视线要求决定。台口宽度一般已考虑了最大景片的高度，因此，舞台净高一般以2倍台高加2~4m计算。

2）侧台及后舞台

侧台主要用于存放布景、道具及迁换布景等，总面积不应小于主舞台的1/3。侧台宽度一般应大于台口宽度，深度应等于表演区宽度或为台口宽度的3/4左右。考虑到硬景片的安装，一般需要有7m净高，开口高度不应低于6m，方便景片的进出。侧台口应设置隔声兼防火幕。同时，为运输布景，侧台（至少一边侧台）应设有对外连通的大门，门的净宽不小于2.4m，净高不小于3.6m，见图12–18、图12–19。

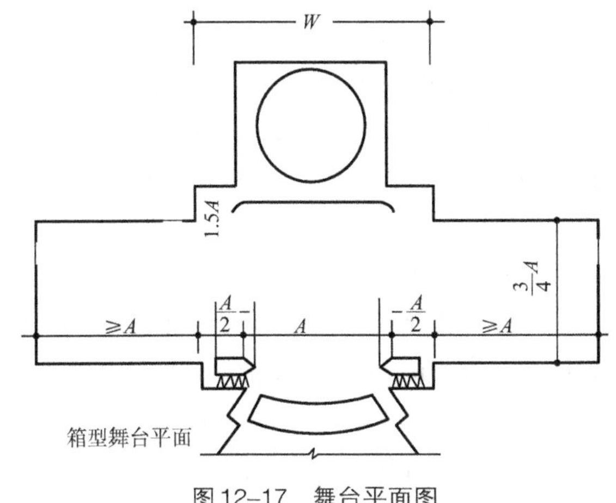

图12–17　舞台平面图

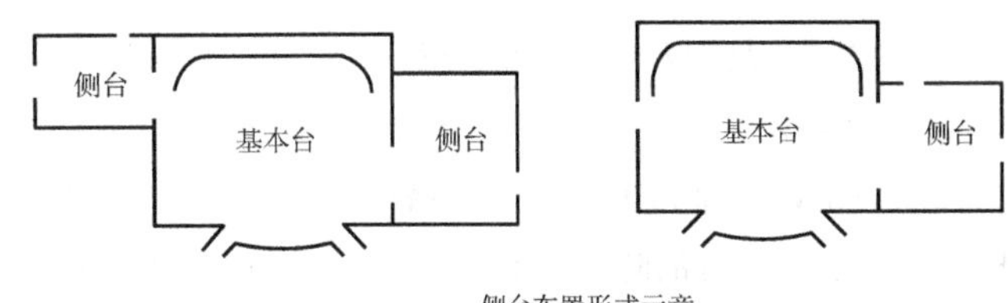

图12–18　侧台布置形式

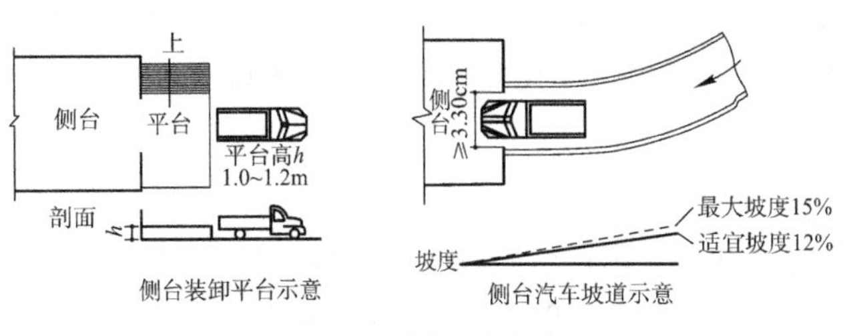

图12–19　侧台对外联系

后舞台主要作为表演区的延伸，展示深远壮丽的场面。但随着舞台布景及灯光技术的发展，后舞台的重要性已相对减弱，但一般特大型剧场都要设后舞台可供排练、特殊灯光和存放布景使用。考虑到排练及延伸景区需要，后舞台高度宜做到8~12m，高度与主舞台台口相当，宽度应大于台口宽，深度一般大于宽度的一半以上。

3）舞台设备

（1）灯光

舞台灯光中，与建筑布置关系最为密切的有面光、耳光、天幕光与灯光控制室。

面光是指舞台表演区前半部的正面灯光，一般面光轴与舞台地面所成角度不大于55°。一般投光灯最大投射距离为15m，设在距台口7~8m处。面光的安装维修需要有工作马道供工作人员上下。

耳光设在观众厅前区两侧，其主要作用为加强台上人物的立体感，并在舞蹈表演中多用作追光。一般耳光投射轴与舞台中轴线夹角应大于30°且不宜超过45°，垂直投射角应在35°~50°之间，耳光灯具应设在距离舞台面3.5m以上高度。耳光的形式对观众的观感影响较大，设计时需和观众厅同时考虑。

天幕灯光是指从天幕上下两部分投射到天幕，利用幻灯创造各种自然背景及四季昼夜变化的灯组。随着技术的发展，天幕灯光从传统的从前向后投射发展到从幕后向前投射的方式，对于表演区影响较小。

灯光控制室是舞台灯光的总控制枢纽，因此，应设置在可以清楚看到舞台全景的位置，一般多设在观众厅后部。

图12–20是剧场灯光装置示意。

（2）栅顶

栅顶是设在舞台上空的条形格栅工作平台，多以钢栅网板组成。舞台消防用自动洒水管一般也设在栅顶上。

（3）吊杆

吊杆是平行于台口的悬挂用水平横杆，悬挂各种幕布、景片、灯具等用，一般有电动与液压驱动两种，后者构造简单、平稳无声，但造价较高，多用于大型剧场。

（4）天桥

天桥是供工作人员到舞台上部进行工作之用的，一般应设置两层。一般空调管道吊装在天桥之下，考虑景片出入的要求，天桥底面与舞台距离应大于7m。

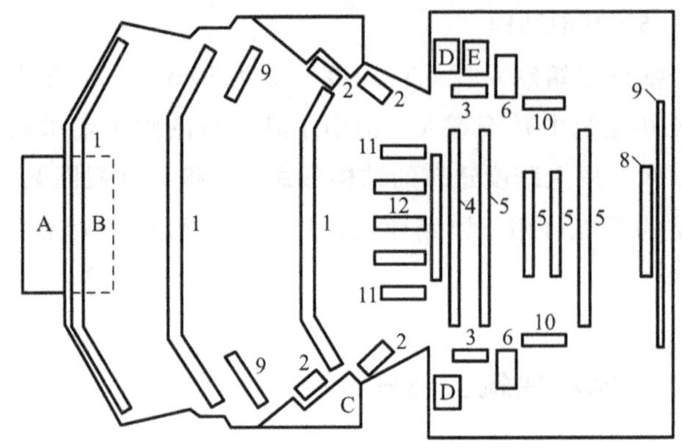

（*a*）平面

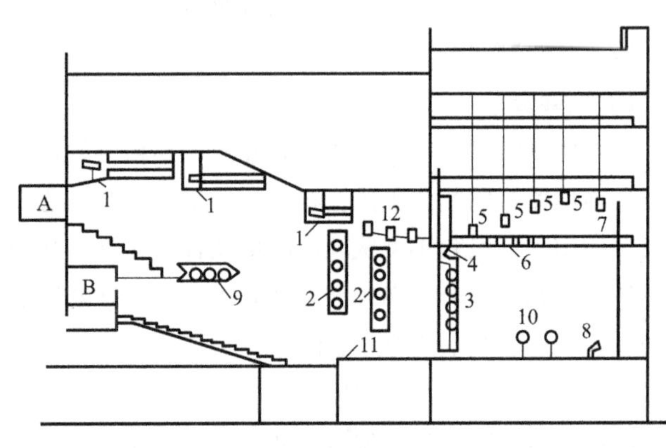

（*b*）剖面

图12–20　舞台灯光布置示意图

1—面光；2—耳光；3—台口内侧光；4—第一道顶光；5—顶光；6—天桥侧光；7—天幕顶光；8—天幕地排光；9—挑台光；10—流动光；11—脚光；12—外顶光，A、B、C、D.灯光控制室位置（以A、B处为好）；E. 舞台监督控制室

（5）幕

幕种类很多，其位置、作用见图12–21。一般的幕占舞台深度约0.2m，相当于一个吊杆的间距。

（6）转台、升降台

转台与升降台主要用于加速场景迁换和创造特殊表演艺术效果，一般主台及升降台要求舞台设计时设置台仓，具体要求视其机械结构而定。

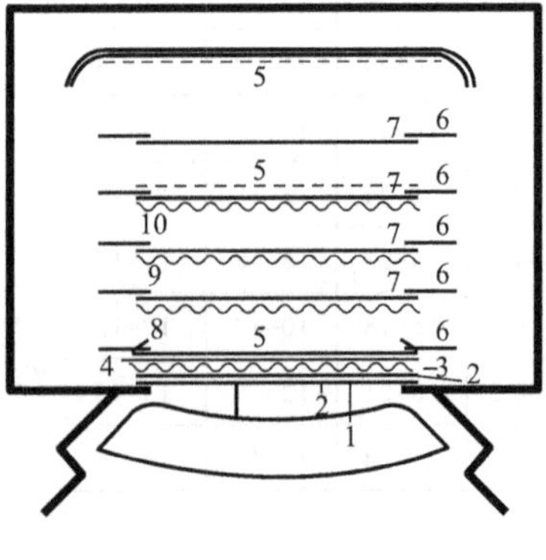

图12–21　幕布位置示意图

1—防护幕；2—台口檐幕；3—台口大幕；4—场幕；5—纱幕；6—侧幕；7—檐幕；8—衬幕（二道幕）；9—衬幕（三道幕）；10—衬幕（四道幕）

（7）车台

车台又称推拉台，有加速换景、减轻换景劳动强度的作用。此外，还可以表演行车与行船等特技，故在现代化剧场中广泛使用。随着气垫技术的运用，气垫车台已广泛运用于舞台。设置气垫车台时，需在舞台附近设置空气压缩机房，并作隔声处理。

4）乐池与台唇

（1）乐池

主要供有乐队伴奏或合唱队伴唱的歌舞剧演出使用，一般位置设在台唇与观众厅之间。有开敞式与半开敞式两种，见图12–22。乐池的面积取决于乐队与合唱队的规模，一般乐池的长宽比在1∶4左右。乐池面积参考值见表12–2。

乐池面积参考值　　　　表12–2

规模及用途	乐队及合唱队一般人数	面积（m^2）
大中型多用途剧场	乐队45人 合唱队33人	55~60
1800座左右大型歌舞剧场	乐队50人 合唱队30人	75~80
特大型剧场	特殊乐队	100~120
话剧、舞蹈配乐		35~40

（2）台唇

台唇是指舞台自大幕线向观众厅延伸的部分，以往主要作为演出前报幕之用，现也作为舞台延伸，拉近表演者与观众的距离。造型以弧形为主，如图12–23。

12.3.2　演出准备部分

后台是剧场的演出准备部分。大型剧场的后台包括化妆室及其他演出服务用房、排练厅或练功房、舞台仓库、技术设备用房、行政管理用房等（图12–24）。一般中小型剧场仅设置化妆室及演出服务用房等。

1）直接为演出服务的用房

包括化妆室、服装室、候场室、化妆室、跑场道、小道具间、乐队休息室及厕所浴室等，其中化妆室是后台的主要房间。图12–26为演出服务用房布局示意。

（1）化妆室

化妆室数量一般由剧场规模决定，分为大、中、小三种，其间数及面积确定见《建筑设计资料集4》101页。化妆室平面布置如图12–25。

（2）服装室

服装室是存放及穿戴演出服饰的房间，一般剧场男女分设两间即可。大服装室约$40m^2$，小型的约为$15m^2$。由于演员需要在其内穿戴服饰，因此，服装室门高应大于2.4m，净宽应大于1.2m。

（3）道具室

存放演出用具的房间称为道具室，分大小两种。其中大道具室用于存放大型道具如家具等，因此其门高应大于2.4m，宽大于2m。

（4）候场室

候场室是演员准备就绪后，等候上场演出的房间，可设计成单间，也可与后台跑场过道结合。面积不宜太小，一般为5m×6m。门高大于2.4m，宽大于1.5m。

（5）跑场道

跑场道是连接舞台上下两个出入口的过道。跑场道路线要短，不能与换景路线交叉。其净高大于2.7m，净宽大于2.1m。

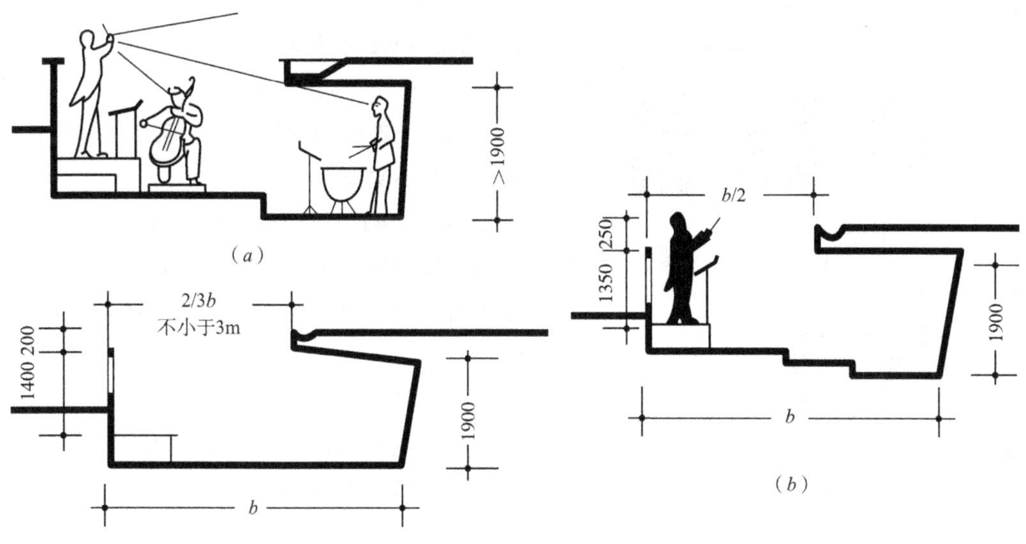

图12–22　半开敞式乐池剖面示意

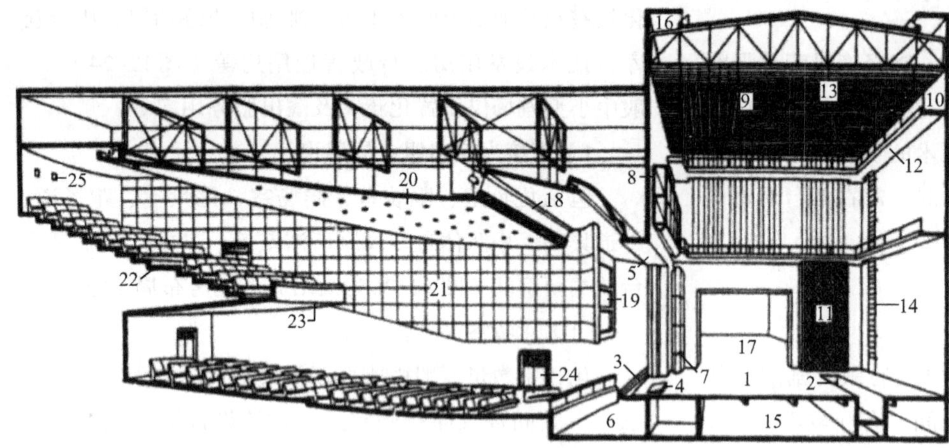

图 12–23 一般剧场主要组成示意图

1—舞台地板；2—幻灯槽；3—台唇；4—观察孔；5—舞台台口；6—乐池；7—假台口；8—灯光渡桥；9—吊杆；10—天幕吊杆；11—防护网；12—天桥；13—栅顶；14—爬梯；15—台仓；16—出烟孔；17—侧台；18—面光；19—耳光；20—观众厅顶棚；21—观众厅墙面；22—楼座；23—座栏板；24—太平板；25—放映孔

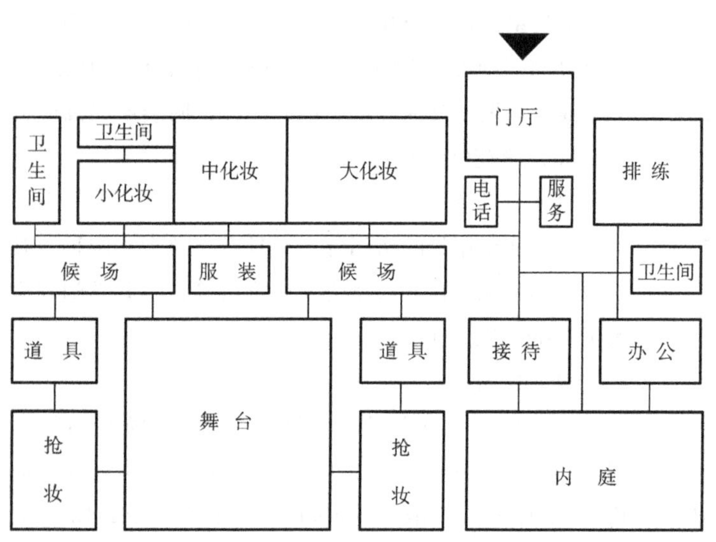

图 12–24 后台功能关系示意

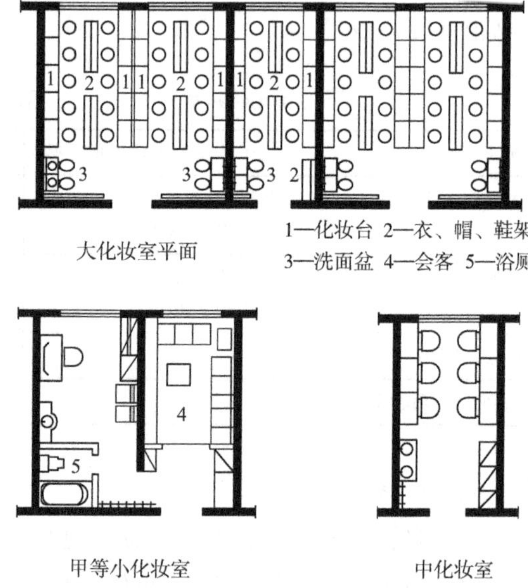

图 12–25 化妆室平面布置

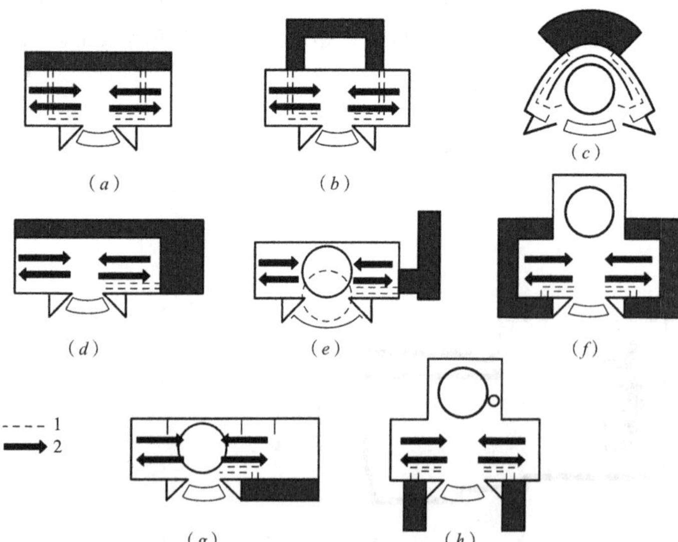

图 12–26 直接为演出服务的用房布置示意图

1—演员上、下场路线；2—布景或车台工作路线

（6）卫生间

可集中设置或分层设置，厕所门不应正对观众厅，应设机械排风，形成负压区。

2）间接为演出服务的用房

（1）排练厅（图 12–27）

小型剧场一般可不设排练厅，但是如有条件，最好附设一个小型排练厅。

一个有固定剧团使用的“场团合一”体制的剧场，必须设置排练厅。大型剧场还应该设置大、中、小多种排练厅和琴房等。一般排练厅不小于 12m × 15m。

（2）美工室

美工室是制作宣传海报及布景的房间。室内应有充足的光线，布置时应与侧台靠近。面积由

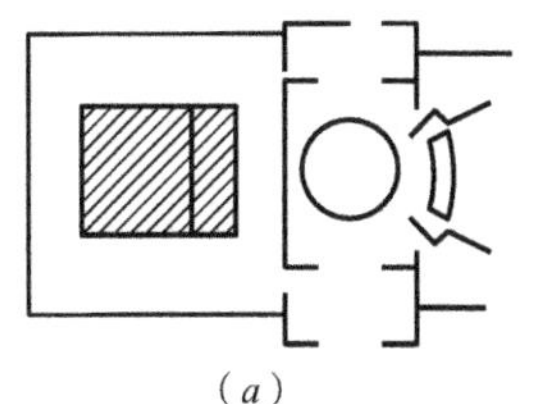
（a）

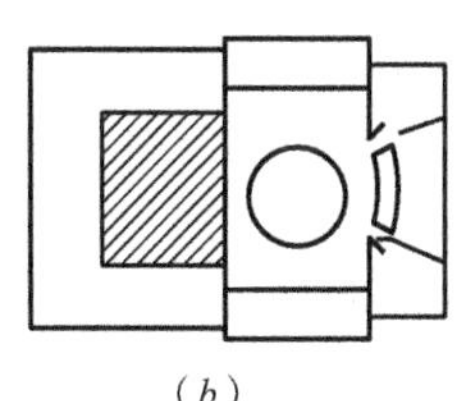
（b）

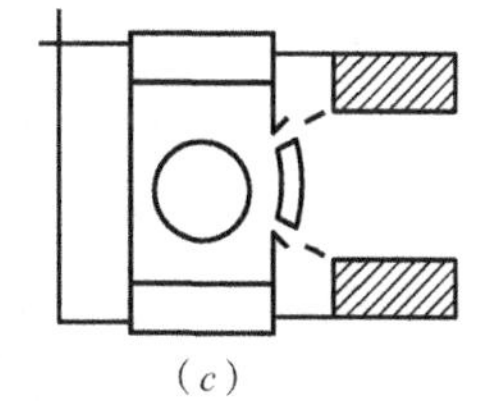
（c）

图 12–27　排练厅布局示意图
（a）舞台后部；（b）后舞台上部；（c）观众厅两侧上部

具体要求而定，一般不宜小于12m × 18m。为便于搬运，其门高不小于3.6m，宽为2.4~3.0m，且直接向外开启。

（3）库房

用于存放布景、道具及服装。室内净高应大于6m。对门的要求与美工室相似。

12.3.3　观众厅设计

1）观众厅平面形式（图 12–28）

（1）矩形平面

矩形平面具有平面规整、结构简单、声能分布均匀等特点。在水平控制角度要求下，横排座位数不宜过大，增加容量只能加长观众厅而使视距受到影响。因此，矩形平面只适合于规模较小的剧场。

（2）钟形平面

钟形平面与矩形平面特点类似，是矩形平面的一种针对性改进，既可以利用台口周围的死角区作为辅助空间，也有助于调整声场。其偏座区比扇形平面少，而结构可作矩形处理，因而较多采用。

（3）扇形平面

扇形平面在水平控制角与视距分别相同的情况下比矩形平面容纳的观众数量多，但其后区较大，偏远座位较多，同时其跨度变化大，结构施工工艺较为复杂。为保证视线与声学效果，一般要求两侧墙面与中轴线夹角小于10°。另外，由于后墙面积大，容易引起回声，应作特殊处理。扇形平面一般适用于会堂。

（4）六角形平面

从视线与声学角度上讲，六角形平面有诸多优点，相当于扇形平面切去了两个角，减少了偏远座位。但这种平面结构较为复杂，施工较为麻烦，一般适用于网架等结构，用于对视听要求较高的中小型剧场。

（5）马蹄形及圆形平面

这类平面的视线比较好，但声学处理比较麻烦，容易产生沿边反射与声聚焦。声场不均匀，结构施工也很复杂，所以较少采用。西方大型古典剧场有的采用这类平面，周边设层层包厢，并有繁复的装饰，起到了一定

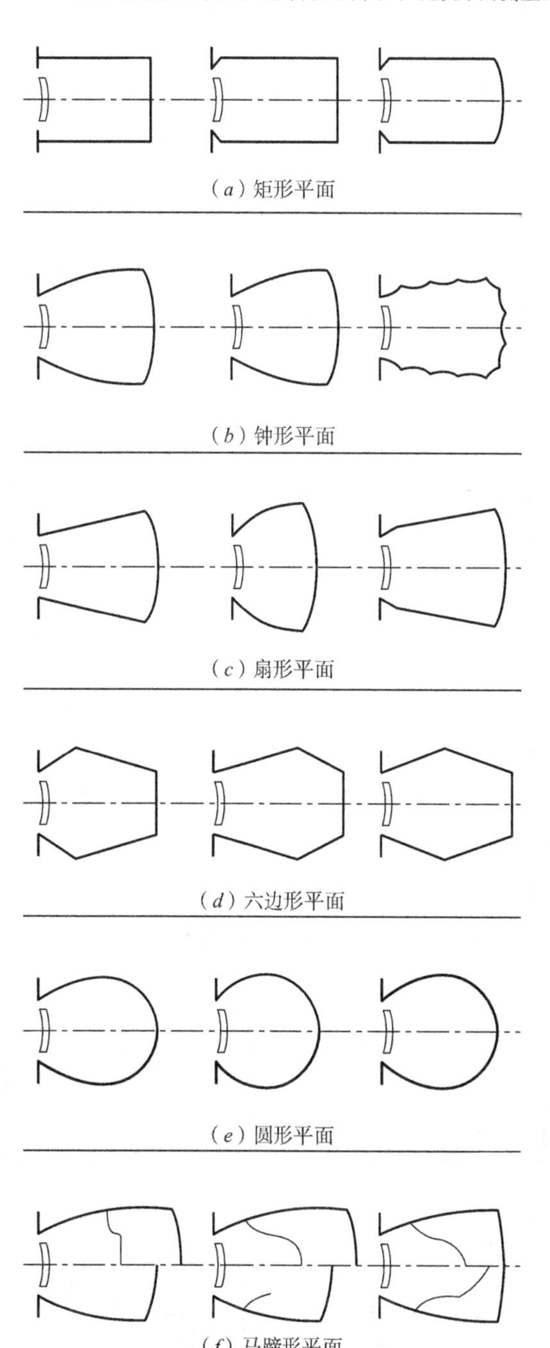
（a）矩形平面
（b）钟形平面
（c）扇形平面
（d）六边形平面
（e）圆形平面
（f）马蹄形平面

图 12–28　观众厅平面示意图

的声扩散的作用。

（6）复合平面

由于灵活地变化观众厅容量和空间及改善声学条件等需要，国外有剧场打破常规，采用灵活多变的平面，

将大、小厅结合，形成了复合式平面。这类平面灵活性较高，但设备结构较为复杂，造价昂贵。

2）观众厅剖面形式

观众厅剖面形式一般指观众厅的纵剖面轮廓线范围内的空间形式。其选型涉及的因素主要有：楼座是否设置及其楼座形式；声学环境；合理的空间容积与空间利用；灯光与顶棚造型等。观众厅剖面形式一般可分为设楼座与不设楼座两类。

（1）无楼座观众厅

无楼座观众厅结构施工简单，造价较少，在规模小于1000座的剧场中，可考虑不设楼座。无楼座观众厅一般为改善后排观众观演条件将观众厅做成台阶形，一般称为散座式。

（2）设楼座观众厅

楼座的设置主要是为了在扩大容量的同时不增加视距的要求。楼座虽然结构较为复杂，但有助于压缩观众厅纵向长度及其跨度，减少偏座数量。当剧场规模大于1000座时，常使用楼座。

楼座设计首先要确定楼座的容量，一般以占剧场总容量的30%~40%为宜。防火规范规定，观众厅这类人员密集的公共场所的安全出口不应少于两个，且平均疏散人数不多于250人，总疏散人数少于2000人。因此，一般剧场楼座合理容量为500人以下，楼座出入口一般设在楼座后部两侧，见图12–29。

跌落式

跌落式楼座是在普通楼座基础上将楼座端部两侧向下延伸，这种处理对于容量影响不大，但丰富了观众厅的空间效果，对声的反射、扩散也有一定作用。多用于中小型剧场。

沿边挑台式

沿边挑台式是上一种楼座的发展，从结构处理上有了一定的改进。可设置一层或多层跳台以增加容量，但其偏座较多，一般用于大中型剧场以缩短视距。

悬挑式

这种样式应用较为广泛，出挑少，容量大，同时池座观众的视听受影响较少。设计时应注意楼座上、下空间的高深比以改善视听质量。

其他

另有后退式、跨越式、散座式等几种，见图12–30。

3）观众厅座位布置

观众厅座位布置应满足观众视听要求，保证疏散，并与门厅、休息厅布置统一考虑。主要布置方式有短排法与长排法两种（图12–31）。

短排法是我国剧场采用较多的一种形式，一般设2~4条纵向走道，2~3条横向走道，防火要求规定，横

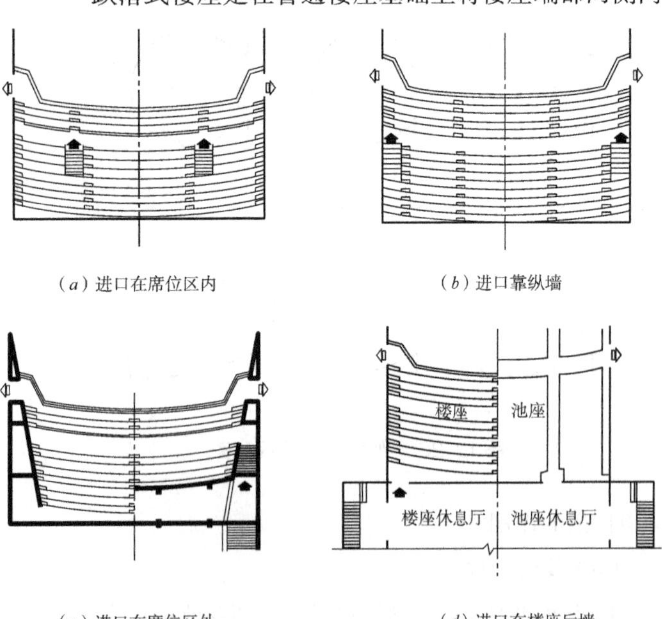

（*a*）进口在席位区内　（*b*）进口靠纵墙

（*c*）进口在席位区外　（*d*）进口在楼座后墙

图12–29　楼座进出口示意图

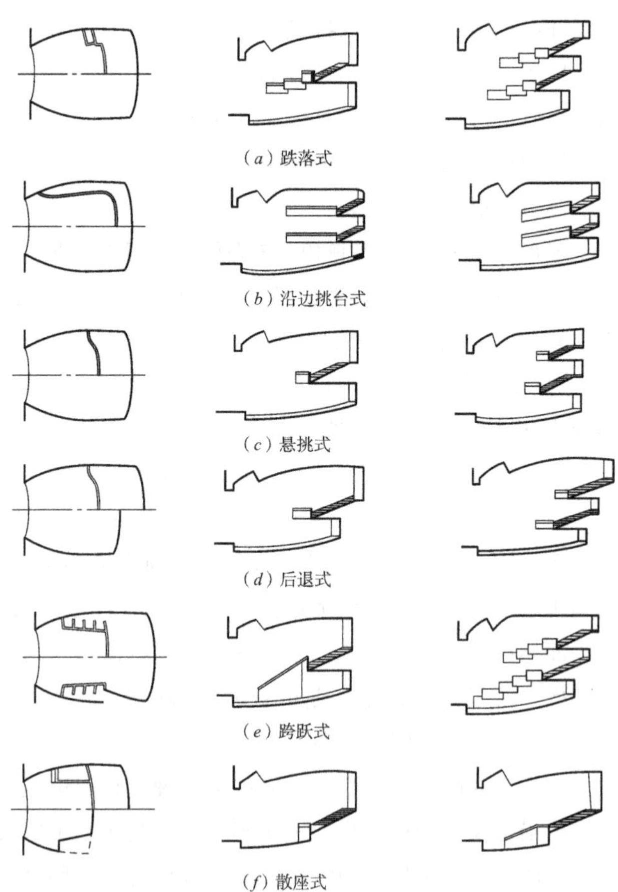

（*a*）跌落式

（*b*）沿边挑台式

（*c*）悬挑式

（*d*）后退式

（*e*）跨跃式

（*f*）散座式

图12–30　设楼座观众厅形式

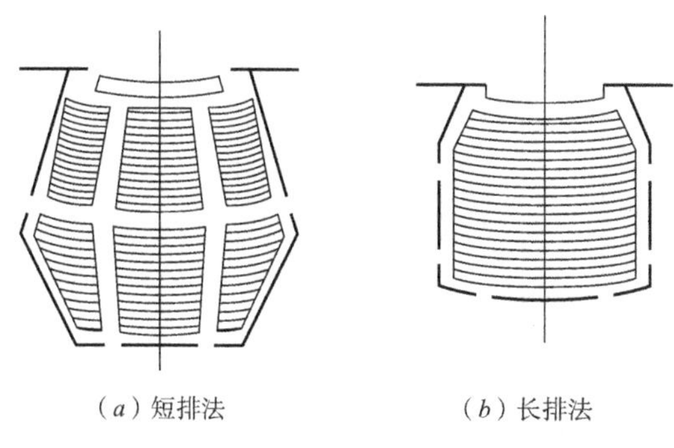

（a）短排法　（b）长排法

图12–31　座位布置示意图

向走道之间不超过20排，纵排走道之间座位不超过22个，仅有一边走道时不超过11座。走道宽度按每百人0.6m计，不小于1m。

长排法放宽了排距，取消了中间的走道，加宽两侧走道，每排座位不超过50个，排距大于1.05m。边走道按容量计算，不小于1.2m。长排法相对来说较好，座位较多，但适用的剧场规模较小。

为了能让观众在不转动头部的情况下观演，观众厅座位布置要考虑一定横排曲率，一般以不小于观众厅长度的半径作为第一排曲率半径，后排依次做同心圆。

另外，座位布置多采用错位的方式以减少地面起坡。一般错开1/3~1/2座位宽度即可，单座位宽度一般取55cm（图12–32）。

4）视线设计

（1）视距

视距指观众眼睛到设计视点的水平距离，一般以观众厅最后一排至大幕中的直线距离作为设计控制的最远视距。根据人眼的生理特性——人眼能分辨1cm景象的最远距离为33m，因此，一般话剧剧场最远视距为25m，歌舞剧场为33m。对兼放电影的剧场来说，放映距离可控制在36m左右。

（2）视角

水平视角

人的最大水平视角为30°~40°，转动眼球时最大为60°。水平视角主要控制观众眼睛与台口两侧框连线的夹角。由于人头转动的最大舒适角度为90°左右，加上正常视野范围，设计时最前排的水平视角应控制在120°以内。设计时一般都在乐池后留下1m左右的通道后开始布置第一排座椅，见图12–33。

垂直控制角

正常视野的垂直视角为15°，转动眼球可达到30°，再大就要引起头部转动，影响观演的舒适性。设计控制的俯视角是指观众视线与大幕下沿中点与水平连线所成的垂直方向夹角。一般来说，最后一排中间座位俯视角应控制在20°以内。对于有两层以上楼座的剧场，俯视角应控制在30°以下，见图12–34。

水平控制角

水平控制角也称偏座控制角，一般以天幕中心与台口相切的连线来控制偏座区，一般水平控制角不大于50°（最好控制在45°以下），如图12–35。

地面坡度

地面坡度的标准在视线设计中以“C”表示，简称C值。C值指观众视线与前排观众眼睛之间的垂直距离。一般认为，这一高度是9~12cm，也可取6cm，即为错位布置。

地面坡度的求法多采用相似三角形图解法，如图12–36。

另外，在设楼座的观众厅中，楼座地面标高由末排观众视线决定，如图12–37，详细解法见《建筑设计资料集4》75页。

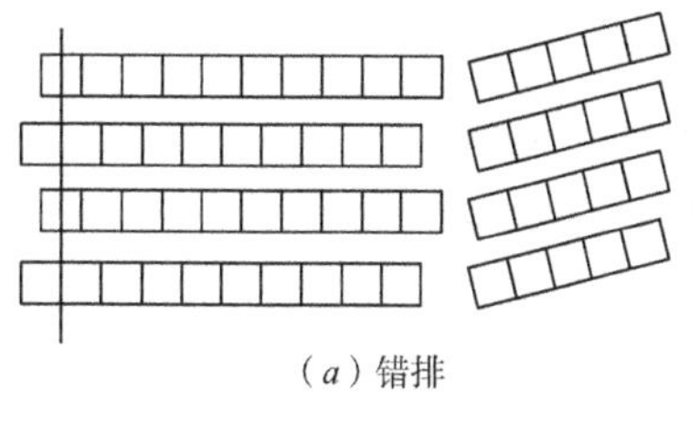

（a）错排

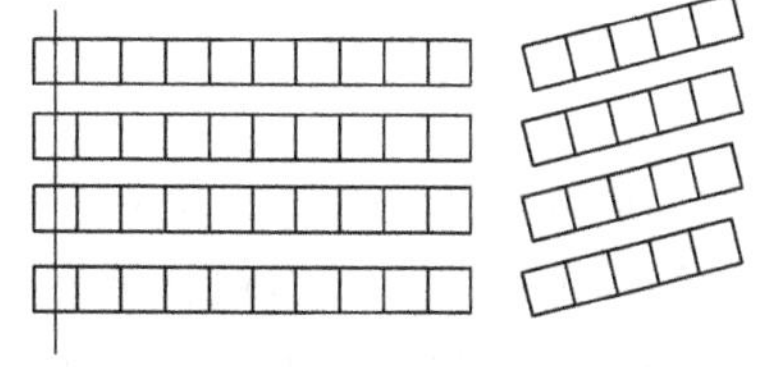

（b）正排

席位的错排与正排示意图

图12–32　观众厅座位布置

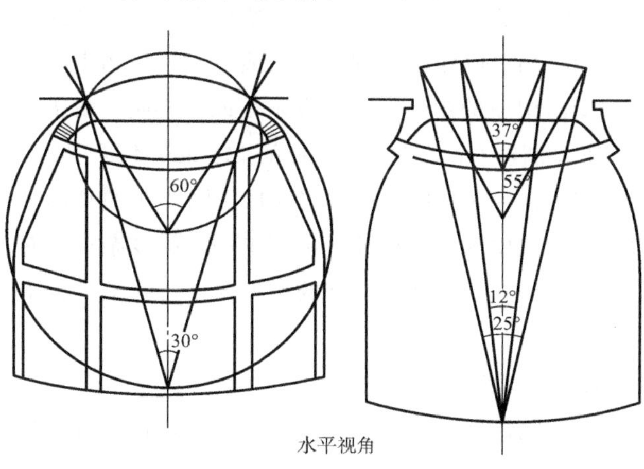

水平视角

图12–33　水平视角示意图

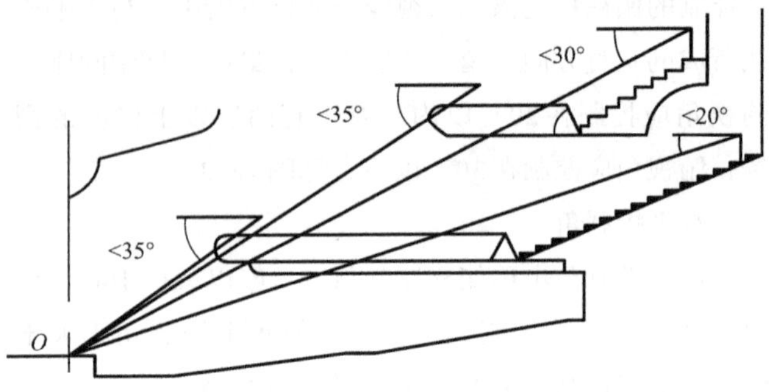

观众最大俯角：
二楼<20°,二楼以上楼座<30°,
楼座边排或包厢 < 35°

图 12–34　垂直控制角示意

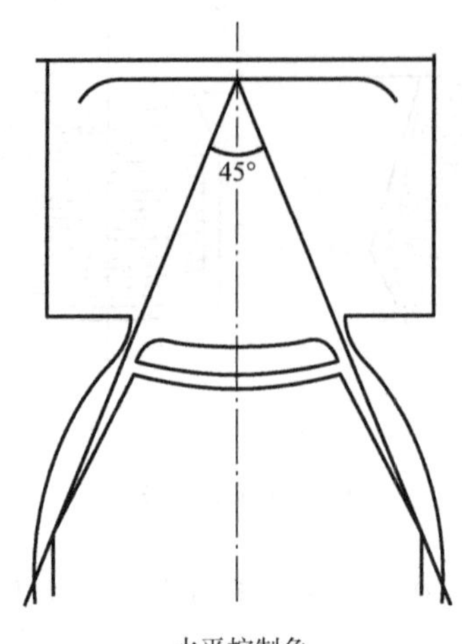

水平控制角

图 12–35　水平控制角

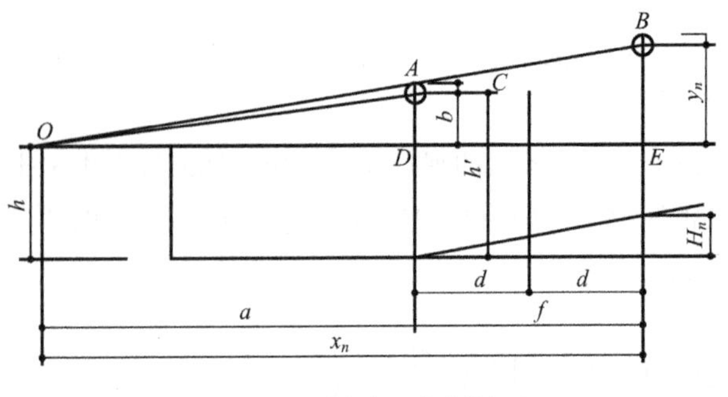

剧院相似三角形数解法

图 12–36　地面坡度的三角形图解法

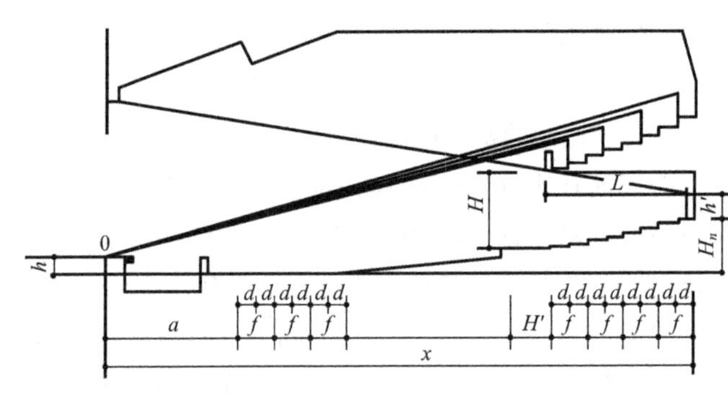

图 12–37　楼座地面标高确定

5）观众厅声学设计

（1）音质标准与设计要求

在剧场观众厅内对于不同类型的节目，听音要求是不同的，因此，评价音质的标准也不相同。语言类节目，如话剧、电影、讲演，主要要求足够响和足够清晰。音乐类节目以及歌剧，则不仅要清晰，而且要求声音丰满、亲切、平衡、融合，具有空间感等。此外，交响乐队演奏时，还要求在舞台上的演员之间能够互相听闻，以保证协调一致的演奏效果。如果设计一个专门用途的观众厅，如音乐厅或电影院，由于音质标准差别较大，因此声学设计的要求也就不同。对于一个综合性（多功能）的演出大厅，则要兼顾到两种类型的音质要求，在设计上也带来一定的复杂性。对于一般的观众厅其音质良好的标准要求可归纳为以下几点：

• 响度要求

足够的响度意味着听音既不费力又不感到过分响。响度的下限水平主要决定于正常听音不应被厅内的背景噪声掩盖。在较安静的情况下，观众噪声约为45dB。听到的声音达到超出背景噪声 10 dB 以上即可不至于被掩盖。对于语言类节目，听音响度一般应达到60~70 dB，听音乐应达到 80 dB。因此，为达到足够的响度，设计时应控制大厅容积和面积，合理地设计体形，以确保直达声和早期反射声充分到达观众席。在必要时，则需要利用电声系统来提供足够的直达声。

• 清晰度要求

无论听语言或音乐，均要求声音清晰。对于语言，声音不清晰就难以被听懂。观众厅内混响时间的长短对清晰度有直接影响，这是因为，当连续发声时，如果混响时间长，前面音节的余音将掩盖后面的音节。实验表明，一般在混响时间为 1 秒左右时，清晰度最高。再短的混响时间意味着室内吸声量较大，因此，声音强度也大为减弱，这时，清晰度也将有所下降。结果表明，当混响时间超过 3 秒左右，清晰度将低于 75%，即不能满足听音要求。

实验证明：直达声（包括早期反射声）和混响声的

比值对清晰度亦有很大影响。在同样的混响条件下，提高这一比值，即加强直达声和早期反射声，可以改善清晰度，反之，则清晰度下降。

• 无回声、聚焦等声学缺陷和明显的噪声干扰

回声会干扰正常听音，使清晰度下降。此外，回声还影响听音时的注意力，加速听觉疲劳。这种干扰对短促的语言声尤为明显。

声聚焦的产生将使声能集中于一定区域，导致整个声场分布很不均匀。回声和聚焦主要是由于房间尺寸过大，体形设计不合理造成的。

为了保证正常听音，厅内允许噪声标准应按30~40 dB考虑，为此，应控制环境噪声与通风空调设备噪声对大厅的干扰。

• 主观观感要求

“丰满度”，一般是指声源在室内发声比在露天时音质提高的程度。声音丰满，表现为声音显得深厚、饱满并有余音悠扬之感。提高丰满度主要依靠适当增加混响时间。此外，低频混响声使声音有温暖感，高频混响声使听音比较明亮。

“亲切感”，主要决定于早期反射声的延迟时间，一般认为这一延时约在20毫秒左右。“空间效应”则决定于是否有适当的侧向的短延时反射声。

“扩散度”，表示了在观众厅内，多次反射声（混响声）经过扩散、反射，由各个方向到达，使观众得到一种浸沉于音乐声中的感觉的程度。在声学中可采用“方向性扩散”的方法，对大厅的“扩散度”进行定量测定。在设计中可采用布置扩散体或采用非对称体形的办法来取得一定的扩散效果。

“融合”、“平衡”，主要涉及交响乐队演奏时，听众得到的融合为整体的和各声部互相协调的听音效果，这与舞台和声音反射罩的设计有密切关系。

（2）观众厅容积与体形

• 观众厅容积

观众厅大小，直接影响到厅内的响度和混响时间。前面已介绍过，自然声源的声功率有限，较弱的讲话声，在观众席上超过第三排就不可能听清。可以明确指出，在设计一个适合于听自然声的大厅时，必须对大厅的容积加以限制。根据经验，对于几种自然声源发声（语言和音乐），为保证在不必采用扩声系统时的正常听闻，大厅之最大允许容积可按表12-3确定。

适于几种自然声源的最大允许容积　　表12-3

声源种类	最大容积（m^3）
讲演	2000~3000
戏剧对白	6000
乐队演奏与独唱	10000
大型交响乐	20000

目前一般中等规模的综合剧场观众厅，容积多在6000~10000m^3这一范围内。实践证明，在这样的厅内，只要体形及反射面设计合理，使直达声和早期反射声得到充分利用，对于听音乐、歌剧（包括京剧、地方戏）一类训练有素的演员的发声，可以完全不用电声。因此，对于这种规模的观众厅安装扩声系统只是在必要时起辅助作用和在演讲时采用。

从保证合适的混响时间来考虑，由于混响时间与房间容积成正比，与室内总吸声量成反比，而在总吸声量中，观众的吸声又占很大比例（例如在一般剧场中可1/2~1/3），因此只要控制了房间容积。与观众人数n之间的比例，就可以在相当程度上控制混响时间。为此，在设计中常采用每座容积，即m^3/n（m^3/座）作为设计指标。适合于不同要求的观众厅见表12-4。

每座容积　　表12-4

观众厅用途	每座容积（m^3/座）
音乐	6~8
语言	3.5~4.5
综合	4.5~5.5

值得指出的是，根据经验，按照上述综合用观众厅的每座容积建议值进行设计，一般除后墙外，室内不需要再布置吸声材料。但实际在不少设计中，却存在着滥用吸声材料的情况，这不仅造成经济上的浪费，而且使得混响时间过短，造成音质干涩，丰满度较差。

• 观众厅体形

观众厅的体形设计包括合理选择大厅平面、剖面的形式、尺寸和比例以及各部分表面，如顶棚、墙面的具体尺寸、倾角和形式等一系列内容。在设计中又应综合考虑建筑使用、室内装修、结构、视线、照明、舞台灯光、通风等多方面要求。由于这部分工作的复杂，往往要通过几何作图来分析和计算，进行几种方案的比较，有些重要和复杂的工程还可以制作缩尺模型，通过测定

进行检验。

实践证明，成功的体形设计主要在于了解一些在体形上影响音质的基本规律，掌握具体处理的方法，并综合多种使用要求，使问题得以合理解决。

a.控制大厅的尺寸与比例

自然声在传播过程中衰减很快。因此，为了充分利用直达声，应使观众席尽可能靠近声源。大厅的长度，对于戏剧与室内音乐应控制在30m内，交响乐可大到45m。对于大容量的观众厅，采用楼座挑台，可缩短后部观众与声源的距离。此外，在面积相同的情况下，大厅平面短而宽，要比长而窄更为有利。

b.争取和控制早期反射声

早期反射声一般指在直达声后50毫秒内到达的反射声，其重要性如前所述。在一般大厅内，这部分反射声主要是经过界面一次反射形成的。如以50毫秒为界限，则可按声速为340m/s计算出，相应的路程差约为17m。由此可以推算出，在观众厅内，为了使离开声源约10米处的观众席（整个观众席中最前一部分）得到的反射声的程差不超过17m，则顶棚高度不应超过13m，矩形平面的宽度不应超过26m。如果为了加强听音的亲切感，则应当向观众提供一些延时为20~30毫秒的反射声。显然，这些反射声主要是靠充分利用声源附近的顶棚和侧墙以及在舞台内设置反射罩或反射板来达到，如图12–38杭州剧院观众厅反射板设计。

c.适当的声扩散处理

观众厅内表面作适当的声扩散处理，可使声场分布更为均匀，并可使观众听到的声音来自各个方向，增加了听音的立体感，从而克服了来自大面积反射板的定向反射声造成的生硬、单调感。此外，声扩散还可以使声音比较均匀地增长和衰减，促进听音的丰满和活跃效果。在欧美一些著名的早期的音乐厅（如维也纳、荣比锡、波士顿）或剧场中，往往有许多壁画、藻井、雕刻、圆柱、多层楼座或包厢以及大的花式吊灯等，就是一些很好的扩散体，对于提高大厅音质产生了很好的作用。

扩散处理，可以采用布置扩散体的办法。为了使扩散体充分发挥作用应将其布置在除定向反射面外的顶棚上或侧墙上部。图12–39即为观众厅顶棚声扩散处理示意。此外，在体形上采用非对称平面也可以促进声场扩散（如德国贝多芬音乐厅）。

d.消除体形设计中可能的声学缺陷

在观众厅体形设计中，经常遇到的声学缺陷是回声。此外，在利用顶棚与平面时则需注意声音聚焦或声音过分集中等情况的产生。颤动回声是与接收者同处于

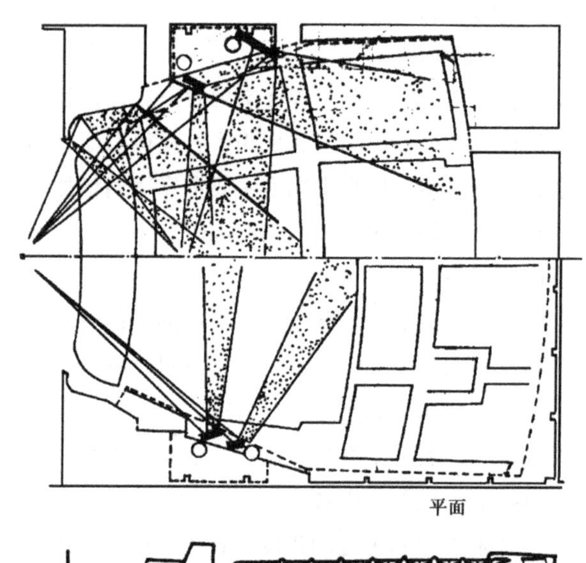

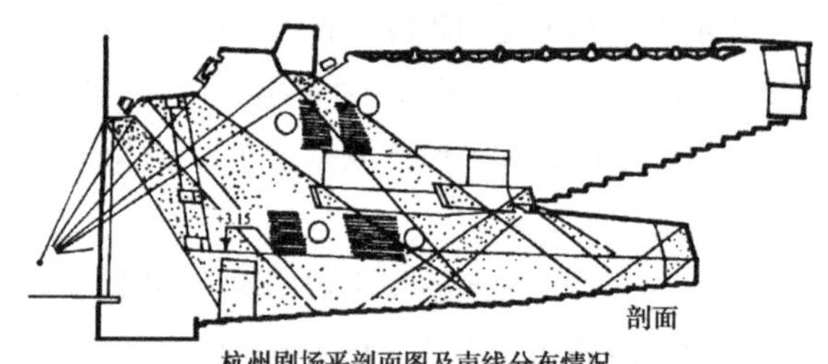

图12–38　杭州剧院观众厅反射板设计

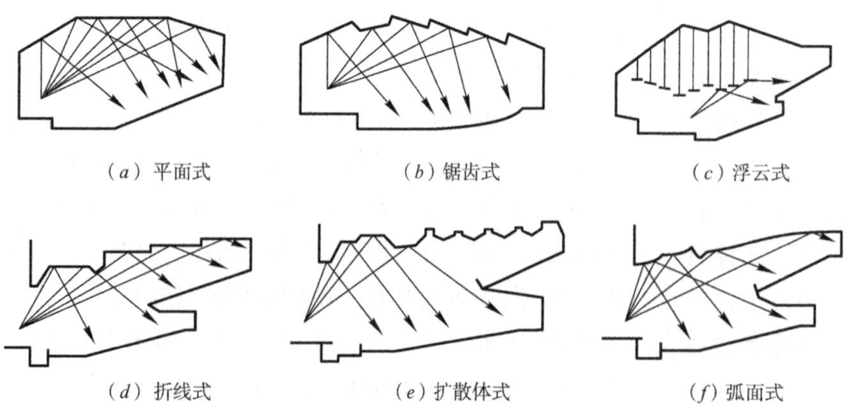

图12–39　顶棚声扩散处理示意

两个相距较远的平行面之间时产生的多重回声，一般情况下不会出现。

回声在一般观众厅内最容易出现在池座前部观众席、乐池以及舞台上，如图12–40所示。这是由于舞台上声源发出的声音经后墙或挑台栏板反射回来，其与直达声的延迟时差超过50毫秒（相应程差大于17m）时形成的。为了消除回声，许多工程中，在观众厅后墙上布置了吸声性能较强的材料。但从充分利用声能上考虑可适当调节后墙或挑台栏板的倾角，使之向附近的观众提供一些有益的反射声或将后墙作扩散处理。

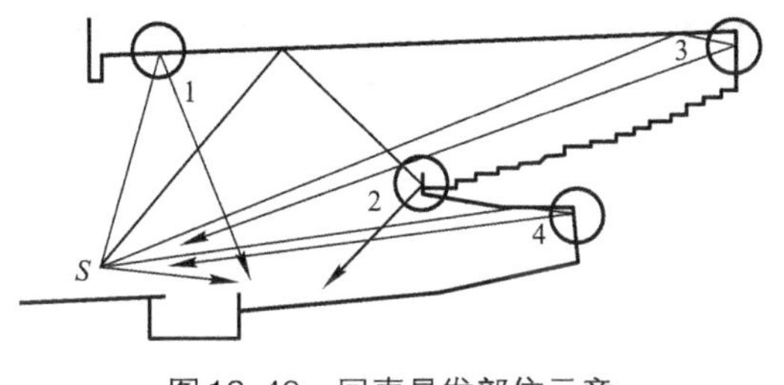

图12–40　回声易发部位示意

12.3.4　门厅及休息厅设计

1）门厅设计要求

（1）观众入场及散场流线方向明确快捷。

（2）门厅内服务房间（小卖、存衣、卫生间等）位置合适，不被人流穿行，不影响室内观感。

（3）门厅是剧场中艺术处理的重点，其地面、楼梯等需考虑材质、造型的处理。

（4）门厅需考虑朝向、通风、采光等要求。

2）休息厅设计要求

（1）休息厅布置应考虑大部分观众的使用要求，位置不能过偏，注意流线组织。

（2）休息厅要有良好的通风、采光条件。

（3）休息厅应注意景观处理，搞好室内外空间的结合。南方的剧场中可将休息厅与庭院结合。

3）门厅及休息厅面积指标

门厅及休息厅面积主要根据剧场的性质、规模和所处地段的特点等因素而定，其面积指标见表12–5。

门厅等的面积指标　　**表12–5**

类别	门厅			休息厅			门厅兼休息厅			小卖部
等级	甲	乙	丙	甲	乙	丙	甲	乙	丙	
指标（m²/每座）	0.2~0.4	0.12~0.3	0.12~0.2	0.3~0.5	0.2~0.3	0.12~0.2	≤0.6	0.3~0.4	≥0.15	0.04~0.1

4）门厅休息厅布局

门厅与休息厅布置方式主要有合并布置与分别设置两种。常用门厅及休息厅主要有全包式与半包式两种，也可在竖向分层布置，布局如图12–41。

我国南方的剧场，由于地处亚热带一般不单设休息厅，而多在观众厅两侧设开敞式休息区，如广州友谊剧院（图12–42）。这种设计既经济又适用。有的将观众厅周围空地辟为庭院，院内布置山石绿化、喷泉水池、小桥流水，休息环境更为开阔，图12–43为庭院式布局布置示意。

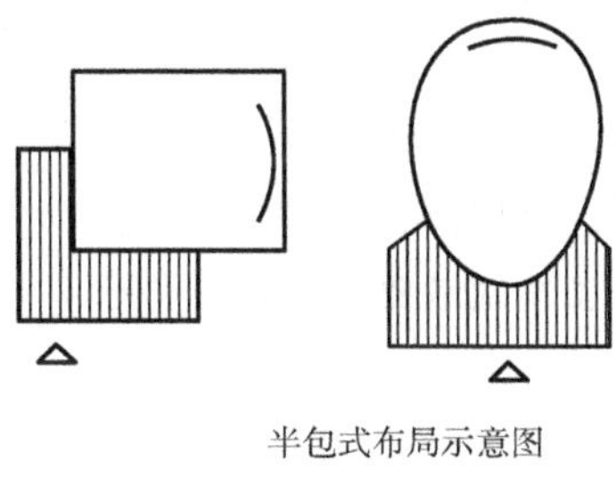

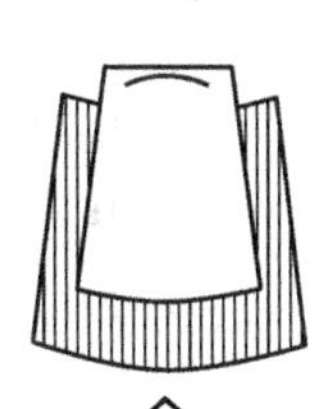

半包式布局示意图

全包式布局示意图

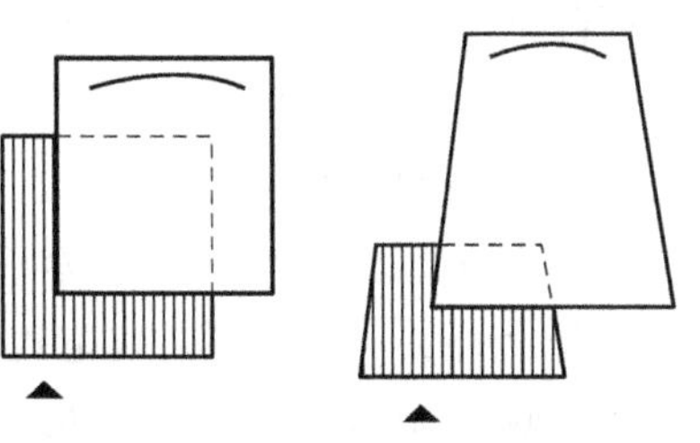

竖向布局示意图

图12–41　门厅休息厅布局示意

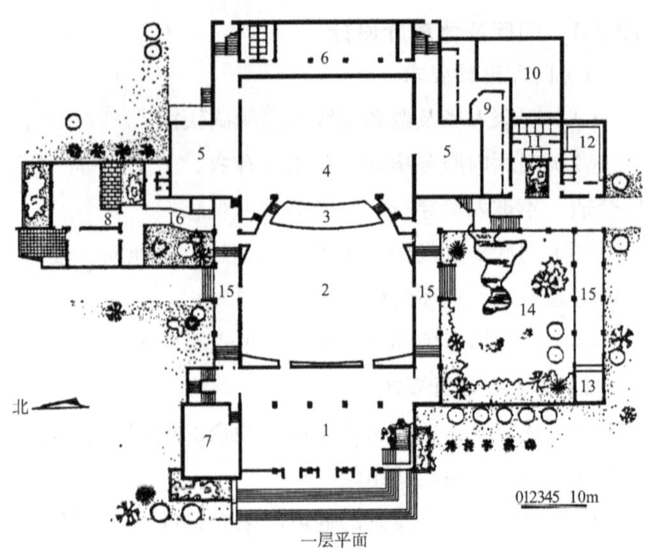

图 12–42　广州友谊剧院平面

1—休息厅；2—观众厅；3—乐池；4—舞台；5—侧台；6—化妆室；7—办公室；8—贵宾休息室；9—空调室；10—冷冻机房；11—女厕所；12—男厕所；13—小卖部；14—内院；15—休息廊；16—廊子

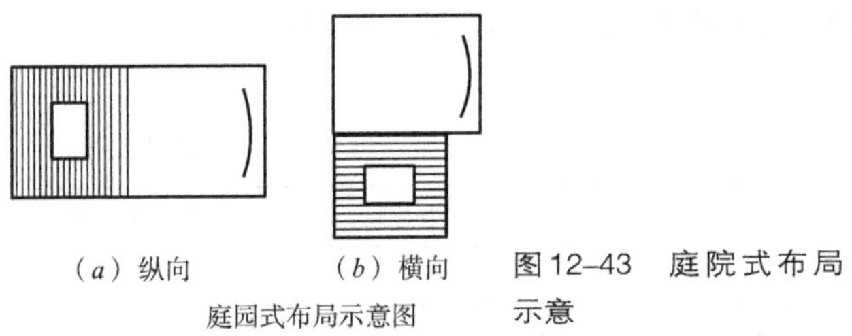

图 12–43　庭院式布局示意

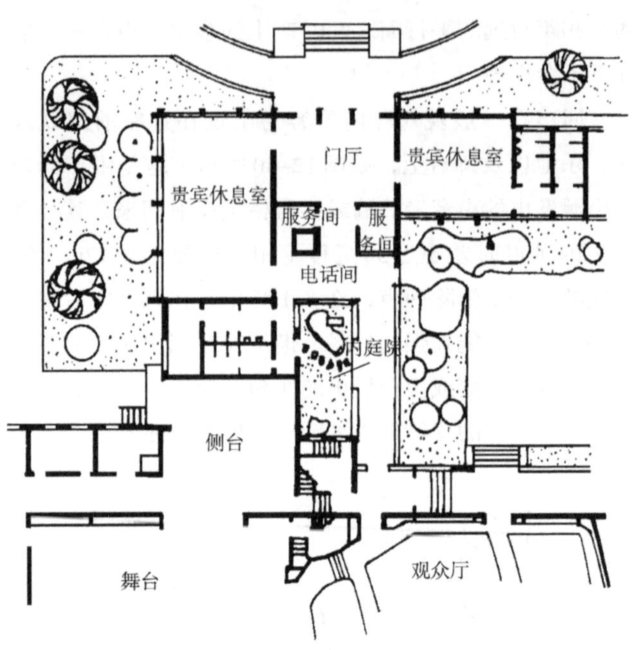

图 12–44　南宁剧院贵宾休息室

12.3.5　贵宾休息室、商娱、办公管理用房设计

1）贵宾室设计

有些标准较高的剧场常有外事活动及地区领导人出席的重要活动，需要设贵宾休息室，面积一般为 60~100m²。贵宾休息室应尽可能接近观众厅的贵宾席，并有单独的出入口与专用楼梯，室外有停车场地，最好能与一般人流分开。图 12–44 为贵宾室布置实例。

2）商娱部分设计

文化娱乐与商业部分同为剧场的辅助部分，其规模按实际情况而定。其功能有差别，设计时注意避免互相干扰。

剧场附设的文化娱乐部分一般包括展厅、音乐茶座、休息厅等。具体项目视场地与实际需要而定。一般可独立设置或结合门厅、休息厅设置。

剧场附设的商业服务部分一般有餐饮、商场等设施。由于用餐、购物人流都是非文化性的，容易对观演及文化娱乐造成干扰，设计时考虑适当地隔离，将这部分用房独立设置，并有单独出入口直接对外联系。为使其能兼顾内外人流，可布置在临街位置。

3）办公管理用房设计

办公管理用房的规模及组成视剧场规模而定，一般剧场都有经理、财会、总务、值班、库房等，大规模的还包括会议等用房。这些房间应设在对外联系方便、通风朝向较好的独立安静地段。办公用房位置较为灵活，有独立设置和与主题结合两种方式。前者使用方便，还可适当降低建筑标准。后者通常设在门厅上部或舞台的旁侧空间，应注意与观众的分隔，见图 12–45。

12.4　剧场防火与疏散设计

剧场具有众多引发火灾的潜在危险因素，如布景幕布、发热量较大的灯具、复杂的电气线路及设备等。所以，在剧场设计中对防火与安全疏散要有充分的重视。

12.4.1　舞台防火设计

舞台防火设施多种多样，与建筑设计有关的有以下几种：

1）设防火幕

防火幕用于将舞台火势与观众厅隔离，防止观众厅氧气大量消耗，保证疏散。规范规定，甲等或乙等大型、特大型剧场应设防火幕，一般设在舞台口内侧或舞

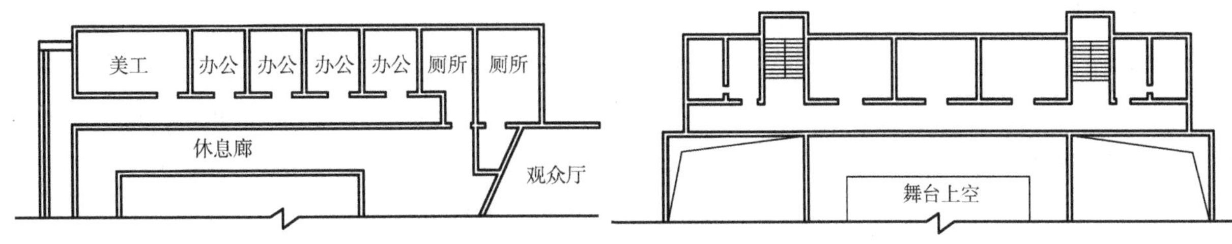

设有单独出入口的办公用房布置　　　　设于舞台后方后台服务用房上部

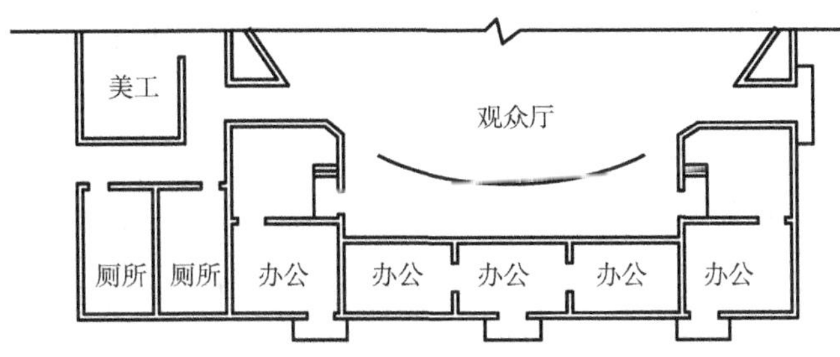

布置在银幕后的办公用房

图 12-45　办公管理用房布置实例

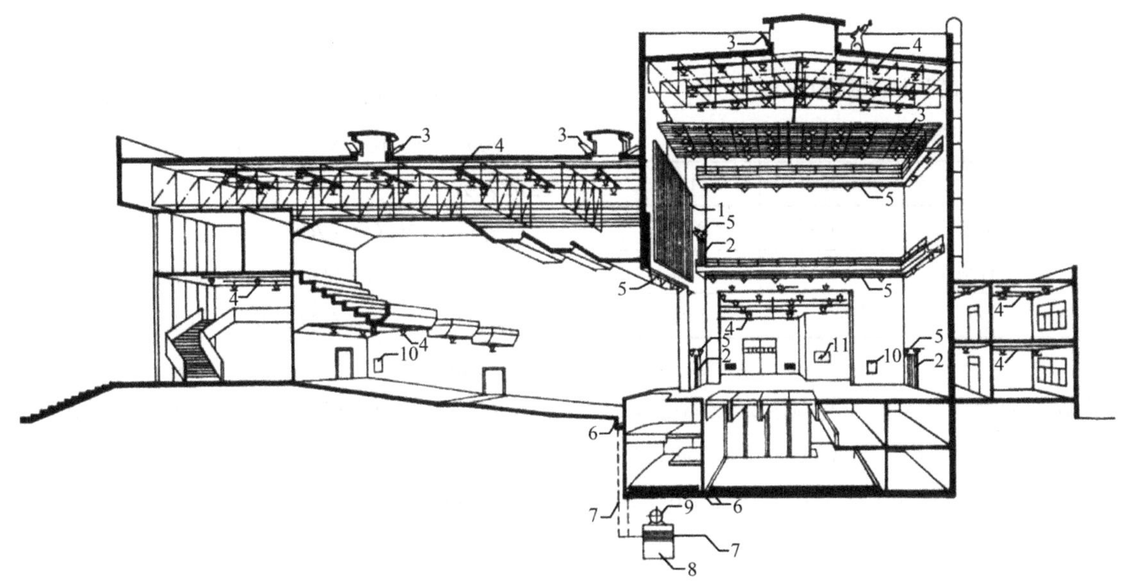

图 12-46　舞台防火排烟设施示意

1—防火幕；2—防火门；3—排烟窗；4—闭式喷头；5—开式喷头与水幕喷头；6—消防排水明沟；7—消防排水管；8—消防污水池；9—消防污水泵；10—消火栓；11—消防控制室观察窗

台与后舞台之间。舞台本身形成一个防火分区。

2）舞台上部设出烟口

出烟口的作用是排除高温膨胀的烟气，平时则作通风口。一般设在主台上部侧墙上或在顶棚开天窗，但要作避风与遮光处理。

3）设消防控制室

甲等及乙等的大型特大型剧场应设置供安全监督人员值班的消防控制室，其面积不小于12m²位置接近舞台，能看到舞台各处，并有单独的对外出口，并能控制各种消防安全措施。

12.4.2　安全疏散设计

1）人流组织原则

（1）人流路线简洁明确，进场口明显易找，并有足够的数量与宽度。

（2）厅的布置符合人流方向与使用特点，避免在厅与厅之间形成瓶颈地段。

（3）有楼座的观众厅至少设两个出入口，楼座一般不应穿过池座疏散，并避免上下人流交叉、过分集中而产生迂回。

（4）采用短排法的观众厅，要充分发挥中间纵过道与前厅的作用，方便观众按单双号进场找座，在长排法情况下，应避免由单侧进、退场，充分发挥侧厅的作用。

2）有关安全疏散的技术规定

（1）影剧院安全出入口不少于两个，每个安全出口平均疏散人数不超过250人。当观众厅容纳观众人数为2000人以上时，超过2000人部分，每个安全出口平均疏散人数不超过400人。

（2）室内疏散楼梯应设置封闭楼梯间，其宽度不小于1.1m。

（3）观众厅内疏散走道宽度，应以每百人不小于0.6m计算，同时不小于2m。

（4）观众厅内横走道之间座位不超过20排，纵走道之间每排座位数不超过22个，排距大于1.1m时，可增至50个。

（5）疏散宽度指标

剧场门、走道和楼梯疏散宽度

百人指标（单位m）　　表12–6

观众厅座位数		<2500	<1200
门和走道	平坡地面	0.65	0.85
	阶梯地面	0.75	1.00
楼梯		0.75	1.00

（6）通道最小宽度与总宽度应与疏散人数相适应，同一通道中不得随意变化宽度，避免人流堵塞。通道内不宜设踏步，有高差时设置坡道，坡度不大于1/6，并有防滑设施。高度2m范围内不得有突出物，有柱时疏散通道宽度以最小宽度计。

（7）疏散出口布置要均匀，出口数量、总宽度与疏散量相适应，疏散口宽度不小于相连横过道宽度，门宽不小于1.4m，向外开启。

3）疏散时间控制

小型剧场在设计时一般不需要进行疏散时间计算，设计大中型剧场时因人数较多，空间复杂，需进行核算，确保安全。疏散时间要求如表12–7所示。

观众厅疏散时间指标（min）　　表12–7

观众厅容量	全部疏散时间	从座位到观众厅内门疏散时间
≤1200	4	2
1201~2000	5	2.5
2001~5000	6	3

在对剧场疏散路线进行设计时，需对其疏散时间进行核算，确保其达到疏散时间指标要求。

观众厅疏散计算公式为：疏散总人数/单位时间内疏散人数

即为 $T=N/(A\times B)$

其中T为疏散时间，N为疏散总人数，A为单股人流通行能力，B为疏散口通过的人流股数，一般A可取40人/min。

对于大型的剧场，还要对人流从观众厅到外出口的疏散时间进行计算，如图12–47。具体计算方法见《建筑设计资料集4》77页。

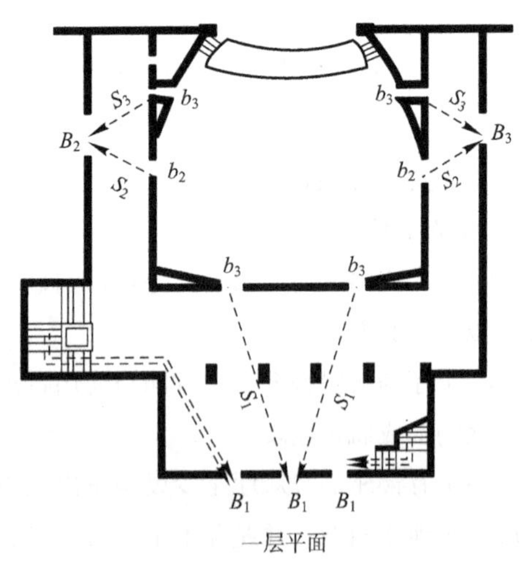

一层平面

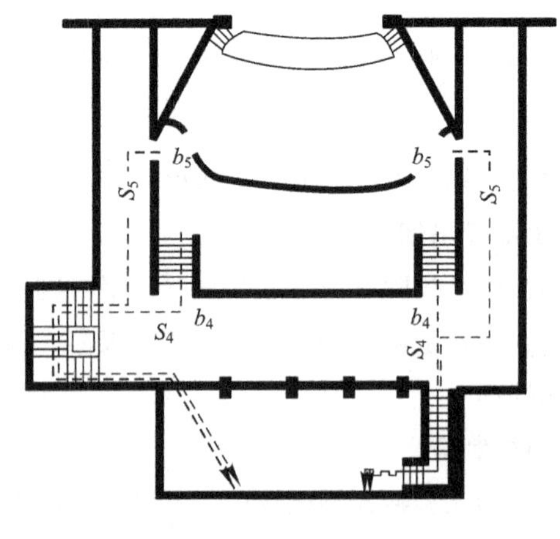

二层平面

图12–47　剧场疏散口分布与疏散距离图示

12.5 剧场实例分析

12.5.1 上海大剧院——飞檐下的水晶宫

上海大剧院是一个具有独特外形的剧场建筑，是由法国夏氏建筑师事务所与上海华东建筑设计研究院共同设计的，取材于中国传统建筑中亭的概念。总建筑面积6.8万m^2，投资约13亿人民币。

它以一个纯净的形体展现在露出水、土表面的四方形平台上，其屋盖是近百米见方的倒置拱顶。大屋顶由东西两侧的六个楼电梯井支撑，与下部主体建筑造型分离，看上去有传统檐口建筑的舒展飘逸（图12–48）。屋顶包容舞台上方的机械空间，此解决方法属于首创之举。如图12–51，为上海大剧院剖面。屋顶侧翼保护着大剧院和附属的服务设施，隔开了都市噪声，其内部如反转的贝壳，可容纳多层的多功能服务设施、酒吧、餐厅、会议室、聚会及接待场所。

上海大剧院有近2000m^2的大堂作为观众的休闲区域，兼具歌剧、芭蕾、交响乐及综艺节目的演出功能。它共有三个剧场，大剧场1800座，分为正厅、二层、三层楼座及6个包厢。中剧场610座，小剧场210座。其中，大剧场观众厅30m见方，观众厅前部有近百平方米的可升降乐池，主舞台24m×30m，两侧有260m^2的侧台和360m^2的后舞台。主台总高42.5m，台口宽13m，高15m，能满足大型交响乐、歌剧、芭蕾舞剧等演出（图12–50）。

图12–48　上海大剧院外观

图12–49　上海大剧院观众厅

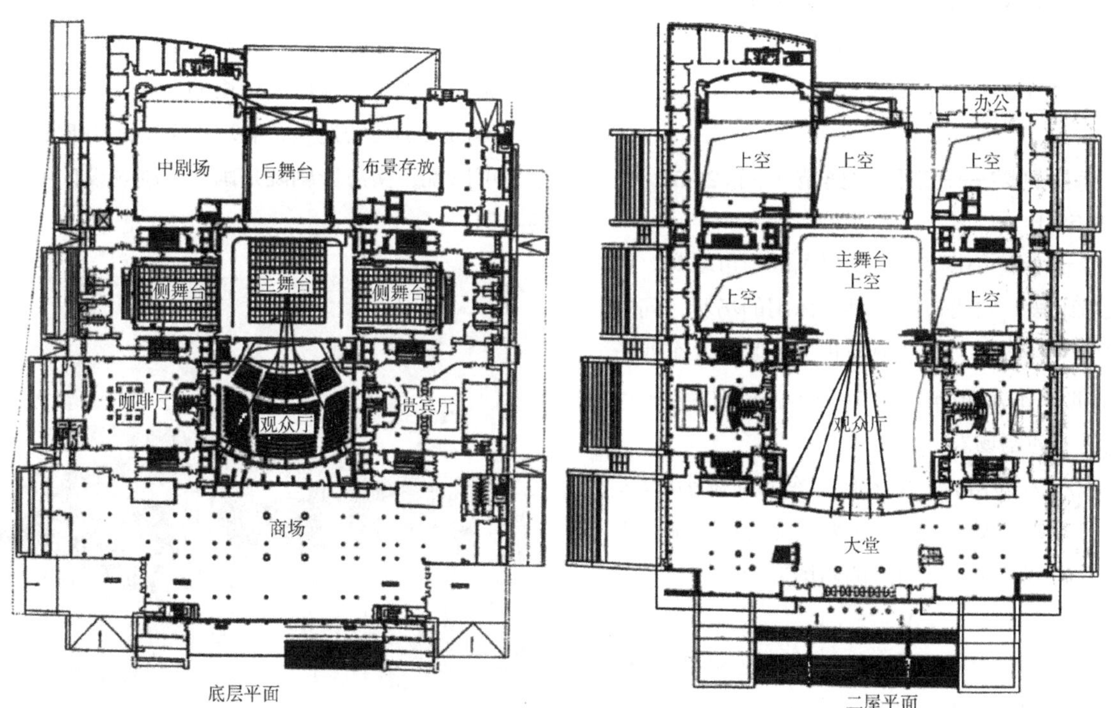

图12–50　上海大剧院平面图

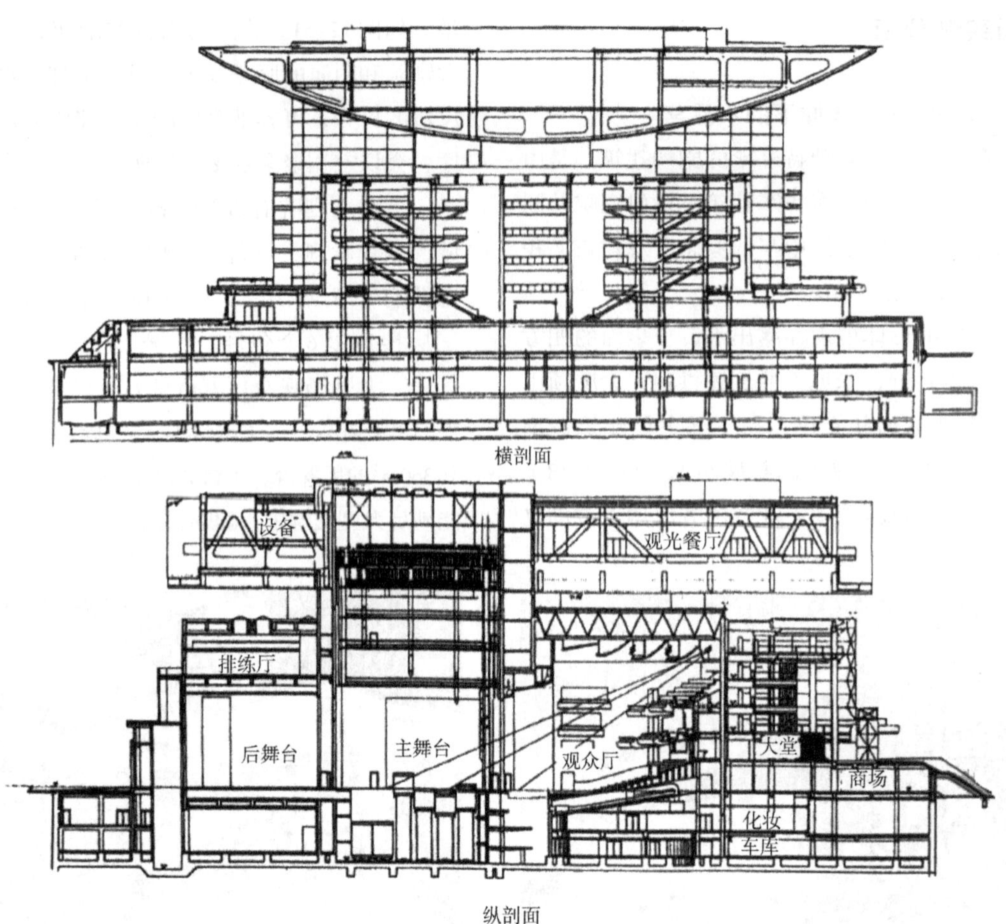

图 12–51　上海大剧院剖面

总体来说，上海大剧院较好地体现了亭的设计概念，外观保持简洁大方的同时，又是对传统建筑形式的现代性演绎。其传统与现代融合的设计思路值得借鉴，是一个较好的大型剧场设计案例。

12.5.2　南海影剧院——亲民的典范（图12–52~图12–55）

该剧院位于南海市南部，是老居民区与市政府、市属部门的交融地段。它为市民提供了休闲的场所，同时也是市政府的大会会场。其基地面积十分紧张，东西长约100m，南北长不足50m（图12–53）。其首层为机动车库，二层以上为剧场。

剧场总面积为8574m^2，主入口向东，前设小广场。主立面向东北呈弧形展开，迎向主要人流方向。配合大会的分组会议厅布置在建筑的西侧剧场后台上层，临近市政府。

剧院共1364座，其中池座815席，楼座549席，排距0.9m，座宽0.54m。观众厅跨度27m，池座最远视距26.8m，楼座33m。舞台尺寸16.5m×27m，台口宽16m，高8m，舞台高19.8m。

入口大厅通透明亮，它与上部大型卷檐成为建筑造型的主题。由于其地段及用途的特殊性，剧场设计者通过整体而又小巧的造型，表现出了南海市政府的亲民理念。可以说，南海影剧院是国内小剧场设计中一个成功的案例。

图 12–52　南海影剧院外观

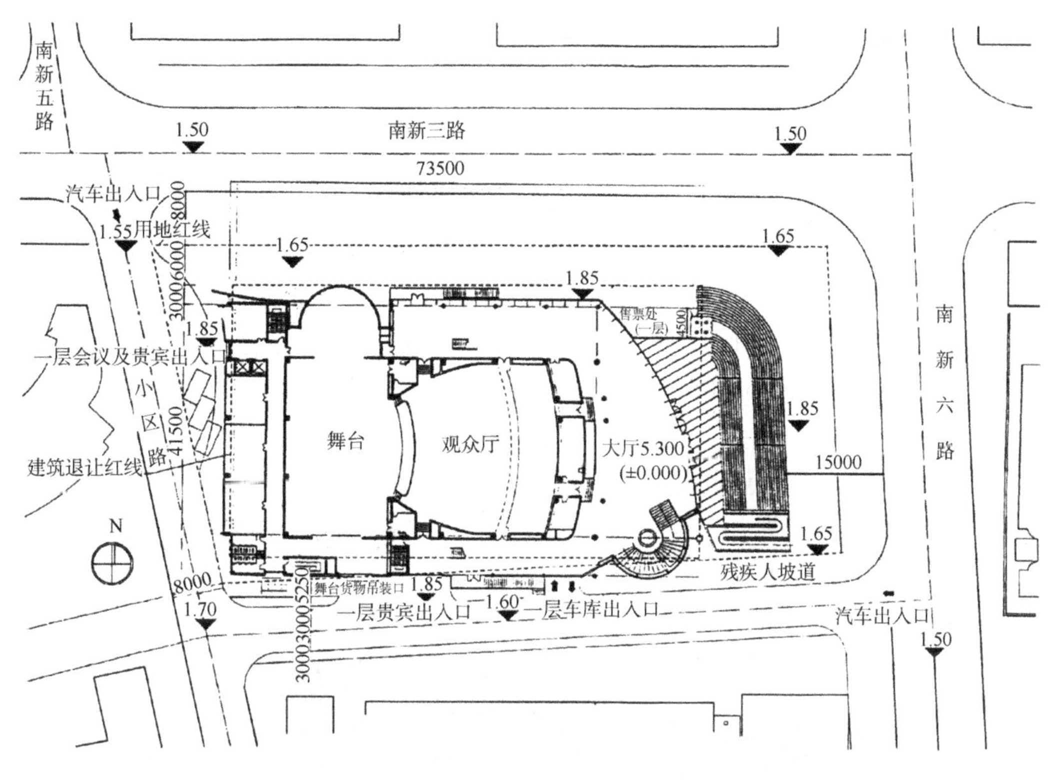

图12-53　南海影剧院总平面

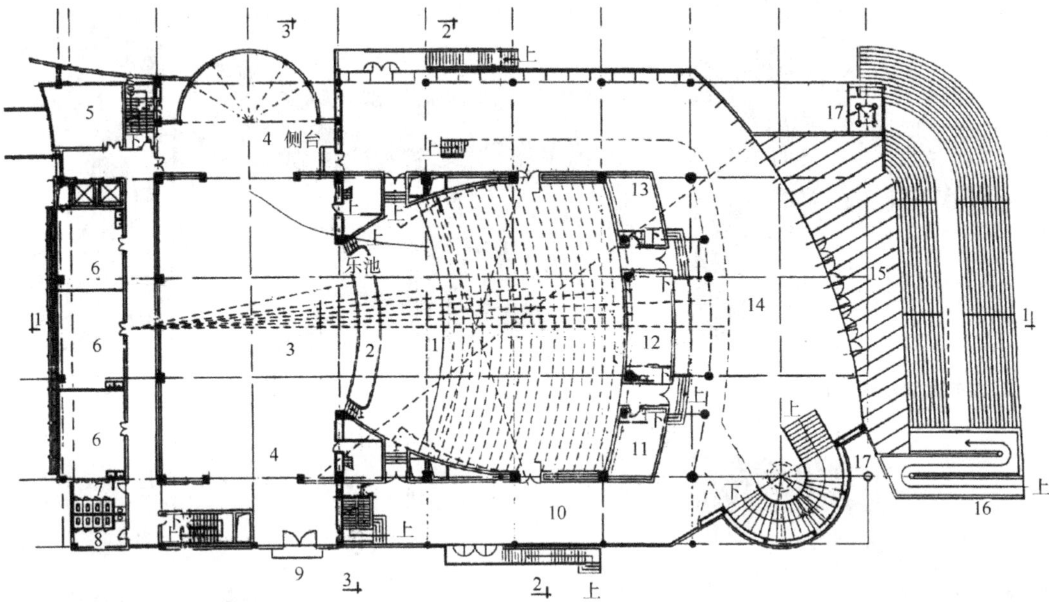

图12-54　南海影剧院观众厅平面

1—观众厅通道；2—乐池；3—舞台；4—舞台；5—贵宾室；6—化妆室；7—男厕；8—女厕；9—舞台货物吊装口；10—二层休息外；11—音响控制室；12—放映室；13—灯光控制室；14—二层入口大厅；15—市民广场；16—残疾人通道；17—顶支柱

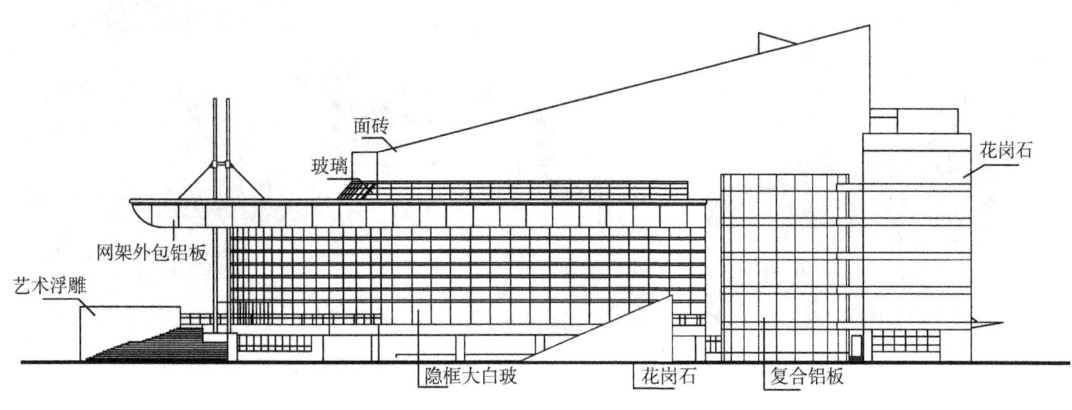

图12-55　南海影剧院立面

12.5.3　镰仓表演艺术中心——静谧的和室（图12-56~图12-60）

镰仓表演艺术中心位于日本的镰仓市，由石本建筑工程事务所设计。主要作为音乐会举办场地和戏剧表演场地，总建筑面积为21350m^2。其内部主要包括一个可容纳1500人的多功能表演厅和一个容纳600人的小型剧场。多功能表演厅主要作为音乐会演出场所，其声学设计较好。除两个功能厅之外，表演中心内部还设有前庭、内庭、画廊、餐厅等多个不同空间以适应不同需要。

建筑师在这座表演艺术中心的设计中特别追求内外空间界限的模糊性特征。在入口空间的处理上，设计者采用了三面围合与一面门状构筑物所构成的前庭空间作为室外广场与入口之间的过渡，并在入口采用大面积玻璃代替墙体，促使门厅与前庭空间融合。观演者由室外到室内经历空间动态变化的过程形成了独特的空间感受。同时，本显狭小的内部门厅空间由于与前庭空间交融而具有了深远感。虽然门厅空间是封闭的，但因为使用了透明玻璃墙体，人们在厅内也能看到内庭映入的丛丛翠竹，清爽宜人，富有意趣（图12-57、图12-58）。入口大厅后部为内庭，内庭四周有可作展览用的走廊，人们既可以欣赏内庭景观，又可品味艺术品的妙处。

整个表演艺术中心建筑色调素雅，风格沉静，体态稳重，内外空间和谐而灵动，是低成本小型剧场设计成功的范例。

图12-56　镰仓表演艺术中心入口空间

图12-57　门厅空间

图12-58　中庭

图12-59　镰仓表演艺术中心透视

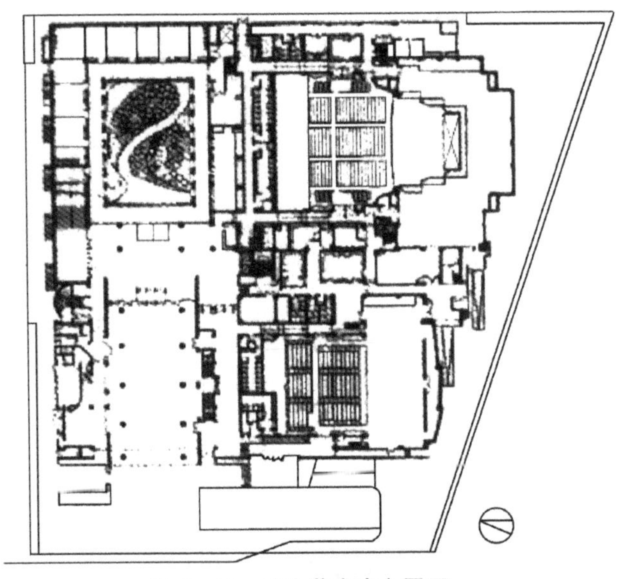

图 12-60 镰仓艺术中心平面

12.5.4 文娱中心设计——学生作品（图12-61~图12-64）

该方案在总体布置上没有把主体建筑生硬地正对斜向的主干道，而是把入口面向人流密集的商业街，方便顾客，扩大了经营效益。结合退红线，设计在转角及入口处形成开敞的入口空间，以便于人流的停留与缓冲。剧院与文娱两部分有机结合，便于独立经营，流线简洁。穿插的廊道、上下通透的空间和内部小庭院等，丰富了室内外空间，并改善了通风和采光条件。挺拔的转角楼梯和开敞的门架处理突出了建筑的公共性和标志性，弧形的文娱部分与墙体的交接处理，凸显了建筑活泼开朗的性格，进一步强调了入口空间和空间的导向作用。

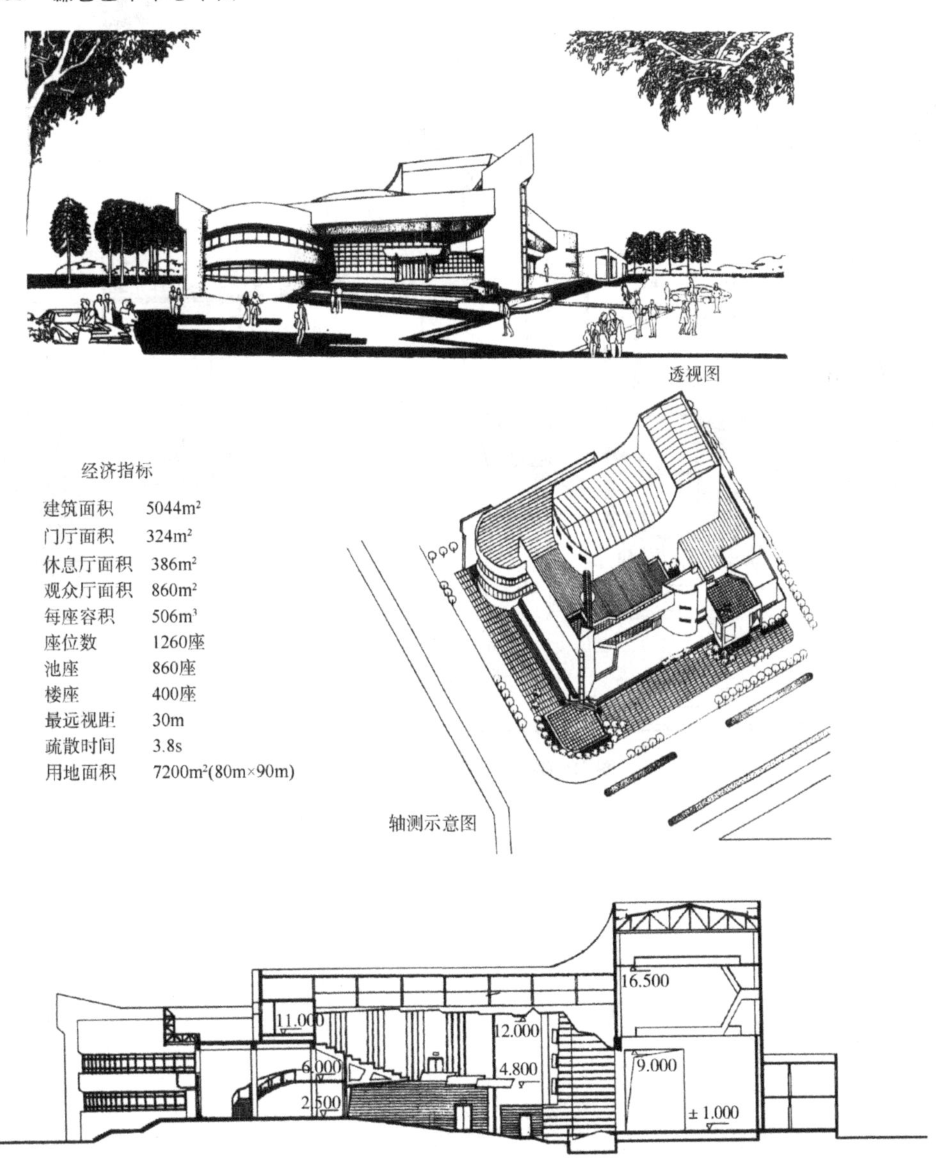

图 12-61 文娱中心透视图、轴测图及剖面图

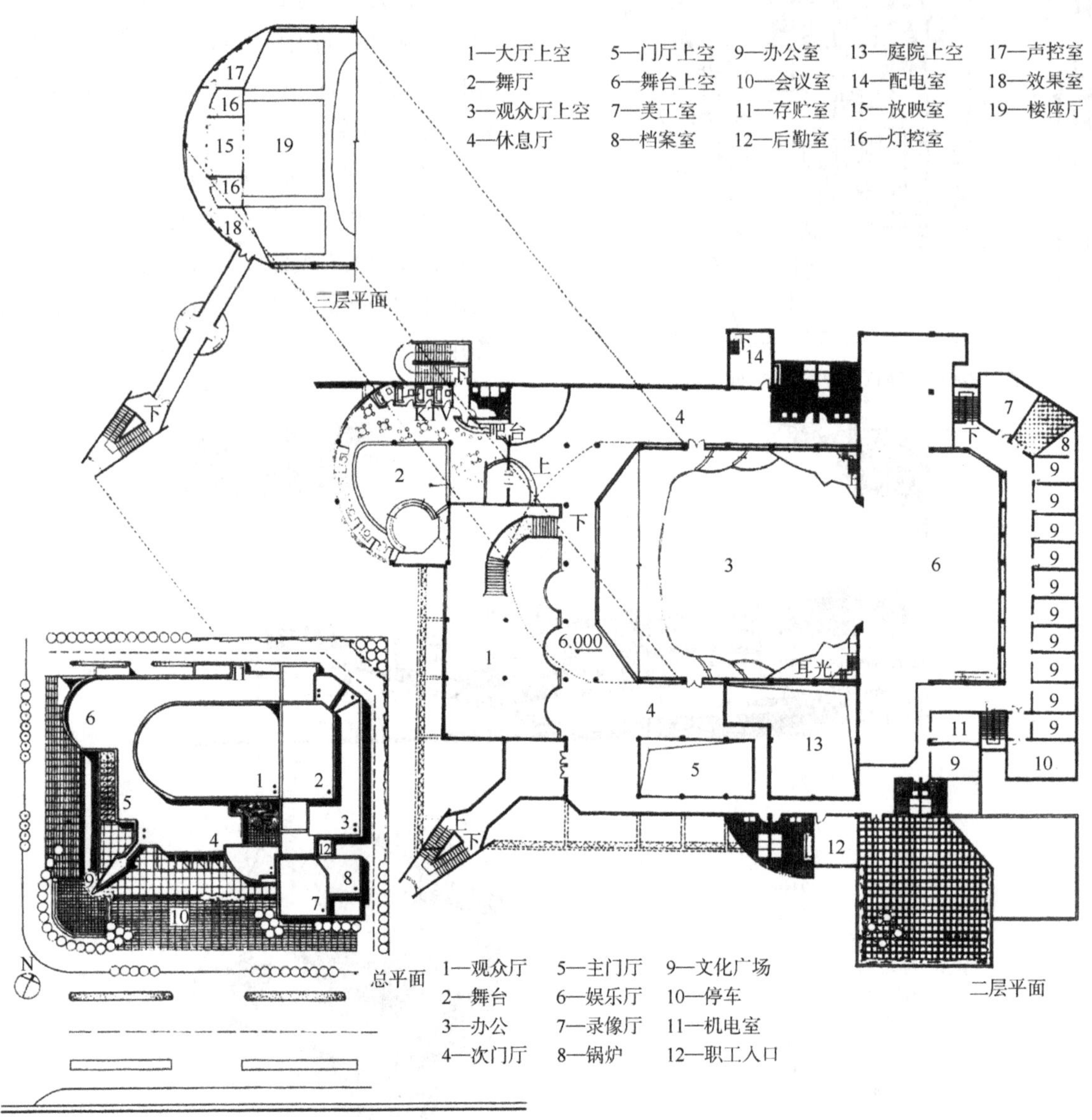

图 12-62 总平面及二～三层平面图

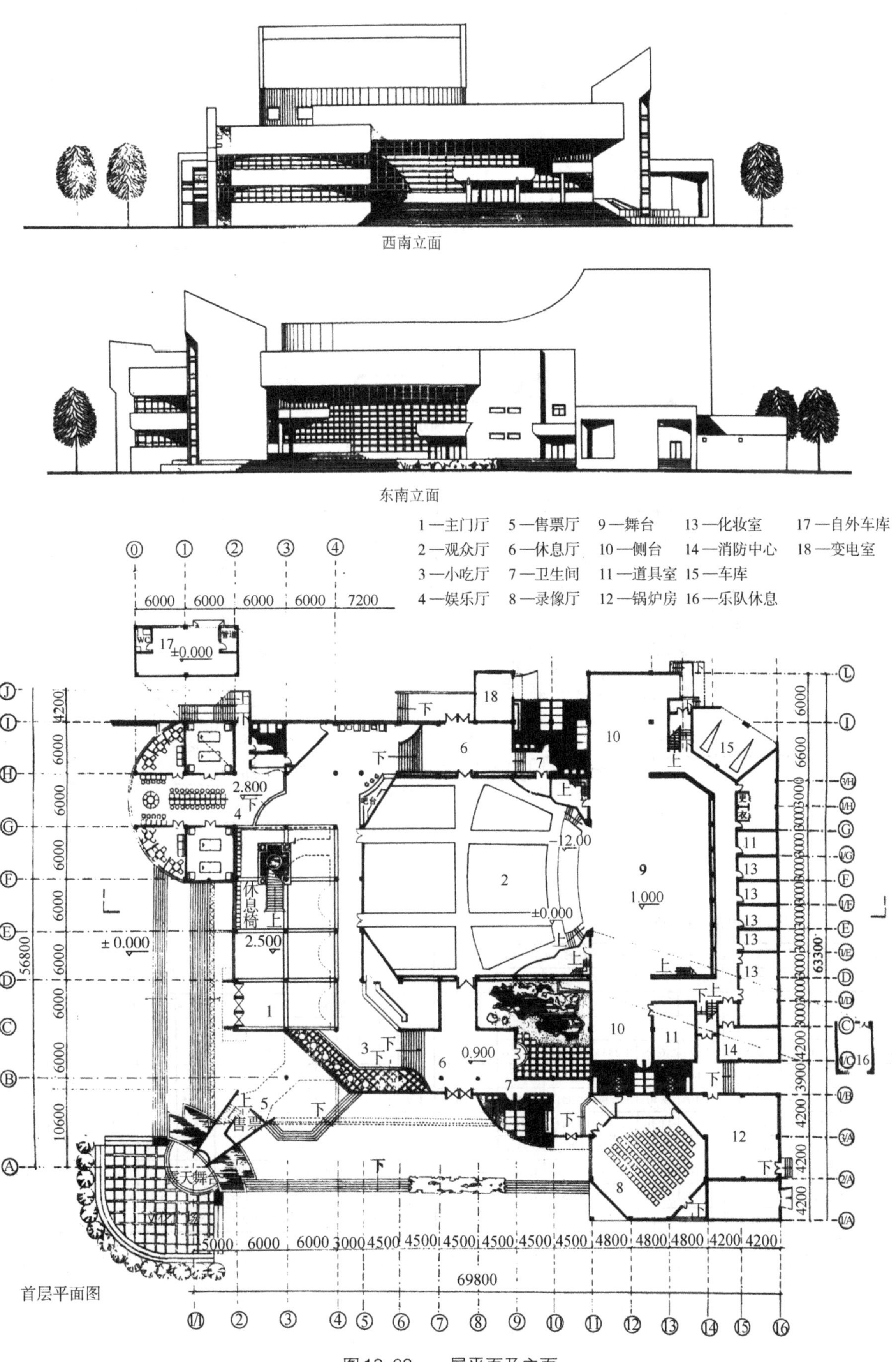

图12-63　一层平面及立面

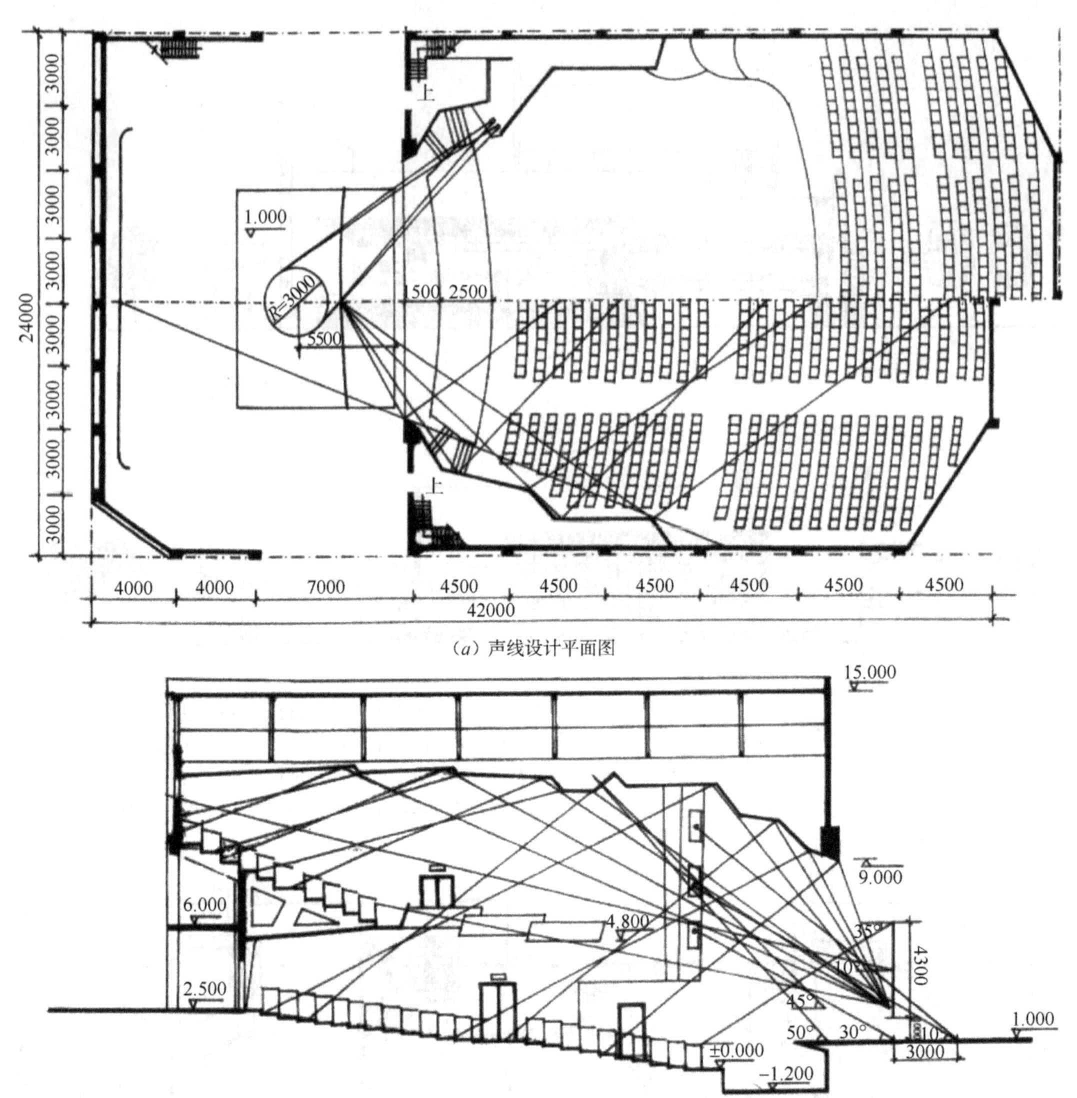

(*a*) 声线设计平面图

(*b*) 声线设计剖面图

池座坡度计算表

组序	K	计算数据		池0组 ± 0.000 视点 1.20 C=0.06 池座25排							
		C	KC	y_n-1	$KC+y_n-1$	L_n	L_n-1	L_n/L_n-1	y_n	H_n	各排高差
1	2	3	4	5	6	7	8	9	10	11	12
0	1	—	—	—	—	6.0	—	—	–0.10	± 0.00	—
1	2	0.06	0.12	-0.10	0.02	7.70	6.0	1.2833	0.0256	0.1256	0.0628
2	2	0.06	0.12	0.0256	0.1456	9.40	7.70	1.2210	0.1778	0.2778	0.0761
3	2	0.06	0.12	0.1778	0.2978	11.10	9.40	1.1800	0.3516	0.4516	0.0869
4	2	0.06	0.12	0.3516	0.4716	12.80	11.10	1.1530	0.5438	0.6438	0.0961
5	2	0.06	0.12	0.5438	0.6638	14.50	12.80	1.1328	0.7519	0.8519	0.1041
6	1	0.06	0.06	0.7519	0.8119	16.10	14.50	1.1103	0.9015	1.0015	0.1496
7	3	0.06	0.18	0.9015	1.0815	18.65	16.10	1.1539	1.2528	1.3528	0.1171
8	3	0.06	0.18	1.2528	1.4328	21.20	18.65	1.1367	1.6287	1.7287	0.1253
9	3	0.06	0.18	1.6287	1.8087	23.75	21.20	1.1203	1.8246	1.9246	0.1625
10	4	0.06	0.18	2.0263	2.2663	27.15	23.75	1.1431	2.5906	2.6906	0.1915

楼座坡度计算表

组序	K	计算数据		楼0组6.00 C=0.09 a=0.85楼座11排							
		C	KC	y_n-1	$KC=y_n-1$	L_n	L_n-1	$L_n/$ L_n-1	y_n	H_n	每排高差
1	2	3	4	5	6	7	8	9	10	11	12
0	1	—	—	—	—	20.45	—	—	6	± 0.000	—
1	3	0.09	0.27	6.0	6.27	23.0	20.45	1.1247	7.05	1.05	0.3500
2	1	0.09	0.09	7.05	7.14	23.85	23.00	1.0367	7.4039	1.4039	0.3539
3	1	0.09	0.09	7.4039	7.4939	2545	23.85	1.0671	7.9966	1.9966	0.5927
4	3	0.09	0.27	7.9966	8.2666	28.0	25.45	1.1002	9.09	3.09	0.3661
5	2	0.09	0.18	9.09	9.270	29.7	28.0	1.0607	9.8328	3.8328	0.3714

(*c*) 坡度计算表

图 12–64 声线设计

12.5.5 山西省洪洞县飞虹影剧院——小型多功能剧场（图12-65~图12-67）

该剧场位于山西省洪洞县，建成于1995年。是一座小型的集话剧歌剧、电影放映、大型会议、商业设施与演职员生活设施为一体的剧场建筑。它采用整体式造型处理，将简单的方形平面布局进行切割变异，在商店与剧场交接处形成入口空间，起到了导引人流的作用。

总体来说，该剧场在较为狭小的基地中整合了多种功能空间而又不失其中的逻辑联系，外形处理也很有特色，是小型多用途剧场较为成功的方案。

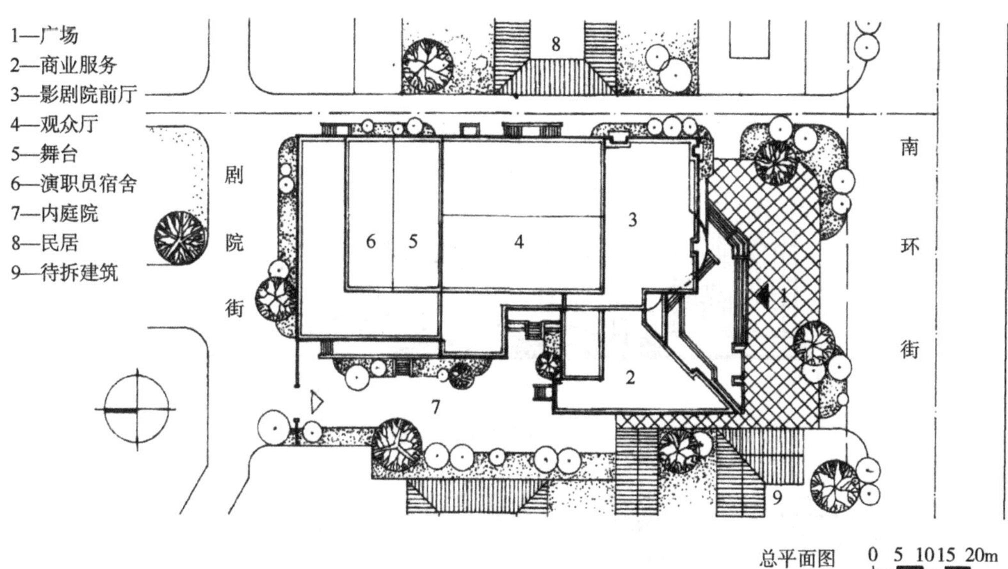

图12-65　总平面及透视

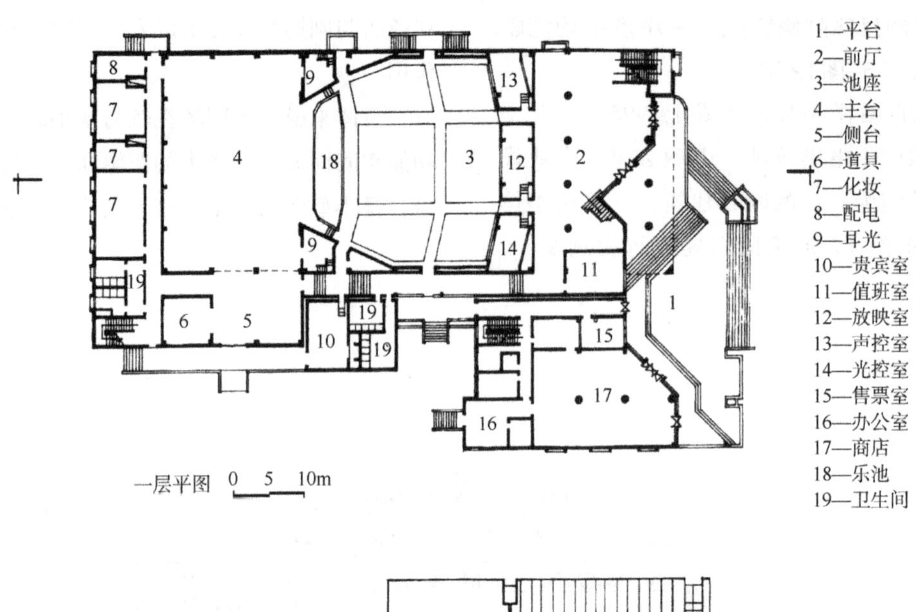

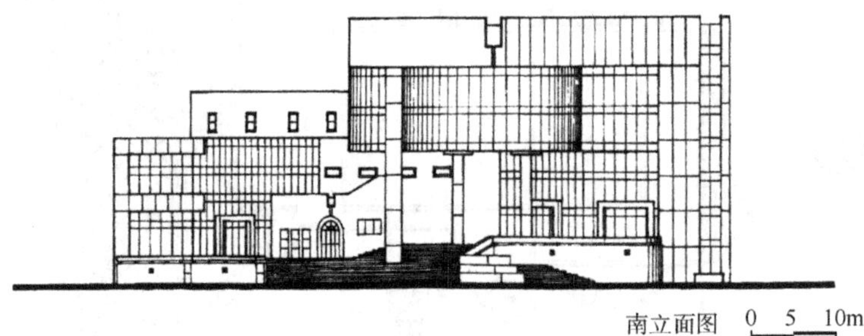

图 12-66 一层平面及立面

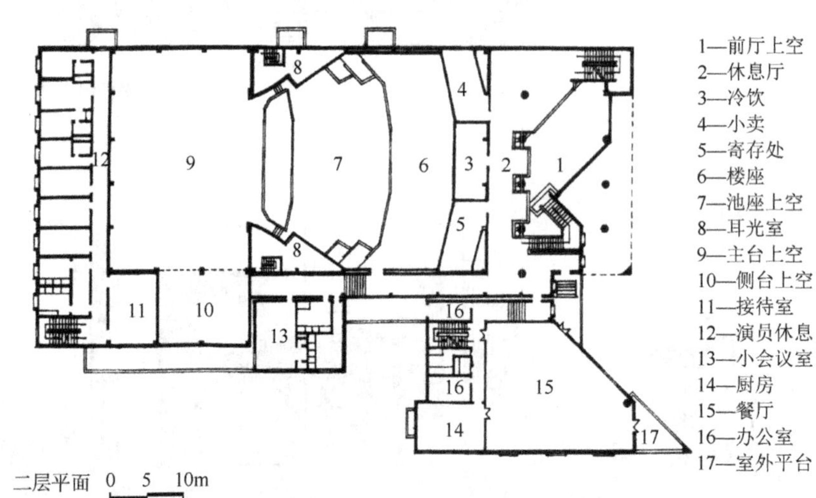

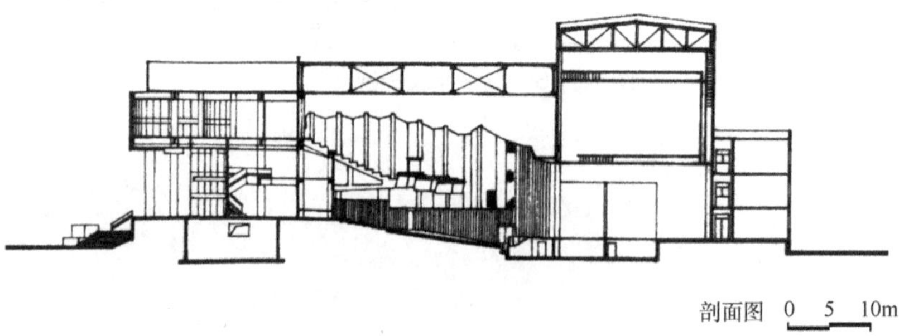

图 12-67 二层平面及剖面

12.6 剧场设计主要参考书目及解读

12.6.1 理论类参考书

1）刘振亚．现代剧场设计．北京：中国建筑工业出版社，2004.

《现代剧场设计》结合大量国内外实例，系统阐述了箱形舞台剧场的空间构成、总体布置、舞台及观众厅等的设计，对技术装备内容、灯光要求、视线设计、声学分析、防火疏散以及建筑造型、室内外空间设计和装修处理等作了全面、深入的介绍，便于初学者自学和领悟。

2）张文忠编著．公共建筑设计原理．北京：中国建筑工业出版社，2008.

为高校建筑学专业指导委员会规划推荐教材，是最基本的公共建筑设计的入门和启蒙书，或者说是建筑学类专业的必学教科书，应该很好地学习其中的基本原理和方法。

3）刘云月．公共建筑设计原理．南京：东南大学出版社，2004.

该书为高等学校建筑学专业系列教材，也是该门课程的教材或教参书籍，该书以不同的思维和教学方式，讲授了空间形式与认知、形式与空间构成、建筑方案设计原理与方法、建筑设计的三大理论基础、公共建筑的设计原理，是一本具有一定实用性和参考价值的书籍。

4）吴德基．观演建筑设计手册．北京：中国建筑工业出版社，2007.

本书内容包括：电影院、剧院、电影城、文化艺术中心、音乐厅及文化馆等多种类型的观演建筑。对这些建筑在设计原则、设计手法以及技术经济指标等方面进行了详尽的分析、阐述。在编著时，考虑到工具书的特点，在取材上力求兼容并蓄、多元荟萃。本书主要供建筑师阅读，也可作为建筑院校师生以及文化管理工作者参考。

12.6.2 图集、工具类参考书

1）《建筑设计资料集》（第二版）解读

该《建筑设计资料集》为建筑设计行业的大型工具书，是一本很好的最基本的建筑设计工具用书。其中第4集以工具手册的形式，专门介绍了剧场的有关设计要点与要求，从剧场的类型、基地选择、总平面设计、前厅、观众厅平剖面设计、视线设计、声学设计、疏散、乐池座位、坐席、疏散、防火排烟、后台、化妆、排练厅、舞台上空天桥吊杆帷幕等的设计与要求，均以较为具体的数据或文字作了详细的文字讲解与图示，该书尤其在技术性方面有着较强的指导性。

2）《观演建筑设计手册》解读

该书为重庆大学的吴德基编著。此书就观演建筑的多种类型，如电影院、剧场音乐厅、文化宫、电影城等建筑从设计原则、设计手法及技术经济指标等方面进行了全面、细致的理论分析与示例讲解，从观演建筑的多学科性、高度的技术性和综合性、很强的艺术性、社会性方面都有深刻的分析与探索，对学生进行该专题的学习与深入探索有着极其重要的参考价值。

12.6.3 规范类参考书

1）《剧场建筑设计规范》（JGJ 57—2000）解读

（1）该规范共分10个部分：总则、术语、基地和总平面、前厅和休息厅、观众厅、走道、舞台、后台、防火设计、声学、建筑设备。黑体字均为强制标准，须严格执行。第10部分“建筑设备”仅作了解，具体工程在方案及施工图设计时，应与相关的建筑设备工程师，包括给水排水、电气部分密切配合，互提参数，协调设计，方能完善，学习阶段此部分不作重点要求，但应了解此方面知识，并具备此意识。

（2）其他各部分要点提示：

• 第1、2章　总则与术语：总则包含规范适用范围，剧场按使用性质分三类或多功能类，剧场规模按座位分类，剧场建筑等级按耐久年限、耐火等级室内标准等。除本规范外，还应符合有关国家标准。术语方面主要是舞台系统术语共计48个，均应阅读并有所了解。

• 第3章　基地和总平面：基地至少一面临接城镇道路，且最小宽度有规定。

• 第4章　前厅和休息厅：两厅（可分设、合设）的面积与剧场等级和座位有关，吸烟室按楼、池座分别设置，厕所设计要点为前室开门侧位数、男女比例、无障碍专用蹲位等。

• 第5、9章　观众厅（视线、声学、坐席、走道）：视线设计原则，几种视点选择，视线升高值及原则，第一排坐席地面高度的确定，各种剧场最远视距规定，视线最大俯角等。声学：与建筑设计相关方面的有观众厅体形，容积率指标，反射声场的组织与设计等。坐席：每人面积按剧场等级不同而不同，两种座椅中距、两种座椅排距、最后一排排距规定等。走道：原则是疏散安

全顺畅，宽度需计算，有关于座位的前后左右几个最小控制尺寸，座位长、短排法的宽度也有不同，注意黑体字的强调要求。

其他：剧场兼放映时，放映光学及放映室应符合《电影院建筑设计规范》。

• 第6、7章 舞台、侧台与后台：对不同等级的剧场镜框箱形舞台口、主台尺度高宽要求，主台上空天桥、栅顶构造要求，主台出入场门的设置，侧台的布设与尺度，门的构造要求，台仓、乐池的基本概念、尺度和构造要求，了解有关机械舞台的概念，舞台灯光中面光、耳光、追光、调光室、天桥侧光的布设，舞台通信与监督，各类演出技术用房等均应作相应理解，并做好安排。后台包括化妆服装室、候场室、小道具室、盥洗室、浴厕、后台跑场道等。辅助用房包括各种排练厅、琴房、绘景间、木工间、硬景库等的尺度与构造要求。

• 第8章 防火与疏散设计：观众厅的出口布置及门的要求、观众厅疏散通道、疏散楼梯要求，后台、乐池、台仓出口，舞台顶部天桥等走道要求，观众厅与其他建筑合建时的出口要求，疏散口帷幕及室外疏散广场的要求。消防给水及火灾报警方面专业性强，但应作基本了解。

• 第9、10章 声学与建筑设备（略）：该部分专业性较强，作基本了解，具体设计时应协助专业工程师共同完成该专业的设计。

2）《建筑设计防火规范》（GB 50016—2006）

该规范需要注意的主要内容有：

（1）第5章 民用建筑的耐火等级、层数、建筑面积及安全疏散要求。

（2）第7章 民用建筑楼梯间、防火门等建筑构造问题。

（3）第9章 建筑中防烟与排烟的要求。

3）《民用建筑设计通则》（GB 50352—2005）

该规范内与剧场建筑设计相关的主要条款应把握的主要内容有：

（1）第3章 建筑与环境的关系、建筑无障碍要求、停车空间要求。

（2）第4章 基地与道路红线、城市道路、基地内道路的宽度、基地高程与城市道路高程的关系、基地与相邻建筑的关系、基地出入口的限制条件，还应符合4.1.6的大型、人员密集建筑的基地条件要求等。

（3）第6章 对于公用厕所、台阶坡道栏杆的设置与规定，楼梯疏散宽度的计算，踏步高宽比等有所把握。

（4）第7章 通风放热方面应作认识并在设计中注意。

（5）第8章 建筑设备知识专业性较强，但与建筑密切相关的知识，在方案设计之初，也应有所认识与把握，如设备房的位置、疏散与开门的规定等应基本正确。

12.6.4 其他类参考书

1）《影剧院·文化中心·体育特辑》

2）《旅馆及影剧院建筑学术论文集》

3）《建筑学报》等现行建筑设计类期刊杂志

表格索引

表12–1，12–5，12–6，12–7. 建筑设计资料集4. 北京：中国建筑工业出版社，1994.

表12–2，12–3，12–4. 吴德基. 观演建筑设计手册. 北京：中国建筑工业出版社，2007.

图片来源

[1] 图12–1 http：//www.1x1y.net/tour/200412 /tour_741.htm

[2] 图12–2 http：//www.zjol.com.cn/node2/node23417/node48376/userobject12ai446101.html

[3] 图12–3 http：//www.aliyeye.com/sight/9064

[4] 图12–4 http：//www.66sc.com/yiheyuan/scenery/daxilou.html

[5] 图12–5 http：//www.dbs01.net/Archiver.asp?ThreadID=6938

[6] 图12–9，图12–10 http：//www.abbs.com.cn/usd/read.php?cate=11&recid=27825

[7] 图12–11 http：//blog.aia.org/favorites/2007/02/86_lincoln_center_for_the_perf.html

[8] 图12–12~图12–14，图12–16 清华大学建筑系编. 国外建筑实例图集. 北京：中国建筑工业出版社，2001.

[9] 图12–15 http：//furukawa8.seesaa.net/

[10] 图12–48，图12–49 http：//www.88gogo.com/ticket/ParkticketView_13484.html

[11] 图12–52 www.2de.cn/bloga/group/project.asp?id=52

[12] 图12–56~图12–59 http：//kamakura–arts.jp/

[13] 图12–6，图12–7，图12–23，图12–26，图12–27，图12–33，图12–35，图12–38，图12–44，图12–47，图12–50，图12–51，图12–53，图12–54，图12–55 刘振亚. 现代剧场设计. 中国建筑工业出版社，2004.

[14] 图12–8，图12–18~图12–22，图12–29~图12–32，图12–34，图12–36，图12–37，图12–39，图12–40~图12–43，图12–45，图12–60~图12–64 吴德基. 观演建筑设计手册. 北京：中国建筑工业出版社，2007.

[15] 图12–12，图12–13，图12–16 清华大学建筑系编. 国外建筑实例图集——剧场. 中国建筑工业出版社，1984.

[16] 图12–17，图12–24，图12–25，图12–28，图12–46 建筑设计资料集4. 北京：中国建筑工业出版社，1994.

[17] 图12–65，图12–66，图12–67 中小型民用建筑设计图集（第三版）. 北京：中国建筑工业出版社，2010.

附录

1 简单功能建筑任务书

1.1 售楼部任务书

1.1.1 目的及要点

售楼中心要充分体现出商业建筑的特点，除满足建筑的基本功能以外，建筑造型应新颖活泼，具有明确的标识性，并且需充分结合周边环境，进行景观设计。此外，售楼中心在楼盘建成后将长期使用，应充分考虑建筑功能的可置换性。

1.1.2 设计条件

1）售楼部规模

在开发前期作为展示和销售楼盘的售楼部，并在完成销售功能之后应考虑持续经营。建筑面积约为500~800m^2，可预留后期扩建空间。

2）建设基址

南、北方地区或民族地区任选，其地形地貌、自然环境、周围建筑群的空间条件等，可自行设定，本任务书提供基本地段如下：

现拟在正待出售的楼盘旁边建一售楼中心，作为楼盘销售展示与洽谈的办公场所。此售楼处在楼盘完工之后，将改建为楼盘社区的活动中心，用于社区的文化娱乐活动，成为社区的公共设施。

1.1.3 售楼部功能内容

1）动态分区：

咨询区及入口空间：50m^2

展示厅：200m^2（可放置楼盘1：200比例的大沙盘及户型模型）

洽谈区：40m^2

2）静态分区：

签约区：40m^2

办公室：20m^2

会计室：20m^2

3）联系区域：

休息区：60m^2（可设置吧台）

4）其他

卫生间：60m^2（男厕可设3~5个隔间，女厕4~6个隔间）

楼梯走道等交通面积由设计者自定，应考虑5辆机动车和15辆自行车停放。

1.1.4 图纸内容及要求

图纸表现：

（1）总平面图　1：300~1：500（参考比例），内容包括室外铺地、道路、绿化、指北针、阴影。

（2）各层平面图　1：100，二道尺寸，内容包括地坪标高、门窗、室内设施布置等，卫生间需画出厕具布置。

（3）立面图两个1：100，需注明标高，二道尺寸，立面线条、材质表达清晰，并应有配景与阴影。

（4）剖面图两个1：100，需注明标高，二道尺寸，结构剖切正确清楚，剖切内容完整。

（5）透视效果图一张（表达方式不限），要注意透视准确，对环境有生动表达。

（6）室内空间分析图、功能关系分析图等以表达个人设计思路。

（7）模型照片不少于3张，并附于图中。

注：1.以上各图均为彩色效果表现图，考虑不浪费纸张，参考图纸尺寸规格为：①500×740，②730×1030。

2.房间名称直接标注在图中，不用编号表示。

1.1.5 评分标准

平时成绩10%，功能及空间环境50%，建筑造型20%，图面表达20%。

1.1.6　设计进度及安排

一周：1.讲解该专题设计原理、要点、实例及设计任务书讲解。

2.布置课后任务：

①收资并抄绘方案1~n个。

②参观该专题建筑，提交参观的平、立、剖、外观草图。

二周：建筑总体设计构思，进行总平面布置及单体构思设计，即一草构思及绘制。

三周：一草方案深入并完善、交一草图，包括总图、单体平面图、总体构想造型的初步表达。

四周：修改一草，进行二草设计并交二草。

五周：完善设计构思，做工作模型，修改二草，完成正草（正式仪器草图）绘制。

六周、七周：①在工作模型基础上推敲，确定最后效果。

②上板进行排版及完成正式图纸表达。

第八周：机动（包括设计评图、设计讨论、课外阅读、快题练习等）。

1.1.7　建设地段参考地形图

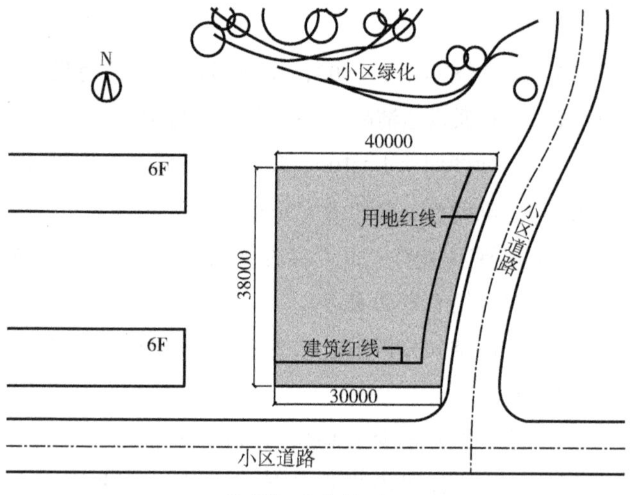

售楼部参考地形图

1.2　小型会所任务书

1.2.1　目的及要点

能够运用所学的会所建筑设计基本理论和方法，完成一个从简单功能空间向复杂功能空间转换的建筑类型——住区会所设计。通过建设一所服务于住宅区内居民的会所，用以丰富小区居民业余文化生活，为居民日常生活提供便利，创造和谐舒适的小区环境，促进小区文化建设。在设计中应注意：

（1）通过小会所设计掌握一般小型建筑设计的基本方法。

（2）初步掌握绿化休闲环境中景观建筑的空间与造型设计的方法。

（3）加强对建筑内部公共空间以及外部环境空间设计方法的训练。

1.2.2　设计条件

（1）会所规模：建筑面积约为500~800m^2，可预留后期扩建空间。

（2）建设基址：南、北方地区或民族地区任选，其地形地貌、自然环境、周围建筑群的空间条件等，可自行设定，本任务书提供基本地段如下：

该工程拟建于成都市某住宅小区内，建筑红线内用地面积约4400m^2。拟建地段位于住宅区的中心绿化休闲区内，基地南面为住宅组团，北面及西面毗邻小区内干道，隔北侧道路与小区商业中心相对，隔西侧道路与小区网球场相邻，用地东侧与中心绿化休闲区的水面及绿化带相连。用地基本平坦，环境优美。

1.2.3　会所功能内容

1）活动用房

（1）健身房：120m^2

（2）图书阅览室：60m^2

（3）书法绘画室：60m^2

（4）棋牌室：60m^2

2）休息用房

（1）茶室：60m^2

（2）酒吧：60m^2

3）管理用房

（1）办公管理：20m^2 × 2

（2）值班室：10m^2

（3）库房：30m^2

4）其他

门厅、休息厅、厕所以及楼梯走道等交通面积由设计者自定；售楼期间应考虑5辆机动车和15辆自行车停放。

1.2.4　图纸内容及要求

图纸表现：

（1）总平面图　1 ∶ 300~1 ∶ 500（参考比例），内容包括室外铺地、道路、绿化、指北针、阴影。

（2）各层平面图　1 ∶ 100，二道尺寸，内容包括地坪标高、门窗、室内设施布置等，卫生间需画出厕具布置。

（3）立面图两个1 ∶ 100，需注明标高，二道尺寸，立面线条、材质表达清晰，并应有配景与阴影。

（4）剖面图两个1 ∶ 100，需注明标高，二道尺寸，结构剖切正确清楚，剖切内容完整。

（5）透视效果图一张（表达方式不限），要注意透视准确，对环境有生动表达。

（6）室内空间分析图，功能关系分析图等以表达个人设计思路。

（7）模型照片不少于3张，并附于图中。

注：1.以上各图均为彩色效果表现图，考虑不浪费纸张，参考图纸尺寸规格为：①500 × 740，②730 × 1030。

2.房间名称直接标注在图中，不用编号表示。

1.2.5　设评分标准

平时成绩10%，功能及空间环境50%，建筑造型20%，图面表达20%。

1.2.6　设计进度及安排

一周：①讲解该专题设计原理及要点，实例及设计任务书讲解。

②布置课后任务：收集资料并抄绘方案1~n个。

③参观该专题建筑，提交参观平、立、剖、外观草图。

二周：建筑总体设计构思，进行总平面布置及单体构思设计，即一草构思及绘制。

三周：一草方案深入并完善、交一草图，包括总图、单体平面图、总体构想造型的初步表达。

四周：修改一草，进行二草设计并交二草。

五周：完善设计构思、做工作模型，修改二草，完成正草（正式仪器草图）绘制。

六周、七周：①在工作模型基础上推敲，确定最后效果。

②上板进行排版及完成正式图纸表达。

第八周：机动（包括设计评图、设计讨论、课外阅读、快题练习等）。

1.2.7　建设地段参考地形图

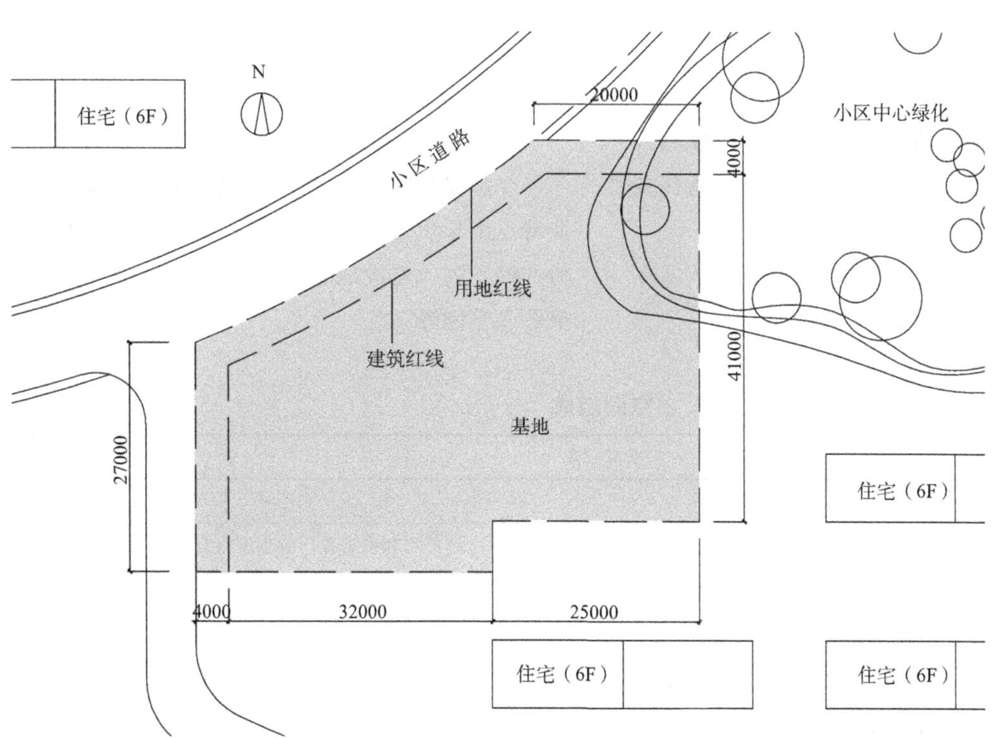

小会所参考地形图

2　别墅设计任务书

2.1　设计目的及要点

1）设计目的

通过本课程设计，应达到以下目的：

（1）认识到建筑应与自然环境有机结合，与基地相适应。

（2）初步掌握“从外到内，内外结合”这一基本的建筑设计方法。注意从总体入手，解决好建筑布局与自然环境和基地的关系，形态与功能的关系，内部空间与外部环境的关系。

（3）了解别墅这一建筑类型的特点，在满足朝向、日照、通风及建筑结构等技术要求的条件下进行合理的功能布局。尽量保证别墅的舒适性及良好的景观环境。

（4）建立尺度概念，了解居住建筑中人体活动对家具尺寸与布置、室内净高、楼梯与走道的尺寸等要求。

（5）学习用形式美的构图规律进行立面设计与体形设计，创造有个性特色的建筑造型，为环境增色。

2）设计要点

（1）认真了解基地环境，自行确定使用者的身份（如画家、天文学家、演员、服装设计师……）、家庭人口组成和对建筑有无特殊的功能要求，进一步完善任务书的内容。

（2）研究设计任务书，分析该别墅的房间组成及在功能上的主次关系，进行功能分区。

（3）分析基地的朝向、景观、地形、道路等条件，使建筑布局与自然环境有机结合，合理确定建筑物在地段中的位置，决定入口方向和道路的关系。结合功能分区、房间组成及房间的主次关系，推敲建筑的布局形式。

（4）巧妙利用地段环境和景观特色来构思室内空间和室外环境，确保主要空间有良好的视野、朝向、采光及通风等，创造优美舒适的度假休闲环境。

（5）注意建筑结构的合理性，尤其是楼房承重结构的上下对应关系。

（6）运用形式美的构图规律进行立面及体形设计。在平面布局大致合理的基础上，通过推敲建筑的体形组合来进一步调整平面和立面，使方案逐步完善。确定建筑风格、材料与色彩，创造得体又具有特色的建筑形象，为环境增色。

（7）了解家庭生活、人体活动尺寸的要求，合理组织室内空间并布置家具，重点推敲起居室及餐室的室内空间，营造亲切而舒适的生活氛围。

2.2　设计要求及条件

今拟在某风景区建度假别墅一幢，使用者身份和职业特点由学生自定。建筑可做一至三层，结构形式和材料选择不限。建设地段内有水电设施，冬季采暖可采用壁炉或空调等。

空间组成

空间名称	功能要求	面积
起居空间	包含会客、家庭起居等功能	自定
工作空间	视使用者职业特点而定，可作琴房、画室、舞蹈室、娱乐室、健身房和书房等，学生可自行设定对其的要求	自定
主卧室（1间）	应设置衣帽间，也可设小化妆间	自定
次卧室（若干）	根据使用者的需要来定，可考虑做壁柜等储藏空间	每间不小于10m^2
餐饮空间	应与厨房有较直接的联系，可与起居空间组合布置，空间相互流通	自定

续表

空间名称	功能要求	面积
厨房	可设单独出入口，可设早餐台	不小于$6m^2$
卫生间（1~2间）	要求主卧室需配备卫生间，次卧室可共用，公共卫生间可设淋浴	自定
车库	放小汽车一辆	3.6m×6m

以上内容供同学们参考，可根据使用者的不同特点自行调整，各部分房间面积亦可自定，总建筑面积控制在180~300m^2，平台不计面积，阳台计50%建筑面积。

2.3 图纸内容及要求

1）图纸规格及要求

（1）钢笔尺规绘制，淡彩平涂。

（2）图面整齐，字迹工整，构图匀称。

（3）注明班级、姓名、交图日期、指导教师、建筑面积等。

2）图纸内容及要求

（1）平面：1：100，二道尺寸，内容包括地坪标高、门窗、室内设施布置等，卫生间需画出厕具布置。

（2）剖面：（1个）1：100，需注明标高，二道尺寸，结构剖切正确清楚，剖切内容完整。

（3）立面（2个）：1：100，需注明标高，二道尺寸，立面线条、材质表达清晰，并应有配景与阴影。

（4）总平面图：1：300~1：500（参考比例），内容包括室外铺地、道路、绿化、指北针、阴影。

（5）透视效果图一张（表达方式不限），要注意透视准确，对环境有生动表达。

（6）室内空间分析图、功能关系分析图等以表达个人设计思路。

（7）模型照片不少于3张，并附于图中。

注：1.以上各图均为彩色效果表现图，考虑不浪费纸张，参考图纸尺寸规格为：①500×740，②730×1030。

2.房间名称直接标注在图中，不用编号表示。

2.4 评分标准

平时成绩10%；功能及空间环境50%；建筑造型20%；图面表达20%。

2.5 设计进度及安排

一周：1.讲解该专题设计原理及要点，实例及设计任务书讲解。

2.布置课后任务：①收集并抄绘方案1~n个。

②参观该专题建筑，提交参观的平、立、剖、外观草图。

二周：建筑总体设计构思，进行总平面布置及单体构思设计，即一草构思及绘制。

三周：一草方案深入并完善、交一草图，包括总图、单体平面图、总体构想造型的初步表达。

四周：修改一草，进行二草设计并交二草。

五周：完善设计构思、做工作模型，修改二草，完成正草（正式仪器草图）绘制。

六周~七周：①在工作模型基础上推敲，确定最后效果。

②上板进行排版及完成正式图纸表达。

第八周：机动（包括设计评图、设计讨论、课外阅读、快题练习等）。

2.6 设计参考书目

（完善）

2.7 建设地段参考地形图

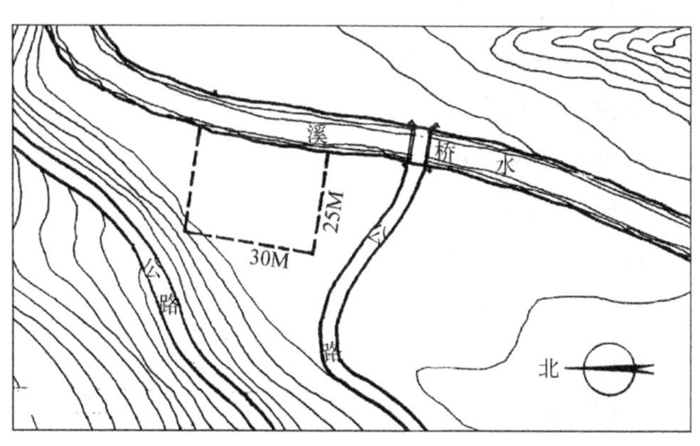

任务书参考地形图（虚线为用地红线）

3 幼儿园任务书

3.1 教学目的及要求

1）初步了解建筑设计的思维方法、分析方法与基本设计步骤。

2）掌握幼儿园类小型建筑的功能设计、环境设计与建筑造型的基本能力。

3）提高建筑绘图的基本功，建筑表现能力。

3.2 设计条件

应居住社区的要求，在已有的小学旁设计一所幼儿园（地形图见附图），规模为6个班，每班25人。总建筑面积2200m²，建筑面积调整不超过 ±10%。

3.3 设计内容

1）生活用房部分

活动室每班一间60m²

卧室每班一间60m²

卫生间：18m²

衣帽间：12m²

音体活动室：120m²

2）办公用房

园长办公室：15m²

教师办公室：4×15m²

会议室：30m²

图书及储藏：30m²

值班室：15m²

教工厕所：15m²

晨检接待室18m²

保健室15m²

隔离室15m²

3）供应用房

厨房（备餐、操作）60m²

主食库，副食库18m²

开水消毒间12m²

3.4 图纸内容要求

1）规格

（1）一号图纸，不透明白纸，墨线图。

（2）模型照片不超过3张，照片组合于图画中。

（3）房间名称不准用编号表示。

（4）禁用外文字及中文繁体字。

2）内容

（1）总平面：1∶500，包括环境、道路、绿化、广场、人流、交通、停车场等；

（2）各层平面：1∶200，二道尺寸，内容包括地坪标高、门窗、室内设施布置等，卫生间需画出厕具布置。

（3）剖面（不少于2个）：1∶200，需注明标高，二道尺寸，结构剖切正确清楚，剖切内容完整。

（4）立面（不少于2个）：1∶200，需注明标高，二道尺寸，立面线条、材质表达清晰，并应有配景与阴影。

（5）设计说明与分析（包括方案总体说明，设计过程分析，建筑的空间、交通、环境结构、景观分析，主要技术经济指标等）。

（6）彩色透视图（表达方法不限）。

（7）模型一个，比例1∶100，手法不限（模型照片不少于3张，并附于图中）。

注：1.以上各图均为彩色效果表现图，考虑不浪费纸张，参考图纸尺寸规格为：

①500×740，②730×1030。

2.房间名称直接标注在图中，不用编号表示。

3.5 评分标准

平时成绩10%，功能及空间环境50%，建筑造型20%，图面表达20%。

3.6 设计进度及安排

一周：1.讲解该专题设计原理、要点、实例及设计任务书讲解。

2.布置课后任务：①收资并抄绘方案1~n个。

②参观该专题建筑，提交参观平、立、剖、外观草图。

二周：建筑总体设计构思，进行总平面布置及单体构思设计，即一草构思及绘制。

三周：一草方案深入并完善，交一草图，包括总图、单体平面图、总体构想造型的初步表达。

四周：修改一草，进行二草设计并交二草。

五周：完善设计构思、做工作模型，修改二草，完成正草（正式仪器草图）绘制。

六周、七周：①在工作模型基础上推敲，确定最后效果。

②上板进行排版及完成正式图纸表达。

第八周：机动（包括设计评图、设计讨论、课外阅读、快题练习等）。

3.7 建设地段参考地形图

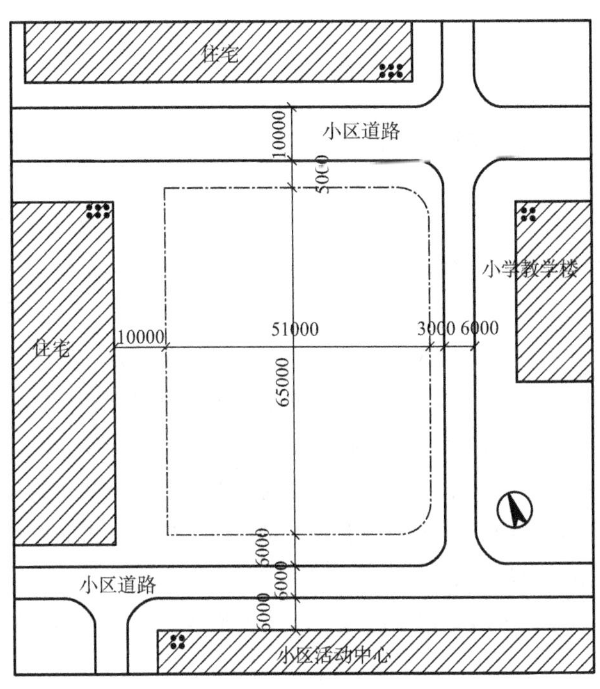

幼儿园建设地段参考地形图

4　快速设计任务书
——集镇汽车站设计

4.1　设计目的及要求

（1）了解建筑快速设计的基本方法、步骤及正确的方法，培养方案构思与创意的能力，学习快速手绘表现技法。

（2）深入地认识环境对建筑的影响。应该注意分析用地的方位、周边的道路交通条件、周边景观环境、建筑环境等。同时，总体布局、功能分区、流线设计、绿化设计、外部空间与建筑形体的关系是小型公共建筑设计的重要内容。注意寻求基于对环境条件的分析而获得建筑构思特色的机会。

（3）了解小型车站这一建筑类型的特点，妥善安排车站候车厅大楼的使用功能及停车场地的交通流线组织，既保障车站建筑的功能性、舒适性，又有序地组织乘客候车。同时，候车厅大楼设计，在满足功能的基础上，对建筑外立面进行一定的艺术处理，达到良好的视觉效果。

4.2　设计内容与任务

今拟在四川某镇建一公共汽车站，建筑面积600m^{2}左右，建设地块为既有道路及规划道路交叉口东北角，具体地形及周边状况参见地段图。建筑为一层建筑，结构形式和材料选择不限。

建筑面积要求

功能分区	房间名称	功能要求	家具设备内容	面积（m^2）
服务用房	候车厅	考虑候车厅客流的要求，应保留足够的自由空间 主要活动方式如候车、买票、接送乘客 要求交通组织流线清晰、顺畅 两个检票口及一个紧急通道	候车厅座椅40~50座 热水茶炉一个 预留宣传展板位置 可根据要求设置母婴区域或儿童游戏区域 治安岗一个	150~200
	洗手间	需要使用方便，并适合集体使用要求，避免出现“瓶颈处”造成拥挤 干湿分离，设有残疾人卫生间 良好的通风条件，保证候车厅内空气质量 开窗及门的朝向考虑私密性	小便器3个，大便器10个 残疾人坐便器1个 洗手池2个 拖布池1个	30~50
	售票室	应便于乘客购票，位置紧邻候车大厅 售票室前应有一定开阔空间，便于集中乘车时乘客排队	两个售票窗口 两组售票桌椅	15~20
	值班室	便于车站值班及售票人员休息及对候车厅的管理 既接近候车厅又适当分开 考虑使用方便，亦可与售票室组合 可考虑设储存柜	活动桌椅 沙发	8~10
	寄存及小商店	面朝公共区开口，便于乘客购买及寄存物品 基于面积限制，建议一起考虑	货架若干 寄存柜一个，尺寸自定	20~25
管理用房	站长室	便于站长对候车厅的管理 既接近候车厅又适当分开 小型会客	办公桌椅一套 文件柜自定 会客沙发自定	10~15
	办公室	包括行政办公室、会计室、站务室、驾乘人员调度室 兼有办公、休息功能	相应办公家具	10~12（4间）

功能要求

功能分区	功能要求
室外场地	停车场周边绿化 上客泊车车位3个，3m×8m／每车，间距5.5m 等待车辆停车位7个，3m×8m／每车，间距5m 设车辆出口、入口、临时出口各一个 保证场地内车辆有足够的自由行驶空间 站前广场及广场绿化自定。
备注	服务用房净高不低于2.5m,窗地比不小1：8 门厅、过道设计应留有一定墙面，便于宣传展板设置 建筑高度不应超过24m，建筑细部尺度和家具尺寸需符合我国设计规范 考虑设置残疾人坡道

4.3 图纸要求

总平面图	1 ： 500
各层平面图	1 ： 200
立面图（两个）	1 ： 100
剖　面	1 ： 100
透视图	比例自定

要求：线形恰当、构图均衡、美观、图面完整。

注：1.以上各图均为彩色效果表现图，考虑不浪费纸张，参考图纸尺寸规格为：

①500×740，②730×1030。

2.房间名称直接标注在图中，不用编号表示。

4.4 时间要求

6小时。

4.5 评分标准

功能及空间环境50%；建筑造型25%；图面表达25%。

4.6 建设地段参考地形图

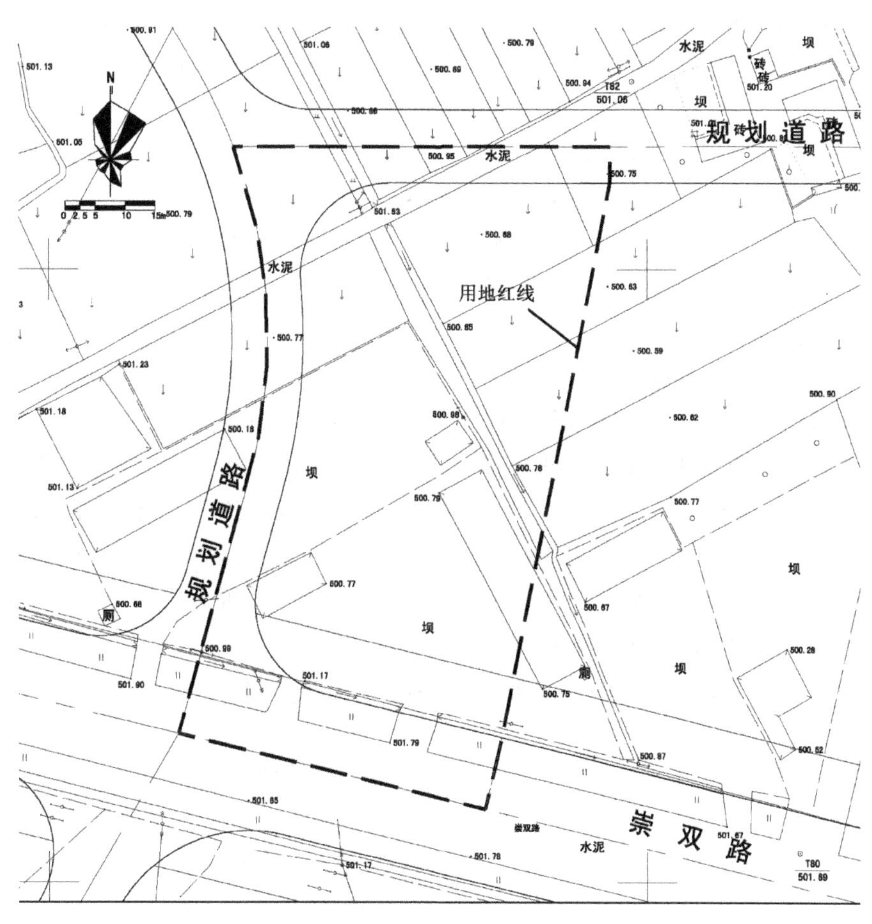

拟建集镇汽车站建设地段参考地形图

5 场地设计参考任务书

参考题目：民俗文化中心设计

设计内容包括民俗文化中心建筑及场地设计，功能以民俗文化展示和研究为主，同时兼具当地居民文化活动之用。

5.1 目的与任务

1）教学目的

通过设计教学，树立起建筑设计的场地思想和文脉意识，懂得建筑设计要从总体环境出发，建筑应与场地中其他元素以及周围环境相协调。通过建筑设计实践，掌握文脉分析和场地设计的基本方法，并灵活应用。

2）主要任务

尝试以场地设计和地域文化为主导的建筑设计，重点在于掌握基于文脉的场地分析方法，学会在建筑设计中分析和利用各种自然和人文条件；熟悉场地设计在不同阶段的任务，了解总体布局阶段和详细设计阶段的场地设计内容和方法。

通过资料分析与实地调研等环节，了解、体验、感知乡土民族文化与传统民族建筑形式、材料和建构技术等，并在场地和建筑设计中体现一定的地域文化特征。

掌握文化建筑设计的一般原理与方法，了解当代民俗文化建筑发展的新趋势；促进学生对地域文化的理解，体会建筑与所处环境之间的密切关系；探索提炼运用乡土特征和地域风格进行创作的路径，表达一种独特的文化内涵。

5.2 条件与要求

1）基地条件

基地所在地域任选，其地形地貌、自然环境、周围建筑群的空间条件等，可自行设定，本任务书提供基地条件参考。项目位于西南少数民族地区某县城，拟建一座民俗文化中心。规划用地紧邻城郊山地公园，用地北侧有一所名人故居，东侧为一座古书院建筑，西侧有一古塔位于公园范围内，东北角有一个水塘和一座古亭，用地中央有两棵古树需要保留。西南与公园相邻的部分场地有一定坡度，西南高东北低，等高线之间高差为1m。具体用地范围见地形图。

2）规划条件

建筑后退距离：北面临道路红线后退3m，东侧临道路红线后退5m，在此范围内不能安排建筑物及展场。合理选择场地出入口位置，注意对外交通联系及内部交通组织。建筑层数不超过3层，绿地率不低于35%。

3）建设规模

用地面积为5200m^2，总建筑面积为1800m^2（允许±10%的浮动）。

4）设计要求

紧密结合基地状况，处理好建筑与周围环境中的古建筑、山地公园等的关系；靠近主入口附近设4~5辆车的临时泊位；合理布局场地内建筑与停车场、主次入口、道路、绿地等元素，处理好各要素之间和建筑各部分功能之间的关系，组织好室内外交通流线，做到动静分区。整体建筑形象及空间环境设计应与建筑性质相符，巧妙利用场地内及周围环境条件，体现地域文化特征，营造优美景观。

5.3 功能内容

1）观演部分

多功能厅240m^2，展览厅300m^2，可依展品类别分为小厅，也可结合休息厅、走廊布置。

2）研究部分

民俗文化研究室40m^2×2、20m^2×2，资料图书室60m^2，会议室30m^2×2、60m^2×1。

3）活动部分

活动室40m^2×2、60m^2×1，茶室80m^2，可结合室外场地布置。

4）管理部分

办公室30m^2×3，值班室15m^2，接待室30m^2，设备间30m^2，库房60m^2，卫生间25m^2×2。

5）室外场地

室外展场500m^2，停车场设4~5辆汽车泊车位，并考虑自行车停放处，结合绿地布局，设置舒适的室外活动场地和休息场所。

5.4　设计进度及安排

一周：1.讲解该专题设计原理及要点，实例及设计任务书讲解。

2.布置课后任务：①收资并抄绘方案1~n个。

②参观该专题建筑，提交参观平、立、剖、外观草图。

二周：建筑总体设计构思，进行总平面布置及单体构思设计，即一草构思及绘制。

三周：一草方案深入并完善、交一草图，包括总图、单体平面图、总体构想造型的初步表达。

四周：修改一草，进行二草设计并交二草。

五周：完善设计构思、做工作模型，修改二草，完成正草（正式仪器草图）绘制。

六周、七周：①在工作模型基础上推敲，确定最后效果。

②上板进行排版及完成正式图纸表达。

第八周：机动（包括设计评图、设计讨论、课外阅读、快题练习等）。

5.5　成果要求

图纸表现：

（1）总平面图：1∶300~1∶500（参考比例），内容包括场地主次入口、建筑屋顶平面、室外铺地、道路、绿化、停车场位、指北针。

（2）各层平面：1∶100，二道尺寸，内容包括地坪标高、门窗、室内设施布置等，卫生间需画出厕具布置。

（3）剖面（不少于2个）：1∶100，需注明标高，二道尺寸，结构剖切正确清楚，剖切内容完整。

（4）立面（不少于2个）：1∶100，需注明标高，二道尺寸，立面线条、材质表达清晰，并应有配景与阴影。

（5）鸟瞰图：一张（表达方式不限），要注意透视准确，生动表达建筑及场地整体环境。

（6）分析图：基地环境分析、构思分析、功能关系分析、交通流线分析、景观视线分析等，数量自定，清晰表达个人设计思路即可。

（7）模型照片不少于3张，并附于图中。

注：1.以上各图均为彩色效果表现图，考虑不浪费纸张，参考图纸尺寸规格为：

①500×740，②730×1030。

2.房间名称直接标注在图中，不用编号表示。

5.6　评分标准

平时成绩10%，功能及空间环境50%，建筑造型20%，图面表达20%。

6 中小学设计任务书

6.1 设计目的及要求

本课程属于建筑设计基础训练加强阶段。目的是进一步掌握建筑重复空间的功能、形式、空间的处理原则和手法；掌握学校建筑空间组合的特点，了解校园整体环境规划布局要求和布置手法；并通过该类题目的训练，提高运用分析、立意、构思、再现等过程进行方案设计的能力，逐步提高学生在建筑设计思维方法上的技巧；进一步加强方案徒手与模型表达能力。要求把握如下几点：

（1）掌握教学用房的平面组合方式及特点。

（2）学习结构的初步概念与使用特点。

（3）掌握教学楼使用者对环境、学习使用空间、办公使用空间的要求。

（4）理解教学建筑形式的建筑性格。

（5）训练绘图表达及掌握制图规范。

（6）熟练模型制作的基本过程和方法。

6.2 设计内容与任务

（1）基本前提：该项目为某城市新建大型住宅区旁拟建的一所九年制学校。目的是解决该住宅区及周围居民的学生就学问题。

（2）根据实际情况可以使用实际工程项目任务书，或根据总体要求自行拟定、编写任务书。

（3）学校总用地面积为48000m^2。具体建筑面积要求如下：

①总平面设计（1：1000）

a.教学及办公楼：6500m^2，3~4层

b.小礼堂：1500m^2，1层

c.食堂与宿舍：3000m^2，4~5层（应有较好朝向，远离教学区）

d.室外设计400m跑道运动场100m直跑道（长轴为南北向）、沙坑等游戏场地

e.传达室：50m^2，1层（位于学校大门侧）

f.各项技术指标

注：

1.b、c、d、e项仅作总图布置。

2.室外场地、绿化（大于1.5m^2/每人）含花圃、动物角（两种以上）和小品等。

3.每班室外课间操活动场地（大于2.4m^2/每人）每班面积不小于108m^2，一般以硬地面为主，设沙坑（小于8m^2，30cm深）。

4.室外球类活动地：

篮球场18m×30m，排球场9m×18m，各不少于1个；

羽毛球场12.1m×19.4m（排球场、羽毛球场可与课间操活动场地共用）；

乒乓球台若干，7m×14m；

400m跑道运动场，100m直跑道，运动场及各种球场方位长轴为南北向，场地位置应避免大量人流穿行。

②教学及办公楼：（合计4295m^2）

a.普通教室（计1260m^2）18间 18×70m^2=1260m^2

b.专用教室（计1950m^2）

c.劳动课教室及准备室 各1间 105m^2＋35m^2=140m^2

d.自然教室及准备室 各1间 105m^2＋35m^2=140m^2

e.化学实验室及准备室 各1间 105m^2＋35m^2=140m^2

f.物理实验室及准备室 各1间 105m^2＋35m^2=140m^2

g.生物实验室及准备室 各1间 105m^2＋35m^2=140m^2

h.史地教室及准备室 各1间 105m^2＋35m^2=140m^2

i.美术教室及教具室 各1间 105m^2＋35m^2=140m^2

j.书法教室及教具室 各1间 105m^2＋35m^2=140m^2

k.语音教室及教具室 各1间 105m^2＋35m^2=140m^2

l.多媒体室及教具室 各1间 105m^2＋35m^2=140m^2

m.微机室及教具室 各1间 105m^2＋35m^2=140m^2

n.音乐教室及教具室 各1间 105m^2＋35m^2=140m^2

o.琴房　2间 $35m^2 \times 2=70m^2$

p.舞蹈教室　1间 $200m^2$

③公共教学用房（计 $1085m^2$）

a.多功能合班教室＋电教器材室	各1间	$210m^2+35m^2=245m^2$
b.学生阅览室	自由分间	$70m^2$
c.学生阅览室	自由分间	$70m^2$
d.科技活动室	1间	$35m^2$
e.体育活动室及教具室	自由分间	$630m^2+35m^2=665m^2$

④办公及辅助用房（合计 $1370m^2$）

a.教师办公室	18间	$20m^2 \times 18=360m^2$
b.教师休息室	3~5间	$10m^2\times$（3~5）$=30\text{~}50m^2$
c.校长室	3间	$35m^2 \times 3=105m^2$
d.行政办公室	10间	$35m^2 \times 10=350m^2$

（包括普通办公室，财务室，医务室，配电室和收发室）

e.厕所	男女各1间	共 $120m^2$
f.教师厕所	男女各1间	共 $40m^2$
g.饮水设备	共 $180m^2$	

（按每班一个设置）

h.汽车库	共 $60m^2$	
i.配电室	$35m^2$	
j.学生活动室	1间	$70m^2$

注：

1.平面利用系数0.6，使用面积总和 $5665m^2$，建筑面积总和 $9441m^2$。

2.总建筑面积控制在 $9441m^2$ 左右，上下浮动不超过5%。

⑤室外场地

布置标准400m环形跑道，并设置110m直跑道；篮球场2~3个、排球场2~4个、网球场2~4个。要求建筑功能分区明确，用地合理。设计中各部分要符合《现行建筑设计规范》关于学校建筑主要使用功能、防火疏散的要求。

6.3　图纸要求

（1）总平面图1∶1000；

（2）各层平面1∶300，一层包含场地设计，二道尺寸，内容包括地坪标高、门窗、室内设施布置等，卫生间需画出厕具布置；

（3）建筑立面图（至少2个）1∶300，需注明标高，二道尺寸，立面线条、材质表达清晰，并应有配景与阴影；

（4）建筑剖面图（至少2个）1∶300，需注明标高，二道尺寸，结构剖切正确清楚，剖切内容完整；

（5）单普通教室布置1∶100，布置固定设施家具等，并做出视线分析；

（6）彩色轴测图或透视图（1个）；

（7）模型（1个）1∶300（模型照片不少于3张，并附于图中）；

（8）设计分析图若干（功能、流线、空间）；

（9）设计说明及规划设计指标。

注：1.以上各图均为彩色效果表现图。

2.房间名称直接标注在图中，不用编号表示。

6.4　评分标准

平时成绩10%；功能及空间环境50%；建筑造型20%；图面表达20%。

6.5　建设地段参考地形图

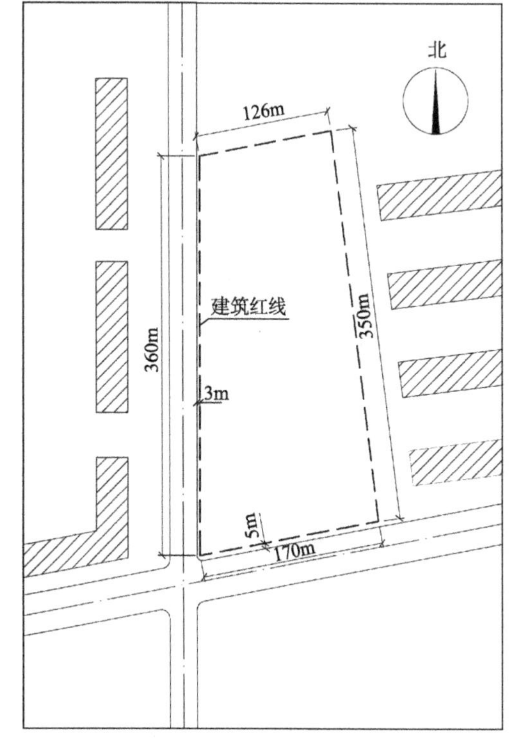

图6–47　拟建学校建设地段参考地形图

6.6 设计进度及安排

一周：1.讲解该专题设计原理及要点，实例及设计任务书讲解。

2.布置课后任务：

①收资并抄绘方案1~n个。

②参观该专题建筑，提交参观平、立、剖、外观草图。

二周：建筑总体设计构思：进行总平面布置及单体构思设计，即一草构思及绘制。

三周：一草方案深入并完善，提交一草图，包括总图、单体平面图、总体构想造型的初步表达。

四周：修改一草，进行二草设计并交二草。

五周：完善设计构思、做工作模型，修改二草，完成正草（正式仪器草图）绘制。

六周、七周：

①在工作模型基础上推敲，确定最后效果。

②上板进行排版及完成正式图纸表达。

第八周：机动（包括设计评图、设计讨论、课外阅读、快题练习等）。

7　图书馆建筑设计指导任务书

7.1　教学目的与要求

（1）通过图书馆课程设计，初步掌握处理功能较复杂、造型艺术要求较高并带有一定技术含量的大型公共建筑的设计方法。

（2）充分认识和了解规划条件和相关规范，综合处理好大型公共建筑设计的各种问题。

（3）训练和培养建筑构思和空间组合的能力，处理好功能复杂的建筑室内和室外以及建筑造型之间的关系。

（4）初步理解：艺术性较高的文化类建筑设计中，在满足复杂功能的同时，从场所精神、建筑流派、文化气质、地域特色、生态技术等不同切入点突出建筑个性，创造有新意的设计作品。

7.2　设计任务书

1）设计任务

为改善大学教学环境，方便师生的学习和教学，拟在某大学教学区内建造一座图书馆，总建筑面积约7500m^2，总藏书量为55万册，总建筑投资1200万元。

地段A：拟在河南省某学院内建一座图书馆，选址于校前广场教学楼东侧，总用地面积约5200m^2，基地详见地形一。

地段B：拟在浙江某大学某校区内建一图书馆，选址于科技馆北侧，新教科大楼东南侧，总用地面积7120m^2，基地详见地形二。

2）设计要求

充分考虑地形条件以及周围条件对建筑的影响。遵循相关设计规范，建筑密度小于40%，绿化率大于30%。建筑要求：

（1）妥善处理主次入口位置，安排好建筑外部的人流、车流的布局和外部环境设计。

（2）合理组织内部功能，妥善处理人流、书流，内部工作人员流线与读者流线的关系。

（3）造型注意体现图书馆的文化个性，考虑不同地域的地方特色。

3）建筑组成及要求

（1）书库：总建筑面积为2800m^2。分基本书库、辅助书库、开架书库、特藏和保存本书库。

• 基本书库（总建筑面积为1400m^2）

包括中文书库、外文书库、期刊库等，各种书库之间应相对隔断。期刊库包括现刊库（100m^2）、过刊库（60m^2）、科技情报资料库（240m^2），并分别与期刊部、科技情报资料室和相应的阅览室邻近。

• 辅助书库和开架书库（总建筑面积800m^2）

• 特藏书库与保存本书库，包括试听、缩微资料库（总建筑面积600m^2）

特藏及保存书库是流通量较小的书库，占基本书库总面积的1/3左右，按闭架及密集书库设计。收藏视听、缩微资料书库位置要分别与它们的阅览室、管理工作室邻近。室内要考虑温湿度和相应的防火措施。

（2）阅览室（总建筑面积为2100m^2）

分设科技书、科技期刊、科技情报资料、试听资料、音乐试听、缩微资料、研究生、学生阅览室这八种阅览室，共设阅览座位700座。各阅览室面积及座位分配比详见附表。

• 阅览室均需开架，陈列各种书刊资料，楼面荷载相同于基本书库。大阅览室附近设置静电复印机。各阅览区分别安装图书监测仪，设置固定壁橱或供读者放置书包的小格箱，并设读者休息室若干处以及工作人员的工作场所。阅览桌一般采用四人、六人桌。

• 缩微资料阅览室，室内配置一台具有复制功能的缩微阅读器及一般微缩阅读器5台，室内门窗要求有遮光措施。缩微资料管理室、服务工作室须和库房邻近。

• 试听资料阅读室

a.第一视听室设座位10个，供读者使用录音磁带、唱片、幻灯片等视听资料。

b.第二视听室设座位15个，供读者使用录像带、8mm电影片。室内备有8mm电影放映机、幻灯、投影机、活动银幕等。

c.视听阅读室要求具有一定水平的影像及音响效果。管理工作室及视听资料库与之相邻。

（3）读者公共活动用房：总建筑面积约为1000m^{2}左右

包括门厅、目录厅、出纳室、计算机检索终端室、读者休息空间、学术报告厅、陈列展览、接待室及其他用房。

• 门厅：是主要人流交汇处，是建筑水平、垂直的交通枢纽。

• 目录、出纳厅：应设总目录厅及各层分目录厅。目录厅既要设置在读者入馆、入库的位置上，又要尽量避免成为交通过道。

• 计算机检索终端室：应设置在图书总目录厅附近。

• 学术报告厅：建筑面积300m^2，设置座位200座，厅内备有放录间、16~35mm幻灯、投影等设备，设有集中控制室，每个座位上装有同声传译设备。

• 陈列展览及接待室：展览室根据不同的需要进行分隔，展览室亦可以展览廊形式出现。接待室内宜设置卫生间及空调设备，可作接待外宾用。

• 其他用房：在门厅附近设置读者问询接待室、存物处以及读者休息处等。

（4）图书加工、技术业务工作用房：总建筑面积约为1100m^2

• 编目加工部：分隔成数间，室内需放一定数量的书架、目录柜。位置设于进送书方便处。

• 各书流通部：分典藏室（一间）、馆际互借工作室（一间）、流通出纳室（二间）。其中，典藏室设于底层，总目录厅附近设流通部工作室及馆际互借室。

• 照相室和消毒室各一间。

• 期刊部：应与期刊出纳室相近。

• 阅览部：位置设于阅览区。

• 参考咨询部：设在教师阅览区，设有工作室及工具书查阅室。

• 科技情报资料室：设于科技情报资料库及科技情报资料阅览室附近。

• 技术服务管理部：设于底层，组织和管理各项新技术和现代化设备的应用。

• 视听资料管理室：设在视听资料及音像阅览室与资料库附近。

• 照相缩微工作室：设于底层，缩微室在工作中要避免振动的影响，需设置双层密闭，装置空调设备，照相微缩片冲洗间需设防腐蚀措施。缩微材料库主要储存感光材料和纸张等，应有较好保管条件，如防火、灭火装置等，门要有遮光设施。

• 复印室：设于底层，分静电复印室、胶印室、材料室、管理工作室等，须恒温恒湿。

• 宣传工作室：靠近陈列、展览等处。

• 油印室：设于编目加工部附近。

• 计算机房及附属用房，分主机房和工作辅助用房两部分。

a.主机房：设双层密闭，空调。采用活动硬木地板，磁带和磁盘库考虑屏蔽。

b.工作辅助用房：包括软硬件工作室、监控终端室、高速打印机室、维修室、更衣室、储藏等。计算机房设于底层 。

（5）行政办公用房及设备用房：总建筑面积约为500m^2

• 行政办公用房：设馆长室、政工办公室、行政办公室、业务接待室、值班室、收发室、会议室、储藏室、工作人员办公室等。

• 设备用房：设置配电室、水泵房、电梯机房、中央控制室、电话总机等。

附表：各种用房使用面积分配如下：

（1）书库		1950m^2
基本书库		1050m^2
辅助书库和开架书库		600m^2
特藏书库和保存本书库		300m^2
（2）阅览室		1450m^2
科技图书阅览室		170m^2
科技期刊	现刊60座	120m^2
	过刊25座	50m^2
科技情报资料阅览室		35m^2
教师阅览室	（60座）	80m^2
研究生阅览室	（75座）	170m^2
学生阅览室	（350座）	680m^2
缩微资料阅览室	（10座）	25m^2

视听资料阅览室：　60m²
第一视听（10座）　25m²
第二视听（15座）　35m²
（3）读者公共活动用房：　680m²
门厅　100m²
目录　出纳厅　100m²
计算机检索终端室　40m²
学术报告厅200座　300m²
陈列展览及接待室　60m²
其他用房（休息及存放等）　80m²
（4）技术业务用房　710m²
采访交换室　40m²
图书流通　80m²
编目加工室　60m²
照相室　40m²
消毒室　40m²
期刊部　30m²
阅览室管理室　20m²
参考咨询室　20m²
科技情报资料部　20m²
技术服务管理部　20m²
视听资料管理部　20m²
照相缩微工作室　90m²
复印室　60m²
图书休整装订室　40m²
宣传工作室　20m²
油印室　30m²
计算机房　80m²
（5）行政办公及辅助用房　200m²
馆长室　20m²
办公室4×20　80m²
会议室　40m²
值班室　20m²
储藏 休息等用房（若干间）　40m²
（6）设备用房
交配电、空调制冷、水泵、风机、电梯机房等用房。

4）图纸内容及要求

（1）图纸内容

总平面1∶500（表达屋顶平面，注明层数；画出室外环境设计；注明各出入口；表达建筑与周围道路的关系；注指北针）。

各层平面1∶200~1∶300（首层表现局部室内外关系；画剖切符号；标准标高，各层标准标高）。

立面2~3个，1∶200~1∶300（至少一个立面能看到主入口；标准标高）。

剖面1~2个，1∶200~1∶300（标准室内外地面，各楼层地面，建筑檐口和最高处的标高）。

透视或鸟瞰图，表现手法为水粉或水彩，自定。

建筑外观模型照片，不同角度，至少3张，裱贴于图纸上时，注意与其他图纸内容的组织，模型比例自定，但不宜太小。

设计说明及经济技术指标。

（2）图纸要求

图纸规格：纸张为A1大小绘图纸（或750×500），效果图为A2规格，可不画图框。

每张图要有图名（或主题）、姓名、班级、指导教师

5）地形图

（附后）

7.3　教学进度与要求

1）第一周

熟悉图书馆设计任务书，参观3–4个图书馆。

2）第二、三周

课后收集相关资料并做调研报告。讲授原理课，分析任务书及设计条件，第一次徒手草图，做体块模型，进行多方案比较（2~3个）。

一草要求：

1∶500或1∶1000总平面图；

1∶300或1∶500标准层平面图；

透视草图或简单体块模型。

3）第四、五周

修改一草，进行第二次草图设计，做工作模型。

二草要求：

1∶500或1∶1000总平面；

1∶300各层平面图、剖面、立面图。

4）第六周

讲评二草并修改，进行第三次草图设计，工作模型在原来基础上进行推敲。

三草要求：

1∶500总平面图；

1∶200各层平面图、剖面图、立面图；

工作模型经济技术指标。

5）第七、八周

绘制正图，附模型照片。

7.4 参观调研提要

1）总平面中建筑与场地出入口的关系如何？

2）图书馆的主要功能分区和功能关系如何？

3）各出入口的位置与各流线如何组织？

4）各阅览室的家具布置与开间的关系如何？有无采光和照明上的要求？要求各是什么？

5）书库与阅览、出纳空间的关系，书架尺寸与建筑层高、净高、开间的关系如何？

6）藏书空间对采光、通风、防火的要求如何？

7）门厅、展示空间与出纳、检索空间关系如何组织？

8）报告厅的布局和要求，书流与业务用房布局的关系如何？

9）不同功能空间的层高要求有无不同？有的话，要求分别是什么？

10）图书馆建筑的立面开窗方式以及主入口的位置和造型处理方式如何？

11）找出1~2个你认为设计精彩的地方，说出理由并画出草图。

12）找出1~2个你认为设计不合理的地方，说出理由。

地形图：

2个地形图任选一。

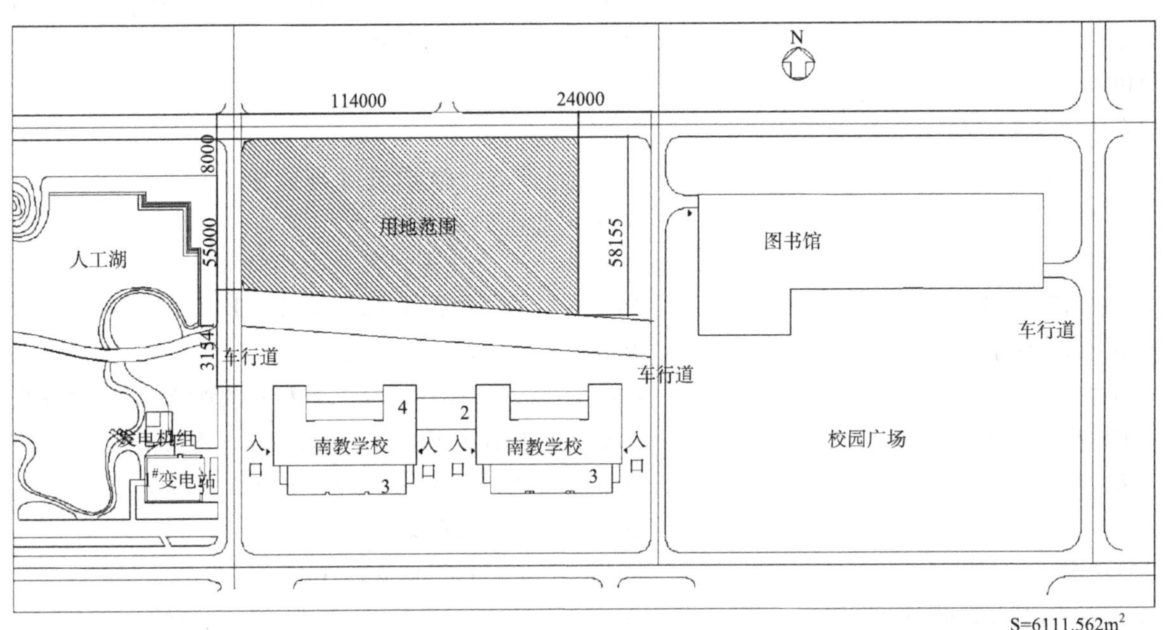

地形图一

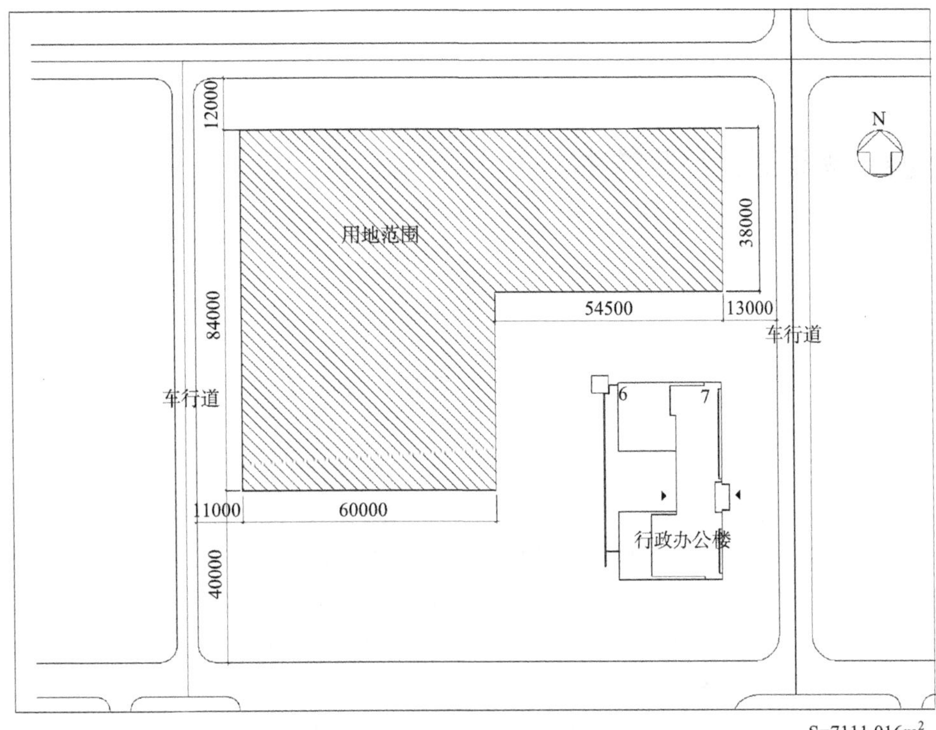
N
12000
38000
用地范围
54500
13000
车行道
84000
车行道
6
7
11000
60000
行政办公楼
40000
S=7111.016m²

地形图二

8 综合性商业建筑设计任务书

8.1 设计目的及要点

1）设计目的

通过综合性商业建筑的设计，望达到以下的目的：

（1）进一步掌握公共建筑设计的一般原理，掌握处理以大众行为主导的空间设计的一般方法。

（2）掌握综合性建筑类型的设计方法，处理好综合商业体的流线组织及形态与功能的关系。

（3）培养建筑设计过程中对环境、城市文脉的理解能力，力求能从城市的角度看待建筑设计的问题。

（4）培养综合解决建筑功能、结构技术和空间造型的能力。

（5）了解购物行为、购物心理及其对商业建筑内外环境的处理与商业氛围的营造的影响。

2）设计要点

（1）本设计是综合商业中心，是集购物、休闲、娱乐等功能为一体的商业建筑，要求对不同功能的特点和商业的模式、业态发展有一定的了解，并且根据业态的组成，对商场的经营内容及面积进行合理的配置，完善任务书。

（2）研究设计任务书，分析该综合商业体各功能之间的主次关系，进行功能分区，探索各功能的不同组织方式对商业空间的影响。

（3）分析地段环境特点，从城市的角度分析建筑对城市空间的影响，以有效地组织基地流线，创造适宜的商业建筑外环境。

（4）充分了解购物行为和购物心理，创造活跃、宜人的购物空间环境。

（5）认真研读与商业建筑设计相关的规范要求，并掌握相应的结构技术处理方法。

（6）运用形式美的构图规律进行立面及体形设计，创造独具个性的建筑形象，同时注意商业氛围在建筑立面上的体现。

8.2 设计条件及要求

1）设计条件

某跨国连锁商业集团拟在南方某市繁华地段投资兴建一综合性商业中心，建筑面积8000m^2（±5%）（不含地下车库面积）。按当地规划部门要求，建筑层数不得超过四层（屋顶电梯机房、设备用房及出屋面楼梯间不计入层数）。

2）设计要求

（1）功能分区适当。

（2）交通流线组织合理，避免人流、货流相互交叉。

（3）出入口、楼梯的设置满足防火疏散要求。

（4）严格控制面积指标。

（5）营业厅内部应有良好的购物、休憩环境。

（6）建筑造型既要与周围环境协调，又要富有创造性，同时能够体现商业建筑特点。

8.3 单体功能及内容

1）营业部分（4000m^2）

营业部分是该商业中心的主体部分，包括服装、鞋帽、家电部分、儿童用品、文具等，具体内容和面积分配由学生自定。

2）餐饮部分（1100m^2，含厨房）

餐饮部分由若干小吃和快餐店组成，具体内容由学生自定。要求相对集中并有一个直接对外的出入口。

3）休闲娱乐部分（1600m^2）

茶室：400m^2。

游戏厅：400m^2。

婴幼儿活动区：200m^2。

电影城：600m^2（包括4个电影厅）。

4）库房部分（850m^2）

其中文化用品部分150m^2、服装鞋帽部分200m^2、家电部分300m²，其他200m²。

5）辅助部分建筑面积（450m²）

其中办公室6间共150m²、会议室1间50m²、警卫室1间10m²、监控室1间25m²、消防控制室1间30m²（一层设置，有直接对外出口）、卫生间若干。

6）地下停车库

要求30辆轿车车位，面积不计入总面积。

7）室外设自行车及机动车辆停车位

要求室外设一定的临时停车空间，包括小型汽车10辆（2.8m×6m），自行车250辆。

8）其他

入口广场、室外小品、绿化等自定。

9）结构形式

框架结构，柱距6.6~7.8m。

10）层高

一层层高5.1~6.0m，楼层层高4.2~5.4m。

8.4 成果及评分标准

1）成果要求

（1）规格

一号图纸，不透明白纸，墨线图。

模型照片不超过3张，照片组合于图画中。

房间名称不准用编号表示。

禁用外文字及中文繁体字。

（2）内容

总平面：1∶500。

各层平面：1∶200。

立面（不少于2个）：1∶200。

剖面（不少于2个）：1∶200。

设计说明与分析（包括方案总体说明，设计过程分析，建筑的空间、交通、环境结构、景观分析，主要技术经济指标等）。

彩色透视图（表达方法不限）。

模型1个，1∶100，手法不限。

模型照片（不少于3张，并附于图中）。

注：1.以上各图均为彩色效果表现图，考虑纸张不浪费，参考图纸尺寸规格为：

①500×740，②730×1030。

2.房间名称直接标注在图中，不用编号表示。

2）评分标准

平时成绩10%；功能及空间环境50%；建筑造型20%；图面表达20%。

8.5 设计进度及安排

一周：1.讲解该专题设计原理及要点，实例及设计任务书讲解。

2.布置课后任务：①收资并抄绘方案1~n个。

②参观该专题建筑，提交参观平、立、剖、外观草图。

二周：建筑总体设计构思：进行总平面布置及单体构思设计，即一草构思及绘制。

三周：一草方案深入并完善，交一草图，包括总图、单体平面图、总体构想造型的初步表达。

四周：修改一草，进行二草设计并交二草。

五周：完善设计构思，做工作模型，修改二草，完成正草（正式仪器草图）绘制。

六周、七周：①在工作模型基础上推敲，确定最后效果。

②上板进行排版及完成正式图纸表达。

第八周：机动（包括设计评图、设计讨论、课外阅读、快题练习等）。

8.6 建设地段参考地形图

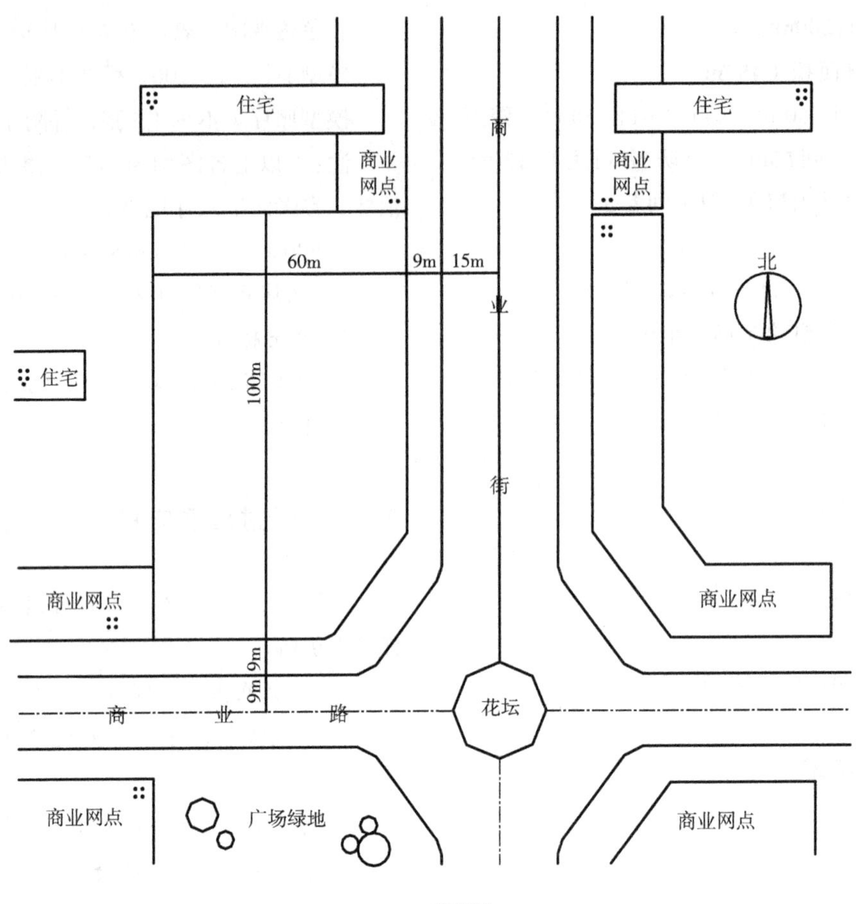

基地图

拟建商业中心建设地段参考地形图

9 博物馆设计任务书

9.1 教学目的

（1）掌握展览建筑的功能与社会属性以及发展现状，能针对具体任务提出有创造性的设计方案。

（2）掌握功能分区、流线组织、空间布局与形体造型等主要设计手法。

（3）建立建筑设计与环境、文脉、历史、传统、文化等相关因素相互影响的概念，提高学生的创造性思维能力。

（4）培养训练完善的图纸绘制和表达能力。

9.2 设计内容及要求

1）内容

××博物馆新馆馆址占地50亩，总建筑面积：8324m^2。

现结合本馆实际情况和发展要求，功能设计具体方案如下：

功能空间		面积（m^2）	总面积（m^2）
陈列室及相关配套空间	1.专题展览厅	3900	5050
	2.临时展览厅	1000	
	3.休息厅	100	
	4.贵宾接待休息室	50	
库房	1.藏品库	4×300m^2/间	1350
	2.暂存室	1×100m^2/间	
	3.危险品库	1×50m^2/间	
技术业务工作用房	1.编目室	1×50m^2/间	525
	2.消毒室	2×50m^2/间	
	3.化验室	2×50m^2/间	
	4.修复室	1×75m^2/间	
	5.照相室	1×50m^2/间	
	6.裱糊室	1×50m^2/间	
	7.复制室	1×50m^2/间	
	8.标本制作室	1×50m^2/间	

续表

功能空间		面积（m^2）	总面积（m^2）
学术研究空间	1.学术报告厅	600	950
	2.研究室	1×70m^2/间	
	3.技术实验室	1×80m^2/间	
	4.资料图书室	1×100m^2/间	
	5.学术交流活动室	1×100m^2/间	
行政办公用房	1.馆长室	2×20m^2/间	242
	2.办公室	6×15m^2/间	
	3.值班室	1×12m^2/间	
	4.会议室	1×50m^2/间	
	5.接待室	1×50m^2/间	
附属用房	1.卫生间	1×60m^2/间	105
	2.配电室	1×15m^2/间	
	3.电脑监控室	1×30m^2/间	
参观服务部分	1.售票处	1×12m^2/间	102
	2.小卖部	1×60m^2/间	
	4.监控室	1×30m^2/间	
			8324

2）要求

（1）收藏馆宜与自然环境密切结合。

（2）观赏者不仅欣赏馆内收藏品，同时也欣赏户外宜人的景色。

（3）观赏流线宜清晰易辨。

（4）每个展示空间不宜过于密闭，各类展示空间宜有视觉上的流通，使彼此有密切的联系。

9.3 进度及安排

周次	课次	完成内容
1	1	讲解设计任务及设计要求（该设计的目的及侧重点，该类建筑的功能、造型、社会需求以及实例分析）；课后查找相关资料

续表

周次	课次	完成内容
1	2	教学参观：自愿组合成小组，也可以分散进行，利用课余时间调查附近中小学，调研之前需拟定调研提纲，组织讨论
2	1	方案修改，绘制一次草图（侧重各功能部分的联系及建筑造型）；制作方案模型，以推敲建筑形体与组合的合理性
	2	方案构思：基地条件分析；功能流线分析；空间组合分析，形成初步设计方案
3	1	一草深入（学习有关规范要求并运用到设计中），同时利用模型推敲并调整方案； 设计结束时，将模型照片附于方案表现图上一起上交，要求：完成平、立、剖面的初步设计
	2	一草修改完善，交一草图（或课上公开评析）
4	1	第二次草图设计（侧重整体处理及细部造型处理，并正确理解和处理构造关系）
	2	二草绘制，二次草图评析（平、立、剖面及环境表现）
5	1	二草修改完善，绘制仪器草图（要求：准确、细致，并按有关制图规范绘制）
	2	绘制仪器草图（包括正式图要求的全部内容）
6	1	仪器草图修改完善，准备上板
	2	上板绘制正式成图
7		第7周周末交正式成果图及相关资料

9.4 提交内容

总平面图 1∶500

各层平面图 1∶200

立面图（至少2个沿街立面）1∶200

剖面图（2个）1∶200

透视效果图一张（表现方法不限）

注：平、立、剖面组合图为彩色渲染图。图纸规格700mm × 500mm。

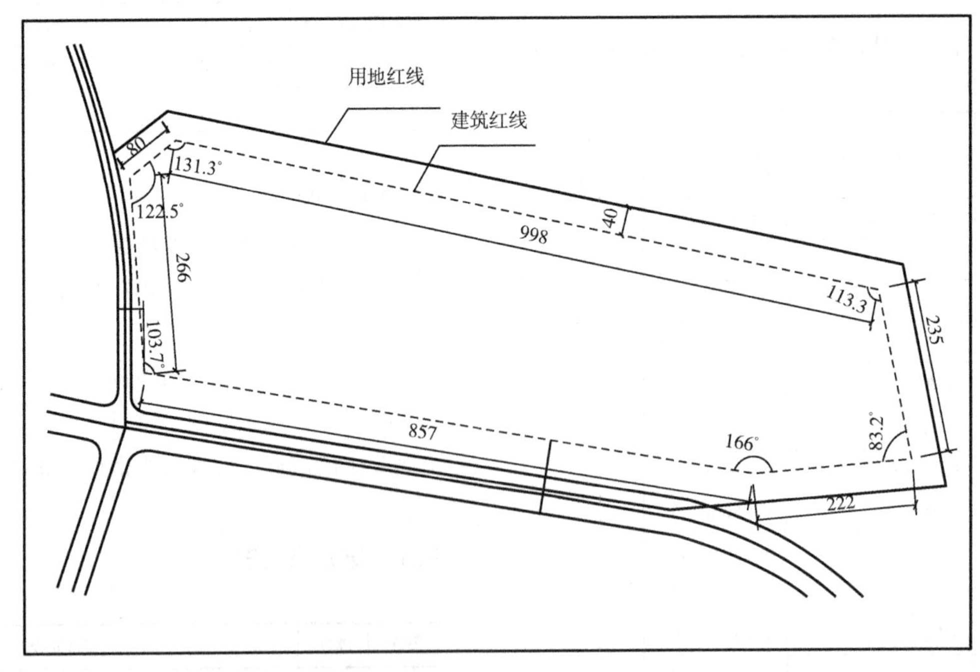

地形图

10 综合医院规划及门诊部设计任务书

10.1 目的及要点

能够运用所学的综合医院建筑设计的基本理论和方法，完成一个功能复杂的建筑类型——综合医院建筑设计。通过建设一所中小型医院，为周边居民创造更好的医疗卫生条件，提供便利的就医环境。在设计中要注意：

1）通过本次综合医院设计，掌握大型公共建筑设计的基本方法。

2）加强对综合问题解决能力的训练。

本次设计以一所200床的综合医院为设计对象，重点需把握两方面内容：一是对医院整体的布局和规划，包括门诊部、医技部、住院部、后勤等部门以及相关环境的总图布局；二是在总图布局基础上对门诊部进行单体设计。

10.2 用地布局说明

成都市某县城即将兴建一所集医疗、急救、预防、康复为一体的综合性医院。新建医院要求符合现有医疗硬件设施标准的条件，以坚持科学合理、节约用地的原则出发，在满足基本功能需要的同时，适当考虑未来发展，要具备可持续发展的空间，使今后的医疗卫生条件资源能得到更优化的配置。

（1）建筑功能主要包括门诊、住院部、医技、行政、后勤保障和生活配套服务等，设计中要合理确定各个功能区。规划要求布局合理，分区明确，交通便捷、高效。各功能区域应做到有专门的通道连接。

（2）急诊、检验、放射、药房、出入院尽可能放在门诊大楼一楼，门、急诊既相对独立又能连通。

（3）检验、放射、药房等医技部门应方便门诊和住院患者使用。

（4）医疗区分区明确，主要流线不允许交叉。至少设置2个或2个以上出入口（宜设一主要出入口和住院部出入口及污染物出入口），但不宜超出4个。

（5）其他配套设施如锅炉房、洗衣房、供应室、氧气供应站、污水处理站、配电房、生活及医用垃圾站、太平间等，根据具体情况，合理布置。污水处理池埋地下。

（6）院内环境（包括绿化、灯饰等）、道路、管网、停车场一并考虑，特别考虑人流、物流、车流的有效组织和分流，与周边道路要能有机连接。

10.3 医院规划指标

全院开放病床为200张，总建筑面积为16000m^2，建设用地面积约24000m^2，绿地率不小于35%，建筑高度不超过四层。各部分具体要求如下：

1）门、急诊部：2880m^2（其中门诊部2400m^2，急诊部480m^2）

（1）门诊部要靠近医院的交通入口，且有一定的绿化防护距离，按每天600人次的门诊量进行设计和各种设施的配置。

（2）急诊科须单独设置出入口，入口应使救护车能够直接到达。

（3）儿科、产科必须单独设置并自成一区。结核、肠道、肝类等传染性疾病必须单独设置出入口，且单独成一区。

（4）大型医疗设备主要为16排CT一台，DR一台，口腔摄片机一台。

2）住院部：6240m^2

（1）200床可按下列病科分类：内科、外科、骨科、妇产科、耳鼻喉、眼科、口腔、理疗科、肛肠科、传染科、门诊观察等。病房的医疗、辅助用房应分区设置。

（2）按总量200张床位设计。合理划分护理单元，一个护理单元适宜为同一病科，或性质相近的、病床数较少的可合并为一护理单元，感染性疾病科应独立设置。

（3）病房以双人间为主，配2个四人间，每个病区配2~4个单人间，各种病房均配备卫生间，病房设置嵌入式壁柜，设置阳台。病房房间应尽量做到宽敞舒适，大尺寸开窗应使室外环境得以共享。

（4）传染病房单元必须单独建造，并与周围保持一定的距离。传染科门诊的首层自成一区，并设置单独出入口。

3）医技部：4320m^2

医技部设置医学影像科（包括放射科、超声、心电图、内镜等）、检验科、药剂科，医技部应争取最小的服务半径，以方便门诊和住院患者。

4）后勤配套部：1280m^2

（1）后勤保障包括医用敷料的发放和收集部门，楼宇管理部门、病员餐厅、医疗废物的预处理场所、物业管理部门等。

（2）员工餐厅与病员餐厅分开，且有足够大的面积。

（3）一定规模的便民超市、职工娱乐活动场所及中小型会议室（小型30~50人左右，中型100~200人左右）各一间和示教室数间。

5）行政管理及其他：1280m^2（行政办公部分约640m^2）

6）道路设计按小区规划，主干道路面宽为8m，绿化带为2m/边，支干道路面宽6m，绿化带为1.5m/边

7）地面停车场以满足日600人次门诊和200张病床的患者停车

10.4 门诊部面积指标

1）公共部分：334m^2

包括：①挂号12m^2；②收费：12m^2；③划价：6m^2；④中药房：48m^2；⑤中药库：64m^2；⑥西药房：48m^2；⑦西药库：64m^2；⑧注射室：48m^2；⑨化验：32m^2。

2）科室部分：1672m^2

（1）内科128m^2

包括：①诊察室4×16m^2；②治疗室16m^2；③隔离诊室16m^2；④候诊室（廊）32m^2。

（2）外科176m^2

包括：①诊察室4×16m^2；②处置室16m^2；③换药室（与处置室相套）16m^2；④手术室32m^2；⑤手术准备室（与手术室相套）16m^2；⑥修诊室32m^2。

（3）儿科208m^2

包括：①挂号、取药16m^2；②预诊室2×16m^2；③诊察室4×16m^2；④治疗室16m^2；⑤医生办公室16m^2；⑥主任办公室16m^2；⑦候诊室（廊）48m^2（含儿童游戏区）。

（4）妇产科296m^2

包括：①候诊室32m^2；②诊察室4×16m^2；③妇检室8m^2（套在诊察室内）；④化验室16m^2（宜设在北向）；⑤治疗室16m^2；⑥专用卫生间8m^2；⑦医生办公室16m^2；⑧护士办公室16m^2；⑨产科手术室120m^2（独立单元）。

（5）耳鼻喉科104m^2

包括：①诊察室（朝北）3×16m^2（以隔断分隔，相互要连通）；②治疗室16m^2；③消毒室8m^2；④测听室（双层墙）8m^2；⑤候诊室24m^2。

（6）眼科88m^2

包括：①诊察室3×16m^2（以隔断分隔，相互要连通）；②检查室8m^2；③暗室（套在检查室内）8m^2；④候诊24m^2。

（7）口腔科104m^2

包括：①诊疗室3×16m^2（以隔断分隔，相互要连通）；②矫形、技工室16m^2；③休养室16m^2；④候诊室24m^2。

（8）理疗科88m^2

包括：①诊疗室3×16m^2（以隔断分隔，相互咬连通）；②治疗室16m^2；③候诊室24m^2。

（9）中医科112m^2

包括：①诊疗室3×16m^2（以隔断分隔，相互要连通）；②推拿室16m^2；③针灸室16m^2；④候诊室32m^2。

（10）皮肤科112m^2

包括：①诊察室3×16m^2（以隔断分隔，相互要连通）；②治疗室16m^2；③激光室16m^2；④候诊室32m^2。

（11）急诊科136m^2

包括：①挂号8m^2；②抢救32m^2；③诊断16m^2；④观察室16m^2；⑤手术室32m^2；⑥监护室16m^2；⑦护士站16m^2。

（12）功能检查120m^2

包括：①X光室32m^2；②控制室（与X光室相套）8m^2；③暗房8m^2；④心电图检查室16m^2；⑤B超检查室16m^2；⑥内窥镜检查室16m^2；⑦候诊室24m^2。

3）其他1294m²

包括各层水平与垂直交通、卫生间面积及综合大厅、急诊大厅、候药厅、候诊厅等面积。以上各面积均以轴线计，总建筑面积为3300m²，允许面积误差增减330m²（±10%）。

10.5　图纸内容及要求

1）图纸表现

（1）图纸规格：（594×841）一号图纸。

（2）总平面图　1：500　（参考比例），内容包括建筑、场地、道路、绿化、指北针等。

（3）各层平面图　1：200，内容包括地坪标高、门窗、室内设施布置等，卫生间需画出厕具布置。

（4）立面图（2个）1：200，需注明标高，立面线条、材质表达清晰，并应有配景与阴影。

（5）剖面图（2个）1：200，需注明标高，结构剖切正确清楚，剖切内容完整。

（6）透视效果图（表达方式及张数不限），要注意透视准确，对环境有生动表达。

（7）室内空间分析图，功能关系分析图等以表达个人设计思路。

（8）附设计说明及主要经济技术指标。

（9）模型照片不少于3张，并附于图中。

注：1.以上各图均为彩色效果表现图，考虑不浪费纸张，参考图纸尺寸规格为：

①500×740，②730×1030。

2.房间名称直接标注在图中，不用编号表示。

2）评分标准

平时成绩10%，功能、流线及空间环境50%，建筑造型20%，图面表达20%。

10.6　设计进度及安排

一周：1.讲解该专题设计原理、要点、实例及设计任务书讲解。

2.布置课后任务：①收资并抄绘方案1~n个。

②参观该专题建筑，提交参观的平、立、剖、外观草图。

二周：建筑总体设计构思，进行总平面布置及单体构思设计，即一草构思及绘制。

三周：一草方案深入并完善，交一草图，包括总图、单体平面图、总体构想造型的初步表达。

四周：修改一草，进行二草设计并交二草。

五周：完善设计构思、做工作模型，修改二草，完成正草（正式仪器草图）绘制。

六周、七周：①在工作模型基础上推敲，确定最后效果。

②上板进行排版及完成正式图纸表达。

第八周：机动（包括设计评图、设计讨论、课外阅读、快题练习等）。

10.7　设计参考书目

（1）罗运湖. 现代医院建筑设计[M]. 北京：中国建筑工业出版社，2002.

（2）骆宗岳，徐友岳. 建筑设计原理与建筑设计[M]. 北京：中国建筑工业出版社，1999.

（3）建筑设计资料集（第二版）[M]. 北京：中国建筑工业出版社，1994.

（4）《建筑设计防火规范》GB 50016—2006

（5）《民用建筑设计通则》GB 50352—2005

（6）《综合医院建筑设计规范》JGJ 49—88

10.8　建设地段参考地形图

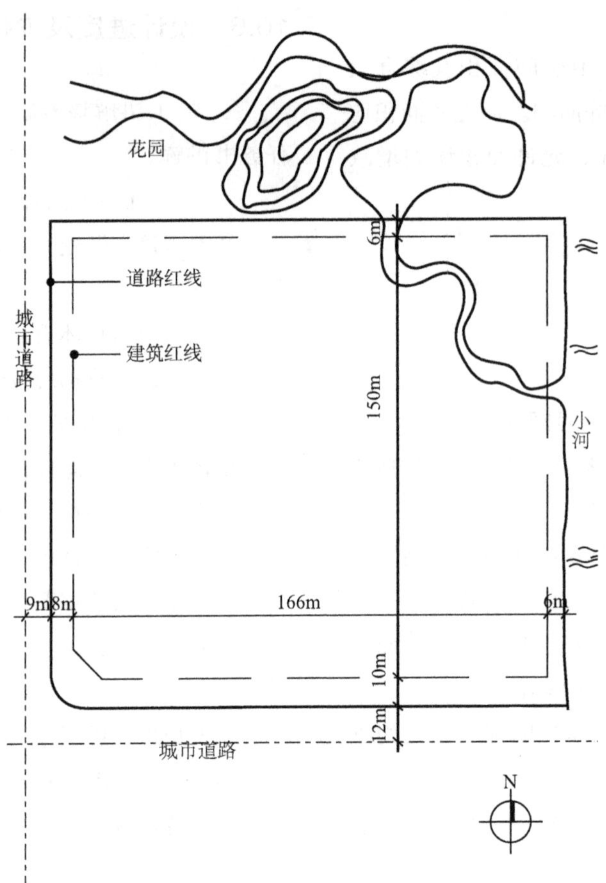

拟建医院建设地段参考地形图

11 高层城市商务宾馆建筑设计任务书

11.1 教学目的及要求

1）教学目的

通过本课程设计，进一步熟悉公共建筑的设计方法和步骤，学习并掌握高层建筑设计的技术要点及防火规范。

熟悉高层旅馆建筑设计的类型特点，培养综合处理建筑功能，建筑技术和建筑艺术诸多方面的矛盾统一，完成建筑设计方案的能力。

2）教学要求

（1）掌握旅馆建筑空间组合方法，处理好各功能分区间的关系；

（2）使学生从城市整体空间关系出发，把握好建筑与城市肌理文化、交通、景观之间的场所关系；

（3）掌握旅馆建筑不同空间形态的设计要求以及高层建筑的造型处理手法，处理好高层建筑防火和安全疏散等方面的问题；

（4）掌握正确地选择结构方案，建筑材料的方法。

11.2 设计内容

拟建四星级城市商务宾馆位于国内某省会城市商业金融区内，总建筑面积控制在33000m²以内，建筑要求地上部分高度不超过80m。

各使用房间面积指标分配如下：

1）客房部分（包括客房及服务部分，总建筑面积：约13000.0m²）

（1）客房

房间名称	每间净面积（m²）	数量(间）	备注
① 标准间	28~32	220	
② 普通单人间	21~24	20	
③ 双套间及豪华套房	53~60	40	

（2）服务部分

房间名称	面积（m²）	备注
① 服务台值班室	15	
② 更衣室	15	
③ 被服库	15	
④ 储藏室	30~40	包括清洁间
⑤ 开水间	12	
⑥ 卫生间	据规范自行确定供工作人员使用	
⑦ 洗衣房	60	

以上房间可分层合并设计

2）公共部分

（1）大堂部分（建筑面积：约1400.0m²）

房间名称	每间面积（m²）	数量（间）	备注
① 大堂	500	1	含四季厅，总服务台不短于12m

银行20m²，邮电20m²，商务中心80m²，前台办公120m²，行李40m²，旅行社20m²，出租车20m²，消防控制室40m²，公共电话6~8部，值班经理台定位，休息面积自定。

房间名称	每间面积（m²）	数量（间）	备注
② 门厅酒吧	120		
③ 前台管理	90（包括总服务台、办公、贵重物品寄存）		
④ 商场	600（包括自选商店400m²、文物纪念品商店200m²）		
⑤ 公共卫生间	100		

（2）会议部分（建筑面积：约2400.0m²）

房间名称	每间面积（m²）	数量（间）	备注
① 会议中心	600（包括400座地面升起的观众席）	1	
② 多功能厅	400（可分3间，前厅150m²）	1	
③ 40人会议厅	80	1	
④ 20人会议厅	60（共250m²）	4	

⑤ 衣帽间40m²，卫生间80m²，准备间30m²，库房100m²

（3）餐饮部分（建筑面积：约3900.0m²）

房间名称	每间面积（m²）	数量（间）	备注
① 中餐厅	350	1	
② 西餐厅	250	1	
③ 风味餐厅	250	1	
④ 小餐厅	40	4~6	
⑤ 咖啡厅	150	1	
⑥ 宴会厅	400	1	可兼做歌舞厅
⑦ 厨房			

中餐厨房450m²，西餐厨房200m²，风味餐厅厨房150m²，小餐厅厨房150m²，上述厨房均含各类库房及备餐，咖啡制作25m²，酒吧库25m²，厨房全部使用煤气，须有自然通风。

房间名称	每间面积（m²）	数量（间）	备注
⑧ 职工休息室	20~30	各房间可设1~2间	
⑨ 管理室	15~20		
⑩ 更衣室	20~30		
⑪ 卫生间	20~30		

（4）康乐设施（建筑面积：约2100.0m²）

房间名称	每间面积（m²）	数量（间）	备注
① 室内游泳馆	600	1	含25m × 7.5m短池1个
② 健身房	120	1	

房间名称	每间面积（m^2）	数量（间）	备注
③ 男、女更衣、桑拿、淋浴	240	1	
④ 台球棋牌	120	1	
⑤ 歌舞厅	180	1	
⑥ 理发美容	80	1	

3）行政后勤部分（总建筑面积：约 2400.0m^2）

房间名称	每间面积（m^2）	数量（间）	备注
① 经理室	30~40	1	
② 正、副经理间	15	2	
财会室	15	2	
③ 管理办公室	15	18	
④ 小会议室	100	1	
⑤ 职工食堂	150	1	
⑥ 职工厨房	140	1	
⑦ 男、女更衣盥洗	300	1	
⑧ 职工宿舍	100	1	
⑨ 医务	20	1	
⑩ 后勤服务用房	270		

总务办公 15m^2，司机办公 15m^2，行政车库 70m^2，收发室 30m^2，缝纫处 25m^2，清洁剂库 10m^2，棉织品库 60m^2，进货办公室 10m^2。

房间名称	每间面积（m^2）	数量（间）	备注
⑪ 洗衣房	300	1	
⑫ 库房	150	1	
⑬ 卫生间	自行确定		

4）设备维修部分（总建筑面积：约 2800.0m^2）

（1）工程维修

房间名称	每间面积（m^2）	数量（间）	备注
① 工程部	20	1	
② 制图与档案室	40	1	
③ 印刷间	40	1	
④ 内装修间	40	1	
⑤ 木工房	50	1	
⑥ 油工房	30	1	
⑦ 管工房	30	1	
⑧ 电工房	15	1	
⑨ 库房	50	1	

（2）设备用房

房间名称	每间面积（m^2）	数量（间）	备注
① 空调、制冷、热交换处理，泵房等在	1300		

房间名称	每间面积（m^2）	数量（间）	备注
② 变配电室	300	1	
③ 电话总机房	80	1	
④ 电梯机室	80	1	
⑤ 消防水箱	40	1	

5）地下车库（总建筑面积：约3900.0m^2）

100个车位，需设2个出入口

11.3 设计作业（图纸）要求

成图图幅为1#图（841mm×594mm），内容如下：

总平面图	1：500
各层平面图	1：200或1：300
立面图（至少二个立面）	1：200
剖面图（二个）	1：200
透视效果图	水彩或水粉表现任选（也可用电脑制作）
构造大样	比例自定
简要文字说明	
分析图示	
主要技术经济指标：	
	总建筑面积：m^2
	总占地面积：m^2
	容积率

11.4 进度安排（共计10周）

第1~2周

（1）布置设计任务，讲解旅馆建筑的设计有关内容，布置课后需收集的相关资料。

（2）参观旅馆建筑（要求学生提交参观平、立面草图，或抄绘设计先例）。

（3）提交调研报告和分析成果。

第3周

（1）建筑总体设计构思，进行总平面图设计。

（2）绘制总平面图。

第4周

（1）设计构思，一草方案设计（包括平面，立面设计）。

（2）绘制一草方案（包括透视图设计）。

第5周

（1）绘制二草方案。

（2）二草方案评析，调整设计方案。

第6周

（1）绘制正草方案。

（2）正草方案评析，调整设计方案。

第7~10周

绘制正式方案图及效果图。

11.5 评分标准

（1）调研、分析运用资料及规范的能力	10%
（2）方案构思、分析及解决问题的能力与方案的合理性	50%
（3）设计表达能力及图面质量	20%
（4）结构和构造的合理性	10%

11.6 地形图由各专题任课教师选定真实环境地形

12 剧场设计任务书

12.1 设计题目

本设计题目是“1500座大型歌舞表演剧场”，该剧场具有一定的综合功能，包括大型学术会议、大型公众集会及仪式，兼顾中型歌剧/舞剧表演。总建筑面积控制在18000m^{2}以内。

12.2 设计内容与使用面积的分配组成

项目拟建建筑分为四个功能组成部分：剧场部分、公共服务部分、建筑机电设备用房部分、地下车库部分。各部分设计要求及建筑面积分配参考如下：

1）剧场部分：10000m^2

（1）观众厅1800m^{2}内，设固定观众席1500座（每座面积不小于0.9m^2），设一定数量的包厢、贵宾席以及残疾人轮椅坐席，剧院平面功能设计应满足大型歌剧、芭蕾舞剧、大型综合文艺演出的需要，声学设计按自然声设计，备有电声系统。

（2）舞台、乐池：2000m^2（含舞台、乐队乐池、舞台机械、布景、道具、储藏、侧台等），如增加后舞台则面积应适当增加，镜框式台口箱形舞台形式，设主台、双侧台，台口尺寸宽16~18m、高9~12m，台口高度可根据观众厅剖面设计调整。

主台面积800m^2（32m × 24m），净高不小于28m

左右侧台：各300m^2，净高不小于12m

后舞台面积400m^2，净高不小于15m

半开敞式乐池：不小于150m^2

（3）前厅及休息厅3200m^2（含前厅、休息厅、贵宾休息室二间、咖啡、小卖部、衣帽、卫生间、售票处等），提供观众集散、交流、休息的场所。

前厅：600m^2　　休息厅：600m^2

贵宾休息室二间：80 × 2=160m^2　　咖啡及茶座：40 × 2=80m^2

小卖部：40m^2　　寄存：40m^2

卫生间：80m^2　　售票处：40m^2

值班室：40m^2

（4）附属设施用房1000m^2（含同声传译、放映、灯光、音响、多媒体、管理人员办公等）。

同声传译：40m^2　　放映室：40m^2

灯光：40m^2　　音响：40m^2

多媒体：40m^2　　管理人员办公：20m^2 × 4=80m^2

（5）后台及排练用房1800m^2（含休息、医务、更衣、化妆、排练、演出工艺辅助等）各类化妆间。

乐队、演员休息室：40m^2+40m^2=80m^2

演员化妆室：120m^2+80m^2+40m^2=240m^2

更衣：20m^2+20m^2=40m^2　　厕所：10m^2+10m^2=20m^2

休息室：40m^2　　候演室：80m^2

道具存放间：50m^2　　工作人员办公室：20m^2+20m^2=40m^2

技术人员工作室等20m^2　　医务：20m^2

（6）演出技术用房（含舞台总监、导演、音响、调光等舞台演出技术用房）。

设舞台总监室：40m^2　　导演室：40m^2

光电设备间：20m^2　　音响设备间：20m^2

调光室：20m^2　　调音室：20m^2

广播室：20m^2　　录像转播室：40m^2

追光灯室、耳光室、面光室：面积酌情设置

（7）剧务用房，包括排练厅、练功房各一间以及制作修理间、布景材料库、音乐制作室等。

排练室：200m^2　　练功房：200m^2

制作修理间：60m^2　　布景材料库：60m^2

音乐制作室：60m^2

2）公共服务部分：1000m^2

（1）多功能放映厅兼会议室：200m^2，其中：放映室30m^2、准备20m^2、储藏20m^2。

（2）媒体及信息服务中心80m^2。

（3）展览空间420m²。

3）建筑机电设备部分：1200m²

（1）空调机房300m²（制冷机房、热力站、新风机房等）

（2）强电机房200m²（交配电机房、备用发电机房等）

（3）弱电机房200m²（全套楼宇控制系统及公共信息交换基础设施）

（4）水泵房100m²

（5）维修值班室和维修品库：共200m²

4）地下停车库部分：4000m²（停车数不少于120辆）

以上1）~4）总建筑面积合计18000m²（其余由交通空间、技术空间等组成，此部分面积约2800m²）。

12.3 进度及安排

一周：

①讲解剧场设计原理及要点，布置设计任务及课后需收集的相关资料。

②参观剧场建筑，要求学生提交参观平、立面草图。

二周：

①建筑总体设计构思，进行总平面图设计。

②绘制总平面图。

三周、四周：

①设计构思，进行一草平、立、剖方案构思，推敲设计方案。

②绘制一草方案（包括透视图设计）、交一草。

五周：

①进行二草方案设计。

②绘制二草方案，交二草。

六周、七周：

①二草方案评析、调整设计方案、绘制仪器草图。

②绘制正式方案图。

12.4 设计成果提交内容

总平面图　1 ：500

各层平面图　1 ：200

观众厅平、剖面声线设计图，座位排列图（二者可合并绘制）

池座、楼座地面坡度设计（作图法、计算法均可）

2个以上立面图1 ：200

2个剖面图1 ：200

透视效果图1张，表现方法不限

模型照片（不少于3张，并附于图中）

注：1.以上各图均为彩色效果表现图，考虑不浪费纸张，参考图纸尺寸规格为：

①500×740，②730×1030。

2.房间名称直接标注在图中，不用编号表示。

12.5 设计参考书目

（1）《民用建筑设计防火规范》（BG 50016—2006）.

（2）国外建筑实例图集——舞台表演建筑.中国建筑工业出版社.

（3）旅馆及影剧院建筑学术论文集.西南地区建筑设计标准化办公室.

（4）西方戏剧剧场史.清华大学出版社.

（5）《剧场建筑设计规范》（JGJ 57—2000）

（6）建筑设计资料集.中国建筑工业出版社.

12.6 建设地段参考地形图

两处地段任选一处，选址应考虑地段环境情况。

12.7 剧场调研提纲

1）**剧场概念：**剧场的分类、等级与规模、功能、流线与面积组成。

2）**剧场总平面布置：**总平面布局方式、停车位的基本尺寸、出入口布置、地面停车场地下停车库的位置。

3）**观众厅：**观众厅的类型、形状，池座与楼座的关系及与舞台的关系，观众厅的视线，观众厅室内界面与声学设计的关系。

4）**舞台：**舞台的类型、形状、功能、舞台机械种类、舞台机械的功能。

5）**演出技术用房：**演出技术用房的内容与空间安排。

6）**门厅公共空间：**门厅空间模式、人流及功能空间的组织，服务台、衣帽间的位置，休息厅的形式及位置，楼电梯厅的位置。

7）**行政、后台服务及设备用房：**行政办公室的种类、位置，演员化妆室的位置，各类水、电、空调、机

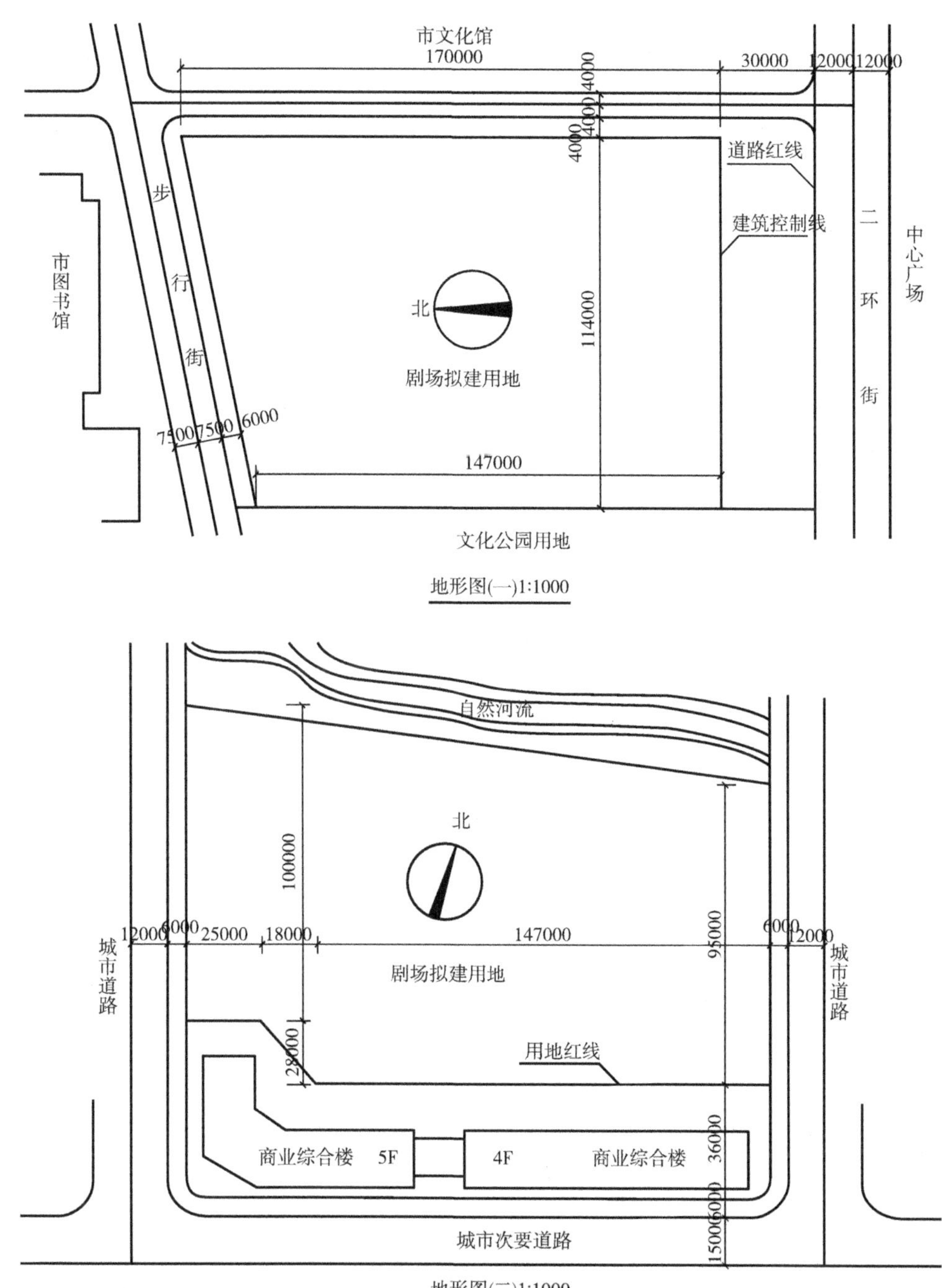

地形图(一)1:1000

地形图(二)1:1000

拟建剧场建设地段参考地形图

房及工程维修用房的布局。

附：空调与冷热机房设计参考

1）**空调机房**：空调机房的总面积可按空调面积的5%~10%。实际布置空调机房位置时，须考虑各空调箱的风道布置及所负责的空调区域，一般不宜离所负责的区域太远。比较集中的空调机房：建筑面积为3000~7000m^2，净高为4~6m。分布在各标准层的空调机房可为标准层高度，即2.7~3.0m即可。

2）**制冷机房**：指单独供冷用的机房，通常放置在地下室。制冷机房面积一般估算占总建筑面积的0.6%~0.9%。

3）**冷热同供时的冷热源机房面积**：冷热源机房的面积通常为总建筑面积的3%~5%，通常放在地下室。

4）**冷却塔占地面积**：冷却塔通常放置在裙房顶上，占地面积约为总建筑面积的0.5%~1.0%。